I0056176

de Gruyter Lehrbuch

Barner / Flohr · Analysis I

Martin Barner
Friedrich Flohr

Analysis I

5., durchgesehene Auflage

Walter de Gruyter
Berlin · New York 2000

Martin Barner
Friedrich Flohr
Mathematisches Institut
Albert-Ludwigs-Universität Freiburg
Hebelstraße 29
79104 Freiburg

1991 Mathematics Subject Classification: Primary: 26-01

Mit 640 Aufgaben, überwiegend mit Lösungshinweisen

1974 Erstaufl.
1983 2., verb. Aufl.
1987 3., durchges. Aufl.
1991 4., durchges. und erw. Aufl.

♾ Gedruckt auf säurefreiem Papier, das die US-ANSI-Norm über Haltbarkeit erfüllt.

Die Deutsche Bibliothek – CIP-Einheitsaufnahme

Barner, Martin:
Analysis / Martin Barner ; Friedrich Flohr. – Berlin ; New York : de Gruyter
(De-Gruyter-Lehrbuch)
1. [Mit 640 Aufgaben, überwiegend mit Lösungshinweisen]. – 5., durchges. Aufl.. –
ISBN 3-11-016778-6 Brosch.
ISBN 3-11-016779-4 Gb.

© Copyright 2000 by Walter de Gruyter GmbH & Co. KG, 10785 Berlin.

Dieses Werk einschließlich aller seiner Teile ist urheberrechtlich geschützt. Jede Verwertung außerhalb der engen Grenzen des Urheberrechtsgesetzes ist ohne Zustimmung des Verlages unzulässig und strafbar. Das gilt insbesondere für Vervielfältigungen, Übersetzungen, Mikroverfilmungen und die Einspeicherung und Verarbeitung in elektronischen Systemen.

Printed in Germany.
Satz: Tutte Druckerei GmbH, Salzweg-Passau. – Druck: Gerike GmbH, Berlin.
Buchbinderische Verarbeitung: Lüderitz & Bauer-GmbH, Berlin.
Umschlagentwurf: Hansbernd Lindemann, Berlin.

Vorwort zur 4. und 5. Auflage

Zum Studium der Mathematik gehört wesentlich das selbständige Lösen von Aufgaben. Unser Buch enthält deshalb eine größere Zahl von Aufgaben unterschiedlichen Schwierigkeitsgrades.
Mit der neuen Auflage folgen wir dem oft geäußerten Wunsch, Hinweise zu den Lösungen zu geben. Bei einfacheren Aufgaben sind zur Kontrolle die Ergebnisse genannt, bei schwierigeren werden Anleitungen zu möglichen Lösungswegen angeboten. Man beachte, daß jede Aufgabe im Zusammenhang mit dem voranstehenden Text zu sehen ist.
Wie bei den vorausgehenden Auflagen haben wir den Text durchgesehen und einige kleinere Korrekturen vorgenommen.

Freiburg i. Br., Dezember 1999 M. Barner, F. Flohr

Vorwort zur 1. Auflage

Diese Darstellung der Analysis ist aus Vorlesungen entstanden, die die Autoren an der Universität Freiburg i. Br. mehrfach gehalten haben. Es handelte sich dabei um eine dreisemestrige Einführung in die reelle Analysis. Der vorliegende erste Band enthält die Differential- und Integralrechnung der Funktionen einer reellen Variablen; die Theorie der Funktionen mehrerer reeller Variablen soll im zweiten Band dargestellt werden.
Im ersten Band haben wir uns auf den Integralbegriff für Regelfunktionen beschränkt; das Lebesguesche Integral wird bei den Funktionen mehrerer Variablen eingeführt. Für die klassischen Anwendungen der Integralrechnung kommt man mit dem Bereich der Regelfunktionen aus (dieser ist etwas enger als der Bereich der Riemann-integrierbaren Funktionen, der in der Lehrbuchliteratur sonst bevorzugt wird).
Wir haben uns bemüht, den Aufwand an Begriffen gering zu halten und behutsam an abstraktere Begriffsbildungen heranzuführen. Die zahlreichen Aufgaben stehen in enger Verbindung zum Text, so daß wir hoffen, daß dieses Buch auch zum Selbststudium geeignet ist.
Danken möchten wir auch an dieser Stelle Frau A. Helbling für ihren unermüdlichen Einsatz bei der Herstellung des Manuskriptes, Herrn Dr. V. Drumm für seine große Hilfe bei den Korrekturarbeiten und dem Verlag für gute Zusammenarbeit.

Freiburg i. Br., August 1974 M. Barner, F. Flohr

Inhalt

1 Die reellen Zahlen

Grundlegend für die Analysis sind die reellen Zahlen. Im Dezimalsystem kann jede reelle Zahl durch eine periodische oder nichtperiodische „Dezimalentwicklung“ dargestellt werden; so hat man zum Beispiel:

$$\tfrac{10}{7} = 1,428571\,428571\ldots$$
$$\sqrt{2} = 1,4142135\ldots$$
$$\pi = 3,1415926\ldots.$$

Es liegt daher nahe, die reellen Zahlen direkt durch „Dezimalentwicklungen“ einzuführen. Dieses Vorgehen führt aber rasch auf Probleme, deren Beantwortung keineswegs einfach ist. So ist die Bedeutung der drei Punkte in den Beispielen nicht ohne weiteres ersichtlich. Im ersten Fall ist es zwar einfach, für die drei Punkte am Ende der geschriebenen Ziffernfolge die richtige Deutung zu finden; die Ziffernfolgen, die zu $\sqrt{2}$ bzw. zu π gehören, sind jedoch nicht periodisch und nur Schritt für Schritt zu bestimmen.
Will man etwa für die Summe oder das Produkt zweier Zahlen die Dezimalentwicklung finden, so treten neue Schwierigkeiten auf. Auch die Bevorzugung der dezimalen Schreibweise möchte man möglichst vermeiden, weil die Zahl Zehn aus mathematischer Sicht nicht ausgezeichnet ist.
Es wäre ermüdend, wollten wir uns zu Beginn gleich mit den angedeuteten Problemen auseinandersetzen. Wir gehen deshalb folgenden Weg, der sich auch in anderen Situationen in der Mathematik vielfach bewährt hat: Wir stellen ein System von Gesetzen zusammen, die von den reellen Zahlen – was immer das sein mag – erfüllt werden und auf die allein bei den Beweisen zurückgegriffen wird. Die ausgewählten Gesetze nennt man in diesem Zusammenhang *Axiome*; die Axiome zusammen bilden ein *Axiomensystem* für die reellen Zahlen.
Wenn wir, von dieser Basis ausgehend, unsere Untersuchungen weit genug vorangetrieben haben, werden wir das Problem der Dezimalentwicklung der reellen Zahlen wieder aufgreifen und die genannten Schwierigkeiten bewältigen können.

1.1 Körperaxiome

Hier werden solche Gesetze aufgezählt, die zur Begründung des „Rechnens“, d.h. der Addition, der Subtraktion, der Multiplikation und der Division, ausreichen. In den Axiomen kommen zunächst nur Addition und Multiplikation vor; Subtraktion und Division werden später definiert.

Wir nehmen folgendes an:

Je zwei reellen Zahlen a, b ist eindeutig eine reelle Zahl $a+b$, ihre *Summe*, zugeordnet. Ebenso gehört zu a, b eindeutig eine reelle Zahl $a \cdot b$, das *Produkt* von a und b. Für diese Zuordnungen (genannt *Addition* bzw. *Multiplikation*) gelten die folgenden Gesetze:

Körperaxiome			
(1.a)		$a+b=b+a$	Kommutativgesetz
(1.b)		$a+(b+c)=(a+b)+c$	Assoziativgesetz
(1.c)	Addition	Es gibt genau eine Zahl 0, so daß für alle a gilt: $a+0=a$	Existenz und Eindeutigkeit der 0
(1.d)		Zu jedem a gibt es genau ein x, so daß gilt: $a+x=0$	Eindeutige Lösbarkeit der Gleichung $a+x=0$
(2.a)		$a \cdot b = b \cdot a$	Kommutativgesetz
(2.b)		$a \cdot (b \cdot c) = (a \cdot b) \cdot c$	Assoziativgesetz
(2.c)	Multiplikation	Es gibt genau eine von 0 verschiedene Zahl 1, so daß für alle a gilt: $a \cdot 1 = a$	Existenz und Eindeutigkeit der 1
(2.d)		Zu jedem $a \neq 0$ gibt es genau ein x, so daß gilt: $a \cdot x = 1$	Eindeutige Lösbarkeit der Gleichung $a \cdot x = 1$ für $a \neq 0$
(3)		$a \cdot (b+c) = a \cdot b + a \cdot c$	Distributivgesetz

Dabei bedeutet etwa das Kommutativgesetz (1.a): Für alle reellen Zahlen a, b gilt $a+b=b+a$. Entsprechend sind die Gesetze (1.b), (2.a), (2.b) und (3) zu verstehen.
Für das Produkt $a \cdot b$ werden wir meistens die kürzere Schreibweise ab verwenden.
Die beiden Assoziativgesetze (1.b) und (2.b) ermöglichen es, Klammern wegzulassen:

$$a + (b + c) = (a + b) + c =: a + b + c$$
$$a(bc) = (ab)c =: abc$$

Hierbei haben wir das mit einem Doppelpunkt versehene Gleichheitszeichen benutzt, um darauf hinzuweisen, daß es sich um Definitionen handelt. So bedeutet $u := v$, daß u definitionsgemäß gleich v ist; schreibt man diese Definitionsgleichung in der Form $v =: u$, so liest man etwa: v wird abgekürzt durch u.

Wir wollen hier nur an einigen wenigen Beispielen zeigen, wie aus den Körperaxiomen bekannte Aussagen über reelle Zahlen formal hergeleitet werden können. Für eine ausführliche Darstellung verweisen wir auf die Lehrbücher der Algebra.

Beispiele:

1) Bevor wir die binomische Formel $(a + b)^2 = a^2 + 2ab + b^2$ beweisen, erinnern wir an die Definitionen

$$2 := 1 + 1, \quad (a + b)^2 := (a + b)(a + b), \quad a^2 := aa, \quad b^2 := bb.$$

Wir erhalten dann:

$$\begin{aligned}
(a + b)(a + b) &= (a + b)a + (a + b)b && \text{nach Axiom (3)}\\
&= a(a + b) + b(a + b) && \text{nach Axiom (2.a)}\\
&= (aa + ab) + (ba + bb) && \text{nach Axiom (3)}\\
&= \big((aa + ab) + ba\big) + bb && \text{nach Axiom (1.b)}\\
&= \big(aa + (ab + ab)\big) + bb && \text{nach Axiom (1.b) und (2.a)}\\
&= \big(aa + ab(1 + 1)\big) + bb && \text{nach Axiom (2.c) und (3)}
\end{aligned}$$

Aufgrund unserer Definitionen und nach nochmaliger Anwendung des Kommutativgesetzes (2.a) können wir das Ergebnis in der gewohnten Form

$$(a + b)^2 = a^2 + 2ab + b^2$$

schreiben.

2) Nach (1.d) besitzt die Gleichung $a + x = 0$ für jede reelle Zahl a genau eine Lösung, die wir – wie üblich – mit $(-a)$ bezeichnen. Es gilt also

$$a + (-a) = 0.$$

Wir zeigen, daß für alle reellen Zahlen a und b die Gleichung

$$a + x = b$$

eine und nur eine Lösung besitzt.

Addition von $(-a)$ ergibt nämlich (auf die Reihenfolge der Summanden brauchen wir wegen (1.a) nicht zu achten)

$$x = b + (-a),$$

und diese Zahl x erfüllt auch wirklich die vorgegebene Gleichung:

$$a + \big(b + (-a)\big) = \big(a + (-a)\big) + b = b.$$

Man schreibt kürzer

$$b + (-a) =: b - a$$

und nennt diese Zahl *Differenz*.
Damit ist die *Subtraktion* auf Grund der Körperaxiome definiert.

Bemerkung: Man beachte, daß das Minuszeichen in zwei verschiedenen Bedeutungen verwendet wird: $(-a)$ ist eine reelle Zahl, die der reellen Zahl a nach (1.d) eindeutig zugeordnet ist. Die Differenz $b - a$ ist dagegen für je zwei reelle Zahlen a, b als Summe von b und $(-a)$ erklärt.

Die Überlegungen aus Beispiel 2) lassen sich entsprechend auch für die Multiplikation durchführen. Wir notieren als Ergebnis:
Nach (2.d) gibt es zu jedem $a \neq 0$ genau eine Zahl a^{-1}, so daß gilt $aa^{-1} = 1$.
Statt a^{-1} wird auch $\frac{1}{a}$ geschrieben.
Für $a \neq 0$ besitzt die Gleichung

$$ax = b$$

genau eine Lösung $x = ba^{-1} =: \frac{b}{a}$; man nennt diese Zahl *Quotient*. Damit ist die *Division* für $a \neq 0$ erklärt.

Aufgabe: Man führe die Beweise analog zu Beispiel 2) durch.

3) Für jedes a gilt: $a \cdot 0 = 0$.
Nach Axiom (1.a) und (1.c) hat man $c = 0 + c$. Setzt man $b = 0$ in Axiom (3), so folgt

$$ac = a(0 + c) = a \cdot 0 + ac.$$

Addition von $(-ac)$ auf beiden Seiten der Gleichung liefert die Behauptung. Wir haben also bewiesen:

Ist in einem Produkt mindestens ein Faktor 0, *so ist das Produkt* 0.

Dieser Satz läßt sich umkehren. Sei nämlich $ab = 0$ und $a \neq 0$, so ergibt sich:

$$0 = \frac{1}{a}(ab) = \left(\frac{1}{a}a\right)b = 1 \cdot b = b.$$

(Für $a = 0$ braucht nichts mehr bewiesen zu werden!)

4) Schließlich zeigen wir noch

$$(-a)b = (-ab).$$

Die Zahl $(-ab)$ ist nach Definition die eindeutig bestimmte Lösung der Gleichung

$$ab + x = 0.$$

Andererseits rechnet man nach, daß die Zahl $(-a)b$ auch Lösung dieser Gleichung ist:

$$ab + (-a)b = (a + (-a)) \cdot b = 0 \cdot b = 0.$$

Wegen der Eindeutigkeit der Lösung muß also gelten:

$$(-a)b = (-ab).$$

Aufgaben

1. Man beweise die binomische Formel für den Exponenten 3 und gebe bei jedem Beweisschritt genau an, welches Körperaxiom benutzt wird.
2. Man zeige, daß gilt:

   $$((a+b)+c)+d = (a+b)+(c+d) = (a+(b+c))+d =$$
   $$a+((b+c)+d) = a+(b+(c+d)).$$

   Für diese Zahl schreibt man kurz: $a+b+c+d$. Wieviel Möglichkeiten der Beklammerung gibt es bei 5 Summanden?
3. Man zeige, daß $(-(-a)) = a$ gilt.
4. Im Anschluß an Beispiel 4) beweise man

   $$(-a) \cdot (-b) = a \cdot b.$$

5. Man zeige, daß für jedes $a \neq 0$ gilt:

   $$(-a)^{-1} = -(a^{-1}).$$

6. Aus den Körperaxiomen lassen sich die Regeln der „Bruchrechnung" herleiten. Unter der (notwendigen) Voraussetzung $b \neq 0$ und $d \neq 0$ beweise man die folgenden Aussagen:

(1) Aus $\frac{a}{b} = \frac{c}{d}$ folgt $ad = bc$ und umgekehrt folgt aus $ad = bc$ auch $\frac{a}{b} = \frac{c}{d}$.

(2) $\frac{a}{b} + \frac{c}{d} = \frac{a \cdot d + b \cdot c}{b \cdot d}$

(3) $\left(\frac{a}{b}\right) \cdot \left(\frac{c}{d}\right) = \frac{a \cdot c}{b \cdot d}$

(4) $\left(\frac{a}{b}\right) \cdot \left(\frac{c}{d}\right)^{-1} = \frac{a \cdot d}{b \cdot c}$, falls auch $c \neq 0$.

1.2 Anordnungsaxiome

Hier handelt es sich darum, eine tragfähige Basis für das Umgehen mit der *Kleinerbeziehung*, die durch das Zeichen $<$ symbolisiert wird, zu legen.

Wir nehmen an, daß folgendes gilt:

Sind a, b irgend zwei reelle Zahlen, so steht fest, ob $a < b$ richtig oder falsch ist. Für die *Kleinerbeziehung* gelten die folgenden Gesetze:

Anordnungsaxiome		
(1)	Entweder gilt $a = b$ oder $a < b$ oder $b < a$	Trichotomiegesetz
(2)	Aus $a < b$ und $b < c$ folgt $a < c$	Transitivgesetz
(3)	Aus $a < b$ folgt $a + c < b + c$	Monotoniegesetz der Addition
(4)	Aus $a < b$ und $0 < c$ folgt $ac < bc$	Monotoniegesetz der Multiplikation

Die Zahl 0 ist durch die Körperaxiome ausgezeichnet. Gilt $0 < a$, so heißt a *positiv*; gilt $a < 0$, so heißt a *negativ*.
Eine Beziehung der Art $a < b$ nennt man *Ungleichung*, in manchen Zusammenhängen auch *Abschätzung*.

Wir zeigen an einigen Beispielen, wie aus den Anordnungsaxiomen – zusammen mit den Körperaxiomen – Folgerungen gezogen werden können.

Beispiele:

1) Aus $a<b$ und $c<d$ folgt $a+c<b+d$.

Beweis: Nach Axiom (3) folgt aus $a<b$

$$a+c<b+c$$

und aus $c<d$

$$b+c<b+d.$$

Nach Axiom (2) folgt weiter

$$a+c<b+d.$$

2) Nach Axiom (4) gilt mit $a<b$ auch $ac<bc$, falls c positiv ist. Was geschieht bei Multiplikation mit einer negativen Zahl? Wir behaupten:

Aus $a<b$ und $c<0$ folgt $bc<ac$.

Beweis: Zunächst überlegt man sich, daß $c<0$ gleichbedeutend ist mit $0<(-c)$. Nach Axiom (3) ergibt nämlich Addition von $(-c)$ zur Ungleichung $c<0$, die nach Voraussetzung gilt:

$$(-c)+c<(-c), \quad \text{d.h.} \quad 0<(-c).$$

Umgekehrt folgt aus $0<(-c)$ durch Addition von c:

$$c<(-c)+c, \quad \text{d.h.} \quad c<0.$$

Wir können deshalb die Voraussetzung unseres Satzes auch in der Form $a<b$ und $0<(-c)$ schreiben und damit Axiom (4) anwenden; es folgt also

$$a\cdot(-c)<b\cdot(-c).$$

Nach Beispiel 4) von S. 13 bedeutet das

$$(-ac)<(-bc).$$

Addition von $ac+bc$ ergibt (nach Axiom (3)) die Behauptung.

3) Für jedes $a \neq 0$ gilt $0<a^2$.

Beweis: Wir unterscheiden die beiden Fälle $0<a$ und $a<0$. Im ersten Fall folgt die Behauptung unmittelbar aus Axiom (4). Im zweiten Fall kann man – wie in Beispiel 2) gezeigt wurde – die Voraussetzung in der Form $0<(-a)$ schreiben, so daß man wieder Axiom (4) anwenden kann:

$$0<(-a)^2.$$

Wegen $(-a)^2=a^2$ (vgl. Aufg. 4 auf S. 13) folgt die Behauptung. Speziell erhalten wir für $a=1$ die Aussage:

$$0<1.$$

4) Aus $0<a$ folgt $0<\frac{1}{a}$.

Beweis: $\frac{1}{a}=0$ kann nicht gelten, weil $a\cdot\frac{1}{a}=1\neq 0$. Wir müssen somit nur noch die Möglichkeit $\frac{1}{a}<0$ ausschließen. Nach Axiom (4) würde aber aus $\frac{1}{a}<0$ und $0<a$ folgen:

$$1<0,$$

was nach Beispiel 3) nicht richtig sein kann.

Aufgabe: Man zeige entsprechend: Aus $a<0$ folgt $\frac{1}{a}<0$.

5) Aus $a<b$ und $0<ab$ folgt $\frac{1}{b}<\frac{1}{a}$.

Aus $a<b$ und $ab<0$ folgt $\frac{1}{a}<\frac{1}{b}$.

Beweis: Gilt $0<ab$, so auch $0<\frac{1}{ab}$ (nach Beispiel 4)). Axiom (4) ergibt dann

$$a\cdot\frac{1}{ab}<b\cdot\frac{1}{ab},\quad \text{d.h.}\quad \frac{1}{b}<\frac{1}{a}.$$

Entsprechend erhält man den zweiten Teil der Behauptung.

Mit der *Kleinerbeziehung* $<$ ist zugleich die *Größerbeziehung* $>$ gegeben; sie wird folgendermaßen definiert:

$a>b$ gilt genau dann, wenn $b<a$ gilt.

Prinzipiell käme man mit der Kleinerbeziehung aus. Es ist jedoch bequem, mit beiden Beziehungen zu arbeiten; oft ist eine der beiden aus Gründen der Einprägsamkeit vorzuziehen.

Zweckmäßig ist weiter die Einführung der Relation $\leqq$ durch die Festsetzung:

$a \leqq b$, *wenn entweder* $a < b$ *oder* $a = b$ *gilt.*

Hieraus folgt unmittelbar:
Wenn $a \leqq b$ und $b \leqq a$ gilt, so ist $a = b$.
Wenn $a \leqq b$ nicht gilt, so ist $a > b$.
Wenn $a > b$ nicht gilt, so ist $a \leqq b$.

Aufgabe: Man beweise die den Anordnungsaxiomen (2), (3) und (4) entsprechenden Aussagen:

Aus $a \leqq b$, $b \leqq c$ folgt $a \leqq c$.
Aus $a \leqq b$ folgt $a + c \leqq b + c$.
Aus $a \leqq b$, $0 \leqq c$ folgt $ac \leqq bc$.

Auch die Beispiele versuche man nach Möglichkeit zu übertragen.

Hat man zwei Ungleichungen

$a < b$ und $b < c$,

so verwendet man die abkürzende Schreibweise

$$a < b < c.$$

Entsprechend sind die Schreibweisen

$$a \leqq b \leqq c$$
$$a > b > c$$
$$a \geqq b \geqq c$$

zu verstehen.
Wenn $a < b < c$ oder $a > b > c$ gilt, sagt man, daß b *zwischen* a und c liegt.

Beispiel: Für alle a, b mit $a \leqq b$ gilt

$$a \leqq \frac{a+b}{2} \leqq b.$$

Beweis: Aus den vorausgegangenen Beispielen ergibt sich $\frac{1}{2} > 0$ (wie?), und damit weiter

$$\tfrac{1}{2}a \leqq \tfrac{1}{2}b.$$

Addition von $\frac{1}{2}a$ liefert den einen Teil der Behauptung. Der andere folgt analog.

Mit Hilfe der Anordnung werden die *Intervalle* definiert. Vorausgesetzt wird dabei $a < b$.

$[a, b] := \{x \mid a \leqq x \leqq b\}$	„abgeschlossenes Intervall"
$[a, b[\ := \{x \mid a \leqq x < b\}$	„halboffene Intervalle"
$]a, b] := \{x \mid a < x \leqq b\}$	
$]a, b[\ := \{x \mid a < x < b\}$	„offenes Intervall"

In allen vier Fällen bezeichnet man die positive Zahl $b - a$ als *Länge* des betreffenden Intervalls.
Es ist zweckmäßig, auch die Mengen

$$\{x \mid x \geqq a\}$$
$$\{x \mid x > a\}$$
$$\{x \mid x \leqq a\}$$
$$\{x \mid x < a\}$$

als Intervalle zu bezeichnen. Schließlich rechnen wir auch die einelementigen Mengen, die leere Menge und die Menge aller reellen Zahlen mit zu den Intervallen. Auf die einelementigen Intervalle wird man geführt, wenn man im Fall des „abgeschlossenen Intervalls" $[a, b]$ zuläßt, daß $a = b$ gilt. Sinngemäß wird diesen Intervallen und der leeren Menge die Länge 0 zugeordnet.

Mittels der Anordnung erklärt man den *absoluten Betrag* einer reellen Zahl.

Def.: $$|a| = \begin{cases} a, & \textit{falls } a \geqq 0 \\ -a, & \textit{falls } a < 0. \end{cases}$$

($|a|$ *wird gelesen: „a absolut" oder auch „Betrag a".*)

Nach dieser Erklärung gilt für alle a:

$$|a| \geqq 0$$

und

$$-|a| \leqq a \leqq |a|.$$

Aufgabe: Man beweise, daß $|a| \leqq b$ gleichbedeutend ist mit $-b \leqq a \leqq b$. (Zum Beweis unterscheide man die beiden Fälle $a \geqq 0$ und $a < 0$.)

Wir stellen einige wichtige Eigenschaften des absoluten Betrages zusammen, die im folgenden immer wieder gebraucht werden.

Satz: (1) $|a| = 0$ *genau dann, wenn* $a = 0$,
(2) $|ab| = |a| \cdot |b|$,
(3) $|a + b| \leqq |a| + |b|$ (*Dreiecksungleichung*).

Beweis: (1) folgt direkt aus der Definition von $|a|$. Um (2) zu beweisen, sind vier Fälle zu unterscheiden:

$$a \geqq 0, \ b \geqq 0$$
$$a \geqq 0, \ b < 0$$
$$a < 0, \ b \geqq 0$$
$$a < 0, \ b < 0.$$

Wir überlassen die ersten drei Fälle dem Leser und betrachten nur den letzten Fall. Wegen $(-a) > 0$ und $(-b) > 0$ ergibt sich aus Axiom (4):

$$(-a)(-b) > 0.$$

Auf Grund der Körperaxiome hat man dann also $ab > 0$, d.h. aber $|ab| = ab$. Andererseits ist $|a| = (-a)$ und $|b| = (-b)$, woraus $|a| \cdot |b| = (-a)(-b) = ab = |ab|$ folgt.

Ein Beweis der Dreiecksungleichung (3) kann folgendermaßen geführt werden: Aus $-|a| \leqq a \leqq |a|$ und $-|b| \leqq b \leqq |b|$ ergibt sich nach Beispiel 1) von S. 15:

(*) $$-(|a| + |b|) \leqq a + b \leqq |a| + |b|.$$

Ist nun $a + b \geqq 0$, so folgt die Behauptung (3) aus der rechten Seite der Ungleichung (*); für $a + b < 0$ wegen $|a + b| = -(a + b)$ dagegen aus der linken Hälfte von (*).

Aus dem eben bewiesenen Satz ziehen wir einige weitere Folgerungen:

1) Es sei $b \neq 0$. Dann gilt $\left|\frac{a}{b}\right| = \frac{|a|}{|b|}$.

Beweis: Nach Definition der Division besagt die Behauptung:

$$\left|\frac{a}{b}\right| \cdot |b| = |a|.$$

Diese Gleichung gilt aber nach Teil (2) unseres Satzes.

2) $\big||a| - |b|\big| \leqq |a + b|$.

Beweis: Die Dreiecksungleichung (3) kann auch in der Form

$$|a-c| \leqq |a| + |c|$$

geschrieben werden. Setzt man hier $c = a + b$, so folgt:

$$|b| \leqq |a| + |a+b|,$$

also

$$|b| - |a| \leqq |a+b|.$$

Durch Vertauschung von a, b ergibt sich

$$|a| - |b| \leqq |a+b|.$$

Damit hat man sogar

$$\big||a| - |b|\big| \leqq |a+b|,$$

also die Behauptung.

Aufgaben:

1. Man beweise:
   Aus $0 \leqq a < b$ und $0 \leqq c < d$ folgt $ac < bd$.
   (Kann man die Bedingungen $0 \leqq a$ und $0 \leqq c$ weglassen?)
2. Es sei $a > 0$ und $b > 0$. Dann gilt $a < b$ genau dann, wenn $a^2 < b^2$ gilt.
3. Man beweise, daß aus $a^3 = b^3$ folgt $a = b$.
4. Es sei $b > 0$ und $d > 0$. Dann folgen aus $\frac{a}{b} < \frac{c}{d}$ die beiden Ungleichungen

   $$\frac{a}{b} < \frac{a+c}{b+d} < \frac{c}{d}.$$

5. Erfüllt c die Bedingung $a \leqq c \leqq b$ und gilt $a < b$, so gibt es zwei eindeutig bestimmte Zahlen x, y derart, daß gilt:

   $$c = xa + yb, \qquad 0 \leqq x \leqq 1, \qquad 0 \leqq y \leqq 1, \qquad x + y = 1.$$

6. Man beweise, daß für nichtnegatives a, b, c, d gilt:

   $$\left(\frac{a+b}{2}\right)^2 \geqq ab$$

   $$\left(\frac{a+b+c+d}{4}\right)^4 \geqq abcd$$

   $$\left(\frac{a+b+c}{3}\right)^3 \geqq abc.$$

(Zum Beweis der letzten Ungleichung setze man in die zweite Ungleichung für d geeignet ein!) Weiter gebe man Bedingungen an, unter denen jeweils die Gleichheit eintritt.

7. Man zeige:

$$(ab + cd)^2 \leqq (a^2 + c^2)(b^2 + d^2).$$

Unter welchen Bedingungen gilt das Gleichheitszeichen?

8. Es sei $a > 0$, $b > 0$ und $\left(\frac{a}{b}\right)^2 < 2$. Dann gilt

$$2 < \left(\frac{a+2b}{a+b}\right)^2 \quad \text{sowie} \quad \left(\frac{a+2b}{a+b}\right)^2 - 2 < 2 - \left(\frac{a}{b}\right)^2.$$

9. Es sei $a \neq 0$ und $b \neq 0$. Dann gilt

$$\left|\frac{a}{b} + \frac{b}{a}\right| \geqq 2.$$

10. Für alle a, b gilt:

$$|a+b| + |a-b| \geqq |a| + |b|.$$

11. Man beweise:

$$|a| + |b| + |c| + |a+b+c| \geqq |a+b| + |b+c| + |c+a|.$$

Wann gilt die Gleichheit?

12. Die Menge aller positiven Zahlen sei mit P bezeichnet. Dann gilt:
(1) Entweder $a = 0$ oder $a \in P$ oder $(-a) \in P$.
(2) Aus $a \in P$ und $b \in P$ folgt $a + b \in P$.
(3) Aus $a \in P$ und $b \in P$ folgt $a \cdot b \in P$.
Man kann diese drei Aussagen auch umgekehrt als „Anordnungsaxiome" verwenden, d.h. wenn P vorgegeben ist und die Bedingungen (1), (2) und (3) erfüllt, dann kann man die Kleinerbeziehung definieren und die Anordnungsgesetze (1) bis (4) von S. 14 beweisen. Man führe dies im einzelnen durch!

1.3 Natürliche Zahlen, vollständige Induktion

Die Körperaxiome und die Anordnungsaxiome reichen zur Kennzeichnung der reellen Zahlen noch nicht aus. Bevor wir hierzu im nächsten Abschnitt

das „Vollständigkeitsaxiom" einführen, wollen wir zeigen, wie man aufgrund der Körper- und Anordnungsaxiome die *natürlichen Zahlen* definieren kann. Auch die „vollständige Induktion" erfordert dann kein neues Axiom, sondern ist bei diesem Vorgehen ein beweisbarer Satz.
Naheliegend ist es zu sagen, daß die natürlichen Zahlen, ausgehend von der Zahl 0, durch fortgesetzte Addition der Zahl 1 erzeugt werden. Will man die Unbestimmtheit und das zeitliche Moment, die in dem Begriff der „fortgesetzten Addition" liegen, vermeiden – weil eine Präzisierung den Begriff der natürlichen Zahl voraussetzt –, so kann dies unter Verwendung des Mengenbegriffs wie folgt geschehen.

Def.: *Eine Menge M von reellen Zahlen heißt* induktiv, *wenn gilt:*

(1) $0 \in M$
(2) *wenn* $x \in M$, *so* $x + 1 \in M$.

Induktive Mengen gibt es, z.B. die Menge aller reellen Zahlen oder die Menge aller nichtnegativen reellen Zahlen. Zu jeder induktiven Menge gehören die Zahlen 0 und 1 (wie etwa auch $1 + 1$ und $(1 + 1) + 1$).
Der Durchschnitt eines beliebigen Systems induktiver Mengen ist selber eine induktive Menge.
Denn die Zahl 0 gehört zum Durchschnitt, da sie nach Voraussetzung zu jeder Menge des Systems gehört. Ebenso folgt, daß wenn x zum Durchschnitt, also zu jeder Menge des Systems gehört, dasselbe auch für $x + 1$ gilt.

Die Menge der natürlichen Zahlen ist nun die „kleinste" induktive Menge, d.h. sie ist in jeder induktiven Menge enthalten.

Def.: *Der Durchschnitt* aller *induktiven Mengen reeller Zahlen heißt* Menge der natürlichen Zahlen *und wird mit* $\mathbb{N}_0$ *bezeichnet.*

Da $\mathbb{N}_0$ eine Menge von reellen Zahlen ist, gelten auch in $\mathbb{N}_0$ die Anordnungseigenschaften. Die Zahl 0 ist die kleinste natürliche Zahl, denn es gibt keine negative Zahl, die zu allen induktiven Mengen gehört, weil die Menge aller nichtnegativen Zahlen induktiv ist. Dagegen gibt es keine größte natürliche Zahl, denn mit n ist auch $n + 1$ eine natürliche Zahl, für die wegen $1 > 0$ gilt $n + 1 > n$.

Eine unmittelbare Folgerung aus der Definition der natürlichen Zahlen ist die „Induktionseigenschaft". Da $\mathbb{N}_0$ die kleinste induktive Menge ist, muß jede in $\mathbb{N}_0$ enthaltene induktive Menge W schon mit $\mathbb{N}_0$ übereinstimmen. Es gilt also der

Satz: *Es sei* $W \subset \mathbb{N}_0$ *und es gelte*
(1) $0 \in W$
(2) *wenn* $n \in W$, *so* $n+1 \in W$.
Dann gilt $W = \mathbb{N}_0$.

Dieser „Induktionssatz" ist die Grundlage für die *Beweismethode der vollständigen Induktion:*

Es sei $A(n)$ eine Aussage über die natürliche Zahl n. Gelingt es zu zeigen:

(1) Induktionsanfang: $A(0)$ ist richtig.
(2) Induktionsschritt: Aus der Annahme, $A(n)$ sei richtig, folgt, daß auch $A(n+1)$ richtig ist.

Dann ist $A(n)$ für *jede* natürliche Zahl n richtig.

Betrachtet man nämlich die Menge W aller natürlichen Zahlen n, für die $A(n)$ richtig ist, so erfüllt die Menge W die Bedingungen des Induktionssatzes. Es gilt also $W = \mathbb{N}_0$, d.h. $A(n)$ ist für jede natürliche Zahl n richtig.

Bemerkung: An Stelle von 0 kann eine beliebige andere natürliche Zahl n_0 als „Anfangszahl" treten. Läßt sich der Induktionsschritt dann für $n \geqq n_0$ durchführen, so ist $A(n)$ zumindest für alle natürlichen Zahlen $n \geqq n_0$ richtig. Wir beweisen diese Verallgemeinerung am Ende dieses Abschnitts, verwenden sie jedoch schon in den Beispielen.

Die folgenden Beispiele dienen der Einübung der vollständigen Induktion. Wir verwenden dabei die Begriffe: Summe von n Summanden, Produkt von n Faktoren in naiver Weise:

$$a_1 + a_2 + a_3 + \ldots + a_{n-1} + a_n$$
$$a_1 \cdot a_2 \cdot a_3 \cdot \ldots \cdot a_{n-1} \cdot a_n.$$

Zur korrekten Definition dieser Begriffe hat man die Induktionseigenschaft der natürlichen Zahlen heranzuziehen; wir kommen hierauf in Kap. 2 zurück. Speziell ist die n-te Potenz a^n einer reellen Zahl a das Produkt

$$a^n := \underbrace{a \cdot a \cdot a \cdot \ldots \cdot a \cdot a}_{n\text{-mal}}.$$

Hierbei ist zunächst $n \geqq 2$ vorauszusetzen. Im Einklang mit der Rechenregel $a^{m+n} = a^m \cdot a^n$ setzt man weiter fest:

$$a^1 := a$$
$$a^0 := 1.$$

(Insbesondere wird also auch $0^0 = 1$ gesetzt.)

In den Beispielen verwenden wir auch die übliche „dezimale Darstellung" der natürlichen Zahlen, ohne sie zu begründen (vgl. dazu Aufg. 11, S. 34).

Beispiele:

1) Es sei $a > -1$. Dann gilt die Ungleichung

$$(1+a)^n \geqq 1 + na$$

für jede natürliche Zahl n. Man bezeichnet diese Aussage als *Bernoullische Ungleichung*.

Beweis: 1) Induktionsanfang: Für $n_0 = 0$ ist

$$(1+a)^0 \geqq 1 + 0 \cdot a$$

richtig.
(2) Induktionsschritt: Aus der Aussage für n

$$(1+a)^n \geqq 1 + na$$

folgt durch Multiplikation mit der positiven Zahl $(1+a)$ die Ungleichung

$$(1+a)^{n+1} \geqq (1+na)(1+a)$$

d.h.

$$(1+a)^{n+1} \geqq 1 + (n+1)a + na^2.$$

Da $a^2 \geqq 0$ und $n \geqq 0$ gilt, folgt weiter $na^2 \geqq 0$ und damit

$$1 + (n+1)a + na^2 \geqq 1 + (n+1)a.$$

Wegen der Transitivität von $\geqq$ gilt also

$$(1+a)^{n+1} \geqq 1 + (n+1)a.$$

2) Für alle natürlichen Zahlen $n \geqq 5$ gilt: $2^n > n^2$.

Beweis: (1) Induktionsanfang: Für $n_0 = 5$ ist die Behauptung richtig, denn

$$2^5 = 32 > 25 = 5^2.$$

(2) Induktionsschritt: Aus der Annahme

$$2^n > n^2$$

folgt durch Multiplikation mit 2:

$$2^{n+1} > 2n^2.$$

Wir müssen nun zu zeigen versuchen, daß $2n^2 \geqq (n+1)^2$ gilt. Diese Ungleichung ist aber für $n \geqq 3$ richtig, weil dann $n \geqq 3 > 2 + \frac{1}{n}$ und damit

$$2n^2 = n^2 + nn > n^2 + n\left(2 + \frac{1}{n}\right) = (n+1)^2$$

gilt. Also folgt aus der Annahme $2^n > n^2$, falls $n \geqq 3$, die Ungleichung

$$2^{n+1} > (n+1)^2.$$

Damit ist der Induktionsbeweis geführt.

Man sieht an diesem Beispiel, daß beim Induktionsschritt die Bedingung $n \geqq 3$ benötigt wird, während für den Induktionsanfang die natürlichen Zahlen 0, 1, 5 nicht aber die Zahlen 2, 3, 4 in Frage kommen. Deshalb ist die Aussage für $n = 0,1$ und für alle $n \geqq 5$ richtig.

3) Für alle natürlichen Zahlen $n \geqq 1$ gilt:

$$1 + 3 + 5 + \ldots + (2n-3) + (2n-1) = n^2.$$

Beweis: (1) Induktionsanfang: Für $n_0 = 1$ erhält man die richtige Gleichung

$$1 = 1.$$

(2) Induktionsschritt: Aus der Annahme

$$1 + 3 + 5 + \ldots + (2n-3) + (2n-1) = n^2$$

folgt durch Addition der Zahl $(2n+1)$:

$$1 + 3 + 5 + \ldots + (2n-3) + (2n-1) + (2n+1) = n^2 + (2n+1)$$

d.h.

$$1 + 3 + 5 + \ldots + (2n-1) + (2n+1) = (n+1)^2,$$

also die Aussage für $n+1$.

Es ist zweckmäßig, für die Summe $a_1 + a_2 + a_3 + \ldots + a_{n-1} + a_n$ eine abkürzende Schreibweise einzuführen:

$$a_1 + a_2 + a_3 + \ldots + a_{n-1} + a_n =: \sum_{j=1}^{n} a_j.$$

$\sum$ heißt *Summenzeichen*, der Buchstabe j wird in diesem Falle als *Summationsindex* verwendet. Er kann beliebig umbenannt werden; so gilt z.B.

$$\sum_{j=1}^{n} a_j = \sum_{k=1}^{n} a_k = \sum_{r=1}^{n} a_r.$$

Aufgrund der Erklärung hat man die Gleichung:

$$\left(\sum_{j=1}^{n} a_j\right) + a_{n+1} = \sum_{j=1}^{n+1} a_j.$$

Entsprechend verwendet man die abkürzende Schreibweise

$$a_1 \cdot a_2 \cdot \ldots \cdot a_{n-1} \cdot a_n =: \prod_{j=1}^{n} a_j.$$

Für das folgende Beispiel benötigen wir die sogenannten *Binomialkoeffizienten*. Diese sind für beliebiges natürliches n und natürliches k mit $0 \leqq k \leqq n$ erklärt durch

$$\binom{n}{k} := \frac{n!}{k!(n-k)!}.$$

Dabei bedeutet $n!$ (lies: n Fakultät) die natürliche Zahl $1 \cdot 2 \cdot 3 \cdot \ldots \cdot n$. Ferner setzt man $0! = 1$.
Wir beweisen durch Nachrechnen (für $1 \leqq k \leqq n$):

$$\binom{n}{k-1} + \binom{n}{k} = \binom{n+1}{k}.$$

Nach den gegebenen Definitionen ergibt sich:

$$\begin{aligned}\frac{n!}{(k-1)!(n-k+1)!} + \frac{n!}{k!(n-k)!} &= \frac{n!k}{k!(n+1-k)!} + \frac{n!(n+1-k)}{k!(n+1-k)!} \\ &= \frac{n!(k+n+1-k)}{k!(n+1-k)!} \\ &= \frac{(n+1)!}{k!(n+1-k)!}\end{aligned}$$

und damit die Behauptung.

4) a, b seien reelle Zahlen. Dann gilt für alle natürlichen Zahlen $n \geqq 0$:

$$(a+b)^n = \sum_{k=0}^{n} \binom{n}{k} a^{n-k} b^k$$

(*Binomische Formel*).

Beweis: (1) Induktionsanfang: Für $n = 0$ erhält man die richtige Gleichung $1 = 1$.

(2) Induktionsschritt: Aus der Annahme

$$(a+b)^n = \sum_{k=0}^{n} \binom{n}{k} a^{n-k} b^k$$

folgt durch Multiplikation mit $(a+b)$:

$$(a+b)^{n+1} = \sum_{k=0}^{n} \binom{n}{k} a^{n-k+1} b^k + \sum_{k=0}^{n} \binom{n}{k} a^{n-k} b^{k+1},$$

$$(a+b)^{n+1} = a^{n+1} + \sum_{k=1}^{n} \binom{n}{k} a^{n+1-k} b^k + \sum_{k=0}^{n-1} \binom{n}{k} a^{n-k} b^{k+1} + b^{n+1}.$$

Setzt man in der zweiten Summe für den Summationsindex $k = j-1$ ein, so erhält man weiter

$$(a+b)^{n+1} = a^{n+1} + \sum_{k=1}^{n} \binom{n}{k} a^{n+1-k} b^k + \sum_{j=1}^{n} \binom{n}{j-1} a^{n+1-j} b^j + b^{n+1}.$$

Da die Benennung des Summationsindex ohne Bedeutung ist, können die beiden mittleren Summanden zusammengefaßt werden:

$$(a+b)^{n+1} = a^{n+1} + \sum_{k=1}^{n} \left(\binom{n}{k} + \binom{n}{k-1} \right) a^{n+1-k} b^k + b^{n+1},$$

d.h.

$$(a+b)^{n+1} = \sum_{k=0}^{n+1} \binom{n+1}{k} a^{n+1-k} b^k.$$

5) Es sei $q \neq 1$. Dann gilt für alle natürlichen Zahlen $n \geqq 0$:

$$\sum_{k=0}^{n} q^k = \frac{1-q^{n+1}}{1-q}$$

(*Geometrische Summenformel*).

Beweis: (1) Für $n = 0$ erhält man $1 = 1$.
(2) Aus der Annahme

$$\sum_{k=0}^{n} q^k = \frac{1-q^{n+1}}{1-q}$$

folgt durch Addition von q^{n+1}:

$$\sum_{k=0}^{n+1} q^k = \frac{1-q^{n+1}+q^{n+1}-q^{n+2}}{1-q} = \frac{1-q^{n+2}}{1-q}.$$

Aufgabe: Man zeige, daß für alle reellen a, b und alle natürlichen Zahlen $n \geqq 1$ gilt:

$$a^n - b^n = (a-b) \cdot (a^{n-1} + a^{n-2} \cdot b + \ldots + a \cdot b^{n-2} + b^{n-1}).$$

6) Für alle natürlichen Zahlen $n \geqq 1$ gilt: Wenn $x_1, x_2, \ldots, x_n$ positive reelle Zahlen sind, deren Produkt $x_1 \cdot x_2 \cdot \ldots \cdot x_n = 1$ ist, dann gilt für ihre Summe die Ungleichung

$$x_1 + x_2 + \ldots + x_n \geqq n.$$

Die Gleichheit tritt genau dann ein, wenn $x_1 = x_2 \ldots = x_n = 1$ gilt.

Beweis: (1) Für $n = 1$ ist die Aussage offensichtlich richtig.
(2) Für je n positive Zahlen sei die Aussage richtig. Wenn nun

$$x_1 \cdot x_2 \cdot x_3 \cdot \ldots \cdot x_n \cdot x_{n+1} = 1$$

ist und nicht alle dieser positiven Zahlen gleich 1 sind, so muß mindestens eine kleiner als 1 und eine größer als 1 sein (warum?). Es sei etwa $x_1 > 1$ und $x_2 < 1$, also $(x_1 - 1)(x_2 - 1) = x_1 x_2 - x_1 - x_2 + 1 < 0$.

Nach Induktionsvoraussetzung folgt für die n positiven Zahlen $x_1 x_2$, $x_3, \ldots, x_{n+1}$ die Ungleichung

$$x_1 \cdot x_2 + x_3 + \ldots + x_{n+1} \geqq n.$$

Wegen $x_1 + x_2 - 1 > x_1 \cdot x_2$ ergibt sich hieraus die Aussage für die $n+1$ positiven Zahlen $x_1, x_2, x_3, \ldots, x_n, x_{n+1}$:

$$x_1 + x_2 + x_3 + \ldots + x_n + x_{n+1} > n + 1.$$

Insbesondere kann also das Gleichheitszeichen nur gelten, wenn alle Zahlen gleich 1 sind.

Aufgabe: Für positives $a_1, a_2, \ldots, a_n$ gilt die Ungleichung zwischen arithmetischem, geometrischem und harmonischem Mittel:

$$\left(\frac{a_1 + a_2 + \ldots + a_n}{n}\right)^n \geqq a_1 \cdot a_2 \cdot \ldots \cdot a_n \geqq \left(\frac{n}{\frac{1}{a_1} + \frac{1}{a_2} + \ldots + \frac{1}{a_n}}\right)^n.$$

(Wenn wir die n-te Wurzel definiert haben werden (vgl. S. 83), läßt sich diese Ungleichung in der Form

$$\frac{a_1 + a_2 + \ldots + a_n}{n} \geqq \sqrt[n]{a_1 a_2 \ldots a_n} \geqq \frac{n}{\frac{1}{a_1} + \frac{1}{a_2} + \ldots + \frac{1}{a_n}}$$

schreiben.)

Wir beweisen nun einige Aussagen über natürliche Zahlen, die selbstverständlich zu sein scheinen, aber aufgrund unserer Definition der natürlichen Zahlen doch bewiesen werden können und müssen. Dies hätte auch schon unmittelbar im Anschluß an den Satz von der vollständigen Induktion (vgl. S. 23) geschehen können. Die vorgeführten Beispiele werden hierbei nicht verwendet (sie dienten der Einübung der Beweismethode).

Satz: *Es seien m und n natürliche Zahlen. Dann sind auch $m+n$ und $m \cdot n$ natürliche Zahlen.*

Beweis: Um die Behauptungen durch vollständige Induktion beweisen zu können, denken wir uns m festgehalten.
(1) Induktionsanfang: $m + 0 = m$ und $m \cdot 0 = 0$ sind natürliche Zahlen.
(2) Induktionsschritt: Wenn $m+n$ eine natürliche Zahl ist, dann gilt dies auch von $(m+n)+1$; also ist auch $m+(n+1)$ eine natürliche Zahl.
Damit gilt also bei festem m für alle natürlichen Zahlen n, daß $m+n$ eine natürliche Zahl ist. Da m beliebig gewählt werden kann, folgt der erste Teil der Behauptung.
Wir verwenden dieses Resultat beim Beweis des Induktionsschrittes für das Produkt: Wenn $m \cdot n$ eine natürliche Zahl ist, dann gilt dies auch von $mn + m$; also ist auch $m(n+1)$ eine natürliche Zahl.

Um nun zu zeigen, daß für $m \geqq n$ auch die Differenz $m - n$ eine natürliche Zahl ist, sind einige Vorüberlegungen erforderlich. Zunächst weisen wir nach, daß es keine natürliche Zahl m gibt, für die $0 < m < 1$ gilt. Dies ergibt sich unmittelbar daraus, daß die Menge

$$M = \{0\} \cup \{x \mid x \geqq 1\}$$

induktiv ist (Beweis als Aufgabe).
Weiter überlegt man sich, daß der Induktionssatz auch mit dem Induktionsanfang 1 richtig ist, d. h. daß folgendes gilt: Wenn eine Menge W natürlicher Zahlen die beiden Eigenschaften

(1) $1 \in W$
(2) wenn $n \geqq 1$ und $n \in W$, so $n+1 \in W$

besitzt, dann gehören alle natürlichen Zahlen, die größer oder gleich 1 sind, zu W.
Zum Beweis prüft man nach, daß die Menge $W' = \{0\} \cup W$ die Bedingungen des Induktionssatzes (vgl. S. 23) erfüllt. Es gilt deshalb $W' = \mathbb{N}_0$. Da zwischen 0 und 1 keine natürliche Zahl liegt, folgt die Behauptung.
Die Menge aller natürlichen Zahlen, die größer oder gleich 1 sind, bezeichnen wir mit $\mathbb{N}$. Es gilt also $\mathbb{N}_0 = \{0\} \cup \mathbb{N}$.
Wenn n zu $\mathbb{N}$ gehört, so ist $n-1$ eine natürliche Zahl. Diese Aussage ist für $n = 1$ richtig und wenn sie für $n \geqq 1$ richtig ist, so auch für $n+1$. Denn $(n+1)-1 = n$ gehört nach Annahme zu $\mathbb{N}$, also erst recht zu $\mathbb{N}_0$.

Satz: *Für jede natürliche Zahl n gilt: es gibt keine natürliche Zahl m mit der Eigenschaft $n < m < n+1$.*

Beweis: (1) Induktionsanfang: Wir haben oben schon gezeigt, daß es keine natürliche Zahl m mit $0 < m < 1$ gibt.
(2) Induktionsschritt: Wenn es keine natürliche Zahl m mit $n < m < n + 1$ gibt, dann kann es auch keine natürliche Zahl m' mit $n + 1 < m' < n + 2$ geben, denn sonst würde für die natürliche Zahl $m = m' - 1$ gelten: $n < m < n + 1$.

Damit können wir den schon oben ausgesprochenen (und mehrfach verwendeten) Induktionssatz mit beliebigem Induktionsanfang n_0 beweisen.

Satz: *Es sei $W \subset \mathbb{N}_0$ und es gelte*
(1) $n_0 \in W$
(2) *wenn* $n \geqq n_0$ *und* $n \in W$, *so* $n + 1 \in W$.
Dann gilt $W \supset \{n \mid n \geqq n_0\}$.

Beweis: Die Menge $W' = \{k \mid k \leqq n_0 - 1\} \cup W$ erfüllt die Bedingungen des Induktionssatzes. Bei der Nachprüfung des Induktionsschrittes: „wenn $n \in W'$, so $n + 1 \in W'$“ hat man die Fälle

(a) $n < n_0 - 1$
(b) $n = n_0 - 1$
(c) $n > n_0 - 1$

zu unterscheiden. Im Fall (a) ist $n + 1 < n_0$; da zwischen $n_0 - 1$ und n_0 keine natürliche Zahl liegt, bedeutet dies: $n + 1 \leqq n_0 - 1$, d.h. $n + 1 \in W'$.
Im Fall (b) ist $n + 1 = n_0$, also gehört $n + 1$ nach Voraussetzung (1) zu W und damit zu W'. Im Fall (c) gilt $n \geqq n_0$, solche n aus W' gehören aber auch zu W. Dann folgt nach Voraussetzung (2), daß $n + 1$ zu W und damit zu W' gehört.

Satz: *Es seien m und n natürliche Zahlen mit $m \geqq n$. Dann ist auch $m - n$ eine natürliche Zahl.*

Beweis: Wir denken uns n fest vorgegeben und führen die vollständige Induktion nach m durch:
(1) Für $m = n$ ist $m - n = 0$ eine natürliche Zahl.
(2) Wir nehmen an, $m - n$ sei eine natürliche Zahl. Dann ist auch

$$(m + 1) - n = (m - n) + 1$$

eine natürliche Zahl.

Aus dem Induktionssatz leiten wir nun eine Eigenschaft der nichtleeren Mengen natürlicher Zahlen her, die für manche Beweise, so z. B. für den nachfolgenden Satz von der „Ordnungsinduktion“, sehr zweckmäßig ist.

Satz: *In jeder nichtleeren Menge A von natürlichen Zahlen gibt es ein kleinstes Element.*

Beweis: Wir betrachten folgende Menge W von natürlichen Zahlen:

$$W = \{n \mid n \leqq a \text{ für alle } a \in A\}.$$

Sicher gehört die natürliche Zahl 0 zu W. Würde nun mit jeder natürlichen Zahl n auch die natürliche Zahl $n + 1$ zu W gehören, so wäre $W = \mathbb{N}_0$. Dies steht im Widerspruch zur

Voraussetzung, daß A nicht leer ist; denn wenn es in A ein Element a gibt, dann ist $a+1$ eine natürliche Zahl, die nach Definition von W nicht zu W gehören kann.
Somit gibt es eine natürliche Zahl k mit $k \in W$, aber $k+1 \notin W$. Dieses k ist nun kleinstes Element der Menge A. Zunächst muß $k \leqq a$ für alle $a \in A$ gelten, da $k \in W$. Andererseits gibt es wegen $k+1 \notin W$ ein $a_0 \in A$ mit $k+1 > a_0$. Das bedeutet aber $a_0 \leqq k$, da es keine natürliche Zahl zwischen k und $k+1$ gibt. Somit gilt $k \leqq a_0$ und $a_0 \leqq k$, also $a_0 = k$. Die natürliche Zahl k gehört zu A und ist ihr kleinstes Element.

Manchmal kommt es vor, daß für den Induktionsschritt nicht nur die unmittelbar vorangehende Aussage gebraucht wird, sondern *alle* vorangehenden. Daß dies Vorgehen korrekt ist, ergibt sich aus dem

Satz: *Es sei W eine Menge natürlicher Zahlen mit den beiden Eigenschaften:*
(1) $n_0 \in W$,
(2) *wenn* $m \in W$ *für* $n_0 \leqq m \leqq n$, *so auch* $n+1 \in W$.
Dann gehören alle natürlichen Zahlen mit $n \geqq n_0$ *zu* W.

Beweis: Würden zu W nicht alle diese natürlichen Zahlen gehören, so wäre die Menge

$$A = \{n \mid n \geqq n_0,\ n \notin W\}$$

nicht leer. A hat ein kleinstes Element k. Die natürlichen Zahlen m mit $n_0 \leqq m \leqq k-1$ gehören also zu W. Nach (2) müßte dann k doch zu W gehören.

Beispiel: Es sei $a_1 = 1$. Für $n \geqq 2$ werde a_n rekursiv definiert (vgl. S. 72):

$$a_n = \sum_{m=1}^{n-1} m a_m .$$

Dann gilt für jede natürliche Zahl $n \geqq 2$:

$$a_n = \tfrac{1}{2} n!$$

Beweis: (1) Induktionsanfang: Für $n_0 = 2$ ist die Behauptung richtig, denn

$$a_2 = 1 \cdot 1 = \tfrac{1}{2} \cdot 2!$$

(2) Induktionsschritt: Sei $a_m = \frac{1}{2} m!$ für $2 \leqq m \leqq n$ richtig. Dann ergibt sich aus der Rekursionsformel:

$$a_{n+1} = 1 \cdot 1 + \sum_{m=2}^{n} m \cdot \tfrac{1}{2} m! .$$

Der Beweis wäre geführt, wenn wir wüßten, daß $\sum_{m=2}^{n} m \cdot m! = (n+1)! - 2$ ist:

$$a_{n+1} = 1 + \tfrac{1}{2}\big((n+1)! - 2\big) = \tfrac{1}{2}(n+1)!$$

Es bleibt also noch zu zeigen, daß für alle natürlichen Zahlen $n \geqq 2$ gilt:

$$\sum_{m=2}^{n} m \cdot m! = (n+1)! - 2 .$$

Dies ergibt sich wiederum durch vollständige Induktion: Für $n = 2$ erhält man: $4 = 4$.

Aus der Annahme

$$\sum_{m=2}^{n} m \cdot m! = (n+1)! - 2$$

folgt durch Addition von $(n+1)\cdot(n+1)!$:

$$\begin{aligned}\sum_{m=2}^{n+1} m \cdot m! &= (1+n+1)(n+1)! - 2\\ &= (n+2)! - 2.\end{aligned}$$

Mit der Menge $\mathbb{N}_0$ der natürlichen Zahlen haben wir auch die Menge $\mathbb{Z}$ der *ganzen Zahlen* und die Menge $\mathbb{Q}$ der *rationalen Zahlen:*

$$\mathbb{Z} := \{x \mid x \in \mathbb{N}_0 \text{ oder } (-x) \in \mathbb{N}_0\}$$

$$\mathbb{Q} := \{x \mid x = \frac{m}{n},\ m \in \mathbb{Z},\quad n \in \mathbb{N}\}$$

Hierbei sind die Körper- und Anordnungsaxiome zugrundegelegt; eine Konstruktion der ganzen und der rationalen Zahlen aus den natürlichen Zahlen, wie sie bei anderem Vorgehen nötig wäre, entfällt also.

Für $\mathbb{N}_0$ und $\mathbb{Z}$ verwendet man auch die „aufzählenden“ Schreibweisen:

$$\begin{aligned}\mathbb{N}_0 &= \{0, 1, 2, 3, \ldots\}\\ \mathbb{Z} &= \{\ldots, -2, -1, 0, 1, 2, 3, \ldots\}.\end{aligned}$$

Aufgaben:

1. Man beweise die folgenden Summenformeln durch vollständige Induktion:

$$\sum_{k=1}^{n} k = \frac{n(n+1)}{2},$$

$$\sum_{k=1}^{n} k^2 = \frac{n(n+1)(2n+1)}{6},$$

$$\sum_{k=1}^{n} k^3 = \frac{n^2(n+1)^2}{4} = \left(\sum_{k=1}^{n} k\right)^2.$$

Weiter leite man mit Hilfe der ersten beiden Ergebnisse Summenformeln her für

$$\sum_{k=1}^{n} (2k-1),$$

$$\sum_{k=1}^{n} (2k-1)^2.$$

2. Man beweise durch vollständige Induktion:

$$\prod_{k=0}^{n} (1 + a^{2^k}) = \frac{1 - a^{2^{n+1}}}{1 - a}, \qquad (a \neq 1) \qquad \text{für } n \geqq 0$$

$$\sum_{k=1}^{2n} (-1)^{k+1} \frac{1}{k} = \sum_{k=1}^{n} \frac{1}{n+k} \qquad \text{für } n \geqq 1$$

$$\sum_{k=1}^{n} \frac{1}{k(k+1)} = 1 - \frac{1}{n+1} \qquad \text{für } n \geqq 1$$

3. Man beweise durch vollständige Induktion:

$$\sum_{k=m}^{n} \binom{k}{m} = \binom{n+1}{m+1} \qquad (n \geqq m).$$

4. Aus der binomischen Formel leite man Gleichungen her für $\sum_{k=0}^{n} \binom{n}{k}$ und für $\sum_{k=0}^{n} (-1)^k \binom{n}{k}$.

5. Es sei $0 \leqq a < b$. Dann gilt für alle n die Ungleichung

$$a^n < b^n.$$

6. Man suche für die Mengen natürlicher Zahlen

$$\{n \mid 2^n > n^3\}$$
$$\{n \mid 3^n > n^3\}$$

möglichst einfache Beschreibungen und beweise dann die aufgestellten Behauptungen.

7. Man beweise, daß für alle $n \geqq 2$ gilt:

$$1 \cdot 2^2 \cdot 3^3 \cdot \ldots \cdot n^n < n^{\frac{n(n+1)}{2}}$$

8. Für welche n gilt die Ungleichung

$$n! \leqq \left(\frac{n}{2}\right)^n ?$$

9. Es sei $0 \leqq a \leqq 1$. Dann gilt für alle n die Ungleichung

$$(1 + a)^n \leqq 1 + (2^n - 1)a.$$

10. Für je n reelle Zahlen $a_1, a_2, \ldots, a_n$ gelten die Ungleichungen:

$$|a_1| - |a_2| - \ldots - |a_n| \leqq |a_1 + a_2 + \ldots + a_n| \leqq |a_1| + |a_2| + \ldots + |a_n|.$$

11. Es seien m und n natürliche Zahlen und es gelte $m \geqq 1$. Man zeige, daß die Menge natürlicher Zahlen

$$\{k \mid k \cdot m > n\}$$

nicht leer ist. Nach dem Satz von S. 30 besitzt sie ein kleinstes Element a. Was läßt sich über die natürliche Zahl $n-(a-1)m$ aussagen?
Man beweise sodann den Satz über die „Division mit Rest“: Zu je zwei natürlichen Zahlen m, n mit $m \geqq 1$ gibt es genau zwei natürliche Zahlen q und r derart, daß gilt:

$$n = q \cdot m + r \qquad \text{und} \qquad 0 \leqq r < m.$$

Hieraus folgere man, daß für $m \geqq 2$ jede natürliche Zahl eine Darstellung

$$n = r_k \cdot m^k + r_{k-1} \cdot m^{k-1} + \ldots + r_1 \cdot m + r_0$$

mit

$$0 \leqq r_j < m \qquad (j = 1, 2, \ldots, k)$$

besitzt. Diese Darstellung ist eindeutig bestimmt.

1.4 Vollständigkeitsaxiom

Die Menge $\mathbb{Q}$ der rationalen Zahlen erfüllt die Körperaxiome und die Anordnungsaxiome. Der Körper der reellen Zahlen, den wir axiomatisch kennzeichnen wollen, ist aber umfangreicher als $\mathbb{Q}$. Es sollten ja *alle* Zahlen mit beliebiger Dezimalentwicklung erfaßt werden, die rationalen Zahlen besitzen jedoch alle eine abbrechende oder periodische Dezimalentwicklung.
Zur Formulierung eines Axioms, das die „Vollständigkeit“ der reellen Zahlen beschreibt, sind typische Begriffe der Analysis wie *Intervallschachtelung*, *Supremum*, *Dedekindscher Schnitt* erforderlich. Wir bevorzugen hier den Begriff des Supremums einer nach oben beschränkten Menge.

Def.: *Eine Menge M von reellen Zahlen heißt* nach oben beschränkt, *wenn es eine reelle Zahl s gibt derart, daß*

$$x \leqq s \qquad \text{für alle } x \in M$$

gilt. s heißt dann eine obere Schranke *von M.*

Wenn s eine obere Schranke von M ist, dann ist auch jede größere Zahl eine obere Schranke von M.

Die Mengen $\mathbb{N}_0$, $\mathbb{Z}$ und $\mathbb{Q}$ sind nicht nach oben beschränkt (vgl. S. 39). Beispiele von Mengen, die nach oben beschränkt sind, hat man mit den Intervalltypen

$$[a,b],\ [a,b[,\ ]a,b],\ ]a,b[,\ \{x \mid x<a\},\ \{x \mid x \leqq a\}.$$

Def.: *Die obere Schranke s_0 heißt* kleinste obere Schranke *oder* Supremum *von M, wenn für* jede *obere Schranke s von M die Ungleichung*

$$s_0 \leqq s$$

gilt. Bezeichnung: $s_0 = \sup M$.

Bemerkung: Man sieht unmittelbar, daß eine nach oben beschränkte Menge M keine zwei verschiedenen kleinsten oberen Schranken besitzen kann. Wäre nämlich neben s_0 auch s_0' kleinste obere Schranke von M, so würde gelten: $s_0 \leqq s_0'$ und $s_0' \leqq s_0$, also $s_0 = s_0'$.

Beispiele:

1) Für die nach oben beschränkte Menge

$$M = \{x \mid x < 1\}$$

läßt sich die kleinste obere Schranke sofort angeben: Es gilt $\sup M = 1$, da $s_0 = 1$ obere Schranke von M ist und keine Zahl $s < 1$ obere Schranke von M sein kann. Wenn nämlich $s < 1$ gilt, dann folgt $s < \frac{s+1}{2} < 1$. Die Zahl $\frac{s+1}{2}$ ist also ein Element von M, das größer ist als s.

Man beachte, daß M kein größtes Element besitzt, denn mit $x \in M$ gehört auch die größere Zahl $\frac{x+1}{2}$ zu M.

2) Die Menge

$$M = \{x \mid x^2 < 2\}$$

ist nach oben beschränkt, z. B. ist $s = \frac{3}{2}$ eine obere Schranke von M. Gäbe es nämlich ein $x \in M$ mit $x > \frac{3}{2}$, so würde für dieses x gelten $x^2 > \frac{9}{4}$, was $x^2 < 2$ widerspricht.

Die Existenz einer kleinsten oberen Schranke kann jedoch in diesem Fall nicht aus den Körper- und Anordnungsaxiomen gefolgert werden. Wie wir auf S. 36 zeigen werden, muß die kleinste obere Schranke s_0 von M – falls sie existiert – nämlich die Gleichung $s_0^2 = 2$ erfüllen. Im Körper der rationalen Zahlen, für den die Körper- und die Anordnungsaxiome gelten, ist aber die Gleichung $s_0^2 = 2$ nicht lösbar. Dies kann man folgendermaßen einsehen: Wäre $\frac{m}{n}$ eine Lösung der Gleichung, so wäre $m^2 = 2n^2$. Dann müßte m gerade sein, also etwa $m = 2m'$. Weiter müßte dann wegen $2 \cdot m'^2 = n^2$ auch n gerade sein. Da man aber von vornherein davon ausgehen kann, daß m und n nicht beide gerade sind – da man sonst kürzen könnte – erhält man einen Widerspruch.

Durch die Forderung der Existenz des Supremums für *jede* nach oben beschränkte Menge erreichen wir nun unser Ziel, die reellen Zahlen zu kennzeichnen.
Wir nehmen an, daß folgendes gilt:

Vollständigkeitsaxiom
Jede nicht leere, nach oben beschränkte Menge reeller Zahlen besitzt eine kleinste obere Schranke.

Über die Zugehörigkeit der kleinsten oberen Schranke $s_0 = \sup M$ zur Menge M wird nichts ausgesagt. Wenn s_0 zu M gehört, schreibt man manchmal statt $\sup M$ auch $\max M$ und nennt s_0 das *Maximum* von M. Die Zahl s_0 ist dann das größte Element von M.

Beispiel:

Das Vollständigkeitsaxiom sichert uns für die Menge

$$M = \{x \mid x^2 < 2,\ x \geqq 0\}$$

die Existenz des Supremums $s_0 = \sup M$. Wir zeigen, daß diese Zahl s_0 die Gleichung $s_0^2 = 2$ erfüllt, indem wir die Ungleichungen $s_0^2 < 2$ und $s_0^2 > 2$ als falsch nachweisen.
1) Es gilt nicht $s_0^2 < 2$.
Wäre nämlich $s_0^2 < 2$, so könnten wir ein $h > 0$ so bestimmen, daß $s_0 + h$ noch zu M gehört, d. h. daß

$$(s_0 + h)^2 < 2$$

gilt. Diese Bedingung ergibt für h die Ungleichung

$$(*) \qquad 2hs_0 + h^2 < 2 - s_0^2.$$

Wenn wir zusätzlich $h < 1$ voraussetzen, ist

$$2hs_0 + h^2 < 2hs_0 + h.$$

Setzen wir also

$$2hs_0 + h = 2 - s_0^2, \qquad \text{d.h.} \qquad h = \frac{2 - s_0^2}{2s_0 + 1},$$

so ist wegen $s_0 > 1$ die Ungleichung (*) für h erfüllt.
Da $s_0 + h$ zu M gehört und $s_0 + h > s_0$ gilt, kann s_0 nicht obere Schranke von M sein. Die Annahme $s_0^2 < 2$ steht also im Widerspruch zur Voraussetzung $s_0 = \sup M$.

2) Es gilt nicht $s_0^2 > 2$.
Wäre nämlich $s_0^2 > 2$, so wäre auch die kleinere Zahl

$$s = s_0 - \frac{s_0^2 - 2}{2s_0}$$

noch obere Schranke von M. Wegen

$$s^2 = s_0^2 - 2s_0 \frac{s_0^2 - 2}{2s_0} + \left(\frac{s_0^2 - 2}{2s_0}\right)^2 > s_0^2 - (s_0^2 - 2) = 2$$

folgt für jedes $x \in M$:

$$x^2 < 2 < s^2$$

und daraus $x < s$, d.h. s wäre eine obere Schranke von M.
Da $s < s_0$ gilt, kann s_0 nicht die kleinste obere Schranke von M sein. Die Annahme $s_0^2 > 2$ steht also im Widerspruch zur Voraussetzung $s_0 = \sup M$.
Aufgrund des Vollständigkeitsaxioms ist also gezeigt, daß die Gleichung $s_0^2 = 2$ eine nichtnegative reelle Lösung besitzt. Diese wird wie üblich mit $\sqrt{2}$ bezeichnet:

$$\sqrt{2} := \sup\{x \mid x^2 < 2\}.$$

Aufgabe: Man zeige, daß die Menge $M = \{x \mid x^2 < 2\}$ kein größtes Element besitzt.

Das Vollständigkeitsaxiom wird im folgenden – ähnlich wie in diesem Beispiel – häufig dazu dienen, die Existenz von reellen Zahlen mit bestimmten Eigenschaften zu sichern.

Zum Nachweis, daß eine Zahl s das Supremum einer Menge M ist, verwendet man häufig den folgenden

Satz: *Die Zahl s ist genau dann das Supremum der Menge M, wenn folgende Bedingungen erfüllt sind:*
(1) *Für jedes* $x \in M$ *gilt* $x \leqq s$.
(2) *Zu jedem* $\varepsilon > 0$ *gibt es ein* $x \in M$ *derart, daß* $s - \varepsilon < x \leqq s$.

Beweis: Wenn $s = \sup M$ gilt, dann sind die beiden Bedingungen erfüllt: Da $s = \sup M$ obere Schranke von M ist, gilt (1). Gäbe es ein $\varepsilon > 0$ derart, daß für kein $x \in M$ die Ungleichung $s - \varepsilon < x \leqq s$ richtig ist, dann würde für alle $x \in M$ gelten

$$x \leqq s - \varepsilon,$$

d.h. $s - \varepsilon$ wäre eine kleinere obere Schranke von M als s. Also ist auch (2) erfüllt.
Wenn umgekehrt die beiden Bedingungen (1) und (2) erfüllt sind, dann ist s wegen (1) eine obere Schranke von M. Nach (2) muß s sogar kleinste obere Schranke von M sein, denn zu jeder kleineren Zahl $s' = s - \varepsilon$ gibt es ein $x \in M$ mit $s - \varepsilon < x$.

Die Begriffe *untere Schranke* und *größte untere Schranke* einer Menge M von reellen Zahlen werden in analoger Weise definiert: u heißt untere Schranke von M, wenn $u \leqq x$ für alle $x \in M$ gilt. Die untere Schranke u_0 von M heißt größte untere Schranke von M, wenn für jede untere Schranke u von M gilt: $u \leqq u_0$. Die Zahl u_0 heißt auch das *Infimum* von M und wird mit $\inf M$ bezeichnet. Gehört u_0 zu M, so schreibt man auch $u_0 = \min M$ und nennt u_0 das *Minimum* von M oder das kleinste Element von M.

Jede nicht leere, nach unten beschränkte Menge reeller Zahlen hat eine größte untere Schranke.
Beweis: Ist M die gegebene nach unten beschränkte Menge, so ist die durch „Spiegelung am Nullpunkt" entstehende Menge

$$M' = \{x \mid (-x) \in M\}$$

nach oben beschränkt. Auf M' können wir daher das Vollständigkeitsaxiom anwenden. Die kleinste obere Schranke s_0' von M' liefert eine größte untere Schranke u_0 von M:

$$u_0 = -s_0'.$$

Zu zeigen ist, daß diese Zahl u_0 untere Schranke und sogar größte untere Schranke von M ist. Es gilt nach Voraussetzung

$$x \leqq s_0' \qquad \text{für alle } x \in M'$$
$$(-x) \geqq (-s_0') = u_0 \qquad \text{für alle } x \in M'$$
d.h. $$y \geqq u_0 \qquad \text{für alle } y \in M.$$

Genau so folgt, daß jede obere Schranke s' von M' eine untere Schranke $u = -s'$ von M liefert. Da $s_0' \leqq s'$ für jede obere Schranke s' von M' gilt, muß auch $u_0 \geqq u$ für jede untere Schranke von M gelten.

Ist eine Menge M reeller Zahlen nach oben und unten beschränkt, so heißt M *beschränkt*. Für eine beschränkte Menge M existieren also die beiden reellen Zahlen $\sup M$ und $\inf M$; über ihre Zugehörigkeit zu M läßt sich allgemein nichts aussagen.

Als Grundlage für die weiteren Untersuchungen verwenden wir nur die Körperaxiome, die Anordnungsaxiome und das Vollständigkeitsaxiom. Da das Rechnen mit reellen Zahlen geläufig ist, benützen wir Folgerungen aus den Körperaxiomen ohne besonderen Hinweis. Auch an das Umgehen mit Ungleichungen werden wir uns bald so gewöhnt haben, daß Hinweise auf die Anordnungsaxiome nicht mehr notwendig sind. Hervorheben werden wir jedoch die Verwendung des Vollständigkeitsaxioms.
Für die *Menge aller reellen Zahlen* verwenden wir die Bezeichnung $\mathbb{R}$; die Menge der positiven bzw. der nichtnegativen reellen Zahlen bezeichnen wir mit $\mathbb{R}^+$ bzw. $\mathbb{R}_0^+$.
Reelle Zahlen, die nicht rational sind, heißen *irrationale Zahlen*.

Archimedische Anordnung der reellen Zahlen

Im vorigen Abschnitt hatten wir festgestellt, daß es keine größte natürliche Zahl gibt. Eine natürliche Zahl kann daher nicht obere Schranke der Menge $\mathbb{N}$ sein. Möglich wäre es jedoch, daß eine reelle Zahl s, die nicht zu $\mathbb{N}$ gehört, obere Schranke von $\mathbb{N}$ ist. Daß dies nicht der Fall ist, läßt sich mit Hilfe der Vollständigkeitseigenschaft beweisen.

Satz: *Die Menge der natürlichen Zahlen ist nicht nach oben beschränkt.*

Beweis: Wäre $\mathbb{N}$ nach oben beschränkt, so gäbe es für $\mathbb{N}$ eine kleinste obere Schranke s_0; für jedes $n \in \mathbb{N}$ würde also $n \leqq s_0$ gelten. Andererseits muß es eine natürliche Zahl n_0 geben mit $n_0 > s_0 - 1$, weil sonst $s_0 - 1$ obere Schranke von $\mathbb{N}$ wäre, also s_0 nicht kleinste obere Schranke von $\mathbb{N}$ sein könnte. Aus

$n_0 > s_0 - 1$ folgt aber $n_0 + 1 > s_0$; es kann daher nicht $n \leqq s_0$ für alle natürlichen Zahlen gelten.

Aus dem bewiesenen Satz ergibt sich unmittelbar die folgende Aussage, die schon in der griechischen Mathematik (Eudoxus, Archimedes) eine Rolle spielte.

Satz: *Zu jedem $a > 0$ und jedem $b \in \mathbb{R}$ gibt es eine natürliche Zahl n derart, daß gilt*

$$na > b.$$

Für diesen Sachverhalt sagt man kurz: Der Körper $\mathbb{R}$ ist *archimedisch angeordnet.*

Beweis: Gäbe es keine solche Zahl n, so würde für alle $n \in \mathbb{N}$ gelten $na \leqq b$, d.h.

$$n \leqq \frac{b}{a} \qquad \text{für alle } n \in \mathbb{N}.$$

$\frac{b}{a}$ wäre obere Schranke der Menge $\mathbb{N}$. Widerspruch!

Eine weitere Folgerung, die bei der Behandlung des Grenzwertbegriffs Verwendung finden wird, lautet:

Satz: *Ist $a \geqq 0$ und gilt für jede natürliche Zahl $n \neq 0$ die Ungleichung $a \leqq \frac{1}{n}$, dann ist $a = 0$.*

Beweis: Wäre $a \neq 0$, also $a > 0$, so würde $n \leqq \frac{1}{a}$ gelten für alle natürlichen n, d.h. $\frac{1}{a}$ wäre obere Schranke von $\mathbb{N}$. Eine solche obere Schranke gibt es aber nicht; deshalb muß $a = 0$ sein.

Schließlich zeigen wir noch, daß es zu zwei verschiedenen reellen Zahlen stets eine rationale Zahl gibt, die zwischen beiden liegt.

Satz: *Sind a, b reelle Zahlen mit $a < b$, so gibt es mindestens eine rationale Zahl r mit*

$$a < r < b.$$

Beweis: Wegen $b - a > 0$ gibt es stets eine natürliche Zahl n, so daß

$$n \cdot (b-a) > 1 \qquad \text{und somit} \qquad 0 < \frac{1}{n} < b-a$$

gilt. Eine solche Zahl n denken wir uns fest gewählt.
Wir nehmen nun zunächst $a > 0$ an. Dann gibt es mindestens eine natürliche Zahl m, so daß

$$m \cdot \frac{1}{n} > a$$

gilt. Die Menge

$$\{m \mid m \in \mathbb{N}, \frac{m}{n} > a\}$$

ist nicht leer und besitzt also (vgl. S. 30 unten) ein kleinstes Element k. Wir wissen schon, daß $a < \frac{k}{n}$ richtig ist und haben noch zu zeigen, daß $\frac{k}{n} < b$ gilt. Wäre $\frac{k}{n} \geqq b$, so würde folgen

$$\frac{k-1}{n} \geqq b - \frac{1}{n} > b - (b-a) = a,$$

was der Definition von k widerspricht.
Der Fall $a \leqq 0$ läßt sich auf den hier diskutierten zurückführen, indem man statt a, b die beiden Zahlen $a+c$, $b+c$ mit geeigneter rationaler Zahl c betrachtet. Die Durchführung sei dem Leser überlassen.
In jedem Intervall, zu dem mehr als ein Element gehört, gibt es also eine rationale Zahl.

Aufgaben:

1. Man beschreibe folgende Mengen reeller Zahlen in möglichst einfacher Form:

   a) $\{x \mid |x-1| = |x-3|\}$
   b) $\{x \mid x^2 - x + 10 > 16\}$
   c) $\{x \mid \frac{1}{2} + \frac{1}{1-x} > 0\}$
   d) $\{x \mid |x-1| + |x-2| > 1\}$
   e) $\{x \mid \left|\frac{x-1}{x+1}\right| = 2\}$.

Man stelle für jede dieser Mengen fest, ob sie nach oben beschränkt ist und bestimme gegebenenfalls die kleinste obere Schranke.

2. Man bestimme Supremum und Infimum – falls sie existieren – für folgende Mengen und untersuche jeweils, ob diese Zahlen zur betreffenden Menge gehören:

$$M_1 = \{x \mid x = (-1)^n \cdot \left(1 + \frac{1}{n}\right) \text{ mit } n \in \mathbb{N}\}$$

$$M_2 = \{x \mid x = \left(-\frac{1}{2}\right)^m - \frac{3}{n} \text{ mit } m, n \in \mathbb{N}\}$$

$$M_3 = \{x \mid (x-a)(x-b)(x-c) < 0\}.$$

3. Es sei M eine nicht leere, nach unten beschränkte Menge mit $\inf M > 0$. Man zeige, daß dann die Menge

$$M' = \{x \mid \frac{1}{x} \in M\}$$

nach oben beschränkt ist und daß gilt:

$$\sup M' = \frac{1}{\inf M}.$$

4. Die Mengen A und B seien nach oben und unten beschränkt. Man zeige, daß die Menge

$$C = \{x \mid x = y + z \text{ mit } y \in A \text{ und } z \in B\}$$

nach oben und unten beschränkt ist und daß gilt:

$$\sup C = \sup A + \sup B$$
$$\inf C = \inf A + \inf B.$$

5. Man zeige:

$$\sup\{a, b\} = \max\{a, b\} = \frac{a + b + |b - a|}{2}$$

$$\inf\{a, b\} = \min\{a, b\} = \frac{a + b - |b - a|}{2}.$$

6. Die Mengen A und B seien beschränkt. Man zeige:

$$\sup(A \cup B) = \max\{\sup A, \sup B\}$$
$$\inf(A \cup B) = \min\{\inf A, \inf B\}.$$

Wenn $A \subset B$ gilt, so bestehen die Ungleichungen

$$\sup A \leqq \sup B$$
$$\inf A \geqq \inf B.$$

Wenn $A \cap B \neq \emptyset$ gilt, so bestehen die Ungleichungen

$$\sup(A \cap B) \leqq \min\{\sup A, \sup B\}$$
$$\inf(A \cap B) \geqq \max\{\inf A, \inf B\}.$$

7. Es sei B eine nach oben beschränkte Menge von natürlichen Zahlen. Man beweise, daß es in dieser Menge ein größtes Element m gibt, d. h. es gilt

$$m \in B \qquad \text{und} \qquad b \leqq m \qquad \text{für alle } b \in B.$$

8. Es sei $a \geqq 0$. Man zeige, daß die Menge

$$M = \{x \mid x^2 \leqq a\}$$

nicht leer und nach oben beschränkt ist, und daß für $s = \sup M$ die Gleichung

$$s^2 = a$$

gilt. Man zeige weiter, daß $s = \sup M$ die einzige nichtnegative Lösung der Gleichung $x^2 - a = 0$ ist. Wie üblich schreibt man

$$s = \sqrt{a}.$$

Schließlich beweise man, daß gilt

$$\sqrt{a}\sqrt{b} = \sqrt{a \cdot b}.$$

9. Man zeige, daß $\sqrt{2} + \sqrt{3}$ irrational ist, d. h. nicht zu $\mathbb{Q}$ gehört. Für welche natürlichen Zahlen $n \geqq 0$ ist $\sqrt{n} + \sqrt{n+1}$ rational?
10. Man zeige, daß zwischen zwei verschiedenen reellen Zahlen stets (mindestens) eine irrationale Zahl liegt.
11. Es seien a, b, c, d rational und x irrational. Man gebe eine notwendige und hinreichende Bedingung dafür an, daß

$$\frac{ax + b}{cx + d}$$

irrational ist.
12. Eine Teilmenge M von $\mathbb{R}$ heißt *konvex*, wenn aus $a, b \in M$ folgt $[a, b] \subset M$. Alle Intervalle (vgl. S. 18) sind konvexe Mengen. Mit Hilfe des Vollstän-

digkeitsaxioms zeige man, daß in $\mathbb{R}$ auch umgekehrt jede konvexe Menge ein Intervall ist.

13. Haben zwei nicht leere Teilmengen A, B von $\mathbb{R}$ die Eigenschaften

(1) $A \cap B = \emptyset$

(2) $A \cup B = \mathbb{R}$

(3) Aus $x \in A$ und $y \in B$ folgt $x < y$,

dann heißt das Paar (A, B) ein Dedekindscher Schnitt.
Man zeige: Zu einem Dedekindschen Schnitt (A, B) gibt es genau eine Zahl s derart, daß für alle $x \in A$ und für alle $y \in B$ gilt:

$$x \leqq s \leqq y.$$

Es gilt also entweder

$$A = \{x \mid x \leqq s\}, \qquad B = \{x \mid x > s\}$$

oder

$$A = \{x \mid x < s\}, \qquad B = \{x \mid x \geqq s\}.$$

Man kann diese Eigenschaft auch umgekehrt als „Vollständigkeitsaxiom" verwenden: Wenn die Körper- und Anordnungsaxiome gelten und zu jedem Dedekindschen Schnitt eine „Schnittzahl" s mit der genannten Eigenschaft existiert, dann besitzt jede nicht leere, nach oben beschränkte Teilmenge M eine kleinste obere Schranke. Zum Beweis zeige man, daß die Mengen

$$A = \{x \mid x \text{ ist nicht obere Schranke von } M\}$$
$$B = \{x \mid x \text{ ist obere Schranke von } M\}$$

einen Dedekindschen Schnitt bilden. Die Schnittzahl s ist dann kleinste obere Schranke von M.

1.5 Bemerkungen

(a) Die Aufteilung der Axiome für die reellen Zahlen in die drei Blöcke „Körperaxiome", „Anordnungsaxiome" und „Vollständigkeitsaxiom" bringt folgenden Vorteil:
Hat man bei einem Beweis nur die Körperaxiome benutzt, so gilt der betreffende Satz nicht nur für die reellen Zahlen, sondern auch in allen anderen Fällen, in denen diese Axiome erfüllt sind, kurz: in jedem *Körper*.

Zum Beispiel ist die Menge $\mathbb{Q}$ der rationalen Zahlen ein Körper. Es gibt auch Körper mit nur endlich vielen Elementen. Das einfachste Beispiel ist der Körper $\mathbb{F}_2 = \{\bar{0}, \bar{1}\}$, in dem die Addition und die Multiplikation durch folgende „Verknüpfungstafeln" erklärt wird:

+	$\bar{0}$	$\bar{1}$
$\bar{0}$	$\bar{0}$	$\bar{1}$
$\bar{1}$	$\bar{1}$	$\bar{0}$

$\cdot$	$\bar{0}$	$\bar{1}$
$\bar{0}$	$\bar{0}$	$\bar{0}$
$\bar{1}$	$\bar{0}$	$\bar{1}$

Es gibt auch Körper mit drei, vier, fünf, sieben Elementen (allgemein mit p^n Elementen, wobei p Primzahl ist). Man bezeichnet diese Körper mit $\mathbb{F}_3$, $\mathbb{F}_4$, $\mathbb{F}_5$, $\mathbb{F}_7$ bzw. mit $\mathbb{F}_{p^n}$.
Nimmt man die Anordnungsaxiome hinzu, so gelangt man zum Begriff des *angeordneten Körpers*. Beispiele sind $\mathbb{Q}$ und $\mathbb{R}$, dagegen nicht die endlichen Körper. Weitere Beispiele liefern die in $\mathbb{R}$ enthaltenen Oberkörper von $\mathbb{Q}$, etwa

$$\mathbb{Q}(\sqrt{2}) = \{x \mid x = a + b\sqrt{2} \text{ mit } a, b \in \mathbb{Q}\}.$$

Der Körper $\mathbb{Q}$ der rationalen Zahlen ist in jedem anderen Körper von reellen Zahlen enthalten: $\mathbb{Q}$ ist der „kleinste" angeordnete Körper. Denn zu jedem angeordneten Körper gehören die natürlichen Zahlen und damit auch die ganzen Zahlen. Weiter müssen auch alle Quotienten von ganzen Zahlen (wobei der Nenner nicht 0 ist) zu jedem angeordneten Körper gehören.
Der angeordnete Körper $\mathbb{Q}$ erfüllt nicht das Vollständigkeitsaxiom, wie etwa das Beispiel der nach oben beschränkten Menge

$$M = \{x \mid x^2 \leqq 2,\ x \in \mathbb{Q}\}$$

zeigt. Würde diese Menge eine kleinste obere Schranke s_0 besitzen, so würde für s_0 die Gleichung $s_0^2 = 2$ gelten; es gibt aber keine solche rationale Zahl (vgl. S. 36).
Tatsächlich sind es nur die reellen Zahlen, die neben den Körper- und Anordnungsaxiomen auch noch das Vollständigkeitsaxiom erfüllen. Sie bilden also das einzige Modell für unser Axiomensystem. Wir können diese Behauptung erst später beweisen, wenn wir weitere geeignete Begriffe entwickelt haben, mit denen der Sinn einer solchen Behauptung präzisiert werden kann (vgl. S. 250).
Bei unseren bisherigen Überlegungen haben wir uns auf den Standpunkt gestellt, daß wir die reellen Zahlen kennen und daß diese alle aufgezählten Axiome erfüllen. Rückschauend bemerken wir jedoch, daß bei den Beweisen, die wir geführt haben, diese Annahme keine Rolle gespielt hat. Wir haben ja nur Folgerungen aus den Axiomen gezogen, und das bedeutet lediglich: Falls die in den

Axiomen formulierten Aussagen richtig sind, müssen auch die gewonnenen Sätze richtig sein.
Damit entsteht nun aber eine neue Fragestellung: Da wir (wenn wir uns nicht auf möglicherweise ungenaue Vorkenntnisse stützen wollen) noch gar kein Modell unseres Axiomensystems besitzen, müssen wir nachweisen, daß das Axiomensystem widerspruchsfrei ist, indem wir ein Modell konstruieren. Dieser Nachweis gelingt im Rahmen der klassischen Logik und Mengenlehre, wenn man deren Schlußweisen als richtig akzeptiert. Dabei kann die Konstruktion etwa in folgenden Stufen geschehen: Natürliche Zahlen, ganze Zahlen, rationale Zahlen, reelle Zahlen. Brauchbare Methoden für den letzten Schritt werden wir in Kap. 3 kennenlernen.

(b) Die Körperaxiome sind in der Tabelle auf S. 10 in drei Abschnitte aufgegliedert: In (1.a) bis (1.d) ist nur von der Addition die Rede, in (2.a) bis (2.d) nur von der Multiplikation, während in (3) sowohl die Addition als auch Multiplikation vorkommt.
Die Analogie, die zwischen den beiden ersten Abschnitten besteht, gibt Anlaß, etwa die Axiome (1.a) bis (1.d) für sich allein zu betrachten. Hat man eine Menge M und ist je zwei Elementen $a, b \in M$ eindeutig ein Element aus M zugeordnet – das mit $a * b$ bezeichnet werden soll – derart, daß die Axiome (1.a) bis (1.d) erfüllt sind (wobei an Stelle von $+$ überall $*$ zu schreiben ist), so heißt M zusammen mit der Verknüpfung $*$ eine *kommutative Gruppe*.
Die Körperaxiome (1.a) bis (1.d) besagen, daß jeder Körper bezüglich der Addition eine kommutative Gruppe ist, die Körperaxiome (2.a) bis (2.d) besagen, daß jeder Körper nach Wegnahme der 0 bezüglich der Multiplikation eine kommutative Gruppe ist.
Weitere Beispiele von kommutativen Gruppen sind: $(\mathbb{Z}, +)$, $(\mathbb{Q}, +)$, $(\mathbb{Q}^+, \cdot)$, $(\mathbb{R}^+, \cdot)$. Dabei sind die Mengen $\mathbb{Q}^+$ und $\mathbb{R}^+$ erklärt durch

$$\mathbb{R}^+ = \{x \mid x > 0\}$$
$$\mathbb{Q}^+ = \{x \mid x > 0,\ x \in \mathbb{Q}\}.$$

(c) Sieht man die Beweise, die wir geführt haben, durch, so kann man zwei Arten der Argumentation unterscheiden:
Ein *direkter Beweis* wird geführt, indem man ausgehend von den Axiomen – unter Zuhilfenahme schon bewiesener Sätze und der Voraussetzungen – durch eine Kette korrekter Schlüsse zur aufgestellten Behauptung gelangt.
Beim *indirekten Beweis* nimmt man an, daß die Negation der Behauptung richtig ist, und leitet mit dieser zusätzlichen Voraussetzung eine Aussage her,

von der man schon weiß, daß sie falsch ist. Dieser „Widerspruch" tritt nur dann nicht auf, wenn die ursprüngliche Behauptung doch richtig ist.
Für die in Beispiel 5) auf S. 16 direkt bewiesene Aussage: „Aus $a < b$ und $0 < a \cdot b$ folgt $\frac{1}{b} < \frac{1}{a}$" geben wir hier auch einen indirekten Beweis:

Wäre die Behauptung $\frac{1}{b} < \frac{1}{a}$ falsch, so würde $\frac{1}{b} \geqq \frac{1}{a}$ gelten, obwohl $ab > 0$ und $a < b$ vorausgesetzt ist. Multiplikation mit $ab > 0$ ergäbe:

$$\frac{a \cdot b}{b} \geqq \frac{a \cdot b}{a}, \qquad \text{also } a \geqq b.$$

Dies widerspricht der Voraussetzung $a < b$.
Der Leser sehe die Beweise in den vorangehenden Abschnitten daraufhin durch, ob sie direkt oder indirekt geführt wurden!

(d) Wir erläutern hier an einigen Beispielen die *Verneinung* oder *Negation* von Aussagen.
Ein nicht mathematisches Beispiel zur Negation: Zu der Aussage „Alle Studenten kennen die Beweismethode der vollständigen Induktion", heißt die Negation „Es gibt einen Studenten, der die Beweismethode der vollständigen Induktion nicht kennt".
Wir nehmen im folgenden an, daß mit reellen Zahlen in gleicher Weise wie in dem Beispiel mit den Studenten verfahren werden darf.
Von der Aussage „Für jedes $a \in M$ gilt $S(a)$" lautet demnach die Negation „Es gibt ein $a \in M$, so daß $S(a)$ nicht gilt".
Die Negation der Aussage „Es gibt ein $a \in M$, so daß $S(a)$ gilt" heißt „Für alle $a \in M$ ist $S(a)$ falsch".
Zur Übung formuliere man die Negation der Aussage „Für alle $a \in A$, für alle $b \in B$, für alle $c \in C$ gilt $S(a, b, c)$".
Oft kommen komplizierter zusammengesetzte Aussagen vor; z. B. ist nach S. 40 die folgende Aussage richtig:
Zu jedem $a > 0$ gibt es eine natürliche Zahl n, so daß $na > 1$ gilt.
Die Negation dieser Aussage in positiver Wendung kann man gemäß den vorausgegangenen Überlegungen in zwei Schritten erhalten:
1. Es gibt ein $a > 0$, so daß nicht gilt: Es gibt eine natürliche Zahl n mit $na > 1$.
2. Es gibt ein $a > 0$, so daß für jede natürliche Zahl n gilt: nicht $na > 1$, d.h. $na \leqq 1$.
(Diese letzte Formulierung lieferte nun unmittelbar einen Widerspruch, weil die Menge $\mathbb{N}$ nicht nach oben beschränkt ist.)

Ein analoges nicht mathematisches Beispiel:
„Für jeden Mathematik-Studenten gibt es einen Angehörigen des Mathematischen Instituts, der ihm Rat erteilt."
Negation:
„Es gibt einen Mathematik-Studenten, den jeder Angehörige des Mathematischen Instituts ratlos läßt."
Wir halten in Kurzform fest: Von der Aussage
„Zu jedem $a \in A$ gibt es ein $b \in B$, so daß $S(a, b)$ gilt"
lautet die Negation:
„Es gibt ein $a \in A$, so daß für jedes $b \in B$ gilt: nicht $S(a, b)$."

(e) Die meisten Sätze, mit denen wir uns beschäftigen, sind von der Form „Wenn A richtig ist, so ist auch B richtig". Allerdings haben sie nicht immer genau diese sprachliche Gestalt, die Umformulierung ist jedoch meist einfach, so daß wir auch weiterhin andere gleichbedeutende Beschreibungen verwenden werden.
Man schreibt kurz A $\Rightarrow$ B und sagt

A impliziert B
Aus A folgt B
A ist hinreichend für B.

Soll eine solche *Implikation* bewiesen werden, so kann man an Stelle von A $\Rightarrow$ B auch deren *Kontraposition*

nicht B $\Rightarrow$ nicht A

beweisen. Die Begründung ergibt sich aus den Bemerkungen zur Methode des indirekten Beweises: Wenn aus der Negation von B die Negation von A folgt, andererseits aber die Voraussetzung A richtig ist, entsteht der Widerspruch, daß zugleich A und die Negation von A richtig ist. Dieser Widerspruch läßt sich nur dadurch beseitigen, daß tatsächlich die Negation von B falsch ist, d.h. B muß richtig sein.
Wenn man also die Kontraposition einer Implikation beweisen kann, ist auch die Implikation selber richtig.

Als Beispiel betrachten wir für positives a und b die Implikation: Aus $a^2 < b^2$ folgt $a < b$.
Die Kontraposition lautet: Aus $a \geqq b$ folgt $a^2 \geqq b^2$.

Diese Aussage folgt direkt aus den Anordnungsaxiomen:

$$\begin{aligned} a &\geqq b \\ a^2 &\geqq ab && \text{(da } a > 0) \\ ab &\geqq b^2 && \text{(da } b > 0) \\ a^2 &\geqq b^2 && \text{(Transitivität von } \geqq). \end{aligned}$$

(Ein direkter Beweis der Implikation „$0 < a, 0 < b, a^2 < b^2 \Rightarrow a < b$" kann etwa so geführt werden:

$$b^2 - a^2 > 0$$

$$(b-a)(b+a) > 0$$

Wegen $(b+a) > 0$ folgt hieraus $(b-a) > 0$, d.h.: $a < b$.)

Wir erläutern nun noch eine Vereinbarung, die zunächst vielleicht merkwürdig erscheint, jedoch aus formalen Gründen nützlich ist. Wenn wir eine Implikation A $\Rightarrow$ B beweisen wollen, nehmen wir an, daß A richtig ist. Gelingt es einzusehen, daß dann auch B richtig sein muß, so ist A $\Rightarrow$ B richtig. Wenn aber A falsch sein sollte, dann sieht man A $\Rightarrow$ B als richtig an, ganz gleich, ob B richtig oder falsch ist („ex falso quodlibet"). Demnach ist A $\Rightarrow$ B nur falsch, wenn zwar A richtig, aber B falsch ist.
Mit dieser Festsetzung ist eine Implikation „A $\Rightarrow$ B" genau dann richtig, wenn ihre Kontraposition „nicht B $\Rightarrow$ nicht A" richtig ist.

Wenn A hinreichend für B ist, so ist also „nicht B" hinreichend für „nicht A", d.h. wenn B nicht richtig ist, dann kann auch A nicht richtig sein. Man sagt deshalb auch für A $\Rightarrow$ B:

B ist notwendig für A .

Als *Umkehrung* der Implikation A $\Rightarrow$ B bezeichnet man die Implikation B $\Rightarrow$ A. Ist die erste Aussage richtig, braucht die zweite natürlich nicht auch richtig zu sein. Zum Beispiel ist die Umkehrung der richtigen Aussage „Wenn a und b positiv sind, so ist ab positiv" die offenbar falsche Aussage: „Wenn ab positiv ist, so sind a und b positiv". Daß diese zweite Aussage falsch ist, zeigt man mit Hilfe eines *Gegenbeispiels*, etwa mit $a = b = -1$:
Zwar ist $(-1) \cdot (-1) = 1$ positiv, doch ist -1 nicht positiv.

Es kann aber auch sein, daß sowohl „Aus A folgt B" als auch „Aus B folgt A" richtige Aussagen sind.

Dann sagt man:

A ist notwendig und hinreichend für B.
B ist notwendig und hinreichend für A.

Um zu zeigen, daß A notwendig und hinreichend für B ist, sind also immer zwei Überlegungen durchzuführen:

1) Aus A folgt B.
2) Aus B folgt A.

Wir nennen noch einige andere gleichbedeutende Formulierungen:

A gilt dann und nur dann, wenn B gilt.
A gilt genau dann, wenn B gilt.
A und B sind äquivalent.
A ist kennzeichnend für B.

Als Kurzschreibweise verwenden wir: A $\Leftrightarrow$ B.
Ein Beispiel eines Satzes dieser Art ist etwa die Kennzeichnung des Supremums einer Menge auf S. 38.

(f) Eine wichtige Veranschaulichungsmöglichkeit für die reellen Zahlen und ihre Anordnungseigenschaften bietet sich in der sogenannten Zahlengeraden.

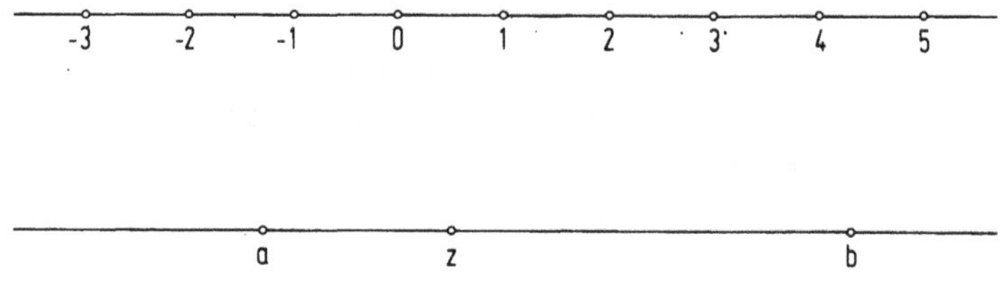

Auf einer Geraden wird ein Punkt 0 als „Nullpunkt" beliebig gewählt. Jedem rechts von 0 liegenden Punkt wird diejenige positive reelle Zahl zugeordnet, die gleich dem Abstand (gemessen in irgendeiner Längeneinheit) dieses Punktes von 0 ist. Jedem links von 0 liegenden Punkt wird dagegen sein negativer Abstand von 0 zugeordnet. Dann bedeutet $a < b$, daß der zu a gehörende Punkt links von dem zu b gehörenden Punkt liegt. Gilt $a < z < b$, so liegt der zu z gehörende Punkt zwischen den zu a bzw. b gehörenden Punkten; dieselbe Ausdrucksweise benützen wir auch für die zugehörigen reellen Zahlen. Sehr einfach wird die anschauliche Deutung der Addition, der Multiplikation und der Anordnungseigenschaften, die wir im einzelnen dem Leser überlassen.

So nützlich die beschriebene Veranschaulichungsmöglichkeit auch ist, so darf sie doch niemals als Beweismittel verwendet werden. Die Begriffe Gerade, Punkt, Abstand müßten nämlich zuvor präzise definiert werden, was hier nicht geschehen ist. Dagegen wird das Umgehen mit den reellen Zahlen genau durch die formulierten Grundeigenschaften festgelegt; nur auf diese stützen wir uns beim Beweisen.

Trotzdem empfehlen wir die Verwendung von Figuren und anschaulichen Hilfsmitteln zur Orientierung; läßt doch eine solche Figur oft schon das Wesen des betrachteten Sachverhaltes erkennen.

2 Funktionen

Der Begriff der Funktion oder Abbildung wird in der gesamten Mathematik und ihren Anwendungen in anderen Wissenschaften ständig benutzt. Von der (noch häufig anzutreffenden) Vorstellung, eine Funktion sei immer durch einen „Rechenausdruck“ gegeben, muß man sich allerdings befreien. Mit einem solchen engen Funktionsbegriff kommt man selbst dann nicht aus, wenn man die Mathematik nur als Hilfswissenschaft braucht.
Hier soll daher zunächst der Begriff der Abbildung in solcher Allgemeinheit eingeführt werden, wie es für das Folgende zweckmäßig ist. Dabei benutzen wir den Mengenbegriff. In den folgenden Abschnitten spezialisieren wir uns auf „reelle Funktionen“.
Unter den Beispielen zum Funktionsbegriff befinden sich die ganzrationalen und die rationalen Funktionen, die allein mit Hilfe der Körpereigenschaften der reellen Zahlen erklärt werden können und die man deshalb zu den sogenannten „elementaren Funktionen“ rechnet. Andere elementare Funktionen, wie Logarithmus-, Exponential- und Winkelfunktionen werden wir erst später einführen, nachdem Folgen und Reihen behandelt worden sind. Besonders hingewiesen sei an dieser Stelle noch auf die Treppenfunktionen, die in unserem Aufbau der Integralrechnung verwendet werden.

2.1 Abbildung, Verkettung, Umkehrabbildung

Gegeben seien die Mengen A und B, und es sei jedem x aus A genau ein Element aus B, das wir $f(x)$ nennen, zugeordnet. Wir sagen dann, daß durch A, B und diese Zuordnung eine *Abbildung* f *von* A *in* B gegeben ist. Wir verwenden die Schreibweisen:

$$f: A \to B$$

oder

$$x \mapsto f(x) \qquad \text{für } x \in A.$$

Statt Abbildung sagt man auch *Funktion*.

Bemerkung: Nicht verwenden sollte man die früher übliche Redeweise: „Die Abbildung oder Funktion $y = f(x)$“. Denn y (und damit $f(x)$) ist ein

Element der Menge B, dagegen gilt dies nicht von der Abbildung f. Funktion f und Funktionswert $f(x)$ an der Stelle x sind zu unterscheiden.

Beispiele von Abbildungen sind uns schon im ersten Kapitel vielfach begegnet, ohne daß wir diese Bezeichnung verwendet haben: So wurde auf S. 11 festgestellt, daß jeder reellen Zahl a eindeutig die Zahl $(-a)$ zugeordnet werden kann. Das heißt aber nach der jetzt eingeführten Terminologie, daß $x \mapsto (-x)$ eine Abbildung von $\mathbb{R}$ in $\mathbb{R}$ ist. Ein anderes Beispiel findet sich auf S. 36. Nach dem Vollständigkeitsaxiom ist jeder nicht leeren nach oben beschränkten Menge reeller Zahlen eindeutig die kleinste obere Schranke dieser Menge zugeordnet. Hier ist A ein Mengensystem, nämlich die Menge aller nicht leeren nach oben beschränkten Mengen von reellen Zahlen und B die Menge $\mathbb{R}$. Man sehe Kap. 1 nochmals daraufhin durch, wo Abbildungen vorkommen!

Ist f eine Abbildung von A in B, so heißt
A die *Definitionsmenge* von f,
jedes $x \in A$ auch *Stelle* oder *Argument* von f.
B die *Zielmenge* von f,
jedes $y \in B$, zu dem ein $x \in A$ existiert derart, daß $y = f(x)$ gilt, *Wert* oder *Bild* von f,
und die Menge aller Werte von f

$$W = \{y \mid \text{Es gibt } x \in A, \text{ so daß } y = f(x)\}$$

die *Wertemenge* der Abbildung f.
Kürzer schreibt man für die Wertemenge

$$W = f(A) = \{y \mid y = f(x), \ x \in A\}.$$

Unter dem *Bild* einer beliebigen Teilmenge C von A bei der Abbildung f versteht man die Menge aller Elemente aus B, die als Bilder von Elementen aus C vorkommen:

$$\{y \mid y = f(x), \ x \in C\}.$$

Diese Menge bezeichnet man kurz mit $f(C)$.
Unter dem *Urbild* einer beliebigen Teilmenge D von B bei der Abbildung f versteht man die Menge aller Elemente aus A, deren Bilder in D liegen:

$$\{x \mid f(x) \in D\}.$$

Diese Menge bezeichnet man kurz mit $f^{-1}(D)$. Selbstverständlich gilt $f^{-1}(D) \subset A$ (denn für $x \notin A$ ist $f(x)$ nicht erklärt). Die Bezeichnung bedeutet nicht, daß es eine Abbildung f^{-1} von $f(A)$ in A gibt; auch wenn D nur aus einem Element besteht, können zu $f^{-1}(D)$ mehrere Elemente gehören.

Aufgabe: Es gilt

$$f^{-1}(f(C)) \supset C \qquad \text{für alle } C \subset A$$

und

$$f(f^{-1}(D)) \subset D \qquad \text{für alle } D \subset B.$$

Besteht die Teilmenge D von B nur aus einem einzigen Element b, so besteht die zugehörige Urbildmenge aus allen Elementen von A, die die Gleichung $f(x)=b$ erfüllen, den „Lösungen" dieser Gleichung. Man nennt die Menge

$$\{x \mid f(x)=b\}$$

daher auch *Lösungsmenge* der Gleichung $f(x)=b$. Das Problem des Gleichungslösen besteht darin, zu untersuchen, ob diese Menge nicht leer ist, und wenn das der Fall ist, andere übersichtliche definierende Eigenschaften für diese Menge – etwa in „aufzählender" Form – zu finden.
Die Elemente x aus D, die die Gleichung $f(x)=b$ erfüllen, heißen auch *b-Stellen von f*.

Für Bilder und Urbilder bei einer Abbildung gelten mengenalgebraische Rechenregeln, die wir hier zusammenstellen.

Satz: *Sei f eine Abbildung von A in B.*
Für alle $U \subset A$ und alle $V \subset A$ gilt:

$$f(U \cap V) \subset f(U) \cap f(V)$$
$$f(U \cup V) = f(U) \cup f(V)$$
$$f(A \setminus U) \supset f(A) \setminus f(U).$$

Für alle $U \subset B$ und alle $V \subset B$ gilt:

$$f^{-1}(U \cap V) = f^{-1}(U) \cap f^{-1}(V)$$
$$f^{-1}(U \cup V) = f^{-1}(U) \cup f^{-1}(V)$$
$$f^{-1}(B \setminus U) = A \setminus f^{-1}(U).$$

Wir beweisen nur die erste Beziehung und überlassen die anderen Beweise dem Leser.
Wenn $y \in f(U \cap V)$ gilt, dann gibt es ein $x \in U \cap V$ derart, daß $y=f(x)$ ist. Da x sowohl zu U als auch zu V gehört, folgt, daß $f(x)$ sowohl zu $f(U)$ als auch zu $f(V)$ gehört. Also gilt $y \in f(U) \cap f(V)$.

Daß $f(U \cap V)$ echt in $f(U) \cap f(V)$ enthalten sein kann, zeigt etwa die Abbildung $f: \mathbb{R} \to \mathbb{R}$ mit $f(x) = x^2$ und $U = \{x \mid x \geqq 0\}$ und $V = \{x \mid x \leqq 0\}$. Dann gilt $f(U \cap V) = \{0\}$ und $f(U) \cap f(V) = \{y \mid y \geqq 0\}$.

Aufgabe: Aus $U \subset V \subset A$ folgt $f(U) \subset f(V)$. Für $U, V \subset B$ ist $U \subset V$ äquivalent mit $f^{-1}(U) \subset f^{-1}(V)$.

Die *Gleichheit zweier Abbildungen* erklären wir folgendermaßen: Es gilt $f = g$ genau dann, wenn f und g dieselbe Definitionsmenge A besitzen und für alle $x \in A$ gilt $f(x) = g(x)$.

Bemerkung: Oft wird in die Definition von $f = g$ auch die Gleichheit der Zielmengen aufgenommen. Dies ist für uns nicht so zweckmäßig, da z.B. die durch dieselbe Zuordnung $x \mapsto x^2$ festgelegten Abbildungen von $\mathbb{R}$ in $\mathbb{R}$ bzw. von $\mathbb{R}$ in $\mathbb{R}_0^+$ verschieden wären.

Hat man eine Abbildung $f: A \to B$, und ist C eine echte Teilmenge von A, so wird durch

$$x \mapsto f(x) \qquad \text{für } x \in C$$

eine neue Abbildung g definiert, die von f deshalb zu unterscheiden ist, weil die Definitionsmengen von f und g verschieden sind. Man nennt g die *Restriktion* (oder *Einschränkung*) von f auf C und schreibt

$$g = f \mid C.$$

Hat man umgekehrt eine Abbildung $f: A \to B$ und eine Abbildung $h: C \to D$ mit

$$C \supset A \quad \text{und} \quad h \mid A = f,$$

so nennt man h eine *Fortsetzung* der Abbildung f von der Menge A auf die Obermenge C von A. Während die Restriktion $f \mid C$ eindeutig durch C festgelegt wird, gibt es (im allgemeinen) mehrere Fortsetzungen bei gegebenem $C \supset A$.

Für die beiden Abbildungen $f: A \to B$ und $g: C \to D$ sei die Wertemenge der Abbildung f in der Definitionsmenge C von g enthalten, d.h. es gelte $f(A) \subset C$. Dann wird durch

$$h(x) = g(f(x)) \qquad \text{für } x \in A$$

eine Abbildung h von A in D definiert. Diese Abbildung h heißt *Verkettung* von g und f; man schreibt

$$h = g \circ f.$$

Dabei kommt es auf die Reihenfolge von g und f an: zunächst wird mit f abgebildet und dann mit g. Die Gleichung $h = g \circ f$ wird deshalb gelesen: „h gleich g nach f". Wenn $g \circ f$ definiert ist, braucht die Verkettung in umgekehrter Reihenfolge selbstverständlich nicht möglich zu sein, weil $g(C)$ nicht in A enthalten zu sein braucht.

Eine wichtige Eigenschaft der Verkettung ist ihre *Assoziativität.*

Satz: *f, g, h seien Abbildungen, für die die Verkettungen $g \circ f$ und $h \circ g$ möglich sind. Dann sind auch die Abbildungen $h \circ (g \circ f)$ und $(h \circ g) \circ f$ erklärt und es gilt:*

$$h \circ (g \circ f) = (h \circ g) \circ f.$$

Zum Beweis haben wir zunächst zu zeigen, daß die genannten Verkettungen möglich sind. Die Definitionsmengen von f, g, h seien entsprechend A, B, C. Nach Voraussetzung gilt

$$f(A) \subset B \quad \text{und} \quad g(B) \subset C.$$

Die Definitionsmenge von $g \circ f$ ist die Menge A; wir zeigen, daß

$$(g \circ f)(A) \subset C$$

gilt, denn dann ist $h \circ (g \circ f)$ definiert. Diese Inklusion folgt aber sofort aus den vorausgesetzten Inklusionen:

$$g\big(f(A)\big) \subset g(B) \subset C.$$

Definitionsmenge von $h \circ g$ ist die Menge B; da $f(A) \subset B$ gilt, ist auch $(h \circ g) \circ f$ definiert.
Um die Gleichheit beider Abbildungen nachzuweisen, haben wir ihre Wirkung auf ein beliebiges Element $x \in A$ zu prüfen:

$$\big(h \circ (g \circ f)\big)(x) = h\big((g \circ f)(x)\big) = h\big(g(f(x))\big)$$
$$\big((h \circ g) \circ f\big)(x) = (h \circ g)\big(f(x)\big) = h\big(g(f(x))\big).$$

Die Verkettung ist also eine assoziative Verknüpfung von Abbildungen. Bezüglich der Verkettung gibt es „neutrale" Elemente, nämlich die identischen Abbildungen. Man definiert für die Menge M

$$id_M : M \to M$$

durch die Festsetzung:

$$id_M(x) = x \qquad \text{für alle } x \in M,$$

und nennt id_M die *identische Abbildung von M auf sich*. Mit dieser Definition ergeben sich für die Abbildung $f\colon A \to B$ die beiden Gleichungen

$$f \circ id_A = f$$
$$id_B \circ f = f.$$

Dafür sagt man auch, daß id_A rechtsneutrales und id_B linksneutrales Element für f ist (bezüglich der Verkettung).

Ist $f\colon A \to B$ eine Abbildung, so ist nach Definition jedem $x \in A$ *genau ein* $y \in B$ zugeordnet. Zu vorgegebenem $y \in B$ kann es aber mehrere Elemente in A geben, die y als Bild haben. Ist z.B. jedem $x \in A$ einunddasselbe Element $b \in B$ zugeordnet, ist f also eine *konstante* Abbildung

$$x \mapsto b \qquad \text{für } x \in A,$$

so ist das Urbild von $\{b\}$ die Menge A.
Gibt es nun zu jedem Element y der Wertemenge W von f genau ein Element x der Definitionsmenge A, das auf y abgebildet wird, so ist dies eine besondere Eigenschaft der Abbildung f.

Def.: *Die Abbildung $f\colon A \to B$ heißt* injektiv, *wenn aus $f(x_1) = f(x_2)$ folgt, daß $x_1 = x_2$ ist.*

Man kann auch sagen (Kontraposition):
Die Abbildung f heißt injektiv, wenn aus $x_1 \neq x_2$ folgt: $f(x_1) \neq f(x_2)$.

Zu jeder injektiven Abbildung $f\colon A \to B$ mit der Wertemenge W läßt sich die *Umkehrabbildung*

$$f^{-1}\colon W \to A$$

erklären, indem man für $y \in W$ festsetzt:

$$f^{-1}(y) = x \qquad \text{genau dann, wenn} \qquad y = f(x)$$

Definitionsmenge von f^{-1} ist also die Wertemenge $W = f(A)$ der injektiven Abbildung f, Zielmenge ist A.
Für die Verkettung einer injektiven Abbildung mit ihrer Umkehrabbildung erhält man folgenden

Satz: *Ist f eine injektive Abbildung mit der Definitionsmenge A und der Wertemenge W, so gilt*

$$f^{-1} \circ f = id_A \qquad \text{und} \qquad f \circ f^{-1} = id_W.$$

Beweis: Zunächst haben die Abbildungen $f^{-1} \circ f$ und id_A dieselbe Definitionsmenge, nämlich A. Bezeichnen wir – wie oben – den zu $x \in A$ gehörenden Wert mit y, haben also die Gleichung $y = f(x)$, so folgt weiter:

$$(f^{-1} \circ f)(x) = f^{-1}(f(x)) = f^{-1}(y) = x = id_A(x) \qquad \text{für } x \in A.$$

Entsprechend ist W die Definitionsmenge von $f \circ f^{-1}$ und von id_W, und es gilt für jedes $y \in W$:

$$(f \circ f^{-1})(y) = f\,(f^{-1}(y)) = f(x) = y = id_W(y).$$

Ist f injektiv, so ist auch die Umkehrabbildung f^{-1} injektiv. Deshalb besitzt auch f^{-1} eine Umkehrabbildung $(f^{-1})^{-1}$. Diese stimmt mit f überein, denn $(f^{-1})^{-1}$ und f haben beide die Definitionsmenge A und es gilt:

$$y = f(x) \quad \text{genau dann, wenn} \quad x = f^{-1}(y)$$

sowie

$$x = f^{-1}(y) \quad \text{genau dann, wenn} \quad y = (f^{-1})^{-1}(x).$$

Man hat also für jedes $x \in A$:

$$f(x) = (f^{-1})^{-1}(x),$$

d.h.

$$f = (f^{-1})^{-1}.$$

Die folgenden beiden Begriffe beziehen sich nicht auf Abbildungen schlechthin; bei ihnen ist auch die Angabe der Zielmenge erforderlich.

Gibt es bei der Abbildung $f: A \to B$ zu jedem Element $y \in B$ stets ein $x \in A$, so daß $y = f(x)$ gilt, so sagt man, f sei eine Abbildung von A *auf* B (statt: *in* B). f heißt auch *surjektiv* bezüglich B. Jedes Element aus B tritt dann als Bild auf, die Wertemenge von f ist B. (Selbstverständlich kann es mehrere Elemente in A geben, die dasselbe Bild haben.)

Ist die Abbildung $f: A \to B$ sowohl injektiv als auch surjektiv bezüglich B, so heißt f *bijektiv* bezüglich B. Das bedeutet, daß jedem Element aus A genau ein Element aus B zugeordnet ist und umgekehrt zu jedem Element aus B genau ein Element aus A existiert, das auf dieses Element aus B abgebildet wird. Man sagt dafür auch: A ist umkehrbar eindeutig (oder eineindeutig) auf B abgebildet.

Bemerkung: Wir zeigen noch, wie der nicht näher definierte Begriff der „Zuordnung" auf den Mengenbegriff zurückgeführt werden kann. (Für das Umgehen mit Abbildungen ist diese Zurückführung nicht von Belang.) Man benötigt dazu den Begriff des „cartesischen Produkts" zweier Mengen (vgl. Anhang).

Def.: *Eine Abbildung f von A in B ist eine Teilmenge von $A \times B$ mit der Eigenschaft: Zu jedem x aus A gibt es genau ein y aus B, so daß $(x, y) \in f$.*

Eine Abbildung f ist also eine solche Menge von Paaren, daß aus $(x, y) \in f$ und $(x, y') \in f$ stets $y = y'$ folgt. Diese Auffassung entspricht der bekannten Darstellung von Funktionen durch „Wertetabellen", aus denen man zu jedem x das zugehörige y eindeutig ablesen kann.
Damit ist der Abbildungsbegriff auf den Mengenbegriff zurückgeführt. Uns kommt es im folgenden nicht darauf an, „Menge" als einzigen undefinierten Begriff zu haben. Das intuitiv klare Wort „Zuordnung" in der am Anfang dieses Abschnitts gegebenen Erklärung des Abbildungsbegriffs reicht aus, um richtig mit Abbildungen umgehen zu lernen.

Aufgaben

1. Man zeige, daß für zwei Abbildungen

$$f: A \to B \qquad \text{und} \qquad g: B \to C$$

folgendes gilt:

(1) f, g injektiv $\Rightarrow$ $g \circ f$ injektiv
(2) $g \circ f$ injektiv $\Rightarrow$ f injektiv
(3) $g \circ f$ injektiv, f surjektiv $\Rightarrow$ g injektiv
(4) f, g surjektiv $\Rightarrow$ $g \circ f$ surjektiv
(5) $g \circ f$ surjektiv $\Rightarrow$ g surjektiv
(6) $g \circ f$ surjektiv, g injektiv $\Rightarrow$ f surjektiv
(7) f, g bijektiv $\Rightarrow$ $g \circ f$ bijektiv und $(g \circ f)^{-1} = f^{-1} \circ g^{-1}$.

(Hier und im folgenden sind „surjektiv" und „bijektiv" bezüglich der betreffenden Zielmengen zu verstehen.)

2. Für die Abbildungen $f: A \to B$ und $g: B \to A$ gelte:

$$g \circ f = id_A \qquad \text{und} \qquad f \circ g = id_B.$$

Man zeige, daß f und g bijektive Abbildungen sind. Welcher Zusammenhang besteht zwischen f und g?

3. Man zeige, daß es zu jeder surjektiven Abbildung $f: A \to B$ eine Abbildung $g: B \to A$ gibt derart, daß

$$f \circ g = id_B$$

ist.

Weiter gebe man ein Beispiel einer surjektiven Abbildung $f: A \to B$ an, so daß für keine Abbildung $h: B \to A$ gilt

$$h \circ f = id_A.$$

(Eine Abbildung f, die eine „rechtsinverse" Abbildung besitzt, braucht also keine „linksinverse" Abbildung zu haben.)

4. Sei f eine Abbildung von A in sich. Wenn für alle Abbildungen $g: A \to A$ gilt $f \circ g = g \circ f$, dann muß $f = id_A$ sein.
5. Sei $g: A \to A$ eine konstante Abbildung. Für welche Abbildungen $f: A \to A$ gilt $g \circ f = f \circ g$?
6. Man zeige, daß die bijektiven Selbstabbildungen einer Menge M („Permutationen von M") eine Gruppe bilden, wenn man als Verknüpfung die Verkettung nimmt. Hat M mindestens drei Elemente, so ist diese Gruppe nicht kommutativ.

   Für die Menge $M = \{1, 2, 3\}$ gebe man alle bijektiven Selbstabbildungen explizit an und stelle weiter eine „Gruppentafel" auf, aus der die Verkettung je zweier Permutationen abgelesen werden kann.

2.2 Endliche, abzählbar unendliche und überabzählbare Mengen

Der intuitiv klare Begriff der „endlichen Menge" und der Anzahl der Elemente einer solchen Menge läßt sich in einfacher Weise präzisieren, wenn man die Menge der natürlichen Zahlen zur Verfügung hat. Es liegt nahe, die „Abschnitte" von $\mathbb{N}_0$ als Standardmengen zur Bestimmung der Anzahl der Elemente einer endlichen Menge M zu verwenden, indem man M bijektiv auf einen solchen Abschnitt abbildet. Dies Vorgehen führt indessen nur dann zu einer korrekten Definition, wenn M nicht auf zwei verschiedene Abschnitte bijektiv abgebildet werden kann.

Def.: *Ist n eine natürliche Zahl, so heißt die Menge*

$$A_n = \{k \mid k < n,\ k \in \mathbb{N}_0\}$$

der zu n gehörende Abschnitt *von* $\mathbb{N}_0$.

Für $n = 0$ ist also der zugehörige Abschnitt die leere Menge, für $n = 1$ die Menge $\{0\}$, für $n = 2$ die Menge $\{0, 1\}$. Die natürliche Zahl n bezeichnen wir auch als *Länge* des betreffenden Abschnitts.

Satz: *Wenn $n > m$, dann gibt es keine injektive Abbildung $f: A_n \to A_m$ („Schubfachschluß“).*

Wir führen den Beweis indirekt, nehmen also an, es gäbe einen Abschnitt, der injektiv in einen Abschnitt kleinerer Länge abgebildet werden kann. Dabei genügt es, den Fall $m = n - 1$ zu untersuchen, denn jede injektive Abbildung von A_n in A_m $(n > m)$ kann auch als injektive Abbildung von A_n in A_{n-1} aufgefaßt werden.

Sei nun k die *kleinste* natürliche Zahl, so daß der Abschnitt der Länge $k + 1$ injektiv in den Abschnitt der Länge k abgebildet werden kann. Wir zeigen, daß es dann auch eine injektive Abbildung des Abschnitts der Länge k in den Abschnitt der Länge $k - 1$ gibt.

Nach Annahme gibt es eine injektive Abbildung

$$f: A_{k+1} \to A_k.$$

Wir unterscheiden die Fälle:

(a) Die Zahl $k - 1$ tritt nicht als Bild bei der Abbildung f auf.
(b) Die Zahl $k - 1$ ist Bild der Zahl k bei der Abbildung f.
(c) Die Zahl $k - 1$ ist Bild einer Zahl $j < k$ bei der Abbildung f.

In den beiden ersten Fällen ist die Restriktion von f auf A_k eine injektive Abbildung von A_k in A_{k-1}.

Im Fall (c) wird durch

$$g(x) = \begin{cases} f(x) & \text{für } x \in A_k,\ x \neq j \\ f(k) & \text{für } x = j \end{cases}$$

eine injektive Abbildung g von A_k in A_{k-1} definiert.

Damit erhalten wir einen Widerspruch zu der Annahme, daß k die kleinste natürliche Zahl ist, für die A_{k+1} injektiv in A_k abgebildet werden kann.

Folgerung: *Für $m \neq n$ gibt es keine Bijektion von A_m auf A_n.*

Damit können wir nun definieren:

Def.: *Eine Menge M heißt* endlich, *wenn es eine natürliche Zahl n gibt derart, daß eine Bijektion von A_n auf M existiert. Die natürliche Zahl n heißt „Anzahl der Elemente“ von M.*

Eine endliche Menge kann also nicht auf eine ihrer echten Teilmengen bijektiv abgebildet werden. Für unendliche (= nicht endliche) Mengen gilt dies nicht, wie das Beispiel der bijektiven Abbildung $n \mapsto n + 1$ von $\mathbb{N}_0$ auf $\mathbb{N}$ zeigt.

Auch für unendliche Mengen kann eine Typeneinteilung vorgenommen werden, indem man Mengen, die bijektiv aufeinander abgebildet werden können, zu demselben Typ rechnet. Zum einfachsten Typ unendlicher Mengen gehört die Menge $\mathbb{N}_0$ der natürlichen Zahlen.

Def.: *Eine Menge M heißt* abzählbar unendlich, *wenn eine Bijektion von* $\mathbb{N}_0$ *auf M existiert.*

Die Mengen, die entweder endlich oder abzählbar unendlich sind, nennt man gemeinsam *abzählbare* Mengen. Etwas ungenau, aber doch treffend, kann man sagen, daß die Elemente einer abzählbaren Menge „durchnumeriert" werden können. Jede Teilmenge einer abzählbaren Menge ist wieder abzählbar. Auch die Vereinigung zweier abzählbarer Mengen ist wieder abzählbar.

Satz: *Die Menge* $\mathbb{Q}$ *aller rationalen Zahlen ist abzählbar.*

Zum Beweis ordnen wir zunächst die positiven rationalen Zahlen in einem Schema an, an dem zu erkennen ist, daß eine Durchnumerierung erfolgen kann. Daß in diesem Schema rationale Zahlen mehrfach auftreten, stört die Betrachtung nicht; eine solche Zahl bekommt nur bei ihrem ersten Auftreten eine Nummer und wird im folgenden einfach ausgelassen; wichtig ist, daß jede rationale Zahl tatsächlich auftritt; dies erkennt man aber unmittelbar. Hier das Schema:

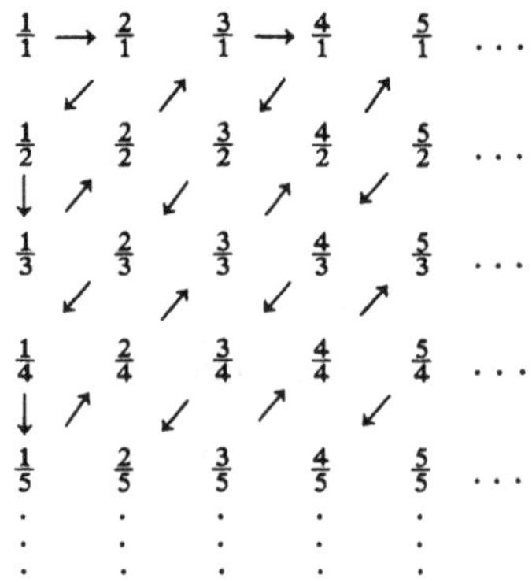

Die Durchnumerierung erfolgt in der Reihenfolge der Pfeile und erfaßt alle im Schema auftretenden, d.h. alle positiven rationalen Zahlen.
Bezeichnet man die positiven rationalen Zahlen entsprechend der angegebenen Abzählung mit $r_1, r_2, r_3, \ldots$, so erhält man eine Abzählung aller rationalen Zahlen folgendermaßen:

$$0, r_1, -r_1, r_2, -r_2, r_3, -r_3, \ldots.$$

Läßt sich die Menge A weder auf einen Abschnitt von $\mathbb{N}_0$ noch auf $\mathbb{N}_0$ selbst bijektiv abbilden, so heißt A *überabzählbar* (oder auch *nicht abzählbar*).

Satz: *Die Menge $\mathbb{R}$ aller reellen Zahlen ist überabzählbar.*

Die Menge $\mathbb{R}$ ist sicher nicht endlich, da sie die Menge $\mathbb{N}$ enthält. Es muß also noch ausgeschlossen werden, daß $\mathbb{R}$ abzählbar unendlich ist. Wir nehmen dazu an, die Menge $\mathbb{R}$ könnte durchnumeriert werden:

$$x_0, x_1, x_2, x_3, x_4, \ldots .$$

Dann wählen wir ein abgeschlossenes Intervall $J_0 = [a_0, b_0]$, das x_0 nicht enthält. J_0 zerlegen wir in drei abgeschlossene Teilintervalle; diese haben höchstens Endpunkte gemeinsam. x_1 kann daher nicht in allen drei Teilintervallen zugleich liegen. Es gibt somit ein in J_0 enthaltenes Intervall $[a_1, b_1] = J_1$, dem x_1 nicht angehört. Setzt man dieses Auswahlverfahren fort, so erhält man eine Folge abgeschlossener Intervalle

$$J_0 \supset J_1 \supset J_2 \supset J_3 \supset \ldots$$

derart, daß $x_n \notin J_n = [a_n, b_n]$ für jedes $n \in \mathbb{N}_0$ gilt.
Nun betrachte man die Menge M der linken Endpunkte der genannten Intervalle. M ist nach oben beschränkt, z.B. ist jedes b_n obere Schranke von M. Nach der Eigenschaft der Vollständigkeit besitzt M daher eine kleinste obere Schranke s. Diese reelle Zahl s muß zu jedem der Intervalle $J_0, J_1, J_2, \ldots$ gehören. Andernfalls gäbe es nämlich eine natürliche Zahl n, so daß $s \notin J_n$, also $s > b_n$ gelten würde. Da b_n obere Schranke von M ist, wäre s nicht die kleinste obere Schranke von M.
Die reelle Zahl s kann unter den reellen Zahlen

$$x_0, x_1, x_2, x_3, \ldots$$

nicht vorkommen, weil für jedes $n \in \mathbb{N}_0$ gilt:

$$s \in J_n, \text{ aber } x_n \notin J_n, \text{ also sicher } s \neq x_n.$$

Die vorgegebene Durchnumerierung von $\mathbb{R}$ kann also nicht alle Elemente von $\mathbb{R}$ erfassen.

Unsere Überlegung hat uns noch das folgende wichtige Resultat mit erbracht:

Der Durchschnitt einer „absteigenden“ Folge abgeschlossener Intervalle ist nicht leer.
Außerdem zeigt der Beweis, daß jedes Intervall, das mehr als einen Punkt enthält, überabzählbar ist.

Aufgaben

1. Man beweise durch vollständige Induktion: Jede nicht leere endliche Menge M reeller Zahlen besitzt ein kleinstes und ein größtes Element.
2. Wieviele Abbildungen von A in B gibt es, wenn A eine Menge mit m Elementen und B eine Menge mit n Elementen ist?
   Wieviele dieser Abbildungen sind Injektionen?
3. Man zeige, daß die Abbildungen

$$(m, n) \mapsto 2^m \cdot (2n + 1)$$

und

$$(m, n) \mapsto \binom{m + n + 1}{2} + m + 1$$

Bijektionen von $\mathbb{N}_0 \times \mathbb{N}_0$ auf $\mathbb{N}$ sind. (Man beachte, daß $\binom{1}{2} = 0$ ist.)
4. Es seien A, B abzählbar unendliche Mengen. Man beweise, daß $A \times B$ abzählbar unendlich ist. Weiter zeige man, daß die Menge

$$\{x \mid x = a + b\sqrt{2} \text{ mit } a, b \in \mathbb{Q}\}$$

abzählbar unendlich ist.
5. Die Menge aller Intervalle mit rationalen Endpunkten ist abzählbar unendlich.
6. Eine Menge von Intervallen, von denen jedes mehr als einen Punkt enthält und die paarweise disjunkt sind, ist abzählbar.
7. Man zeige, daß die Vereinigung zweier abzählbarer Mengen eine abzählbare Menge ist. Daraus folgere man, daß die Menge aller irrationalen Zahlen überabzählbar ist.
8. Alle Intervalle – außer der leeren Menge und den einpunktigen Intervallen – lassen sich bijektiv auf $\mathbb{R}$ abbilden. Man gebe für alle Intervalltypen Bijektionen auf $\mathbb{R}$ an.
9. Eine Menge A ist genau dann unendlich, wenn A bijektiv auf $A \setminus \{a\}$ (a beliebig aus A) abgebildet werden kann.

2.3 Beispiele für reelle Funktionen

Ist f eine Abbildung einer Teilmenge von $\mathbb{R}$ in die Menge $\mathbb{R}$, so nennen wir f eine *reelle Funktion*. Die Definitionsmenge bezeichnen wir dann meistens mit D; die Zielmenge ist $\mathbb{R}$.

Bevor wir uns mit besonderen Eigenschaften reeller Funktionen beschäftigen, führen wir einige wichtige Typen reeller Funktionen ein: die ganzrationalen Funktionen, die rationalen Funktionen und die Treppenfunktionen. Weiter erörtern wir, um die Allgemeinheit des Funktionsbegriffs zu erläutern und um Material für Gegenbeispiele zu haben, einige besondere Funktionen.

Ganzrationale Funktionen

Sind $c_0, c_1, \ldots, c_n$ fest vorgegebene reelle Zahlen mit $c_n \neq 0$, so wird durch die Zuordnung

$$x \mapsto \sum_{k=0}^{n} c_k x^k \qquad \text{für } x \in \mathbb{R}$$

eine *ganzrationale Funktion* vom *Grad n* definiert. Statt ganzrationaler Funktion sagt man auch *Polynom.* Definitionsmenge und Zielmenge ist $\mathbb{R}$. Die Wertemenge ist, falls der Grad n ungerade ist, ebenfalls $\mathbb{R}$; ist dagegen n gerade und $n \geqq 2$, so ist die Wertemenge ein Intervall des Typs $\{x \mid x \geqq a\}$ oder $\{x \mid x \leqq a\}$. Diese Behauptung beweisen wir hier nicht; sie ergibt sich aus den Sätzen des Abschnitts 7.3 (vgl. auch Aufg. 11, S. 86).
Die Definition des Grades einer ganzrationalen Funktion bedarf einer Rechtfertigung; denn es kann zunächst nicht ausgeschlossen werden, daß durch zwei verschiedene „Koeffizientensysteme" dieselbe Funktion festgelegt wird. Tatsächlich kann dies nicht geschehen.
Zum Beweis bilden wir die Differenz zweier Darstellungen und haben dann zu zeigen, daß eine ganzrationale Funktion f nur dann für alle $x \in \mathbb{R}$ den Wert 0 annehmen kann, wenn alle Koeffizienten gleich 0 sind.
Für $x \neq 0$ schreiben wir $f(x)$ in der Form

$$f(x) = x^n \cdot \left(c_n + \frac{c_{n-1}}{x} + \frac{c_{n-2}}{x^2} + \ldots + \frac{c_0}{x^n}\right)$$

und schätzen $|f(x)|$ für „große x" nach unten ab; für $x > 0$ gilt (vgl. Aufgabe 10 von S.33)

$$|f(x)| \geqq x^n \cdot \left(|c_n| - \frac{|c_{n-1}|}{x} - \frac{|c_{n-2}|}{x^2} - \ldots - \frac{|c_0|}{x^n}\right),$$

für $x \geqq 1$ folgt weiter

$$|f(x)| \geqq |c_n| - \frac{|c_{n-1}| + |c_{n-2}| + \ldots + |c_0|}{x}.$$

Wählt man nun ein x so groß, daß

$$\frac{|c_{n-1}| + |c_{n-2}| + \ldots + |c_0|}{x} \leqq \tfrac{1}{2}|c_n|$$

gilt (warum ist dies möglich?), so ergibt sich

$$|f(x)| \geqq \tfrac{1}{2}|c_n| > 0.$$

Wenn also $c_n \neq 0$ ist, kann $f(x) = 0$ nicht für alle $x \in \mathbb{R}$ richtig sein.

Damit ist bewiesen: Zwei ganzrationale Funktionen sind genau dann gleich, wenn ihre Koeffizientensysteme übereinstimmen.

Aufgabe: Die Zahl der Nullstellen einer ganzrationalen Funktion f ist höchstens gleich dem Grad n von f. (Ob überhaupt Nullstellen vorhanden sind, bleibt offen.)

Anleitung: Ist a eine Nullstelle von f, so gibt es eine ganzrationale Funktion g vom Grad $n-1$ derart, daß $f(x) = (x-a) \cdot g(x)$ für alle $x \in \mathbb{R}$ gilt.

Summe und Produkt zweier ganzrationaler Funktionen sind wieder ganzrationale Funktionen. Es gilt Grad $(f \cdot g) = \text{Grad}\, f + \text{Grad}\, g$.

Die ganzrationalen Funktionen, deren Grad höchstens gleich 1 ist, bezeichnen wir als *affine Funktionen*:

$$x \mapsto c_0 + c_1 x \qquad (x \in \mathbb{R}).$$

Zu ihnen gehören auch die auf $\mathbb{R}$ *konstanten Funktionen*, insbesondere die *Nullfunktion* $x \mapsto 0$ (man beachte, daß für die Nullfunktion der Grad nicht erklärt ist, im Gegensatz zu den anderen konstanten Funktionen, die alle den Grad 0 besitzen).

Rationale Funktionen

Sind g und h ganzrationale Funktionen und ist M die Menge der Nullstellen von h, so wird durch

$$f(x) = \frac{g(x)}{h(x)}$$

eine Funktion f mit der Definitionsmenge $D = \mathbb{R} \setminus M$ erklärt. f heißt (gebrochen) *rationale Funktion*.

Eine rationale Funktion kann auf ihrer Definitionsmenge mit einer ganzrationalen Funktion übereinstimmen, wenn nämlich h „Teiler" von g ist. Beispielsweise gilt für $x \in \mathbb{R} \setminus \{-1, 1\}$:

$$\frac{1-x^4}{1-x^2} = 1 + x^2.$$

Die Funktionen

$$x \mapsto 1 + x^2 \qquad \text{für } x \in \mathbb{R}$$

und

$$x \mapsto \frac{1-x^4}{1-x^2} \qquad \text{für } x \in \mathbb{R} \setminus \{-1, 1\}$$

sind aber wegen der Verschiedenheit ihrer Definitionsmengen zu unterscheiden. Dagegen ist die ganzrationale Funktion

$$x \mapsto 1 - x^2 \qquad \text{für } x \in \mathbb{R}$$

gleich der (scheinbar gebrochen) rationalen Funktion

$$x \mapsto \frac{1-x^4}{1+x^2} \qquad \text{für } x \in \mathbb{R}.$$

Wenn Grad $g \geqq$ Grad h gilt, dann kann man $\frac{g}{h}$ in der Form $p + \frac{r}{h}$ schreiben; dabei sind p und r ganzrationale Funktionen mit Grad p = Grad g − Grad h und Grad r < Grad h. In der Praxis bestimmt man p und r mit dem „Divisionsalgorithmus".

Beispiel:

$$\begin{array}{ccccccc} g(x) & = & h(x) & \cdot & p(x) & + & r(x) \\ (x^5 - x^4 + x^3 - x^2 + x - 1) & = & (x^3 + x^2 + x + 1) & \cdot & (x^2 - 2x + 2) & + & (-2x^2 + x - 3) \end{array}$$

$$\begin{array}{l} \underline{x^5 + x^4 + x^3 + x^2} \\ -2x^4 \qquad -2x^2 + x - 1 \\ \underline{-2x^4 - 2x^3 - 2x^2 - 2x} \\ \qquad 2x^3 \qquad + 3x - 1 \\ \qquad \underline{2x^3 + 2x^2 + 2x + 2} \\ \qquad\quad -2x^2 + x - 3 \end{array}$$

Daß dieses Verfahren bei jedem g und h zum gewünschten Ziel führt, erkennt man daran, daß bei jedem Schritt sich auf der linken Seite der Grad um mindestens 1 erniedrigt.

Treppenfunktionen

Die Funktion f sei auf dem abgeschlossenen Intervall $[a, b]$ erklärt. Eine Einteilung von $[a, b]$ wird gegeben durch endlich viele „Teilpunkte“ dieses Intervalls und wird beschrieben durch

$$a = x_0 < x_1 < x_2 < \ldots < x_{n-1} < x_n = b.$$

Ist nun f auf allen offenen Teilintervallen $]x_{k-1}, x_k[$ konstant, so heißt f eine *Treppenfunktion*. Man hat dann also

$$f(x) = \begin{cases} c_1 & \text{für } a < x < x_1 \\ c_2 & \text{für } x_1 < x < x_2 \\ \cdot & \\ \cdot & \\ \cdot & \\ c_{n-1} & \text{für } x_{n-2} < x < x_{n-1} \\ c_n & \text{für } x_{n-1} < x < b \end{cases}$$

Da f auf $[a, b]$ definiert ist, sind natürlich auch die Funktionswerte $f(a)$, $f(x_1), f(x_2), \ldots, f(x_{n-1}), f(b)$ festgelegt; wir haben diese nicht besonders bezeichnet.

Die Wertemenge einer Treppenfunktion ist eine endliche Menge.

Man beachte, daß man von verschiedenen Einteilungen ausgehend zu derselben Treppenfunktion gelangen kann, z.B. wenn man noch weitere Teilpunkte hinzunimmt. Unter allen Einteilungen von $[a, b]$, die für eine Beschreibung der Treppenfunktion f in Frage kommen, ist eine ausgezeichnet, nämlich die mit möglichst wenig Teilpunkten (oder anders ausgedrückt: die mit möglichst großen Konstanzintervallen). Welche Einteilung man im Einzelfall wählt, ist eine Frage der Zweckmäßigkeit.

Will man z.B. zeigen, daß mit f und g auch die Funktionen

$$x \mapsto f(x) + g(x) \qquad \text{und} \qquad x \mapsto f(x)g(x)$$

Treppenfunktionen sind, so wird man von einer solchen Einteilung ausgehen, in der sowohl die Teilpunkte, die zur Definition von f verwendet wurden, als auch die Teilpunkte für g vorkommen. Dann ist unmittelbar klar, daß auch die beiden neuen Funktionen in den Teilintervallen jeweils konstant sind.

Schließlich geben wir noch einige einzelne Funktionen an, die wir öfter brauchen:

Betragsfunktion

In Kap. 1 hatten wir den absoluten Betrag $|a|$ für jede reelle Zahl a definiert. Wir können daher sagen, daß der absolute Betrag $|\ |$ eine Funktion mit der Definitionsmenge $\mathbb{R}$ (und der Zielmenge $\mathbb{R}$) ist. Diese Funktion wird also definiert durch

$$|x| = \begin{cases} x & \text{für } x \geqq 0 \\ -x & \text{für } x < 0. \end{cases}$$

Die Wertemenge ist $W = \{x \mid x \geqq 0\}$.
Bemerkenswerte Eigenschaften dieser Funktion haben wir schon in Kap. 1 hergeleitet; darauf sei hier verwiesen.

„Größte-Ganze"-Funktion

Es sei $D = \mathbb{R}$. Jedem $x \in \mathbb{R}$ werde die größte ganze Zahl, die kleiner oder gleich x ist, zugeordnet. Diese ganze Zahl wird mit $[x]$ bezeichnet. Es gilt also

$$[x] = \sup\{z \mid z \leqq x,\ z \in \mathbb{Z}\}.$$

Die Funktion

$$x \mapsto [x] \qquad \text{für } x \in \mathbb{R}$$

heißt auch „Größte Ganze". Ihre Wertemenge ist $\mathbb{Z}$. Die Restriktion auf irgendein Intervall $[a, b]$ liefert ein Beispiel für eine Treppenfunktion.

Wurzelfunktion

Nach Aufgabe 8 von S. 43 gibt es zu jeder reellen Zahl $a \geqq 0$ genau eine reelle Zahl $s \geqq 0$, für die $s^2 = a$ gilt; diese wird mit $s = \sqrt{a}$ bezeichnet. Damit ist eine Funktion

$$x \mapsto \sqrt{x} \qquad \text{für } x \in \mathbb{R}_0^+$$

definiert; ihre Wertemenge ist $\mathbb{R}_0^+$ (vgl. auch S. 83).

„Dirichlet"-Funktion

Es sei $D = \mathbb{R}$ und $f\colon D \to \mathbb{R}$ sei definiert durch

$$f(x) = \begin{cases} 1 & \text{für } x \in \mathbb{Q} \\ 0 & \text{für } x \notin \mathbb{Q} \end{cases}$$

Zur Wertemenge von f gehören also genau die beiden Zahlen 0 und 1.

Dieses von Dirichlet angegebene Beispiel zeigt deutlich, wie weit unsere Definition des Funktionsbegriffs von der Funktionsauffassung des 17. und 18. Jahrhunderts entfernt ist, in der eine Funktion durch einen „Rechenausdruck" (in einem nicht näher präzisierten Sinn) gegeben sein mußte.

Wir besprechen noch kurz die übliche Veranschaulichungsmöglichkeit für reelle Funktionen in einem „cartesischen" Koordinatensystem. Zu $x \in D$ gehört der Punkt mit den Koordinaten $(x, f(x))$. Die Menge aller Punkte $(x, f(x))$ mit $x \in D$ heißt auch der Graph der Funktion f.
In den folgenden Figuren veranschaulichen wir einige der oben eingeführten Funktionen:

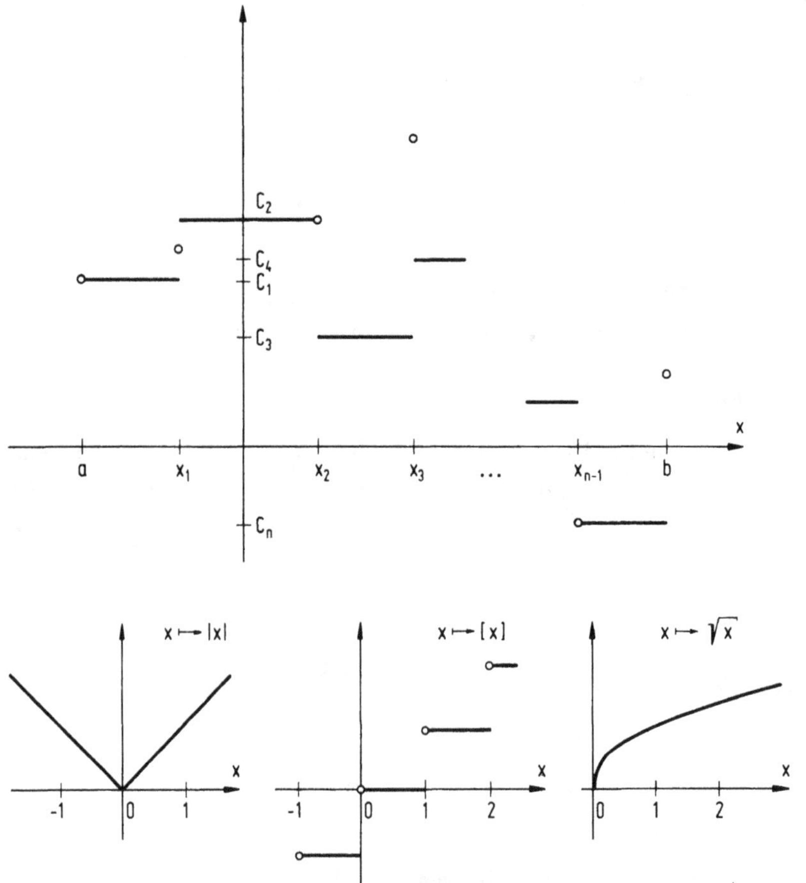

Die Dirichletsche Funktion entzieht sich der graphischen Darstellung, da sich die Punkte, die zu rationalen Zahlen gehören, im anschaulichen Bild nicht von den Punkten, die zu irrationalen Zahlen gehören, trennen lassen.

Folgen

In den Beweisen für die Abzählbarkeit von $\mathbb{Q}$ und für die Überabzählbarkeit von $\mathbb{R}$ hatten wir schon den Begriff der Folge verwendet, ohne ihn genau definiert zu haben. Eine solche Definition läßt sich mit Hilfe des Abbildungsbegriffs leicht geben:

Def.: *Abbildungen mit der Definitionsmenge* $\mathbb{N}_0$ *heißen* Folgen. *Wir verwenden für Folgen die Bezeichnungen*

$$n \mapsto f(n) \qquad \text{für } n \in \mathbb{N}_0$$

$$n \mapsto f_n \qquad \text{für } n \in \mathbb{N}_0$$

oder kurz: (f_n).

Bemerkung: In der Definition ist die Zielmenge nicht erwähnt, sie kann irgendeine Menge sein, so haben wir z.B. auf S. 63 eine Folge von Intervallen betrachtet. Wenn $\mathbb{R}$ die Zielmenge ist, sprechen wir von Zahlenfolgen; mit diesen werden wir uns vor allem beschäftigen.

Folgen werden oftmals nicht explizit durch Angabe der Zuordnung $n \mapsto f_n$ festgelegt, sondern durch einen „Anfangswert" und eine „Rekursionsformel".

Beispiel:

(1) $\quad f_0 = 1$

(2) $\quad f_{n+1} = \frac{1}{2} \cdot \left(f_n + \frac{2}{f_n}\right) \qquad$ für $n \geqq 0$.

Man berechne die ersten vier Werte sowie deren Quadrate (Aufgabe!).

Auch Summe und Produkt von n reellen Zahlen werden rekursiv definiert. Ist die Zahlenfolge (a_n) gegeben, so werden durch

(1) $\quad s_1 = a_1 \qquad$ (1) $\quad p_1 = a_1$

bzw.

(2) $\quad s_{n+1} = s_n + a_{n+1} \qquad$ (2) $\quad p_{n+1} = p_n \cdot a_{n+1}$

zwei neue Zahlenfolgen (s_n) bzw. (p_n) festgelegt, für die man schreibt:

$$s_n =: \sum_{k=1}^{n} a_k \qquad \text{bzw.} \qquad p_n =: \prod_{k=1}^{n} a_k.$$

Daß durch solche „Rekursionsschemata“ jeweils genau eine Folge definiert wird, scheint plausibel, da man die Funktionswerte sukzessive berechnen kann.

Ob es aber wirklich eine und nur eine Folge f gibt, die die geforderten Bedingungen erfüllt, ist nicht so selbstverständlich, wie es zunächst scheinen mag. Die Induktionseigenschaft allein garantiert nämlich nicht, daß es zu einem Rekursionsschema stets eine erfüllende Funktion f gibt. Zum Beispiel besitzt der Körper $\mathbb{F}_2$ mit zwei Elementen $\bar{0}$, $\bar{1}$ (vgl. S. 45) die Induktionseigenschaft: Wenn $\bar{0} \in W$ und mit $x \in W$ stets $x + \bar{1} \in W$ gilt, so ist $W = \mathbb{F}_2$. Zu einem Rekursionsschema braucht es aber in diesem Fall keine Funktion zu geben. Sei etwa eine Abbildung

$$f\colon \mathbb{F}_2 \to \mathbb{R}$$

gesucht, die die Bedingungen

$$f(\bar{0}) = a, \quad f(x + \bar{1}) = f(x) + 1$$

erfüllt. Eine solche Funktion f gibt es aber nicht, weil $f(\bar{1}) = a + 1$, $f(\bar{1} + \bar{1}) = a + 2$ sein müßte. Andererseits müßte auch $f(\bar{1} + \bar{1}) = f(\bar{0}) = a$ gelten.
Wir werden zur Rechtfertigung der rekursiven Definition außer der Induktionseigenschaft auch noch die Anordnung der natürlichen Zahlen verwenden. (Damit wird klar, woran es liegt, daß in dem erläuterten Beispiel das Rekursionsverfahren nicht zulässig ist.)

Satz: (Rekursionssatz): *Es sei eine Folge* (F_n) *von Abbildungen der Menge* B *in sich sowie* $b \in B$ *vorgegeben. Dann gibt es eine und nur eine Folge*

$$f\colon \mathbb{N}_0 \to B,$$

die die Bedingungen
(1) $f(0) = b$
(2) $f(n + 1) = F_n(f(n))$ für alle $n \in \mathbb{N}_0$
erfüllt.

Bemerkung: Dieser Satz gilt allgemeiner auch für den Fall, daß zur Berechnung von $f(n + 1)$ alle vorangehenden Werte $f(0), f(1), \ldots, f(n)$ herangezogen werden.

Beweis: Zunächst zeigen wir durch vollständige Induktion, daß es höchstens eine solche Folge f geben kann. Nimmt man nämlich an, es gäbe zwei Folgen f und g, so hat man wegen (1):

$$f(0) = g(0)$$

und weiter folgt aus der Induktionsannahme

$$f(n) = g(n),$$

nach (2) auch die Gleichung

$$f(n + 1) = g(n + 1).$$

Es gilt also für alle $n \in \mathbb{N}_0$ die Gleichung $f(n) = g(n)$.

Um die Existenz von f zu beweisen, zeigen wir als erstes durch vollständige Induktion:

Für jede natürliche Zahl $k \geqq 1$ gibt es eine Funktion $f_k\colon \{0, 1, 2, \ldots, k\} \to B$, die die Bedingung (1) und für $0 \leqq n \leqq k-1$ auch die Bedingung (2) erfüllt.
Induktionsanfang: Die Funktion f_1 mit

$$f_1(0) = b$$
$$f_1(1) = F_0(b)$$

hat für $k = 1$ die geforderten Eigenschaften.
Induktionsschritt: Nach Induktionsannahme existiert eine Funktion

$$f_k\colon \{0, 1, 2, \ldots, k\} \to B$$

mit den genannten Eigenschaften. Dann konstruieren wir f_{k+1} als Fortsetzung von f_k wie folgt

$$f_{k+1}(x) = \begin{cases} f_k(x) & \text{für } x = 0, 1, 2, \ldots, k \\ F_k(f_k(k)) & \text{für } x = k+1 \end{cases}$$

Diese Funktion f_{k+1} erfüllt die Bedingung (1) und die Bedingung (2) für $0 \leqq n \leqq k$, weil dies von f_k gilt und außerdem der Wert $f_{k+1}(k+1)$ entsprechend festgesetzt ist.
Die gesuchte Folge f erhalten wir nun durch die Festsetzung

$$f(n) = \begin{cases} b & \text{für } n = 0 \\ f_n(n) & \text{für } n \geqq 1. \end{cases}$$

Wir haben zu zeigen, daß die so definierte Folge f die Bedingungen (1) und (2) erfüllt. Das ist klar für (1). Zum Beweis von (2) rechnen wir nach:

$$f(n+1) = f_{n+1}(n+1) = F_n(f_n(n)) = F_n(f(n)),$$

d.h. die Folge f erfüllt auch die Bedingung (2).

In dem Beispiel einer rekursiv definierten Folge von S. 71 sind die Funktionen F_n alle gleich:

$$F_n(x) = \tfrac{1}{2}\left(x + \frac{2}{x}\right).$$

Für die Definition der Summe bzw. des Produkts von n Zahlen $n \geqq 1$ hat man zu wählen:

$$F_n(x) = x + a_n \qquad \text{bzw.} \qquad F_n(x) = x \cdot a_n.$$

In die Produktdefinition ordnen sich z.B. auch die Definitionen von a^n bzw. von $n!$ ein. Man kann aber auch unmittelbar (sogar für $n \geqq 0$) rekursiv definieren:

(1) $f(0) = 1$

(2) $f(n+1) = a \cdot f(n)$ für $f(n) = a^n$

bzw.

(1) $f(0) = 1$

(2) $f(n+1) = (n+1) \cdot f(n)$ für $f(n) = n!$

Bemerkung: Durch die rekursive Definition von $\sum\limits_{k=1}^{n} a_k$ (bzw. von $\prod\limits_{k=1}^{n} a_k$) wird eine bestimmte „Beklammerung“ vorgeschrieben:

$$\sum_{k=1}^{n} a_k = ((\ldots((a_1 + a_2) + a_3) + \ldots) + a_{n-1}) + a_n.$$

In Aufg. 2 von S. 13 wurde gezeigt, daß 4 Summanden unabhängig von der Beklammerung dieselbe Zahl als Summe zugeordnet werden kann. Durch vollständige Induktion läßt sich dies entsprechend auch für n Summanden beweisen.

Aufgaben

1. Jede Nullstelle a der ganzrationalen Funktion

$$x \mapsto \sum_{k=0}^{n} c_k x^k \qquad (c_n \neq 0)$$

erfüllt die Bedingung

$$|a| < \frac{|c_0| + |c_1| + \ldots + |c_n|}{|c_n|}.$$

(Man unterscheide die Fälle $|a| < 1$ und $|a| \geqq 1$.)

2. Ist f eine ganzrationale Funktion vom Grad m und g eine ganzrationale Funktion vom Grad n, so sind $g \circ f$ und $f \circ g$ ganzrationale Funktionen vom Grad $m \cdot n$. Man beweise dies!
Die Verkettung zweier affiner Funktionen ist stets eine affine Funktion. Gilt für affine Funktionen $f \circ g = g \circ f$?
Bilden die nichtkonstanten affinen Funktionen bezüglich der Verkettung eine Gruppe?

3. Es sei $f(x) = (1+x)^m$, $g(x) = (1+x)^n$ und $h(x) = (1+x)^{m+n}$. Die Funktionen f, g und h sind ganzrational und es gilt $h(x) = f(x) \cdot g(x)$ für alle $x \in \mathbb{R}$. Durch „Koeffizientenvergleich“ (vgl. S. 66) leite man folgende Gleichungen zwischen Binomialkoeffizienten her:

$$\binom{m+n}{k} = \sum_{j=0}^{k} \binom{n}{j}\binom{m}{k-j} \qquad (0 \leqq k \leqq m+n)$$

Was ergibt sich speziell für $k = m$ und $k = m = n$?

4. Es seien $n+1$ verschiedene Zahlen $a_0, a_1, \ldots, a_n$ sowie weitere $n+1$ (nicht notwendig verschiedene) Zahlen $b_0, b_1, \ldots, b_n$ vorgegeben. Man prüfe nach, daß durch

$$(1) \qquad f(x) := \sum_{k=0}^{n} b_k \frac{(x-a_0)\ldots(x-a_{k-1})\cdot(x-a_{k+1})\ldots(x-a_n)}{(a_k-a_0)\ldots(a_k-a_{k-1})\cdot(a_k-a_{k+1})\ldots(a_k-a_n)}$$

eine ganzrationale Funktion f erklärt ist, die höchstens den Grad n hat und für die gilt

$$(*)\qquad f(a_j) = b_j \qquad (j = 0, 1, \ldots, n).$$

Weiter zeige man, daß in der Gleichung

$$(2)\qquad f(x) := c_0 + c_1(x - a_1) + c_2(x - a_1)(x - a_2) + \ldots + c_n(x - a_1) \cdot \ldots \cdot (x - a_n)$$

sich die Koeffizienten $c_0, c_1, \ldots, c_n$ so bestimmen lassen, daß (*) erfüllt ist. Wieviele ganzrationale Funktionen höchstens n-ten Grades gibt es, die die Bedingungen (*) erfüllen?
Man nennt (1) die Lagrangesche und (2) die Newtonsche Interpolationsformel.

5. Die rationale Funktion h sei erklärt durch

$$h(x) = \frac{f(x)}{(x-a)g(x)}$$

und es gelte $f(a) \neq 0$ und $g(a) \neq 0$ sowie $\operatorname{Grad} f \leqq \operatorname{Grad} g$. Man zeige, daß es eine Zahl c und eine ganzrationale Funktion p mit $\operatorname{Grad} p < \operatorname{Grad} g$ gibt derart, daß gilt:

$$h(x) = \frac{c}{x-a} + \frac{p(x)}{g(x)}.$$

Sind c und p eindeutig bestimmt?
Weiter folgere man, daß für n verschiedene Zahlen $a_1, \ldots, a_n$ und jede ganzrationale Funktion f, deren Grad kleiner n ist, folgende „Partialbruchzerlegung“ möglich ist:

$$\frac{f(x)}{(x-a_1)(x-a_2) \cdot \ldots \cdot (x-a_n)} = \frac{c_1}{x-a_1} + \frac{c_2}{x-a_2} + \ldots + \frac{c_n}{x-a_n}$$

6. Wenn $h(x) = \dfrac{f(x)}{(x-a)^k \cdot g(x)}$ mit $f(a) \neq 0$ und $g(a) \neq 0$

sowie $\operatorname{Grad} f < k + \operatorname{Grad} g$ gilt, so läßt sich h folgendermaßen darstellen:

$$h(x) = \frac{c}{(x-a)^k} + \frac{p(x)}{(x-a)^{k-1} \cdot g(x)},$$

wobei $\operatorname{Grad} p < \operatorname{Grad} f$ ist.

Sind c und p eindeutig bestimmt?
Weiter zeige man, daß

$$h(x) = \frac{c_k}{(x-a)^k} + \frac{c_{k-1}}{(x-a)^{k-1}} + \ldots + \frac{c_1}{x-a} + \frac{r(x)}{g(x)}$$

mit geeigneten Zahlen $c_k, \ldots, c_1$ (zweckmäßigerweise werden sie in dieser Reihenfolge bestimmt) und ganzrationaler Funktion r mit Grad $r <$ Grad g gilt.

7. Es sei f eine Treppenfunktion und $g: \mathbb{R} \to \mathbb{R}$ eine beliebige reelle Funktion. Ist $g \circ f$ immer eine Treppenfunktion?
Für welche g ist $f \circ g$ eine Treppenfunktion?
8. Welche der folgenden Funktionen sind Treppenfunktionen?

(1) $f(x) = [x^2]$ für $a \leqq x \leqq b$

(2) $f(x) = \begin{cases} \left[\frac{1}{x}\right] & \text{für } a \leqq x \leqq b \text{ und } x \neq 0 \\ 0 & \text{für } x = 0, \text{ falls } a \leqq 0 \leqq b \end{cases}$

(3) $f(x) = \frac{1}{n}\left[n\sqrt{1-x^2}\right]$ für $|x| \leqq 1$

(4) $f(x) = \sqrt{1 - \frac{1}{n^2}[nx]^2}$ für $|x| \leqq 1$.

9. Es sei f die Dirichlet-Funktion und g eine Treppenfunktion. Man gebe eine notwendige und hinreichende Bedingung dafür an, daß $f \circ g$ eine konstante Funktion ist.
10. Man stelle die folgenden in $\mathbb{R}$ definierten Funktionen graphisch dar:

a) $x \mapsto 2x - |x+1| + |x-2|$
b) $x \mapsto x - [x]$
c) $x \mapsto \min\{x - [x], 1 - x + [x]\}$
d) $x \mapsto \frac{1}{2}(1 - |1 - 2(x - [x])|)$
e) $x \mapsto (x - [x])(1 - x + [x])$.

Man skizziere auch die Funktionen aus den Aufgaben 8 und 11.

11. Für die folgenden Zuordnungsvorschriften

(1) $f(x) = \sqrt{x^2 - 4x + 4}$

(2) $f(x) = \sqrt{\frac{1}{x^2} - \frac{2}{x} - 3}$

(3) $f(x) = \sqrt{\sqrt{-x^2+4x-3} - \sqrt{-x^2+6x-8}}$

(4) $f(x) = \dfrac{x^2+x+1}{x^3-1}$

bestimme man jeweils eine möglichst umfassende Teilmenge D von $\mathbb{R}$ derart, daß $f\colon D \to \mathbb{R}$ eine Funktion ist.

12. Es sei $f_0 = 3$ und $f_{n+1} = \frac{1}{2}\left(f_n + \dfrac{5}{f_n}\right)$ für $n \geqq 0$. Man zeige, daß gilt:

$$\sqrt{5} < f_{n+1} < f_n \qquad \text{für alle } n \geqq 0.$$

Ist $\sqrt{5}$ das Infimum der Wertemenge der Folge (f_n)?

13. Eine Zahlenfolge (f_n) sei gegeben durch $f_0 = 0$, $f_1 = 1$ und die Rekursionsformel $f_{n+1} = f_n + f_{n-1}$ $(n \geqq 1)$. Man beweise

$$f_n = \frac{1}{\sqrt{5}}\left(\left(\frac{1+\sqrt{5}}{2}\right)^n - \left(\frac{1-\sqrt{5}}{2}\right)^n\right).$$

14. Durch das Rekursionsschema

$$f_0 = -2, f_1 = 1$$
$$f_n = \tfrac{1}{2}(f_{n-1} + f_{n-2})$$

wird genau eine Folge (f_n) festgelegt. Man gebe eine explizite Darstellung für diese Folge an.
Anleitung: Man berechne f_n für $n = 2, 3, 4, 5$ und beweise sodann die sich ergebende Vermutung.

15. Für die Anzahl z_n der möglichen Beklammerungen eines Produkts von n Faktoren gilt die Rekursionsformel

$$z_n = \sum_{k=1}^{n-1} z_k \cdot z_{n-k} \qquad (n \geqq 3),$$

wenn $z_1 = z_2 = 1$ gesetzt wird. Man beweise, daß gilt:

$$z_n = \frac{1 \cdot 3 \cdot 5 \cdot \ldots \cdot (2n-3)}{n!} \cdot 2^{n-1}.$$

Anleitung: Für $a_n := n!z_n$ erhält man das Rekursionsschema

$$a_n = \sum_{k=1}^{n-1} \binom{n}{k} a_k a_{n-k}, \qquad a_1 = 1, a_2 = 2.$$

Man beweise durch vollständige Induktion:

$$a_n = 2 \cdot 6 \cdot 10 \cdot \ldots \cdot (4n-6).$$

2.4 Eigenschaften reeller Funktionen

Die speziellen Eigenschaften von $\mathbb{R}$ ermöglichen es, für reelle Funktionen u.a. folgende Begriffe zu erklären: *Beschränktheit*, *Monotonie*, *Dehnungsbeschränktheit*.

Def.: *Ist die Wertemenge einer reellwertigen Funktion f nach oben (bzw. nach unten) beschränkt, so heißt f* nach oben (*bzw.* nach unten) beschränkt. *Eine sowohl nach oben als auch nach unten beschränkte Funktion heißt* beschränkt.

Unter den ganzrationalen Funktionen sind nur die konstanten Funktionen beschränkt. Die Restriktion einer ganzrationalen Funktion auf ein Intervall $[a, b]$ ist dagegen immer beschränkt.
Rationale (nicht konstante) Funktionen können beschränkt, wie z.B.

$$x \mapsto \frac{1}{1+x^2} \qquad (x \in \mathbb{R})$$

oder auch nicht beschränkt sein, wie z.B.

$$x \mapsto \frac{1}{x} \qquad (x \in \mathbb{R}\setminus\{0\}).$$

Treppenfunktionen sind, da ihre Wertemenge endlich ist, immer beschränkt.

Bei der Definition der Beschränktheit haben wir nur die Tatsache verwendet, daß die Zielmenge $\mathbb{R}$ angeordnet ist. Beachtet man, daß auch die Definitionsmenge D als Teilmenge von $\mathbb{R}$ angeordnet ist, so kann man den wichtigen Begriff der *monotonen Funktion* definieren.

Def.: *Die Funktion $f: D \to \mathbb{R}$ heißt* monoton wachsend, *wenn für alle $x_1, x_2 \in D$ gilt:*

$$x_1 < x_2 \;\Rightarrow\; f(x_1) \leqq f(x_2).$$

f heißt streng monoton wachsend, *wenn für alle $x_1, x_2 \in D$ gilt:*

$$x_1 < x_2 \;\Rightarrow\; f(x_1) < f(x_2).$$

Entsprechend werden die Eigenschaften „monoton fallend“ und „streng monoton fallend“ erklärt. Ist f entweder streng monoton wachsend oder streng monoton fallend, so heißt f *streng monoton*.
Man beachte, daß hiernach die konstanten Funktionen sowohl monoton wachsend als auch monoton fallend sind.

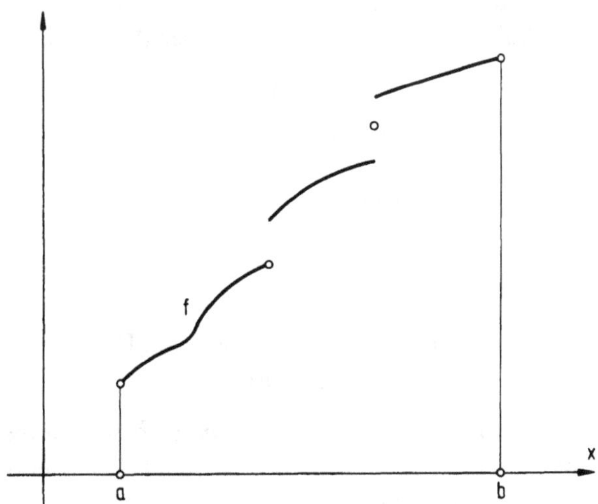

Ganzrationale und rationale Funktionen sind, wenn sie nicht konstant sind, intervallweise streng monoton (vgl. hierzu auch Aufg. 11, S. 278); z.B. ist $x \mapsto x^2$ im Intervall $\{x \mid x \leqq 0\}$ streng monoton fallend und im Intervall $\{x \mid x \geqq 0\}$ streng monoton wachsend.

Aufgabe: Man zeige, daß die Potenzfunktion $x \mapsto x^n$ für $n \geqq 1$ im Intervall $\{x \mid x \geqq 0\}$ streng monoton wachsend ist.

Die Funktion $x \mapsto [x]$ ist monoton wachsend, aber nicht streng monoton wachsend. Monoton wachsende bzw. monoton fallende Funktionen brauchen also nicht injektiv zu sein, wie das letzte Beispiel zeigt. Eine hinreichende Bedingung für die Injektivität erhält man aber mit der *strengen* Monotonie:

Satz: *Ist f streng monoton, so ist f injektiv und die Umkehrfunktion f^{-1} ist ebenfalls streng monoton.*

Beweis: Sei f etwa streng monoton wachsend. Gilt $x_1 \neq x_2$, so muß entweder $x_1 < x_2$ oder aber $x_2 < x_1$, also entweder $f(x_1) < f(x_2)$ oder aber $f(x_2) < f(x_1)$ sein. Somit folgt $f(x_1) \neq f(x_2)$, d.h. f ist injektiv. Es existiert also die Umkehrfunktion $f^{-1}: f(D) \to D$.
Weiter ist auch die Umkehrfunktion f^{-1} streng monoton wachsend, denn würde für $y_1, y_2 \in f(D)$ mit $y_1 < y_2$ nicht $f^{-1}(y_1) < f^{-1}(y_2)$ gelten, wäre also $f^{-1}(y_1) \geqq f^{-1}(y_2)$, so hätte man für die Urbilder x_1, x_2 von y_1, y_2:

$$x_1 \geqq x_2 \quad \text{und} \quad y_1 = f(x_1) < f(x_2) = y_2.$$

Das widerspricht der Voraussetzung, daß f streng monoton wachsend ist. Für streng monoton fallende Funktionen verläuft der Beweis analog.

Bemerkung: Die strenge Monotonie ist eine hinreichende, aber keine notwendige Bedingung für die Umkehrbarkeit einer reellen Funktion. Dies zeigt etwa folgendes Beispiel:
Es sei $D = [0, 1]$ und $f: D \to \mathbb{R}$ sei definiert durch

$$f(x) = \begin{cases} x & \text{für } x \in \mathbb{Q} \\ 1 - x & \text{für } x \notin \mathbb{Q}. \end{cases}$$

Diese Funktion f bildet das Intervall $[0, 1]$ bijektiv auf $[0, 1]$ ab; f ist jedoch nicht streng monoton (nicht einmal monoton).

Schließlich führen wir noch den Begriff der *Dehnungsbeschränktheit* ein. Bei dehnungsbeschränkten Funktionen wird der Abstand je zweier Funktionswerte durch den Abstand der zugehörigen Urbilder nach oben abgeschätzt. Wenn also die Urbilder „nahe beieinander" liegen, dann gilt dasselbe auch von den Funktionswerten. Mit der Dehnungsbeschränktheit hat man einen Sonderfall der Stetigkeit (vgl Kap. 5), der einfacher zu handhaben ist und für viele praktisch wichtige Funktionen ausreicht.
Die meisten wichtigen reellen Funktionen sind auf geeigneten Teilintervallen von $\mathbb{R}$ jeweils streng monoton und dehnungsbeschränkt. Für diese Funktionen werden wir zeigen, daß sie in einem solchen Intervall eine Umkehrfunktion besitzen, deren Definitionsmenge ebenfalls ein Intervall ist.

Def.: *Die Funktion $f: D \to \mathbb{R}$ heißt* dehnungsbeschränkt, *wenn es eine positive Zahl c gibt derart, daß für alle $x_1, x_2 \in D$ gilt:*

$$|f(x_2) - f(x_1)| \leqq c\,|x_2 - x_1|.$$

Beispielsweise ist die Betragsfunktion $x \to |x|$ dehnungsbeschränkt mit $c = 1$, denn es gilt (vgl. S.19):

$$\big||x_2| - |x_1|\big| \leqq |x_2 - x_1|.$$

Aufgabe: Man zeige, daß alle affinen Funktionen dehnungsbeschränkt sind. (Dehnungsbeschränkte Funktionen brauchen also nicht beschränkt zu sein.)

Die Funktion $x \mapsto x^n$ ist im Intervall $|x| \leqq a$ dehnungsbeschränkt, denn man hat

$$\begin{aligned} |x_2^n - x_1^n| &= |x_2 - x_1| \cdot |x_2^{n-1} + x_1 x_2^{n-2} + \ldots + x_1^{n-1}| \\ &\leqq |x_2 - x_1| \cdot (|x_2|^{n-1} + |x_1| \cdot |x_2|^{n-2} + \ldots + |x_1|^{n-1}). \end{aligned}$$

Wegen $|x_1| \leqq a$ und $|x_2| \leqq a$ folgt hieraus:

$$|x_2^n - x_1^n| \leqq n a^{n-1} \cdot |x_2 - x_1|.$$

Satz: *Sind f und g in D erklärt und dehnungsbeschränkt, so gilt dies auch von $x \mapsto f(x) + g(x)$ und von $x \mapsto a \cdot f(x)$.*

Beweis: Nach Voraussetzung gibt es positive Zahlen c und c' derart, daß für alle $x_1, x_2 \in D$ gilt:

$$|f(x_2) - f(x_1)| \leqq c \cdot |x_2 - x_1|$$
$$|g(x_2) - g(x_1)| \leqq c' \cdot |x_2 - x_1|.$$

Hieraus folgt:

$$\begin{aligned} |(f(x_2) + g(x_2)) - (f(x_1) + g(x_1))| &\leqq |f(x_2) - f(x_1)| + |g(x_2) - g(x_1)| \\ &\leqq (c + c')|x_2 - x_1|. \end{aligned}$$

Der Beweis für die Dehnungsbeschränktheit von $x \mapsto a \cdot f(x)$ sei dem Leser überlassen.

Ganzrationale Funktionen sind also in jedem Intervall $|x| \leqq a$ (und damit auch in jedem Intervall $[a, b]$) dehnungsbeschränkt, da dasselbe von den Potenzfunktionen $x \mapsto x^n$ gilt.

Daß eine Funktion f nicht dehnungsbeschränkt ist, bedeutet nach der Definition von S. 80: Zu jeder Zahl $c > 0$ gibt es Stellen $x_1, x_2 \in D$ derart, daß

$$|f(x_2) - f(x_1)| > c \cdot |x_2 - x_1|$$

gilt.
Beispielsweise ist $x \mapsto x^2$ in $D = \mathbb{R}$ nicht dehnungsbeschränkt, denn man hat

$$|x_2^2 - x_1^2| = |x_2 + x_1| \cdot |x_2 - x_1|.$$

Zu jedem $c > 0$ kann man aber $x_1, x_2 \in \mathbb{R}$ so finden, daß $|x_2 + x_1| > c$ gilt.

Aufgabe: Man zeige, daß alle ganzrationalen Funktionen, deren Grad mindestens 2 ist, nicht dehnungsbeschränkt sind.

Aufgabe: Alle nichtkonstanten Treppenfunktionen sind nicht dehnungsbeschränkt.

Wenn eine Funktion f in einem Intervall $[a, b]$ (oder in einer beschränkten

Menge D) dehnungsbeschränkt ist, dann ist sie auch beschränkt. Aus

$$|f(x) - f(a)| \leqq c \cdot |x - a| \leqq c \cdot (b - a)$$

folgt ja die Ungleichung

$$f(a) - c(b - a) \leqq f(x) \leqq f(a) + c(b - a).$$

Eine wichtige Eigenschaft der dehnungsbeschränkten Funktionen (allgemeiner der stetigen Funktionen, vgl. S. 234), die in Intervallen definiert sind, ist die „Zwischenwerteigenschaft".

Satz: *Es sei $f\colon [a, b] \to \mathbb{R}$ dehnungsbeschränkt. Dann nimmt f jeden Wert zwischen $f(a)$ und $f(b)$ an.*
(Zwischenwertsatz für dehnungsbeschränkte Funktionen.)

Beweis: Wir nehmen an, daß $f(a) < f(b)$ gilt und zeigen, daß jedes y mit $f(a) < y < f(b)$ als Bild auftritt. Dazu müssen wir das Vollständigkeitsaxiom heranziehen. Wir betrachten die nach oben beschränkte Menge

$$M_y = \{z \mid f(z) \leqq y\},$$

von deren Supremum man erwarten kann, daß es ein Urbild von y ist.
Wir setzen also

$$x = \sup M_y$$

und behaupten, daß $f(x) = y$ gilt.
Zum Beweis dieser Gleichung führen wir die beiden anderen denkbaren Fälle $f(x) < y$ und $f(x) > y$ zum Widerspruch.
(1) Es gilt nicht $f(x) < y$.
Da f dehnungsbeschränkt ist, folgt für alle $h \geqq 0$ (soweit $x + h$ zu $[a, b]$ gehört):

$$f(x + h) \leqq f(x) + c \cdot h.$$

Wäre nun $y - f(x) > 0$, so könnte man $h > 0$ so wählen, daß

$$h < \frac{y - f(x)}{c} \qquad \text{und} \qquad x + h < b$$

gilt. Dann würde folgen:

$$f(x + h) \leqq f(x) + c \cdot h < f(x) + (y - f(x)) = y.$$

Dies bedeutet aber, daß $x + h$ zu M_y gehört. Da $x + h > x$ ist, kann x nicht obere Schranke von M_y sein. Widerspruch!

(2) Es gilt nicht $f(x) > y$.
Für alle $h \geqq 0$ gilt (soweit $x - h$ zu $[a, b]$ gehört):

$$f(x-h) \geqq f(x) - c \cdot h.$$

Wäre nun $f(x) - y > 0$, so würde für alle $h \geqq 0$ mit

$$h < \frac{f(x)-y}{c} \qquad \text{und} \qquad x - h > a$$

gelten:

$$f(x-h) \geqq f(x) - c \cdot h > f(x) - (f(x) - y) = y.$$

Für alle diese h würde $x - h$ also nicht zu M_y gehören. x wäre also nicht die kleinste obere Schranke von M_y. Die Annahme $f(x) > y$ hat also ebenfalls zu einem Widerspruch geführt.

Folgerung: *Eine streng monoton wachsende und dehnungsbeschränkte Funktion $f: [a, b] \to \mathbb{R}$ bildet das Intervall $[a, b]$ bijektiv auf das Intervall $[f(a), f(b)]$ ab.*

In Anwendung der bewiesenen Ergebnisse führen wir für $n \geqq 2$ die *Wurzelfunktion*

$$x \mapsto \sqrt[n]{x} \qquad (x \in \mathbb{R}_0^+)$$

als Umkehrfunktion der auf $\mathbb{R}_0^+$ eingeschränkten Potenzfunktion

$$x \mapsto x^n \qquad (x \in \mathbb{R}_0^+)$$

ein. Hierzu bestimmen wir zunächst die Wertemenge dieser Potenzfunktion. Da $x \mapsto x^n$ auf dem Intervall $[0, b]$ streng monoton wachsend und dehnungsbeschränkt ist, enthält die Wertemenge das Intervall $[0, b^n]$. Dies gilt für jedes $b > 0$, d.h. aber daß jede Zahl y aus $\mathbb{R}_0^+$ in der Wertemenge vorkommt, da b so groß gewählt werden kann, daß $y < b^n$ gilt.
Die Funktion

$$x \mapsto x^n \qquad (x \in \mathbb{R}_0^+)$$

hat also die Wertemenge $\mathbb{R}_0^+$. Wegen der strengen Monotonie existiert ihre Umkehrfunktion; diese besitzt somit $\mathbb{R}_0^+$ als Definitionsmenge.
Die Umkehrfunktion von $x \mapsto x^n$ $(x \in \mathbb{R}_0^+)$ wird auch mit

$$x \mapsto x^{\frac{1}{n}} \qquad (x \in \mathbb{R}_0^+)$$

bezeichnet.

Die zweite Schreibweise deutet schon an, daß man die Wurzelfunktionen auch als Potenzfunktionen mit gebrochenen Exponenten auffassen kann.

Um allgemein die Potenzfunktionen mit rationalen Exponenten in $\mathbb{R}^+$ zu erklären, bieten sich die beiden Möglichkeiten an:

$$x^{\frac{m}{n}} := \left(x^{\frac{1}{n}}\right)^m \qquad \text{bzw.} \qquad x^{\frac{m}{n}} := \left(x^m\right)^{\frac{1}{n}}.$$

Tatsächlich sind beide Definitionen äquivalent, denn es gilt

$$(x^m)^{\frac{1}{n}} = \left(x^{\frac{1}{n}}\right)^m.$$

Zum Beweis verwenden wir, daß die Gleichung

$$(y^n)^m = (y^m)^n$$

für natürliche Zahlen m und n gilt. Da nach Definition $\left(x^{\frac{1}{n}}\right)^n = x$ ist, folgt

$$x^m = \left(\left(x^{\frac{1}{n}}\right)^n\right)^m = \left(\left(x^{\frac{1}{n}}\right)^m\right)^n.$$

Hieraus ergibt sich nach Definition der n-ten Wurzel:

$$(x^m)^{\frac{1}{n}} = \left(x^{\frac{1}{n}}\right)^m.$$

Aufgabe: Man beweise, daß für $\frac{m}{n} = \frac{p}{q}$ gilt: $x^{\frac{m}{n}} = x^{\frac{p}{q}}$.

Damit ist x^r für nichtnegatives rationales r erklärt. Für negatives rationales r setzt man fest:

$$x^r := \frac{1}{x^{-r}} \qquad (x > 0).$$

Dann gelten für beliebiges $r, s \in \mathbb{Q}$ die gewohnten Rechenregeln:

$$x^r \cdot x^s = x^{r+s}$$

$$x^r \cdot y^r = (x \cdot y)^r \qquad (x > 0, y > 0)$$

$$(x^r)^s = x^{r \cdot s}$$

(Beweis als Aufgabe!)

Für nichtrationales r werden wir x^r nach Einführung der Logarithmus- und Exponentialfunktionen erklären (vgl. S.136).

Aufgaben

1. Man zeige, daß die rekursiv definierte Folge (f_n)

$$f_0 = \tfrac{1}{4}$$
$$f_{n+1} = f_n^2 + \tfrac{1}{4} \qquad (n \geqq 0)$$

streng monoton wachsend und nach oben beschränkt ist.

2. Die Funktionen f und g seien beide nach oben beschränkt. Dann ist auch die Funktion h mit $h(x) = f(x) + g(x)$ nach oben beschränkt. Sind F, G bzw. H die Wertemengen von f, g bzw. h, so gilt

$$\sup H \leqq \sup F + \sup G.$$

Man belege durch ein Beispiel, daß

$$\sup H < \sup F + \sup G$$

gelten kann.

3. Ist f beschränkt, so ist auch $f \circ g$ für jedes g, für das die Verkettung möglich ist, beschränkt.
Sind f und g streng monoton wachsend, so gilt dies auch von $g \circ f$, sofern die Verkettung erklärt ist.

4. Man zeige, daß die Wurzelfunktion $x \mapsto \sqrt{x}$ $(x \in \mathbb{R}_0^+)$ streng monoton wachsend ist.

5. Man prüfe, welche der folgenden Funktionen dehnungsbeschränkt sind:

(1) $f(x) = \dfrac{x}{1+x^2}$ für $x \in \mathbb{R}$

(2) $f(x) = \sqrt{x}$ für $x \in \mathbb{R}_0^+$

(3) $f(x) = \dfrac{1}{x}$ für $x \in \mathbb{R}^+$.

Man gebe passende Intervalle an, in denen die zugehörigen Restriktionen dehnungsbeschränkt sind.

6. Die Funktion f sei in den Intervallen $\left[\dfrac{1}{n+1}, \dfrac{1}{n}\right]$ jeweils affin und es sei $f\left(\dfrac{1}{k}\right) = 0$ für gerades k sowie $f\left(\dfrac{1}{k}\right) = 1$ für ungerades k. Setzt man $f(0) = 0$, so ist f in $[0, 1]$ erklärt.
Ist f dehnungsbeschränkt? Gibt es Teilintervalle, in denen f dehnungsbeschränkt ist?

7. Sind f und g beide dehnungsbeschränkt und ist die Verkettung $g \circ f$ möglich, so ist $g \circ f$ dehnungsbeschränkt.
8. Gibt es zu einer Funktion f eine Zahl $c' > 0$ derart, daß für alle $x_1, x_2 \in D$ gilt
$$c'|x_2 - x_1| \leqq |f(x_2) - f(x_1)|,$$
so ist f umkehrbar und die Umkehrfunktion ist dehnungsbeschränkt. Ist f außerdem dehnungsbeschränkt und D ein Intervall, so ist f streng monoton.
9. Man untersuche (für beliebiges rationales r) die Funktion $x \mapsto x^r$ $(x \in \mathbb{R}^+)$ auf Beschränktheit, Monotonie, strenge Monotonie und Dehnungsbeschränktheit. Man gebe Intervalle an, so daß die entsprechende Restriktion alle diese Eigenschaften besitzt.
10. Ist f in $[a, b]$ dehnungsbeschränkt und gilt $f(a) \cdot f(b) < 0$, so hat f in $]a, b[$ eine Nullstelle.
11. Jede ganzrationale Funktion ungeraden Grades hat die Wertemenge $\mathbb{R}$.
12. Die Funktion f sei in einem Intervall definiert und erfülle die Bedingung
$$|f(x_2) - f(x_1)| \leqq c \cdot |x_2 - x_1|^r$$
mit rationalem $r > 1$. Dann ist f eine konstante Funktion. Zum Beweis unterteile man das Intervall mit den Endpunkten x_1 und x_2 äquidistant.
13. Es sei D eine beliebige nichtleere Teilmenge von $\mathbb{R}$. Durch
$$f(x) = \inf\{z \mid z = |x - y|,\ y \in D\}$$
wird eine Funktion $f: \mathbb{R} \to \mathbb{R}_0^+$ erklärt. Man zeige, daß f dehnungsbeschränkt ist. Kann f außer den Punkten von D noch andere Nullstellen haben?
14. Die Funktion $f: D \to \mathbb{R}$ sei dehnungsbeschränkt mit der Dehnungsschranke c. Man zeige, daß durch
$$F(x) = \inf\{z \mid z = f(y) + c|x - y|,\ y \in D\}$$
eine dehnungsbeschränkte Fortsetzung von f erklärt wird, die auf ganz $\mathbb{R}$ definiert ist und dieselbe Dehnungsschranke c wie f besitzt.

2.5 Vektorräume reeller Funktionen

Sind f und g reellwertige Funktionen mit derselben Definitionsmenge D, so definiert man die Funktion $f + g$ durch die Festsetzung
$$(f + g)(x) := f(x) + g(x) \qquad \text{für } x \in D.$$

Damit ist in der Menge $\mathfrak{F}(D)$ aller reellwertigen Funktionen mit der Definitionsmenge D eine Verknüpfung „+" erklärt. $\mathfrak{F}(D)$ mit dieser Verknüpfung ist eine kommutative Gruppe. Das „Nullelement" ist die konstante Abbildung

$$x \longmapsto 0 \qquad \text{für } x \in D,$$

die wir kurz mit 0 bezeichnen.
Weiter gibt es zu f eine Abbildung $(-f)$, die durch

$$x \longmapsto -f(x) \qquad \text{für } x \in D$$

erklärt ist, so daß gilt:

$$f + (-f) = 0.$$

Ist a eine reelle Zahl und $f \in \mathfrak{F}(D)$, so definiert man das Produkt af von a und f durch

$$(af)(x) = a \cdot f(x) \qquad \text{für } x \in D.$$

af ist ein Element von $\mathfrak{F}(D)$. Für diese Multiplikation gelten die Regeln:

1) $(a+b)f = af + bf$
2) $a(f+g) = af + ag$
3) $a(bf) = (a \cdot b)f$
4) $1f = f.$

Zusammenfassend sagt man: $\mathfrak{F}(D)$ *ist ein Vektorraum über* $\mathbb{R}$.
(Zu den auftretenden Begriffen der „Linearen Algebra" vergleiche man zum Beispiel H. J. Kowalsky, Lineare Algebra.)

In der Analysis beschäftigt man sich nicht so sehr mit dem Vektorraum $\mathfrak{F}(D)$ *aller* in D erklärten reellen Funktionen, sondern vielmehr mit bestimmten Untervektorräumen von $\mathfrak{F}(D)$, von denen wir einige in den folgenden Beispielen beschreiben werden.
Die Sonderfälle $D = \mathbb{N}$; $D = [a, b]$, $D = \mathbb{R}$ sind auch hier besonders wichtig.

1) Die Menge aller *beschränkten Funktionen*

$$f: D \to \mathbb{R}$$

ist ein Untervektorraum von $\mathfrak{F}(D)$. Zum Beweis zeigen wir, daß mit f, g auch $f+g$ sowie mit $a \in \mathbb{R}$ auch af beschränkte Funktionen sind. Aus

$$|f(x)| \leqq b \qquad \text{und} \qquad |g(x)| \leqq c \qquad \text{für alle } x \in D$$

folgt nämlich

$$|(f+g)(x)| = |f(x)+g(x)| \leqq |f(x)| + |g(x)| \leqq b+c \qquad \text{für alle } x \in D,$$

sowie

$$|(af)(x)| = |a \cdot f(x)| = |a| \cdot |f(x)| < |a| \cdot b \qquad \text{für alle } x \in D.$$

Für $D = \mathbb{N}$ erhält man die Aussage: Der Vektorraum $\mathfrak{F}(\mathbb{N})$ aller Zahlenfolgen enthält als Untervektorraum die Menge aller beschränkten Zahlenfolgen.

2) Die Summe zweier monoton wachsender Funktionen f, g ist ebenfalls monoton wachsend. Die Funktion $(-f)$ ist dagegen monoton fallend, falls f monoton wachsend ist. Deshalb ist die Menge der monoton wachsenden Funktionen (mit fester Definitionsmenge D) kein Vektorraum.
Wohl aber gelangt man zu einem Vektorraum, wenn man die Funktionen f betrachtet, die Differenz zweier monoton wachsender Funktionen g, h sind:

$$f = g - h.$$

Der Beweis, daß af auch diese Eigenschaft hat, ergibt sich aus der Fallunterscheidung $a \geqq 0$ bzw. $a < 0$. Weiter folgt aus $f_1 = g_1 - h_1$, $f_2 = g_2 - h_2$:

$$f_1 + f_2 = (g_1 + g_2) - (h_1 + h_2).$$

Für den Fall, daß D ein abgeschlossenes Intervall $[a, b]$ ist, nennt man die Elemente dieses Vektorraums auch „Funktionen endlicher Variation“. Der Grund für diese Bezeichnung wird in Kap. 12 erörtert werden (vgl. S. 478).

3) Auf S. 81 haben wir gezeigt, daß mit f und g auch die Funktionen $f+g$ und $a \cdot f$ dehnungsbeschränkt sind. Die Menge aller in D dehnungsbeschränkten Funktionen ist also ein Untervektorraum von $\mathfrak{F}(D)$.

4) Die Menge aller ganzrationalen Funktionen ist ein Untervektorraum von $\mathfrak{F}(\mathbb{R})$, denn mit

$$x \mapsto \sum_{k=0}^{m} a_k x^k$$

$$x \mapsto \sum_{k=0}^{n} b_k x^k$$

sind auch die Summe

$$x \mapsto \sum_{k=0}^{\max\{m,n\}} (a_k + b_k) x^k \qquad \begin{pmatrix} a_k = 0 \text{ für } k > m \\ b_k = 0 \text{ für } k > n \end{pmatrix}$$

sowie das Produkt mit $a \in \mathbb{R}$

$$x \mapsto a \sum_{k=0}^{m} a_k x^k = \sum_{k=0}^{m} a a_k x^k$$

ganzrationale Funktionen.
Auch die Menge aller ganzrationalen Funktionen, deren Grad höchstens gleich der vorgegebenen natürlichen Zahl n ist, ist ein Untervektorraum von $\mathfrak{F}(\mathbb{R})$. In diesem Fall ist die Dimension endlich und zwar gleich $n+1$ (Beweis als Aufgabe).

5) Es sei $D=[a, b]$. Dann bildet die Menge aller Treppenfunktionen mit der Definitionsmenge $[a, b]$ einen Untervektorraum $\mathfrak{T}$ von $\mathfrak{F}([a, b])$. Zum Beweis muß man zeigen, daß mit f, g auch $f+g$ und af Treppenfunktionen sind (Aufgabe!).
Die Dimension des Vektorraums aller in $[a, b]$ definierten Treppenfunktionen ist nicht endlich (Aufgabe!).

Im Vektorraum $\mathfrak{F}(D)$ aller reellwertigen Funktionen mit der Definitionsmenge D ist noch eine weitere Verknüpfung in naheliegender Weise zu erklären, nämlich die Multiplikation fg zweier Funktionen f, g:

$$(fg)(x) := f(x) \cdot g(x) \qquad \text{für } x \in D.$$

Die konstante Funktion

$$x \mapsto 1 \qquad \text{für } x \in D,$$

die wir kurz mit 1 bezeichnen wollen, ist (links- und rechts-) neutrales Element bei dieser Multiplikation. Die Inversenbildung ist nur für solche Funktionen möglich, die keine Nullstellen haben. Das kommutative und das assoziative Gesetz sind dagegen gültig.
Zusammenfassend beschreibt man diesen Sachverhalt so: $\mathfrak{F}(D)$ ist eine *kommutative, assoziative Algebra mit Einselement.*
Diese Algebra besitzt *Nullteiler*; es kann nämlich

$$fg = 0$$

gelten, obwohl $f \neq 0$ und $g \neq 0$ ist (wie man durch ein Beispiel belegen möge!).

Die in den Beispielen 1), 4) und 5) angegebenen Untervektorräume sind – bis auf den Vektorraum der ganzrationalen Funktionen höchstens n-ten Grades – auch *Unteralgebren* von $\mathfrak{F}(D)$. Zum Beweis hat man zu zeigen, daß mit f, g auch das Produkt fg die jeweilige definierende Eigenschaft besitzt.

Aufgaben

1. Eine in $\mathbb{R}$ definierte Funktion f heißt gerade bzw. ungerade, wenn $f(x)=f(-x)$ bzw. $f(x)=-f(-x)$ für alle $x\in\mathbb{R}$ gilt. Man zeige, daß jede beliebige Funktion Summe einer geraden und einer ungeraden Funktion ist. Ist diese Summendarstellung eindeutig bestimmt?
2. Die Funktion $|f|$ wird erklärt durch

$$|f|(x):=|f(x)| \qquad (x\in D).$$

Die Funktion $\frac{1}{2}(f+|f|)$ heißt Positivteil, von f, die Funktion $\frac{1}{2}(f-|f|)$ heißt Negativteil von f. Man beschreibe diese Funktionen auf andere Weise! Weiter zeige man, daß ihr Produkt die Nullfunktion ist.
3. Wie kann man die Funktionen

$$\frac{f+g+|f-g|}{2}$$

$$\frac{f+g-|f-g|}{2}$$

auf andere Weise beschreiben?
4. Die Funktionen f, g seien beide
   a) beschränkt,
   b) ganzrational,
   c) Treppenfunktionen.
   Man zeige, daß dann auch fg jeweils dieselbe Eigenschaft besitzt.
5. Ist das Produkt zweier dehnungsbeschränkter Funktionen immer dehnungsbeschränkt? Ist der Vektorraum der in $[a, b]$ dehnungsbeschränkten Funktionen eine Algebra?
6. Das Produkt zweier monoton wachsender Funktionen ist nicht notwendig monoton wachsend. Beispiel?
   Unter welchen zusätzlichen Voraussetzungen ist das Produkt monoton wachsend?
   Ist der Vektorraum aus Beispiel 2) immer eine Algebra?
7. f, g, h seien reelle Funktionen derart, daß alle vorkommenden Verknüpfungen möglich sind. Man beweise bzw. gebe ein Gegenbeispiel für jede der folgenden Behauptungen an:

a) $f\circ(g+h)=f\circ g+f\circ h$ b) $(g+h)\circ f=g\circ f+h\circ f$

c) $\frac{1}{f\circ g}=\frac{1}{f}\circ g$ d) $\frac{1}{f\circ g}=f\circ\left(\frac{1}{g}\right).$

3 Konvergente Folgen

Viele Probleme der Analysis und ihrer Anwendungen führen auf die Betrachtung von Zahlenfolgen. Häufig ist dabei zu beobachten, daß die Werte der Zahlenfolge sich einer bestimmten reellen Zahl „immer mehr annähern“, je größer man die Argumente wählt. Diese ungenaue Feststellung müssen wir mit einer mathematisch einwandfreien Definition zu erfassen versuchen: Wir werden hier die *Konvergenz einer Zahlenfolge* unter Verwendung des *Umgebungsbegriffs* einführen.
Zur Nachprüfung der Konvergenz einer Folge ist es oft schwer möglich und nicht immer zweckmäßig, direkt auf die Konvergenzdefinition zurückzugehen. Besonders weisen wir auf das *Cauchysche Konvergenzkriterium* hin, das notwendig und hinreichend für die Konvergenz einer Folge ist. Schließlich erklären wir für beschränkte, nicht notwendig konvergente Folgen den „Limes superior“ und den „Limes inferior“. Die Übereinstimmung dieser beiden Zahlen ist ebenfalls eine notwendige und hinreichende Bedingung für die Konvergenz.

3.1 Konvergenz von Zahlenfolgen

Eine Abbildung

$$f\colon \mathbb{N} \to \mathbb{R}$$

nennen wir eine *Zahlenfolge*. Statt f verwenden wir auch die Bezeichnungen

$$n \mapsto f_n \qquad \text{für } n \in \mathbb{N}$$

oder kürzer (f_n).
Da eine Zahlenfolge eine Funktion (mit spezieller Definitionsmenge) ist, treffen hier die bei Funktionen üblichen Begriffe wie injektiv, beschränkt, monoton, Wertemenge mit gleicher Bedeutung zu. Eine Folge (f_n) ist auch dann schon streng monoton wachsend, wenn

$$f_n < f_{n+1} \qquad \text{für alle } n$$

gilt (Beweis als Aufgabe).

Die Wertemenge einer Folge ist entweder endlich oder abzählbar unendlich. Manchmal ist es instruktiv, eine Zahlenfolge durch Angabe der ersten Funktionswerte (und durch deren Bild auf der Zahlengeraden) zu veranschaulichen:

$$f_1, f_2, f_3, f_4, f_5, \ldots$$

Natürlich muß man dabei wissen, was mit ... gemeint ist; jedem $n \in \mathbb{N}$ muß ja genau ein Funktionswert zugeordnet sein.

Beispiele

1) $1, 1, 1, 1, \ldots \qquad f_n = 1$

2) $1, \frac{1}{2}, \frac{1}{3}, \frac{1}{4}, \frac{1}{5}, \ldots \qquad f_n = \frac{1}{n}$

3) $\frac{1}{3}, \frac{1}{2}, \frac{1}{5}, \frac{1}{4}, \frac{1}{7}, \frac{1}{6}, \ldots \qquad f_n = \begin{cases} \frac{1}{n+2} & \text{für } n \text{ ungerade} \\ \frac{1}{n} & \text{für } n \text{ gerade} \end{cases}$

4) $-\frac{1}{2}, \frac{2}{3}, -\frac{3}{4}, \frac{4}{5}, \ldots \qquad f_n = (-1)^n \frac{n}{n+1}$

5) Die Folge (r_n) von Seite 62, deren Wertemenge aus allen positiven rationalen Zahlen besteht.

6) $1, \frac{1}{2}, 3, \frac{1}{4}, 5, \frac{1}{6}, \ldots \qquad f_n = \begin{cases} n & \text{für } n \text{ ungerade} \\ \frac{1}{n} & \text{für } n \text{ gerade} \end{cases}$

7) Fest vorgegeben seien die Zahlen $a > 0$ und $b > 0$ sowie das Rekursionsschema

$$f_1 = b$$

$$f_{n+1} = \tfrac{1}{2}\left(f_n + \frac{a}{f_n}\right) \qquad \text{für } n \geqq 1.$$

Es ist einsichtig, daß auch in dem letzten Beispiel (Beispiel 7) jedem $n \in \mathbb{N}$ genau eine Zahl f_n zugeordnet ist; diese ist aber nicht explizit angegeben, sondern rekursiv definiert. Daß ein solches „Rekursionsschema" wirklich eine und nur eine Folge definiert, haben wir im Abschnitt 2.3 (vgl. S. 72) bewiesen.

Aufgabe: Welche der Folgen in den Beispielen sind injektiv, beschränkt, monoton bzw. streng monoton? Welche der Wertemengen sind endlich bzw. abzählbar unendlich? Man vergleiche die Wertemengen der Folgen in den Beispielen 2) und 3).

Mit dem Begriff *konvergente Zahlenfolge* wollen wir Zahlenfolgen erfassen, bei denen sich die Werte f_n „mit wachsendem n" *einer* reellen Zahl „immer mehr nähern". Dies trifft für die Beispiele 1) bis 3), nicht aber für 4) bis 6) zu. Bei Beispiel 7) läßt sich dies nicht auf Anhieb entscheiden.

Bei den Beispielen 4) und 5) erfolgt eine „Annäherung" sozusagen gegen mehrere Zahlen; diese Zahlenfolgen sollen nicht zu den konvergenten gerechnet werden. Es gibt jedoch hier und auch in Beispiel 6) konvergente „Teilfolgen" (vgl. hierzu S. 97).

Damit sich f_n „mit wachsendem n" der reellen Zahl a „immer mehr nähert", müssen die f_n für alle großen n in einer „kleinen" Umgebung von a liegen und wie klein auch immer wir diese Umgebung wählen, immer müssen alle bis auf endlich viele Werte f_n der Folge in dieser Umgebung liegen.

Diese Überlegung präzisieren wir durch folgende Definitionen.

Def.: *Sei* $\varepsilon > 0$; *als* ε-Umgebung *von* a *(kurz Umgebung von* a*) bezeichnen wir die Menge*

$$U(a, \varepsilon) = \{x \mid a - \varepsilon < x < a + \varepsilon\} = \{x \mid |a - x| < \varepsilon\}$$

Def.: *Die Zahlenfolge* (f_n) *heißt* konvergent mit Grenzwert a, *wenn es zu* jeder *Umgebung* U *von* a *eine natürliche Zahl* n_0 *gibt derart, daß gilt:*

$$f_n \in U \qquad \text{für alle } n \geqq n_0.$$

Anders ausgedrückt: (f_n) ist konvergent mit dem Grenzwert a, wenn es zu jeder Umgebung U von a nur *endlich viele* $n \in \mathbb{N}$ gibt, deren Bilder f_n *nicht* zu U gehören. Dafür sagt man auch: Wird eine Umgebung U von a beliebig vorgegeben, müssen die Werte der Folge für *fast alle* n (d.h. für alle bis auf endlich viele) in U liegen.

Berücksichtigt man, daß $f_n \in U(a, \varepsilon)$ genau dann gilt, wenn $|f_n - a| < \varepsilon$ ist, so ergibt sich für die Konvergenzdefinition die Formulierung:

Satz: (f_n) *ist genau dann konvergent mit dem Grenzwert* a, *wenn zu jedem* $\varepsilon > 0$ *ein* $n_0 \in \mathbb{N}$ *existiert derart, daß für alle* $n \geqq n_0$ *gilt*

$$|f_n - a| < \varepsilon.$$

Wenn eine Zahlenfolge (f_n) konvergent ist mit dem Grenzwert a, so schreiben wir:

$$\lim_n f_n = a \qquad \text{(oder auch } \lim_{n\to\infty} f_n = a).$$

Die letzte Bezeichnung bedeutet nicht, daß wir „∞" unter die Zahlen aufnehmen, oder gar, daß man $n = \infty$ in f_n „einsetzen" kann. Das Symbol $\lim_{n\to\infty} f_n$ ist eine nur als Ganzes akzeptable Bezeichnung, deren Bedeutung in der Konvergenzdefinition genau beschrieben ist.

Bemerkung: Die Betonung in der Konvergenzdefinition liegt auf *jeder* Umgebung. Dadurch werden die „kleinen" und „noch so kleinen" Umgebungen, die in den intuitiven Vorüberlegungen zum Konvergenzbegriff vorkommen, mit erfaßt, andererseits aber unklare Begriffsbildungen vermieden.

Ist die Zahlenfolge (f_n) konvergent mit dem Grenzwert a, so kann sie nicht auch konvergent mit dem Grenzwert $b \neq a$ sein. a und b besitzen nämlich disjunkte Umgebungen U und V (man wähle etwa jeweils $\varepsilon = \frac{1}{2}(b-a)$). Es kann daher nicht richtig sein, daß für fast alle n die Werte der Folge sowohl in U als auch in V liegen.
Gibt es eine Zahl a derart, daß die Folge (f_n) konvergent ist mit dem Grenzwert a, so sagen wir kurz, (f_n) sei konvergent. Wir haben eben bewiesen:

Satz: *Eine konvergente Zahlenfolge hat genau einen Grenzwert.*

Bemerkung: In der Definition für „(f_n) ist konvergent mit dem Grenzwert a" hat man jede ε-Umgebung von a zuzulassen. Manchmal ist es zweckmäßig, den Begriff „Umgebung von a" allgemeiner zu fassen: Jede Obermenge einer ε-Umgebung von a möge jetzt Umgebung von a heißen. Verwendet man diesen Umgebungsbegriff, so ist die Forderung der Konvergenzdefinition scheinbar stärker: Es werden ja jetzt viel mehr Mengen als Umgebungen zugelassen mit der Forderung, daß fast alle Werte der Folge in jeder dieser Umgebung liegen. Tatsächlich wird nicht mehr verlangt, da in jeder Umgebung eine ε-Umgebung enthalten ist; in dieser müssen ebenfalls bereits fast alle Werte der Folge liegen.

Von den auf S. 92 angegebenen Zahlenfolgen sind die aus Beispiel 1) bis 3) und 7) konvergent. Der Beweis im Fall 1) ist klar; für 7) erbringen wir ihn, wenn uns weitere Regeln zur Verfügung stehen. Hier führen wir den Konvergenzbeweis für die Folge aus Beispiel 2) vor:

Die Folge $\left(\frac{1}{n}\right)$ *ist konvergent mit dem Grenzwert* 0.

Wir müssen zu jedem $\varepsilon > 0$ eine natürliche Zahl n_0 finden, so daß

$$\left|\frac{1}{n} - 0\right| = \frac{1}{n} < \varepsilon \text{ für } n \geqq n_0$$

gilt. Wir können nun für n_0 eine natürliche Zahl wählen, die die Bedingung $n_0 > \frac{1}{\varepsilon}$ erfüllt – etwa die kleinste aller dieser natürlichen Zahlen. (Solche natürlichen Zahlen existieren, wie in Abschnitt 1.4 bewiesen wurde.) Dann gilt für alle $n \geqq n_0$

$$\frac{1}{n} \leqq \frac{1}{n_0} < \varepsilon,$$

womit die Behauptung bewiesen ist.

Folgen, die konvergent mit dem Grenzwert 0 *sind, heißen auch* Nullfolgen.

Damit können wir sagen: $\left(\frac{1}{n}\right)$ ist eine Nullfolge.

Zwischen beliebigen konvergenten Zahlenfolgen und den Nullfolgen besteht dieser Zusammenhang:

Satz: *Eine Folge (f_n) ist genau dann konvergent mit dem Grenzwert a, wenn die Folge $(f_n - a)$ eine Nullfolge ist.*

Der Beweis folgt unmittelbar aus dem Satz von S. 93.

Folgen, die mit keiner Zahl a als Grenzwert konvergent sind, nennt man *divergent*. Die Divergenz einer Folge (f_n) bedeutet also: Zu jeder Zahl a gibt es eine Umgebung U von a derart, daß gilt:

$$f_n \notin U \qquad \text{für unendlich viele } n.$$

Oder: Zu jedem $a \in \mathbb{R}$ gibt es ein $\varepsilon > 0$ derart, daß gilt:

$$|f_n - a| \geqq \varepsilon \qquad \text{für unendlich viele } n.$$

Die Folgen aus Beispiel 4) bis 6) von S. 92 sind divergent. Wir führen den Beweis durch für Beispiel 4):
Ist $a \neq 1$, so gehören der Umgebung

$$U(a, \tfrac{1}{2}|1 - a|)$$

die Werte der Folge für unendlich viele gerade n nicht an.

Ist $a = 1$, so gehören der Umgebung

$$U(1, \tfrac{1}{2})$$

die Werte der Folge für ungerades n nicht an.

Oft kann man die Divergenz einer Folge schon dadurch nachweisen, daß man zeigt, daß eine für die Konvergenz notwendige Bedingung nicht erfüllt ist. Zum Beispiel gilt:

Satz: *Jede konvergente Zahlenfolge ist beschränkt.*

Beweis: Konvergiert die Folge (f_n) gegen a, so wählen wir irgendeine feste ε-Umgebung von a (etwa mit $\varepsilon = 1$). Außerhalb dieser Umgebung liegen nur endlich viele Werte der Folge; nimmt man zu diesen noch die beiden Zahlen $a - \varepsilon$ und $a + \varepsilon$ hinzu, so erhält man eine endliche Menge. Zwischen dem kleinsten und dem größten Element dieser Menge liegen alle Werte der Folge.

Eine Folge, die nicht beschränkt ist, ist also divergent.

Eine andere notwendige Bedingung für die Konvergenz einer Folge verwendet den Begriff der *Teilfolge*.
Man erhält eine Teilfolge von (f_n), indem man aus der ursprünglichen Folge (f_n) gewisse Werte wegstreicht, jedoch noch unendlich viele Werte übrigläßt. In ihrer natürlichen Reihenfolge bilden diese übriggebliebenen Werte wieder eine Folge, die wir mit $(f_{\varphi(n)})$ bezeichnen:

$$f_{\varphi(1)}, f_{\varphi(2)}, f_{\varphi(3)}, \ldots.$$

Die „natürliche Reihenfolge" bedeutet, daß φ eine streng monoton wachsende Abbildung von $\mathbb{N}$ in $\mathbb{N}$ ist. Wir präzisieren diese Überlegungen in folgender

Def.: *Sei* (f_n) *eine Zahlenfolge und* $\varphi: \mathbb{N} \to \mathbb{N}$ *streng monoton wachsend. Dann heißt die Folge*

$$n \longmapsto f_{\varphi(n)} \qquad (n \in \mathbb{N})$$

eine Teilfolge von (f_n).

Aufgabe: Ist $\varphi: \mathbb{N} \to \mathbb{N}$ streng monoton wachsend, so gilt $\varphi(n) \geqq n$ für alle n.

Satz: *Ist* (f_n) *konvergent mit dem Grenzwert* a, *so gilt dies auch von jeder Teilfolge von* (f_n).

Denn liegen in einer vorgegebenen Umgebung von a fast alle Werte der Folge, so erst recht fast alle Werte der Teilfolge.

Hat also eine Folge eine divergente Teilfolge, z. B. die Folge aus Beispiel 6) auf S. 92 die Teilfolge $(f_{2k-1}) = (k)$, so ist sie selbst divergent.
Wenn eine Folge zwei Teilfolgen hat, die gegen verschiedene Grenzwerte konvergieren, so ist die Ausgangsfolge ebenfalls divergent, z. B. die Folge aus

Beispiel 4) auf S. 92 mit $(f_{2k}) = \left(\frac{2k}{2k+1}\right)$ und $(f_{2k-1}) = \left(-\frac{2k-1}{2k}\right)$.

Aufgabe: Man zeige, daß die Folge (r_n) aus Beispiel 5) auf S. 92 divergent ist.

Bemerkung: Bei Konvergenzuntersuchungen einer Folge kommt es immer nur auf die Werte der Folge an *fast allen* Stellen an. Zwei Folgen, die sich nur an endlich vielen Stellen unterscheiden, konvergieren beide gegen denselben Grenzwert oder sind beide divergent. Auch kann man, wenn es um die Konvergenz einer Folge geht, endlich viele Werte immer weglassen und insbesondere statt der Folge (f_n) bei festem k die Teilfolge $n \mapsto f_{k+n}$ betrachten.

Aufgaben

1. Die Folge (f_n) sei konvergent mit dem Grenzwert a. Man zeige, daß die Folge (g_n) genau dann gegen a konvergiert, wenn $(f_n - g_n)$ eine Nullfolge ist.
2. Man zeige, daß die Folge (f_n) mit

$$f_n = \left(1 - \frac{1}{n^2}\right)^n$$

den Grenzwert 1 besitzt. Zu vorgegebenem $\varepsilon > 0$ bestimme man ein n_0 derart, daß für alle $n \geqq n_0$ gilt $|f_n - 1| < \varepsilon$.
(Man verwende die Bernoullische Ungleichung.)
3. Man untersuche, ob (f_n) konvergent oder divergent ist für

(1) $f_n = \sqrt{n+1} - \sqrt{n}$

(2) $f_n = (-1)^n \sqrt{n}(\sqrt{n+1} - \sqrt{n})$

(3) $f_n = \frac{n}{2^n}$

(4) $f_n = \frac{1 + 2 + \ldots + n}{n+2} - \frac{n}{2}$

(5) $\quad f_n = \dfrac{1^2 + 2^2 + \ldots + n^2}{n^2}$

(6) $\quad f_n = \dfrac{1^3 + 2^3 + \ldots + n^3}{n^4}$

Gegebenenfalls bestimme man die Grenzwerte.

4. Die Folge (f_n) sei rekursiv definiert durch

$$f_1 = 1 \qquad \text{und} \qquad f_{n+1} = \sqrt{1 + f_n} \qquad (n \geqq 1).$$

Man zeige, daß (f_n) streng monoton wachsend und nach oben beschränkt ist.

5. Die Wertemenge einer konvergenten Folge besitzt ein Maximum oder ein Minimum. Man gebe je ein Beispiel einer konvergenten Folge, die Maximum und Minimum bzw. nur eines von beiden besitzt.

6. Konvergiert (f_n) gegen $a \neq 0$, dann gilt

$$\lim_n \frac{f_{n+1}}{f_n} = 1.$$

(Man zeige zunächst, daß $f_n \neq 0$ für fast alle n gilt.)

7. Es sei (f_n) eine Nullfolge. Man zeige, daß dann auch (g_n) mit

$$g_n = \frac{f_1 + f_2 + \ldots + f_n}{n}$$

eine Nullfolge ist.

Anleitung: Zu vorgegebenem $\varepsilon > 0$ gibt es ein n_0 derart, daß $|f_k| < \varepsilon$ für $k > n_0$ gilt. Man spalte nun für $n > n_0$ folgendermaßen auf:

$$g_n = \frac{f_1 + f_2 + \ldots + f_{n_0}}{n} + \frac{f_{n_0+1} + \ldots + f_n}{n}.$$

Kann (g_n) auch konvergieren, wenn (f_n) divergent ist?

8. Es gelte $\lim_n f_n = a$. Dann folgt

$$\lim_n \frac{f_1 + f_2 + \ldots + f_n}{n} = a.$$

Weiter zeige man, daß aus $\lim_n (g_{n+1} - g_n) = a$ folgt $\lim_n \dfrac{g_n}{n} = a$.

9. Es sei (a_n) eine Folge positiver Zahlen und die Folge (b_n) mit

$$b_n = a_1 + a_2 + \ldots + a_n$$

sei nicht beschränkt. Für jede konvergente Folge (f_n) gilt dann

$$\lim_n f_n = \lim_n \frac{a_1 f_1 + a_2 f_2 + \ldots + a_n f_n}{a_1 + a_2 + \ldots + a_n}.$$

10. Wenn (f_n) eine Nullfolge und (g_n) beschränkt ist, dann ist auch die Folge (h_n) mit

$$h_n = \frac{f_1 g_n + f_2 g_{n-1} + \ldots + f_n g_1}{n}$$

eine Nullfolge. Weiter zeige man, daß aus $\lim_n f_n = a$ und $\lim_n g_n = b$ folgt:

$$\lim_n \frac{f_1 g_n + f_2 g_{n-1} + \ldots + f_n g_1}{n} = ab.$$

11. Es sei (g_n) eine streng monoton wachsende divergente Folge. Weiter sei eine Folge (f_n) gegeben, für die $\lim_n \frac{f_{n+1} - f_n}{g_{n+1} - g_n} = a$ gilt.

Man beweise: $\lim_n \frac{f_n}{g_n} = a$.

Anleitung: Man schätze $f_k - f_{k-1}$ nach oben und unten ab und danach die Summe $\sum_{k=n_0}^{n} (f_k - f_{k-1})$.

Als Anwendung beweise man: $\lim_n \frac{\sum_{k=1}^{n} k^p}{n^{p+1}} = \frac{1}{p+1}$. $(p \in \mathbb{N})$

12. Es sei (r_n) die Folge aller positiven rationalen Zahlen in der Numerierung, wie sie auf S.62 eingeführt wurde. Gibt es zu jeder nichtnegativen reellen Zahl x eine Teilfolge von (r_n), die den Grenzwert x besitzt?
13. Gibt es zu der Folge (f_n) endlich viele Teilfolgen, die sämtlich gegen denselben Grenzwert a konvergieren und kommt jedes f_n der Ausgangsfolge in mindestens einer der Teilfolgen vor, so gilt $\lim_n f_n = a$.

Gilt die Aussage auch bei unendlich vielen Teilfolgen?

3.2 Beispiele

Die folgenden Beispiele dienen nicht nur dazu, mit dem Konvergenzbegriff vertraut zu machen, die bewiesenen Ergebnisse werden später immer wieder benötigt.

1) Sei $p \geqq 1$ eine natürliche Zahl. Dann gilt:

$$\lim_n \frac{1}{n^p} = 0$$

(n^p) ist divergent.

(Was gilt für $p = 0$?)

Beweis: Für jedes $\varepsilon > 0$ ist die Bedingung

$$\frac{1}{n^p} < \varepsilon$$

äquivalent mit

$$n > \frac{1}{\sqrt[p]{\varepsilon}}.$$

Die Menge der natürlichen Zahlen, die diese Bedingung erfüllen, ist nach 1.4. nicht leer. n_0 sei die kleinste solche Zahl. Dann gilt für $n \geqq n_0$:

$$\frac{1}{n} \leqq \frac{1}{n_0} < \sqrt[p]{\varepsilon}, \qquad \text{also} \qquad \frac{1}{n^p} < \varepsilon.$$

2) Sei $p \geqq 2$ eine natürliche Zahl. Dann gilt:

$$\lim_n \frac{1}{\sqrt[p]{n}} = 0$$

$(\sqrt[p]{n})$ ist divergent.

Beweis: Sei $\varepsilon > 0$ gegeben. Die Bedingung

$$\frac{1}{\sqrt[p]{n}} < \varepsilon$$

ist äquivalent mit

$$n > \frac{1}{\varepsilon^p}.$$

Wir wählen deshalb n_0 als kleinste dieser natürlichen Zahlen und haben dann für $n \geqq n_0$:

$$\frac{1}{n} \leqq \frac{1}{n_0} < \varepsilon^p, \qquad \text{also} \qquad \frac{1}{\sqrt[p]{n}} < \varepsilon.$$

3) Sei $q \in \mathbb{R}$. Dann gilt für

$$|q| < 1: \quad \lim_n q^n = 0$$

$$q = 1: \quad \lim_n q^n = 1$$

$$q = -1: \quad (q^n) \text{ ist divergent}$$

$$|q| > 1: \quad (q^n) \text{ ist divergent}$$

Beweis: Wir beschäftigen uns mit dem Fall $|q| < 1$. Da für $q = 0$ die Behauptung richtig ist, können wir $0 < |q| < 1$ annehmen.
Ob es zu vorgegebenem $\varepsilon > 0$ überhaupt natürliche Zahlen n gibt, für die

$$|q^n| < \varepsilon$$

gilt, ist nicht unmittelbar zu sehen. Doch führt der Ansatz

$$\frac{1}{|q|} = 1 + h$$

zusammen mit der Bernoullischen Ungleichung zu folgender Abschätzung:

$$\frac{1}{|q|^n} = (1+h)^n \geqq 1 + nh > n \cdot h = n \cdot \frac{1 - |q|}{|q|},$$

d.h.

$$|q|^n < \frac{|q|}{1 - |q|} \cdot \frac{1}{n}.$$

Nun gibt es natürliche Zahlen n, für die $\frac{|q|}{1-|q|} \cdot \frac{1}{n} < \varepsilon$ und damit auch $|q|^n < \varepsilon$ gilt. Die kleinste Zahl dieser nichtleeren Menge von natürlichen Zahlen wählen wir als n_0. Dann gilt für alle $n \geqq n_0$:

$$|q|^n < \frac{|q|}{1-|q|} \cdot \frac{1}{n} \leqq \frac{|q|}{1-|q|} \cdot \frac{1}{n_0} < \varepsilon.$$

Aufgabe: Man beweise die Behauptungen für $q = 1$, $q = -1$ und $|q| > 1$.

4) Sei $|q| < 1$ und $p \in \mathbb{N}$. Dann gilt

$$\lim_n n^p q^n = 0.$$

Beweis: Wir führen den Beweis für $p = 2$ vor und überlassen den allgemeinen Fall dem Leser. Aus der binomischen Formel folgt für $h > 0$ und $n \geqq 3$ die

Abschätzung

$$(1+h)^n = \sum_{j=0}^{n} \binom{n}{j} h^j > \binom{n}{3} h^3.$$

Wir setzen nun $1 + h = \dfrac{1}{|q|}$ und haben also

$$|q|^n < \frac{1}{\binom{n}{3} h^3}$$

$$n^2 \cdot |q|^n < \frac{6n^2}{n(n-1)(n-2)} \cdot \frac{1}{h^3}.$$

Da für $n \geqq 4$ die Ungleichung $\dfrac{n}{(n-1)(n-2)} < \dfrac{1}{n-3}$ gilt und $h = \dfrac{1-|q|}{|q|}$ ist, folgt

$$n^2 \cdot |q|^n < \frac{6|q|^3}{(1-|q|)^3} \cdot \frac{1}{n-3}.$$

Hieraus kann man zu vorgegebenem $\varepsilon > 0$ ein geeignetes n_0 bestimmen.

5) Sei $a > 0$. Dann gilt

$$\lim_n \sqrt[n]{a} = 1$$

(Was gilt für $a = 0$?)

Beweis: Sei zunächst $a \geqq 1$. Wir zeigen mit Hilfe der Bernoullischen Ungleichung, daß die Folge (g_n) mit

$$g_n = \sqrt[n]{a} - 1$$

eine Nullfolge ist. Es gilt einerseits $0 \leqq g_n$ und andererseits

$$a = (1 + g_n)^n \geqq 1 + n g_n$$

also

$$g_n \leqq \frac{a-1}{n}.$$

Daraus folgt für $a \geqq 1$ die Behauptung.

Den Fall $0 < a < 1$ führt man auf den soeben bewiesenen zurück. Dazu verwendet man am einfachsten eine der Regeln über das Rechnen mit konvergenten Folgen, die wir im nächsten Abschnitt herleiten werden. Wir stellen deshalb den Beweis bis dahin zurück.

6) Es gilt

$$\lim_n \sqrt[n]{n} = 1.$$

Beweis: Wir betrachten die Folge (g_n) mit

$$g_n = \sqrt[n]{n} - 1.$$

Da $0 \leqq g_n$ für alle n gilt, ergibt sich aus der binomischen Formel

$$n = (1 + g_n)^n \geqq 1 + \binom{n}{2} g_n^2,$$

also für $n \geqq 2$

$$g_n^2 \leqq \frac{2}{n} \qquad \text{oder} \qquad 0 \leqq g_n \leqq \sqrt{\frac{2}{n}}.$$

7) Es gilt für jedes reelle a

$$\lim_n \frac{a^n}{n!} = 0.$$

Beweis: Für genügend großes m wird der Bruch $\frac{a}{m}$ kleiner als $\frac{1}{2}$; wir wählen deshalb eine natürliche Zahl $k > 2a$ und erhalten dann für $n > k$:

$$\frac{a^n}{n!} = \frac{a^k}{k!} \cdot \prod_{m=k+1}^{n} \frac{a}{m} < \frac{a^k}{k!} \left(\frac{1}{2}\right)^{n-k} = \frac{(2a)^k}{k!} \cdot \frac{1}{2^n}.$$

Da k eine feste (zu a gehörige) natürliche Zahl ist, folgt die Behauptung.

8) Es gilt

$(\sqrt[n]{n!})$ ist divergent.

Beweis: Wir zeigen, daß sich aus der Annahme, $(\sqrt[n]{n!})$ sei beschränkt, ein Widerspruch ergibt. Wenn es ein $a > 0$ gäbe, so daß für alle n

$$\sqrt[n]{n!} \leqq a$$

gelten würde, so hätte man:

$$\frac{a^n}{n!} \geqq 1 \qquad \text{für alle } n.$$

Die Folge $\left(\frac{a^n}{n!}\right)$ ist aber, wie wir gesehen haben, eine Nullfolge.

Aufgabe: Man zeige, daß gilt

$$\lim_n \frac{1}{\sqrt[n]{n!}} = 0.$$

Aufgaben

1. Man untersuche, ob (f_n) konvergiert oder divergiert und bestimme gegebenenfalls den Grenzwert für

(a) $f_n = \sqrt[n]{n^2 + n}$

(b) $f_n = \frac{n!}{n^n}$

(c) $f_n = \sqrt[n]{a^n + b^n} \qquad (a, b \geqq 0).$

2. Für die nachgenannten Nullfolgen bestimme man zu vorgegebenem $\varepsilon > 0$ jeweils ein passendes n_0 derart, daß $|f_n| < \varepsilon$ für $n \geqq n_0$ gilt. (Dabei ist es nicht nötig, n_0 möglichst klein zu wählen, vielmehr schätze man die f_n durch möglichst einfache Ausdrücke grob ab!)

(a) $f_n = \frac{n^2 + n + 1}{n^3 + n^2 + n + 1}$

(b) $f_n = \frac{1}{\sqrt{n^2 + a^2}}$

(c) $f_n = \sqrt[3]{n^2 + a^2} - \sqrt[3]{n^2}$

(d) $f_n = \left(1 + \frac{1}{n}\right)^p - 1 \qquad (p \in \mathbb{N})$

3. Man untersuche die Folgen auf Konvergenz und berechne gegebenenfalls den Grenzwert:

(a) $f_n = (\sqrt[n]{n} - 1)^n$

(b) $f_n = \sqrt[n]{n^k} \qquad (k \geqq 1)$

(c) $f_n = \frac{1 \cdot 3 \cdot 5 \cdot \ldots \cdot (2n-1)}{2 \cdot 4 \cdot 6 \cdot \ldots \cdot 2n}.$

4. Für die Folge (f_n) gelte:

$$\lim_n f_n^2 = a^2 \qquad \text{und} \qquad \lim_n (f_{n+1} - f_n) = 0.$$

Konvergiert die Folge?

5. Es sei s eine beliebige reelle Zahl und $|q| < 1$. Dann ist (f_n) mit

$$f_n = \frac{s(s-1)\dots(s-n+1)}{n!} q^n$$

eine Nullfolge.
Weiter ist auch (g_n) mit

$$g_n = n^p \cdot f_n \qquad (p \in \mathbb{N}_0)$$

eine Nullfolge.

6. (f_n) sei eine Folge positiver reeller Zahlen mit $\lim_n \frac{f_{n+1}}{f_n} = a$.

Man zeige:
(a) Ist $a < 1$, so ist (f_n) konvergent. Man bestimme den Grenzwert.
(b) Ist $a > 1$, so ist (f_n) divergent.
(c) Im Falle $a = 1$ kann die Folge (f_n) konvergent oder divergent sein. Man gebe für beide Fälle ein Beispiel an.

7. Die Folge (f_n) sei rekursiv definiert durch

$$f_0 = a, \quad f_1 = b, \quad f_{n+2} = f_{n+1} + f_n \qquad \text{für } n \geqq 0.$$

Für welche a, b konvergiert diese Folge?
Welchen Grenzwert hat sie in diesem Fall?

8. Es sei (a_n) eine konvergente Folge mit dem Grenzwert a. Wenn alle a_n und a zur Definitionsmenge einer dehnungsbeschränkten Funktion f gehören, dann gilt

$$\lim_n f(a_n) = f(a).$$

Anwendung: Aus $\lim_n a_n = a > 0$ folgt

$$\lim_n a_n^r = a^r$$

für beliebiges rationales r.
Für welche r gilt dies auch im Fall $a = 0$?

9. Für die Folge (f_n) gelte

$$f_n > 0 \qquad \text{und} \qquad \lim_n \frac{f_{n+1}}{f_n} = a.$$

Dann ist die Folge $(\sqrt[n]{f_n})$ konvergent und es gilt

$$\lim_n \sqrt[n]{f_n} = a.$$

3.3 Rechenregeln für konvergente Zahlenfolgen

Wir leiten nun einige Sätze her, die für Konvergenzuntersuchungen und die Bestimmung von Grenzwerten nützlich sind.

Satz: *Es sei $c \in \mathbb{R}$ und es gelte $\lim_n f_n = a$ und $\lim_n g_n = b$.*
Dann sind die Folgen $(f_n + g_n)$ und (cf_n) konvergent und es gilt

$$\lim_n (f_n + g_n) = a + b$$

$$\lim_n cf_n = ca$$

Beweis: Sei $\varepsilon > 0$ vorgegeben. Da (f_n) und (g_n) konvergent sind, gibt es zu $\frac{\varepsilon}{2} > 0$ jeweils eine natürliche Zahl n_0 und eine natürliche Zahl m_0, so daß gilt:

$$|f_n - a| < \frac{\varepsilon}{2} \qquad \text{für } n \geqq n_0$$

und

$$|g_n - b| < \frac{\varepsilon}{2} \qquad \text{für } n \geqq m_0.$$

Daraus folgt für $n \geqq \max\{n_0, m_0\}$:

$$|(f_n + g_n) - (a + b)| \leqq |f_n - a| + |g_n - b| < \frac{\varepsilon}{2} + \frac{\varepsilon}{2} = \varepsilon.$$

Zum Beweis der zweiten Behauptung unterscheiden wir die beiden Fälle $c = 0$ bzw. $c \neq 0$. Für $c = 0$ ist der Beweis klar. Für $c \neq 0$ gibt es wegen der Konvergenz der Folge (f_n) zu der positiven Zahl $\frac{\varepsilon}{|c|}$ eine natürliche Zahl n_0, so daß für alle $n \geqq n_0$ gilt:

$$|f_n - a| < \frac{\varepsilon}{|c|}$$

d.h. aber

$$|c|\,|f_n - a| = |c \cdot f_n - c \cdot a| < \varepsilon.$$

Folgerung: Die konvergenten Zahlenfolgen bilden einen Vektorraum über $\mathbb{R}$; desgleichen die Nullfolgen.
Denn die Menge $\mathfrak{F}(\mathbb{N})$ aller Zahlenfolgen bildet einen Vektorraum; wir können daher für die beiden genannten Teilmengen das Kriterium für Untervektorräume anwenden. Daß dieses erfüllt ist, sagt aber gerade der bewiesene Satz aus.

Bevor wir den entsprechenden Satz über die Folge $(f_n g_n)$ beweisen, zeigen wir zunächst:

Satz: *Es sei (f_n) eine Nullfolge und (g_n) beschränkt. Dann gilt*

$$\lim_n f_n g_n = 0.$$

Beweis: Sei $\varepsilon > 0$ vorgegeben und $|g_n| \leqq c$ $(c > 0)$ für alle $n \in \mathbb{N}$. Dann bestimmen wir zu $\frac{\varepsilon}{c}$ einen Index n_0, so daß

$$|f_n| < \frac{\varepsilon}{c} \qquad \text{für } n \geqq n_0$$

gilt. Ein solches n_0 existiert, weil (f_n) Nullfolge ist. Damit folgt

$$|f_n g_n| < |f_n| c < \varepsilon \qquad \text{für } n \geqq n_0.$$

Hiermit erhalten wir einen einfachen Beweis für den

Satz: *Es sei $\lim_n f_n = a$ und $\lim_n g_n = b$. Dann ist die Folge $(f_n g_n)$ konvergent und es gilt*

$$\lim_n f_n g_n = ab.$$

Beweis: $(f_n - a)$ ist eine Nullfolge und (g_n) ist als konvergente Folge sicher beschränkt. Deshalb ist die Folge $(f_n g_n - a g_n)$ eine Nullfolge. Weiter ist $(a g_n)$ konvergent mit dem Grenzwert $a \cdot b$. Daher ist

$$(f_n g_n) = (f_n g_n - a \cdot g_n) + (a \cdot g_n)$$

Summe zweier konvergenter Folgen, also selber konvergent und es gilt

$$\lim_n (f_n g_n) = \lim_n (f_n g_n - a \cdot g_n) + \lim_n (a \cdot g_n) = a \cdot b.$$

Insbesondere folgt: Mit (f_n) ist auch (f_n^2) eine konvergente Zahlenfolge.
Aus allen drei Sätzen zusammen erhält man:

Ist F eine ganzrationale Funktion und (f_n) konvergent mit dem Grenzwert a, so ist die Zahlenfolge $(F(f_n))$ konvergent mit dem Grenzwert $F(a)$.

Um eine entsprechende Aussage über gebrochen rationale Funktionen zu erhalten, betrachten wir zunächst folgenden Spezialfall:

Satz: *Es sei $\lim_n f_n = a \neq 0$. Dann ist die Folge $\left(\frac{1}{f_n}\right)$ konvergent und es gilt*

$$\lim_n \frac{1}{f_n} = \frac{1}{a}.$$

Beweis: Natürlich ist $f_n \neq 0$ vorauszusetzen, damit $\frac{1}{f_n}$ erklärt ist. (Wegen $a \neq 0$ kann es nur endlich viele n geben, so daß $f_n = 0$ gilt.) Wir führen den Beweis für $a > 0$ unter der Voraussetzung $f_n > 0$ durch.

Wir zeigen, daß $\left(\frac{1}{f_n} - \frac{1}{a}\right)$ eine Nullfolge ist. Weil

$$\frac{1}{f_n} - \frac{1}{a} = (a - f_n) \cdot \frac{1}{a \cdot f_n}$$

gilt und $(a - f_n)$ eine Nullfolge ist, brauchen wir nur nachweisen, daß die Folge (g_n) mit

$$g_n = \frac{1}{a \cdot f_n}$$

eine beschränkte Folge ist. Wegen $\lim_n f_n = a$ gilt

$$|f_n| \geqq \frac{|a|}{2}$$

für fast alle $n \in \mathbb{N}$, d. h. aber

$$|g_n| \leqq \frac{2}{|a|^2}.$$

Unter Benutzung dieses Satzes führen wir den Konvergenzbeweis für die Folge $\left(\sqrt[n]{a}\right)$ zu Ende (vgl. Beispiel 5), S. 102). Wenn $0 < a < 1$ gilt, so ist $\frac{1}{a} > 1$ und die Folge (g_n) mit

$$g_n = \sqrt[n]{\frac{1}{a}}$$

also konvergent mit dem Grenzwert 1. Damit ist auch $(f_n) = \left(\frac{1}{g_n}\right)$ konvergent mit dem Grenzwert 1.

Die Aussage von S. 108 über die Folge $(F(f_n))$ mit ganzrationalem F kann nun auf gebrochen rationale Funktionen ausgedehnt werden.

Satz: *Es sei F eine rationale Funktion mit der Definitionsmenge D und (f_n) eine konvergente Folge mit dem Grenzwert $a \in D$. Dann ist die (für fast alle n erklärte) Folge $(F(f_n))$ konvergent und es gilt*

$$\lim_n F(f_n) = F(a).$$

Beispiel für die Anwendung dieses Satzes:

$$\left(\frac{a_0 + a_1 n + \ldots + a_r n^r}{b_0 + b_1 n + \ldots + b_s n^s}\right) \quad \text{mit } r < s \text{ und } a_r \neq 0,\ b_s \neq 0$$

ist eine Nullfolge. (Man dividiere Zähler und Nenner durch n^s).

Eine weitere Anwendung betrifft Beispiel 7) von S. 92. Wenn wir annehmen, daß die durch das Rekursionsschema

$$f_1 = b$$

$$f_{n+1} = \tfrac{1}{2}\left(f_n + \frac{a}{f_n}\right) \qquad \text{für } n \geqq 1$$

definierte Folge konvergent ist mit dem Grenzwert c, so können wir diesen Grenzwert c berechnen. Die Folge $(g_n) = (f_{n+1})$ ist dann nämlich auch konvergent mit dem Grenzwert c. Daß $c \neq 0$ gelten muß, folgt aus der Ungleichung

$$g_n = \tfrac{1}{2}\left(f_n + \frac{a}{f_n}\right) \geqq \sqrt{f_n \cdot \frac{a}{f_n}} = \sqrt{a}.$$

Somit gilt

$$\lim_n \tfrac{1}{2}\left(f_n + \frac{a}{f_n}\right) = \tfrac{1}{2} \cdot \left(c + \frac{a}{c}\right),$$

und also wegen $\lim_n g_n = c$:

$$c = \tfrac{1}{2} \cdot \left(c + \frac{a}{c}\right), \qquad \text{d.h. } c = \sqrt{a}.$$

Wenn die rekursivdefinierte Folge (f_n) konvergiert, ist ihr Grenzwert die Zahl $\sqrt{a}$. *Daß* (f_n) tatsächlich eine konvergente Folge ist, muß aber noch bewiesen werden (vgl. den folgenden Abschnitt S.113).

Wir haben gesehen, daß jede konvergente Folge durch eine gebrochene rationale Funktion wieder in eine konvergente Folge abgebildet wird und daß der Grenzwert der Bildfolge das Bild des Grenzwertes ist. Entsprechendes gilt auch für den absoluten Betrag.

Satz: $\lim_n f_n = a \Rightarrow \lim_n |f_n| = |a|$.

Beweis: Da $\big||f_n| - |a|\big| \leqq |f_n - a|$ ist, können wir zu $\varepsilon > 0$ die wegen der vorausgesetzten Konvergenz von (f_n) existierende natürliche Zahl n_0 auch für die Folge $(|f_n|)$ verwenden.

Die Umkehrung der Aussage ist falsch, wie Beispiel 4) von S.92 zeigt. Für Nullfolgen ist jedoch wegen $\big||f_n| - 0\big| = |f_n|$ auch die Umkehrung richtig. Eine Folge ist also genau dann eine Nullfolge, wenn dies für die Folge der absoluten Beträge zutrifft.

Auch Ungleichungen übertragen sich bei konvergenten Folgen auf die Grenzwerte.

Satz: *Es sei* $\lim_n f_n = a$, $\lim_n g_n = b$ *und* $f_n \leqq g_n$ *für fast alle* n.
Dann gilt $a \leqq b$.

Wir führen den Beweis indirekt. Wäre $a > b$, so gäbe es disjunkte Umgebungen U, V von a bzw. b. Für fast alle n müßte $f_n \in U$ und ebenso müßte $g_n \in V$ für fast alle n richtig sein; also müßte

$$f_n > g_n \qquad \text{für fast alle } n$$

gelten. Widerspruch zur Voraussetzung.

Zu beachten ist, daß auch aus der Voraussetzung $f_n < g_n$ für fast alle n nur auf $a \leqq b$ geschlossen werden kann. Beispiel:

$$f_n = 0, \; g_n = \frac{1}{n}, \; a = b = 0.$$

Aus dem bewiesenen Satz ergibt sich leicht der folgende „Einschachtelungssatz“:

Satz: *Wenn* $\lim_n f_n = \lim_n g_n = a$ *und für die Folge* (h_n) *gilt*

$$f_n \leqq h_n \leqq g_n \qquad \textit{für fast alle } n,$$

so ist (h_n) *konvergent mit dem Grenzwert* a:

$$\lim_n h_n = a.$$

Beweis: In der beliebig vorgegebenen Umgebung U von a liegen für fast alle n die Werte der Folgen (f_n) und (g_n). Wegen $f_n \leqq h_n \leqq g_n$ gilt dasselbe für die Folge (h_n).

Aufgaben

1. Welchen Grenzwert hat die rekursiv definierte Folge (f_n), wenn sie konvergent ist?

   (a) $f_1 = 1, \qquad f_{n+1} = \sqrt{1 + f_n}$

   (b) $f_1 = a > 0, \qquad f_{n+1} = a + f_n^2$

   (c) $f_1 = 1, \qquad f_{n+1} = \sqrt{2 f_n}$

   (d) $f_1 = 1, \qquad f_{n+1} = \dfrac{3(1 + f_n)}{3 + f_n}.$

2. Man diskutiere das Konvergenzverhalten der Folge

   $$\left(\frac{a_0 + a_1 n + \ldots + a_r n^r}{b_0 + b_1 n + \ldots + b_s n^s}\right) \qquad \text{mit } a_r \neq 0 \qquad \text{und} \qquad b_s \neq 0$$

   für $r \geqq s$ und bestimme gegebenenfalls den Grenzwert der Folge.
3. Es sei f eine ganzrationale Funktion. Dann ist zu zeigen:

   $$\lim_n \frac{f(n+1)}{f(n)} = 1.$$

   Gilt dies auch, wenn f eine beliebige rationale Funktion ist?
4. Man beweise bzw. gebe ein Gegenbeispiel für jede der folgenden Behauptungen an:

   (1) (f_n) und (g_n) konvergieren genau dann, wenn $(f_n + g_n)$ und $(f_n - g_n)$ konvergieren

   (2) Wenn (f_n) und (g_n) divergent sind, so auch $(f_n + g_n)$ und $(f_n - g_n)$

(3) (f_n^2) konvergiert genau dann, wenn $(|f_n|)$ konvergiert

(4) Sind (f_n) und (g_n) konvergent, so auch $(\max\{f_n, g_n\})$

(5) Ist $(f_{n+1} - f_n)$ eine Nullfolge, so konvergiert (f_n)

(6) Gilt $f_n > 0$ und $\dfrac{f_{n+1}}{f_n} < 1$ für alle n, so konvergiert (f_n).

5. Die Folge (f_n) habe nur positive Werte und es gebe eine Zahl q mit $0 < q < 1$ derart, daß für alle n gilt

$$f_{n+1} \leqq q \cdot f_n.$$

Dann ist (f_n) eine Nullfolge.

6. Man berechne folgende Grenzwerte:

(1) $\lim\limits_n \dfrac{1 - 2 + 3 - 4 + \ldots - 2n}{\sqrt{1 + n^2}}$

(2) $\lim\limits_n \left(1 - \frac{1}{2} + \frac{1}{4} - \ldots + (-\frac{1}{2})^n\right)$

(3) $\lim\limits_n \left(\dfrac{1}{n^2} + \dfrac{1}{(n+1)^2} + \ldots + \dfrac{1}{(2n)^2}\right).$

7. Für welche $a \in \mathbb{R}$ konvergiert die Folge (f_n), falls

(1) $f_n = \dfrac{a^{2n} - 1}{a^{2n} + 1}$

(2) $f_n = \left(\dfrac{1 - a}{1 + a}\right)^n \qquad (a \neq -1)$

(3) $f_n = n^{[a]} \cdot (a - [a] + \frac{1}{2})^n$

Wenn möglich, bestimme man die Grenzwerte.

3.4 Konvergenzkriterien

In der Konvergenzdefinition ist festgelegt, wann eine Folge (f_n) *konvergent mit dem Grenzwert* a genannt werden soll. Oftmals ist es jedoch so, daß man die Zahl a nicht kennt. Die Fragestellung lautet dann: Existiert ein $a \in \mathbb{R}$, so daß die in der Definition formulierte Bedingung erfüllt ist? Ist diese Frage positiv entschieden, so kann die Folge (f_n) zur näherungsweisen numerischen Berechnung von a dienen. So werden wir z. B. die Zahl e mit Hilfe von Folgen einführen und Näherungswerte für e ermitteln.

Monotone beschränkte Folgen

Zuerst werden wir uns mit den monotonen beschränkten Folgen beschäftigen; bei ihnen ergibt sich die Konvergenz unmittelbar aus dem Vollständigkeitsaxiom. Als Anwendung folgt der Satz von der Intervallschachtelung.

Wir hatten in 3.1. schon festgestellt, daß jede konvergente Folge beschränkt ist. Für monotone Folgen gilt auch die Umkehrung.

Satz: *Ist (f_n) monoton wachsend und nach oben beschränkt, so ist (f_n) konvergent.*

Beweis: Als Grenzwert a kommt in diesem Fall nur das Supremum der Wertemenge der Folge (f_n) in Frage. Ist nun $\varepsilon > 0$ vorgegeben, so gibt es nach dem Satz von S. 38 ein Element f_{n_0} der Wertemenge, so daß gilt

$$a - \varepsilon < f_{n_0} \leqq a.$$

Für alle $n \geqq n_0$ gilt wegen der Monotonie der Folge $f_{n_0} \leqq f_n \leqq a$, also auch

$$a - \varepsilon < f_n \leqq a,$$

so daß (f_n) konvergent mit dem Grenzwert a ist.

Entsprechend gilt:
Ist (f_n) monoton fallend und nach unten beschränkt, so ist (f_n) konvergent.
Für monotone Folgen erhält man somit die Aussage:
Eine monotone Folge ist dann und nur dann konvergent, wenn sie beschränkt ist.

Wir können nun den letzten Schritt in der Konvergenzuntersuchung für die rekursiv definierte Folge aus Beispiel 7) von S. 92 tun, indem wir zeigen, daß die Folge (f_n) von $n = 2$ ab monoton fallend ist. Auf S. 109 hatten wir schon bewiesen, daß $\sqrt{a}$ untere Schranke der Folge ist (wenn man $f_1 = b$ außer Betracht läßt). Aus $f_n \geqq \sqrt{a}$ ergibt sich aber

$$\frac{a}{f_n} \leqq f_n$$

und damit

$$f_{n+1} = \tfrac{1}{2}\left(f_n + \frac{a}{f_n}\right) \leqq f_n.$$

Die Folge (f_n) ist also monoton fallend. Da (f_n) beschränkt ist, existiert $\lim_n f_n$ und nach S.110 gilt $\lim_n f_n = \sqrt{a}$.

Das Rekursionsschema ist zur numerischen Berechnung von Quadratwurzeln gut geeignet; der Leser erprobe es für $\sqrt{2}$!

Eine unmittelbare Anwendung des Satzes, daß eine monotone beschränkte Folge konvergent ist, ist der Satz über die *Intervallschachtelung*:

Satz: *Es sei (J_n) eine Folge ineinanderliegender Intervalle $J_n = [a_n, b_n]$, d.h. es gelte*

$$J_0 \supset J_1 \supset J_2 \supset \ldots \supset J_n \supset J_{n+1} \supset \ldots .$$

Ist $(b_n - a_n)$ eine Nullfolge, so gibt es genau einen Punkt a, der in allen Intervallen der Folge liegt.

Beweis: Nach Voraussetzung gilt

$$a_n \leqq a_m \leqq b_m \leqq b_n \qquad \text{für alle } n, m \text{ mit } n \leqq m.$$

Die Folge (a_n) ist monoton wachsend und nach oben (z.B. durch b_0) beschränkt; die Folge (b_n) ist monoton fallend und nach unten (z.B. durch a_0) beschränkt. Beide Folgen konvergieren somit und es gilt $\lim_n a_n \leqq \lim_n b_n$. Da nach Voraussetzung $\lim_n (b_n - a_n) = 0$ gilt, konvergieren also beide Folgen gegen denselben Grenzwert a. Aus der Monotonie der Folgen (a_n) und (b_n) ergibt sich

$$a_n \leqq a \leqq b_n \qquad \text{für alle } n,$$

d.h. a liegt in allen Intervallen J_n.

a ist aber auch der einzige Punkt, der in allen Intervallen liegt. (Beweis als Aufgabe)

Die Zahl e

Bei der Untersuchung von Wachstumsvorgängen wird man auf die Folge

$$f_n = \left(1 + \frac{1}{n}\right)^n$$

geführt. Dazu geht man etwa von einem Anfangskapital 1 aus und nimmt an, daß es sich in der Zeiteinheit verdoppelt („Zinssatz 100%"). Wird der Zins bereits nach $\frac{1}{2}, \frac{1}{3}, \frac{1}{4}, \ldots, \frac{1}{n}, \ldots$ der Zeiteinheit zugeschlagen, so ergibt sich nach Ablauf der Zeiteinheit als Endkapital

$$\left(1+\frac{1}{2}\right)^2, \left(1+\frac{1}{3}\right)^3, \left(1+\frac{1}{4}\right)^4, \ldots, \left(1+\frac{1}{n}\right)^n, \ldots.$$

Bei Wachstumsvorgängen hat man sich die Zahl n sehr groß vorzustellen; die mathematische Idealisierung führt auf die Betrachtung des Grenzwertes dieser Folge.

Satz: *Die Folge (f_n) mit*

$$f_n = \left(1+\frac{1}{n}\right)^n \qquad (n \geqq 1)$$

ist monoton wachsend und es gilt

$$2 \leqq f_n < 3.$$

Der Grenzwert von (f_n) wird mit e bezeichnet.

Beweis: (f_n) ist monoton wachsend, denn es gilt für $n \geqq 2$

$$\frac{f_n}{f_{n-1}} = \left(\frac{n+1}{n}\right)^n \cdot \left(\frac{n-1}{n}\right)^{n-1} = \left(\frac{n^2-1}{n^2}\right)^n \cdot \frac{n}{n-1} = \left(1-\frac{1}{n^2}\right)^n \cdot \frac{n}{n-1}.$$

Nach der Bernoullischen Ungleichung folgt nun

$$\frac{f_n}{f_{n-1}} \geqq \left(1-\frac{1}{n}\right)\frac{n}{n-1} = 1.$$

Somit ist $f_n \geqq f_{n-1}$.
Die Beschränktheit ergibt sich mit Hilfe der binomischen Formel; zunächst erhält man die Gleichung

$$f_n = \left(1+\frac{1}{n}\right)^n = \sum_{k=0}^{n} \binom{n}{k} \frac{1}{n^k} = 1 + \sum_{k=1}^{n} \binom{n}{k} \frac{1}{n^k}.$$

Da nun für $k \geqq 2$ die Abschätzung

$$\binom{n}{k} \frac{1}{n^k} = \frac{1}{k!} \cdot \frac{n(n-1)\ldots(n-k+1)}{n \cdot n \cdot \ldots \cdot n} < \frac{1}{k!} \leqq \frac{1}{2^{k-1}}$$

gilt, erhält man

$$\left(1+\frac{1}{n}\right)^n < 1 + \sum_{k=1}^{n} \frac{1}{2^{k-1}} < 3,$$

da $1 + \frac{1}{2} + \frac{1}{4} + \ldots + \frac{1}{2^{n-1}} < 2$ gilt.

Zur numerischen Berechnung von e ist die angegebene Folge (f_n) nicht gut geeignet. Die im Beweis verwendete Abschätzung führt auf eine andere streng monoton wachsende Folge (g_n), die ebenfalls den Grenzwert e besitzt, wie wir jetzt zeigen werden.

Satz: *Die Folge (g_n) mit*

$$g_n = \sum_{k=0}^{n} \frac{1}{k!}$$

ist konvergent und besitzt den Grenzwert e.

Beweis: Unmittelbar klar ist, daß (g_n) streng monoton wächst. Weiter zeigt der vorausgegangene Beweis:

$$f_n < g_n < 3.$$

Bezeichnen wir $\lim\limits_n g_n$ zunächst mit e', so folgt:

$$e = \lim_n f_n \leqq \lim_n g_n = e'.$$

Um $e = e'$ zu beweisen, schätzen wir f_n nach unten ab. Dazu denken wir uns irgendeine natürliche Zahl $m \geqq 1$ zunächst fest vorgegeben. Für alle $n > m$ folgt aus der binomischen Formel für $f_n = \left(1 + \frac{1}{n}\right)^n$:

$$f_n = \sum_{k=0}^{n} \binom{n}{k} \frac{1}{n^k} > \sum_{k=0}^{m} \binom{n}{k} \frac{1}{n^k} = \sum_{k=0}^{m} \frac{1}{k!} \cdot \frac{n(n-1) \cdot \ldots \cdot (n-k+1)}{n \cdot n \cdot \ldots \cdot n}.$$

Rechts steht eine Summe mit einer festen Anzahl von Summanden, nämlich $m+1$; jeder einzelne Summand bestimmt in Abhängigkeit von n eine konvergente Folge mit dem Grenzwert $\frac{1}{k!}$. Also erhält man:

$$e = \lim_n f_n \geqq \sum_{k=0}^{m} \frac{1}{k!} = g_m.$$

Diese Ungleichung gilt für jedes $m \geqq 1$; somit folgt weiter

$$e \geqq \lim_m g_m = e'.$$

Daher gilt $e = e'$.

Für die numerische Berechnung von e ist es wichtig, die Differenz $e - g_n$ durch eine möglichst kleine Zahl c_n nach oben abzuschätzen.

Satz: *Für jedes n gilt* $0 < e - g_n \leqq \dfrac{1}{n \cdot n!}$.

Beweis: Bei festem n betrachten wir die Folge (h_p) mit

$$h_p = g_{n+p} - g_n = \sum_{k=n+1}^{n+p} \frac{1}{k!}.$$

Diese Folge (h_p) ist monoton wachsend und nach oben beschränkt, also konvergent. Ihr Grenzwert ist $e - g_n$. Wir schätzen h_p nach oben ab:

$$h_p = \frac{1}{(n+1)!} + \ldots + \frac{1}{(n+p)!} < \frac{1}{(n+1)!} \cdot \left(1 + \frac{1}{n+1} + \ldots + \frac{1}{(n+1)^{p-1}}\right).$$

Hieraus ergibt sich aufgrund der geometrischen Summenformel (vgl. S. 27) die Abschätzung

$$h_p < \frac{1}{(n+1)!} \cdot \frac{1}{1 - \dfrac{1}{n+1}} = \frac{1}{n \cdot n!}.$$

Damit folgt

$$\lim_p h_p \leqq \frac{1}{n \cdot n!},$$

also

$$e - g_n \leqq \frac{1}{n \cdot n!}.$$

Für $n = 7$ erhält man $g_7 = \dfrac{13700}{5040} = \dfrac{685}{252}$ und

$$0 < e - g_7 \leqq \frac{1}{35280}.$$

Daraus ergibt sich für e die Abschätzung

$$\frac{685}{252} < e \leqq \frac{685}{252} + \frac{1}{35280}.$$

Da $\frac{1}{35280} < 0{,}00003$ gilt, rechnen wir g_7 bis zur 5. Stelle nach dem Komma aus und erhalten so:

$$2{,}71825 < e < 2{,}71829,$$

d.h. die ersten vier Stellen nach dem Komma sind sicher richtig.

Auch eine theoretische wichtige Folgerung ergibt sich sofort aus der bewiesenen Abschätzung:

Satz: *Die Zahl e ist irrational.*

Beweis: Wäre e rational, etwa $e = \frac{p}{q}$, so erhielte man für $n = q$:

$$0 < \frac{p}{q} - \sum_{k=0}^{q} \frac{1}{k!} \leqq \frac{1}{q \cdot q!}.$$

Nach Multiplikation mit $q!$ hätte man

$$0 < p \cdot (q-1)! - \sum_{k=0}^{q} \frac{q!}{k!} \leqq \frac{1}{q}.$$

In der Mitte der Ungleichung steht eine natürliche Zahl und da $q = 1$ nicht in Frage kommt, ergibt sich ein Widerspruch.

Cauchy-Folgen

Für *monotone* Zahlenfolgen haben wir mit der Beschränkheit eine notwendige und hinreichende Bedingung für die Konvergenz gefunden, die in vielen Fällen leicht nachprüfbar ist. Für *beliebige* Zahlenfolgen ist die Beschränktheit jedoch nur eine notwendige Bedingung für die Konvergenz. Hauptziel dieses Abschnitts ist es, eine notwendige und hinreichende Bedingung für die Konvergenz einer Folge anzugeben, ohne daß der Grenzwert dabei genannt wird. Eine solche Bedingung liefert der Begriff der *Cauchy-Folge* (vgl. S.119).
Wir führen den Beweis, daß eine Cauchy-Folge konvergent ist, in drei Schritten, indem wir zeigen:

1) Jede Cauchy-Folge ist beschränkt.
2) Jede beschränkte Folge besitzt eine konvergente Teilfolge.
3) Hat eine Cauchy-Folge eine konvergente Teilfolge, so konvergiert sie.

Wir beschäftigen uns vorweg mit Punkt 2) und verwenden die Intervall-Halbierungsmethode sowie den Satz über die Intervallschachtelung, um die Existenz (zumindest) einer konvergenten Teilfolge nachzuweisen:

Satz: *Jede beschränkte Zahlenfolge (f_n) besitzt eine konvergente Teilfolge.*

Beweis: Da (f_n) beschränkt ist, gilt für alle n:

$$a_0 \leqq f_n \leqq b_0 .$$

Halbiert man nun J_0, so muß mindestens eines der beiden Teilintervalle $\left[a_0, \frac{a_0+b_0}{2}\right], \left[\frac{a_0+b_0}{2}, b_0\right]$ die Eigenschaft haben, daß für unendlich viele n das zugehörige f_n in diesem Teilintervall liegt. Wir wählen ein solches Teilintervall und nennen es $J_1 = [a_1, b_1]$. Die Fortsetzung dieses Verfahrens führt uns auf eine Folge von Intervallen $(J_k) = ([a_k, b_k])$ mit der Eigenschaft, daß es zu jedem Intervall J_k unendlich viele n gibt, für die $f_n \in J_k$ gilt.
Eine konvergente Teilfolge erhalten wir nun dadurch, daß wir der Reihe nach aus jedem der Intervalle J_k einen geeigneten Wert $f_{\varphi(k)}$ der Folge festlegen, so daß $\varphi : \mathbb{N}_0 \to \mathbb{N}_0$ streng monoton wachsend wird:
Die natürlichen Zahlen $\varphi(0) < \varphi(1) < \ldots < \varphi(k-1)$ seien schon bestimmt. Nach Konstruktion gilt $f_n \in J_k$ für unendlich viele n. Aus dieser Menge von natürlichen Zahlen wählen wir die kleinste aus, die größer als $\varphi(k-1)$ ist und bezeichnen sie mit $\varphi(k)$ Damit ist eine streng monoton wachsende Funktion φ rekursiv festgelegt. Da für jedes k die Ungleichung

$$a_k \leqq f_{\varphi(k)} \leqq b_k$$

gilt, folgt wegen $\lim\limits_k a_k = \lim\limits_k b_k$ die Behauptung.

Wir definieren nun den Begriff der Cauchy-Folge.

Def.: *Eine Folge (f_n) heißt* Cauchy-Folge, *wenn sie folgende Bedingung erfüllt: Zu jedem $\varepsilon > 0$ gibt es ein $n_0 \in \mathbb{N}$ derart, daß gilt*

$$|f_n - f_m| < \varepsilon \qquad \textit{für alle } m, n \geqq n_0 .$$

Satz: *Eine Folge ist genau dann konvergent, wenn sie eine Cauchy-Folge ist.*

Beweis: Wir zeigen zuerst den schwierigeren Teil: Jede Cauchy-Folge ist konvergent.
1) Jede Cauchy-Folge ist beschränkt. Wählt man ε fest, etwa $\varepsilon = 1$, so gilt

$$|f_n - f_{n_0}| < 1 \qquad \text{für alle } n \geqq n_0 .$$

Außerhalb dieser Umgebung von f_{n_0} liegen nur endlich viele Werte der Folge, woraus sich die Beschränktheit von (f_n) ergibt.

2) Also existiert nach dem vorausgeschickten Satz eine konvergente Teilfolge $(f_{\varphi(n)})$ mit dem Grenzwert a.

3) Zu jedem $\varepsilon > 0$ gibt es wegen der Konvergenz der Teilfolge $(f_{\varphi(n)})$ mit dem Grenzwert a ein n_1 derart, daß für alle $n \geqq n_1$ gilt

$$|f_{\varphi(n)} - a| < \varepsilon,$$

und nach der Cauchy-Eigenschaft ein n_2 so, daß gilt

$$|f_n - f_m| < \varepsilon \qquad \text{für alle } m, n \geqq n_2.$$

Daraus folgt für $n \geqq \max\{n_1, n_2\}$ wegen $\varphi(n) \geqq n$

$$|f_n - a| = |f_n - f_{\varphi(n)} + f_{\varphi(n)} - a| \leqq |f_n - f_{\varphi(n)}| + |f_{\varphi(n)} - a| < 2\varepsilon.$$

Also ist (f_n) konvergent mit dem Grenzwert a.

Wir zeigen nun die Umkehrung: Jede konvergente Folge ist eine Cauchy-Folge.

Wenn (f_n) konvergent ist, gibt es eine Zahl a, so daß zu jedem $\varepsilon > 0$ ein $n_0 \in \mathbb{N}$ existiert mit

$$|f_n - a| < \varepsilon \qquad \text{für alle } n \geqq n_0.$$

Gilt nun $m, n \geqq n_0$, so folgt

$$|f_n - f_m| = |(f_n - a) - (f_m - a)| \leqq |f_n - a| + |f_m - a| < 2\varepsilon.$$

Das Cauchysche Konvergenzkriterium wird in solchen Fällen angewendet, in denen eine Folge (f_n) als konvergent nachgewiesen werden soll, ohne daß man den Grenzwert kennt. Insbesondere wird man es bei nicht monotonen Folgen verwenden.

Beispiel: Für $n \geqq 0$ sei

$$f_n = \sum_{k=0}^{n} (-1)^k \frac{1}{2k+1}.$$

(f_n) ist eine nicht monotone konvergente Folge.

Beweis: Man erhält für $m \geqq n+2$ die Gleichung

$$|f_m - f_n| = \left| \frac{1}{2n+3} - \sum_{k=n+2}^{m} (-1)^{k-n} \frac{1}{2k+1} \right|.$$

Wegen

$$\sum_{k=n+2}^{m} (-1)^{k-n} \frac{1}{2k+1} = \left(\frac{1}{2n+5} - \frac{1}{2n-7}\right) + \ldots > 0$$

ergibt sich

$$|f_m - f_n| < \frac{1}{2n+3}.$$

Wählt man nun zu vorgegebenem $\varepsilon > 0$ die Zahl n_0 so, daß

$$\frac{1}{2n_0+3} < \varepsilon$$

gilt, so folgt, daß die Cauchysche Konvergentenbedingung erfüllt ist.

Die Folge (f_n) ist daher konvergent, ihr Grenzwert wird mit $\frac{\pi}{4}$ bezeichnet (vgl. hierzu auch S. 321). Zur numerischen Berechnung von π ist diese Folge nicht gut geeignet; wir werden dazu bessere Verfahren entwickeln. Die Folge ist jedoch wegen ihrer Einfachheit bemerkenswert; sie wurde schon von Leibniz angegeben.

Aufgaben

1. Man untersuche, ob die Folgen aus Aufgabe 1) von S. 111 konvergieren.
2. Man gebe einen anderen Beweis dafür, daß (q^n) für $|q| < 1$ eine Nullfolge ist, indem man neben (q^n) die Teilfolge (q^{2n}) betrachtet.
3. Durch die Rekursionsformel $f_{n+1} = f_n^2 - 4f_n + 6$ wird nach Vorgabe von $f_1 = a$ eine Folge (f_n) festgelegt. Für welche a erhält man eine konvergente Folge?
4. Es seien a und b positive reelle Zahlen. Durch das Rekursionsschema

$$f_1 = a \qquad g_1 = b$$

$$f_{n+1} = \sqrt{f_n g_n} \qquad g_{n+1} = \frac{f_n + g_n}{2} \qquad (n \geqq 1)$$

   werden zwei Folgen (f_n) und (g_n) definiert. Man zeige, daß beide Folgen gegen denselben Grenzwert konvergieren.
5. Die Funktion f sei in $[a, b]$ monoton und dehnungsbeschränkt und die Intervalle J_n seien in $[a, b]$ enthalten. Man zeige, daß mit (J_n) auch $(f(J_n))$ eine Intervallschachtelung ist.
6. Man gebe mit der Intervallhalbierungsmethode einen anderen Beweis für den Zwischenwertsatz für dehnungsbeschränkte Funktionen (vgl. S. 82).

7. Man beweise, daß die Folgen (f_n) und (g_n) mit

$$f_n = \left(1 - \frac{1}{n}\right)^n \qquad \text{bzw.} \qquad g_n = \sum_{k=0}^{n} \frac{(-1)^k}{k!}$$

konvergent sind, und zeige, daß beide den Grenzwert e^{-1} besitzen.

8. Man bestimme

$$\lim_n \frac{1}{n} \sqrt[n]{n!}.$$

(Vgl. hierzu Aufg. 9 von S. 105.)

9. Man bestimme die Grenzwerte der Folgen

(1) $f_n = \left(1 + \dfrac{1}{2n}\right)^n$

(2) $f_n = \left(1 + \dfrac{2}{n}\right)^n$

(3) $f_n = \left(1 + \dfrac{1}{n}\right)^{n+p}$

(4) $f_n = \left(1 + \dfrac{1}{n+p}\right)^n$

(5) $f_n = \left(1 + \dfrac{1}{n}\right)^{np}$

10. Man zeige, daß e nicht Nullstelle einer quadratischen Gleichung mit rationalen Koeffizienten sein kann (vgl. Aufg. 7).

11. Für die Folge (f_n) gelte:

$$|f_{n+1} - f_n| \leqq q \cdot |f_n - f_{n-1}| \qquad (0 < q < 1).$$

Man zeige mit Hilfe des Cauchyschen Konvergenzkriteriums, daß (f_n) konvergent ist.

Läßt sich die Konvergenz der Folge (f_n) auch beweisen, wenn (f_n) die Bedingung

$$|f_{n+1} - f_n| < |f_n - f_{n-1}|$$

erfüllt?

12. In dieser Aufgabe werden einige Möglichkeiten aufgezeigt, die reellen Zahlen unter den angeordneten Körpern zu kennzeichnen, also das Vollstän-

digkeitsaxiom durch andere Forderungen zu ersetzen. Jede der folgenden Bedingungen ist hinreichend dafür, daß für alle beschränkten Teilmengen eines angeordneten Körpers Infimum und Supremum existieren:

(1) Jede monoton wachsende, nach oben beschränkte Folge besitzt einen Grenzwert.

(2) Die Anordnung ist archimedisch und jede Intervallschachtelung besitzt einen nichtleeren Durchschnitt.

(3) Die Anordnung ist archimedisch und jede Cauchy-Folge besitzt einen Grenzwert.

3.5 Limes inferior, Limes superior

Beschränkte Zahlenfolgen sind nicht notwendig konvergent, besitzen aber immer, wie wir gesehen haben, konvergente Teilfolgen. Wir zeigen nun, daß es unter den möglichen Grenzwerten der konvergenten Teilfolgen stets einen kleinsten und einen größten gibt. Dazu konstruieren wir zu der beschränkten Folge (f_n) zwei monotone beschränkte Folgen (g_k) bzw. (h_k); deren Grenzwerte besitzen die behauptete Eigenschaft.
Betrachtet man von der Folge (f_n) die Teilfolge, die entsteht, indem man die ersten k Werte wegläßt:

$$n \mapsto f_{k+n},$$

so ist die Wertemenge W_k dieser Teilfolge von (f_n) ebenfalls beschränkt. Daher existiert das Infimum und das Supremum von W_k und wir können festsetzen:

$$g_k := \inf W_k = \inf\{f_k, f_{k+1}, f_{k+2}, \ldots\}$$

$$h_k := \sup W_k = \sup\{f_k, f_{k+1}, f_{k+2}, \ldots\}.$$

Die Folge (g_k) ist monoton wachsend und die Folge (h_k) ist monoton fallend, denn aus $A \subset B$ folgt

$$\inf A \geqq \inf B \qquad \text{und} \qquad \sup A \leqq \sup B,$$

also hier:

$$g_{k+1} \geqq g_k \qquad \text{und} \qquad h_{k+1} \leqq h_k.$$

Außerdem sind die beiden Folgen (g_k) und (h_k) beschränkt, denn mit $|f_n| < c$ für alle $n \in \mathbb{N}$ gilt auch

$$|g_k| \leqq c \qquad \text{und} \qquad |h_k| \leqq c \qquad \text{für alle } k \in \mathbb{N}.$$

Somit sind (g_k) und (h_k) konvergente Folgen; es gibt also reelle Zahlen a, b, so daß gilt

$$\lim_k g_k = a$$

$$\lim_k h_k = b.$$

Def.: *Ist (f_n) beschränkt, so heißt die Zahl*

$$a = \lim_k (\inf\{f_k, f_{k+1}, f_{k+2}, \ldots\})$$

der „limes inferior" und die Zahl

$$b = \lim_k (\sup\{f_k, f_{k+1}, f_{k+2}, \ldots\})$$

der „limes superior" der Folge (f_n).

Schreibweise: $a = \underline{\lim}_n f_n$

$$b = \overline{\lim_n} f_n.$$

Aufgabe: Man zeige, daß es zu jedem $\varepsilon > 0$ nur endlich viele n gibt, so daß $f_n \leqq a - \varepsilon$ gilt.

Wie die Aufgabe zeigt, kann keine Zahl, die kleiner als a ist, Grenzwert einer konvergenten Teilfolge von (f_n) sein.
Wir zeigen nun, daß a wirklich Grenzwert einer konvergenten Teilfolge von (f_n) ist. Dazu müssen wir eine streng monoton wachsende Folge $\varphi: \mathbb{N}_0 \to \mathbb{N}_0$ konstruieren, so daß $(f_{\varphi(k)})$ konvergent mit dem Grenzwert a ist. Wir setzen $\varphi(0) = 0$ und nehmen an, daß $\varphi(0), \varphi(1), \ldots, \varphi(k-1)$ schon bestimmt sind. Für unendlich viele n gilt die Ungleichung

$$g_k \leqq f_n < a + \frac{1}{k},$$

da anderenfalls die Zahl a nicht der Grenzwert der Folge (g_k) wäre. In der Menge derjenigen dieser natürlichen Zahlen, die größer als $\varphi(k-1)$ sind, wählen wir etwa die kleinste als $\varphi(k)$. φ ist dann streng monoton wachsend und es gilt für alle k:

$$g_k \leqq f_{\varphi(k)} < a + \frac{1}{k}.$$

Wegen $\lim\limits_k g_k = a$ und $\lim\limits_k \frac{1}{k} = 0$ folgt die Behauptung:

$$\lim_k f_{\varphi(k)} = a.$$

Entsprechend beweist man, daß eine Teilfolge $(f_{\varphi(k)})$ existiert, die konvergent ist mit dem Grenzwert $b = \overline{\lim\limits_n} f_n$.

Die beiden Zahlen a, b sind im allgemeinen verschieden, so gilt z. B.:

$$\underline{\lim_n} (-1)^n \frac{n}{n+1} = -1, \qquad \overline{\lim_n} (-1)^n \frac{n}{n+1} = 1.$$

Für konvergente Folgen gilt jedoch $a = b$ und diese Bedingung ist auch notwendig und hinreichend für die Konvergenz.

Satz: *(f_n) ist genau dann konvergent, wenn (f_n) beschränkt ist und*

$$\underline{\lim_n} f_n = \overline{\lim_n} f_n$$

gilt. Es ist dann

$$\lim_n f_n = \underline{\lim_n} f_n = \overline{\lim_n} f_n.$$

Beweis: Wir haben zu zeigen:

1) Wenn (f_n) beschränkt ist und $a = \underline{\lim\limits_n} f_n = \overline{\lim\limits_n} f_n = b$ gilt, dann ist (f_n) konvergent mit dem Grenzwert $a = b$.

Sei $\varepsilon > 0$ vorgegeben. Zu der monoton wachsenden Folge (g_k) gibt es ein $k_0 \in \mathbb{N}$, so daß

$$a - \varepsilon < g_k \leqq a \qquad \text{für } k \geqq k_0$$

gilt.

Zu der monoton fallenden Folge (h_k) gibt es ein $k'_0 \in \mathbb{N}$, so daß

$$a \leqq h_k < a + \varepsilon \qquad \text{für } k \geqq k'_0$$

gilt. Nach Definition der Folgen (g_k) und (h_k) hat man weiter

$$g_k \leqq f_n \leqq h_k \qquad \text{für } n \geqq k.$$

Also gilt für $n \geqq n_0 = \max\{k_0, k'_0\}$:

$$a - \varepsilon < f_n < a + \varepsilon,$$

d. h. die Folge (f_n) ist konvergent mit dem Grenzwert a.

2) Wenn die Folge (f_n) konvergent ist, so ist sie beschränkt; es existieren also $\underline{\lim}_n f_n$ und $\overline{\lim}_n f_n$. Wir behaupten, daß diese beiden Zahlen mit dem nach Voraussetzung existierenden Grenzwert a der Folge (f_n) übereinstimmen. Wäre nun $\underline{\lim}_n f_n \neq \overline{\lim}_n f_n$, so gäbe es nach dem bewiesenen Satz zwei Teilfolgen von (f_n), die mit verschiedenen Grenzwerten konvergent sind. Dies widerspricht der Voraussetzung, daß (f_n) konvergent ist. Es muß also

$$\underline{\lim}_n f_n = \overline{\lim}_n f_n$$

gelten. Nach 1) stimmt diese Zahl mit dem Grenzwert a der Folge (f_n) überein.

Aufgaben

1. Man bestimme $\overline{\lim}_n f_n$ und $\underline{\lim}_n f_n$, falls sie existieren, für die Folgen (f_n) mit

(a) $f_n = 1 + (-1)^n$

(b) $f_n = (-1)^n \left(2 + \dfrac{3}{n}\right)$

(c) $f_n = (-1)^n n$

(d) $f_n = \dfrac{n + (-1)^n(2n+1)}{n}$

2. Die Folgen (f_n) und (g_n) seien beschränkt. Man beweise die Ungleichungen

$$\underline{\lim}_n (f_n + g_n) \leqq \underline{\lim}_n f_n + \overline{\lim}_n g_n \leqq \overline{\lim}_n (f_n + g_n)$$

$$\underline{\lim}_n (f_n + g_n) \leqq \overline{\lim}_n f_n + \underline{\lim}_n g_n \leqq \overline{\lim}_n (f_n + g_n).$$

3. (f_n) und (g_n) seien beschränkte Folgen. Man beweise:

$$\overline{\lim}_n (f_n + g_n) \leqq \overline{\lim}_n f_n + \overline{\lim}_n g_n.$$

Wenn $f_n \geqq 0$ für fast alle n, so gilt:

$$\overline{\lim}_n f_n \cdot g_n \leqq \overline{\lim}_n f_n \cdot \overline{\lim}_n g_n.$$

4. Die Folge (f_n) sei beschränkt und die Folge (g_n) sei definiert durch

$$g_n = \frac{f_1 + f_2 + \ldots + f_n}{n}.$$

Man beweise:

$$\underline{\lim}_n f_n \leqq \underline{\lim}_n g_n \leqq \overline{\lim}_n g_n \leqq \overline{\lim}_n f_n$$

und belege durch ein Beispiel, daß überall das Kleinerzeichen stehen kann.

5. Man zeige, daß jede Folge eine monotone Teilfolge besitzt. (Man zeige dies zunächst für konvergente Folgen.)

6. Die Folge (f_n) erfülle die Bedingung

$$f_{m+n} \leqq f_m + f_n \qquad \text{für alle } m, n.$$

Man zeige, daß $\left(\frac{f_n}{n}\right)$ nach oben beschränkt ist..

Weiter zeige man: Wenn die Folge $\left(\frac{f_n}{n}\right)$ nach unten beschränkt ist, dann konvergiert sie.

Anleitung: Man beweise zunächst die Ungleichung $(n = qk + r,\ 0 \leqq r < k)$

$$\frac{f_n}{n} = \frac{f_{qk+r}}{n} \leqq \frac{q \cdot f_k + f_r}{n} = \frac{q \cdot k}{qk + r} \cdot \frac{f_k}{k} + \frac{f_r}{n}.$$

und folgere, daß für jedes k gilt

$$\overline{\lim}_n \frac{f_n}{n} \leqq \frac{f_k}{k}.$$

Was läßt sich aussagen, wenn $\left(\frac{f_n}{n}\right)$ nicht nach unten beschränkt ist?

7. Mit Hilfe des Satzes von S. 125 gebe man einen anderen Beweis für das Cauchysche Konvergenzkriterium.

8. Man zeige, daß der Limes inferior einer nach unten beschränkten Folge auch durch

$$\underline{\lim}_n f_n = \sup\{x \mid x \leqq f_n \text{ für fast alle } n\}$$

definiert werden kann.

9. Es gelte $0 \leqq f_n \leqq c$ und die Folge (g_n) sei konvergent. Dann folgt

$$\overline{\lim}_n f_n g_n = \overline{\lim}_n f_n \cdot \lim_n g_n.$$

4 Logarithmusfunktion und Exponentialfunktion

Von den „elementaren“ Funktionen haben wir bisher nur für die rationalen Funktionen und die Wurzelfunktionen korrekte Definitionen gegeben. Nicht eingeführt sind bis jetzt die Logarithmusfunktionen, die Exponentialfunktionen und die trigonometrischen Funktionen.

Unter Verwendung des Folgenbegriffs werden wir zunächst die Logarithmusfunktion, die vom Rechnen mit dem Rechenschieber her bekannt ist, definieren. Mit ihrer Hilfe kann die Multiplikation von positiven Zahlen auf die Addition zurückgeführt werden. So kann man mit dem Rechenschieber durch Addition von Strecken das Produkt der zugehörigen Zahlen erhalten. Analytisch wird dies durch die *Funktionalgleichung* der Logarithmusfunktion $f(xy) = f(x) + f(y)$ ausgedrückt.

Logarithmen gibt es zu verschiedenen Grundzahlen. Für das praktische Rechnen werden die Zehner-Logarithmen (des Dezimalsystems wegen) bevorzugt, in der Mathematik dagegen die *natürlichen Logarithmen*. Jede dieser Funktionen erfüllt die Funktionalgleichung. Auch gilt immer $f(1) = 0$. In der üblichen graphischen Darstellung (vgl. dazu die Fig.) lassen sich die verschiedenen Logarithmen beispielsweise durch die Tangente in dem gemeinsamen Punkt $x = 1$, $f(1) = 0$ unterscheiden. Für den natürlichen Logarithmus ln gilt $\ln x \leqq x - 1$.

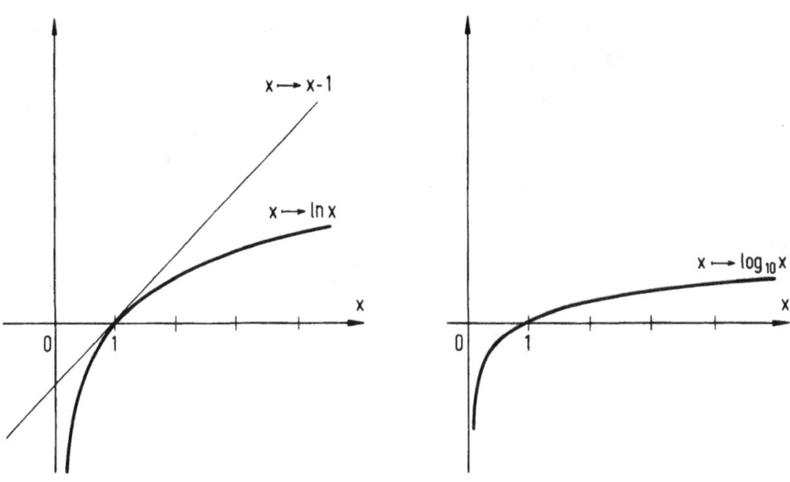

Wir führen hier die Funktion ln durch die beiden Eigenschaften: ln erfüllt die Funktionalgleichung $f(xy) = f(x) + f(y)$ und die Ungleichung $f(x) \leqq x - 1$ ein, und zeigen, daß es genau eine solche Funktion gibt.
Wir wählen damit zur Einführung dieser Funktion einen Weg, der sich in der neueren Mathematik vielfach bewährt hat: Man definiert gewisse mathematische Dinge nicht durch eine explizite Angabe, d.h. durch eine Konstruktionsvorschrift, sondern vielmehr durch solche ihrer Eigenschaften, die sie kennzeichnen. Tatsächlich braucht man ja in den theoretischen und praktischen Anwendungen in erster Linie die Eigenschaften. Aus ihnen heraus lassen sich oft verschiedene Konstruktionsvorschriften gewinnen, so daß man diese den jeweiligen Bedürfnissen anpassen kann.

4.1 Natürlicher Logarithmus

Satz: *Es gibt eine und nur eine Funktion* $f: \mathbb{R}^+ \to \mathbb{R}$, *so daß gilt:*

(I) $f(x \cdot y) = f(x) + f(y)$ *für alle* $x, y \in \mathbb{R}^+$

(II) $f(x) \leqq x - 1$ *für alle* $x \in \mathbb{R}^+$.

Bevor wir die Existenz einer solchen Funktion beweisen, leiten wir aus (I) weitere Eigenschaften der Funktion f ab. Dabei bleibt zunächst offen, ob es eine Funktion mit diesen Eigenschaften überhaupt gibt.

1. Setze $y = 1$, dann folgt $f(1) = 0$.
2. Setze $x \cdot y = 1$, dann folgt $f\left(\frac{1}{x}\right) = -f(x)$.
3. Setze $x = y$, dann folgt $f(x^2) = 2f(x)$.
4. Mittels vollständiger Induktion folgt $f(x^n) = nf(x)$ für $n \in \mathbb{N}$.
5. Aus 4. mit $x = y^{\frac{1}{n}}$ folgt $f(y) = nf\left(y^{\frac{1}{n}}\right)$ für $n \in \mathbb{N}$.
6. Setzen wir $y = z^m$ in 5. und verwenden 4. in der Form $f(z^m) = mf(z)$, so ergibt sich

$$f\left(z^{\frac{m}{n}}\right) = \frac{m}{n} f(z)$$

für alle $m, n \in \mathbb{N}$ und alle $z \in \mathbb{R}^+$.

7. Aus 2. und 6. erhalten wir das Ergebnis: Für eine Funktion f, die (I) erfüllt, gilt für beliebiges rationales r:

$$f(x^r) = r \cdot f(x) \qquad (x \in \mathbb{R}^+).$$

Nun ziehen wir die Ungleichung (II) heran und gewinnen mit Hilfe von 2. auch eine Abschätzung nach unten, indem wir $x = \frac{1}{z}$ einsetzen:

$$-f(z) = f\left(\frac{1}{z}\right) \leqq \frac{1}{z} - 1,$$

also gilt insgesamt (vgl. dazu die Fig.):

$$1 - \frac{1}{z} \leqq f(z) \leqq z - 1 \qquad \text{für alle } z \in \mathbb{R}^+.$$

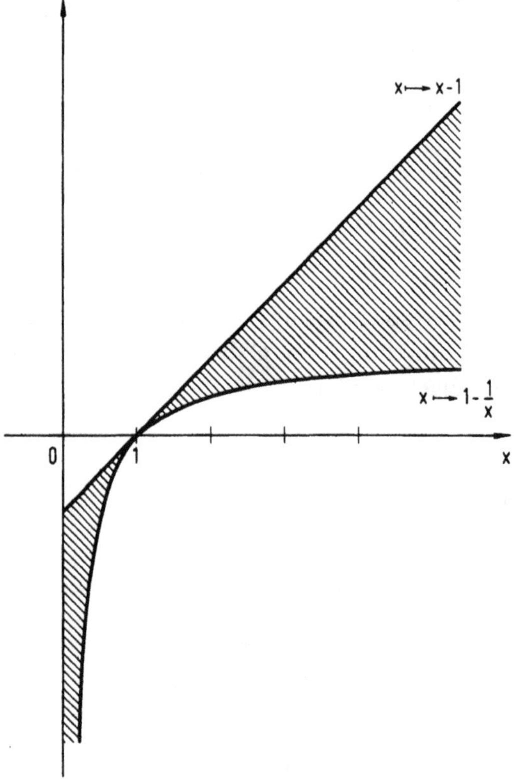

Aus diesen Ungleichungen gewinnen wir mit Hilfe von 5. eine Folge von Abschätzungen. Mit $z = x^{\frac{1}{n}}$ ergibt sich nämlich:

$$1 - x^{-\frac{1}{n}} \leqq f(x^{\frac{1}{n}}) \leqq x^{\frac{1}{n}} - 1,$$

also

$$n\left(1-\frac{1}{\sqrt[n]{x}}\right) \leqq f(x) \leqq n(\sqrt[n]{x}-1).$$

Falls die links und die rechts stehende Folge beide gegen denselben Grenzwert konvergieren, muß notwendig $f(x)$ gleich diesem Grenzwert sein.

Aus beweistechnischen Gründen verwenden wir die beiden Teilfolgen (g_k) und (h_k) mit

$$g_k(x) = 2^k \cdot \left(1-\frac{1}{\sqrt[2^k]{x}}\right)$$

$$h_k(x) = 2^k \cdot (\sqrt[2^k]{x}-1).$$

Wir zeigen nun, daß (bei festem $x \in \mathbb{R}^+$) die Folge (g_k) monoton wächst, die Folge (h_k) monoton fällt und beide gegen denselben Grenzwert konvergieren. Zum Beweis führen wir die Abkürzung

$$y_k = \sqrt[2^k]{x}, \qquad \text{also} \qquad y_k^2 = \sqrt[2^{k-1}]{x}$$

ein und rechnen aus:

$$\begin{aligned} g_k - g_{k-1} &= 2^{k-1} \cdot (2 - 2y_k^{-1} - 1 + y_k^{-2}) \\ &= 2^{k-1} \cdot (1 - y_k^{-1})^2 \geqq 0 \\ h_{k-1} - h_k &= 2^{k-1} \cdot (y_k^2 - 1 - 2y_k + 2) \\ &= 2^{k-1} \cdot (y_k - 1)^2 \geqq 0 \\ h_k - g_k &= 2^k \cdot (y_k - 1 - 1 + y_k^{-1}) \\ &= 2^k \cdot y_k^{-1}(y_k - 1)^2 \geqq 0. \end{aligned}$$

Nach der ersten Ungleichung ist die Folge (g_k) monoton wachsend, nach der zweiten die Folge (h_k) monoton fallend. Nach der letzten Ungleichung sind die beiden monotonen Folgen (g_k) und (h_k) beschränkt und also konvergent. Wegen

$$h_k - g_k = (y_k - 1) \cdot g_k$$

folgt

$$\lim_k (h_k - g_k) = 0,$$

da (g_k) konvergent und $(y_k - 1)$ eine Nullfolge (vgl. Beispiel 5), S. 102) ist.

Unsere bisherigen Überlegungen gingen immer von der Annahme aus, daß es eine Funktion f mit den Eigenschaften (I) und (II) gibt. Wir haben gezeigt, daß unter dieser Voraussetzung für jedes feste x gelten muß

$$f(x) = \lim_k h_k(x).$$

Jetzt überzeugen wir uns davon, daß die Funktion f mit

$$(*) \qquad f(x) = \lim_k 2^k \left(\sqrt[2^k]{x} - 1\right) \qquad (x \in \mathbb{R}^+)$$

die Bedingungen (I) und (II) tatsächlich erfüllt.
Zu (I): Es ist

$$2^k \cdot \left(\sqrt[2^k]{xy} - 1\right) = 2^k \left(\sqrt[2^k]{x} - 1\right) \sqrt[2^k]{y} + 2^k \cdot \left(\sqrt[2^k]{y} - 1\right).$$

Da $\lim_k \sqrt[2^k]{y} = 1$ gilt, folgt nach den Rechenregeln für konvergente Folgen und nach Definition von f:

$$f(x \cdot y) = f(x) + f(y) \qquad \text{für alle } x, y \in \mathbb{R}^+.$$

Zu (II): Die Folge $\big(h_k(x)\big)$ konvergiert monoton fallend gegen $f(x)$, deshalb gilt

$$f(x) \leqq h_0(x) = x - 1 \qquad \text{für jedes } x \in \mathbb{R}^+.$$

Damit ist unser eingangs ausgesprochener Satz voll bewiesen.

Alle Aussagen über die Funktion f, die bisher nur unter dem Vorbehalt ihrer Existenz gemacht werden konnten, erhalten somit uneingeschränkte Gültigkeit. Den expliziten Ausdruck (*) für $f(x)$ benötigen wir im folgenden nicht mehr. Wir beziehen uns nurmehr auf (I) und (II) und die daraus gewonnenen Folgerungen 1. bis 7.

Die durch die Bedingungen (I) und (II) eindeutig festgelegte Funktion f heißt – wie schon erwähnt – *natürlicher Logarithmus* und wird mit ln bezeichnet.

Wir stellen die wichtigsten Eigenschaften von ln zusammen:

Satz: *Die Funktion* ln *hat folgende Eigenschaften:*

(1) $\ln x \cdot y = \ln x + \ln y$ *für alle* $x, y \in \mathbb{R}^+$

(2) $1 - \dfrac{1}{x} \leqq \ln x \leqq x - 1$ *für alle* $x \in \mathbb{R}^+$

(3) ln *ist streng monoton wachsend*

(4) ln *ist dehnungsbeschränkt in jedem Intervall* $\{x \mid x \geqq a\}$ *mit* $a > 0$

(5) *Die Wertemenge von* ln *ist* $\mathbb{R}$

(6) ln *ist ein Isomorphismus der multiplikativen Gruppe* $(\mathbb{R}^+, \cdot)$ *auf die additive Gruppe* $(\mathbb{R}, +)$.

Beweis: (1) und (2) ergibt sich aus unserer Definition von ln. Zum Beweis von (3) und (4) ersetzen wir in (2) x durch $\frac{x_2}{x_1}$ und erhalten:

$$\frac{1}{x_2}(x_2 - x_1) \leqq \ln x_2 - \ln x_1 \leqq \frac{1}{x_1}(x_2 - x_1) \qquad \text{für alle } x_1, x_2 \in \mathbb{R}^+.$$

Hieraus folgt unmittelbar die strenge Monotonie. Wenn x_1, x_2 die Bedingungen $x_1 \geqq a$ und $x_2 \geqq a$ erfüllen, dann ergibt sich die Abschätzung

$$|\ln x_2 - \ln x_1| \leqq \frac{1}{a}|x_2 - x_1|,$$

also die Dehnungsbeschränktheit von ln mit der Dehnungskonstanten $\frac{1}{a}$.

Zum Beweis von (5) stützen wir uns auf den Zwischenwertsatz für dehnungsbeschränkte Funktionen (vgl. S. 82). Danach und wegen der Monotonie wird jedes Intervall $[a, b] \subset \mathbb{R}^+$ bijektiv auf das Intervall $[\ln a, \ln b]$ abgebildet. Wegen $\ln 2^k = k \cdot \ln 2$ $(k \in \mathbb{Z})$ und $\ln 2 > 0$ ist die Wertemenge von ln weder nach oben noch nach unten beschränkt und muß somit gleich $\mathbb{R}$ sein.
(1) zusammen mit (3) und (5) ergibt den Beweis von (6).

4.2 Exponentialfunktionen

Da die Funktion ln: $\mathbb{R}^+ \to \mathbb{R}$ bijektiv ist, besitzt sie eine Umkehrfunktion. Diese bezeichnen wir mit exp und nennen sie *e-Funktion* (Exponentialfunktion zur Basis e). Ihre Eigenschaften ergeben sich unmittelbar aus den Eigenschaften von ln, insbesondere ist exp ein Isomorphismus von $(\mathbb{R}, +)$ auf $(\mathbb{R}^+, \cdot)$.

Satz: *Die Funktion* exp *hat folgende Eigenschaften:*

(1) $\exp(x + y) = \exp x \cdot \exp y$ *für alle* $x, y \in \mathbb{R}$

(2) $1 + x \leqq \exp x$ *für alle* $x \in \mathbb{R}$

(3) $\exp x \leqq \frac{1}{1 - x}$ *für alle* $x < 1$

(4) exp *ist streng monoton wachsend*

(5) *Die Wertemenge von* exp *ist* $\mathbb{R}^+$

(6) exp *ist ein Isomorphismus der additiven Gruppe* $(\mathbb{R}, +)$ *auf die multiplikative Gruppe* $(\mathbb{R}^+, \cdot)$.

Bemerkung: Die Funktion ln ist – wie wir bewiesen haben – durch die Funktionalgleichung $f(xy) = f(x) + f(y)$ und die Ungleichung $f(x) \leqq x - 1$ eindeutig festgelegt. Entsprechend ist die Funktion exp durch die Funktionalgleichung (1) und die Ungleichung (2) gekennzeichnet.

Beweis: Mit $u = \exp x$ und $v = \exp y$ folgt aus $\ln u \cdot v = \ln u + \ln v$ die Gleichung

$$\ln(\exp x \cdot \exp y) = x + y,$$

also durch Einsetzen dieser Zahl in die Funktion exp die Behauptung (1).
Zu (2): Aus $u = \exp x$ und $\ln u \leqq u - 1$ ergibt sich

$$1 + x \leqq \exp x.$$

Zu (3): Aus $1 - x \leqq \exp(-x) = \dfrac{1}{\exp x}$ folgt für $1 - x > 0$:

$$\exp x \leqq \frac{1}{1 - x}.$$

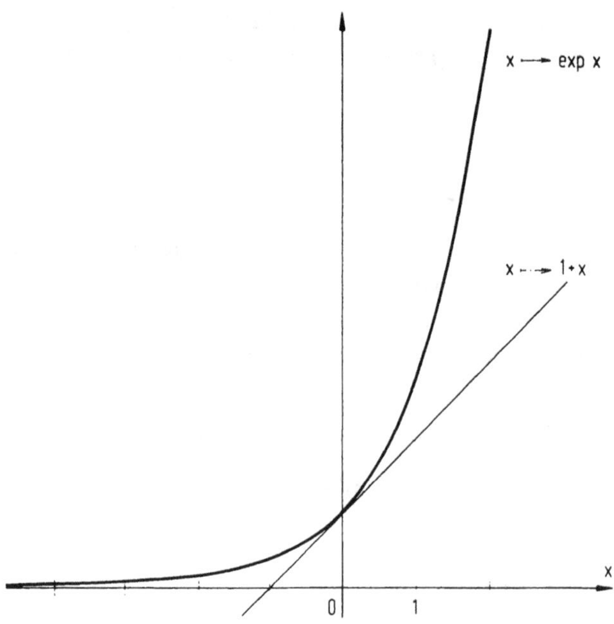

Zu (4): Da ln streng monoton wachsend ist, gilt dies auch von der Umkehrfunktion exp.
Zu (5): Die Wertemenge von exp ist die Definitionsmenge von ln, also $\mathbb{R}^+$.
Die Behauptung (6) schließlich ergibt sich aus (1), (4) und (5).

Aufgabe: Man beweise die folgenden Ungleichungen:

$$(1+h)\exp x \leqq \exp(x+h) \leqq \frac{1}{1-h}\exp x \qquad (x\in\mathbb{R},\ h<1)$$

$$(y-x)\cdot\exp x \leqq \exp y - \exp x \leqq \frac{y-x}{1+x-y}\cdot\exp x \qquad (x,y\in\mathbb{R},\ y-x<1)$$

Man folgere hieraus, daß exp in jedem Intervall $\{x \mid x \leqq a\}$ dehnungsbeschränkt ist.

Für rationales r gilt die Beziehung

$$\ln x^r = r\cdot\ln x;$$

ihr steht gegenüber (Beweis als Aufgabe):

$$\exp rx = (\exp x)^r.$$

Setzt man $x=1$, so folgt

$$\exp r = (\exp 1)^r \qquad \text{für } r\in\mathbb{Q}.$$

Damit ist die Bezeichnung „Exponentialfunktion" für exp gerechtfertigt, soweit die Argumente rational sind; für irrationale Argumente x wird dagegen $(\exp 1)^x$ durch $\exp x$ erst definiert.

Es bleibt nun noch die Aufgabe, die Zahl exp 1 näher zu kennzeichnen. Wir zeigen, daß

$$\exp 1 = e$$

gilt.
Aus der Ungleichung

$$n\left(1-y^{-\frac{1}{n}}\right) \leqq \ln y \leqq n\left(y^{\frac{1}{n}}-1\right)$$

für den natürlichen Logarithmus ergibt sich folgende Ungleichung für die e-Funktion:

$$\left(1+\frac{x}{n}\right)^n \leqq \exp x \leqq \frac{1}{\left(1-\frac{x}{n}\right)^n},$$

sofern $n \geqq |x|$ ist. Speziell für $x = 1$ erhält man:

$$\left(1+\frac{1}{n}\right)^n \leqq \exp 1 \leqq \frac{1}{\left(1-\frac{1}{n}\right)^n}.$$

Da sowohl die links wie auch die rechts stehende Folge gegen e konvergiert (vgl. S. 115 und Aufg. 7) von S. 122), folgt die Behauptung.
Für rationales x gilt also

$$\exp x = e^x;$$

es ist üblich, auch für irrationales x die Potenzschreibweise zu verwenden.

Wir können nun auch für beliebiges $b > 0$ und beliebiges $x \in \mathbb{R}$ die Potenz b^x erklären.

Für rationales $x = \frac{m}{n}$ ist b^x schon festgelegt (vgl. S. 84). Unter Verwendung der eingeführten Funktionen ln und exp erhält man

$$b^{\frac{m}{n}} = \exp\left(\frac{m}{n}\ln b\right).$$

Deshalb definiert man für beliebiges $x \in \mathbb{R}$:

$$b^x := \exp(x \cdot \ln b).$$

Aus dieser Definition und den Funktionalgleichungen für ln und exp folgen die Rechenregeln ($a > 0$, $b > 0$, $x, y \in \mathbb{R}$):

$$(a \cdot b)^x = a^x \cdot b^x$$

$$b^{x+y} = b^x \cdot b^y$$

$$b^{x \cdot y} = (b^x)^y.$$

Aufgabe: Man führe die Beweise für diese Rechenregeln aus.

Die Funktion

$$x \mapsto b^x \qquad (x \in \mathbb{R})$$

heißt *Exponentialfunktion zur Basis b*.
Die Basis $b = 1$ ist nicht interessant; für $0 < b < 1$ ist die Exponentialfunktion zur Basis b wegen $\ln b < 0$ streng monoton fallend, für $b > 1$ wegen $\ln b > 0$ streng monoton wachsend. Die Wertemenge ist in beiden Fällen $\mathbb{R}^+$.

Falls $b \neq 1$ ist, existiert die Umkehrfunktion von $x \mapsto b^x$, sie wird *Logarithmus zur Basis* b genannt und mit

$$x \mapsto \log_b x \qquad (x \in \mathbb{R}^+)$$

bezeichnet.
Mit dem natürlichen Logarithmus besteht der Zusammenhang

$$\log_b x = \frac{\ln x}{\ln b},$$

denn aus $x = b^y = \exp(y \cdot \ln b)$ folgt:

$$\ln x = y \cdot \ln b = \log_b x \ln b.$$

Aufgaben

1. Die beiden reellen Zahlen a, b seien fest vorgegeben und nicht beide gleich 1. Man bestimme alle in $\mathbb{R}^+$ definierten Funktionen f, die die Funktionalgleichung

   $$f(x_1 \cdot x_2) = af(x_1) + bf(x_2) \qquad (x_1, x_2 \in \mathbb{R}^+)$$

   erfüllen.
2. Man zeige, daß es bei vorgegebenem $a > 0$ genau eine in $\mathbb{R}^+$ definierte Funktion f gibt, die den beiden Bedingungen

   $$\text{(I)}\ f(x_1 \cdot x_2) = f(x_1) + f(x_2) \qquad (x_1, x_2 \in \mathbb{R}^+)$$
   $$\text{(II)}\ f(x) \leqq a(x-1) \qquad (x \in \mathbb{R}^+)$$

   genügt.
   Welcher Zusammenhang besteht zwischen f und ln?
3. Man zeige, daß für ln in jedem Intervall $0 < x \leqq b$ die Abschätzung

   $$\frac{1}{b}|x_2 - x_1| \leqq |\ln x_2 - \ln x_1|$$

   besteht und folgere, daß exp in jedem nach oben beschränkten Intervall dehnungsbeschränkt ist (vgl. Aufg. 8 von S. 86).
4. Durch die Definition der allgemeinen Exponentialfunktion (vgl. S. 136) sind auch die Potenzfunktionen mit beliebigen reellen Exponenten s mit erfaßt:

   $$x^s := \exp(s \cdot \ln x) \qquad (x \in \mathbb{R}^+)$$

Man untersuche diese Funktionen auf Monotonie und Dehnungsbeschränktheit.

5. Man bestimme folgende Grenzwerte:

(1) $\lim\limits_n \dfrac{\ln(n+a)}{\ln n}$

(2) $\lim\limits_n \dfrac{1}{n} \ln n$

(3) $\lim\limits_n a_n \cdot \ln a_n$ falls $\lim\limits_n a_n = 0$

(4) $\lim\limits_n n^s \cdot e^{-n}$ $(s \in \mathbb{R})$

(5) $\lim\limits_n \dfrac{1}{n} \sqrt[n]{\prod\limits_{k=1}^{n} (n+k)}$

6. Es sei $s > 0$ und $0 < x < \dfrac{1}{s}$. Dann gilt die Ungleichung

$$s \leqq \frac{e^{sx}-1}{x} \leqq \frac{s}{1-sx}.$$

Hieraus folgere man, daß

$$\lim_n \frac{\left(1-\frac{1}{n}\right)^s - 1}{\ln\left(1-\frac{1}{n}\right)} = s$$

und

$$\lim_n n\left(1-\left(1-\frac{1}{n}\right)^s\right) = s$$

gilt.

7. Man diskutiere die Funktion

$$x \mapsto \left(1+\frac{1}{x}\right)^x$$

und skizziere ihren Verlauf.

8. Man bestimme alle positiven x, y, die die Gleichung $x^y = y^x$ erfüllen. Welche dieser Lösungen sind ganzzahlig?

9. Für welche positiven a ist $a^{a^{a^{\cdot^{\cdot^{\cdot}}}}}$ erklärt?
(Man präzisiere zuvor die Fragestellung!)
10. Man zeige, daß für jedes $x \in \mathbb{R}$ gilt

$$\lim_n \left(1 + \frac{x}{n}\right)^n = \exp x .$$

Die e-Funktion kann daher auch durch den links stehenden Grenzwert direkt definiert werden. Ohne Verwendung der e-Funktion zeige man, daß

$$f(x) = \lim_n \left(1 + \frac{x}{n}\right)^n$$

für jedes $x \in \mathbb{R}$ existiert und daß die so erklärte Funktion f die Eigenschaften der e-Funktion besitzt, die im Satz auf S. 133 aufgezählt sind. (Man vergleiche dazu die Erörterungen zur Einführung von e auf S. 114.)
11. Die „hyperbolischen" Funktionen cosh, sinh, tanh, coth werden definiert durch

$$\cosh x = \frac{e^x + e^{-x}}{2}$$

$$\sinh x = \frac{e^x - e^{-x}}{2}$$

$$\tanh x = \frac{e^x - e^{-x}}{e^x + e^{-x}}$$

$$\coth x = \frac{e^x + e^{-x}}{e^x - e^{-x}} \qquad (x \neq 0)$$

(Lies: Cosinushyperbolicus, Sinushyperbolicus, Tangenshyperbolicus, Cotangenshyperbolicus.)
Man untersuche diese Funktionen auf Monotonie und Dehnungsbeschränktheit. Weiter beweise man:

$$\cosh(x+y) = \cosh x \cdot \cosh y + \sinh x \cdot \sinh y$$

$$\sinh(x+y) = \sinh x \cdot \cosh y + \cosh x \cdot \sinh y$$

$$\cosh^2 x - \sinh^2 x = 1 .$$

12. Man zeige, daß die Funktionen sinh, tanh und coth umkehrbar sind. Ihre Umkehrfunktionen werden mit Arsinh, Artanh, Arcoth (lies: Areasinus-hyperbolicus usw.) bezeichnet. Man bestimme deren Definitionsmengen und zeige:

$$\operatorname{Arsinh} x = \ln\left(x + \sqrt{1 + x^2}\right)$$

$$\operatorname{Artanh} x = \frac{1}{2} \ln \frac{1 + x}{1 - x}$$

$$\operatorname{Arcoth} x = \frac{1}{2} \ln \frac{x + 1}{x - 1}$$

13. Für rationales x und $c > 0$ ist c^x schon auf S. 84 erklärt worden. Man zeige, daß die so auf $\mathbb{Q}$ definierte Funktion auf jeder Menge $D = [a, b] \cap \mathbb{Q}$ dehnungsbeschränkt ist. Nach Aufg. 14 von S. 86 kann die Funktion unter Erhaltung der Dehnungsbeschränktheit auf $\mathbb{R}$ fortgesetzt werden.
Man zeige weiter, daß die Funktion

$$x \mapsto c^x \qquad \text{für } x \in \mathbb{Q}$$

eine und nur eine Fortsetzung auf $\mathbb{R}$ besitzt, die in jedem abgeschlossenen Intervall dehnungsbeschränkt ist.
(Dies ist eine andere Möglichkeit, die Exponentialfunktion $x \mapsto c^x$ zu definieren.)

5 Reihen

Die Summe endlich vieler Zahlen ist aufgrund der Körperaxiome definierbar. In der Analysis und ihren Anwendungen stößt man jedoch häufig auf Probleme, bei denen die „Summe von unendlich vielen Zahlen" zu bilden ist. Selbstverständlich hat das zunächst keinen Sinn. Wir müssen daher für diesen Begriff eine mathematisch einwandfreie Definition geben. Dies geschieht mit Hilfe der Folgen. Dabei ist allerdings die „Reihenfolge" der Summanden wesentlich. Die Ergebnisse über konvergente Folgen lassen sich dann ohne weiteres auf konvergente Reihen übertragen.
Wenn die Reihenfolge der Summanden nicht von vornherein vorgegeben ist, tritt die neue Fragestellung auf, wie das Konvergenzverhalten von der Wahl dieser Reihenfolge abhängt. Bei den *absolut konvergenten* Reihen liegt bei jeder Reihenfolge der Summanden Konvergenz gegen denselben Grenzwert vor. Ein anderer Zugang zu den absolut konvergenten Reihen führt – unabhängig vom Folgenbegriff – über die *summierbaren Zahlenfamilien.* Wir behandeln diese im letzten Abschnitt. Insbesondere ist hier der natürliche Platz für einen Beweis des „großen" Umordnungssatzes.
Für absolut konvergente Reihen gibt es handliche Konvergenzkriterien wie das Quotienten- und das Wurzelkriterium. Diese geben uns auch Aufschluß über das Konvergenzverhalten der Potenzreihen, durch die viele wichtige Funktionen – wie die e-Funktion und die trigonometrischen Funktionen (vgl. Kap. 6) – dargestellt werden können.

5.1 Konvergenz von Reihen

Der Begriff der unendlichen Reihe wird auf den der Folge zurückgeführt.

Def.: *Es sei* (a_k) *eine Zahlenfolge. Durch die Festsetzung*

$$s_n = \sum_{k=0}^{n} a_k$$

wird eine Zahlenfolge (s_n) *definiert, die man als die zu* (a_k) *gehörende* unendliche Reihe *bezeichnet.*

Ist (s_n) *konvergent mit dem Grenzwert a, so heißt a die* Summe *der unendlichen Reihe und man schreibt:*

$$a = \sum_{k=0}^{\infty} a_k.$$

Beispiele:

1) Nach dem Satz von S.116 ist für $(a_k) = \left(\frac{1}{k!}\right)$ die Reihe (s_n) mit

$$s_n = \sum_{k=0}^{n} \frac{1}{k!}$$

konvergent mit $\lim_n s_n = e$. Wir schreiben also jetzt auch

$$e = \sum_{k=0}^{\infty} \frac{1}{k!}$$

und nennen e die Summe der unendlichen Reihe $\left(\sum_{k=0}^{n} \frac{1}{k!}\right)$.

2) Es sei $|q| < 1$. Zu $(a_k) = (q^k)$ gehört die unendliche Reihe (s_n) mit

$$s_n = \sum_{k=0}^{n} q^k;$$

sie heißt *geometrische Reihe*. Nach Beispiel 5) von S.27 gilt

$$s_n = \frac{1 - q^{n+1}}{1 - q}.$$

Wegen $\lim_n q^n = 0$ für $|q| < 1$ ist nach den Rechengesetzen für konvergente Zahlenfolgen $\lim_n s_n = \frac{1}{1-q}$. Dies ist also die Summe der geometrischen Reihe:

$$\sum_{k=0}^{\infty} q^k = \frac{1}{1-q} \qquad \text{für } |q| < 1.$$

Aufgabe: Man begründe, daß für $|q| \geqq 1$ die Reihe nicht konvergent ist.

3) Sei $a_k = \frac{1}{k(k+1)}$. Wegen $\frac{1}{k(k+1)} = \frac{1}{k} - \frac{1}{k+1}$ gilt für die zugehörige unendliche Reihe (s_n):

$$s_n = \left(1 - \frac{1}{2}\right) + \left(\frac{1}{2} - \frac{1}{3}\right) + \left(\frac{1}{3} - \frac{1}{4}\right) + \ldots + \left(\frac{1}{n-1} - \frac{1}{n}\right) + \left(\frac{1}{n} - \frac{1}{n+1}\right)$$

$$s_n = 1 - \frac{1}{n+1}.$$

also gilt $\lim\limits_n s_n = \lim\limits_n \left(1 - \frac{1}{n+1}\right) = 1$:

$$\sum_{k=1}^{\infty} \frac{1}{k(k+1)} = 1$$

4) Sei $a_n = \frac{1}{n}$. Die unendliche Reihe (s_n) mit

$$s_n = \sum_{k=1}^{n} \frac{1}{k}$$

ist divergent. Zum Beweis betrachten wir

$$s_{2^m} = \sum_{k=1}^{2^m} \frac{1}{k}$$

$$s_{2^m} = 1 + \frac{1}{2} + \left(\frac{1}{3} + \frac{1}{4}\right) + \left(\frac{1}{5} + \frac{1}{6} + \frac{1}{7} + \frac{1}{8}\right) + \ldots +$$

$$+ \left(\frac{1}{2^{m-1}+1} + \frac{1}{2^{m-1}+2} + \ldots + \frac{1}{2^m}\right).$$

Jede der Klammern ist mindestens $\frac{1}{2}$ und deshalb gilt:

$$s_{2^m} \geqq 1 + m \cdot \tfrac{1}{2}.$$

Die Teilfolge (s_{2^m}) ist daher nicht beschränkt, also divergent.

Die Reihe $\left(\sum\limits_{k=1}^{n} \frac{1}{k}\right)$ nennt man *harmonische Reihe*, sie ist nicht konvergent.

Bemerkungen:

1) Wir nannten $\sum\limits_{k=0}^{\infty} a_k = a$ die Summe der unendlichen Reihe $(s_n) = \left(\sum\limits_{k=0}^{n} a_k\right)$, falls $\lim\limits_n s_n = a$ ist. Es ist manchmal bequem, insbesondere wenn die Konvergenzfrage noch offen ist, das Symbol $\sum\limits_{k=0}^{\infty} a_k$ auch zur Bezeichnung der unend-

lichen Reihe, d.h. der Folge (s_n) zu verwenden. Wird dagegen eine Gleichung $\sum_{k=0}^{\infty} a_k = a$ hingeschrieben, so ist gemeint, daß Konvergenz vorliegt.

2) Die Zahlen s_n nennt man *Teilsummen* der unendlichen Reihe $\sum_{k=0}^{\infty} a_k$, die Zahlen a_k heißen *Reihenglieder*.

3) Ist die Reihe $\sum_{k=0}^{\infty} a_k$ nicht konvergent, so heißt sie *divergent*.

4) Die Folge (s_n) der Teilsummen ist durch die Folge (a_k) eindeutig festgelegt. Umgekehrt ist jede beliebige Folge (s_n) auch Folge der Teilsummen einer eindeutig bestimmten Reihe $\sum_{k=0}^{\infty} a_k$

$$a_0 = s_0$$

$$a_k = s_k - s_{k-1} \qquad (k \geqq 1).$$

Da eine Reihe eine in besonderer Weise geschriebene Folge ist, ergibt sich unmittelbar der

Satz: *Wenn* $\sum_{n=0}^{\infty} a_n = a$ *und* $\sum_{n=0}^{\infty} b_n = b$, *so gilt* $\sum_{n=0}^{\infty} (a_n + b_n) = a + b$.

Wenn $\sum_{n=0}^{\infty} a_n = a$ *und* $c \in \mathbb{R}$, *so gilt* $\sum_{n=0}^{\infty} c a_n = c a$.

Wenn $\sum_{n=0}^{\infty} a_n = a$, $\sum_{n=0}^{\infty} b_n = b$ *und* $a_n \leqq b_n$, *so gilt* $a \leqq b$.

Konvergenzkriterien

Die Konvergenzkriterien für Folgen führen unmittelbar zu entsprechenden Konvergenzkriterien für Reihen. Beim Cauchyschen Kriterium etwa hat man die Differenz $|s_m - s_n|$ zu betrachten für alle m, $n \geqq n_0$; man kann dabei $m > n$ voraussetzen und also $m = n + p$ setzen. Damit ergibt sich der

Satz: (*Konvergenzkriterium von Cauchy*)*: Notwendig und hinreichend für die Konvergenz der Reihe* $\sum_{k=0}^{\infty} a_k$ *ist folgende Bedingung: Zu jedem* $\varepsilon > 0$ *gibt es ein* $n_0 \in \mathbb{N}$ *derart, daß für alle* $n \geqq n_0$ *und alle* $p \in \mathbb{N}$ *gilt*

$$\left| \sum_{k=n+1}^{n+p} a_k \right| < \varepsilon.$$

Folgerung: Notwendig für die Konvergenz der Reihe $\sum_{k=0}^{\infty} a_k$ ist, daß (a_k) eine Nullfolge ist. Jedoch ist diese Bedingung nicht hinreichend, wie Beispiel 4) von S. 143 zeigt.

Für besondere Typen von Reihen lassen sich handlichere Kriterien aufstellen.

Satz: *Eine Reihe mit nichtnegativen Gliedern ist genau dann konvergent, wenn die Folge ihrer Teilsummen nach oben beschränkt ist.*

Die Teilsummen einer solchen Reihe bilden eine monoton wachsende Folge, die genau dann konvergiert, wenn sie beschränkt ist.

Beispiel: $\sum_{k=1}^{\infty} \frac{1}{k^2}$ ist konvergent, da $s_n \leqq 2$ gilt. Man verwende $\frac{1}{(k+1)^2} < \frac{1}{k(k+1)}$ und das Ergebnis aus Beispiel 3) von S. 142.

Reihen, deren Glieder abwechselnd nichtnegativ und nichtpositiv sind, für die also etwa

$$a_{2j} \geqq 0 \qquad \text{und} \qquad a_{2j+1} \leqq 0$$

gilt, heißen *alternierende Reihen.*

Satz: (*Leibniz-Kriterium*): *Eine alternierende Reihe ist sicher dann konvergent, wenn* $(|a_j|)$ *eine monoton fallende Nullfolge ist.*

Beweis: Von der Folge (s_n) betrachten wir die beiden Teilfolgen (s_{2m}) und (s_{2m+1}). Die erste ist monoton fallend, die zweite monoton wachsend:

$$s_{2m+2} = s_{2m} + (a_{2m+1} + a_{2m+2}) \leqq s_{2m}$$

$$s_{2m+3} = s_{2m+1} + (a_{2m+2} + a_{2m+3}) \geqq s_{2m+1}.$$

(s_{2m}) ist durch s_1 nach unten, (s_{2m+1}) durch s_0 nach oben beschränkt. Beide Teilfolgen sind also konvergent. Da

$$s_{2m+1} - s_{2m} = a_{2m+1}$$

und (a_n) eine Nullfolge ist, haben beide denselben Grenzwert, d.h. aber (vgl. Aufg. 13, S. 99), die Folge (s_n) ist konvergent.
Der Beweis liefert noch die Fehlerabschätzung:

$$|s_n - a| \leqq |a_{n+1}|.$$

Beispiele für Reihen, deren Konvergenz aus dem Leibniz-Kriterium folgt:

$$\sum_{n=0}^{\infty} (-1)^n \frac{1}{2n+1} \qquad \left(= \frac{\pi}{4}\right)$$

$$\sum_{n=0}^{\infty} (-1)^n \frac{1}{n+1} \qquad (= \ln 2)$$

$$\sum_{n=0}^{\infty} (-1)^n \frac{1}{n!} \qquad \left(= \frac{1}{e}\right).$$

In den Klammern sind die Summen der Reihen angegeben (vgl. dazu S. 321 und Aufg. 3 von S. 172).
Die Fehlerabschätzung zeigt, daß die erste und zweite Reihe für numerische Rechnungen ungeeignet sind.

Bemerkung: Zur Anwendung der beiden Konvergenzkriterien genügt es selbstverständlich, wenn die Positivität der Reihenglieder bzw. das Alternieren erst von einer Stelle k_0 ab vorliegt.

Aufgaben

1. Man prüfe, ob die Reihe

$$\sum_{n=1}^{\infty} \frac{1}{n(n+1)(n+2)}$$

konvergiert und bestimme gegebenenfalls ihre Summe. Allgemeiner untersuche man die Reihe

$$\sum_{n=1}^{\infty} \frac{1}{n(n+1)(n+2)\cdot \ldots \cdot (n+k)} \qquad (k \in \mathbb{N}).$$

2. Es sei $a_n \geqq 0$ und $b_n \geqq 0$. Man zeige, daß aus der Konvergenz von $\sum_{n=1}^{\infty} a_n^2$ und $\sum_{n=1}^{\infty} b_n^2$ die Konvergenz von $\sum_{n=1}^{\infty} a_n b_n$ folgt.
Ist mit $\sum_{n=1}^{\infty} a_n^2$ auch die Reihe $\sum_{n=1}^{\infty} \frac{a_n}{n}$ konvergent?

3. Wenn $a_n \geqq 0$ und $\sum_{n=1}^{\infty} a_n$ konvergent, dann konvergiert auch $\sum_{n=1}^{\infty} \frac{\sqrt{a_n}}{n}$.

4. (a_n) sei eine monoton fallende Nullfolge. Man zeige, daß $\sum_{n=1}^{\infty} a_n$ genau dann konvergiert, wenn die Reihe

$$\sum_{k=0}^{\infty} 2^k \cdot a_{2^k}$$

konvergiert (zur Beweismethode vergleiche man Beispiel 4), S. 143). Mit Hilfe dieses „Verdichtungskriteriums" prüfe man, für welche s die Reihe

$$\sum_{n=1}^{\infty} \frac{1}{n^s}$$

konvergiert.

Für welche s konvergiert die Reihe $\sum_{n=2}^{\infty} \frac{1}{n \cdot (\ln n)^s}$?

5. Man untersuche, ob $\sum_{n=1}^{\infty} a_n$ konvergiert für

(1) $\quad a_n = (-1)^n \frac{n}{(n+1)(n+2)}$

(2) $\quad a_n = (-1)^{n+1}(1 - \sqrt[n]{a}) \qquad (a > 0)$

(3) $\quad a_n = (-1)^{n-1} \frac{1}{n+a} \qquad (a \notin \mathbb{Z})$.

6. Man zeige, daß die Reihe

$$\sum_{n=1}^{\infty} \left(\frac{1}{n} + (-1)^n \frac{1}{\sqrt{n}}\right)$$

alternierend ist. Ist die Reihe konvergent?

7. Folgt aus der Konvergenz von $\sum_{n=1}^{\infty} a_n$ und $b_n > 0$ sowie $\lim_n b_n = 0$ die Konvergenz von $\sum_{n=1}^{\infty} a_n b_n$?

8. Die Folge (b_n) sei gegeben und es gelte $b_n \geqq 0$. Die Folge (a_n) sei rekursiv definiert durch

$$a_1 = 1 \qquad \text{und} \qquad a_{n+1} = a_n + \frac{b_n}{a_n} \qquad (n \geqq 1).$$

Man zeige, daß $\lim_n a_n$ genau dann existiert, wenn die Reihe $\sum_{n=1}^{\infty} b_n$ konvergiert.

9. Folgt aus der Konvergenz von $\sum_{n=1}^{\infty} a_n$ die Konvergenz von $\sum_{n=1}^{\infty} a_n^2$? Was läßt sich über die Konvergenz von $\sum_{n=1}^{\infty} \sqrt{a_n}$ bzw. $\sum_{n=1}^{\infty} a_n^2$ aussagen, wenn man zusätzlich $a_n \geqq 0$ voraussetzt?

10. Wenn (a_n) eine monoton fallende Nullfolge ist und $\sum_{n=1}^{\infty} a_n$ konvergiert, dann ist sogar $(n a_n)$ eine Nullfolge.
Man beweise dies mit Hilfe des Cauchy-Kriteriums.

Folgt umgekehrt die Konvergenz von $\sum_{n=1}^{\infty} a_n$ aus den Voraussetzungen $a_n \geqq 0$, (a_n) monoton fallend und $\lim_n n a_n = 0$?

11. Die Reihe $\sum_{n=1}^{\infty} a_n$ sei konvergent. Man zeige, daß die Folge (r_k) mit

$$r_k = \sum_{n=k}^{\infty} a_n$$

eine Nullfolge ist.

12. Eine Reihe $\sum_{n=1}^{\infty} a_n$ ist genau dann divergent, wenn es eine „Teilstückfolge“ (t_n) gibt, die keine Nullfolge ist. Dabei ist

$$t_n = a_n + a_{n+1} + \ldots + a_{n+k_n}$$

mit geeignetem k_n.

13. Es sei $g \geqq 2$ eine natürliche Zahl. Jede positive reelle Zahl x besitzt dann eine g-adische Entwicklung

$$(*) \qquad x = [x] + \sum_{n=1}^{\infty} \frac{x_n}{g^n},$$

mit $x_n \in \{0, 1, 2, \ldots, g-1\}$.
Die „Ziffernfolge“ (x_n) kann rekursiv bestimmt werden:

$$x_1 = [(x - [x]) \cdot g]$$
$$x_{n+1} = \left[\left(x - [x] - \sum_{k=1}^{n} \frac{x_k}{g^k}\right) \cdot g^{n+1}\right]$$

Man beweise, daß für die so definierte Folge (x_n) die Gleichung (*) gilt.
Gibt man umgekehrt eine beliebige Ziffernfolge (x_n) mit $x_n \in \{0, 1, 2, \ldots, g-1\}$ vor, so ist die Reihe

$$\sum_{n=1}^{\infty} \frac{x_n}{g^n}$$

konvergent und für ihre Summe x gilt $0 \leqq x \leqq 1$.
Kann man von verschiedenen Ziffernfolgen ausgehend dieselbe Summe erhalten?

Welche Bedingung muß die Folge (x_n) erfüllen, damit sie mit der Folge (x_n'), die zu $x = \sum_{n=1}^{\infty} \frac{x_n}{g^n}$ rekursiv bestimmt werden kann, übereinstimmt?
Für $x < 0$ erhält man die g-adische Entwicklung aus der von $(-x)$ durch Multiplikation mit (-1).

Reelle Zahlen werden oft durch g-adische Entwicklungen gegeben (wobei g meistens gleich zwei oder zehn ist). Für

$$x = [x] + \sum_{n=1}^{\infty} \frac{x_n}{g^n} \qquad \text{und} \qquad y = [y] + \sum_{n=1}^{\infty} \frac{y_n}{g^n}$$

findet man als Summe

$$x + y = [x] + [y] + \sum_{n=1}^{\infty} \frac{x_n + y_n}{g^n}.$$

Da dies nicht notwendig die g-adische Entwicklung von $x + y$ ist, hat man für $x + y$ die Ziffernfolge (z_n) nach dem Rekursionsverfahren neu zu bestimmen.

14. Man zeige, daß die rationalen Zahlen dadurch gekennzeichnet werden können, daß ihre g-adische Entwicklung von einer Stelle m an periodisch ist, d.h. es gibt ein $p \in \mathbb{N}$ derart, daß $x_{n+p} = x_n$ für alle $n \geqq m$ gilt.

5.2 Umordnung von Reihen, absolute Konvergenz

Eine Summe von endlich vielen Zahlen ist unabhängig von der Reihenfolge wohldefiniert. Man kann nicht erwarten, daß eine analoge Aussage für konvergente unendliche Reihen gilt, da die Reihenfolge der Summanden wesentlich in die Definition eingeht. Hierzu ein

Beispiel: Nach dem Leibniz-Kriterium ist die Reihe

$$\sum_{k=1}^{\infty} (-1)^{k-1} \frac{1}{k}$$

konvergent mit einer Summe a, für die

$$\tfrac{1}{2} \leqq a \leqq 1$$

gilt. Wir ordnen nun die Reihe

$$1 - \tfrac{1}{2} + \tfrac{1}{3} - \tfrac{1}{4} + \tfrac{1}{5} - \tfrac{1}{6} + \ldots$$

um in die Reihe

$$1 - \tfrac{1}{2} - \tfrac{1}{4} + \tfrac{1}{3} - \tfrac{1}{6} - \tfrac{1}{8} + \tfrac{1}{5} - \tfrac{1}{10} - \tfrac{1}{12} + \tfrac{1}{7} - \ldots,$$

wobei also auf einen positiven Wert stets zwei negative folgen. Auch diese Reihe ist konvergent. Wir ziehen zunächst nur gewisse Teilsummen in Betracht, indem wir Klammern setzen:

$$\begin{aligned}&(1 - \tfrac{1}{2}) - \tfrac{1}{4} + (\tfrac{1}{3} - \tfrac{1}{6}) - \tfrac{1}{8} + (\tfrac{1}{5} - \tfrac{1}{10}) - \tfrac{1}{12} + (\tfrac{1}{7} - \tfrac{1}{14}) - \ldots \\ &\quad = \tfrac{1}{2} - \tfrac{1}{4} + \tfrac{1}{6} - \tfrac{1}{8} + \tfrac{1}{10} - \tfrac{1}{12} + \tfrac{1}{14} - \ldots\end{aligned}$$

Diese Überlegung erweist die Konvergenz der umgeordneten Reihe und liefert zugleich die Summe

$$a' = \tfrac{1}{2}(1 - \tfrac{1}{2} + \tfrac{1}{3} - \tfrac{1}{4} + \ldots) = \tfrac{1}{2}a.$$

Da $a \neq 0$ gilt, erhält man also eine andere Zahl als Summe der umgeordneten Reihe.

Es gibt jedoch auch Reihen, die bei jeder Umordnung wieder konvergent mit derselben Summe sind, wie wir gleich zeigen werden. Dazu präzisieren wir zunächst den Begriff *Umordnung*.

Def.: *Es sei $\sigma : \mathbb{N}_0 \to \mathbb{N}_0$ bijektiv und $b_k = a_{\sigma(k)}$.*
Dann heißt die Reihe $\sum\limits_{k=0}^{\infty} b_k$ eine Umordnung *der Reihe $\sum\limits_{k=0}^{\infty} a_k$.*

Bemerkung: Die Reihe $\sum\limits_{k=0}^{\infty} a_k$ ist dann auch Umordnung der Reihe $\sum\limits_{k=0}^{\infty} b_k$ und zwar mit der Bijektion $\sigma^{-1} : \mathbb{N}_0 \to \mathbb{N}_0$ und $a_k = b_{\sigma^{-1}(k)}$.

Satz: *Es sei $a_k \geqq 0$ für alle $k \in \mathbb{N}_0$ und die Reihe $\sum\limits_{k=0}^{\infty} a_k$ konvergent mit der Summe a.*
Dann ist auch jede Umordnung $\sum\limits_{k=0}^{\infty} a_{\sigma(k)}$ konvergent mit der Summe a.

Beweis: Wir bezeichnen die Teilsummen der Reihen mit

$$s_n = \sum_{k=0}^{n} a_k$$

bzw. mit

$$s'_m = \sum_{k=0}^{m} a_{\sigma(k)}.$$

Beide Teilsummenfolgen sind monoton wachsend. Wir zeigen, daß mit (s_n) auch die Folge (s'_m) durch a nach oben beschränkt ist. Zu m wählen wir

$$n = \max\{\sigma(0), \sigma(1), \ldots, \sigma(m)\}$$

und erhalten, da alle Reihenglieder nichtnegativ sind und alle Summanden von s'_m auch in s_n vorkommen:

$$s'_m \leqq s_n \leqq a.$$

Die umgeordnete Reihe ist also konvergent mit einer Summe $a' \leqq a$.
Da die ursprüngliche Reihe eine Umordnung der zweiten Reihe ist, folgt entsprechend $a \leqq a'$. Es muß also $a = a'$ gelten.

Auch bei Reihen, in denen es Glieder mit verschiedenen Vorzeichen gibt, kann jede Umordnung wieder zu einer konvergenten Reihe mit derselben Summe führen; es sind dies – wie wir zeigen werden – genau die Reihen $\sum_{k=0}^{\infty} a_k$, für die auch $\sum_{k=0}^{\infty} |a_k|$ konvergiert.

Def.: *Eine Reihe* $\sum_{k=0}^{\infty} a_k$ *heißt* absolut konvergent, *wenn die Reihe* $\sum_{k=0}^{\infty} |a_k|$ *konvergent ist.*

Satz: *Wenn eine Reihe absolut konvergent ist, dann ist sie konvergent.*

Bemerkung: Die Umkehrung ist falsch, wie das Beispiel $\sum_{k=0}^{\infty} (-1)^k \frac{1}{k+1}$ zeigt.

Beweis: Nach dem Cauchyschen Kriterium gibt es zu jedem $\varepsilon > 0$ ein n_0 so, daß für alle $n \geqq n_0$ und alle $p \in \mathbb{N}$ gilt

$$\sum_{k=n}^{n+p} |a_k| < \varepsilon.$$

Wegen der Dreiecksungleichung ist dann aber erst recht auch

$$\left|\sum_{k=n}^{n+p} a_k\right| < \varepsilon.$$

Aufgabe: Wenn $\sum_{k=0}^{\infty} a_k$ absolut konvergiert, gilt $\left|\sum_{k=0}^{\infty} a_k\right| \leq \sum_{k=0}^{\infty} |a_k|$.

Der Begriff der absoluten Konvergenz ist nicht mehr nur eine unmittelbare Übertragung aus der Lehre von den konvergenten Folgen, denn die Teilsummen $\sum_{k=0}^{n} |a_k|$ der neuen Reihe stehen im allgemeinen in keinem einfachen Zusammenhang zu den Teilsummen $\sum_{k=0}^{n} a_k$ der alten Reihe.

Satz: *Es sei* $\sum_{k=0}^{\infty} a_k$ *absolut konvergent. Dann ist auch jede Umordnung* $\sum_{k=0}^{\infty} a_{\sigma(k)}$ *absolut konvergent und es gilt*

$$\sum_{k=0}^{\infty} a_k = \sum_{k=0}^{\infty} a_{\sigma(k)}.$$

Beweis: Nach dem oben bewiesenen Satz wissen wir, daß $\sum_{k=0}^{\infty} |a_{\sigma(k)}|$ als Umordnung von $\sum_{k=0}^{\infty} |a_k|$ konvergiert. Wir müssen noch zeigen, daß die beiden Reihensummen $a = \sum_{k=0}^{\infty} a_k$ und $a' = \sum_{k=0}^{\infty} a_{\sigma(k)}$ übereinstimmen (der vorige Satz liefert uns nur die Gleichung $\sum_{k=0}^{\infty} |a_k| = \sum_{k=0}^{\infty} |a_{\sigma(k)}|$).

Dazu vergleichen wir jede Teilsumme s_n der Reihe $\sum_{k=0}^{\infty} a_k$ mit derjenigen Teilsumme s'_{k_n} der zweiten Reihe, deren Index k_n die kleinste natürliche Zahl k mit der Eigenschaft

$$\{\sigma(0), \sigma(1), \ldots, \sigma(k)\} \supset \{0, 1, 2, \ldots, n\}$$

ist. Die Differenz (es gilt $k_n \geqq n$)

$$s'_{k_n} - s_n$$

enthält dann nur solche Reihenglieder, deren Index größer als n ist. Wegen der absoluten Konvergenz der Reihe $\sum_{k=0}^{\infty} a_k$ kann man nun zu vorgegebenem $\varepsilon > 0$ eine Zahl n_0 so finden, daß für alle $n \geqq n_0$ und alle $p \in \mathbb{N}$

$$\sum_{k=n+1}^{n+p} |a_k| < \varepsilon$$

gilt. Damit folgt für alle $n \geqq n_0$

$$|s'_{k_n} - s_n| < \varepsilon,$$

d.h. $(s'_{k_n} - s_n)$ ist eine Nullfolge. Da wir schon wissen, daß (s'_n) und (s_n) beide konvergieren, gilt $\lim_n s'_n = \lim_n s_n$, also

$$\sum_{k=0}^{\infty} a_{\sigma(k)} = \sum_{k=0}^{\infty} a_k.$$

Ist $\sum_{k=0}^{\infty} a_k$ konvergent, aber nicht absolut konvergent, dann kann man durch Umordnung jede beliebige Zahl s als Summe erhalten. Zu jedem s gibt es also eine Bijektion $\sigma : \mathbb{N}_0 \to \mathbb{N}_0$ derart, daß

$$s = \sum_{k=0}^{\infty} a_{\sigma(k)}$$

gilt.

Wir überlegen uns zunächst, daß die „Teilreihen“, die entstehen, wenn man alle negativen bzw. alle positiven Glieder wegläßt, beide divergieren. Zum Beweis setzen wir

$$a_k^+ = \frac{a_k + |a_k|}{2} = \begin{cases} a_k & \text{falls } a_k > 0 \\ 0 & \text{falls } a_k \leqq 0 \end{cases}$$

$$a_k^- = \frac{a_k - |a_k|}{2} = \begin{cases} 0 & \text{falls } a_k \geqq 0 \\ a_k & \text{falls } a_k < 0. \end{cases}$$

Es gilt dann $a_k = a_k^+ + a_k^-$; wegen der Konvergenz der Reihe $\sum a_k$ können die Reihen $\sum a_k^+$ und $\sum a_k^-$ nur beide konvergieren oder beide divergieren. Würden beide konvergieren, so wäre wegen $|a_k| = a_k^+ - a_k^-$ die Reihe $\sum a_k$ absolut konvergent im Gegensatz zur Voraussetzung.

Zur Folge (a_k) bilden wir die beiden Teilfolgen $p_0, p_1, p_2, \ldots$ der positiven bzw. $q_0, q_1, q_2, \ldots$ der negativen Glieder, indem wir aus den Folgen (a_k^+) bzw. (a_k^-) alle Nullen fortlassen.

Wir nehmen nun k_0 als kleinste natürliche Zahl mit

$$\sum_{n=0}^{k_0} p_n > s.$$

Dann wählen wir k_1 als kleinste natürliche Zahl, so daß

$$\sum_{n=0}^{k_0} p_n + \sum_{n=0}^{k_1} q_n < s.$$

Danach bestimmen wir k_2 wiederum als kleinste natürliche Zahl mit

$$\sum_{n=0}^{k_0} p_n + \sum_{n=0}^{k_1} q_n + \sum_{n=k_0+1}^{k_2} p_n > s.$$

Es ist klar, wie dieses Verfahren fortgesetzt und welche Umordnung der ursprünglichen Reihe hergestellt wird. Wegen der Wahl von $k_0, k_1, k_2, \ldots$ unterscheiden sich die zugehörigen Teilsummen höchstens um $p_{k_0}, q_{k_1}, p_{k_2}, \ldots$ von der Zahl s.

Da die Folgen (p_n) und (q_n) Nullfolgen sind, konvergieren die Teilsummen der umgeordneten Reihe gegen s.

Aufgabe: Man zeige, daß man jede konvergente, aber nicht absolut konvergente Reihe so umordnen kann, daß die Umordnung divergiert.

Satz: *Eine Reihe $\sum_{k=0}^{\infty} a_k$ ist genau dann absolut konvergent, wenn jede ihrer Umordnungen konvergent ist.*

Beweis: Wir haben bereits bewiesen, daß jede Umordnung einer absolut konvergenten Reihe konvergiert.

Nun sei umgekehrt jede Umordnung von $\sum_{k=0}^{\infty} a_k$ konvergent. Die Reihe muß dann absolut konvergieren, denn wäre das nicht der Fall, so könnte man – wie die Aufgabe zeigt – eine Umordnung finden, die divergiert. Widerspruch!

Wir beschäftigen uns nun mit der Multiplikation von Reihen. Denkt man sich alle Produkte $a_j b_k$ in einem quadratischen (unendlichen) Schema

$$\begin{matrix} a_0 b_0 & a_0 b_1 & a_0 b_2 & a_0 b_3 \ldots \\ a_1 b_0 & a_1 b_1 & a_1 b_2 & a_1 b_3 \ldots \\ a_2 b_0 & a_2 b_1 & a_2 b_2 & a_2 b_3 \ldots \\ a_3 b_0 & a_3 b_1 & a_3 b_2 & a_3 b_3 \ldots \\ \vdots & \vdots & \vdots & \vdots \end{matrix}$$

angeordnet, so ist nicht von vornherein klar, welche Reihenfolge zu wählen ist. Nahe liegt die Anordnung nach „Schrägzeilen". Man kann also fragen, ob

$$\sum_{j=0}^{\infty} a_j \cdot \sum_{k=0}^{\infty} b_k = \sum_{n=0}^{\infty} c_n \quad \text{mit } c_n = \sum_{j=0}^{n} a_j b_{n-j}$$

gilt. Unter der Voraussetzung der absoluten Konvergenz der beiden gegebenen

Reihen beweisen wir dies sogleich. Tatsächlich genügt es schon, daß nur eine der beiden Reihen absolut konvergiert (vgl. Aufg. 7, S. 158). Wenn keine der beiden Reihen absolut konvergiert, braucht die Aussage nicht richtig zu sein, wie das folgende Beispiel zeigt.

Beispiel: Sei $a_n = b_n = \frac{(-1)^n}{\sqrt{n}}$ und also

$$\sum_{n=1}^{\infty} a_n = -1 + \frac{1}{\sqrt{2}} - \frac{1}{\sqrt{3}} + \frac{1}{\sqrt{4}} - \frac{1}{\sqrt{5}} + \frac{1}{\sqrt{6}} - \frac{1}{\sqrt{7}} + \ldots .$$

Dann ist

$$c_n = (-1)^{n+1} \sum_{k=1}^{n} \frac{1}{\sqrt{n+1-k} \cdot \sqrt{k}}.$$

also

$$\sum_{n=1}^{\infty} c_n = 1 - \left(\frac{1}{\sqrt{2}} + \frac{1}{\sqrt{2}}\right) + \left(\frac{1}{\sqrt{3}} + \frac{1}{\sqrt{2}\sqrt{2}} + \frac{1}{\sqrt{3}}\right)$$

$$- \left(\frac{1}{\sqrt{4}} + \frac{1}{\sqrt{3}\sqrt{2}} + \frac{1}{\sqrt{2}\sqrt{3}} + \frac{1}{\sqrt{4}}\right) + \ldots$$

Da aber

$$4(n+1-k) \cdot k = (n+1)^2 - (n+1-2k)^2 \leqq (n+1)^2$$

ist, folgt

$$\frac{1}{\sqrt{(n+1-k)} \cdot \sqrt{k}} \geqq \frac{2}{n+1}$$

und also

$$|c_n| = \sum_{k=1}^{n} \frac{1}{\sqrt{(n+1-k)} \cdot \sqrt{k}} \geqq \frac{2n}{n+1}.$$

Da (c_n) keine Nullfolge ist, kann $\sum c_n$ nicht konvergent sein.

Satz: *Die Reihen* $\sum_{k=0}^{\infty} a_k$ *und* $\sum_{k=0}^{\infty} b_k$ *seien absolut konvergent und es sei*

$$c_n = \sum_{k=0}^{n} a_k b_{n-k}$$

gesetzt. Dann ist auch die Reihe $\sum_{n=0}^{\infty} c_n$ *absolut konvergent und es gilt*

$$\sum_{n=0}^{\infty} c_n = \left(\sum_{k=0}^{\infty} a_k\right) \cdot \left(\sum_{k=0}^{\infty} b_k\right).$$

Zum Beweis betrachten wir zunächst den Fall, daß beide Reihen nur nichtnegative Glieder besitzen. Die Teilsummen der vorkommenden Reihen seien bezeichnet mit

$$s_n = a_0 + a_1 + \ldots + a_n$$
$$t_n = b_0 + b_1 + \ldots + b_n$$
$$u_n = c_0 + c_1 + \ldots + c_n.$$

Wir bilden nun das Produkt $s_n \cdot t_n$ sowie das Produkt $s_{2n} \cdot t_{2n}$ und gewinnen daraus wegen der Nichtnegativität aller Summanden die Ungleichung (man denke sich alle Produkte in einem quadratischen Schema aufgeschrieben):

$$s_n \cdot t_n \leqq u_{2n} \leqq s_{2n} \cdot t_{2n}.$$

Hieraus folgt

$$\lim_n u_{2n} = \lim_n s_n \cdot \lim_n t_n.$$

Da die Folge (u_n) monoton wachsend ist, existiert auch $\lim_n u_n$ und es gilt $\lim_n u_{2n} = \lim_n u_n$. Für den Fall, daß beide Reihen nur nichtnegative Glieder besitzen, ist damit unser Satz bewiesen.

Hat nun eine der Reihen – etwa $\sum_{k=0}^{\infty} a_k$ – Glieder verschiedenen Vorzeichens, so können wir diese Reihe als Differenz zweier absolut konvergenter Reihen mit nichtnegativen Gliedern darstellen:

$$a_k = a_k^+ - (-a_k^-) \quad \text{mit} \quad a_k^+ = \frac{a_k + |a_k|}{2} \quad \text{und} \quad a_k^- = \frac{a_k - |a_k|}{2}.$$

Mit den Bezeichnungen

$$c_n^+ = \sum_{k=0}^{n} a_k^+ \cdot b_{n-k}$$
$$c_n^- = \sum_{k=0}^{n} a_k^- \cdot b_{n-k}$$

folgt nun aus den schon bewiesenen Gleichungen ($b_k \geqq 0$ wird vorausgesetzt)

$$\sum_{k=0}^{\infty} a_k^+ \cdot \sum_{k=0}^{\infty} b_k = \sum_{n=0}^{\infty} c_n^+$$

$$\sum_{k=0}^{\infty} a_k^- \cdot \sum_{k=0}^{\infty} b_k = \sum_{n=0}^{\infty} c_n^-$$

durch Summenbildung die Behauptung.
Durch nochmalige Anwendung dieses Verfahrens kann man sich schließlich auch von der Voraussetzung $b_k \geqq 0$ befreien.

Aufgaben

1. Die Summe der konvergenten Reihe $\sum_{k=1}^{\infty} (-1)^{k-1} \frac{1}{k}$ sei mit a bezeichnet. Man zeige:

   (1) $1 + \frac{1}{3} - \frac{1}{2} - \frac{1}{4} + \frac{1}{5} + \frac{1}{7} - - + + \ldots = a$

   (2) $1 + \frac{1}{3} + \frac{1}{5} + \frac{1}{7} - \frac{1}{2} - \frac{1}{4} + + + + - - \ldots = \frac{3}{2} a.$

   Läßt sich allgemein etwas über die Umordnungen aussagen, bei denen auf p (bzw. $2p$) positive Summanden immer p negative folgen?

2. Man gebe eine Umordnung der Reihe $\sum_{k=1}^{\infty} (-1)^{k-1} \frac{1}{k}$ an, die divergiert.

3. Ändert man in der harmonischen Reihe die Vorzeichen so ab, daß auf p positive Summanden stets q negative folgen, so ist die neu entstehende Reihe für $p = q$ konvergent und für $p \neq q$ divergent.

4. Die Summe der konvergenten Reihe $\sum_{k=1}^{\infty} \frac{1}{k^2}$ sei mit b bezeichnet. Man zeige:

   (1) $1 + \frac{1}{3^2} + \frac{1}{5^2} + \ldots = \frac{3}{4} b$

   (2) $1 + \frac{1}{5^2} + \frac{1}{7^2} + \frac{1}{11^2} + \frac{1}{13^2} + \ldots = \frac{2}{3} b$

   (3) $1 - \frac{1}{2^2} - \frac{1}{4^2} + \frac{1}{5^2} + \frac{1}{7^2} - - + + \ldots = \frac{4}{9} b.$

5. Wenn $\sum_{n=1}^{\infty} a_n$ absolut konvergiert, so gilt dies auch von den Reihen

$$\sum_{n=1}^{\infty} \frac{a_n}{1 + a_n} \quad \text{und} \quad \sum_{n=1}^{\infty} \frac{a_n^2}{1 + a_n^2}.$$

6. Man zeige, daß für $|q| < 1$ gilt:

$$\sum_{n=0}^{\infty} (n+1)q^n = \frac{1}{(1-q)^2}$$

$$\sum_{n=0}^{\infty} (n+2)(n+1)q^n = \frac{2}{(1-q)^3}.$$

Verallgemeinerung auf $\frac{1}{(1-q)^k}$?

7. Es sei

$$\sum_{n=0}^{\infty} a_n = a, \qquad \sum_{n=0}^{\infty} b_n = b$$

und die Reihe $\sum_{n=0}^{\infty} a_n$ absolut konvergent. Dann gilt, wenn $c_n = \sum_{k=0}^{n} a_k b_{n-k}$ ist:

$$\sum_{n=0}^{\infty} c_n = a \cdot b.$$

Anleitung: Sind (A_n) bzw. (B_n) bzw. (C_n) die Folgen der Teilsummen dieser Reihen und setzt man $s_n = B_n - b$, so ist

$$C_n = A_n \cdot b + t_n$$

mit

$$t_n = (s_0 a_n + s_1 a_{n-1} + \ldots + s_k a_{n-k}) + (s_{k+1} a_{n-k-1} + \ldots + s_n a_0).$$

Wegen $\lim_n s_n = 0$ kann man nach Wahl von $\varepsilon > 0$ die natürliche Zahl k so bestimmen, daß für alle $n \geqq k$ gilt

$$|s_{k+1} a_{n-k-1} + \ldots + s_n a_0| < \varepsilon \sum_{n=0}^{\infty} |a_n|.$$

5.3 Kriterien für absolute Konvergenz von Reihen

Um nachzuprüfen, ob eine Reihe $\sum_{k=1}^{\infty} a_k$ absolut konvergent ist, hat man die Reihe $\sum_{k=1}^{\infty} |a_k|$, d.h. eine Reihe mit lauter nichtnegativen Gliedern zu untersuchen. Eine solche Reihe ist genau dann konvergent, wenn ihre Teilsummen nach oben beschränkt sind. Hierauf beruhen die *Vergleichskriterien* für absolut konvergente Reihen, aus denen unmittelbar *Wurzelkriterium* und *Quotientenkriterium* folgen.

Satz: (*Vergleichskriterien*):

(1) *Ist die Reihe* $\sum_{n=0}^{\infty} b_n$ *absolut konvergent und gilt*

$$|a_n| \leqq |b_n| \qquad \text{für fast alle } n,$$

so ist auch die Reihe $\sum_{n=0}^{\infty} a_n$ *absolut konvergent.*

(2) *Ist die Reihe* $\sum_{n=0}^{\infty} b_n$ *divergent und gilt*

$$a_n \geqq b_n \geqq 0 \qquad \text{für fast alle } n,$$

so ist auch die Reihe $\sum_{n=0}^{\infty} a_n$ *divergent.*

Beweis: Die monoton wachsende Folge $\left(\sum_{k=1}^{n} |a_k|\right)$ ist im ersten Satz durch $\sum_{k=1}^{\infty} |b_n|$ nach oben beschränkt, also konvergent. Im zweiten Satz ist die Folge $\left(\sum_{k=1}^{n} b_k\right)$ und also erst recht auch die Folge $\left(\sum_{k=1}^{n} a_k\right)$ nicht nach oben beschränkt.

Besonders wichtig als „Vergleichsreihe" ist die geometrische Reihe; sie liefert den

Satz: (*Wurzelkriterium*): *Es sei* $\overline{\lim_n} \sqrt[n]{|a_n|} = a$. *Dann ist die Reihe* $\sum_{n=0}^{\infty} a_n$

absolut konvergent, falls $a < 1$
divergent, falls $a > 1$.

Falls $a = 1$, *kann* $\sum_{n=0}^{\infty} a_n$ *konvergent oder divergent sein.*

Bemerkung: Wenn die Folge $(\sqrt[n]{|a_n|})$ nicht nach oben beschränkt ist, also der limes superior nicht existiert, dann ist wie im Fall $a > 1$ die Reihe $\sum_{n=0}^{\infty} a_n$ divergent.

Beweis: Wenn $a < 1$ ist, so gibt es ein $q < 1$ derart, daß von einer Stelle n_0 an gilt

$$\sqrt[n]{|a_n|} \leqq q,$$

d.h. aber

$$|a_n| \leqq q^n.$$

Aus dem Vergleichskriterium folgt nun die Behauptung.
Wenn $a > 1$ ist, so gibt es unendlich viele n derart, daß

$$\sqrt[n]{|a_n|} \geqq 1, \qquad \text{d.h.} \qquad |a_n| \geqq 1$$

gilt. Notwendig für die Konvergenz ist aber $\lim\limits_{n} a_n = 0$. Die Reihe $\sum\limits_{n=0}^{\infty} a_n$ muß daher divergent sein.

Im Falle $a = 1$ kann $\sum\limits_{n=0}^{\infty} a_n$ konvergent sein, wie $\sum\limits_{n=1}^{\infty} \frac{1}{n^2}$ zeigt, oder divergent sein, wie $\sum\limits_{k=1}^{\infty} \frac{1}{n}$ zeigt.

Bemerkung: Wenn speziell die Folge $(\sqrt[n]{|a_n|})$ konvergent ist, also $\overline{\lim\limits_{n}} \sqrt[n]{|a_n|} = \lim\limits_{n} \sqrt[n]{|a_n|}$ gilt, wird die Anwendung des Wurzelkriteriums oftmals einfacher. Deshalb sei auf diesen Spezialfall hier besonders hingewiesen.

Die eigentliche Bedeutung des Wurzelkriteriums liegt in seiner Anwendung auf die Potenzreihen (vgl. S. 167). Leichter zu handhaben als das Wurzelkriterium, dafür aber nicht so weitreichend, ist das *Quotientenkriterium.*

Satz: (1) *Für fast alle n gelte $a_n \neq 0$ und es sei*

$$\overline{\lim_{n}} \left| \frac{a_{n+1}}{a_n} \right| = b.$$

Falls $b < 1$ gilt, ist die Reihe $\sum\limits_{n=0}^{\infty} a_n$ absolut konvergent.

(2) *Für fast alle n gelte $a_n \neq 0$ und*

$$\left| \frac{a_{n+1}}{a_n} \right| \geqq 1.$$

Dann ist die Reihe $\sum\limits_{n=0}^{\infty} a_n$ divergent.

Bemerkung: Insbesondere ist die Bedingung

$$\underline{\lim_n} \left| \frac{a_{n+1}}{a_n} \right| > 1$$

hinreichend für die Divergenz von $\sum_{n=0}^{\infty} a_n$.

Aufgabe: Man beweise die Aussage (1) des Satzes direkt, indem man das Produkt von je k aufeinanderfolgenden Quotienten bildet und sodann mit der geometrischen Reihe vergleicht.

Beweis: Wir führen den Beweis so, daß man unmittelbar sieht, daß jede Reihe, die die Bedingung (1) des Quotientenkriteriums erfüllt, nach dem Wurzelkriterium konvergent sein muß. Dazu zeigen wir, daß die Ungleichung

$$\overline{\lim_n} \sqrt[n]{|a_n|} \leqq \overline{\lim_n} \left| \frac{a_{n+1}}{a_n} \right|$$

gilt.

Zu jeder Zahl $q > b$ gibt es nach Definition des limes superior eine natürliche Zahl k derart, daß

$$\left| \frac{a_{n+1}}{a_n} \right| \leqq q \qquad \text{für alle } n \geqq k$$

gilt. Durch Multiplikation folgt nun

$$\left| \frac{a_{n+1}}{a_n} \right| \cdot \left| \frac{a_n}{a_{n-1}} \right| \cdot \ldots \cdot \left| \frac{a_{k+1}}{a_k} \right| \leqq q^{n+1-k},$$

also

$$|a_{n+1}| \leqq \frac{|a_k|}{q^k} q^{n+1}$$

Hieraus ergibt sich weiter

$$\sqrt[n+1]{|a_{n+1}|} \leqq \sqrt[n+1]{\frac{|a_k|}{q^k}}\, q,$$

d.h. aber

$$\overline{\lim_n} \sqrt[n+1]{|a_{n+1}|} \leqq q,$$

weil $\frac{|a_k|}{q^k}$ unabhängig von n und deshalb $\lim_n \sqrt[n+1]{\frac{|a_k|}{q^k}} = 1$ ist.

Da diese Ungleichung für jedes $q > b$ gilt, muß tatsächlich

$$\overline{\lim_n} \sqrt[n]{|a_n|} \leqq b = \overline{\lim_n} \frac{a_{n+1}}{a_n}$$

richtig sein.
Die absolute Konvergenz der Reihe $\sum_{n=0}^{\infty} a_n$ folgt nun nach dem Wurzelkriterium.
Zum Beweis von (2):
Da für $n \geqq n_0$

$$|a_{n+1}| \geqq |a_n|$$

gilt, ist die für die Konvergenz der Reihe $\sum_{n=0}^{\infty} a_n$ notwendige Bedingung $\lim_n a_n = 0$ nicht erfüllt.

Bemerkung: Daß das Wurzelkriterium noch eine Entscheidung liefern kann, wenn das Quotientenkriterium versagt, zeigt folgende Umordnung der geometrischen Reihe:

$$q + 1 + q^3 + q^2 + q^5 + q^4 + q^7 + q^6 + \dots \qquad (|q| < 1).$$

Man hat hier

$$\left|\frac{a_{n+1}}{a_n}\right| = \begin{cases} \dfrac{1}{|q|} & \text{falls } n \text{ gerade} \\ |q|^3 & \text{falls } n \text{ ungerade} \end{cases}$$

und somit $b = \overline{\lim_n} \left|\frac{a_{n+1}}{a_n}\right| = \frac{1}{|q|} > 1$.

In Übereinstimmung mit der absoluten Konvergenz der Reihe ergibt das Wurzelkriterium

$$a = \overline{\lim_n} \sqrt[n]{|a_n|} = |q| < 1.$$

Aufgabe: Man formuliere das Quotientenkriterium für den Spezialfall, daß

$$\lim_n \left|\frac{a_{n+1}}{a_n}\right|$$

existiert.

In vielen interessanten Fällen liefern weder das Quotienten- noch das Wurzelkriterium eine Entscheidung darüber, ob die betreffende Reihe konvergiert.

Für die divergente Reihe $\sum_{n=1}^{\infty} \frac{1}{n}$ und die konvergente Reihe $\sum_{n=1}^{\infty} \frac{1}{n^2}$ zum Beispiel existiert $\lim_n \frac{a_n}{a_{n-1}}$ in beiden Fällen und ist gleich 1. Der Unterschied liegt hier offenbar darin, wie „schnell" sich der Quotient $\frac{a_n}{a_{n-1}}$ der Zahl 1 „nähert".

Im ersten Fall hat man $\frac{a_n}{a_{n-1}} = 1 - \frac{1}{n}$ und im zweiten Fall hat man $\frac{a_n}{a_{n-1}} = \left(1 - \frac{1}{n}\right)^2 \leqq 1 - \frac{3}{2n}$. Tatsächlich kann man aus der Gültigkeit der Ungleichungen $\frac{a_n}{a_{n-1}} \leqq 1 - \frac{c}{n}$ mit $c > 1$ – wenn also die Annäherung an die Zahl 1 nicht „zu schnell" erfolgt – auf die absolute Konvergenz der Reihe $\sum_{n=0}^{\infty} a_n$ schließen.

Satz: (*Kriterium von Raabe*):

(1) *Für fast alle n gelte* $a_n \neq 0$ *und*

$$\left|\frac{a_n}{a_{n-1}}\right| \leqq 1 - \frac{c}{n} \qquad \textit{mit } c > 1$$

Dann ist $\sum_{n=0}^{\infty} a_n$ *absolut konvergent.*

(2) *Für fast alle n gelte* $a_n > 0$ *und*

$$\frac{a_n}{a_{n-1}} \geqq 1 - \frac{1}{n}.$$

Dann ist $\sum_{n=0}^{\infty} a_n$ *divergent.*

Beweis: Zu (1): Wir formen zunächst die Voraussetzung um. Es folgt

$$n \cdot |a_n| \leqq (n - c) \cdot |a_{n-1}|$$

oder

$$(c - 1)|a_{n-1}| \leqq (n - 1)|a_{n-1}| - n|a_n|.$$

Durch Addition dieser Ungleichungen erhält man

$$(c - 1) \sum_{k=n_0}^{n} |a_{k-1}| \leqq \sum_{k=n_0}^{n} \left((k - 1)|a_{k-1}| - k|a_k|\right).$$

In der rechts stehenden Summe heben sich fast alle Summanden heraus, also folgt

$$(c-1)\sum_{k=n_0}^{n} |a_{k-1}| \leqq (n_0-1)|a_{n_0-1}| - n|a_n|.$$

Wegen $c > 1$ erhalten wir daher die Abschätzung

$$\sum_{k=n_0}^{n} |a_{k-1}| \leqq \frac{(n_0-1)|a_{n_0-1}|}{c-1}.$$

Die Reihe $\sum\limits_{k=n_0}^{\infty} |a_{k-1}|$ hat also beschränkte Teilsummen, womit (1) bewiesen ist.

Zu (2): Hier folgt aus der Voraussetzung

$$n \cdot a_n \geqq (n-1) \cdot a_{n-1}.$$

Durch wiederholte Verwendung dieser Ungleichungen erhält man

$$n \cdot a_n \geqq n_0 \cdot a_{n_0},$$

d.h.

$$a_n \geqq \frac{n_0 \cdot a_{n_0}}{n}.$$

Wegen der Divergenz der harmonischen Reihe ergibt sich hieraus nach dem Vergleichskriterium die Divergenz von $\sum\limits_{n=0}^{\infty} a_n$.

Bemerkung: Teil (1) des Kriteriums von Raabe kann auch folgendermaßen formuliert werden (Beweis als Aufgabe):

(1) Wenn $a_n \neq 0$ für fast alle n und

$$\underline{\lim_n}\, n \cdot \left(1 - \left|\frac{a_n}{a_{n-1}}\right|\right) > 1$$

gilt, dann ist $\sum\limits_{n=0}^{\infty} a_n$ absolut konvergent.

Die Divergenz läßt sich manchmal einfacher nachweisen durch folgende schwächere Bedingung

(2′) Wenn $a_n > 0$ für fast alle n und

$$\overline{\lim_n}\, n \cdot \left(1 - \frac{a_n}{a_{n-1}}\right) < 1$$

gilt, dann ist $\sum\limits_{n=0}^{\infty} a_n$ divergent.

Insbesondere wird man diese Versionen anwenden, wenn $\lim\limits_n n \cdot \left(1 - \left|\frac{a_n}{a_{n-1}}\right|\right)$ bzw. $\lim\limits_n n\left(1 - \frac{a_n}{a_{n-1}}\right)$ existiert.

Beispiel: Für die Reihe

$$\sum_{n=1}^{\infty} \frac{1}{n^s}$$

ist $\frac{a_n}{a_{n-1}} = \left(1 - \frac{1}{n}\right)^s$ und nach Aufg. 6 von S. 138 gilt

$$\lim_n n\left(1 - \left(1 - \frac{1}{n}\right)^s\right) = s.$$

Also ist die Reihe für $s > 1$ konvergent und für $0 < s < 1$ divergent; für $s = 1$ ergibt sich die Divergenz zwar aus dem Kriterium von Raabe, nicht aber aus der schwächeren Bedingung (2').

Sehr nützlich für Konvergenzuntersuchungen ist das *Integralkriterium*, auf das schon hier hingewiesen sei. Wir werden es nach der Behandlung der uneigentlichen Integrale formulieren und beweisen.

Aufgaben

1. Man untersuche, ob die Reihe $\sum\limits_{n=1}^{\infty} a_n$ konvergiert für

(1) $a_n = \frac{\sqrt{n+1} - \sqrt{n}}{n}$

(2) $a_n = (\sqrt[n]{a} - 1)^n$

(3) $a_n = (\sqrt[n]{n} - 1)^n$

(4) $a_n = \frac{(n+1)^n}{n^{n+1}}$

(5) $a_n = \frac{n!}{3 \cdot 5 \cdot 7 \cdot \ldots (2n+1)}$

(6) $a_n = \frac{(n!)^2}{(2n)!}$

(7) $a_n = \frac{n}{2^n}$

(8) $a_n = \frac{n!}{n^n}$.

2. Man zeige, daß folgende Reihen konvergieren:

(a) $\sum_{n=1}^{\infty} \sqrt[n]{n}\, q^n \qquad (|q| < 1)$

(b) $\sum_{n=k}^{\infty} \binom{n}{k} q^n \qquad (|q| < 1,\ k \in \mathbb{N}_0)$

3. Für welche $a \in \mathbb{R}$ konvergieren die Reihen:

(1) $\sum_{n=1}^{\infty} \frac{a^{2n}}{(1+a^2)^{n-1}}$

(2) $\sum_{n=1}^{\infty} \frac{a^{2n}}{1+a^{4n}}$?

Wenn möglich, bestimme man die Summe.

4. Es gelte $b_n > 0$ und $\lim\limits_n \frac{a_n}{b_n} = c \neq 0$.

Man zeige, daß $\sum_{n=1}^{\infty} a_n$ genau dann konvergiert, wenn $\sum_{n=1}^{\infty} b_n$ konvergiert.

Ist $\sum_{n=1}^{\infty} \frac{1}{n^{1+\frac{1}{n}}}$ konvergent?

5. Die Folge (a_n) sei konvergent und es gelte $a_n \neq 0$ und $\lim\limits_n a_n = a \neq 0$. Dann sind die beiden Reihen

$$\sum_{n=1}^{\infty} |a_{n+1} - a_n| \qquad \text{und} \qquad \sum_{n=1}^{\infty} \left| \frac{1}{a_{n+1}} - \frac{1}{a_n} \right|$$

zugleich konvergent oder divergent.

6. Für welche reellen s konvergiert die Reihe

$$\sum_{n=1}^{\infty} \left(\frac{1 \cdot 3 \cdot 5 \cdot \ldots \cdot (2n-1)}{2 \cdot 4 \cdot 6 \cdot \ldots \cdot 2n} \right)^s ?$$

5.4 Potenzreihen

Es sei eine Folge (a_n) und eine reelle Zahl x_0 gegeben, x sei eine beliebige reelle Zahl. Dann heißt die Reihe

$$\sum_{n=0}^{\infty} a_n(x-x_0)^n$$

Potenzreihe mit der Koeffizientenfolge (a_n) und der Entwicklungsstelle x_0. Die wichtigste Frage ist zunächst, für welche x die Reihe konvergiert. Für dieses Problem genügt es, den Fall $x_0 = 0$ zu betrachten.

Satz: *Es sei* $(\sqrt[n]{|a_n|})$ *beschränkt und* $\overline{\lim_n} \sqrt[n]{|a_n|} = a$. *Dann ist die Potenzreihe*

$$\sum_{n=0}^{\infty} a_n x^n$$

im Falle

$$a = 0: \quad \textit{absolut konvergent} \qquad \textit{für jedes } x \in \mathbb{R}$$

$$a > 0: \begin{cases} \textit{absolut konvergent} & \textit{für } |x| < \dfrac{1}{a} \\[2ex] \textit{divergent} & \textit{für } |x| > \dfrac{1}{a} \\[2ex] \textit{konvergent oder divergent} & \textit{für } |x| = \dfrac{1}{a}. \end{cases}$$

Ist $(\sqrt[n]{|a_n|})$ *nicht beschränkt, so konvergiert* $\sum_{n=0}^{\infty} a_n x^n$ *nur für* $x = 0$.

Beweis: Wegen $\sqrt[n]{|a_n x^n|} = |x| \sqrt[n]{|a_n|}$ folgt die Behauptung unmittelbar aus dem Wurzelkriterium: Wenn $|x| \cdot a < 1$, liegt Konvergenz, wenn $|x| \cdot a > 1$, liegt Divergenz vor. Im Sonderfall $a = 0$ konvergiert die Potenzreihe für jede reelle Zahl x.

Ist $\overline{\lim_n} \sqrt[n]{|a_n|}$ nicht vorhanden, so ist die Folge $(|x| \sqrt[n]{|a_n|})$ für kein $x \neq 0$ beschränkt. Die für die Konvergenz der Reihe $\sum_{n=0}^{\infty} a_n x^n$ notwendige Bedingung $\lim_n a_n x^n = 0$ ist deshalb nicht erfüllt.

Def.: *Gilt* $\overline{\lim_n} \sqrt[n]{|a_n|} = a > 0$, *so heißt die Zahl* $r = \dfrac{1}{a}$ *der* Konvergenzradius *der zugehörigen Potenzreihe.*

Beispiel: Es sei $p \in \mathbb{N}_0$ fest vorgegeben. Die Potenzreihe

$$\sum_{n=1}^{\infty} \frac{x^n}{n^p}$$

hat dann den Konvergenzradius $r = 1$. Es ist nämlich

$$\overline{\lim_n} \sqrt[n]{\frac{1}{n^p}} = \lim_n \frac{1}{(\sqrt[n]{n})^p} = 1$$

weil $\lim_n \sqrt[n]{n} = 1$ gilt.

Für die Endpunkte des Konvergenzintervalls sind folgende Fälle zu unterscheiden:
Wenn $p = 0$, ist die Reihe sowohl für $x = -1$ wie für $x = 1$ divergent.
Wenn $p = 1$, ist die Reihe für $x = -1$ konvergent, für $x = 1$ divergent.
Wenn $p \geqq 2$, ist die Reihe sowohl für $x = -1$ wie für $x = 1$ konvergent.
Im Falle $p = 0$ hat man nämlich für $|x| = 1$:

$$\lim_n \left| \frac{x^n}{n^0} \right| = 1,$$

d. h. die für die Konvergenz der Reihe $\sum_{n=0}^{\infty} a_n$ notwendige Bedingung $\lim_n |a_n| = 0$ ist nicht erfüllt.

Wenn $x = -1$ und $p = 1$ ist, folgt die Konvergenz nach dem Leibniz-Kriterium. Für $x = 1$ und $p = 1$ erhält man die harmonische Reihe, die divergiert. Wenn $|x| = 1$ und $p \geqq 2$ ist, folgt die absolute Konvergenz, denn man hat

$$\left| \frac{x^n}{n^p} \right| \leqq \frac{1}{n^2}.$$

Bemerkung: Der Konvergenzradius der Potenzreihe $\sum_{n=0}^{\infty} a_n x^n$ ist nach der Formel

$$r = \frac{1}{\overline{\lim_n} \sqrt[n]{|a_n|}}$$

bestimmt, die Berechnung hiernach ist jedoch meistens mühsam. In vielen Fällen führt auch die Anwendung des Quotientenkriteriums zur Berechnung von r. Wenn

$$\lim_n \left| \frac{a_{n+1}}{a_n} \right| = a$$

existiert, so ist für $a = 0$ die Potenzreihe $\sum_{n=0}^{\infty} a_n x^n$ für alle $x \in \mathbb{R}$ konvergent und für $a > 0$ ist $r = \frac{1}{a}$ ihr Konvergenzradius. Der Beweis dieser Aussage ergibt sich unmittelbar aus der Bemerkung zum Quotientenkriterium (S.161).

Aufgabe: Es seien $a, b, c \in \mathbb{R}$, jedoch nicht 0 und nicht negativ ganz. Man bestimme den Konvergenzradius der Potenzreihe

$$\sum_{n=0}^{\infty} \frac{a(a+1)\dots(a+n)\cdot b(b+1)\dots(b+n)}{c(c+1)\dots(c+n)} \cdot \frac{x^{n+1}}{(n+1)!}$$

Man untersuche weiter die absolute Konvergenz in den Endpunkten des Konvergenzintervalls mit Hilfe des Kriteriums von Raabe.

Im offenen Intervall $]-r, r[$ (bzw. in $\mathbb{R}$, falls $a = 0$) wird durch die Festsetzung

$$f(x) = \sum_{n=0}^{\infty} a_n x^n$$

eine reelle Funktion f definiert. Man sagt dann auch, daß f im Intervall $]-r, r[$ in eine Potenzreihe entwickelt ist.

So stimmt die durch die geometrische Reihe $\sum_{n=0}^{\infty} x^n$ erklärte Funktion mit der gebrochen rationalen Funktion

$$x \mapsto \frac{1}{1-x}$$

auf dem offenen Intervall $]-1, 1[$ überein.

Unmittelbar aus den Sätzen, die wir über absolut konvergente Reihen bewiesen haben, folgt:

Satz: *Der Konvergenzradius von* $\sum_{n=0}^{\infty} a_n x^n$ *sei* r_1, *der von* $\sum_{n=0}^{\infty} b_n x^n$ *sei* r_2 *und es sei* $r = \min\{r_1, r_2\}$. *Dann gilt für alle* $x \in]-r, r[$:

$$\sum_{n=0}^{\infty} a_n x^n + \sum_{n=0}^{\infty} b_n x^n = \sum_{n=0}^{\infty} (a_n + b_n) x^n$$

$$\left(\sum_{n=0}^{\infty} a_n x^n\right) \cdot \left(\sum_{n=0}^{\infty} b_n x^n\right) = \sum_{n=0}^{\infty} \left(\sum_{k=0}^{n} a_k b_{n-k}\right) x^n.$$

Bemerkung: Der Konvergenzradius der rechts stehenden Reihen kann auch größer als r sein.

Die durch $f(x) = \sum_{n=0}^{\infty} a_n x^n$ definierte Funktion braucht in $]-r, r[$ nicht beschränkt zu sein, wie die geometrische Reihe zeigt. Aber es gilt:

Satz: *Ist f im Intervall $]-r, r[$ in eine Potenzreihe entwickelbar, so ist f in jedem abgeschlossenen Teilintervall von $]-r, r[$ beschränkt.*

Beweis: Für $x \in [-c, c]$ gilt $\left|\frac{x}{c}\right| \leqq 1$; also hat man für solche x:

$$\left|\sum_{n=0}^{\infty} a_n x^n\right| \leqq \sum_{n=0}^{\infty} |a_n| \cdot |x|^n = \sum_{n=0}^{\infty} |a_n| \cdot |c|^n \cdot \left|\frac{x}{c}\right|^n \leqq \sum_{n=0}^{\infty} |a_n| \cdot |c|^n.$$

Die rechts stehende Reihe ist konvergent, weil eine Potenzreihe in jedem Punkt von $]-r, r[$ absolut konvergiert.

Mit Hilfe dieses Satzes zeigen wir nun, daß zwei verschiedene Potenzreihen nicht dieselbe Funktion definieren können.

Satz: (*Eindeutigkeitssatz für Potenzreihen*): *Gibt es eine Umgebung U von 0 derart, daß für alle $x \in U$ gilt*

$$\sum_{n=0}^{\infty} a_n x^n = \sum_{n=0}^{\infty} b_n x^n,$$

dann stimmen die Koeffizienten überein:

$$a_n = b_n \qquad \textit{für alle } n \in \mathbb{N}_0.$$

Beweis: Setzt man $x = 0$ ein, so folgt $a_0 = b_0$.
Sei nun $a_0 = b_0, a_1 = b_1, \ldots, a_{k-1} = b_{k-1}$ schon bewiesen. Die Voraussetzung besagt dann, daß

$$\sum_{n=k}^{\infty} (a_n - b_n) x^n = 0$$

für alle x aus $[-c, c]$ mit $c > 0$ gilt. Daraus ergibt sich für $x \neq 0$:

$$(a_k - b_k) + x \cdot \sum_{n=k+1}^{\infty} (a_n - b_n) x^{n-k-1} = 0.$$

Die Potenzreihe $\sum_{n=k+1}^{\infty} (a_n - b_n) x^{n-k-1}$ ist in $[-c, c]$ beschränkt; es sei etwa

$$\left|\sum_{n=k+1}^{\infty} (a_n - b_n) x^{n-k-1}\right| \leqq s.$$

Somit folgt weiter:

$$|a_k - b_k| \leqq s \cdot |x| \qquad \text{für } 0 < |x| \leqq c,$$

also

$$a_k = b_k.$$

Bemerkung: Dieser Satz ist die Grundlage für die Methode des „Koeffizientenvergleichs". Man vgl. dazu die Aufgaben 9 und 10 auf S. 172 und 173.

Funktionen, die durch Potenzreihen erklärt sind bzw. sich in Potenzreihen entwickeln lassen, haben alle Eigenschaften, die wir in den folgenden Kapiteln ausführlich diskutieren werden: sie sind stetig und beliebig oft differenzierbar. Die Dehnungsbeschränktheit untersuchen wir schon hier.

Satz: *Ist f im Intervall $]-r, r[$ in eine Potenzreihe entwickelbar, so ist f in jedem abgeschlossenen Teilintervall von $]-r, r[$ dehnungsbeschränkt.*

Beweis: Wegen $x_2^n - x_1^n = (x_2 - x_1) \cdot (x_2^{n-1} + x_1 \cdot x_2^{n-2} + \ldots + x_1^{n-1})$ gilt für alle $x_1, x_2 \in]-r, r[$ die Gleichung

$$f(x_2) - f(x_1) = (x_2 - x_1) \sum_{n=1}^{\infty} a_n \cdot (x_2^{n-1} + x_1 x_2^{n-2} + \ldots + x_1^{n-1}).$$

Wenn $|x_1| \leqq c$ und $|x_2| \leqq c$ ist, folgt hieraus die Abschätzung

$$|f(x_2) - f(x_1)| \leqq |x_2 - x_1| \cdot \sum_{n=1}^{\infty} |a_n| \cdot n \cdot c^{n-1}.$$

Da $\overline{\lim_n} \sqrt[n]{n|a_n|} = \overline{\lim_n} \sqrt[n]{|a_n|}$ gilt (vgl. Beispiel 6), S. 103 und Aufg. 9, S. 127), konvergiert die Reihe $\sum_{n=1}^{\infty} |a_n| \cdot n \cdot c^{n-1}$. Ihre Summe ist also eine geeignete Dehnungskonstante für f in $[-c, c]$.

Aufgaben

1. Man untersuche, für welche x die folgenden Potenzreihen konvergieren:

(1) $\displaystyle\sum_{n=0}^{\infty} \frac{n^n}{n!} x^n$

(2) $\displaystyle\sum_{n=2}^{\infty} \frac{1}{\ln n} x^n$

(3) $\sum_{n=1}^{\infty} \frac{n^s}{n!} x^n \qquad (s \in \mathbb{R})$

(4) $\sum_{n=1}^{\infty} \binom{s}{n} x^n \qquad (s \in \mathbb{R})$

(Dabei ist $\binom{s}{n} = \frac{s(s-1)\ldots(s-n+1)}{1\cdot 2\cdot\ldots\cdot n}$ gesetzt.)

2. Man gebe Beispiele für Potenzreihen an, deren Summe bzw. Produkt einen größeren Konvergenzradius hat, als die Ausgangsreihen.
3. Man zeige, daß die Potenzreihe

$$f(x) := \sum_{n=0}^{\infty} \frac{1}{n!} x^n$$

für alle x konvergiert, daß f die Funktionalgleichung $f(x+y) = f(x) \cdot f(y)$ und die Ungleichung $1 + x \leqq f(x)$ erfüllt.
(Nach der Bemerkung von S.134 muß also f die e-Funktion sein.)
4. Man zeige, daß für alle $x \in \mathbb{R}$ gilt (vgl. dazu Aufg. 11 von S.139):

$$\cosh x = \sum_{n=0}^{\infty} \frac{1}{(2n)!} x^{2n}$$

$$\sinh x = \sum_{n=0}^{\infty} \frac{1}{(2n+1)!} x^{2n+1}.$$

5. Die Funktion f sei in eine Potenzreihe entwickelbar. (x_k) sei eine Nullfolge mit $x_k \neq 0$.
Wenn $f(x_k) = 0$ für alle k gilt, dann ist f die Nullfunktion. Man formuliere eine entsprechende Abschwächung des Eindeutigkeitssatzes für Potenzreihen.
6. Man charakterisiere die geraden und die ungeraden Funktionen, die in Potenzreihen entwickelbar sind, durch Bedingungen für die Koeffizienten.
7. Wenn sich eine Funktion in eine Potenzreihe mit ganzzahligen Koeffizienten und Konvergenzradius $r > 1$ entwickeln läßt, dann ist sie ganzrational.
8. Für die Koeffizienten c_n einer Potenzreihe gelte $0 < a \leqq c_n \leqq b$. Wie groß ist der Konvergenzradius?
9. Es sei $f(x) = \sum_{n=0}^{\infty} a_n x^n$ und $a_0 \neq 0$. Wenn die Funktion $\frac{1}{f}$ in eine Potenz-

reihe entwickelbar ist

$$\frac{1}{f(x)} = \sum_{n=0}^{\infty} b_n x^n,$$

können die Koeffizienten b_n rekursiv berechnet werden (Methode des „Koeffizientenvergleichs").

(Wir werden später sehen, daß $\frac{1}{f}$ tatsächlich in eine Potenzreihe entwickelt werden kann, wenn $a_0 \neq 0$ gilt.)

Man führe die Berechnung der b_n bis $n = 16$ aus für den Fall, daß $a_n = \frac{1}{(n+1)!}$ ist. Die Zahlen $B_n = n!\, b_n$ heißen in diesem Fall die „Bernoullischen Zahlen"; sie sind alle rational.

10. Es sei (z_n) die in Aufg. 15 von S. 77 erklärte Folge natürlicher Zahlen. Man zeige, daß die Potenzreihe

$$f(x) := \sum_{n=1}^{\infty} z_n x^n$$

für $|x| < \frac{1}{4}$ konvergiert und daß für diese x die Gleichung $f(x) = \frac{1}{2}(1 - \sqrt{1-4x})$ gilt.

5.5 Summierbare Zahlenfamilien

Dieser Abschnitt ist unabhängig von den anderen Abschnitten dieses Kapitels. Er bringt einen anderen Zugang zu der Theorie der absolut konvergenten Reihen.

Es sei A eine beliebige Menge, deren Elemente wir im folgenden *Indizes* nennen und mit kleinen griechischen Buchstaben bezeichnen wollen. Weiter sei eine Abbildung von A in $\mathbb{R}$ gegeben:

$$\alpha \longmapsto a_\alpha \qquad \text{für } \alpha \in A.$$

Diese Abbildung nennen wir eine *Zahlenfamilie* und bezeichnen sie mit

$$(a_\alpha)_{\alpha \in A} \qquad \text{oder kurz:} \quad (a_\alpha).$$

Häufig vorkommende Indexmengen sind $A = \{0, 1, 2, \ldots, n\}$, $A = \mathbb{N}$, $A = \mathbb{N} \times \mathbb{N}$.

In den beiden ersten Fällen ist eine natürliche Reihenfolge der Summanden mitgegeben, in der Menge $A = \mathbb{N} \times \mathbb{N}$ ist dagegen von vornherein keine Reihenfolge ausgezeichnet. In den folgenden Entwicklungen wird die Menge A nicht als angeordnet vorausgesetzt.

Ist A endlich, etwa $A = \{0, 1, 2, \ldots, n\}$, so ist die *Summe der Familie* (a_α) erklärt. Sie wird bezeichnet durch

$$\sum_{\alpha \in A} a_\alpha$$

Unsere Aufgabe ist es, zu definieren, wann bei unendlicher Indexmenge A die Zahlenfamilie (a_α) summierbar genannt und welche Zahl ihr dann als Summe zugeordnet werden soll. Wir greifen dazu auf die schon definierten endlichen Summen zurück. Ist E eine endliche Teilmenge von A, so ist

$$\sum_{\alpha \in E} a_\alpha$$

erklärt. Wenn nun für alle „genügend umfassenden" endlichen Mengen diese Summen in der „Nähe" der reellen Zahl a liegen, wird man die Familie (a_α) summierbar und a ihre Summe nennen. Wir definieren daher:

Def.: *Die Zahlenfamilie* (a_α) heißt summierbar mit der Summe a, *wenn es zu jedem* $\varepsilon > 0$ *eine endliche Menge* $E_0 \subset A$ *gibt derart, daß für jede endliche Menge* $E \supset E_0$ *gilt*

$$|a - \sum_{\alpha \in E} a_\alpha| < \varepsilon.$$

Beispiele:

1) Die Zahlenfamilie $\left(\frac{1}{n!}\right)_{n \in \mathbb{N}_0}$ ist summierbar mit der Summe e.

Beweis: Sei $\varepsilon > 0$ gegeben. Nach dem Satz von S. 116 gibt es zu diesem ε ein n_0, so daß

$$0 < e - \sum_{n=0}^{n_0} \frac{1}{n!} < \varepsilon$$

gilt. Als E_0 können wir nun den Abschnitt $\{0, 1, \ldots, n_0\}$ von $\mathbb{N}_0$ nehmen; denn ist E irgendeine endliche Obermenge dieses Abschnitts und ist m das größte Element von E, so folgt

$$\sum_{n=0}^{n_0} \frac{1}{n!} \leqq \sum_{n \in E} \frac{1}{n!} \leqq \sum_{n=0}^{m} \frac{1}{n!} < e$$

und damit

$$0 < e - \sum_{n=0}^{m} \frac{1}{n!} \leqq e - \sum_{n \in E} \frac{1}{n!} \leqq e - \sum_{n=0}^{n_0} \frac{1}{n!} < \varepsilon.$$

2) Die Zahlenfamilie $\left(\frac{1}{m!\,n!}\right)_{(m,n) \in \mathbb{N}_0 \times \mathbb{N}_0}$ ist summierbar mit der Summe e^2.

Beweis: Sei $\varepsilon > 0$ gegeben. Zu $\frac{\varepsilon}{2e}$ bestimmen wir wie in Beispiel 1) ein n_0, so daß gilt:

$$e - \frac{\varepsilon}{2e} < \sum_{n=0}^{n_0} \frac{1}{n!} < e.$$

Als Menge E_0 können wir nun $\{0, 1, \ldots, n_0\} \times \{0, 1, \ldots, n_0\}$ wählen, denn dann folgt zunächst

$$e^2 - \varepsilon < \left(e - \frac{\varepsilon}{2e}\right)^2 < \sum_{(m,n) \in E_0} \frac{1}{m!\,n!} < e^2,$$

und damit weiter, da jede endliche Obermenge E von E_0 in einer geeigneten Menge

$\{0, 1, \ldots, s\} \times \{0, 1, \ldots, s\}$ enthalten ist:

$$e^2 - \varepsilon < \sum_{(m,n) \in E} \frac{1}{m!\,n!} < \left(\sum_{m=0}^{s} \frac{1}{m!}\right) \cdot \left(\sum_{n=0}^{s} \frac{1}{n!}\right) < e^2.$$

Um uns einfacher ausdrücken zu können, bezeichnen wir von jetzt an die Menge aller endlichen Teilmengen von A mit $\mathfrak{E}$.
Wir zeigen nun:

Eine Zahlenfamilie (a_α) kann nicht mit zwei verschiedenen Summen summierbar sein.

Wenn nämlich (a_α) summierbar ist mit der Summe a und mit der Summe b, so gibt es zu jedem $\varepsilon > 0$ ein $E_0 \in \mathfrak{E}$ und ein $F_0 \in \mathfrak{E}$, so daß für jedes $E \in \mathfrak{E}$ mit $E \supset E_0$, $E \supset F_0$ gilt:

$$|a - \sum_{\alpha \in E} a_\alpha| < \varepsilon \qquad \text{und} \qquad |b - \sum_{\alpha \in E} a_\alpha| < \varepsilon.$$

Wäre nun $a \neq b$, so wählen wir $\varepsilon = \frac{1}{2}|b - a|$ und $E = E_0 \cup F_0$. Dann würde folgen:

$$|b - a| = |b - \sum_{\alpha \in E} a_\alpha + \sum_{\alpha \in E} a_\alpha - a| \leqq |b - \sum_{\alpha \in E} a_\alpha| + |a - \sum_{\alpha \in E} a_\alpha| < \varepsilon + \varepsilon = |b - a|.$$

Widerspruch!

Für die (eindeutig bestimmte) Summe einer summierbaren Zahlenfamilie (a_α) verwendet man die Bezeichnung

$$\sum_{\alpha \in A} a_\alpha.$$

Für jedes $E \in \mathfrak{E}$ nennen wir die Zahl $\sum_{\alpha \in E} a_\alpha$ eine *Teilsumme* der Familie (a_α).
Wenn es eine Zahl a gibt, so daß die Familie (a_α) summierbar mit der Summe a ist, dann sagen wir kurz: (a_α) ist *summierbar*.

Einfach zu beweisen ist der folgende

Satz: *Wenn* $\sum_{\alpha \in A} a_\alpha = a$ *und* $\sum_{\alpha \in A} b_\alpha = b$, *so gilt* $\sum_{\alpha \in A} (a_\alpha + b_\alpha) = a + b$.
Wenn $\sum_{\alpha \in A} a_\alpha = a$ *und* $c \in \mathbb{R}$, *so gilt* $\sum_{\alpha \in A} ca_\alpha = ca$.
Wenn $\sum_{\alpha \in A} a_\alpha = a$, $\sum_{\alpha \in A} b_\alpha = b$ *und* $a_\alpha \leqq b_\alpha$, *so gilt* $a \leqq b$.

Beweis: Zu vorgegebenem $\varepsilon > 0$ gibt es Mengen E_0, $F_0 \in \mathfrak{E}$, so daß für jedes $E \in \mathfrak{E}$ mit $E \supset E_0$ bzw. $E \supset F_0$ gilt:

$$|a - \sum_{\alpha \in E} a_\alpha| < \frac{\varepsilon}{2} \qquad \text{und} \qquad |b - \sum_{\alpha \in E} b_\alpha| < \frac{\varepsilon}{2}.$$

Daraus folgt:

$$|(a + b) - \sum_{\alpha \in E} (a_\alpha + b_\alpha)| \leqq |a - \sum_{\alpha \in E} a_\alpha| + |b - \sum_{\alpha \in E} b_\alpha| < \varepsilon$$

für jedes $E \supset E_0 \cup F_0$.
Für die zweite Behauptung unterscheiden wir die Fälle $c = 0$ bzw. $c \neq 0$. Ist $c = 0$, so ist die Behauptung offensichtlich richtig. Falls $c \neq 0$, bestimme man zu $\frac{\varepsilon}{|c|}$ ein $E_0 \in \mathfrak{E}$, so

daß für jedes $E \supset E_0$ gilt

$$|a - \sum_{\alpha \in E} a_\alpha| < \frac{\varepsilon}{|c|}.$$

Daraus folgt für $E \supset E_0$:

$$|ca - \sum_{\alpha \in E} ca_\alpha| < \varepsilon.$$

Um die dritte Behauptung zu beweisen, widerlegen wir die Annahme $a > b$. Zu $\varepsilon = \frac{1}{2}(a-b) > 0$ gäbe es nämlich Mengen E_0, $F_0 \in \mathfrak{E}$, so daß gelten würde

$$a - \varepsilon < \sum_{\alpha \in E_0 \cup F_0} a_\alpha < a + \varepsilon \qquad \text{und} \qquad b - \varepsilon < \sum_{\alpha \in E_0 \cup F_0} b_\alpha < b + \varepsilon.$$

Wegen $\sum_{\alpha \in E_0 \cup F_0} a_\alpha \leqq \sum_{\alpha \in E_0 \cup F_0} b_\alpha$ würde

$$a - \varepsilon < b + \varepsilon, \qquad \text{d.h.} \qquad \tfrac{1}{2}(a+b) < \tfrac{1}{2}(a+b)$$

folgen, also eine falsche Aussage.

Zur Prüfung der Summierbarkeit der Familie (a_α) für den Fall, daß die Summe nicht bekannt ist, dient das *Cauchysche Konvergenzkriterium.*

Satz: *Notwendig und hinreichend für die Summierbarkeit der Familie (a_α) ist:*
Zu jedem $\varepsilon > 0$ gibt es ein $E_0 \in \mathfrak{E}$, so daß für jede zu E_0 disjunkte *Menge $K \in \mathfrak{E}$ gilt*

$$|\sum_{\alpha \in K} a_\alpha| < \varepsilon.$$

B e w e i s: 1) Wenn (a_α) summierbar ist mit der Summe a, so existiert zu $\frac{\varepsilon}{2} > 0$ ein $E_0 \in \mathfrak{E}$ derart, daß

$$|a - \sum_{\alpha \in F} \alpha_\alpha| < \frac{\varepsilon}{2}$$

für jedes $F \in \mathfrak{E}$ mit $F \supset E_0$ gilt. Ist nun K disjunkt zu E_0, so folgt wegen $\sum_{\alpha \in K} a_\alpha = \sum_{\alpha \in E_0 \cup K} a_\alpha - \sum_{\alpha \in E_0} a_\alpha$:

$$|\sum_{\alpha \in K} a_\alpha| \leqq |\sum_{\alpha \in E_0 \cup K} a_\alpha - a| + |a - \sum_{\alpha \in E_0} a_\alpha| < \frac{\varepsilon}{2} + \frac{\varepsilon}{2} = \varepsilon.$$

2) Nun sei die formulierte Bedingung erfüllt. Wir suchen zunächst die Summe a der Familie (a_α) zu bestimmen. Dazu konstruieren wir eine aufsteigende Folge (E_n) von Mengen aus $\mathfrak{E}$:

$$E_1 \subset E_2 \subset E_3 \subset \ldots \subset E_n \subset \ldots$$

mit der Eigenschaft, daß für alle zu E_n disjunkten Mengen K gilt

$$|\sum_{\alpha \in K} a_\alpha| < \frac{1}{n}.$$

Die Existenz einer solchen Folge ergibt sich so:
Für $n = 1$ gibt es nach Voraussetzung ein $E_1 \in \mathfrak{E}$ mit der Eigenschaft

$$|\sum_{\alpha \in K} a_\alpha| < 1 \qquad \text{für alle } K \text{ mit } K \cap E_1 = \emptyset.$$

Die Mengen $E_1, E_2, \ldots, E_{n-1}$ seien nun schon festgelegt. Nach Voraussetzung gibt es ein $E'_n \in \mathfrak{E}$ mit der Eigenschaft

$$|\sum_{\alpha \in K} a_\alpha| < \frac{1}{n} \qquad \text{für alle } K \text{ mit } K \cap E'_n = \emptyset.$$

Wir setzen dann

$$E_n = E_{n-1} \cup E'_n$$

und erhalten so eine aufsteigende Folge (E_n) derart, daß für alle zu E_n disjunkten endlichen Mengen K gilt:

$$|\sum_{\alpha \in K} a_\alpha| < \frac{1}{n}.$$

Die Zahlenfolge (f_n) mit

$$f_n = \sum_{\alpha \in E_n} a_\alpha$$

ist eine Cauchy-Folge, denn für $m > n$ ist $E_m \backslash E_n$ disjunkt zu E_n und man hat also

$$|f_m - f_n| = |\sum_{\alpha \in E_m \backslash E_n} a_\alpha| < \frac{1}{n}.$$

Der Grenzwert a der Cauchy-Folge (f_n) ist nun wirklich die Summe der Familie (a_α): Zu vorgegebenem $\varepsilon > 0$ wählen wir eine natürliche Zahl n mit $\frac{1}{n} < \frac{1}{2}\varepsilon$. Zu diesem n nehmen wir die Menge E_n der konstruierten Folge. Für jede endliche Obermenge $F \supset E_n$ gilt dann

$$|a - \sum_{\alpha \in F} a_\alpha| \leqq |a - \sum_{\alpha \in E_n} a_\alpha| + |\sum_{\alpha \in F \backslash E_n} a_\alpha| < \frac{1}{n} + \frac{1}{n} < \varepsilon.$$

Dieser Beweis des Cauchy-Kriteriums liefert gleich ein wichtiges Nebenergebnis mit:

Die Menge der Indizes α, für die $a_\alpha \neq 0$ ist, ist abzählbar.

Beweis: Wir zeigen, daß

$$\{\alpha | a_\alpha \neq 0\} \subset \bigcup_n E_n$$

gilt. Für jedes α, das nicht zu $\bigcup_n E_n$ gehört, folgt nämlich, da die endliche Menge $\{\alpha\}$ disjunkt zu jedem E_n ist:

$$|a_\alpha| < \frac{1}{n} \qquad \text{für jedes } n,$$

d.h. aber

$$a_\alpha = 0.$$

Da $\bigcup_n E_n$ als abzählbare Vereinigung endlicher Mengen abzählbar ist, muß die Teilmenge $\{\alpha | a_\alpha \neq 0\}$ ebenfalls abzählbar sein.

Bemerkung: Es würde deshalb genügen, sich auf abzählbare Mengen als Indexmengen zu beschränken. Da man diese Mengen injektiv in $\mathbb{N}_0$ abbilden kann, wäre es sogar möglich, stets $\mathbb{N}_0$ als Indexmenge zu nehmen. Dies ist jedoch nicht immer zweckmäßig, z.B. wenn $\mathbb{N}_0 \times \mathbb{N}_0$ oder $\mathbb{N}_0 \times \mathbb{N}_0 \times \mathbb{N}_0$ die Indexmenge ist.

Aufgabe: Jede Zahl $a \neq 0$ kann nur endlich oft als Wert einer Zahlenfamilie auftreten, wenn diese summierbar ist.
(Die Zahl 0 kann dagegen beliebig oft als Wert vorkommen; die Menge $\{\alpha \mid a_\alpha = 0\}$ ist sogar überabzählbar, wenn A eine überabzählbare summierbare Familie ist.)

Aus dem Cauchy-Kriterium folgt weiter als notwendige und hinreichende Bedingung für die Summierbarkeit:

Satz: *Eine Zahlenfamilie (a_α) ist genau dann summierbar, wenn die Familie $(|a_\alpha|)$ summierbar ist.*

Beweis: 1) Wenn $(|a_\alpha|)$ summierbar ist, bedeutet dies: Zu jedem $\varepsilon > 0$ existiert ein E_0 derart, daß

$$\sum_{\alpha \in K} |a_\alpha| < \varepsilon$$

für jede zu E_0 disjunkte Menge K gilt.
Nach der Dreiecksungleichung ist dann auch

$$\left|\sum_{\alpha \in K} a_\alpha\right| \leqq \sum_{\alpha \in K} |a_\alpha| < \varepsilon$$

richtig.
2) Wenn (a_α) summierbar ist, existiert zu jedem $\varepsilon > 0$ ein E_0 derart, daß

$$\left|\sum_{\alpha \in K} a_\alpha\right| < \varepsilon$$

für jede zu E_0 disjunkte Menge K gilt.
Ist nun K eine solche Menge, so sind auch die beiden Teilmengen

$$K^+ = \{\alpha \mid a_\alpha \geqq 0,\ \alpha \in K\},\quad K^- = \{\alpha \mid a_\alpha < 0, \alpha \in K\}$$

zu E_0 disjunkt, d.h. es gilt

$$\left|\sum_{\alpha \in K^+} a_\alpha\right| < \varepsilon \qquad \text{und} \qquad \left|\sum_{\alpha \in K^-} a_\alpha\right| < \varepsilon,$$

also

$$\sum_{\alpha \in K} |a_\alpha| = \sum_{\alpha \in K^+} a_\alpha + \sum_{\alpha \in K^-} |a_\alpha| < 2\varepsilon.$$

Damit erhebt sich die Frage nach einem einfachen Kriterium für die Summierbarkeit der *nichtnegativen* Familie $(|a_\alpha|)$. Eine Antwort darauf gibt der folgende

Satz: *Eine nichtnegative Familie (a_α) ist genau dann summierbar, wenn die Menge aller ihrer Teilsummen nach oben beschränkt ist, d.h. wenn es ein c gibt, so daß gilt*

$$\sum_{\alpha \in E} a_\alpha \leqq c \qquad \textit{für alle } E \in \mathfrak{E}.$$

Beweis: 1) Wenn (a_α) summierbar mit der Summe a ist, dann ist a obere Schranke für die Menge aller Teilsummen der Familie (a_α).
Gäbe es nämlich eine Teilsumme $s = \sum_{\alpha \in F} a_\alpha$ mit $s > a$, so könnte man $\varepsilon = s - a > 0$ wählen und hätte zu diesem ε ein $E_0 \in \mathfrak{E}$, so daß für jedes $E \supset E_0$

$$a - \varepsilon < \sum_{\alpha \in E} a_\alpha < a + \varepsilon$$

wäre. Insbesondere müßte dies für $E = E_0 \cup F$ gelten. Dann hätte man

$$\sum_{\alpha \in F} a_\alpha \leqq \sum_{\alpha \in E} a_\alpha < a + (s - a) = s,$$

was der Voraussetzung $\sum_{\alpha \in F} a_\alpha = s$ widerspricht.

2) Wenn die Menge aller Teilsummen von (a_α) nach oben beschränkt ist, existiert das Supremum dieser Zahlenmenge. Wir bezeichnen es mit a und zeigen, daß (a_α) summierbar mit der Summe a ist:
Zu gegebenem $\varepsilon > 0$ gibt es eine Teilsumme s mit

$$a - \varepsilon < s \leqq a,$$

also ein $E_0 \in \mathfrak{E}$, so daß

$$a - \varepsilon < \sum_{\alpha \in E_0} a_\alpha \leqq a$$

gilt. Für jedes $E \supset E_0$ hat man also

$$a - \varepsilon < \sum_{\alpha \in E_0} a_\alpha \leqq \sum_{\alpha \in E} a_\alpha \leqq a.$$

Aufgabe: Man zeige, daß eine Familie $(a_n)_{n \in \mathbb{N}_0}$ genau dann summierbar ist, wenn die Reihe $\sum_{n=0}^{\infty} a_n$ absolut konvergiert.
Daraus ergibt sich ein anderer Beweis für den „Umordnungssatz“ für absolut konvergente Reihen von S. 152.

Zusammenfassend erhalten wir schließlich:

Satz: *Die folgenden drei Bedingungen sind äquivalent:*

(1) *Die Familie (a_α) ist summierbar.*

(2) *Die Menge aller Teilsummen der Familie $(|a_\alpha|)$ ist nach oben beschränkt.*

(3) *Die Menge aller Teilsummen der Familie (a_α) ist beschränkt.*

Beweis: Die Äquivalenz von (1) und (2) ergibt sich aus den beiden vorangehenden Sätzen. Die Implikation (2) ⇒ (3) folgt aus der Dreiecksungleichung

$$\left|\sum_{\alpha \in E} a_\alpha\right| \leqq \sum_{\alpha \in E} |a_\alpha|.$$

Daß auch umgekehrt (3) ⇒ (2) gilt, zeigt die Gleichung

$$\sum_{\alpha \in E} |a_\alpha| = \sum_{\alpha \in E^+} a_\alpha - \sum_{\alpha \in E^-} a_\alpha.$$

Aus $|\sum_{\alpha \in E^+} a_\alpha| \leqq s$ und $|\sum_{\alpha \in E^-} a_\alpha| \leqq s$ folgt also

$$\sum_{\alpha \in E} |a_\alpha| \leqq 2s.$$

Folgerung: Ist die Familie $(a_\alpha)_{\alpha \in A}$ summierbar und B eine *Teilmenge* von A, so ist auch die *Teilfamilie* $(a_\alpha)_{\alpha \in B}$ summierbar.

Aufgabe: Ist $a_\alpha \geqq 0$ für alle $\alpha \in A$ und ist $(a_\alpha)_{\alpha \in A}$ summierbar mit der Summe a, so gilt für jede Teilmenge B von A:

$$\sum_{\alpha \in B} a_\alpha \leqq a.$$

Beispiele:

1) Die Zahlenfamilie $\left(\frac{1}{n^2}\right)_{n \in \mathbb{N}}$ ist summierbar.

Beweis: Wir zeigen, daß 2 obere Schranke ist für jede Teilsumme dieser positiven Familie. Ist m das größte Element der Menge E, so folgt nämlich

$$\sum_{n \in E} \frac{1}{n^2} \leqq \sum_{n=1}^{m} \frac{1}{n^2} < 1 + \sum_{n=2}^{m} \frac{1}{(n-1)n} = 1 + \sum_{n=2}^{m} \left(\frac{1}{n-1} - \frac{1}{n}\right) = 2 - \frac{1}{m}.$$

2) Die Zahlenfamilie $\left(\frac{1}{n}\right)_{n \in \mathbb{N}}$ ist nicht summierbar.

Beweis: Wir zeigen, daß die Menge der Teilsummen dieser positiven Familie nicht nach oben beschränkt ist. Dazu betrachten wir die Menge $E = \{1, 2, 3, \ldots, 2^m\}$ und schätzen die zugehörige Teilsumme nach unten ab (vgl. S. 143):

$$\sum_{n \in E} \frac{1}{n} = 1 + \frac{1}{2} + \left(\frac{1}{3} + \frac{1}{4}\right) + \ldots + \left(\frac{1}{2^{m-1}+1} + \ldots + \frac{1}{2^m}\right)$$

$$> 1 + \frac{1}{2} + 2 \cdot \frac{1}{4} + \ldots + 2^{m-1} \cdot \frac{1}{2^m} = 1 + \frac{m}{2}$$

Die Menge aller Teilsummen der Familie $\left(\frac{1}{n}\right)$ kann also nicht beschränkt sein.

3) Die Zahlenfamilie $\left((-1)^n \frac{1}{2n+1}\right)_{n \in \mathbb{N}_0}$ ist nicht summierbar.

Beweis: Es genügt zu zeigen, daß die positive Familie $\left(\frac{1}{2n+1}\right)_{n \in \mathbb{N}_0}$ nicht summierbar ist. Nun gilt für $n \in \mathbb{N}_0$:

$$\frac{1}{2n+1} > \frac{1}{2n+2} = \frac{1}{2} \cdot \frac{1}{n+1}.$$

Nach Beispiel 2) erhält man für $E = \{0, 1, 2, \ldots, 2^m - 1\}$:

$$\sum_{n \in E} \frac{1}{2n+1} > \frac{1}{2}\left(1 + \frac{m}{2}\right).$$

Die Menge der Teilsummen ist daher nicht beschränkt.

Nimmt eine summierbare Zahlenfamilie positive und negative Werte an, so definieren wir zwei neue Familien mit der Definitionsmenge A durch:

$$b_\alpha = \max\{a_\alpha, 0\}$$

$$c_\alpha = \min\{a_\alpha, 0\}.$$

Die Familie $(b_\alpha)_{\alpha \in A}$ ist nichtnegativ, die Familie $(c_\alpha)_{\alpha \in A}$ nichtpositiv, und es gilt

$$a_\alpha = b_\alpha + c_\alpha.$$

Satz: *Ist (a_α) summierbar, so sind auch (b_α) und (c_α) summierbar. Werden die Summen mit a, b und c bezeichnet, so gilt $a = b + c$.*

Beweis: Die Familien (b_α) und (c_α) sind summierbar, da beide Familien – sieht man von den Nullen ab – als Teilfamilien von (a_α) angesehen werden können. Die Gleichung $a = b + c$ ergibt sich nach S. 175.

Man kann dieses Resultat auch so interpretieren:
Wird bei einer summierbaren Familie die Indexmenge A in die disjunkten Teilmengen

$$A^+ = \{\alpha \mid a_\alpha > 0\},\ A^0 = \{\alpha \mid a_\alpha = 0\},\ A^- = \{\alpha \mid a_\alpha < 0\}$$

zerlegt, so ist jede der Teilfamilien summierbar, und es gilt

$$\sum_{\alpha \in A} a_\alpha = \sum_{\alpha \in A^+} a_\alpha + \sum_{\alpha \in A^-} a_\alpha$$

Allgemeiner gilt der

Satz: *Ist $(a_\alpha)_{\alpha \in A}$ summierbar und die Teilmenge B von A zerlegt in disjunkte Teilmengen $B_1, B_2, \ldots, B_r$, so gilt*

$$\sum_{\alpha \in B} a_\alpha = \sum_{\alpha \in B_1} a_\alpha + \sum_{\alpha \in B_2} a_\alpha + \ldots + \sum_{\alpha \in B_r} a_\alpha.$$

Beweis: Alle vorkommenden Teilfamilien von (a_α) sind summierbar. Jede der Teilfamilien kann als Familie mit der Definitionsmenge A aufgefaßt werden, indem man die Werte außerhalb der jeweiligen Definitionsmenge gleich 0 setzt. Die behauptete Gleichung folgt dann aus dem Satz von S. 175.

Dieser Satz kann folgendermaßen verallgemeinert werden („Großer Umordnungssatz").

Satz: *Ist $(a_\alpha)_{\alpha \in A}$ summierbar und wird die Indexmenge A irgendwie in abzählbar viele disjunkte Teilmengen A_j ($j \in \mathbb{N}$) zerlegt, so ist jede Familie $(a_\alpha)_{\alpha \in A_j}$ summierbar. Wird die Summe von $(a_\alpha)_{\alpha \in A_j}$ mit s_j bezeichnet, so ist weiter die Familie (s_j) summierbar und es gilt*

$$\sum_{\alpha \in A} a_\alpha = \sum_{j \in \mathbb{N}} s_j.$$

Beweis: Jede Teilfamilie $(a_\alpha)_{\alpha \in A_j}$ von $(a_\alpha)_{\alpha \in A}$ ist summierbar.

Für die weiteren Behauptungen betrachten wir zunächst den Sonderfall der nichtnegativen Familien $(a_\alpha)_{\alpha\in A}$. Wir zeigen, daß die Familie (s_j) summierbar ist mit der Summe $a = \sum\limits_{\alpha\in A} a_\alpha$.
Für jede endliche Menge J gilt nach dem vorigen Satz:

$$\sum_{j\in J} s_j = \sum_{j\in J} \Big(\sum_{\alpha\in A_j} a_\alpha\Big)$$

Da die rechts stehende Zahl höchstens gleich a ist, folgt die Summierbarkeit von $(s_j)_{j\in\mathbb{N}}$ und $s \leqq a$.
Die Summe der Familie (s_j) sei s. Wir widerlegen nun die Annahme $s < a$. Zu $\varepsilon = a - s > 0$ gibt es eine Menge $E \in \mathfrak{E}$ mit

$$a - \varepsilon < \sum_{\alpha\in E} a_\alpha \leqq a.$$

Von den paarweise fremden Mengen $A_j (j \in \mathbb{N})$ können nur endlich viele mit der endlichen Menge E gemeinsame Elemente haben; somit ist die Menge

$$J = \{j \mid A_j \cap E \neq \emptyset\}$$

endlich. Da E in der Menge $\bigcup\limits_{j\in E} A_j$ enthalten ist, folgt weiter

$$\sum_{j\in J} s_j \geqq \sum_{\alpha\in E} a_\alpha.$$

d.h. es müßte

$$s \geqq \sum_{j\in J} s_j \geqq \sum_{\alpha\in E} a_\alpha > a - \varepsilon = s$$

gelten. Widerspruch!
Die Übertragung auf beliebige summierbare Familien erfolgt durch Zerlegung in die beiden Teilfamilien $(a_\alpha)_{\alpha\in A^+}$ und $(a_\alpha)_{\alpha\in A^-}$. Hierdurch wird die Zerlegung der Mengen A_j in A_j^+ und A_j^- induziert. Also gilt:

$$\begin{aligned}\sum_{\alpha\in A} a_\alpha &= \sum_{\alpha\in A^+} a_\alpha + \sum_{\alpha\in A^-} a_\alpha = \sum_j \Big(\sum_{\alpha\in A_j^+} a_\alpha\Big) + \sum_j \Big(\sum_{\alpha\in A_j^-} a_\alpha\Big)\\ &= \sum_j \Big(\sum_{\alpha\in A_j^+} a_\alpha + \sum_{\alpha\in A_j^-} a_\alpha\Big) = \sum_j \Big(\sum_{\alpha\in A_j} a_\alpha\Big).\end{aligned}$$

Als Anwendung beweisen wir den *Umordnungssatz für Potenzreihen:*

Satz: *Es sei $\sum\limits_{n=0}^{\infty} c_n x^n$ für $|x| < r$ konvergent und es sei $|a| < r$. Dann gilt für alle x mit $|x - a| < r - |a|$:*

$$\sum_{n=0}^{\infty} c_n x^n = \sum_{k=0}^{\infty} b_k (x-a)^k, \quad \textit{wobei} \quad b_k = \sum_{n=k}^{\infty} \binom{n}{k} c_n a^{n-k}.$$

Beweis: Wenn man $x = (x - a) + a$ in die Potenzreihe $\sum\limits_{n=0}^{\infty} c_n x^n$ einsetzt, folgt

$$\sum_{n=0}^{\infty} c_n\big((x-a)+a\big)^n = \sum_{n=0}^{\infty} c_n \sum_{k=0}^{n} \binom{n}{k} a^{n-k} (x-a)^k.$$

Man wird deshalb darauf geführt zu prüfen, ob die Familie

$$\left(c_n \cdot \binom{n}{k} \cdot a^{n-k} \cdot (x-a)^k\right)_{(n,k) \in \mathbb{N}_0 \times \mathbb{N}_0}$$

summierbar ist. Hierzu schätzen wir eine beliebige Teilsumme nach oben ab:

$$\sum_{(n,k) \in E} |c_n| \cdot \binom{n}{k} \cdot |a|^{n-k} \cdot |x-a|^k \leqq \sum_{0 \leqq k \leqq n \leqq m} |c_n| \cdot \binom{n}{k} |a|^{n-k} \cdot |x-a|^k.$$

Hierbei ist m die größte aller Zahlen n, für die $(n, k) \in E$ gilt. Die rechts stehende Summe läßt sich nun folgendermaßen schreiben:

$$\sum_{n=0}^{m} |c_n| \cdot \sum_{k=0}^{n} \binom{n}{k} |a|^{n-k} \cdot |x-a|^k = \sum_{n=0}^{m} |c_n| \cdot (|a| + |x-a|)^n.$$

Nach Voraussetzung gilt $|a| + |x-a| < r$, so daß insgesamt die Abschätzung

$$\sum_{(n,k) \in E} |c_n| \binom{n}{k} |a|^{n-k} |x-a|^k < \sum_{n=0}^{m} |c_n| r^n \leqq \sum_{n=0}^{\infty} |c_n| r^n$$

folgt. Damit ist die Summierbarkeit bewiesen, falls $|x-a| < r - |a|$ ist. Für diese x ergibt sich also nach dem Umordnungssatz:

$$\sum_{n \in \mathbb{N}_0} \left(\sum_{k \in \mathbb{N}_0} c_n \binom{n}{k} a^{n+k} (x-a)^k \right) = \sum_{n \in \mathbb{N}_0} c_n \cdot x^n$$

$$= \sum_{k \in \mathbb{N}_0} \left(\sum_{n \in \mathbb{N}_0} c_n \binom{n}{k} a^{n-k} (x-a)^k \right) = \sum_{k \in \mathbb{N}_0} b_k \cdot (x-a)^k$$

mit $$b_k = \sum_{n \in \mathbb{N}_0} \binom{n}{k} \cdot c_n \cdot a^{n-k} = \sum_{n=k}^{\infty} \binom{n}{k} c_n a^{n-k}.$$

Eine weitere Anwendung des Umordnungssatzes ist die folgende Aussage über die Multiplikation summierbarer Familien.

Satz: *Wenn $(a_\alpha)_{\alpha \in A}$ und $(b_\beta)_{\beta \in B}$ summierbar sind, so ist auch die Familie*

$$(a_\alpha b_\beta)_{(\alpha, \beta) \in A \times B}$$

summierbar und es gilt:

$$\sum_{(\alpha,\beta) \in A \times B} a_\alpha \cdot b_\beta = \left(\sum_{\alpha \in A} a_\alpha\right) \cdot \left(\sum_{\beta \in B} b_\beta\right).$$

Beweis: Die Summierbarkeit von $(a_\alpha b_\beta)_{(\alpha,\beta)\, \alpha\, A \times B}$ weisen wir mit Hilfe des Kriteriums von S.179 nach. Zu einer beliebigen endlichen Teilmenge G von $A \times B$ gibt es stets eine endliche Obermenge $E \times F \subset A \times B$ und damit folgt

$$\sum_{(\alpha,\beta) \in G} |a_\alpha b_\beta| \leqq \sum_{(\alpha,\beta) \in E \times F} |a_\alpha b_\beta| = \left(\sum_{\alpha \in E} |a_\alpha|\right) \cdot \left(\sum_{\beta \in F} |b_\beta|\right).$$

Das Produkt der Schranken für die Teilsummen der Familien $(|a_\alpha|)$ und $(|b_\beta|)$ ist somit Schranke für alle Teilsummen der Familie $(|a_\alpha b_\beta|)$.

Da die Nullen einer Familie für die Summe bedeutungslos sind, können wir nun A als abzählbar voraussetzen und den Umordnungssatz anwenden:

$$\sum_{(\alpha,\beta)\in A\times B} a_\alpha b_\beta = \sum_{\alpha\in A}\Big(\sum_{\beta\in B} a_\alpha b_\beta\Big) = \sum_{\alpha\in A}\Big(a_\alpha\cdot\sum_{\beta\in B} b_\beta\Big) = \Big(\sum_{\alpha\in A} a_\alpha\Big)\cdot\Big(\sum_{\beta\in B} b_\beta\Big).$$

In diesem Beweis haben wir die Umordnung nach „Zeilen" benutzt. Der Umordnungssatz besagt, daß man auch bei anderen Zerlegungen von $A\times B$ dieselbe Summe erhält.

Bemerkung: Hierin ist ein neuer Beweis für den Multiplikationssatz von S.155 enthalten: man hat $\mathbb{N}_0\times\mathbb{N}_0$ nach „Schrägzeilen" zu ordnen. Darüber hinaus ist jetzt aber bewiesen, daß für die Multiplikation absolut konvergenter Reihen $\sum_{m=0}^{\infty} a_m$ und $\sum_{n=0}^{\infty} b_n$ die Produkte $a_m\cdot b_n$ in ganz beliebiger Reihenfolge „summiert" werden können.

Aufgaben

1. Man prüfe, welche der folgenden Zahlenfamilien summierbar sind und bestimme gegebenenfalls ihre Summe

   (a) $\left(\dfrac{1}{m+n}\right)_{(m,n)\in\mathbb{N}\times\mathbb{N}}$

   (b) $\left(\dfrac{1}{2^m 3^n}\right)_{(m,n)\in\mathbb{N}\times\mathbb{N}}$

   (c) $\left((-1)^{m+n}\left(\dfrac{1}{m^2}+\dfrac{1}{n^2}\right)\right)_{(m,n)\in\mathbb{N}\times\mathbb{N}}$

   (d) $\left(\dfrac{(-1)^m}{2^k\cdot m\cdot n^2}\right)_{(k,m,n)\in\mathbb{N}\times\mathbb{N}\times\mathbb{N}}$

2. Ist die Familie

$$\left(\frac{1}{m^{\frac{2}{3}}\, n^{\frac{2}{3}}\,(m+n)^{\frac{2}{3}}}\right)_{(m,n)\in\mathbb{N}\times\mathbb{N}}$$

   summierbar?

3. Wenn $(a_\alpha)_{\alpha\in A}$ summierbar ist, dann gilt das auch für $(a_\alpha^2)_{\alpha\in A}$ und allgemeiner für $(|a_\alpha|^s)_{\alpha\in A}$ mit $s\geqq 1$.

4. Für welche x, y ist die Familie

$$\left(\frac{1}{x^n+y^n}\right)_{n\in\mathbb{N}}$$

   summierbar?

5. Man zeige, daß für jedes $s>1$ die Familie

$$\left(\frac{1}{(m^2+n^2)^s}\right)_{(m,n)\in\mathbb{N}\times\mathbb{N}}$$

   summierbar ist. Was gilt für $s=1$?

6. Es sei (a_n) eine beliebige Folge nichtnegativer Zahlen. Dann ist

$$\left(\frac{a_n}{(1+a_1)(1+a_2)\dots(1+a_n)}\right)_{n\in\mathbb{N}}$$

summierbar.

7. Zu der Funktion $f\colon \mathbb{R}\to\mathbb{R}$ gebe es eine Zahl $c>0$ derart, daß für je endlich viele Stellen $x_1, x_2, \dots, x_n$ gilt:

$$|f(x_1)+f(x_2)+\dots+f(x_n)|<c.$$

Was läßt sich über die Wertemenge von f sagen?

8. Es sei A die Menge der natürlichen Zahlen, in deren Dezimaldarstellung keine 0 vorkommt. Man untersuche, ob die Familie $\left(\frac{1}{n}\right)_{n\in A}$ summierbar ist.

9. Die Familie $(a_{mn})_{(m,n)\in\mathbb{N}\times\mathbb{N}}$ sei definiert durch

$$(1)\qquad a_{mn}=\begin{cases}1 & \text{für } m=n+1\\ -1 & \text{für } m=n-1\\ 0 & \text{sonst}\end{cases}$$

$$(2)\qquad a_{mn}=\begin{cases}\dfrac{1}{m^2-n^2} & \text{für } m\neq n\\ 0 & \text{für } m=n.\end{cases}$$

Man zeige, daß die Teilfamilien $(a_{mn})_{n\in\mathbb{N}}$ für festes m und $(a_{mn})_{m\in\mathbb{N}}$ für festes n summierbar sind. Bezeichnet man deren Summen mit s_m bzw. t_n, so sind die Familien $(s_m)_{m\in\mathbb{N}}$ und $(t_n)_{n\in\mathbb{N}}$ ebenfalls summierbar. Gilt

$$\sum_{m\in\mathbb{N}} s_m=\sum_{n\in\mathbb{N}} t_n?$$

Ist $(a_{mn})_{(m,n)\in\mathbb{N}\times\mathbb{N}}$ summierbar?

6 Komplexe Zahlen, Winkelfunktionen

Weithin üblich ist es, die *Winkelfunktionen* (oder *trigonometrische Funktionen*) unter Zuhilfenahme geometrischer Begriffsbildungen zu erklären. Wollten wir nach diesem Vorbild in unserem Aufbau eine Präzisierung vornehmen, hätten wir etwa zunächst die Bogenlänge für Kreisbögen zu definieren. Dies geschieht aber zweckmäßigerweise erst, nachdem der Integralbegriff eingeführt ist.

Es ist jedoch möglich, einen anderen geometrischen Begriff als Ausgangspunkt zu nehmen, nämlich die Gruppe $\mathbb{E}$ der Drehungen eines Kreises um seinen Mittelpunkt. Zeichnet man einen Punkt auf dem Kreis aus, so entsprechen den Elementen der Gruppe $\mathbb{E}$ umkehrbar eindeutig die Punkte des Kreises. Anschaulich ist klar, daß jeder reellen Zahl – faßt man sie als Maß für den „Drehwinkel" auf – eine bestimmte Drehung entspricht und daß zur Summe zweier Zahlen die Verkettung der zugehörigen Drehungen gehört. Dazu kann man sich etwa die Zahlengerade auf den Kreis „aufgewickelt" denken, wobei der Nullpunkt auf den ausgezeichneten Punkt des Kreises zu liegen kommt. Der hier scheinbar noch hereinspielende Begriff der Bogenlänge bzw. des Drehwinkels tritt nun aber gar nicht mehr auf, wenn wir die erläuterten Vorstellungen präzisieren: *Gesucht sind alle homomorphen Abbildungen der additiven Gruppe von* $\mathbb{R}$ *in die Drehgruppe* $\mathbb{E}$.

Hier stellt sich nun die Frage, wie die Gruppe $\mathbb{E}$ ohne Rückgriff auf geometrische Sätze definiert werden kann und welche Darstellungsform für unser Problem angemessen ist. Es zeigt sich, daß die *komplexen Zahlen* ein sehr geeignetes Hilfsmittel sind. Mit ihnen beschäftigen wir uns deshalb zunächst. Wir zeigen, daß sie einen Körper – wir bezeichnen ihn mit $\mathbb{C}$ – bilden, der $\mathbb{R}$ enthält. Da, wie wir sehen werden, $\mathbb{C}$ nicht zu einem angeordneten Körper gemacht werden kann, können die in $\mathbb{R}$ mit Hilfe der Anordnung eingeführten Begriffe nicht in analoger Weise erklärt werden. Jedoch läßt sich der absolute Betrag von $\mathbb{R}$ nach $\mathbb{C}$ fortsetzen und dieser Begriff ermöglicht auch schon die Übertragung der Definitionen für *ε-Umgebung* und *Konvergenz*. Die Eigenschaft der Vollständigkeit wird in $\mathbb{C}$, da der Begriff des Supremums nicht zur Verfügung steht, dadurch ausgedrückt, daß jede Cauchy-Folge komplexer Zahlen einen Grenzwert besitzt.

Die Gruppe $\mathbb{E}$ fassen wir sodann auf als die multiplikative Gruppe der komplexen Zahlen vom Betrag 1, und die gestellte Aufgabe schränken wir dahingehend ein, daß wir nur nach Homomorphismen von $(\mathbb{R}, +)$ in $(\mathbb{E}, \cdot)$ fragen, die durch Potenzreihen dargestellt werden können. Damit gelangen wir auch zu einer Definition von cos und sin.

6.1 Komplexe Zahlen

Nicht jede quadratische Gleichung $x^2 + px + q = 0$ $(p, q \in \mathbb{R})$ besitzt eine Lösung in $\mathbb{R}$, z. B. nicht die Gleichung

$$x^2 + 1 = 0.$$

Will man erreichen, daß eine in $\mathbb{R}$ unlösbare Gleichung lösbar wird, kann dies nur dadurch geschehen, daß man zu einer Obermenge von $\mathbb{R}$ übergeht, in der dann eine Lösung existiert. Dabei wird man darauf achten, daß möglichst viele Eigenschaften von $\mathbb{R}$ auch noch der zu konstruierenden Obermenge zukommen. Hier versuchen wir demgemäß eine Obermenge $\mathbb{C}$ von $\mathbb{R}$, die wie $\mathbb{R}$ ein *Körper* ist, so zu konstruieren, daß die Gleichung $x^2 + 1 = 0$ in $\mathbb{C}$ eine Lösung besitzt.

Wir nehmen zunächst an, daß es einen solchen Körper gibt und ziehen daraus Folgerungen. Es möge also in $\mathbb{C}$ ein Element i geben, so daß gilt:

$$i^2 = -1.$$

Aus den Körperaxiomen folgt dann für beliebiges $a, b, a', b' \in \mathbb{C}$:

$$(a + b \cdot i) + (a' + b' \cdot i) = (a + a') + (b + b') \cdot i$$
$$(a + b \cdot i) \cdot (a' + b' \cdot i) = (a \cdot a' - b \cdot b') + (a \cdot b' + a' \cdot b) \cdot i.$$

Insbesondere gelten diese Gleichungen auch für $a, b, a', b' \in \mathbb{R}$. Da die Addition und die Multiplikation in $\mathbb{C}$ Fortsetzungen der entsprechenden Verknüpfungen in $\mathbb{R}$ sein sollen, haben wir für sie keine neuen Symbole eingeführt. In den Klammern auf der rechten Seite der Gleichungen handelt es sich um die ursprünglichen uns schon bekannten Verknüpfungen in $\mathbb{R}$, wenn a, b, a', b' zu $\mathbb{R}$ gehören.
Weiter bemerken wir, daß für $a, b, a', b' \in \mathbb{R}$ die Gleichung

$$a + b \cdot i = a' + b' \cdot i$$

dann und nur dann richtig ist, wenn

$$a = a' \qquad \text{und} \qquad b = b'$$

gilt. Denn aus $a - a' = (b' - b)i$ folgt

$$(a - a')^2 = -(b' - b)^2$$

und diese Gleichung kann für reelle Zahlen a, b, a', b' nur bestehen, wenn $a = a'$ und $b = b'$.

Nun wissen wir tatsächlich noch gar nicht, ob es einen Körper $\mathbb{C} \supset \mathbb{R}$ der gewünschten Art überhaupt gibt. Die bisherigen Überlegungen zeigen uns aber, wie wir den Existenzbeweis führen können. Als Menge $\mathbb{C}$ der *komplexen Zahlen* nimmt man die Menge $\mathbb{R} \times \mathbb{R}$ aller Zahlenpaare und definiert in $\mathbb{C}$ zwei Verknüpfungen durch

$$(a, b) + (a', b') := (a + a', b + b')$$

$$(a, b) \cdot (a', b') := (aa' - bb', ab' + ba').$$

Satz: $(\mathbb{C}, +, \cdot)$ *ist ein (kommutativer) Körper, der einen zu* $\mathbb{R}$ *isomorphen Unterkörper enthält. In* $\mathbb{C}$ *ist die Gleichung* $z^2 + 1 = 0$ *lösbar.*

Beweis: Zunächst ist $(\mathbb{C}, +)$ offensichtlich eine abelsche Gruppe; neutrales Element ist $(0, 0)$. Ebenso ist unmittelbar zu sehen, daß das Kommutativgesetz der Multiplikation sowie das Distributivgesetz gelten.
Das Paar $(1, 0)$ ist neutrales Element für die Multiplikation, denn man hat

$$(a, b) \cdot (1, 0) = (a, b).$$

Weiter folgt für $(a, b) \neq (0, 0)$ die Lösbarkeit der Gleichung

$$(a, b) \cdot (x, y) = (1, 0),$$

wir erhalten nämlich das lineare Gleichungssystem

$$ax - by = 1$$

$$bx + ay = 0,$$

das für $a^2 + b^2 > 0$ eindeutig lösbar ist:

$$x = \frac{a}{a^2 + b^2}$$

$$y = \frac{-b}{a^2 + b^2}.$$

Es bleibt noch das Assoziativgesetz zu verifizieren. Wir rechnen dazu aus:

$$\begin{aligned}
((a, b)\cdot(a', b'))\cdot(a'', b'') &= (aa' - bb', ab' + ba')\cdot(a'', b'')\\
&= (aa'a'' - bb'a'' - ab'b'' - ba'b'', aa'b'' - bb'b'' + ab'a'' + ba'a'')\\
(a, b)\cdot((a', b')\cdot(a'', b'')) &= (a, b)\cdot(a'a'' - b'b'', a'b'' + b'a'')\\
&= (aa'a'' - ab'b'' - ba'b'' - bb'a'', aa'b'' + ab'a'' + ba'a'' - bb'b'')
\end{aligned}$$

$(\mathbb{C}, +, \cdot)$ ist also ein Körper.
Die Abbildung

$$x \mapsto (x, 0) \qquad (x \in \mathbb{R})$$

von $\mathbb{R}$ in $\mathbb{C}$ ist injektiv und ein Isomorphismus:

$$\begin{aligned}
x + x' &\mapsto (x + x', 0) = (x, 0) + (x', 0)\\
xx' &\mapsto (xx', 0) \quad = (x, 0)\cdot(x', 0).
\end{aligned}$$

Wir können daher für $(x, 0)$ kurz x, insbesondere $(0, 0) = 0$ und $(1, 0) = 1$ schreiben.
Schließlich rechnet man nach, daß $(0, 1)$ und $(0, -1)$ die Gleichung

$$z^2 + 1 = 0$$

lösen.

Aufgabe: Gibt es in $\mathbb{C}$ noch weitere Lösungen der Gleichung $z^2 + 1 = 0$?

Aufgabe: Man bestimme alle Lösungen der Gleichung

$$z^2 = (a, b).$$

Komplexe Zahlen der Form $(x, 0)$ bezeichnen wir von jetzt an als reelle Zahlen. Die Multiplikation von (a, b) mit einer reellen Zahl $(x, 0)$ ergibt:

$$(x, 0)\cdot(a, b) = (xa, xb).$$

Das Ergebnis stimmt also überein mit dem Produkt $x\cdot(a, b)$, das man bei der Multiplikation mit Skalaren erhält, wenn man $\mathbb{R}\times\mathbb{R}$ als Vektorraum über $\mathbb{R}$ betrachtet. Wir können daher den Körper $\mathbb{C}$ zusätzlich als Vektorraum über $\mathbb{R}$ ansehen, wobei die Multiplikation mit Skalaren durch die Multiplikation im Körper $\mathbb{C}$ festgelegt ist. Die Dimension von $\mathbb{C}$ über $\mathbb{R}$ ist 2; eine ausgezeichnete Basis bilden die beiden Vektoren $(1, 0)$ und $(0, 1)$. Wir bezeichnen sie kurz mit 1 und i. Dann gilt

$$(a, b) = (a, 0) + (0, b) = a + b\cdot i.$$

Komplexe Zahlen schreiben wir daher von jetzt an in der Form $a + ib$ mit reellem a, b.

Als Variable für komplexe Zahlen verwenden wir meistens die Buchstaben z und w und setzen:

$$z = x + iy \qquad \text{bzw.} \qquad w = u + iv.$$

x heißt *Realteil* von z und y *Imaginärteil* von z.

Die Auswahl von $(1, 0)$ und $(0, 1)$ als Basisvektoren des Vektorraums $\mathbb{C}$ über $\mathbb{R}$ ist willkürlich. Die komplexe Zahl $(1, 0) = 1$ wird man jedoch deshalb als ausgezeichnet ansehen, weil sie neutrales Element für die Multiplikation ist. $(0, 1)$ haben wir gewählt, weil diese Zahl die Gleichung $z^2 + 1 = 0$ löst. Hier hätten wir genau so gut $(0, -1)$ nehmen können. Ersetzt man überall i durch $-i$, so kann sich nichts wesentliches ändern.

Def.: *Wenn $z = x + iy$, dann heißt $\bar{z} = x - iy$ die zu z* konjugiert komplexe Zahl.

Satz: *Die Abbildung*

$$z \mapsto \bar{z}$$

von $\mathbb{C}$ auf sich ist ein Automorphismus von $\mathbb{C}$; er ist involutorisch und läßt $\mathbb{R}$ elementweise fest.

Beweis: Es ist unmittelbar zu sehen, daß $z \mapsto \bar{z}$ bijektiv ist und daß jede reelle Zahl $z = x$ festbleibt. Weiter wird $\bar{z} = x + i \cdot (-y)$ auf $x + iy = z$ abgebildet, d. h. die Abbildung ist involutorisch. Schließlich rechnet man aus:

$$z + w \mapsto \overline{z + w} = \overline{(x + u) + i(y + v)} = (x + u) - i \cdot (y + v) = \bar{z} + \bar{w}$$

$$z \cdot w \mapsto \overline{zw} = \overline{(xu - yv) + i(xv + yu)} = (xu - yv) - i(xv + yu) = \bar{z} \cdot \bar{w}.$$

Aufgabe: Man drücke Realteil und Imaginärteil von z durch z und $\bar{z}$ aus.

Die Anordnung von $\mathbb{R}$ läßt sich nicht so auf $\mathbb{C}$ fortsetzen, daß $\mathbb{C}$ ein angeordneter Körper ist. Nach S. 15 muß in einem angeordneten Körper für jedes $a \neq 0$

$$a^2 > 0$$

gelten. In $\mathbb{C}$ hat man jedoch

$$i^2 = -1 < 0.$$

Bemerkung: Es gibt jedoch Ordnungsrelationen auf $\mathbb{C}$, die die Anordnung von $\mathbb{R}$ fortsetzen und die Anordnungsaxiome (1), (2), (3), aber nicht das Mono-

toniegesetz (4) der Multiplikation erfüllen, z. B. die lexikographische Anordnung von $\mathbb{C} = \mathbb{R} \times \mathbb{R}$:
$x + iy < u + iv$ genau dann, wenn entweder $y < v$ oder aber $y = v$ und $x < u$ gilt.
Man prüfe die aufgestellte Behauptung nach (Aufgabe!).

Wenn auch die Anordnung sich nicht übertragen läßt, so können wir doch den *absoluten Betrag* von $\mathbb{R}$ nach $\mathbb{C}$ fortsetzen.

Def.: *Die nichtnegative Zahl* $|z| := \sqrt{z \cdot \bar{z}}$ *heißt* absoluter Betrag *von* z.

Satz: *Es gilt für alle* $z, w \in \mathbb{C}$:

(1) $|z| = 0$ *genau dann, wenn* $z = 0$

(2) $|zw| = |z| \cdot |w|$

(3) $|z + w| \leqq |z| + |w|$.

Beweis:

(1) folgt aus $|z| = \sqrt{x^2 + y^2}$.
(2) ergibt sich so:

$$|zw| = \sqrt{zw \cdot \overline{zw}} = \sqrt{z\bar{z} \cdot w\bar{w}} = \sqrt{z\bar{z}} \cdot \sqrt{w\bar{w}} = |z| \cdot |w|.$$

Um (3) zu erhalten, beweisen wir zunächst die Schwarzsche Ungleichung

$$(z\bar{w} + w\bar{z})^2 \leqq 4 \cdot |z|^2 |w|^2.$$

Der Realteil von $(z\bar{w} - w\bar{z})$ ist nämlich 0, so daß

$$(z\bar{w} - w\bar{z})^2 \leqq 0$$

gilt. Addition von $4 \cdot z\bar{z} \cdot w\bar{w}$ ergibt die Behauptung. Diese können wir auch in der Form

$$|z\bar{w} + w\bar{z}| \leqq 2 \cdot |z| \cdot |w|$$

schreiben; da $(z\bar{w} + w\bar{z})$ reell ist, folgt weiter:

$$z\bar{w} + w\bar{z} \leqq 2 \cdot |z| \cdot |w|.$$

Nun schätzen wir $|z + w|^2$ ab:

$$|z + w|^2 = (z + w) \cdot (\bar{z} + \bar{w}) = z\bar{z} + z\bar{w} + w\bar{z} + w\bar{w} \leqq |z|^2 + 2|z| \cdot |w| + |w|^2.$$

Dies beweist die Ungleichung (3).

Eine Menge M von komplexen Zahlen heißt *beschränkt*, wenn es eine positive reelle Zahl r gibt derart, daß für alle $z \in M$ gilt $|z| \leqq r$.
Mit Hilfe des absoluten Betrages definieren wir auch den Begriff der *ε-Umgebung einer komplexen Zahl a* und übertragen die Konvergenzdefinitionen auf Folgen und Reihen aus komplexen Zahlen.

Def.: *Die Menge* $U(a, \varepsilon) = \{z \mid |z - a| < \varepsilon\}$ *heißt* ε-Umgebung von a.

Die Konvergenzdefinitionen für Folgen und Reihen lauten wörtlich wie auf S. 93 und S. 141; dasselbe gilt von der Definition der Cauchy-Folgen, S. 119. Nicht übertragen lassen sich die Begriffe, die über die Anordnung von $\mathbb{R}$ erklärt werden, wie etwa „monotone Folgen", „Reihen mit positiven Gliedern".

Jede Folge $(h_n) = (f_n + ig_n)$ von komplexen Zahlen bestimmt zwei reelle Folgen (f_n) und (g_n) und umgekehrt läßt sich jedes Paar (f_n) und (g_n) von reellen Folgen als komplexe Folge auffassen. Es gilt nun der

Satz: *Die Folge* $(h_n) = (f_n + ig_n)$ mit $f_n, g_n \in \mathbb{R}$ *ist genau dann konvergent mit dem Grenzwert* $c = a + ib$, *wenn*

$$\lim_n f_n = a \qquad \textit{und} \qquad \lim_n g_n = b$$

gilt.

Der Beweis ergibt sich aus den Ungleichungen

$$\max\{|x|, |y|\} \leqq |x + iy| \leqq |x| + |y|,$$

die für jede komplexe Zahl $z = x + iy$ gelten. Danach hat man

$$\max\{|f_n - a|, |g_n - b|\} \leqq |h_n - c| \leqq |f_n - a| + |g_n - b|.$$

Aufgabe: Man zeige, daß die komplexe Folge $(h_n) = (f_n + ig_n)$ genau dann eine Cauchy-Folge ist, wenn die beiden reellen Folgen (f_n) und (g_n) Cauchy-Folgen sind.

Folgerung: Jede komplexe Cauchy-Folge konvergiert.

Während die Betrachtung komplexer Folgen nichts wesentlich Neues liefert, kommt bei der Untersuchung der Reihen komplexer Zahlen der Begriff der absoluten Konvergenz – der ja erst den wesentlichen Unterschied zur Theorie der Folgen brachte – voll zur Geltung. Zwar gilt auch hier, daß eine Reihe $\sum_{n=0}^{\infty} c_n = \sum_{n=0}^{\infty} (a_n + ib_n)$ genau dann absolut konvergent ist, wenn $\sum_{n=0}^{\infty} a_n$ und

$\sum_{n=0}^{\infty} b_n$ absolut konvergieren (Beweis als Aufgabe), jedoch ist hier die Zerlegung in Real- und Imaginärteil meist nicht zweckmäßig.
Die Kriterien für absolute Konvergenz lassen sich unmittelbar auf komplexe Reihen übertragen. Insbesondere können bei den Potenzreihen sowohl komplexe Koeffizienten als auch komplexe Variable zugelassen werden. Die Potenzreihe $\sum_{n=0}^{\infty} c_n z^n$ konvergiert für diejenigen $z \in \mathbb{C}$, für die gilt

$$|z| < r = \frac{1}{\overline{\lim_n} \sqrt[n]{|c_n|}} \quad ,$$

für diejenigen z, für die $|z| > r$ ist, divergiert dagegen die Reihe. Für die z mit $|z| = r$ kann Konvergenz oder Divergenz vorliegen. Ist $\overline{\lim_n} \sqrt[n]{|c_n|} = 0$, so konvergiert die Reihe für alle z.

Die systematische Untersuchung der Potenzreihen mit der komplexen Variablen z gehört in das Gebiet der *Funktionentheorie*. Wir werden hier nur Potenzreihen $\sum_{n=0}^{\infty} c_n x^n$ mit der reellen Variablen x betrachten, aber komplexe Koeffizienten c_n zulassen.

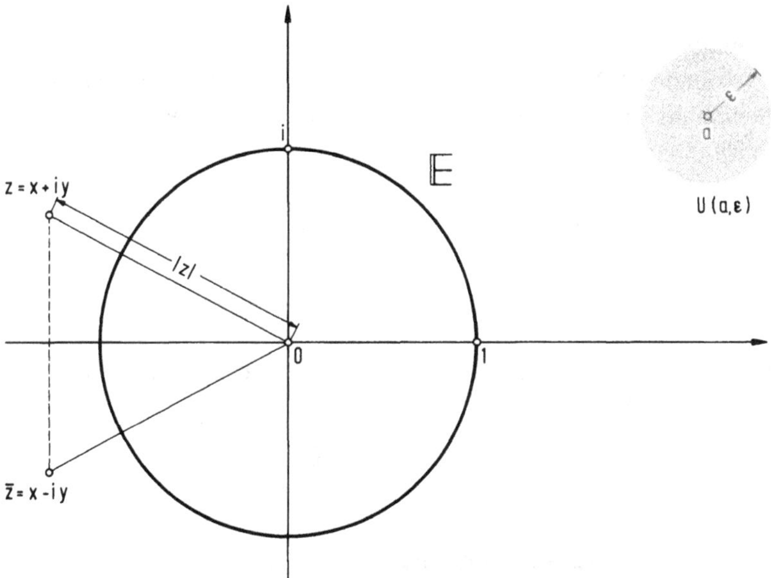

Komplexe Zahlen lassen sich in der Ebene veranschaulichen; wir sprechen daher manchmal von Punkten und bedienen uns geometrischer Ausdrucksweisen. Die komplexe Zahl $z = x + iy$ wird als Punkt mit den Koordinaten x und y bezüglich eines rechtwinkligen Koordinatensystems dargestellt und der absolute Betrag $|z|$ bedeutet gerade den euklidischen Abstand des Punktes z vom Nullpunkt.

Die Umgebung $U(a, \varepsilon)$ bezeichnet man als offene Kreisscheibe um den Punkt a mit dem Radius ε.
Die Menge

$$\mathbb{E} = \{z \mid |z| = 1\}$$

heißt auch Einheitskreis.

Aufgaben

1. Man schreibe die folgenden komplexen Zahlen in der Normalform $a + ib$ und berechne ihre absoluten Beträge:

$$\frac{1}{3+7i}, \left(\frac{1+i}{1-i}\right)^2, \left(-\frac{1}{2}+\frac{\sqrt{3}}{2}i\right)^3, (1+i)^n + (1-i)^n.$$

2. Man zeige, daß die quadratische Gleichung

$$z^2 + pz + q = 0$$

für beliebiges $p, q \in \mathbb{C}$ Lösungen in $\mathbb{C}$ besitzt.
Für $p = 0$ und $q \neq 0$ hat die Gleichung genau zwei Lösungen. Man gebe eine Bedingung an, durch die für jedes $q \neq 0$ eine der beiden Lösungen ausgezeichnet wird. Damit definiere man die Quadratwurzel aus einer komplexen Zahl. Weiter definiere man $\sqrt[4]{c}$.

3. Man schreibe in der Form $a + ib$:

$$\sqrt{i}, \quad \sqrt{-i}, \quad \frac{3+4\sqrt{-5}}{1+i}, \quad \sqrt[4]{i}, \quad \sqrt[4]{-i}.$$

4. Es sei f eine ganzrationale Funktion n-ten Grades ($c_0, c_1, \ldots, c_n$ gegebene komplexe Zahlen)

$$f(z) = c_0 + c_1 z + \ldots + c_n z^n \qquad (z \in \mathbb{C}).$$

Man zeige, daß durch

$$F(z) = (c_0 + c_1 z + \ldots + c_n z^n)(\bar{c}_0 + \bar{c}_1 z + \ldots + \bar{c}_n z^n)$$

eine ganzrationale Funktion $2n$-ten Grades mit reellen Koeffizienten erklärt wird. Mit a ist auch $\bar{a}$ eine Nullstelle von F.
Wie hängt die Menge aller Nullstellen von F mit der Menge aller Nullstellen von f zusammen?

5. Es sei $f(z) = c_0 + c_1 z + \ldots + c_n z^n$ mit $c_n \neq 0$. Man beweise, daß für $|z| \geqq 1$ gilt

$$|f(z)| \geqq |z|^n \cdot \left(|c_n| - \frac{|c_0| + |c_1| + \ldots + |c_{n-1}|}{|z|}\right).$$

Zu jedem $a > 0$ gibt es daher ein $r > 0$ derart, daß für $|z| \geqq r$ gilt $|f(z)| \geqq a$.

6. Man zeige:

(1) $\left|\frac{z}{w}\right| = \frac{|z|}{|w|}$ (für $w \neq 0$)

(2) $||z| - |w|| \leqq |z + w|$

(3) $|z_1 \cdot z_2 \cdot \ldots \cdot z_n| = |z_1| \cdot |z_2| \cdot \ldots \cdot |z_n|$

(4) $|z_1 + z_2 + \ldots + z_n| \leqq |z_1| + |z_2| + \ldots + |z_n|$

(5) $|z_1| - |z_2| - \ldots - |z_n| \leqq |z_1 + z_2 + \ldots + z_n|$.

7. Man beweise die Gleichung

$$|z + w|^2 + |z - w|^2 = 2|z|^2 + 2|w|^2.$$

Welcher geometrische Satz ist damit bewiesen?

8. Zu gegebenem $a \in \mathbb{C}$ bestimme man alle $z \in \mathbb{C}$, für die gilt

$$\left|\frac{z - a}{1 - \bar{a}z}\right| = 1.$$

9. Es sei $|z_k| < 1$, t_k reell und $t_k \geqq 0$ sowie $t_1 + t_2 + \ldots + t_n = 1$. Dann gilt

$$|t_1 \cdot z_1 + t_2 \cdot z_2 + \ldots + t_n \cdot z_n| < 1.$$

Geometrische Bedeutung?

10. Man untersuche (z_n) auf Konvergenz, wenn

(a) $z_n = \left(\frac{1 + i}{2}\right)^n$

(b) $z_n = \left(\frac{1 + i\sqrt{3}}{2}\right)^n$

(c) $z_n = \dfrac{1}{1 + c^n}$

(d) $z_n = \sum_{k=0}^{n} c^k$

11. $\sum_{n=0}^{\infty} c_n$ sei absolut konvergent. Dann gilt

$$\left|\sum_{n=0}^{\infty} c_n\right| \leqq \sum_{n=0}^{\infty} |c_n|.$$

12. Man zeige, daß eine in $D \subset \mathbb{R}$ erklärte komplexwertige Funktion $h = f + ig$ genau dann dehnungsbeschränkt ist, wenn die reellwertigen Funktionen f und g dehnungsbeschränkt sind.
13. Der Begriff der Dehnungsbeschränktheit läßt sich ohne weiteres auch auf Funktionen mit komplexer Definitionsmenge übertragen. Man untersuche, welche der folgenden Funktionen dehnungsbeschränkt sind:

(a) $h(z) = \bar{z}$

(b) $h(z) = |z|$

(c) $h(z) = \dfrac{z}{|z|}$ $(z \neq 0)$

(d) $h(z) = \max\{z + \bar{z}, |z|\}$.

14. Man beweise, daß jede beschränkte Folge komplexer Zahlen eine konvergente Teilfolge besitzt.
Anwendung: Für $f(z) = c_0 + c_1 z + \ldots + c_n z^n$ (mit $c_n \neq 0$) sei b das Infimum der Wertemenge von $|f|$. Dann gibt es eine Stelle $a \in \mathbb{C}$ derart, daß $|f(a)| = b$ gilt.
15. Man zeige, daß $z \mapsto \bar{z}$ außer der identischen Abbildung der einzige Automorphismus von $\mathbb{C}$ ist, der $\mathbb{R}$ elementweise festläßt.

6.2 Winkelfunktionen

In Abschnitt 4.2 hatten wir die e-Funktion eingeführt und gesehen, daß sie die additive Gruppe $(\mathbb{R}, +)$ homomorph in die multiplikative Gruppe $(\mathbb{R}\setminus\{0\}, \cdot)$ und isomorph auf die multiplikative Gruppe $(\mathbb{R}^+, \cdot)$ abbildet.
Allgemeiner wollen wir jetzt homomorphe Abbildungen von $(\mathbb{R}, +)$ in die

multiplikative Gruppe $(\mathbb{C}\backslash\{0\}, \cdot)$ bestimmen. Wir suchen also Funktionen

$$h: \mathbb{R} \to \mathbb{C}\backslash\{0\}$$

mit der Eigenschaft:

$$h(x+y) = h(x) \cdot h(y) \qquad \text{für alle } x, y \in \mathbb{R}.$$

Hier beschränken wir uns zunächst auf solche Funktionen, die durch Potenzreihen darstellbar sind:

$$h(x) = \sum_{n=0}^{\infty} c_n x^n.$$

Zur Bestimmung der Koeffizienten c_n setzen wir speziell $y = x$ und erhalten damit für h die Funktionalgleichung

$$h(2x) = h(x) h(x).$$

Nach dem Multiplikationssatz und dem Eindeutigkeitssatz für Potenzreihen folgt nun

$$(*) \qquad \sum_{k=0}^{n} c_k c_{n-k} = 2^n c_n \qquad \text{für } n \in \mathbb{N}_0.$$

Damit hat man eine Folge von Gleichungen, die eine rekursive Bestimmung der Koeffizienten ermöglichen. Wir notieren die ersten Gleichungen ausführlich:

$$\begin{aligned} c_0 &= c_0^2 \\ 2c_1 &= c_0 c_1 + c_1 c_0 \\ 4c_2 &= c_0 c_2 + c_1^2 + c_2 c_0 \\ 8c_3 &= c_0 c_3 + c_1 c_2 + c_2 c_1 + c_3 c_0 \\ &\;\; \vdots \end{aligned}$$

Es muß $c_0 = 1$ sein, da aus der Funktionalgleichung $h(0) = 1$ folgt und andererseits $h(0) = c_0$ ist. Die zweite Gleichung legt c_1 nicht fest, wir setzen deshalb $c_1 = c$. Aus der dritten Gleichung findet man dann $c_2 = \frac{c^2}{2}$, aus der vierten folgt $c_3 = \frac{c^3}{6}$. Es ist leicht zu verifizieren, daß die Gleichungen (*) durch

$$c_n = \frac{c^n}{n!}$$

erfüllt werden:

$$\sum_{k=0}^{n} \frac{c^k}{k!} \cdot \frac{c^{n-k}}{(n-k)!} = \frac{c^n}{n!} \cdot \sum_{k=0}^{n} \frac{n!}{k!(n-k)!} = 2^n \cdot \frac{c^n}{n!}.$$

Außerdem zeigt das Gleichungssystem, daß nach Wahl von $c_1 = c$ alle Koeffizienten eindeutig bestimmt sind.
Wenn also unser Problem eine Lösung hat, muß gelten

$$h(x) = \sum_{n=0}^{\infty} \frac{c^n}{n!} x^n \qquad \text{mit } c \in \mathbb{C}.$$

Wir zeigen, daß die gefundene Potenzreihe für alle x konvergiert und die Funktionalgleichung erfüllt.
Nach der Bemerkung von S. 168 folgt aus

$$\lim_n \frac{|c|^{n+1} \cdot n!}{(n+1)! \cdot |c|^n} = \lim_n \frac{|c|}{n+1} = 0,$$

daß die Reihe für alle x absolut konvergiert. Weiter ergibt der Multiplikationssatz für absolut konvergente Reihen (S. 155):

$$\begin{aligned} h(x) \cdot h(y) = \sum_{n=0}^{\infty} \frac{c^n x^n}{n!} \cdot \sum_{n=0}^{\infty} \frac{c^n y^n}{n!} &= \sum_{n=0}^{\infty} \left(\sum_{k=0}^{n} \frac{c^k x^k}{k!} \cdot \frac{c^{n-k} y^{n-k}}{(n-k)!} \right) \\ &= \sum_{n=0}^{\infty} \frac{c^n}{n!} \left(\sum_{k=0}^{n} \frac{n!}{k!(n-k)!} x^k y^{n-k} \right) \\ &= \sum_{n=0}^{\infty} \frac{c^n (x+y)^n}{n!} = h(x+y). \end{aligned}$$

Wir haben damit bewiesen:

Satz: *Es gibt homomorphe Abbildungen von* $(\mathbb{R}, +)$ *in* $(\mathbb{C}\setminus\{0\}, \cdot)$, *die durch Potenzreihen darstellbar sind, nämlich*

$$h_c(x) = \sum_{n=0}^{\infty} \frac{c^n}{n!} x^n \qquad \text{für } x \in \mathbb{R}.$$

Dabei kann c eine beliebige komplexe Zahl sein.

Wie bei jedem Homomorphismus einer Gruppe in eine andere, ist das Bild selber einer Gruppe. Von den Untergruppen von $(\mathbb{C}\setminus\{0\}, \cdot)$ sind besonders ausgezeichnet die Gruppe $(\mathbb{R}^+, \cdot)$ und die Gruppe $(\mathbb{E}, \cdot)$. Wir bestimmen deshalb alle $c \in \mathbb{C}$, für die diese Gruppen gerade die Bilder bei dem Homomorphismus h_c sind.

Soll $h_c(x) \in \mathbb{R}^+$ für alle $x \in \mathbb{R}$ gelten, so muß

$$h_c(x) = \overline{h_c(x)},$$

also

$$\sum_{n=0}^{\infty} \frac{c^n}{n!} x^n = \sum_{n=0}^{\infty} \frac{\bar{c}^n}{n!} x^n \qquad \text{für alle } x \in \mathbb{R}$$

richtig sein. Nach dem Identitätssatz für Potenzreihen kann diese Gleichung nur bestehen, wenn $c = \bar{c}$ gilt, d.h. wenn c reell ist. Umgekehrt liegt dann auch $h_c(x)$ in $\mathbb{R}$ und wegen $h_c(x) = \left(h_c\left(\frac{x}{2}\right)\right)^2$ sogar in $\mathbb{R}^+$.

Soll $h_c(x) \in \mathbb{E}$ für alle $x \in \mathbb{R}$ gelten, so muß $|h_c(x)|^2 = h_c(x) \cdot \overline{h_c(x)} = 1$, also

$$\begin{aligned} \sum_{n=0}^{\infty} \frac{c^n}{n!} x^n \cdot \sum_{n=0}^{\infty} \frac{\bar{c}^n}{n!} x^n &= \sum_{n=0}^{\infty} \left(\sum_{k=0}^{n} \binom{n}{k} c^k \bar{c}^{n-k} \right) \frac{x^n}{n!} \\ &= \sum_{n=0}^{\infty} \frac{(c+\bar{c})^n}{n!} x^n = 1 \end{aligned}$$

für alle $x \in \mathbb{R}$ richtig sein. Wiederum nach dem Identitätssatz folgt hieraus $c + \bar{c} = 0$, d.h. c ist rein imaginär. Umgekehrt folgt aus der bewiesenen Gleichung, daß für rein imaginäres c stets

$$|h_c(x)| = 1$$

gilt.

Wir wollen nun diese beiden Fälle (c reell bzw. c rein imaginär) genauer betrachten. Es genügt dazu, $c = 1$ bzw. $c = i$ zu setzen, weil $h_a(x) = h_1(ax)$ bzw. $h_{ib}(x) = h_i(bx)$ gilt.

Im ersten Fall kennen wir die Funktion bereits; da nämlich h_1 die Funktionalgleichung

$$h_1(x+y) = h_1(x) \cdot h_1(y)$$

und die Ungleichung

$$1 + x \leqq h_1(x)$$

erfüllt, muß

$$h_1 = \exp$$

gelten (vgl. Bemerkung auf S. 134). Die Richtigkeit der Ungleichung ist für $x \geqq 0$ unmittelbar aus der Potenzreihendarstellung ersichtlich; für $-1 \leqq x < 0$

ergibt sie sich aus der Bemerkung zum Leibniz-Kriterium (vgl. S. 146); für $x < -1$ ist $(1+x)$ negativ, während alle Werte von h_1 positiv sind.

Der zweite Fall – c rein imaginär – führt auf die *trigonometrischen Funktionen*, die wir jetzt einführen und behandeln wollen.
Die zu $c = i$ gehörende Funktion bezeichnen wir jetzt kurz mit h:

$$h(x) = \sum_{n=0}^{\infty} \frac{i^n}{n!} x^n \qquad (x \in \mathbb{R}).$$

Zerlegen wir $h = f + ig$ in Realteil und Imaginärteil, so erhalten wir für f und g ebenfalls Potenzreihen:

$$f(x) = \sum_{k=0}^{\infty} (-1)^k \frac{x^{2k}}{(2k)!} \qquad (x \in \mathbb{R})$$

$$g(x) = \sum_{k=0}^{\infty} (-1)^k \frac{x^{2k+1}}{(2k+1)!} \qquad (x \in \mathbb{R}).$$

Offensichtlich ist f eine gerade und g eine ungerade Funktion, d.h. es gilt für alle $x \in \mathbb{R}$:

$$f(-x) = f(x) \qquad \text{und} \qquad g(-x) = -g(x).$$

Das Leibniz-Kriterium liefert eine erste grobe Abschätzung für f und g:

$$0 < f(x) = 1 - \frac{x^2}{2!} + \frac{x^4}{4!} - \frac{x^6}{6!} \pm \ldots \qquad \text{für } -1 \leqq x \leqq 1$$

$$0 < g(x) = x - \frac{x^3}{3!} + \frac{x^5}{5!} - \frac{x^7}{7!} \pm \ldots \qquad \text{für } 0 < x \leqq 2.$$

Denn in beiden Fällen handelt es sich um alternierende Reihen mit monoton gegen 0 fallenden Reihengliedern. Die Summe der beiden ersten Glieder ist positiv, die jeweiligen Fehler sind nichtnegativ (vgl. Bemerkung zum Leibniz-Kriterium auf S. 146).
Außerdem gilt

$$|g(x)| \leqq |x| \qquad \text{für alle } x \in \mathbb{R}.$$

Dies folgt für $0 \leqq x \leqq 1$ unmittelbar aus der Reihendarstellung von g und damit für $|x| \leqq 1$, weil g ungerade ist. Für $|x| > 1$ ist die Ungleichung aber wegen $|g(x)| \leqq |h(x)| \leqq 1$ trivialerweise erfüllt.
Wir stellen noch fest, daß $f(2)$ negativ ist:

$$f(2) = 1 - \frac{4}{2!} + \frac{16}{4!} - r = -\frac{1}{3} - r \qquad \text{mit } r > 0.$$

Wir ziehen nun einige Folgerungen aus der Funktionalgleichung

$$h(x+y) = h(x) \cdot h(y).$$

Unter Berücksichtigung von $|h(x)|^2 = h(x) \cdot \overline{h(x)} = 1$ und wegen $h(0) = 1$ ergibt sich

$$h(-x) = \frac{1}{h(x)} = \overline{h(x)}.$$

Damit folgt weiter

$$h(x-y) = h(x) \cdot \overline{h(y)}$$

und durch Subtraktion

$$\begin{aligned} h(x+y) - h(x-y) &= h(x) \cdot \left(h(y) - \overline{h(y)}\right) \\ &= 2i \cdot h(x) \cdot g(y). \end{aligned}$$

Nach Umbenennung der Variablen kann man diese Gleichung auch in der Form

$$h(y) - h(x) = 2i \cdot h\left(\frac{y+x}{2}\right) \cdot g\left(\frac{y-x}{2}\right)$$

schreiben. Da g reellwertig ist, folgt hieraus für den Realteil f von h:

(*) $$f(y) - f(x) = -2 \cdot g\left(\frac{y+x}{2}\right) \cdot g\left(\frac{y-x}{2}\right).$$

Aufgrund der Abschätzung für $g(x)$ im Intervall $0 < x \leqq 2$ ergibt sich nun die strenge Monotonie von f im Intervall $[0, 2]$. Wenn nämlich $0 \leqq x < y \leqq 2$ ist, hat man

$$0 < \frac{y+x}{2} < 2 \qquad \text{und} \qquad 0 < \frac{y-x}{2} \leqq 1$$

und damit folgt aus Gleichung (*) wegen der Positivität von $g\left(\frac{y+x}{2}\right) \cdot g\left(\frac{y-x}{2}\right)$:

$$f(y) < f(x) \qquad \text{falls } x < y \text{ und } x, y \in [0, 2].$$

Wegen $\left|g\left(\frac{y-x}{2}\right)\right| \leqq \left|\frac{y-x}{2}\right|$ und $\left|g\left(\frac{y+x}{2}\right)\right| \leqq 1$ ergibt sich aus der Gleichung (*) die Abschätzung

$$|f(y)-f(x)| \leqq |y-x|$$

für das Intervall $[0, 2]$, d.h. f ist dort dehnungsbeschränkt.

Da f in $[0, 2]$ streng monoton fallend und dehnungsbeschränkt ist, bildet nach S. 83 die Funktion f das Intervall $[0, 2]$ bijektiv auf das Intervall $[f(2), f(0)]$ ab. Dabei ist $f(2) < -\frac{1}{3}$ und $f(0) = 1$ Also hat f im Intervall $[0, 2]$ genau eine Nullstelle. Diese bezeichnet man mit $\frac{\pi}{2}$. Wegen $f\left(\frac{\pi}{2}\right) = 0$ muß $\left(g\left(\frac{\pi}{2}\right)\right)^2 = 1$ und, da g im Intervall $0 < x \leqq 2$ nur positive Werte annimmt, sogar $g\left(\frac{\pi}{2}\right) = 1$ gelten. Man hat also:

$$h\left(\frac{\pi}{2}\right) = i.$$

Die Funktionalgleichung für h liefert nun sofort

$$h(\pi) = i \cdot i = -1$$

und

$$h(2\pi) = 1.$$

Man hat deshalb

$$\left.\begin{aligned} h(x+\pi) &= -h(x) \\ h(x+2\pi) &= h(x) \end{aligned}\right\} \quad \text{für alle } x \in \mathbb{R},$$

die Funktion h ist also *periodisch mit der Periode* 2π.

Wir zeigen nun, daß h das halboffene Intervall $[0, 2\pi[$ bijektiv auf $\mathbb{E}$ abbildet. Wegen der strengen Monotonie von f im Intervall $\left[0, \frac{\pi}{2}\right[$ wissen wir bereits, daß h das Intervall $\left[0, \frac{\pi}{2}\right[$ bijektiv auf den „Viertelkreis"

$$\{z \mid z \in \mathbb{E},\ \operatorname{Re} z > 0,\ \operatorname{Im} z \geqq 0\}$$

abbildet. Die drei anschließenden Intervalle $\left[\frac{\pi}{2}, \pi\right[$, $\left[\pi, \frac{3\pi}{2}\right[$ und $\left[\frac{3\pi}{2}, 2\pi\right[$

werden vermöge der Beziehung

$$h\left(x+\frac{\pi}{2}\right)=h\left(\frac{\pi}{2}\right)\cdot h(x)=i\cdot h(x)$$

auf die drei weiteren Viertelkreise bijektiv abgebildet.
Insbesondere ergibt sich hieraus, daß es im Intervall $[0, 2\pi[$ außer 0 keine Zahl p geben kann, für die $h(p)=1$ gilt und die damit Periode von h wäre. 2π ist also die kleinste positive Zahl, die Periode von h ist.

Statt $h(x)$ schreiben wir von jetzt an $\exp ix$.

Def.: $$\exp ix := \sum_{n=0}^{\infty} \frac{i^n}{n!}x^n \qquad (x\in\mathbb{R}).$$

Die bisherigen Ergebnisse fassen wir zusammen.

Satz: *Die Funktion* $x\mapsto \exp ix$ $(x\in\mathbb{R})$ *hat folgende Eigenschaften:*

(1) $\exp i(x+y)=\exp ix\cdot\exp iy$

(2) $|\exp iy-\exp ix|\leqq|y-x|$
Die Funktion ist also dehnungsbeschränkt.

(3) $\exp i\left(x+\frac{\pi}{2}\right)=i\cdot\exp ix$

$\exp i(x+\pi)=-\exp ix$
$\exp i(x+2\pi)=\exp ix$
Die Funktion hat also die Periode 2π.

(4) *Die Wertemenge der Funktion ist* $\mathbb{E}$.

(5) *Das Intervall* $[0, 2\pi[$ *wird bijektiv auf* $\mathbb{E}$ *abgebildet.*

(6) *Die Funktion bildet die Gruppe* $(\mathbb{R}, +)$ *homomorph auf die Gruppe* $(\mathbb{E}, \cdot)$ *ab.*

Die Funktion $x\mapsto\exp ix$ bildet jedes halboffene Intervall der Länge 2π bijektiv auf den Einheitskreis ab; für die entsprechende Restriktion existiert also eine Umkehrfunktion. Speziell wird die Umkehrfunktion von

$$x\mapsto\exp ix, \qquad x\in[0, 2\pi[$$

mit arg bezeichnet:

$$z\mapsto\arg z, \qquad z\in\mathbb{E}$$

Aus der Funktionalgleichung

$$\exp i(x+y) = \exp(ix) \cdot \exp(iy)$$

folgt für die Umkehrfunktion

$$\arg(z \cdot w) = \begin{cases} \arg z + \arg w \quad , & \text{falls } \arg z + \arg w < 2\pi \\ \arg z + \arg w - 2\pi, & \text{falls } 2\pi \leqq \arg z + \arg w < 4\pi. \end{cases}$$

Zusammenfassend schreibt man:

$$\arg(z \cdot w) \equiv \arg z + \arg w \mod 2\pi.$$

Es ist üblich, die Funktion arg von $\mathbb{E}$ auf $\mathbb{C} \setminus \{0\}$ fortzusetzen, indem man definiert:

$$\arg z := \arg \frac{z}{|z|} \qquad \text{für } z \neq 0.$$

Jeder von 0 verschiedenen komplexen Zahl z ist so eindeutig eine reelle Zahl $\varphi = \arg z$ aus dem Intervall $[0, 2\pi[$ zugeordnet. Umgekehrt legt $\varphi = \arg z$ zusammen mit dem absoluten Betrag $r = |z|$ die komplexe Zahl z fest:

$$z = r \cdot \exp i\varphi.$$

r und φ nennt man auch die Polarkoordinaten der komplexen Zahl $z \neq 0$.

Bemerkung: In geometrischer Sprechweise bezeichnet man φ oft als Winkelmaß des orientierten Winkels, der von der positiven reellen Achse und der durch 0 und z bestimmten Halbgeraden gebildet wird. Man beachte, daß wir uns hier nicht auf elementargeometrische Kenntnisse gestützt, sondern rein analytische Definitionen gegeben haben.

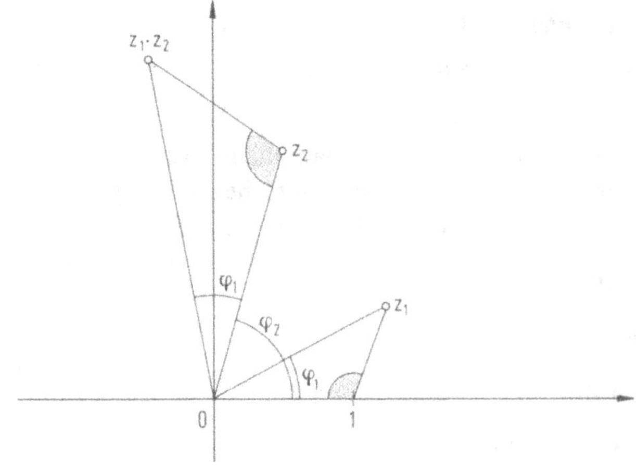

Zur Veranschaulichung benutzen wir zwar Figuren, als Beweismittel sind sie jedoch nicht zugelassen. Trotzdem sind Figuren in vielen Fällen ein nützliches Hilfsmittel. So ergibt sich z. B. für das Produkt zweier komplexer Zahlen aus

$$z_1 \cdot z_2 = r_1 \cdot r_2 \cdot \exp i(\varphi_1 + \varphi_2)$$

eine einfache geometrische Konstruktion.

Aufgabe: Man beschreibe diese Konstruktion. Weiter diskutiere man die geometrische Bedeutung der Abbildungen $z \mapsto az + b$.

Aufgabe: Für $z = x + iy = r \cdot \exp i\varphi$ drücke man r und φ durch x und y aus.

Wir haben hier die komplexe Version der trigonometrischen Funktionen gewählt, weil damit der Bezug zum Einheitskreis und zur Drehgruppe besser hervortritt. Auch ist dann der formale Aufwand geringer als in der traditionellen Darstellungsweise und die Formeln sind einprägsamer. Selbstverständlich kann man nun die Eigenschaften der trigonometrischen Funktionen cos, sin, tan, cot leicht gewinnen.

Der Realteil f und der Imaginärteil g von h werden mit cos und sin bezeichnet, so daß man für alle $x \in \mathbb{R}$ die Gleichung

$$\exp ix = \cos x + i \sin x$$

hat. Daraus ergibt sich:

$$\cos x = \frac{1}{2}(\exp ix + \exp(-ix)) = \sum_{n=0}^{\infty} (-1)^n \frac{x^{2n}}{(2n)!}$$

$$\sin x = \frac{1}{2i}(\exp ix - \exp(-ix)) = \sum_{n=0}^{\infty} (-1)^n \frac{x^{2n+1}}{(2n+1)!}.$$

Wir stellen zusammen:

Satz: *Die Funktionen* cos *und* sin *haben folgende Eigenschaften:*

(1) $\cos(x+y) = \cos x \cdot \cos y - \sin x \cdot \sin y$
$\sin(x+y) = \sin x \cdot \cos y + \cos x \cdot \sin y$

(2) $\cos^2 x + \sin^2 x = 1$

(3) $|\cos y - \cos x| \leqq |y - x|$
$|\sin y - \sin x| \leqq |y - x|$

cos *und* sin *sind also dehnungsbeschränkt.*

$$\cos\left(x+\frac{\pi}{2}\right) = -\sin x, \quad \sin\left(x+\frac{\pi}{2}\right) = \cos x$$

(4) $\cos(x+\pi) = -\cos x, \qquad \sin(x+\pi) = -\sin x$
$\cos(x+2\pi) = \cos x, \qquad \sin(x+2\pi) = \sin x$
cos *und* sin *haben also die Periode* 2π.

(5) *Beide Funktionen haben als Wertemenge das Intervall* $[-1, 1]$.

(6) *Die Funktion* cos *ist im Intervall* $[0, \pi]$ *streng monoton fallend.*

Die Funktion sin *ist im Intervall* $\left[-\frac{\pi}{2}, \frac{\pi}{2}\right]$ *streng monoton wachsend.*

Bemerkung: Durch die Eigenschaften (1) und (3) werden die beiden Funktionen cos und sin noch nicht eindeutig festgelegt, jedoch läßt sich zeigen, daß genau die Funktionen $x \mapsto \cos ax$ und $x \mapsto \sin ax$ mit $a \in \mathbb{R}$ und $|a| \leqq 1$ die Bedingungen (1) und (3) erfüllen. Mit der weiteren Forderung, daß a möglichst groß sein soll, sind dann die Funktionen cos und sin charakterisiert.

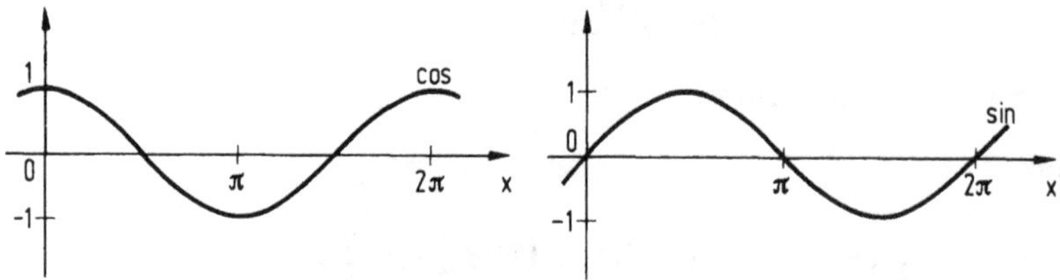

Alle weiteren trigonometrischen Funktionen können nun wie üblich erklärt werden. Wir beschränken uns hier darauf, Definitionen und einfache Eigenschaften von tan und cot anzugeben:

$$\tan x = \frac{\sin x}{\cos x} \qquad \text{mit } D = \{x \mid x \neq (k+\tfrac{1}{2})\pi,\ k \in \mathbb{Z}\}$$

$$\cot x = \frac{\cos x}{\sin x} \qquad \text{mit } D = \{x \mid x \neq k\pi,\ k \in \mathbb{Z}\}.$$

Beide Funktionen haben die Periode π, wie sich aus den Gleichungen $\sin(x+\pi) = -\sin x$ und $\cos(x+\pi) = -\cos x$ ergibt.

tan ist in $\left]-\frac{\pi}{2}, \frac{\pi}{2}\right[$ streng monoton wachsend, cot in $]0, \pi[$ streng monoton fallend (Beweis als Aufgabe).

In jedem abgeschlossenen Teilintervall $[-a, a]$ von $\left]-\frac{\pi}{2}, \frac{\pi}{2}\right[$ ist die Funktion tan dehnungsbeschränkt

$$|\tan y - \tan x| \leqq \frac{1}{\cos^2 a}|y-x|.$$

Aufgabe: Man beweise diese Aussage und eine entsprechende für die Funktion cot.

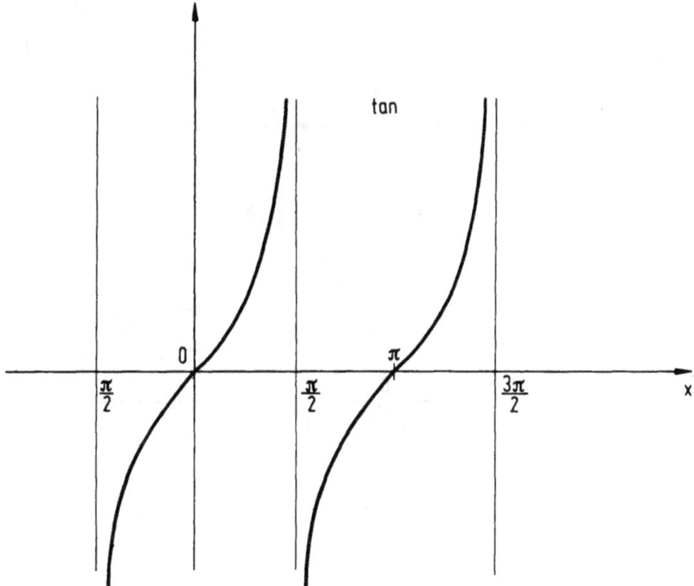

Folgerung: Die Funktionen tan bzw. cot bilden das Intervall $\left]-\frac{\pi}{2}, \frac{\pi}{2}\right[$ bzw. das Intervall $]0, \pi[$ bijektiv auf $\mathbb{R}$ ab.

Alle vier Funktionen cos, sin, tan, cot sind wegen der Periodizität nicht umkehrbar, jedoch existieren Umkehrfunktionen bei Restriktion auf geeignete Intervalle. Man nennt solche Umkehrungen „Arcus-Funktionen"; wir stellen die üblichen Definitionen hier tabellarisch zusammen:

Funktion	Umkehrfunktion
$x \mapsto \cos x,\ x \in [0, \pi]$	$x \mapsto \arccos x,\ x \in [-1, 1]$
$x \mapsto \sin x,\ x \in \left[-\frac{\pi}{2}, \frac{\pi}{2}\right]$	$x \mapsto \arcsin x,\ x \in [-1, 1]$
$x \mapsto \tan x,\ x \in \left]-\frac{\pi}{2}, \frac{\pi}{2}\right[$	$x \mapsto \arctan x,\ x \in \mathbb{R}$
$x \mapsto \cot x,\ x \in\ ]0, \pi[$	$x \mapsto \operatorname{arccot} x,\ x \in \mathbb{R}$

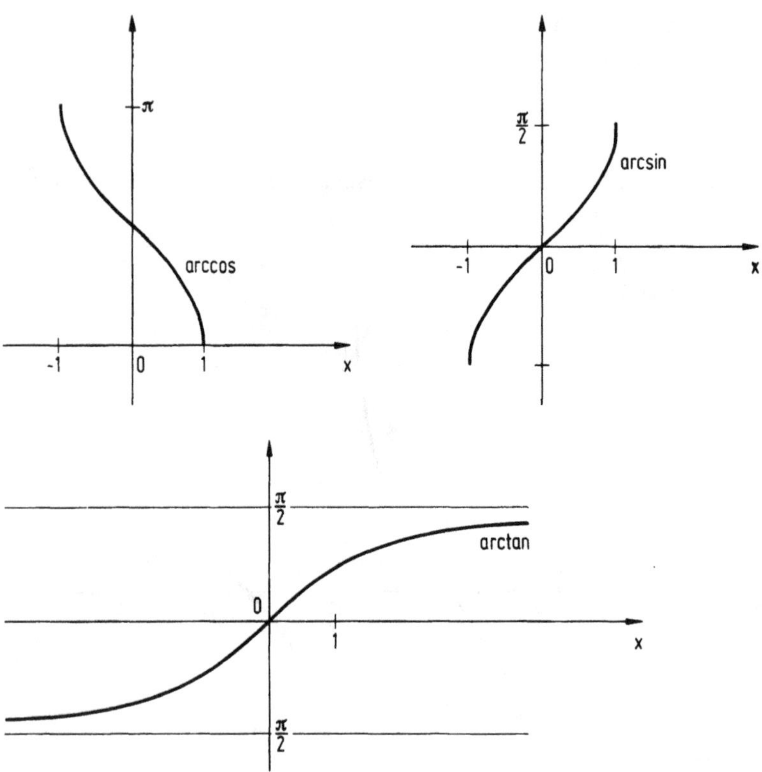

Wir werden später die arctan-Funktion zur numerischen Berechnung von π verwenden.

Aufgaben

1. Aus der Gleichung $\exp inx = (\exp ix)^n$ leite man Formeln für $\cos nx$ und $\sin nx$ her. Weiter stelle man $\cos^n x$ und $\sin^n x$ als Linearkombinationen von $1, \sin x, \cos x, \sin 2x, \cos 2x, \ldots, \sin nx, \cos nx$ dar.
2. Man berechne

$$\sum_{k=0}^{n} \exp ikx$$

$$\sum_{k=-m}^{m} \exp ikx .$$

Welche Formeln ergeben sich durch Trennung von Realteil und Imaginärteil?

3. Man leite Funktionalgleichungen („Additionstheoreme“) her, denen die Funktionen tan bzw. cot genügen. Wie lauten die Funktionalgleichungen für die Funktionen arctan und arccot?

   Man zeige: $\frac{\pi}{4} = 4\arctan\frac{1}{5} - \arctan\frac{1}{239}$.

4. Man gebe Intervalle an, in denen die Funktionen arccos, arcsin, arctan, arccot dehnungsbeschränkt sind.
5. Für die Funktionen

   $\arccos + \arcsin$

   $\sin \circ \arctan$

   $\cos \circ \arctan$

   gebe man andere (möglichst einfache) Beschreibungen an.
6. Zu beliebig vorgegebenen reellen Zahlen a und b bestimme man alle reellen c und alle reellen d derart, daß für alle x gilt

   $$a \cdot \cos x + b \cdot \sin x = c \cdot \sin(x + d).$$

7. Für jedes $x \in \mathbb{R}$ und jedes $n \in \mathbb{N}$ gilt

   $$|\sin nx| \leqq n \cdot |\sin x|.$$

   Dagegen ist die Ungleichung

   $$|\sin ax| \leqq a \cdot |\sin x|$$

   nicht für alle $x \in \mathbb{R}$ und für alle $a \in \mathbb{R}^+$ richtig. Man belege dies durch ein Beispiel.
8. Es sei a eine beliebige reelle Zahl. Man zeige, daß die Folge $(\cos na)$ keine Nullfolge ist.
   Weiter bestimme man alle a, für die die Folge $(\sin na)$ konvergiert.
9. Man bestimme für $a \in \mathbb{C}$ alle Lösungen der Gleichung

   $$z^k = a.$$

   (Man schreibe a in der Form $r \cdot \exp i\varphi$.)
10. Es sei $f(z) = c_0 + c_k z^k$ und $c_0 \neq 0$. Man zeige, daß es in jeder Umgebung von 0 Punkte z gibt, für die

    $$|f(z)| < |f(0)|$$

    gilt.
    Anleitung: Man wähle $\arg z$ so, daß $\frac{c_k}{c_0} z^k$ reell und negativ wird.

11. Es sei $f(z) = c_0 + c_1 z + \ldots + c_n z^n (c_n \neq 0)$ und $a \in \mathbb{C}$ eine Stelle, an der das Minimum der Wertemenge von $|f|$ angenommen wird (vgl. Aufg. 14 von S. 196). Man zeige, daß $f(a) = 0$ ist, indem man entsprechend wie in Aufg. 10 vorgeht. Jede ganzrationale Funktion, deren Grad größer als 1 ist, besitzt also eine Nullstelle. Weiter zeige man, daß es, wenn Grad $f = n$ ist, komplexe Zahlen $a_1, a_2, \ldots, a_n$, die nicht notwendig verschieden sind, gibt derart, daß gilt

$$f(z) = c_n \cdot (z - a_1)(z - a_2) \ldots (z - a_n).$$

Jede ganzrationale Funktion über $\mathbb{C}$ läßt sich also in Linearfaktoren zerlegen (Fundamentalsatz der Algebra). Sind die Koeffizienten reell, so ist über $\mathbb{R}$ eine Zerlegung in lineare und quadratische Faktoren möglich.

7 Stetige Funktionen

Bei der Anwendung des Funktionsbegriffs auf Probleme der Naturwissenschaft (und natürlich auch der Mathematik) beobachtet man, daß in vielen Fällen die betrachteten Funktionen folgende Eigenschaften haben: Ändert man das Argument nur wenig, so ändert sich auch der Funktionswert nur wenig. Daß dieser Sachverhalt etwa bei Bewegungsvorgängen vorliegt, ist jedem geläufig. Die weitaus meisten Gesetzmäßigkeiten der Physik werden durch *stetige Funktionen* beschrieben.
Für uns kommt es darauf an, die angegebene vage Umschreibung der Stetigkeit zu präzisieren. Das kann etwa mit Hilfe des Umgebungsbegriffs geschehen. Eine andere Möglichkeit ergibt sich durch Heranziehung des Folgenbegriffs. Die Äquivalenz beider Stetigkeitsdefinitionen sowie einige Regeln über stetige Funktionen beweisen wir im ersten Abschnitt. Wir betrachten dabei zunächst Funktionen, die an einer festen Stelle a stetig sind. Den Limesbegriff bei Funktionen führen wir erst später mit Hilfe des Stetigkeitsbegriffs ein.
Wenn eine Funktion in allen Punkten ihrer Definitionsmenge stetig ist, wird man auf neue interessante Fragestellungen geführt. Um diese zweckmäßig behandeln zu können, beschäftigen wir uns zuvor mit den Begriffen *offene Menge, abgeschlossene Menge, kompakte Menge* und beweisen die für das folgende unentbehrlichen Sätze von Bolzano-Weierstraß und von Heine-Borel. Wir untersuchen dann weiter die *gleichmäßig stetigen* Funktionen sowie die Abbildungseigenschaften stetiger Funktionen. Zum Beispiel werden wir zeigen, daß eine in einem Intervall definierte stetige Funktion jeden Wert, der zwischen zwei anderen Funktionswerten liegt, annimmt (Zwischenwertsatz).
Schließlich werden wir alle stetigen Homomorphismen der additiven Gruppe von $\mathbb{R}$ in sich bestimmen. Daraus ergibt sich dann weiter, daß die Exponentialfunktionen nicht nur die einzigen durch Potenzreihen darstellbaren, sondern sogar die einzigen *stetigen* Homomorphismen von $(\mathbb{R}, +)$ in $(\mathbb{R}^+, \cdot)$ sind.

7.1 Stetigkeit von Funktionen

Eine Präzisierung des intuitiven Stetigkeitsbegriffs kann man mit Hilfe des Umgebungsbegriffs vornehmen. Wir behandeln zunächst die *Stetigkeit* einer

Funktion $f: D \to \mathbb{R}$ *an einer Stelle* $a \in D$. Wenn x in der „Nähe" von a liegt, dann soll $f(x)$ in der „Nähe" von $f(a)$ liegen. Um das sicherzustellen, hat man zunächst durch Vorgabe einer Umgebung V von $f(a)$ den gewünschten Genauigkeitsgrad vorzuschreiben und danach eine Umgebung U von a zu finden, so daß für jedes $x \in U$ der Funktionswert $f(x)$ zu V gehört.

Wir geben also folgende

Def.: *Die Funktion* $f: D \to \mathbb{R}$ *heißt* stetig in $a \in D$, *wenn zu* jeder *Umgebung* V *von* $f(a)$ *eine Umgebung* U *von* a *existiert, so daß gilt*

$$f(U \cap D) \subset V.$$

Äquivalent damit ist die folgende

Def.: f *heißt* stetig in $a \in D$, *wenn zu* jedem $\varepsilon > 0$ *ein* $\delta > 0$ *existiert, so daß gilt*

$$|x - a| < \delta, \ x \in D \Rightarrow |f(x) - f(a)| < \varepsilon.$$

Bemerkung: Um den Handlungsablauf, den die Stetigkeitsdefinition vorschreibt, einprägsam zu veranschaulichen, betrachten wir die folgende Figur:

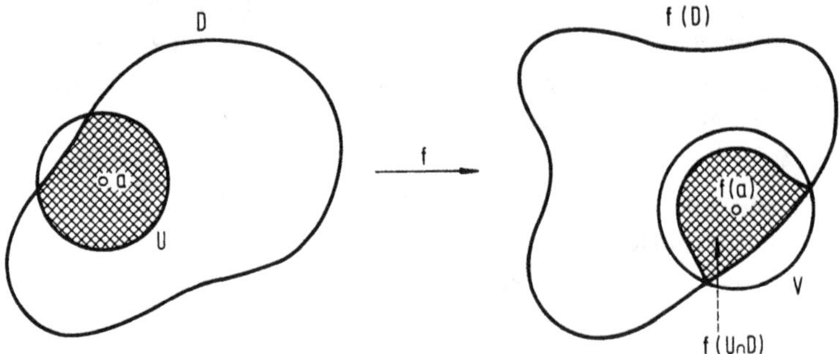

Zunächst wird eine beliebige Umgebung V von $f(a)$ vorgegeben. Hierzu haben wir eine Umgebung U von a so zu bestimmen, daß alle Punkte von U – soweit sie zu D gehören – ihre Bilder in V haben.

Im konkreten Fall erfordert der Stetigkeitsnachweis, daß man zu jedem beliebigen $\varepsilon > 0$ ein passendes $\delta > 0$ mit der formulierten Eigenschaft findet. Da man meist ein solches δ nicht auf Anhieb nennen kann, geht man folgendermaßen vor: Man versucht aus der Ungleichung $|f(x) - f(a)| < \varepsilon$ durch Umformung eine Bedingung für $|x - a|$ zu gewinnen und danach ein $\delta > 0$ passend zu wählen.

Dabei kann auch eine Figur helfen. Man stellt fest, wo der Graph von f die Parallelen zur x-Achse in der Höhe $f(a) - \varepsilon$ und $f(a) + \varepsilon$ schneidet und betrachtet die zugehörigen Stellen. Der Abstand von a zur nächstbenachbarten dieser Stellen ist als δ geeignet (und natürlich auch jede kleinere positive Zahl).

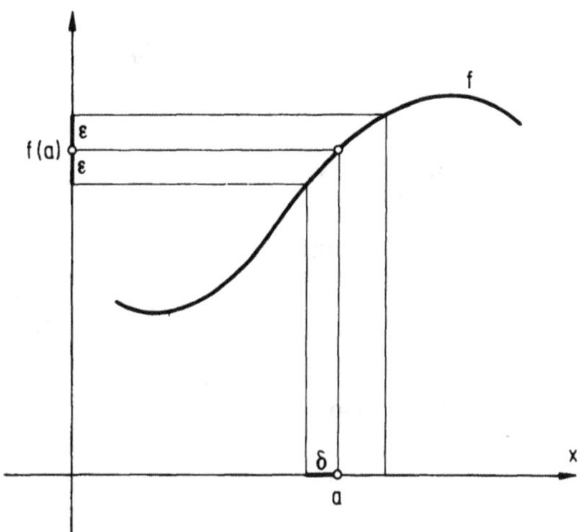

Beispiele:

1) Die Quadratwurzelfunktion

$$x \mapsto \sqrt{x} \qquad \text{für } x \in \mathbb{R}_0^+$$

ist an jeder Stelle $a \in \mathbb{R}_0^+$ stetig.

Beweis: Ist $a = 0$ und $\varepsilon > 0$ vorgegeben, so kann man $\delta = \varepsilon^2$ wählen. Wegen der Monotonie der Wurzelfunktion gilt dann

$$\sqrt{x} < \varepsilon$$

für alle x mit $0 \leqq x < \varepsilon^2 = \delta$.
Wenn $a > 0$ ist, formen wir zunächst um:

$$\sqrt{x} - \sqrt{a} = \frac{x - a}{\sqrt{x} + \sqrt{a}}.$$

Daraus ersehen wir, daß wir $\delta = \sqrt{a} \cdot \varepsilon$ wählen können, denn wenn $|x - a| < \delta$ ist, folgt

$$|\sqrt{x} - \sqrt{a}| < \frac{\sqrt{a} \cdot \varepsilon}{\sqrt{x} + \sqrt{a}} < \varepsilon.$$

2) Die durch

$$f(x) = \begin{cases} x \cdot \sin \frac{1}{x} & \text{für } x \neq 0 \\ 0 & \text{für } x = 0 \end{cases}$$

erklärte Funktion f ist an jeder Stelle $a \in \mathbb{R}$ stetig.

Beweis: Ist $a = 0$ und $\varepsilon > 0$ vorgegeben, so kann man $\delta = \varepsilon$ wählen, denn für $0 < |x| < \delta = \varepsilon$ folgt

$$|f(x) - f(0)| = |x| \cdot |\sin \frac{1}{x}| \leqq |x| < \varepsilon.$$

Für $a \neq 0$ formen wir folgendermaßen um:

$$|x \cdot \sin \frac{1}{x} - a \cdot \sin \frac{1}{a}| \leqq |x \cdot \sin \frac{1}{x} - a \cdot \sin \frac{1}{x}| + |a \cdot \sin \frac{1}{x} - a \cdot \sin \frac{1}{a}|$$
$$\leqq |x - a| + |a| \cdot |\sin \frac{1}{x} - \sin \frac{1}{a}|.$$

Wegen $|\sin v - \sin u| \leqq |v - u|$ (vgl. S. 205) folgt $|\sin \frac{1}{x} - \sin \frac{1}{a}| \leqq \left|\frac{1}{x} - \frac{1}{a}\right| = \frac{|x - a|}{|a| \cdot |x|}$. Es ergibt sich also:

$$\left|x \cdot \sin \frac{1}{x} - a \cdot \sin \frac{1}{a}\right| \leqq \left(1 + \frac{1}{|x|}\right) \cdot |x - a|.$$

Da in dem Faktor von $|x - a|$ noch $\frac{1}{|x|}$ vorkommt, müssen wir auch diesen noch abschätzen. Wir beschränken deshalb x auf die Umgebung $|x - a| \leqq \frac{|a|}{2}$ der Stelle a. Dann gilt $|x| \geqq \frac{|a|}{2}$ und es folgt:

$$\left|x \sin \frac{1}{x} - a \sin \frac{1}{a}\right| \leqq \left(1 + \frac{2}{|a|}\right) |x - a|.$$

Zu vorgegebenem $\varepsilon > 0$ kann man deshalb $\delta = \min \left\{\frac{|a|}{2}, \frac{|a|}{2 + |a|} \varepsilon\right\}$ wählen. Aus $|x - a| < \delta$ folgt dann

$$\left|x \cdot \sin \frac{1}{x} - a \cdot \sin \frac{1}{a}\right| < \left(1 + \frac{2}{|a|}\right) \left(\frac{|a|}{2 + |a|}\right) \varepsilon = \varepsilon.$$

Daß f in $a \in D$ *nicht stetig* ist, bedeutet nach der Stetigkeitsdefinition folgendes: Es muß ein $\varepsilon > 0$ so angegeben werden, daß für jedes $\delta > 0$ gilt: Nicht für alle $x \in D$ mit $|x - a| < \delta$ ist die Ungleichung $|f(x) - f(a)| < \varepsilon$ richtig, d. h. für mindestens ein $x \in D$ mit $|x - a| < \delta$ ist die Ungleichung $|f(x) - f(a)| \geqq \varepsilon$ erfüllt.

3) Die „Größte-Ganze"-Funktion

$$x \mapsto [x] \qquad \text{für } x \in \mathbb{R}$$

ist an jeder Stelle $a \in \mathbb{Z}$ nicht stetig, an allen anderen Stellen dagegen stetig.

Beweis: Zu $a \notin \mathbb{Z}$ gibt es genau eine ganze Zahl k mit $k < a < k + 1$. Wenn $\delta = \min\{a - k, k + 1 - a\}$ ist, folgt aus $|x - a| < \delta$:

$$[x] - [a] = 0.$$

Zu jedem $\varepsilon > 0$ kann man also stets dieselbe Zahl δ wählen.
Falls $a \in \mathbb{Z}$, etwa $a = 0$ ist, wählen wir $\varepsilon = \frac{1}{2}$ und finden zu jedem $\delta > 0$ ein x mit $|x| < \delta$, etwa $x = -\frac{\delta}{2}$, derart, daß

$$\left|\left[-\frac{\delta}{2}\right] - [0]\right| \geqq 1 > \frac{1}{2} = \varepsilon$$

ist.

4) Die durch

$$f(x) = \begin{cases} 1 & \text{für } x \in \mathbb{Q} \\ 0 & \text{für } x \notin \mathbb{Q} \end{cases}$$

definierte „Dirichlet"-Funktion $f\colon \mathbb{R} \to \mathbb{R}$ ist an keiner Stelle $a \in \mathbb{R}$ stetig.

Beweis: Wenn $a \in \mathbb{Q}$, so gibt es in jeder Umgebung von a irrationale Zahlen, d.h. für jedes $\delta > 0$ gibt es ein x mit $|x - a| < \delta$ und

$$|f(x) - f(a)| = 1.$$

Wenn $a \notin \mathbb{Q}$, gibt es in jeder Umgebung von a rationale Zahlen, d.h. für jedes $\delta > 0$ gibt es ein x mit $|x - a| < \delta$ und

$$|f(x) - f(a)| = 1.$$

Sehr viele Beispiele stetiger Funktionen fallen unter den Begriff der *dehnungsbeschränkten* Funktionen, den wir schon in Kap. 2 eingeführt haben. Wir erinnern an deren Definition:

Es gibt eine Zahl $c > 0$ derart, daß für alle $x_1, x_2 \in D$ gilt

$$|f(x_2) - f(x_1)| \leqq c \cdot |x_2 - x_1|.$$

Hieraus ist unmittelbar ersichtlich, daß f an jeder Stelle $a \in D$ stetig ist: Man wähle zum Beweis $\delta = \frac{\varepsilon}{c}$. Aus $|x - a| < \delta = \frac{\varepsilon}{c}$ folgt ja

$$|f(x) - f(a)| \leqq c \cdot |x - a| < \varepsilon.$$

Satz: *Jede dehnungsbeschränkte Funktion ist an jeder Stelle ihrer Definitionsmenge stetig.*

So ist z. B. die Betragsfunktion an jeder Stelle aus $\mathbb{R}$ stetig.

Man kann den Satz noch etwas erweitern; die Dehnungsbeschränktheit in D wird beim Beweis ja nicht voll ausgenützt. Es genügt offensichtlich auch schon, wenn es zu $a \in D$ ein $c > 0$ gibt derart, daß $|f(x) - f(a)| \leqq c \cdot |x - a|$ nur für alle x aus einer *Umgebung* von a gilt. Damit ergibt sich der

Satz: *Die rationalen Funktionen, die Logarithmusfunktionen, die Exponentialfunktionen, die trigonometrischen Funktionen sowie alle durch Potenzreihen definierten Funktionen sind an jeder Stelle ihrer jeweiligen Definitionsmenge stetig.*

Bemerkung: Die in $\mathbb{R}_0^+$ definierten Wurzelfunktionen $x \mapsto \sqrt[n]{x}$ sind ebenfalls an jeder Stelle ihrer Definitionsmenge stetig. Sie sind in jeder Menge $\{x | x \geqq b\}$ mit $b > 0$ dehnungsbeschränkt und deshalb an jeder Stelle $a > 0$ stetig. Für die Stelle $a = 0$ muß der Stetigkeitsnachweis anders geführt werden, da es kein $c > 0$ gibt derart, daß für alle $x \geqq 0$ die Ungleichung $|\sqrt[n]{x}| \leqq c \cdot |x|$ gilt. Zum Beweis der Stetigkeit an der Stelle $a = 0$ wähle man etwa $\delta = \varepsilon^n$.
Diese Beispiele zeigen, daß der Begriff der Stetigkeit allgemeiner ist als der der Dehnungsbeschränktheit. Kompliziertere Beispiele werden uns später begegnen (vgl. z. B. Aufg. 8, S. 222).
Die bisherigen Aussagen betrafen die Stetigkeit einer Funktion f in einem festen Punkt a der Definitionsmenge D von f. Die Beispiele zeigten aber, daß meistens a jeder Punkt von D sein könnte.

Def.: *Ist die Funktion f an jeder Stelle ihrer Definitionsmenge D stetig, so heißt f* stetig in *D. Man sagt dann kurz: f ist eine stetige Funktion.*

Die Übertragung aller Aussagen dieses Abschnitts auf den Fall, daß die Funktionen in ihrer Definitionsmenge stetig sind, liegt auf der Hand. In den Bei-

spielen war, wenn möglich, immer festgestellt, an welchen Stellen die jeweiligen Funktionen stetig sind. Wir können jetzt z.B. kürzer sagen: exp und ln sind stetige Funktionen.
Unmittelbar aus den gegebenen Definitionen ergibt sich der

Satz: *Ist $f: D \to \mathbb{R}$ stetig, so ist für jedes $A \subset D$ die Restriktion $f|A$ ebenfalls stetig.*

Bemerkung: Mit dem viel schwierigeren Problem der *stetigen Fortsetzung* einer stetigen Funktion f auf eine Obermenge B ihrer Definitionsmenge D werden wir uns in 7.4 beschäftigen.

Wir zeigen nun, wie die *Stetigkeit* einer Funktion f an einer Stelle a auch *mit Hilfe konvergenter Folgen* erklärt werden kann. Hat man eine mit dem Grenzwert a konvergente Folge (x_n), so muß die Folge $(f(x_n))$ bei stetigem f ebenfalls konvergent sein und zwar mit dem Grenzwert $f(a)$. Diese Bedingung ist auch hinreichend, wobei zu beachten ist, daß *alle* mit dem Grenzwert a konvergenten Folgen (x_n) in Betracht gezogen werden müssen.

Satz: *Eine Funktion $f: D \to \mathbb{R}$ ist in $a \in D$ stetig genau dann, wenn für* jede *Folge (x_n) mit $x_n \in D$ und $\lim_n x_n = a$ gilt:*

$$\lim_n f(x_n) = f(a).$$

Beweis: 1) Wenn f in a stetig ist, dann gibt es zu jedem $\varepsilon > 0$ ein $\delta > 0$ derart, daß

$$|f(x) - f(a)| < \varepsilon$$

für alle $x \in D$ mit $|x - a| < \delta$ gilt. Ist nun (x_n) konvergent mit dem Grenzwert a, so gibt es ein n_0 mit der Eigenschaft:

$$|x_n - a| < \delta \qquad \text{für alle } n \geqq n_0.$$

Also gilt auch

$$|f(x_n) - f(a)| < \varepsilon \qquad \text{für alle } n \geqq n_0.$$

2) Die Umkehrung beweisen wir indirekt. Wir nehmen also an, f sei in a nicht stetig, obwohl für jede Folge (x_n) mit $\lim_n x_n = a$ gilt:

$$\lim_n f(x_n) = f(a).$$

Dann gibt es ein $\varepsilon > 0$ derart, daß für jedes $\delta > 0$ ein $x \in D$ mit $|x - a| < \delta$ existiert, für das gilt

$$|f(x) - f(a)| \geqq \varepsilon.$$

Wir können nun speziell $\delta = \frac{1}{n}$ wählen und denken uns zu diesem δ ein bestimmtes Argument der genannten Art ausgewählt, das wir mit x_n bezeichnen wollen. Die so festgelegte Folge (x_n) ist konvergent mit dem Grenzwert a, denn es gilt $|x_n - a| < \frac{1}{n}$. Andererseits wissen wir, daß

$$|f(x_n) - f(a)| \geqq \varepsilon > 0$$

gilt, so daß die Folge $(f(x_n))$ nicht mit dem Grenzwert $f(a)$ konvergent sein kann. Dies widerspricht der Annahme, für *jede* Folge (x_n) mit $\lim\limits_n x_n = a$ sei die zugehörige Folge $(f(x_n))$ konvergent mit dem Grenzwert $f(a)$.

Bemerkung: Für den Nachweis der Stetigkeit im konkreten Fall ist die im Satz formulierte Bedingung weniger geeignet als die Definition auf S. 212, da man *alle* gegen a konvergierenden Folgen (x_n) in Betracht zu ziehen hat. Bequem ist sie jedoch für den Nachweis, daß f an der Stelle a nicht stetig ist: Es genügt hierzu *eine* gegen a konvergierende Folge (x_n) anzugeben derart, daß $(f(x_n))$ nicht gegen $f(a)$ konvergiert.

Die früher bewiesenen Aussagen über konvergente Folgen liefern nun sofort *Rechenregeln für stetige Funktionen.*

Satz: *Seien $f\colon D \to \mathbb{R}$ und $g\colon D \to \mathbb{R}$ in $a \in D$ stetig. Dann sind auch die in D erklärten Funktionen*

$$f + g$$
$$c \cdot f \qquad (c \in \mathbb{R})$$
$$f \cdot g$$

an der Stelle $a \in D$ stetig.
Gilt $f(a) \neq 0$, so ist auch die (im Durchschnitt einer Umgebung U von a mit D erklärte) Funktion

$$\frac{1}{f}$$

an der Stelle a stetig.

Beweis: Für jede Folge (x_n) mit $\lim\limits_n x_n = a$ gilt nach Voraussetzung

$$\lim_n f(x_n) = f(a) \qquad \text{und} \qquad \lim_n g(x_n) = g(a).$$

Die Folgen $((f+g)(x_n))$, $((cf)(x_n))$ und $((fg)(x_n))$ sind somit auch konvergent und es gilt

$$\lim_n (f+g)(x_n) = (f+g)(a), \ \lim_n cf(x_n) = (cf)(a)$$

und

$$\lim_n (fg)(x_n) = (fg)(a).$$

Wenn $f(a) \neq 0$, so gibt es zu der Folge (x_n) eine natürliche Zahl m derart, daß $f(x_n) \neq 0$ für $n \geqq m$ gilt. Die Folge $\left(\frac{1}{f(x_n)}\right)$ ist dann konvergent mit dem Grenzwert $\frac{1}{f(a)}$.

Der Beweis dieses Satzes kann selbstverständlich auch allein aufgrund der am Anfang dieses Abschnitts gegebenen Stetigkeitsdefinition geführt werden (Aufgabe!).

Folgerungen

1) Die Menge aller Funktionen $f: D \to \mathbb{R}$, die an der Stelle $a \in D$ stetig sind, bildet einen Vektorraum über $\mathbb{R}$.
   Die Menge $\mathfrak{C}(D)$ aller in D stetigen Funktionen ist ein Vektorraum über $\mathbb{R}$. Auch das Produkt zweier Funktionen aus $\mathfrak{C}(D)$ gehört wieder zu $\mathfrak{C}(D)$.
2) Da die konstanten Funktionen und die identische Funktion $x \mapsto x$ (jeweils mit der Definitionsmenge $\mathbb{R}$) stetig sind, ergibt sich nochmals, daß die rationalen Funktionen an jeder Stelle ihrer Definitionsmenge stetig sind (vgl. auch S. 216).

Satz: *Es sei die Verkettung $g \circ f$ möglich; f sei an der Stelle a und g an der Stelle $b = f(a)$ stetig. Dann ist $g \circ f$ an der Stelle a stetig.*

Beweis: Sei (x_n) eine beliebige Folge mit $\lim\limits_n x_n = a$. Nach Voraussetzung gilt $\lim\limits_n f(x_n) = f(a)$ und damit weiter

$$\lim_n g(f(x_n)) = g(f(a)),$$

d.h.

$$\lim_n (g \circ f)(x_n) = (g \circ f)(a).$$

Mit den bewiesenen Sätzen läßt sich die Stetigkeit auch kompliziert zusammengesetzter Funktionen nachweisen. So folgt die Stetigkeit der „elementaren Funktionen" – das sind die Funktionen, die sich aus *id*, $\sqrt[n]{\ }$, ln, exp, cos, arccos durch algebraische Operationen und Verkettungen erzeugen lassen – in allen Punkten ihrer jeweiligen Definitionsmengen.

Die Tatsache, daß die Verkettung zweier stetiger Funktionen stetig ist, darf nicht zu der Annahme verleiten, daß auch die Umkehrfunktion – falls sie existiert – stetig ist. Denn aus $f^{-1} \circ f = id$ folgt nur die triviale Aussage, daß, *wenn* f und f^{-1} stetig sind, auch die identische Abbildung stetig ist. Wir zeigen: *Ist f an der Stelle a stetig und besitzt f eine Umkehrfunktion, so braucht diese an der Stelle $f(a)$ nicht stetig zu sein* (vgl. jedoch die Sätze über die Stetigkeit von f^{-1} unter zusätzlichen Voraussetzungen über die Definitionsmenge D in 7.3).

Beispiele:

1) Es sei $D = [-1, 1] \cup \{x \mid x = 2 - \frac{1}{2n}, n \in \mathbb{N}\}$

$$f(x) = \begin{cases} x & \text{für } x \in [-1, 1] \text{ und } x \neq \frac{1}{n} \\ \frac{1}{2n-1} & \text{für } x = \frac{1}{n} \\ \frac{1}{2n} & \text{für } x = 2 - \frac{1}{2n} \end{cases}$$

f bildet die Menge D bijektiv auf das Intervall $[-1, 1]$ ab.
f ist an der Stelle $a = 0$ stetig und es gilt $f(0) = 0$. Die Umkehrfunktion g von f ist aber an der Stelle $b = 0$ nicht stetig, denn es gilt $g(0) = 0$ und

$$\lim_n g\left(\frac{1}{2n}\right) = 2.$$

2) Es sei $D = [-2, -1[\cup [1, 2]$
und

$$f(x) = \begin{cases} x + 1 & \text{falls } -2 \leqq x < -1 \\ x - 1 & \text{falls } \quad 1 \leqq x \leqq 2 \end{cases}$$

f ist dann streng monoton wachsend. Die Umkehrfunktion g von f hat als Definitionsmenge das Intervall $[-1, 1]$, und es gilt:

$$g(x) = \begin{cases} x-1 & \text{falls } -1 \leqq x < 0 \\ x+1 & \text{falls } \quad 0 \leqq x \leqq 1. \end{cases}$$

Man hat also $g(0) = 1$. Wählt man nun eine Folge (x_n) mit $x_n < 0$ und $\lim_n x_n = 0$, so erhält man $\lim_n g(x_n) = -1$. Die Funktion g ist deshalb im Punkt 0 nicht stetig.

Im ersten Beispiel ist f in einer vollen Umgebung der betrachteten Stelle $a = 0$ definiert, es gibt jedoch in jeder Umgebung dieser Stelle Unstetigkeitsstellen von f.
Im zweiten Beispiel ist f überall stetig in D. Hier besteht D aus einem halboffenen und einem abgeschlossenen Intervall, die nicht aneinandergrenzen. Die betrachtete Stelle $a = 0$ besitzt daher keine Umgebung, die ganz zu D gehört.
In beiden Fällen ist die Bildmenge ein abgeschlossenes Intervall.

Aufgaben

1. Man zeige, daß die Verkettung $g \circ f$ zweier stetiger Funktionen f, g eine stetige Funktion ist, indem man direkt auf die Definition der Stetigkeit mit Hilfe des Umgebungsbegriffs zurückgeht.
   Weiter beweise man entsprechend die Stetigkeit von $f + g$ und $f \cdot g$
2. Für die folgenden Funktionen mit den angegebenen Definitionsmengen bestimme man zu beliebig vorgegebenem $\varepsilon > 0$ jeweils ein $\delta > 0$, so daß aus $|x - a| < \delta$ die Ungleichung $|f(x) - f(a)| < \varepsilon$ folgt.

   (a) $f(x) = 2x^2$, $\quad D = [1, 2]$

   (b) $f(x) = \dfrac{1}{x}$, $\quad D = \left\{x \mid x \geqq \dfrac{1}{2}\right\}$

   (c) $f(x) = \sqrt[3]{x}$, $\quad D = \{x \mid x \geqq 1\}$

   (d) $f(x) = \dfrac{1}{1 + x^2}$, $\quad D = \mathbb{R}$

   (e) $f(x) = \dfrac{1}{x^2}$, $\quad D = \mathbb{R}^+$

3. Man beweise, daß die für alle $x \in \mathbb{R}$ definierte Funktion

   $$f(x) = [x] + \sqrt{x - [x]}$$

   überall stetig ist und monoton wächst.

4. Die Funktion $f\colon [0, 1] \to \mathbb{R}$ sei gegeben durch

$$f(x) = \begin{cases} x & \text{falls } x \text{ rational} \\ 1 - x & \text{falls } x \text{ irrational.} \end{cases}$$

In welchen Punkten ist f stetig, in welchen nicht?

5. Man prüfe, ob folgende Aussagen richtig sind:

(a) Wenn $|f|$ stetig ist in a, so ist auch f stetig in a.
(b) Wenn f und g stetig in a sind, so ist auch $\max\{f, g\}$ stetig in a.
(c) Wenn fg stetig in a ist, so sind auch f und g stetig in a.

6. Man stelle fest, an welchen Stellen die Funktion f stetig, und an welchen Stellen sie nicht stetig ist, für

(a) $$f(x) = \begin{cases} 0 & \text{für } x = 0 \\ \dfrac{x}{|x|} & \text{für } x \neq 0 \end{cases}$$

(b) $f(x) = (x - [x])(x + [x])$ für $x \in \mathbb{R}$

(c) $$f(x) = \begin{cases} 0 & \text{für irrationales } x \text{ und für } x = 0 \\ \dfrac{1}{q} & \text{für } x = \dfrac{p}{q} \text{ mit teilerfremden } p, q \in \mathbb{Z},\ q > 0. \end{cases}$$

7. Wenn f an der Stelle a stetig ist und es gilt $f(a) > b$, so gibt es eine Umgebung U von a derart, daß für alle $x \in U$ die Ungleichung $f(x) > b$ erfüllt ist.

8. Man zeige, daß für jedes $s > 0$ die Funktion f mit

$$f(x) = \begin{cases} |x|^s \cdot \sin \dfrac{1}{x} & \text{für } x \neq 0 \\ 0 & \text{für } x = 0 \end{cases}$$

stetig ist.
Kann f für passendes s auch dehnungsbeschränkt sein? Wie lautet die Antwort, wenn man f auf ein Intervall $|x| \leqq b$ einschränkt?

7.2 Topologie von $\mathbb{R}$

Für eine tiefergehende Analyse des Stetigkeitsbegriffs ist es notwendig, die Eigenschaften der Definitionsmenge der betreffenden Funktion mit heranzu-

ziehen. Wir beschäftigen uns daher jetzt mit Mengen von reellen Zahlen. Dabei können wir uns nicht auf Intervalle beschränken, brauchen andererseits jedoch auch nicht völlig beliebige Teilmengen von ℝ zu betrachten. Unser Interesse gilt zunächst den *offenen* und den *abgeschlossenen* Mengen. Diese sind den Intervallen noch verhältnismäßig nah verwandt, eine unmittelbare Definition mit Hilfe des Intervallbegriffs wäre möglich.
Zuerst definieren wir die Begriffe *innerer Punkt* und *Häufungspunkt* einer Menge. Dazu stützen wir uns wieder auf den Umgebungsbegriff.

Def.: *Es sei $M \subset \mathbb{R}$. Dann heißt $x \in \mathbb{R}$* innerer Punkt *von M, wenn es eine Umgebung U von x gibt, die in M enthalten ist.*

Def.: *Es sei $M \subset \mathbb{R}$. Dann heißt $x \in \mathbb{R}$* Häufungspunkt *von M, wenn in jeder Umgebung U von x ein $y \in M$ liegt, das von x verschieden ist.*

Bemerkung: Ein innerer Punkt von M gehört stets zu M; ein Häufungspunkt von M dagegen braucht nicht zu M zu gehören.

Ein innerer Punkt von M ist stets auch Häufungspunkt von M; das Umgekehrte braucht offensichtlich nicht der Fall zu sein. Beispielsweise sind für das Intervall $]a, b[$ die Elemente a und b beide Häufungspunkte, aber nicht innere Punkte, sie gehören auch nicht zur Menge. Jedes Element von $]a, b[$ ist sowohl innerer Punkt als auch Häufungspunkt. – Für die Menge ℚ ist jeder Punkt von ℝ Häufungspunkt und kein Punkt innerer Punkt.

Def.: *Ist jeder Punkt der Menge M innerer Punkt von M, so heißt die Menge M* offen.

Def.: *Gehört jeder Häufungspunkt von M zu M, so heißt die Menge M* abgeschlossen.

Jedes offene Intervall ist also eine offene Menge; ℕ, ℤ und ℚ sind nicht offen, wohl aber ℝ und $\emptyset$ (denn da $\emptyset$ kein Element enthält, erfüllt $\emptyset$ nach der Vereinbarung in Kap. 1, S. 49 die Bedingung in unserer Definition).
Jedes abgeschlossene Intervall $[a, b]$ ist eine abgeschlossene Menge, denn die Menge der Häufungspunkte stimmt hier mit der Menge $[a, b]$ überein. Auch die Intervalle des Typs $\{x \mid x \geqq a\}$ bzw. $\{x \mid x \leqq a\}$ sind abgeschlossen. ℕ und ℤ haben keine Häufungspunkte, sind also abgeschlossen. Die Menge der Häufungspunkte von ℚ ist ℝ, ℚ ist deshalb nicht abgeschlossen; ℝ und $\emptyset$ sind abgeschlossen.

Wie die Beispiele zeigen, sind alle Kombinationen möglich:

M ist offen und abgeschlossen
M ist nicht offen, aber abgeschlossen
M ist offen, aber nicht abgeschlossen
M ist weder offen noch abgeschlossen.

„Abgeschlossen“ ist also nicht die Negation von „offen“. Die beiden Eigenschaften hängen in anderer Weise zusammen. Es gilt der

Satz: *Eine Menge M ist genau dann abgeschlossen, wenn ihre Komplementärmenge offen ist.*

Beweis: 1) Es sei M abgeschlossen, und wir nehmen an, die Komplementärmenge $\mathbb{R}\setminus M$ sei nicht offen. Dann gibt es in $\mathbb{R}\setminus M$ einen Punkt x, der nicht innerer Punkt der Menge $\mathbb{R}\setminus M$ ist. In jeder Umgebung dieses Punktes gibt es demnach ein Element, das nicht zu $\mathbb{R}\setminus M$ und somit zu M gehört. x ist also Häufungspunkt der Menge M, gehört aber nicht der Menge M an. Dies ist ein Widerspruch zu der Voraussetzung, daß M abgeschlossen ist.
2) Nun sei $\mathbb{R}\setminus M$ offen. Wir müssen zeigen, daß M abgeschlossen ist. Wäre dies nicht der Fall, so gäbe es einen Häufungspunkt x von M, der nicht zu M, also zu $\mathbb{R}\setminus M$ gehört. Da x Häufungspunkt von M ist, liegt in jeder Umgebung von x ein Punkt von M. Also kann der Punkt $x \in \mathbb{R}\setminus M$ nicht innerer Punkt von $\mathbb{R}\setminus M$ sein. Dies ist ein Widerspruch zu der Voraussetzung, daß die Menge $\mathbb{R}\setminus M$ offen ist.

Bemerkung: Man sieht an diesem Satz die Zweckmäßigkeit unserer Festsetzung über die Implikation, die dazu führte, die leere Menge zu den offenen und zu den abgeschlossenen Mengen zu rechnen. Sonst hätten wir in der Formulierung des Satzes die (zugleich offene und abgeschlossene) Menge $\mathbb{R}$ als Ausnahme ausschließen müssen.

Jeder beliebigen Menge $M \subset \mathbb{R}$ läßt sich in natürlicher Weise eine „kleinste“ abgeschlossene Obermenge zuordnen, indem man alle ihre Häufungspunkte hinzunimmt. Diese Menge nennt man die *abgeschlossene Hülle* und verwendet für sie die Bezeichnung $\bar{M}$.

Satz: *Die abgeschlossene Hülle $\bar{M}$ einer Menge M ist eine abgeschlossene Menge.*

Jeder Häufungspunkt von $\bar{M}$ ist nämlich auch Häufungspunkt von M: Wenn a Häufungspunkt von $\bar{M}$ ist, gibt es in jeder Umgebung U von a ein $x \in \bar{M}$

mit $x \neq a$. Wir müssen zeigen, daß in U sogar ein Punkt y mit $y \neq a$ liegt, der zu M gehört. Das ist der Fall, wenn $x \in M$. Wenn aber $x \notin M$, dann ist x Häufungspunkt von M. Es muß also in *jeder* Umgebung V von x einen Punkt y mit $y \neq x$ geben, der zu M gehört. Nun gibt es auch Umgebungen V von x mit $V \subset U$, denen a nicht angehört. Damit ist gezeigt, daß es Punkte y gibt mit $y \in U$, $y \in M$, $y \neq a$.

Die abgeschlossenen Mengen können gekennzeichnet werden durch $\overline{M} = M$. (Beweis als Aufgabe!)

Die folgende Eigenschaft der offenen Mengen von ℝ wird in der „allgemeinen Topologie" als Grundlage der Theorie verwendet.

Satz: *Die Vereinigung eines beliebigen Systems offener Mengen ist eine offene Menge. Der Durchschnitt eines endlichen Systems offener Mengen ist eine offene Menge.*

Beweis: Ist x irgendein Punkt der Vereinigung, so ist x Element von mindestens einer offenen Menge des Systems. Es gibt dann eine Umgebung U von x, die zu dieser offenen Menge gehört. Da U Teilmenge der Vereinigung ist, muß diese Vereinigung also auch offen sein.
Ist x irgendein Punkt des Durchschnitts $M_1 \cap \ldots \cap M_n$, so gibt es zu jeder der endlich vielen offenen Mengen $M_1, \ldots, M_n$ zunächst Umgebungen $]a_1, b_1[, \ldots,]a_n, b_n[$ von x die in den entsprechenden Mengen $M_1, \ldots, M_n$ enthalten sind. Unter den endlich vielen Zahlen $a_1, \ldots, a_n$ gibt es eine größte a und unter den endlich vielen Zahlen $b_1, \ldots, b_n$ eine kleinste b. Die Umgebung $]a, b[$ von x ist Teilmenge des Durchschnitts; dieser ist somit eine offene Menge.

Bemerkung: Der Durchschnitt eines unendlichen Systems von offenen Mengen braucht nicht offen zu sein, wie etwa das System der offenen Intervalle $]-a, a[$ zeigt. Der Durchschnitt besteht hier nur aus der einen Zahl 0, ist also nicht offen.

Da die abgeschlossenen Mengen genau die Komplementärmengen der offenen Mengen sind, folgt nach den de Morganschen Regeln (vgl. S. 484):

Satz: *Der Durchschnitt eines beliebigen Systems abgeschlossener Mengen ist eine abgeschlossene Menge. Die Vereinigung eines endlichen Systems abgeschlossener Mengen ist eine abgeschlossene Menge.*

Aufgabe: Jede beschränkte offene Menge M ist Vereinigung von endlich oder abzählbar unendlich vielen disjunkten offenen Intervallen.

Anleitung: Zu jedem $x \in M$ konstruiere man zunächst ein „maximales" offenes Teilintervall $]a_x, b_x[$ von M, dem x selber angehört.
Man zeige: $a_x \notin M$, $b_x \notin$ M, $x \in]a_x, b_x[\subset M$. Der Durchschnitt von $]a_x, b_x[$ und $]a_y, b_y[$ ist entweder leer oder gleich $]a_x, b_x[$.
Man dehne das Ergebnis auf nichtbeschränkte offene Mengen aus.

Wir geben noch die Definitionen einiger weiterer Begriffe an:

x heißt *Berührpunkt* von M, wenn in jeder Umgebung U von x ein $y \in M$ liegt. ($y \neq x$ wird nicht gefordert!)
x heißt *isolierter Punkt* von M, wenn $x \in M$ und eine Umgebung U von x existiert, in der außer x keine Punkte von M liegen.
(Ein Berührpunkt von M ist also entweder Häufungspunkt oder isolierter Punkt von M.)
x heißt *Randpunkt* von M, wenn in jeder Umgebung U von x ein $y \in M$ und ein $z \in \mathbb{R} \setminus M$ liegt.

Kompakte Mengen in $\mathbb{R}$

Die offenen Intervalle sind die Prototypen der offenen Mengen von $\mathbb{R}$; entsprechend sind die beschränkten abgeschlossenen Intervalle typisch für *kompakte Mengen.* Bevor wir diesen Begriff definieren, beschäftigen wir uns mit der Frage der Existenz von Häufungspunkten.

Satz: *Ist x Häufungspunkt von M und U eine Umgebung von x, so liegen in U sogar unendlich viele Elemente von M.*

Beweis: Nach Voraussetzung gibt es in U ein $x_1 \in M$ mit $x_1 \neq x$. Nun betrachten wir die ε-Umgebung von x mit $\varepsilon = \frac{1}{2}|x_1 - x|$; in ihr gibt es ein $x_2 \in M$ mit $x_2 \neq x$. Durch Fortsetzung dieses Verfahrens erhält man eine abzählbar unendliche Teilmenge $\{x_1, x_2, x_3, \ldots\}$ von M, die in U enthalten ist.

Eine endliche Menge M kann also keine Häufungspunkte besitzen. Wenn M unendlich ist, sind beide Möglichkeiten denkbar: Zum Beispiel haben $\mathbb{N}$ und $\mathbb{Z}$ keine Häufungspunkte, für $\mathbb{Q}$ dagegen ist jedes $x \in \mathbb{R}$ Häufungspunkt. Hinreichend für die Existenz mindestens eines Häufungspunktes ist, falls M unendlich ist, die Beschränktheit von M; es gilt nämlich der

Satz (*Bolzano-Weierstraß*): *Jede unendliche beschränkte Teilmenge M von $\mathbb{R}$ besitzt mindestens einen Häufungspunkt.*

Beweis: Da M unendlich ist, gibt es eine injektive Abbildung f von $\mathbb{N}$ in M. Diese Folge (f_n) ist nach Voraussetzung beschränkt, besitzt also (vgl. S.119)

eine konvergente Teilfolge. Der Grenzwert a dieser Teilfolge ist Häufungspunkt der Menge; denn in jeder Umgebung von a liegen fast alle, d.h. unendlich viele Werte der Folge. Nach Definition von f sind diese Werte Elemente von M, die wegen der Injektivität paarweise verschieden voneinander sind.

Aufgabe: Man führe den Beweis für den Satz von Bolzano-Weierstraß direkt mittels der Intervall-Halbierungsmethode.

Für unendliche beschränkte Mengen M ist also die Existenz von Häufungspunkten gesichert, über die Zugehörigkeit zur Menge M ist jedoch nichts ausgesagt. Wenn M außerdem abgeschlossen ist, gehören natürlich alle Häufungspunkte von M zu M. Man definiert nun:

Def.: *Ist eine Menge $M \subset \mathbb{R}$ beschränkt und abgeschlossen, so heißt sie* kompakt *(oder ein* Kompaktum).

Hiernach sind alle endlichen Mengen und alle abgeschlossenen Intervalle $[a, b]$ kompakt. Die beschränkte Menge $M = \{x \mid x = \frac{1}{n}, n \in \mathbb{N}\}$ ist nicht kompakt, $M \cup \{0\}$ ist kompakt. Alle (nicht leeren) offenen Intervalle und alle nicht beschränkten Intervalle sind nicht kompakt.

Satz: *Ein nicht leeres Kompaktum M besitzt ein Minimum und ein Maximum (d.h.* $\inf M$ *und* $\sup M$ *gehören zu M).*

Beweis: Da M beschränkt ist, existieren $s = \sup M$ und $u = \inf M$. Wir müssen zeigen, daß $s \in M$ und $u \in M$ gilt. Als Supremum ist s Element von M oder Häufungspunkt von M (vgl. S. 38). Wegen der Abgeschlossenheit von M hat man also $s \in M$. Entsprechend gilt $u \in M$.

Aus dem Satz von Bolzano-Weierstraß folgt wegen der Abgeschlossenheit der kompakten Mengen unmittelbar:

Satz: *Jede unendliche Teilmenge einer kompakten Menge M besitzt einen Häufungspunkt, der zu M gehört.*

In Anknüpfung an den Beweis des Satzes von Bolzano-Weierstraß erhält man die folgende Charakterisierung der kompakten Mengen:

Satz: *Eine Menge M ist genau dann kompakt, wenn jede Folge mit Werten in M eine konvergente Teilfolge mit Grenzwert in M besitzt.*

Beweis: 1) Daß jede kompakte Menge die genannte Eigenschaft besitzt, ergibt sich aus dem vorangehenden.

2) Wenn jede Folge mit Werten in M eine konvergente Teilfolge mit Grenzwert in M besitzt, dann muß M beschränkt sein. Wäre das nicht der Fall, dann gäbe es eine Folge (x_n) mit $x_n \in M$ derart, daß

$$|x_n| > n \qquad \text{für alle } n \in \mathbb{N}$$

gilt. Keine Teilfolge von (x_n) kann konvergieren, denn wegen

$$|x_{\varphi(n)}| > \varphi(n) \geqq n$$

ist jede Teilfolge unbeschränkt.
Außerdem muß M abgeschlossen sein, denn zu einem beliebigen Häufungspunkt x von M gibt es eine Folge (x_n) mit Werten in M, die gegen x konvergiert. Dann gibt es weiter nach Voraussetzung eine konvergente Teilfolge von (x_n), deren Grenzwert in M liegt. Dieser Grenzwert ist aber der Grenzwert der Ausgangsfolge, d.h. es gilt $x \in M$.

Bemerkung: Die im Satz formulierte Eigenschaft von M bezeichnet man auch als *Folgenkompaktheit* von M. Für Mengen reeller Zahlen sind also die Begriffe „kompakt" und „folgenkompakt" äquivalent.

Beweistechnisch (und für die allgemeine Topologie) von Bedeutung ist eine andere Kennzeichnung der kompakten Mengen, die von Überdeckungen mit offenen Mengen ausgeht.
Es sei jedem $x \in M$ eine Umgebung $U(x, \varepsilon(x))$ zugeordnet (d.h. die Funktion $\varepsilon : M \to \mathbb{R}^+$ sei vorgegeben). Das System $\mathfrak{U}$ aller dieser Umgebungen überdeckt natürlich die Menge M, d.h. es gilt

$$M \subset \bigcup_{x \in M} U(x, \varepsilon(x)).$$

Man nennt $\mathfrak{U}$ eine offene Überdeckung von M.
Wenn es nun zu *jeder* solchen offenen Überdeckung $\mathfrak{U}$ endlich viele Punkte $x_1, x_2, \ldots, x_n \in M$ gibt derart, daß auch schon

$$M \subset \bigcup_{k=1}^{n} U(x_k, \varepsilon(x_k))$$

gilt, dann sagt man: M hat die *Heine-Borelsche Überdeckungseigenschaft*.

Satz (*Heine-Borel*): *Eine Teilmenge M von $\mathbb{R}$ ist genau dann kompakt, wenn sie die Heine-Borelsche Überdeckungseigenschaft besitzt.*

Beweis: 1) Wir zeigen mit dem Intervallhalbierungsverfahren, daß jede kompakte Menge die Heine-Borelsche Überdeckungseigenschaft besitzt. Es sei $\mathfrak{U}$

irgendeine offene Überdeckung von M. Wir müssen zeigen, daß es ein endliches Teilsystem von $\mathfrak{U}$ gibt, das auch offene Überdeckung von M ist. Den Beweis führen wir indirekt: Nehmen wir also an, es gäbe kein endliches Teilsystem von $\mathfrak{U}$, das M überdeckt! Die Menge M ist in einem abgeschlossenen Intervall $J_0 = [a_0, b_0]$ enthalten. Es sei m der Mittelpunkt dieses Intervalls. Zur Überdeckung von mindestens einer der beiden kompakten Mengen $M \cap [a_0, m]$ und $M \cap [m, b_0]$ wären unendlich viele Umgebungen aus $\mathfrak{U}$ nötig, denn anderenfalls erhalten wir einen Widerspruch zu unserer Annahme. Durch Fortsetzung des Halbierungsverfahrens gelangen wir zu einer absteigenden Folge von abgeschlossenen Intervallen

$$J_0 \supset J_1 \supset J_2 \supset J_3 \supset \ldots$$

mit der Eigenschaft, daß zur Überdeckung von $M \cap J_n$ für jedes n unendlich viele Umgebungen aus $\mathfrak{U}$ notwendig sind.
Nun gibt es genau eine reelle Zahl s, die zu jedem Intervall J_n gehört. Da in jedem J_n unendlich viele Elemente von M liegen, ist s Häufungspunkt von M und wegen der Abgeschlossenheit von M also Element von M.
Nach Voraussetzung ist dem Punkt s eine Umgebung $U(s, \varepsilon(s))$ zugeordnet. Da die Intervallfolge (J_n) sich auf s zusammenzieht, gilt

$$J_n \subset U(s, \varepsilon(s)) \qquad \text{für } n \geqq n_0.$$

Damit haben wir einen Widerspruch, denn zur Überdeckung von $M \cap J_n$ reicht ja die eine Umgebung $U(s, \varepsilon(s))$ aus, während zur Überdeckung von $M \cap J_n$ nach Annahme unendlich viele Umgebungen erforderlich wären.
2) Umgekehrt habe nun M die Heine-Borelsche Überdeckungseigenschaft. Wir müssen zeigen, daß M beschränkt und abgeschlossen ist. Daß M beschränkt ist, folgt sofort daraus, daß M nach Voraussetzung stets auch von endlich vielen Umgebungen überdeckt werden kann.
Wäre M nicht abgeschlossen, so gäbe es einen Häufungspunkt a von M, der nicht zu M gehört. Dann kann M aber nicht die Heine-Borelsche Überdeckungseigenschaft besitzen, wie die folgende offene Überdeckung $\mathfrak{U}$ von M zeigt:
Jedem $x \in M$ ordnen wir die ε-Umgebung $U(x, \varepsilon(x))$ mit $\varepsilon = \frac{1}{2}|x - a|$ zu. Das System $\mathfrak{U}$ aller dieser Umgebungen ist eine offene Überdeckung von M, aber kein endliches Teilsystem $\{U(x_1, \varepsilon(x_1)), \ldots, U(x_n, \varepsilon(x_n))\}$ von $\mathfrak{U}$ reicht zur Überdeckung von M aus. Denn setzen wir $\varepsilon = \min\{\varepsilon(x_1), \ldots, \varepsilon(x_n)\}$, so hat die Umgebung $U(a, \varepsilon(a))$ mit keiner der Umgebungen $U(x_1, \varepsilon(x_1)), \ldots,$ $U(x_n, \varepsilon(x_n))$ einen Punkt gemeinsam, ist also frei von Punkten aus M. Da aber

a Häufungspunkt von M ist, müßte es in $U(a, \varepsilon(a))$ doch einen Punkt aus M geben.

Wir fassen noch einmal zusammen:

Für Mengen reeller Zahlen sind die folgenden Bedingungen äquivalent:

(1) *M ist kompakt, d.h. beschränkt und abgeschlossen.*
(2) *M ist folgenkompakt, d.h. jede Folge in M besitzt eine konvergente Teilfolge mit Grenzwert in M.*
(3) *M besitzt die Heine-Borel-Eigenschaft, d.h. zu jeder Überdeckung von M mit Umgebungen gibt es endlich viele dieser Umgebungen, die M auch schon überdecken.*

Aufgaben

1. Für die Menge

$$M = \{x \mid x = \frac{1}{2^k} + \frac{1}{3^m} + \frac{1}{5^n}, k, m, n \in \mathbb{N}\}$$

bestimme man die Menge M' ihrer Häufungspunkte sowie die Mengen $M'' = (M')'$ und $M''' = (M'')'$.

2. Welche der folgenden Mengen reeller Zahlen sind offen, welche sind abgeschlossen?

(a) $M = \{x \mid 0 < x < 1, x \notin \mathbb{Q}\}$

(b) $M = \{x \mid 0 \leqq x \leqq 1, x \in \mathbb{Q}\}$

(c) $M = \{x \mid x = 0 \text{ oder } x = \frac{1}{m} + \frac{1}{n} \text{ mit } m, n \in \mathbb{N}\}$

(d) $M = \bigcup_{n=1}^{\infty} G_n$

(e) $M = \bigcap_{n=1}^{\infty} G_n$

mit $G_n = \{x \mid -\frac{1}{n} < x < 1 + \frac{1}{n}\}$

3. Es sei $M \subset \mathbb{R}$ eine nach oben beschränkte Menge und $\sup M = s$. Kann s

(1) innerer Punkt,

(2) Häufungspunkt,

(3) Randpunkt,

(4) isolierter Punkt

(5) Berührpunkt von M

sein?

4. Man zeige, daß $\emptyset$ und $\mathbb{R}$ die einzigen Teilmengen von $\mathbb{R}$ sind, die sowohl offen als auch abgeschlossen sind.
5. Man beweise:
   (1) x ist genau dann Randpunkt von M, wenn x Randpunkt von $\mathbb{R}\backslash M$ ist.
   (2) Jeder isolierte Punkt von M ist auch Randpunkt von M. Die Häufungspunkte von M sind entweder innere Punkte oder aber Randpunkte von M.
   (3) Eine Menge ist genau dann abgeschlossen, wenn alle ihre Berührpunkte oder auch wenn alle ihre Randpunkte zu ihr gehören.
6. Es sei M' die Menge aller Häufungspunkte von M. Wenn $M = M'$ gilt, so heißt die Menge M perfekt. Man zeige, daß M genau dann perfekt ist, wenn M abgeschlossen ist und keine isolierten Punkte besitzt.
7. Man zeige, daß für jede Menge M reeller Zahlen die Menge M' ihrer Häufungspunkte abgeschlossen ist. Wenn M beschränkt ist, dann ist M' kompakt und besitzt ein kleinstes Element a und ein größtes Element b, sofern M' nicht leer ist.
   Ist M speziell die Wertemenge einer beschränkten Folge (f_n), so gilt
   $$a = \underline{\lim_n} f_n, \qquad b = \overline{\lim_n} f_n.$$
8. Man beweise den Satz von S. 225 durch unmittelbares Zurückgehen auf die Definition der abgeschlossenen Mengen.
   Weiter belege man durch ein Beispiel, daß die Vereinigung unendlich vieler abgeschlossener Mengen nicht abgeschlossen zu sein braucht.
9. Es sei M die Menge aller reeller Zahlen aus $[0, 1]$, die eine triadische Entwicklung ohne die Ziffer 1 zulassen. Man bestimme die Menge M' aller Häufungspunkte von M.
   Ist M perfekt? Ist M kompakt?
   (M heißt „Cantorsche Menge".)
10. Man zeige, daß jede nichtleere kompakte Menge dargestellt werden kann als Differenz eines abgeschlossenen Intervalls und einer höchstens abzählbaren Vereinigung disjunkter offener Intervalle (vgl. Aufg. von S. 225).
11. Man gebe für das offene Intervall $]0, 1[$ eine offene Überdeckung an, zu der es nicht möglich ist, endlich viele Punkte so auszuwählen, daß das Intervall $]0,1[$ schon durch die zugehörigen endlich vielen Umgebungen überdeckt wird.

7.3 Abbildungseigenschaften stetiger Funktionen

Ist f eine stetige Funktion mit offener Definitionsmenge D, so braucht $f(D)$ nicht offen zu sein, wie etwa $x \mapsto x^2$ für $x \in]-1, 1[$ zeigt. Ebenso braucht bei abgeschlossenem D die Menge $f(D)$ nicht abgeschlossen zu sein; Beispiel: $x \mapsto \dfrac{1}{1+x^2}$ für $x \in \mathbb{R}$. Es gilt jedoch der

Satz: *Ist f stetig und die Definitionsmenge D von f kompakt, so ist auch die Bildmenge $f(D)$ kompakt.*
Insbesondere nimmt f „Minimum" und „Maximum" in D an.

Beweis: Wir werden zeigen, daß mit D auch $f(D)$ die Heine-Borelsche Eigenschaft besitzt. Sei also jedem $y \in f(D)$ beliebig eine Umgebung $V(y, \varepsilon(y))$ zugeordnet. Jedem Urbild x von y ordnen wir nun eine Umgebung $U(x, \delta(x))$ zu, deren Bild in $V(y, \varepsilon(y))$ liegt. Wegen der Stetigkeit von f existieren solche Umgebungen. Zu dem System aller dieser Umgebungen gibt es wegen der Kompaktheit von D endlich viele Punkte $x_1, x_2, \ldots, x_n \in D$, so daß gilt

$$D \subset \bigcup_{k=1}^{n} U(x_k, \delta(x_k)).$$

Wir setzen nun $y_k = f(x_k)$. Dann gilt

$$f(U(x_k, \delta(x_k))) \subset V(y_k, \varepsilon(y_k)),$$

so daß $f(D)$ sicher von den endlich vielen Umgebungen

$$V(y_1, \varepsilon(y_1)),\ V(y_2, \varepsilon(y_2)), \ldots, V(y_n, \varepsilon(y_n))$$

überdeckt wird. Also ist $f(D)$ kompakt.

Aufgabe: Man gebe einen zweiten Beweis, indem man zeigt, daß mit D auch $f(D)$ folgenkompakt ist.

Folgerung: Eine stetige Funktion mit kompakter Definitionsmenge besitzt (mindestens) ein Minimum und ein Maximum; es gibt also Stellen $a, b \in D$ mit der Eigenschaft:

$$f(a) \leqq f(x) \leqq f(b) \qquad \text{für alle } x \in D.$$

$f(a)$ nennt man auch absolutes Minimum, $f(b)$ absolutes Maximum von f; a heißt Minimalstelle, b Maximalstelle.

Wenn D nicht kompakt und f beschränkt ist, existiert zwar $\inf f(D)$ und

$\sup f(D)$, jedoch braucht es keine Stellen in D zu geben, an denen diese Zahlen als Funktionswerte angenommen werden, wie z.B. $x \mapsto x$ in $]0, 1[$ zeigt.

Wir behandeln jetzt die Frage der Stetigkeit der Umkehrfunktion (falls diese existiert).
In 7.1 (S. 220) hatten wir gesehen, daß die Umkehrfunktion einer stetigen injektiven Funktion nicht stetig zu sein braucht. Wesentlich für die Konstruktion war die Struktur der Definitionsmenge. Wenn diese kompakt oder offen ist, muß f^{-1} tatsächlich stetig sein. Wir zeigen dies jetzt für kompaktes D.

Satz: *Es sei $f\colon D \to \mathbb{R}$ stetig und injektiv sowie D kompakt. Dann ist auch*

$$f^{-1}\colon f(D) \to \mathbb{R}$$

stetig.

Beweis: Wir nehmen an, f^{-1} sei nicht stetig. Dann gibt es eine Folge (y_n) mit $\lim\limits_n y_n = b$ derart, daß die Folge $\left(f^{-1}(y_n)\right)$ nicht mit dem Grenzwert $f^{-1}(b)$ konvergent ist. Zur Abkürzung schreiben wir $x_n = f^{-1}(y_n)$, $a = f^{-1}(b)$. Unsere Annahme bedeutet also, daß (x_n) nicht gegen a konvergiert.

Da $x_n \in D$ und D kompakt ist, gibt es zu (x_n) konvergente Teilfolgen, nach Annahme auch mindestens eine – wir bezeichnen sie mit $(x_{\varphi(k)})$ – mit einem Grenzwert $\bar{a} \neq a$.
Aus der Stetigkeit von f folgt nun

$$\lim_k f(x_{\varphi(k)}) = f(\bar{a}),$$

d.h.

$$\lim_k y_{\varphi(k)} = f(\bar{a}).$$

Da nach Voraussetzung die Folge (y_n) mit dem Grenzwert $b = f(a)$ konvergiert, konvergiert auch die Teilfolge $(y_{\varphi(k)})$ mit diesem Grenzwert, d.h. es gilt

$$f(\bar{a}) = f(a).$$

und wegen der Injektivität von f also

$$a = \bar{a},$$

während doch $a \neq \bar{a}$ gelten müßte.

Bevor wir den entsprechenden Satz für offene Definitionsmengen beweisen, beschäftigen wir uns mit dem Zwischenwertsatz, in dem eine wesentliche Eigenschaft der stetigen, auf Intervallen definierten Funktionen (die indessen nicht zu ihrer Charakterisierung ausreicht, vgl. dazu S. 273) festgestellt wird.

Satz: *Es sei f im Intervall $[a, b]$ stetig und es gelte $f(a) < f(b)$. Dann ist das Intervall $[f(a), f(b)]$ in der Wertemenge von f enthalten.* („*Zwischenwertsatz für stetige Funktionen*").

Beweis: Zu zeigen ist, daß zu jedem y mit

$$f(a) < y < f(b)$$

mindestens ein z mit $a < z < b$ existiert, so daß $y = f(z)$ gilt, d.h. daß jeder Wert zwischen $f(a)$ und $f(b)$ im offenen Intervall $]a, b[$ von f angenommen wird.
Wir führen den Beweis, indem wir das Vollständigkeitsaxiom verwenden. Dazu betrachten wir die Menge

$$M_y = \{x \mid f(x) \leqq y,\ a \leqq x \leqq b\}.$$

Wegen $a \in M_y$ folgt $M_y \neq \emptyset$; weiter ist b obere Schranke von M_y. Somit existiert

$$z = \sup M_y.$$

Um zu zeigen, daß $f(z) = y$ gilt, widerlegen wir die Annahmen

$$(1)\ f(z) < y \qquad \text{und} \qquad (2)\ f(z) > y.$$

Zu (1): Wegen der Stetigkeit von f muß die Ungleichung (1) sogar in einer Umgebung U von z erfüllt sein:

$$f(x) < y \qquad \text{für alle } x \in U \cap [a, b].$$

Da $z \neq b$ (wäre $z = b$, so hätte man nach (1) $f(b) < y$ im Widerspruch zur Voraussetzung), also $z < b$ gilt, gibt es somit $x > z$, für die $f(x) < y$ richtig ist. Daher kann z nicht obere Schranke von M_y sein.
Zu (2): Entsprechend folgt in diesem Fall aus der Stetigkeit von f die Existenz einer Umgebung U von z, so daß $f(x) > y$ für alle $x \in U \cap [a, b]$ gilt. In dieser Menge liegt also kein Element von M_y.
Da $z > a$ ist (für $z = a$ hätte man $f(a) > y$ im Widerspruch zur Voraussetzung), kann dann aber z nicht die *kleinste* obere Schranke von M_y sein.
Es bleibt somit nur die Möglichkeit $f(z) = y$ bestehen. Dabei muß $a < z < b$ gelten, da etwa $z = a$ auf $y = f(a)$ führen würde.

Folgerung: Ist f in $[a, b]$ stetig und gilt $f(a)f(b) < 0$, so besitzt f eine Nullstelle. Insbesondere besitzen alle ganzrationalen Funktionen ungeraden Grades mindestens eine Nullstelle.

Beweis: Sei etwa $f(a) < 0$ und $f(b) > 0$. Dann gehört 0 zu $[f(a), f(b)]$ und der Zwischenwertsatz liefert die Behauptung.

Nun sei speziell

$$f(x) = c_0 + c_1 x + \ldots + c_{2n+1} x^{2n+1}$$

und es gelte etwa $c_{2n+1} > 0$.
Schreibt man $f(x)$ in der Form

$$f(x) = x^{2n+1} \cdot \left(c_{2n+1} + \frac{c_{2n}}{x} + \ldots + \frac{c_0}{x^{2n+1}} \right),$$

so sieht man, daß für genügend große positive a gilt $f(a) > 0$. Entsprechend gibt es negative b, für die gilt $f(b) < 0$.

Ein anderer Beweis des Zwischenwertsatzes beruht auf dem Halbierungsverfahren. Man prüft im ersten Schritt, ob

$$f\left(\frac{a+b}{2}\right) < y \quad \text{bzw.} \quad f\left(\frac{a+b}{2}\right) = y \quad \text{oder} \quad f\left(\frac{a+b}{2}\right) > y$$

gilt und wählt danach das linke oder rechte Teilintervall von $[a, b]$ aus. Man erhält durch Fortsetzung dieses Verfahrens eine Intervallschachtelung, die ein z der gesuchten Art festlegt. Der Leser führe diesen Beweis im einzelnen durch!

Bemerkung: Das Halbierungsverfahren ist auch zur numerischen Berechnung von Nullstellen geeignet. Die Argumentation mit dem Supremum liefert dagegen nur eine Existenzaussage.

Aus dem Zwischenwertsatz folgt leicht der

Satz: *Das stetige Bild eines kompakten Intervalls ist ein kompaktes Intervall.*

Zum Beweis verwende man zunächst, daß das Bild des kompakten Intervalls selber kompakt ist, also Minimum und Maximum angenommen werden. Es sei a eine Minimalstelle und b eine Maximalstelle. Auf das Intervall $[a, b]$ wende man den Zwischenwertsatz an.

Aufgabe: Ist das stetige Bild eines Intervalls immer ein Intervall? Man diskutiere alle möglichen Fälle, vgl. S.18.

Der Zwischenwertsatz zeigt auch, daß für stetige Funktionen auf Intervallen die Injektivität gleichbedeutend ist mit der strengen Monotonie.

Satz: *Ist f in $[a, b]$ stetig und injektiv, dann ist f streng monoton (wachsend oder fallend).*

Beweis: Wir zeigen, daß f streng monoton wachsend ist, wenn $f(a) < f(b)$ gilt.
Das Minimum von f muß dann an der Stelle a, das Maximum an der Stelle b angenommen werden, denn würde etwa das Minimum an einer Stelle $c \in]a, b[$ angenommen, so würde es im Intervall $[c, b]$ eine weitere Stelle geben, an der die Funktion den Wert $f(a)$ annimmt.
Wäre nun f nicht streng monoton wachsend, so gäbe es $x_1, x_2 \in [a, b]$, für die

$$x_1 < x_2 \qquad \text{und} \qquad f(x_1) \geqq f(x_2)$$

gelten würde. Man hätte dann

$$f(a) \leqq f(x_2) \leqq f(x_1)$$

und deshalb im Intervall $[a, x_1]$ eine Stelle z mit $f(z) = f(x_2)$. Da $x_2 \notin [a, x_1]$ gilt, erhält man einen Widerspruch zur Injektivität von f.

Nun können wir auch für offene Definitionsmengen beweisen, daß die Umkehrfunktion einer stetigen injektiven Funktion selber stetig ist. Wir verwenden dabei, daß kompakte Intervalle streng monoton auf kompakte Intervalle abgebildet werden.

Satz: *Ist $f\colon D \to \mathbb{R}$ stetig und injektiv und ist D offen, dann ist*

$$f^{-1}: f(D) \to \mathbb{R}$$

stetig.

Beweis: Wir müssen zeigen, daß f^{-1} an der beliebigen Stelle $y \in f(D)$ stetig ist. Nach Definition haben wir zu jeder Umgebung U – wegen der Offenheit von D können wir $U \subset D$ voraussetzen – des Urbildes $x = f^{-1}(y)$ eine Umgebung V von y anzugeben, so daß

$$f^{-1}(V \cap f(D)) \subset U$$

gilt. Ein solches V finden wir, indem wir zunächst in U ein abgeschlossenes Intervall $[a, b]$ wählen, dem x als innerer Punkt angehört. Nach dem eben bewiesenen Satz wird $[a, b]$ durch f streng monoton auf ein abgeschlossenes Intervall abgebildet, dem y als innerer Punkt angehört. Jede Umgebung V von y, die in diesem Intervall enthalten ist, leistet das Gewünschte.

Aufgaben

1. Man gebe einen anderen Beweis dafür, daß eine in einer kompakten Menge stetige Funktionen ihr Maximum annimmt, indem man zeigt:
   (1) Ist eine Funktion in einer kompakten Menge stetig, so ist sie beschränkt.
   (2) Man führe die Annahme $f(x) < s = \sup f(D)$ zum Widerspruch. Dazu betrachte man die Funktion g mit $g(x) = \dfrac{1}{s - f(x)}$.
2. Es sei f in der kompakten Menge D stetig. Was läßt sich über die Menge der Minimalstellen sagen (bzw. über die Menge der Maximalstellen)?
3. Man konstruiere eine nichtkonstante stetige Funktion $f\colon [0,1] \to \mathbb{R}$, die genau die Punkte einer beliebig vorgegebenen kompakten Teilmenge M von $[0, 1]$ als Maximalstellen besitzt.
4. Die Funktion $f\colon \mathbb{R} \to \mathbb{R}$ sei stetig. Man zeige, daß die Menge $\{x \mid f(x) < c\}$ offen und die Menge $\{x \mid f(x) \leqq c\}$ abgeschlossen ist.
   Was läßt sich über $\{x \mid f(x) = c\}$ aussagen?
5. Die Definitionsmenge D von f sei offen. Man zeige, daß f genau dann stetig ist, wenn das Urbild jeder offenen Teilmenge von $\mathbb{R}$ eine offene Menge ist.
6. Die Definitionsmenge D von f sei abgeschlossen. Man zeige, daß f genau dann stetig ist, wenn das Urbild jeder abgeschlossenen Teilmenge von $\mathbb{R}$ eine abgeschlossene Menge ist.
7. Für beliebiges $D \subset \mathbb{R}$ heißen die Mengen $D \cap M$ relativ offen, falls M offen ist und relativ abgeschlossen, falls M abgeschlossen ist. Man zeige, daß folgende Aussagen äquivalent sind:
   (1) $f\colon D \to \mathbb{R}$ ist stetig
   (2) $f^{-1}(V)$ ist relativ offen für jedes offene $V \subset \mathbb{R}$
   (3) $f^{-1}(A)$ ist relativ abgeschlossen für jedes abgeschlossene $A \subset \mathbb{R}$.
8. Für beliebige positive Zahlen c_1, c_2, c_3 und $a_1 < a_2 < a_3$ hat die Gleichung
   $$\frac{c_1}{x - a_1} + \frac{c_2}{x - a_2} + \frac{c_3}{x - a_3} = 0$$
   stets eine Lösung zwischen a_1 und a_2 und eine Lösung zwischen a_2 und a_3.
9. Ist f eine stetige Abbildung des Intervalls $[a, b]$ in sich, so hat f einen Fixpunkt, d.h. es gibt eine Stelle c in $[a, b]$ derart, daß gilt $f(c) = c$.
10. Für welche a ist die Gleichung $a^x = x$ lösbar?
11. Es sei f in D streng monoton wachsend und $a \in D$ sei Häufungspunkt von $\{x \mid x < a,\ x \in D\}$ und von $\{x \mid x > a,\ x \in D\}$.
    Man zeige, daß die Umkehrfunktion von f an der Stelle a stetig ist.

12. Die Funktion f sei in $[a, b]$ beschränkt und habe die Zwischenwerteigenschaft, d. h. zu je zwei Stellen $x_1 < x_2$ sei das von $f(x_1)$ und $f(x_2)$ begrenzte Intervall im Bild von $[x_1, x_2]$ enthalten. Wenn jeder Wert von f nur endlich viele Urbilder hat, dann ist f stetig. Man beweise dies und belege durch ein Beispiel, daß die Voraussetzung der Endlichkeit aller Urbildmengen $f^{-1}(\{y\})$ nicht entbehrlich ist.

7.4 Stetige Fortsetzbarkeit, gleichmäßige Stetigkeit

Wir beschäftigen uns hier mit folgender Frage: Es sei $f: D \to \mathbb{R}$ stetig und a ein Häufungspunkt von D, der nicht zu D gehört. Läßt sich f stetig auf $D \cup \{a\}$ fortsetzen, d. h. gibt es eine stetige Funktion

$$g: D \cup \{a\} \to \mathbb{R},$$

deren Restriktion auf D gerade die Funktion f ist?
Beispiele zeigen, daß dies nicht immer möglich ist, z. B. läßt sich die in $\mathbb{R} \setminus \{0\}$ stetige Funktion $x \mapsto \frac{1}{x}$ nicht stetig auf $\mathbb{R}$ fortsetzen.
Zur Erläuterung der Fragestellung betrachten wir einige weitere typische **Beispiele**; es sei $D = \{x \mid x \neq 0, |x| \leqq 1\}$ und $a = 0$:

1) $$f(x) = \frac{1}{|x|}$$

2) $$f(x) = \frac{x}{|x|}$$

3) $$f(x) = \frac{x^2}{|x|}$$

4) $$f(x) = \cos\frac{\pi}{x}$$

5) $$f(x) = \frac{\exp x - 1}{x}$$

Nur im dritten und fünften Beispiel existiert eine stetige Fortsetzung. Im dritten Beispiel gilt für $x \neq 0$ die Gleichung $\frac{x^2}{|x|} = |x|$ und also ist die Funktion $g(x) = |x|$ für $x \in [-1, 1]$ eine stetige Fortsetzung von f. Im fünften Beispiel ist $g(0) = 1$ zu setzen; dies folgt aus den Ungleichungen (2) und (3) von S. 133.

In den drei anderen Fällen kann es keine stetige Fortsetzung geben. Zum Beweis konstruiere man für jedes Beispiel eine Folge (x_n) mit $\lim_n x_n = 0$ mit der Eigenschaft, daß die zugehörige Folge der Funktionswerte nicht konvergiert. (Aufgabe!)

Notwendig für die stetige Fortsetzbarkeit von f ist nach dem Satz von S. 217, daß für jede Folge (x_n) mit $x_n \in D$ und $\lim_n x_n = a$ die Folge $(f(x_n))$ konvergiert. Alle diese Folgen von Funktionswerten haben dann denselben Grenzwert. Aus zwei Folgen (x_n') und (x_n''), die beide den Grenzwert a besitzen, erhält man nämlich durch „Mischung" eine Folge (x_n):

$$x_n = \begin{cases} x_m' & \text{für } n = 2m-1 \\ x_m'' & \text{für } n = 2m, \end{cases}$$

die ebenfalls den Grenzwert a hat und von der (x_n') und (x_n'') Teilfolgen sind. Deshalb gilt

$$\lim_n f(x_n) = \lim_n f(x_n') = \lim_n f(x_n'').$$

Es liegt nun nahe, den *Grenzwertbegriff für Funktionen* folgendermaßen einzuführen:

Def.: *Es sei a ein Häufungspunkt der Definitionsmenge D von f. Wenn für* jede *Folge (x_n) mit $x_n \in D$, $x_n \neq a$ und $\lim_n x_n = a$ gilt*

$$\lim_n f(x_n) = b,$$

dann heißt b der Grenzwert von f an der Stelle a. *Man schreibt dann*

$$\lim_{x \to a} f(x) = b.$$

Bemerkung: f kann an der Stelle a definiert sein oder auch nicht. Genau dann, wenn f an der Stelle a stetig ist, gilt $b = f(a)$. Die Stetigkeit von f an der Stelle a wird daher gekennzeichnet durch

$$\lim_{x \to a} f(x) = f(a).$$

Nach dieser Grenzwertdefinition für Funktionen müssen zur Bestimmung eines Grenzwertes alle Folgen (x_n) mit $\lim_n x_n = a$ herangezogen werden. Wie im Fall der Stetigkeitsdefinition haben wir auch hier eine äquivalente Fassung ohne den Folgenbegriff:

Satz: *Die Funktion $f\colon D \to \mathbb{R}$ hat im Häufungspunkt a von D genau dann den Grenzwert b, wenn es zu jedem $\varepsilon > 0$ ein $\delta > 0$ gibt, so daß gilt:*

$$x \in D,\ x \neq a,\ |x-a| < \delta \ \Rightarrow\ |f(x) - b| < \varepsilon.$$

Beweis: f hat genau dann einen Grenzwert in a, wenn eine stetige Fortsetzung g existiert (falls $a \in D$, ist $g = f$). Die Stetigkeit von g in a besagt: Zu jedem $\varepsilon > 0$ gibt es ein $\delta > 0$, so daß gilt:

$$x \in D \cup \{a\},\ |x-a| < \delta \ \Rightarrow\ |g(x) - b| < \varepsilon.$$

Diese Bedingung ist äquivalent zu

$$x \in D,\ x \neq a,\ |x-a| < \delta \ \Rightarrow\ |f(x) - b| < \varepsilon,$$

da

$$g(x) = \begin{cases} b & \text{für } x = a \\ f(x) & \text{für } x \neq a, \end{cases} \qquad x \in D.$$

Wenn man nachzuweisen hat, daß f in a einen Grenzwert besitzt, ohne daß dieser bekannt ist, läßt sich oftmals das *Cauchy-Kriterium* verwenden:

Satz: *f hat im Häufungspunkt a von D genau dann einen Grenzwert, wenn es zu jedem $\varepsilon > 0$ ein $\delta > 0$ gibt, so daß gilt:*
Für alle $x, y \in D$ mit $x \neq a$, $y \neq a$, $|x-a| < \delta$, $|y-a| < \delta$ gilt $|f(x) - f(y)| < \varepsilon$.

Beweis: 1) Hat f in a den Grenzwert b, so gibt es zu vorgegebenem $\varepsilon > 0$ ein $\delta > 0$ derart, daß gilt:

$$x \in D,\ x \neq a,\ |x-a| < \delta \ \Rightarrow\ |f(x) - b| < \frac{\varepsilon}{2}$$

$$y \in D,\ y \neq a,\ |y-a| < \delta \ \Rightarrow\ |f(y) - b| < \frac{\varepsilon}{2}.$$

Wenn x und y alle genannten Bedingungen erfüllen, muß also gelten

$$|f(x) - f(y)| \leqq |f(x) - b| + |f(y) - b| < \varepsilon.$$

2) Nun sei umgekehrt die im Kriterium formulierte Bedingung erfüllt. Zu jeder Folge (x_n) mit $x_n \in D$, $x_n \neq a$ und $\lim\limits_n x_n = a$ gehört eine Cauchy-Folge $(f(x_n))$. Zu $\varepsilon > 0$ gibt es nämlich ein $\delta > 0$ und dazu weiter ein $n_0 \in \mathbb{N}$ derart, daß für $n, m \geqq n_0$ gilt

$$|x_n - a| < \delta,\ |x_m - a| < \delta$$

und also auch

$$|f(x_n) - f(x_m)| < \varepsilon.$$

Je zwei dieser Cauchy-Folgen müssen aber denselben Grenzwert haben, wie die Methode der Mischung zweier Folgen zeigt. Deshalb hat f in a einen Grenzwert.

Unser Fortsetzungsproblem kann nun folgendermaßen beantwortet werden:

f besitzt genau dann eine stetige Fortsetzung *auf* $D \cup \{a\}$, *wenn der Grenzwert von f an der Stelle a existiert.*
Wegen der Eindeutigkeit des Grenzwertes gibt es höchstens eine stetige Fortsetzung der Funktion f von D auf $D \cup \{a\}$.
Wenn die stetige Funktion $f: D \to \mathbb{R}$ in *jedem* Häufungspunkt von D einen Grenzwert besitzt, dann kann f auf die abgeschlossene Hülle $\bar{D}$ stetig fortgesetzt werden und zwar eindeutig.
Hierfür gibt es eine einfachere hinreichende Bedingung, bei der nicht mehr für alle Häufungspunkte von D die Existenz der Grenzwerte nachgeprüft werden muß. Wir geben dazu folgende

Def.: *Die Funktion $f: D \to \mathbb{R}$ heißt* gleichmäßig stetig, *wenn es zu jedem $\varepsilon > 0$ ein $\delta > 0$ gibt, so daß gilt:*

$$x, y \in D,\ |x - y| < \delta \ \Rightarrow\ |f(x) - f(y)| < \varepsilon.$$

Hält man $y = a$ fest, so ergibt sich die Stetigkeit der Funktion f an der Stelle $a \in D$. *Aus der gleichmäßigen Stetigkeit folgt also die gewöhnliche Stetigkeit.* Das Umgekehrte ist nicht richtig. Es gibt stetige Funktionen, die nicht gleichmäßig stetig sind, etwa die Funktionen aus Beispiel 1), 2) und 4) von S. 238.

f ist nicht gleichmäßig stetig bedeutet: Es gibt ein $\varepsilon > 0$, so daß zu jedem $\delta > 0$ ein $x \in D$ und ein $y \in D$ existieren derart, daß zwar $|x - y| < \delta$, aber $|f(x) - f(y)| \geqq \varepsilon$ gilt.

Wir betrachten zunächst Beispiel 1):

$$f(x) = \frac{1}{|x|} \text{ für } x \in D = \{x \mid x \neq 0,\ |x| \leqq 1\}.$$

Für $x > 0$ und $y = \frac{1}{2}x$ folgt:

$$|x - y| = \frac{1}{2}x \quad \text{und} \quad \left|\frac{1}{|x|} - \frac{1}{|y|}\right| = \frac{1}{x}.$$

Diese Gleichungen zeigen, daß $\varepsilon = 1$ geeignet ist. Zu $\delta > 0$ wählen wir ein $x > 0$ mit $\frac{1}{2}x < \delta$ und $x \leqq 1$.
Wenn $y = \frac{1}{2}x$ ist, folgt dann also:

$$|x - y| < \delta, \quad \text{aber} \quad \left|\frac{1}{|x|} - \frac{1}{|y|}\right| \geqq 1.$$

Aufgabe: Man zeige, daß die Funktion aus Beispiel 2) nicht gleichmäßig stetig ist.

Zum Beispiel 4) können wir $\varepsilon = 2$ verwenden. Zu $\delta > 0$ wählen wir etwa $x = \frac{1}{2n}$ und $y = \frac{1}{2n+1}$ mit einer natürlichen Zahl $n > \frac{1}{2\delta}$. Dann gilt

$$|x - y| = \frac{1}{2n(2n+1)} < \delta, \quad \text{aber} \quad |f(x) - f(y)| = 2.$$

Bemerkung: Wenn f stetig ist, wird das zu $\varepsilon > 0$ existierende $\delta > 0$ im allgemeinen von der Stelle $a \in D$ abhängen (vgl. dazu Beispiel 2) und 4) sowie etwa die Logarithmusfunktion und die Wurzelfunktionen). Die gleichmäßige Stetigkeit besagt, daß δ unabhängig von $a \in D$ gewählt werden kann.

Besonders einfache und wichtige Beispiele gleichmäßig stetiger Funktionen sind die dehnungsbeschränkten Funktionen (vgl. S. 80). Aus der Abschätzung

$$|f(y) - f(x)| \leqq c|y - x|$$

ergibt sich ja sofort, daß man $\delta = \frac{1}{c} \cdot \varepsilon$ wählen kann. Bei geeigneter Einschränkung der Definitionsmengen sind also die elementaren Funktionen und die Potenzreihen gleichmäßig stetig.

Aufgabe: Man gebe Intervalle an, auf denen die Funktionen ln, exp, cos und sin gleichmäßig stetig sind. Welche ganzrationalen Funktionen sind auf $\mathbb{R}$ gleichmäßig stetig?

Ein Beispiel einer gleichmäßig stetigen Funktion, die nicht dehnungsbeschränkt ist, hat man etwa mit der Wurzelfunktion

$$x \mapsto \sqrt{x} \qquad \text{für } x \in \mathbb{R}_0^+.$$

(Beweis als Aufgabe!)

Satz: *Ist $f\colon D \to \mathbb{R}$ gleichmäßig stetig, so gibt es genau eine auf der abgeschlossenen Hülle $\bar{D}$ von D gleichmäßig stetige Funktion $g\colon \bar{D} \to \mathbb{R}$, die auf D mit f übereinstimmt.*

Beweis: Für jedes $x \in \bar{D}$ existiert $\lim\limits_{u \to x} f(u)$; dies ergibt sich nach dem Cauchy-Kriterium aufgrund der gleichmäßigen Stetigkeit von f.
Somit gibt es höchstens eine Funktion g mit den angegebenen Eigenschaften, nämlich $g(x) = \lim\limits_{u \to x} f(u)$.
Zu zeigen ist noch, daß dieses g (das natürlich auf D mit f übereinstimmt) gleichmäßig stetig ist. Nach Voraussetzung ist $f: D \to \mathbb{R}$ gleichmäßig stetig, d.h. zu $\varepsilon > 0$ gibt es ein δ derart, daß gilt

$$|v - u| < 3\delta \Rightarrow |f(v) - f(u)| < \varepsilon .$$

Genügen nun x, y der Bedingung $|y - x| < \delta$ und werden v bzw. u so gewählt, daß die Ungleichungen $|y - v| < \delta$ und $|g(y) - f(v)| < \varepsilon$ bzw. $|x - u| < \delta$ und $|g(x) - f(u)| < \varepsilon$ erfüllt sind, so folgt

$$|g(y) - g(x)| \leqq |g(y) - f(v)| + |f(v) - f(u)| + |g(x) - f(u)| < 3\varepsilon .$$

An Beispielen hatten wir gesehen, daß es stetige Funktionen gibt, die nicht gleichmäßig stetig sind. Bei kompakter Definitionsmenge folgt jedoch aus der Stetigkeit die gleichmäßige Stetigkeit.

Satz: *Ist die Definitionsmenge D der stetigen Funktion f kompakt, so ist f gleichmäßig stetig.*

Beweis: Wir verwenden zum Beweis die Heine-Borelsche Überdeckungseigenschaft der kompakten Menge D. Nach Vorgabe von $\varepsilon > 0$ ist jedem $x \in D$ eine Umgebung $U(x, \delta(x))$ zugeordnet derart, daß für alle y aus dieser Umgebung gilt

$$|f(y) - f(x)| < \varepsilon.$$

Mit dem System dieser Umgebungen kommt man nun nicht zum Ziel, wohl aber gelingt dies mit „verkleinerten" Umgebungen, nämlich den Umgebungen $U(x, \frac{1}{2}\delta(x))$:
Wegen der Kompaktheit von D gibt es zunächst endlich viele Punkte $x_1, \ldots, x_n \in D$ derart, daß die zugehörigen Umgebungen $U(x_1, \frac{1}{2}\delta(x_1)), \ldots, U(x_n, \frac{1}{2}\delta(x_n))$ die Menge D überdecken. Wir setzen nun

$$\delta = \min\{\tfrac{1}{2}\delta(x_1), \ldots, \tfrac{1}{2}\delta(x_n)\}$$

und können dann zeigen:
Aus $x, y \in D$ und $|y - x| < \delta$ folgt $|f(y) - f(x)| < 2\varepsilon$.
Liegt nämlich x etwa in der Menge $U(x_k, \frac{1}{2}\delta(x_k))$, so müssen x und y beide

zur Menge $U(x_k, \delta(x_k))$ gehören. Dies ist klar für x und folgt für y aus der Abschätzung:

$$|y - x_k| \leqq |y - x| + |x - x_k| < \delta + \tfrac{1}{2}\delta(x_k) \leqq \delta(x_k)$$

Damit folgt aber:

$$|f(y) - f(x)| \leqq |f(y) - f(x_k)| + |f(x) - f(x_k)| < 2\varepsilon.$$

Aufgabe: Man gebe einen anderen (indirekten) Beweis, indem man die Folgenkompaktheit von D verwendet.

Bemerkung: Aus dem letzten Satz folgt unmittelbar eine Ergänzung zum oben diskutierten Fortsetzungsproblem: Ist D beschränkt, so ist $\bar{D}$ kompakt. Wenn nun f stetig auf $\bar{D}$ fortgesetzt werden kann, so ist diese Fortsetzung und damit auch f selbst gleichmäßig stetig. Für beschränktes D ist also die gleichmäßige Stetigkeit notwendig und hinreichend für die stetige Fortsetzbarkeit auf $\bar{D}$.

Aufgaben

1. Rechtsseitigen Grenzwert von f an der Stelle a nennt man den Grenzwert der Restriktion $f|D \cap \{x|x > a\}$ und bezeichnet ihn im Falle der Existenz mit

$$\lim_{\substack{x\to a\\x>a}} f(x)$$

Entsprechend wird der linksseitige Grenzwert definiert. Man beweise, daß $\lim\limits_{x\to a} f(x)$ genau dann existiert, wenn

$$\lim_{\substack{x\to a\\x>a}} f(x) = \lim_{\substack{x\to a\\x<a}} f(x)$$

gilt.

2. Existieren die Grenzwerte

$$\lim_{\substack{x\to a\\x>a}} f(x) \quad \text{und} \quad \lim_{\substack{x\to a\\x<a}} f(x)$$

und sind nicht beide gleich $f(a)$, so heißt a eine Unstetigkeitsstelle erster Art oder Sprungstelle von f.
Man zeige, daß monotone Funktionen nur Sprungstellen haben und daß die Menge aller Sprungstellen für monotone Funktionen stets abzählbar ist.

3. Ist f an der Stelle a nicht stetig und a keine Sprungstelle, so heißt a eine Unstetigkeitsstelle zweiter Art.
   Man stelle fest, um welche Art von Unstetigkeitsstellen es sich bei den folgenden in a unstetigen Funktionen handelt:

   (1) $f(x) = [x - a]$

   (2) $$f(x) = \begin{cases} \dfrac{1}{x-a} & \text{für } x \neq a \\ 0 & \text{für } x = a \end{cases}$$

   (3) $$f(x) = \begin{cases} \sin \dfrac{1}{x-a} & \text{für } x \neq a \\ 0 & \text{für } x = a \end{cases}$$

4. Man übertrage die Rechenregeln für konvergente Folgen auf Funktionen, die an der Stelle a einen Grenzwert besitzen.
5. Es sei f für $x \geqq c$ erklärt. Wenn es zu jedem $\varepsilon > 0$ eine Zahl u gibt, derart daß für alle $x > u$ gilt

   $$|f(x) - b| < \varepsilon,$$

   dann schreibt man

   $$\lim_{x \to \infty} f(x) = b.$$

   (Lies: Limes von $f(x)$ für x gegen unendlich.)

   Man zeige, daß $\lim_{x \to \infty} f(x) = b$ genau dann gilt, wenn $\lim_{x \to 0} f\left(\frac{1}{x}\right) = b$ ist. Weiter zeige man, daß aus $\lim_{x \to \infty} f(x) = b$ folgt $\lim_{n} f(n) = b$ und belege durch ein Beispiel, daß die Umkehrung falsch ist.
6. Es sei f eine periodische Funktion. Man zeige, daß aus

   $$\lim_{x \to \infty} f(x) = 0$$

   folgt, daß für alle x gelten muß

   $$f(x) = 0.$$

7. Die Funktion $f: D \to \mathbb{R}$ sei monoton wachsend. Zu f definiere man die Funktionen g und h für alle $x \in \mathbb{R}$ durch

   $$g(x) = \sup\{y \mid y = f(z),\ z < x\}$$
   $$h(x) = \inf\{y \mid y = f(z),\ z > x\}.$$

Man zeige, daß g und h monoton wachsend sind und daß f an der Stelle a genau dann stetig ist, wenn $g(a) = h(a)$ gilt.

8. Welche der folgenden Funktionen lassen sich stetig auf $\mathbb{R}$ fortsetzen?

(1) $f(x) = \dfrac{x^2 - 4}{x - 2} \qquad (x \neq 2)$

(2) $f(x) = \dfrac{\sqrt{x}}{|x|} \qquad (x > 0)$

(3) $f(x) = \dfrac{1}{q} \qquad \left(x = \dfrac{p}{q} \in \mathbb{Q}, p, q \text{ teilerfremd}\right)$

9. Es sei D eine beliebige nicht kompakte Teilmenge von $\mathbb{R}$. Man gebe Beispiele von Funktionen, die auf D erklärt sind, an, die

(1) stetig, aber nicht beschränkt sind

(2) stetig und beschränkt sind, aber weder Minimum noch Maximum haben

(3) stetig, aber nicht gleichmäßig stetig sind.

Lassen sich solche Funktionen auch dann angeben, wenn D beschränkt ist?

10. Die Funktion f sei für $x \geqq 0$ definiert und stetig. Man zeige, daß aus der Existenz von $\lim\limits_{x \to \infty} f(x)$, vgl. S. 245, die gleichmäßige Stetigkeit von f folgt.

Gilt auch die Umkehrung?

11. Wenn f in D gleichmäßig stetig ist, dann kann f stetig auf die abgeschlossene Hülle $\bar{D}$ fortgesetzt werden.
Man zeige: Ist D beschränkt, so ist die gleichmäßige Stetigkeit von f auch notwendig für die stetige Fortsetzbarkeit auf $\bar{D}$.
Weiter belege man durch ein Beispiel, daß es bei nicht beschränktem D auch nicht gleichmäßig stetige Funktionen gibt, die stetig auf $\bar{D}$ fortgesetzt werden können.

12. Es sei f gleichmäßig stetig auf der Menge D. Durch

$$\omega(\delta) = \sup\{y \mid y = |f(x_2) - f(x_1)|, |x_2 - x_1| < \delta\}$$

wird für $\delta > 0$ eine Funktion ω erklärt.
Man zeige, daß ω monoton wachsend ist und daß

$$\lim_{\delta \to 0} \omega(\delta) = 0$$

gilt. (Die Funktion ω, die zu f gehört, heißt der Stetigkeitsmodul von f.)

7.5 Stetige Homomorphismen von $(\mathbb{R},+)$ und $(\mathbb{R}^+, \cdot)$

Wir wollen hier alle stetigen homomorphen Abbildungen der Gruppen

$$(\mathbb{R}, +) \text{ in } (\mathbb{R}, +)$$
$$(\mathbb{R}, +) \text{ in } (\mathbb{R}^+, \cdot)$$
$$(\mathbb{R}^+, \cdot) \text{ in } (\mathbb{R}, +)$$
$$(\mathbb{R}^+, \cdot) \text{ in } (\mathbb{R}^+, \cdot)$$

bestimmen, d.h. alle stetigen Lösungen folgender Funktionalgleichungen ermitteln:

$$f(x+y) = f(x) + f(y)$$
$$f(x+y) = f(x) \cdot f(y)$$
$$f(xy) \quad = f(x) + f(y) \qquad (x > 0,\ y > 0)$$
$$f(xy) \quad = f(x) \cdot f(y) \qquad (x > 0,\ y > 0).$$

Bemerkung: Alle vier Funktionalgleichungen werden von der Nullfunktion erfüllt. Schließt man die Nullfunktion aus, so nimmt jede Lösung der zweiten wie auch der vierten Funktionalgleichung von allein nur positive Werte an (Beweis als Aufgabe).

Es genügt, die erste Funktionalgleichung zu diskutieren, da sich die drei anderen mit Hilfe der Funktionen ln und exp auf die erste zurückführen lassen. Will man etwa die zweite Funktionalgleichung lösen, so betrachtet man statt f die Verkettung

$$g = \ln \circ f.$$

Diese Verkettung ist möglich, da die Werte von f alle positiv sind. Für g erhält man dann die Funktionalgleichung (Beweis als Aufgabe):

$$g(x+y) = g(x) + g(y).$$

Aufgabe: Welche Verkettungen hat man in den beiden anderen Fällen zu wählen?

Satz: *Jede stetige Lösung der Funktionalgleichung*

$$f(x+y) = f(x) + f(y)$$

ist von der Form

$$f(x) = cx.$$

Beweis: Vollständige Induktion zeigt, daß

$$f(nx) = nf(x) \qquad \text{für } n \in \mathbb{N}.$$

Daraus folgt mit $f(1) = c$:

$$f(n) = cn,\ f(-n) = -cn,\ f\left(\frac{1}{m}\right) = \frac{c}{m},\ f\left(\frac{n}{m}\right) = c \cdot \frac{n}{m}.$$

Für rationales x erhält man somit:

$$f(x) = cx.$$

$f|\mathbb{Q}$ ist gleichmäßig stetig, besitzt also genau eine Fortsetzung auf die abgeschlossene Hülle von $\mathbb{Q}$, d.h. auf $\mathbb{R}$. Diese Fortsetzung ist

$$x \mapsto cx \qquad \text{für } x \in \mathbb{R}.$$

Bemerkung: Die Voraussetzung der Stetigkeit kann ersetzt werden durch die Beschränktheit in irgendeinem abgeschlossenen Intervall. Wir führen den Beweis für eine im Intervall $[-a, a]$ beschränkte Funktion vor, setzen also voraus

$$|f(x)| \leqq b \qquad \text{für} \qquad |x| \leqq a.$$

Daraus folgt für $|x| \leqq \frac{a}{n}$:

$$|f(x)| = \frac{1}{n}|f(nx)| \leqq \frac{b}{n}.$$

Nun sei $z \in \mathbb{R}$ und $n \in \mathbb{N}$ beliebig vorgegeben. Man wähle $r \in \mathbb{Q}$ so, daß

$$|z - r| \leqq \frac{a}{n}.$$

Dann ergibt sich

$$|f(z) - zf(1)| = |f(z-r) + (r-z)f(1)| \leqq \frac{b}{n} + \frac{a}{n}|f(1)|.$$

Da n beliebig war, muß gelten:

$$f(z) = z \cdot f(1).$$

Wenn die Funktion f in einem abgeschlossenen Intervall monoton ist, ist sie natürlich dort beschränkt, so daß auch die Monotonie die Voraussetzung der Stetigkeit ersetzen kann.

Zusammenfassend erhalten wir den

Satz: *Wenn f stetig ist und*
für alle x, y gilt $f(x+y) = f(x) + f(y)$, dann ist $f(x) = cx$
für alle x, y gilt $f(x+y) = f(x) \cdot f(y)$, dann ist $f(x) = \exp cx$
für alle $x, y > 0$ gilt $f(xy) = f(x) + f(y)$, dann ist $f(x) = c \cdot \ln x$
für alle $x, y > 0$ gilt $f(xy) = f(x) \cdot f(y)$, dann ist $f(x) = x^c$.

Bemerkung: Für $c \neq 0$ sind die Funktionen injektiv; dann werden die betreffenden Gruppen jeweils isomorph aufeinander abgebildet.

Schließlich bestimmen wir noch alle Automorphismen des Körpers $\mathbb{R}$, d.h. alle $f: \mathbb{R} \to \mathbb{R}$ mit den Eigenschaften

$$f(x+y) = f(x) + f(y) \qquad \text{für alle } x, y \in \mathbb{R},$$
$$f(xy) = f(x) f(y) \qquad \text{für alle } x, y \in \mathbb{R}.$$

Aus der zweiten Funktionalgleichung folgt $f(h) > 0$ für $h > 0$ (vgl. Bemerkung von S.247).
Damit folgt aus der ersten, daß f monoton wachsend ist. Also muß nach der Bemerkung $f(x) = cx$ gelten. Einsetzen in die zweite Funktionalgleichung liefert $c = 1$. Also gilt der

Satz: *Der einzige Automorphismus des Körpers der reellen Zahlen ist die identische Abbildung.*

Aufgaben

1. Man zeige, daß die Voraussetzung der Stetigkeit von f bei allen vier Funktionalgleichungen ersetzt werden kann durch die schwächere Forderung, daß f an einer festen Stelle a stetig ist.
2. Wenn die Funktion f die Bedingung

   $$f(x+y) \leqq f(x) + f(y) \qquad \text{für alle } x, y \in \mathbb{R}$$

   erfüllt, so heißt f subadditiv.
   Man zeige, daß eine subadditive Funktion mit $f(0) = 0$, die an der Stelle 0 stetig ist, überall stetig ist.
3. Es sei K ein archimedisch angeordneter Körper. Man zeige, daß jede monotone Funktion $f: K \to K$, die die Funktionalgleichung $f(x+y) = f(x) + f(y)$ erfüllt, von der Form $f(x) = cx$ ist.

4. In dieser Aufgabe wird die Frage der „Einzigkeit" von $\mathbb{R}$ behandelt. Dazu nehmen wir an, $\mathbb{R}$ und $\mathbb{R}'$ seien zwei vollständig angeordnete Körper.
   (1) Man übertrage die Theorie der Stetigkeit auf Funktionen
   $$f: D \to \mathbb{R}' \text{ (mit } D \subset \mathbb{R}).$$
   (2) Eine Abbildung $f: \mathbb{R} \to \mathbb{R}'$ mit den Eigenschaften:
   (a) $f(x+y) = f(x) + f(y)$
   (b) $f(x \cdot y) = f(x) \cdot f(y)$
   (c) $x < y \Rightarrow f(x) < f(y)$

   heißt anordnungstreuer Isomorphismus von $\mathbb{R}$ in $\mathbb{R}'$. Man zeige zunächst, daß f auf $\mathbb{Q} \subset \mathbb{R}$ eindeutig festgelegt und auf $\mathbb{Q}$ gleichmäßig stetig ist. Von dieser Abbildung von $\mathbb{Q}$ in $\mathbb{R}'$ ausgehend, zeige man, daß es genau einen anordnungstreuen Isomorphismus f von $\mathbb{R}$ in $\mathbb{R}'$ gibt.
   (3) Man zeige, daß dieser anordnungstreue Isomorphismus surjektiv ist.
5. Jeder archimedisch angeordnete Körper ist anordnungstreu isomorph zu einem Unterkörper von $\mathbb{R}$. (Man zeige zunächst, daß es zu jedem positiven Element eine g-adische Entwicklung gibt, vgl. Aufg. 13) von S. 148.)
6. Man zeige, daß durch ($c \in \mathbb{C}$ beliebig)
   $$h_c(x) = \sum_{n=0}^{\infty} \frac{c^n}{n!} x^n$$
   nicht nur die einzigen durch Potenzreihen (vgl. S. 198) darstellbaren, sondern sogar die einzigen *stetigen* Homomorphismen von $(\mathbb{R}, +)$ in $(\mathbb{C} \setminus \{0\}, \cdot)$ beschrieben werden.
   Welche stetigen Lösungen hat das Funktionalgleichungssystem
   $$f(x+y) = f(x)\,f(y) - g(x)\,g(y)$$
   $$g(x+y) = g(x)\,f(y) + f(x)\,g(y)?$$
7. Man bestimme alle stetigen Funktionen f und g, die die beiden Funktionalgleichungen
   $$f(x-y) = f(x)f(y) + g(x)g(y)$$
   $$g(x-y) = g(x)f(y) - f(x)g(y)$$
   erfüllen. Weiter zeige man, daß die Voraussetzung der Stetigkeit von f und g ersetzt werden kann durch die Forderung, daß $\lim\limits_{x \to 0} \dfrac{g(x)}{x} = b$ existiert. Welche Lösungen erhält man im Spezialfall $b = 1$?

8 Differenzierbare Funktionen

Am Anfang der historischen Entwicklung der *Differentialrechnung* stehen eine geometrische und eine physikalische Fragestellung: das Tangentenproblem und das Problem der Momentangeschwindigkeit eines ungleichförmig bewegten Massenpunktes. Im ersten Fall ist eine Gerade gesucht, die durch einen gegebenen Punkt eines glatten Kurvenstücks läuft und dieses Kurvenstück „möglichst gut approximiert"; im zweiten Fall sucht man eine gleichförmige Bewegung die zu einem gegebenen Zeitpunkt die ungleichförmige Bewegung „möglichst gut approximiert".

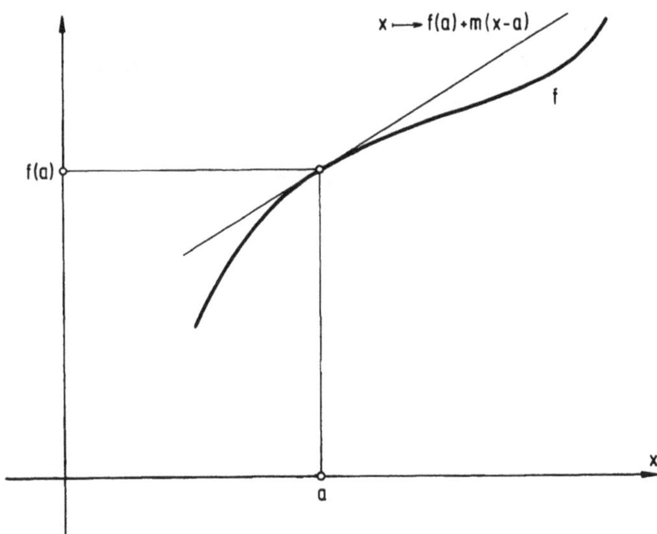

Grundidee der Differentialrechnung ist also die Approximation „beliebiger" Funktionen in der Umgebung eines Punktes durch „lineare" Funktionen. Mit den in den vorausgegangenen Kapiteln bereitgestellten Begriffen ist eine Präzisierung dieser vagen (aber weittragenden) Vorstellung leicht zu geben.
Nach dem Beweis einiger Rechenregeln für die Ableitung beschäftigen wir uns mit der gegenseitigen Beziehung der Begriffe „Stetigkeit" und „Differenzierbarkeit". Insbesondere belegen wir durch explizite Angabe eines Beispiels die vielleicht überraschende Tatsache, daß eine stetige Funktion an keiner Stelle differenzierbar zu sein braucht.

Von großem theoretischen Interesse ist der Mittelwertsatz der Differentialrechnung, z. B. gewinnt man mit seiner Hilfe unmittelbar Kriterien für die Monotonie differenzierbarer Funktionen. Eine andere wichtige Folgerung ist die Taylorsche Formel, mit deren Hilfe man in einfacher Weise Potenzreihenentwicklungen für viele elementare Funktionen erhält.

8.1 Differenzierbarkeit von Funktionen

Wir behandeln zunächst die *Differenzierbarkeit einer Funktion* $f: D \to \mathbb{R}$ *an einer Stelle* $a \in D$, wobei wir voraussetzen, daß a Häufungspunkt von D ist (für isoliertes a ist die Fragestellung uninteressant). Insbesondere ist diese Voraussetzung für jeden Punkt von D erfüllt, wenn D ein Intervall oder eine offene Menge ist.

Def.: *Die Funktion* $f: D \to \mathbb{R}$ *heißt* differenzierbar *im Häufungspunkt* $a \in D$, *wenn es eine Zahl* m *und eine an der Stelle* a stetige *Funktion* $r: D \to \mathbb{R}$ *gibt derart, daß gilt:*

$$f(x) = f(a) + m(x-a) + r(x)(x-a) \qquad \text{für alle } x \in D$$

und $r(a) = 0$.

Bemerkung: Die Zahl m und die Funktion r, deren Existenz nachzuweisen ist, kann man folgendermaßen ermitteln: Für $x \neq a$ gilt

$$(*) \qquad m + r(x) = \frac{f(x) - f(a)}{x - a}.$$

Eine auch im Punkte a erklärte, dort stetige Funktion r gibt es also nach S. 241 genau dann, wenn

$$\lim_{x \to a} \frac{f(x) - f(a)}{x - a}$$

existiert. Bezeichnet man diesen Grenzwert mit m, so ist die Funktion r durch Gleichung (*) sowie die Festsetzung $r(a) = 0$ eindeutig festgelegt.
Daß wir die Definition „quotientenfrei" formuliert haben, hat seinen Grund darin, daß die Übertragung auf den mehrdimensionalen Fall leichter möglich ist und daß Beweise für die Rechenregeln einfacher werden.

Folgerung: Ist f im Häufungspunkt $a \in D$ differenzierbar, so sind die Zahl m und die in a stetige Funktion r eindeutig bestimmt.

Def.: *Ist f im Häufungspunkt $a \in D$ differenzierbar, so heißt die Zahl m die* Ableitung *von f an der Stelle a.*
Bezeichnung: $m = f'(a)$.

Wenn für eine konkret gegebene Funktion festgestellt werden soll, ob sie an der Stelle a differenzierbar und welches ihre Ableitung ist, so wird man meistens von der für $x \neq a$ gültigen Darstellung

$$m + r(x) = \frac{f(x) - f(a)}{x - a}$$

ausgehen und untersuchen, ob der rechts stehende Quotient stetig nach a fortgesetzt werden kann. Wir zeigen dies an einigen Beispielen.

Beispiele

1) Die Potenzfunktion $x \mapsto x^n$ ist an jeder Stelle $a \in \mathbb{R}$ differenzierbar. Es ist

$$m = na^{n-1}$$

und

$$r(x) = (x^{n-1} + ax^{n-2} + a^2x^{n-3} + \ldots + a^{n-1}) - na^{n-1}$$

Zum Beweis benutzt man die für $x \neq a$ gültige Gleichung

$$\frac{x^n - a^n}{x - a} = (x^{n-1} + ax^{n-2} + \ldots + a^{n-1}).$$

Die stetige Fortsetzbarkeit dieser Funktion ist an der rechts stehenden Darstellung unmittelbar ersichtlich. Hier kann man $x = a$ einsetzen und erhält $m = n \cdot a^{n-1}$.

2) Die Funktion $x \mapsto \frac{1}{x^n}$ ist an jeder Stelle a ihrer Definitionsmenge $\mathbb{R} \backslash \{0\}$ differenzierbar. Für diese Funktion f ist die Ableitung an der Stelle a:

$$f'(a) = -n \cdot a^{-(n+1)}.$$

Für $x \neq a$ hat man nämlich

$$\frac{\frac{1}{x^n} - \frac{1}{a^n}}{x - a} = -\frac{1}{a^n \cdot x^n} \cdot \frac{x^n - a^n}{x - a}$$

und kann dann wie in Beispiel 1) fortfahren.

3) Die Quadratwurzelfunktion $x \mapsto \sqrt{x}$ ist an jeder Stelle $a > 0$ differenzierbar, dagegen nicht an der Stelle $a = 0$. Für $f(x) = \sqrt{x}$ und $a > 0$ gilt $f'(a) = \dfrac{1}{2\sqrt{a}}$.

Wenn $a > 0$ und $x \neq a$ ist, dann hat man

$$\frac{\sqrt{x} - \sqrt{a}}{x - a} = \frac{1}{\sqrt{x} + \sqrt{a}}.$$

Wenn $a = 0$ ist, dann hat man die stetige Fortsetzbarkeit von $\dfrac{1}{\sqrt{x}}$ nach der Stelle 0 zu untersuchen. Wegen der Nichtbeschränktheit ist eine stetige Fortsetzung nicht möglich.

4) Die Funktion $\ln : \mathbb{R}^+ \to \mathbb{R}$ ist an jeder Stelle $a \in \mathbb{R}^+$ differenzierbar; es gilt

$$\ln' a = \frac{1}{a}.$$

Aus der Abschätzung für die ln-Funktion von S. 132 ergibt sich:

$$\frac{1}{x}(x - a) \leqq \ln x - \ln a \leqq \frac{1}{a}(x - a)$$

Für $x > a$ folgt

$$\frac{1}{x} \leqq \frac{\ln x - \ln a}{x - a} \leqq \frac{1}{a}$$

und für $x < a$ folgt

$$\frac{1}{a} \leqq \frac{\ln x - \ln a}{x - a} \leqq \frac{1}{x}.$$

Der in der Mitte stehende Quotient kann daher stetig nach a fortgesetzt werden und es gilt $m = \dfrac{1}{a}$.

Aufgabe: Man zeige entsprechend mit Hilfe der Ungleichungen von S. 133 daß die e-Funktion an jeder Stelle $a \in \mathbb{R}$ differenzierbar ist und zeige, daß

$$\exp' a = \exp a$$

gilt.

5) Die Funktionen cos und sin sind an jeder Stelle $a \in \mathbb{R}$ differenzierbar und es gilt:

$$\cos' a = -\sin a$$
$$\sin' a = \cos a.$$

Wir zeigen zunächst, daß die Funktion

$$x \mapsto \frac{\sin x}{x}$$

stetig nach 0 fortgesetzt werden kann. Aus der Potenzreihendarstellung für sin (vgl. S.205) folgt für $x \neq 0$:

$$\frac{\sin x}{x} = 1 - \frac{x^2}{3!} + \frac{x^4}{5!} - \dots$$

Wegen der Stetigkeit der rechts stehenden Potenzreihe gilt daher:

$$\lim_{x \to 0} \frac{\sin x}{x} = 1.$$

Für $x \neq a$ gelten die Gleichungen

$$\frac{\cos x - \cos a}{x - a} = -\sin \frac{x+a}{2} \cdot \frac{\sin \frac{x-a}{2}}{\frac{x-a}{2}}$$

$$\frac{\sin x - \sin a}{x - a} = \cos \frac{x+a}{2} \cdot \frac{\sin \frac{x-a}{2}}{\frac{x-a}{2}}.$$

Daraus folgt das Ergebnis.

Aufgabe: Man übertrage die Definition der Differenzierbarkeit auf komplexwertige Funktionen einer reellen Variablen und zeige dann die Differenzierbarkeit der Funktion $x \mapsto \exp ix$ an jeder Stelle $a \in \mathbb{R}$:

$$\exp' ia = i \cdot \exp ia$$

Daraus folgere man nochmals das Ergebnis aus Beispiel 5).

6) Die Betragsfunktion $x \mapsto |x|$ ist an der Stelle $a = 0$ nicht differenzierbar. An allen anderen Stellen ist sie differenzierbar und zwar mit der Ableitung 1 für alle $a > 0$ und der Ableitung -1 für alle $a < 0$ (vgl. dazu Beispiel 2) von S.238).

7) Es sei $k \in \mathbb{N}$ fest vorgegeben. Die überall stetige Funktion

$$f(x) = \begin{cases} x^k \cdot \cos \dfrac{\pi}{x} & \text{für } x \neq 0 \\ 0 & \text{für } x = 0 \end{cases}$$

ist an der Stelle 0 nicht differenzierbar, wenn $k = 1$ ist. Für $k \geqq 2$ ist sie dagegen differenzierbar (vgl. dazu Beispiel 4) von S.238).

Die Beispiele 6) und 7) zeigen, daß eine stetige Funktion nicht differenzierbar zu sein braucht. Auf S. 261 werden wir sogar eine Funktion angeben, die an allen Stellen stetig, aber an keiner Stelle differenzierbar ist.
Es gilt aber der

Satz: *Ist f an der Stelle a differenzierbar, so ist f an dieser Stelle auch stetig.*

Beweis: Nach Voraussetzung gilt

$$f(x) = f(a) + m \cdot (x - a) + r(x) \cdot (x - a),$$

wobei r an der Stelle a stetig ist. Nach den Regeln über stetige Funktionen folgt unmittelbar die Stetigkeit von f an der Stelle a.

Andererseits zeigt das folgende Beispiel, daß aus der Differenzierbarkeit von f an der Stelle a nichts über die Stetigkeit von f in der Umgebung von a folgt.

8) Die Funktion $f: \mathbb{R} \to \mathbb{R}$ sei definiert durch

$$f(x) = \begin{cases} x & \text{für } x \in \mathbb{Q} \\ x + x^2 & \text{für } x \notin \mathbb{Q}. \end{cases}$$

f ist an der Stelle 0 differenzierbar mit der Ableitung 1. An allen anderen Stellen ist f nicht differenzierbar.
Für $a = 0$ hat man, falls $x \neq 0$

$$\frac{f(x) - f(0)}{x - 0} = \begin{cases} 1 & \text{für } x \in \mathbb{Q} \\ 1 + x & \text{für } x \notin \mathbb{Q}. \end{cases}$$

Diese Funktion ist aber stetig nach 0 fortsetzbar.
Da f für jedes $a \neq 0$ nicht stetig ist, ist f dort auch nicht differenzierbar.

Bemerkung: Folgende Abschwächung des Ableitungsbegriffs ist gelegentlich nützlich: Ist die Restriktion von f auf $D \cap \{x \mid x \geqq a\}$ an der Stelle a differen-

zierbar, so sagt man, daß f in a *rechtsseitig differenzierbar* ist und nennt die Ableitung der Restriktion die *rechtsseitige Ableitung von f.*
Bezeichnung: $f'_+(a)$.
Analog wird die *linksseitige Ableitung* von f an der Stelle a (falls sie existiert) definiert und mit $f'_-(a)$ bezeichnet.

Beispiele: Die Betragsfunktion, die an der Stelle 0 nicht differenzierbar ist, besitzt dort eine rechtsseitige und eine linksseitige Ableitung.
Die Quadratwurzelfunktion ist an der Stelle 0 nicht differenzierbar und auch nicht rechtsseitig differenzierbar.

Rechenregeln für differenzierbare Funktionen

Für die folgenden Beweise ist es zweckmäßig, die Funktion $x \mapsto m + r(x)$ kurz zu bezeichnen, wir nennen sie f_1. Die Definition der Differenzierbarkeit kann damit folgendermaßen gefaßt werden:
f ist an der Stelle a differenzierbar, wenn es eine an der Stelle a stetige *Funktion f_1 gibt derart, daß für alle $x \in D$ gilt:*

$$f(x) = f(a) + f_1(x) \cdot (x - a).$$

Bemerkung: Da f_1 für verschiedene Stellen a im allgemeinen verschieden sein wird, müßte man eigentlich $f_1(x, a)$ schreiben. Wenn wir die Differenzierbarkeit an einer festen Stelle a untersuchen, können wir jedoch die kurze Schreibweise verwenden.
Es gilt offensichtlich $\lim\limits_{x \to a} f_1(x) = f'(a)$.

Satz: *Seien f und g an der Stelle a differenzierbar. Dann sind auch $f + g$, $c \cdot f$, $f \cdot g$ und $\frac{1}{f}$ (falls $f(a) \neq 0$) an der Stelle a differenzierbar und es gilt:*

$$(f+g)'(a) = f'(a) + g'(a)$$

$$(c \cdot f)'(a) = c \cdot f'(a)$$

$$(f \cdot g)'(a) = f'(a) \cdot g(a) + f(a) \cdot g'(a)$$

$$\left(\frac{1}{f}\right)'(a) = -\frac{f'(a)}{(f(a))^2}$$

Beweis: Nach Voraussetzung gelten die Gleichungen

$$f(x) = f(a) + f_1(x) \cdot (x-a)$$
$$g(x) = g(a) + g_1(x) \cdot (x-a)$$

mit Funktionen f_1 und g_1, die an der Stelle a stetig sind.
Die beiden ersten Aussagen folgen unmittelbar, da $f_1 + g_1$ bzw. cf_1 in a stetige Funktionen sind und $f_1(a) = f'(a)$ sowie $g_1(a) = g'(a)$ gilt.
Weiter ist

$$f(x)g(x) = f(a)g(a) + \big(f_1(x)g(a) + f(a)g_1(x) + f_1(x)g_1(x)(x-a)\big) \cdot (x-a).$$

Die als Faktor vor $(x-a)$ stehende Funktion ist an der Stelle a stetig und hat dort den Wert

$$f_1(a)g(a) + f(a)g_1(a).$$

Wegen $f_1(a) = f'(a)$ und $g_1(a) = g'(a)$ folgt die dritte Behauptung.
Die letzte Aussage ergibt sich aus der Gleichung

$$\frac{1}{f(x)} - \frac{1}{f(a)} = -\frac{f(x)-f(a)}{f(a)\cdot f(x)} = \left(-\frac{f_1(x)}{f(a)f(x)}\right)(x-a),$$

da wegen $f(a) \neq 0$ und der Stetigkeit von f und f_1 an der Stelle a auch die als Faktor vor $(x-a)$ stehende Funktion an dieser Stelle stetig ist.

Aufgabe: f und g seien in a differenzierbar und es sei $f(a) \neq 0$. Dann ist auch $\frac{g}{f}$ in a differenzierbar und es gilt:

$$\left(\frac{g}{f}\right)'(a) = \frac{f(a)g'(a) - f'(a)g(a)}{(f(a))^2}.$$

Folgerungen:

1) Die Menge aller Funktionen $f: D \to \mathbb{R}$, die in a differenzierbar sind, bildet einen Vektorraum über $\mathbb{R}$.
2) Die rationalen Funktionen sind an jeder Stelle ihrer Definitionsmenge differenzierbar.

Satz: *Es sei die Verkettung $g \circ f$ möglich; f sei an der Stelle a und g an der Stelle $b = f(a)$ differenzierbar. Dann ist $g \circ f$ an der Stelle a differenzierbar und es gilt:*

$$(g \circ f)'(a) = g'\big(f(a)\big) \cdot f'(a)$$

(*„Kettenregel“*).

Beweis: Nach Voraussetzung gibt es Funktionen f_1 und g_1, die an den Stellen a bzw. $b = f(a)$ stetig sind, derart daß gilt:

$$f(x) = f(a) + f_1(x) \cdot (x - a)$$
$$g(y) = g(b) + g_1(y) \cdot (y - b).$$

Daraus folgt für die Funktion $g \circ f$:

$$(g \circ f)(x) = g(f(x)) = g(b) + g_1(b + f_1(x)(x - a)) \cdot f_1(x) \cdot (x - a).$$

Dies ergibt aber schon die Behauptung, denn die Funktion vor dem Faktor $(x - a)$ ist an der Stelle a stetig und nimmt dort den Wert

$$g_1(b) \cdot f_1(a) = g'(f(a)) \cdot f'(a)$$

an.

Bemerkung: Wenn man von den Differenzenquotienten ausgeht, liegt folgender Ansatz für den Beweis der Kettenregel nahe:

$$\frac{g(f(x)) - g(f(a))}{x - a} = \frac{g(f(x)) - g(f(a))}{f(x) - f(a)} \cdot \frac{f(x) - f(a)}{x - a}.$$

Daraus einen korrekten Beweis zu gewinnen, kostet einige Mühe, da man berücksichtigen muß, daß es in jeder Umgebung von a ein $x \neq a$ geben kann, für das $f(x) - f(a) = 0$ gilt.

Beispiel: Die Differenzierbarkeit der Potenzfunktionen

$$x \mapsto x^c$$

haben wir bisher nur für ganzzahliges c gezeigt. Für nicht ganzzahlige Exponenten müssen wir auf die Definition

$$x^c = \exp(c \cdot \ln x)$$

zurückgehen und also die Kettenregel anwenden.
Wir setzen $f = c \cdot \ln$ und $g = \exp$. Für beliebiges $a \in \mathbb{R}^+$ folgt mit $b = c \cdot \ln a$:

$$f'(a) = \frac{c}{a}, \qquad g'(b) = \exp b.$$

Also ist die Ableitung der Potenzfunktion an der Stelle $a > 0$:

$$\exp(c \cdot \ln a) \cdot c \cdot a^{-1} = c \cdot a^{c-1},$$

d.h. die gewohnte Regel gilt für alle reellen Exponenten.

Aufgabe: $f: D \to \mathbb{R}$ sei umkehrbar, an der Stelle a differenzierbar und die

Umkehrfunktion g von f sei an der Stelle $b = f(a)$ differenzierbar. Man bestimme die Ableitung von g an der Stelle b.

Wenn man voraussetzt, daß die Umkehrfunktion g einer injektiven differenzierbaren Funktion differenzierbar ist, liefert die Kettenregel den Wert der Ableitung von g. Tatsächlich genügt schon die Stetigkeit von g, um sicherzustellen, daß g differenzierbar ist.

Satz: *f sei injektiv, an der Stelle a differenzierbar und es sei $f'(a) \neq 0$. Wenn die Umkehrfunktion g von f an der Stelle $b = f(a)$ stetig ist, dann ist g an dieser Stelle sogar differenzierbar und es gilt:*

$$g'(b) = \frac{1}{f'(a)}.$$

Beweis: Nach Voraussetzung gibt es eine Funktion f_1, die an der Stelle a stetig ist, so daß gilt

$$f(x) - f(a) = f_1(x) \cdot (x - a).$$

Da f injektiv ist, kann diese Gleichung auch folgendermaßen geschrieben werden (es ist $y = f(x)$ und $b = f(a)$ gesetzt):

$$y - b = f_1\big(g(y)\big) \cdot \big(g(y) - g(b)\big).$$

Nun ist g an der Stelle b stetig und damit gilt dasselbe von $f_1 \circ g$. Wegen $f_1\big(g(b)\big) = f_1(a) = f'(a) \neq 0$ ist auch $\dfrac{1}{f_1 \circ g}$ an der Stelle b stetig. Die Gleichung

$$g(y) - g(b) = \frac{1}{(f_1 \circ g)(y)} \cdot (y - b)$$

besagt damit gerade, daß g an der Stelle b differenzierbar ist. Für die Ableitung $g'(b)$ erhält man:

$$g'(b) = \frac{1}{f_1\big(g(b)\big)} = \frac{1}{f_1(a)} = \frac{1}{f'(a)}.$$

Bemerkung: Die naheliegende Vermutung, daß die Umkehrbarkeit von f in der Umgebung von a aus der Voraussetzung $f'(a) \neq 0$ gefolgert werden könnte, ist nicht richtig. Ein Gegenbeispiel ist etwa die Funktion f mit

$$f(x) = \begin{cases} x + x^2 \cdot \cos\dfrac{\pi}{x} & \text{für } x \neq 0 \\ 0 & \text{für } x = 0 \end{cases}$$

Man zeige, daß f an der Stelle $a = 0$ differenzierbar ist und $f'(0) = 1$ gilt, daß f aber in keiner Umgebung von 0 injektiv ist.

Aufgabe: Man prüfe, welche Rechenregeln auch für komplexwertige Funktionen gelten.

In unseren bisherigen Überlegungen war die Stelle, an der die Differenzierbarkeit untersucht wurde, jeweils fest vorgegeben. In den meisten Fällen ist die Funktion f *an allen Stellen a aus D differenzierbar*. Wir geben deshalb folgende

Def.: *Ist die Funktion f an jeder Stelle ihrer Definitionsmenge D differenzierbar, so heißt f* differenzierbar in D. *Kurz: f ist eine differenzierbare Funktion.*
Für differenzierbares f wird durch

$$x \mapsto f'(x) \qquad \text{für } x \in D$$

eine neue Funktion $f': D \to \mathbb{R}$ definiert; f' heißt Ableitungsfunktion *oder kurz* Ableitung *von f.*

Die Rechenregeln von S.257 gelten entsprechend für Ableitungsfunktionen. Daraus folgt der

Satz: *Die Menge aller in D differenzierbaren Funktionen ist ein Vektorraum über $\mathbb{R}$. Auch das Produkt zweier differenzierbarer Funktionen ist differenzierbar.*

Bemerkung: Ist f' stetig, so heißt f *stetig differenzierbar*. Den Vektorraum aller in D stetig differenzierbaren Funktionen bezeichnen wir mit $\mathfrak{C}^1(D)$.

Eine stetige, nirgends differenzierbare Funktion

Ist f in jedem Punkt von D differenzierbar, so ist f in D stetig, wie wir schon bewiesen haben. Andererseits hatten wir gesehen, daß eine überall stetige Funktion nicht überall differenzierbar zu sein braucht. Wir wollen uns nun davon überzeugen, daß es sogar stetige Funktionen gibt, die an keiner Stelle differenzierbar sind.
Für den gewünschten Nachweis ist der folgende Hilfssatz nützlich:

Hilfssatz: *f sei in a differenzierbar und für die Folgen (x_n) und (y_n) gelte:*

$$x_n \neq y_n,\ x_n \leqq a,\ y_n \geqq a,\ \lim_n x_n = \lim_n y_n = a.$$

Dann gilt: $$\lim_n \frac{f(y_n) - f(x_n)}{y_n - x_n} = f'(a).$$

Beweis: Nach Voraussetzung hat man:

$$f(x) = f(a) + f'(a) \cdot (x - a) + r(x) \cdot (x - a)$$

und
$$\lim_{x \to a} r(x) = 0.$$

Aus der ersten Zeile ergibt sich:
$$f(y_n) - f(x_n) = f'(a) \cdot (y_n - x_n) + r(y_n) \cdot (y_n - a) - r(x_n) \cdot (x_n - a),$$
also
$$\frac{f(y_n) - f(x_n)}{y_n - x_n} = f'(a) + r(y_n)\frac{y_n - a}{y_n - x_n} + r(x_n)\frac{a - x_n}{y_n - x_n}.$$

Da nach Voraussetzung $x_n \leqq a \leqq y_n$ gilt, hat man
$$0 \leqq \frac{y_n - a}{y_n - x_n} \leqq 1 \qquad \text{und} \qquad 0 \leqq \frac{a - x_n}{y_n - x_n} \leqq 1.$$

Deshalb folgt wegen $\lim\limits_{x \to a} r(x) = 0$ die Behauptung.

Aufgabe: Man zeige durch ein Beispiel, daß die Bedingungen $x_n \leqq a$, $y_n \geqq a$ in dem Hilfssatz nicht entbehrt werden können.

Folgerung: Zum Nachweis, daß eine Funktion f an der Stelle a nicht differenzierbar ist, genügt es also zwei Folgen (x_n), (y_n) mit den genannten Eigenschaften anzugeben, für die der fragliche Grenzwert nicht existiert.

Nun wollen wir eine stetige, an keiner Stelle differenzierbare Funktion f konstruieren. Dazu betrachten wir zunächst die „Sägezahnfunktion“ g, die für $|x| \leqq \frac{1}{2}$ mit dem absoluten Betrag übereinstimmt und im übrigen periodisch mit der Periode 1 auf $\mathbb{R}$ fortgesetzt ist. g ist überall stetig und es gilt für alle $x \in \mathbb{R}$:
$$0 \leqq g(x) \leqq \tfrac{1}{2}.$$

Genau an den Stellen $\frac{k}{2}$ $(k \in \mathbb{Z})$ ist g nicht differenzierbar.

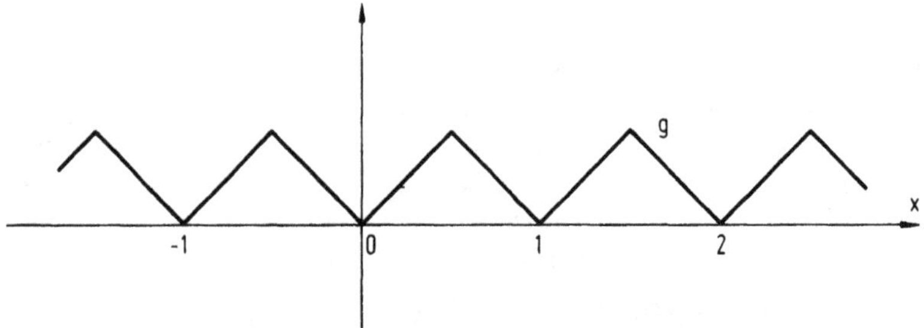

Wir „verdichten“ nun die „Singularitäten“, indem wir definieren
$$g_j(x) = \frac{1}{2^j} g(2^j x).$$

Die Funktion g_j ist stetig und genau an den Stellen $\frac{k}{2^{j+1}}$ $(k \in \mathbb{Z})$ nicht differenzierbar; es gilt

$$0 \leqq g_j(x) \leqq \frac{1}{2^{j+1}}.$$

Für $x = \frac{k}{2^n}$, $y = \frac{k+1}{2^n}$ hat der Quotient

$$\frac{g_j(y) - g_j(x)}{y - x},$$

falls $j \leqq n-1$ gilt, entweder den Wert $+1$ oder -1, falls $j \geqq n$ gilt, stets den Wert 0.
Nach diesen Vorbereitungen erklären wir die Funktion f durch

$$f(x) = \sum_{j=0}^{\infty} g_j(x).$$

Dies ist tatsächlich eine Definition von f, da die rechtsstehende Reihe für jedes x konvergent ist.
Wir zeigen, daß f an keiner Stelle $a \in \mathbb{R}$ differenzierbar ist. Zu vorgegebenem a wählen wir zwei Folgen (x_n) und (y_n), so daß gilt:

$$x_n = \frac{k_n}{2^n} \leqq a \leqq \frac{k_n + 1}{2^n} = y_n.$$

Die Intervalle $[x_n, y_n]$ bilden also eine Intervallschachtelung, die sich auf a zusammenzieht.
Nun berechnen wir (für fest gewähltes $n \in \mathbb{N}$):

$$\frac{f(y_n) - f(x_n)}{y_n - x_n} = \sum_{j=0}^{\infty} \frac{g_j(y_n) - g_j(x_n)}{y_n - x_n}.$$

Die Glieder der rechts stehenden Reihe sind für $j \geqq n$ alle gleich 0; es bleibt also nur eine endliche Summe mit genau n Summanden, die entweder 1 oder -1 sind, stehen. Damit muß diese Summe eine gerade ganze Zahl sein, wenn n gerade ist und eine ungerade, wenn n ungerade ist.
Die Folge

$$\frac{f(y_n) - f(x_n)}{y_n - x_n}$$

ist deshalb nicht konvergent. Nach unserem Hilfssatz ist also f an der beliebig gewählten Stelle a nicht differenzierbar.
Es bleibt noch der Nachweis zu führen, daß f an jeder Stelle a stetig ist. Dazu schätzen wir ab:

$$|f(x) - f(a)| \leqq \sum_{j=0}^{p} |g_j(x) - g_j(a)| + \sum_{j=p+1}^{\infty} |g_j(x)| + \sum_{j=p+1}^{\infty} |g_j(a)|,$$

also

$$|f(x) - f(a)| \leqq \sum_{j=0}^{p} |g_j(x) - g_j(a)| + \frac{1}{2^p}.$$

Zu vorgegebenem $\varepsilon > 0$ wählen wir zunächst p so groß, daß $\frac{1}{2^p} < \varepsilon$ gilt. Danach bestimmen wir zu $\frac{\varepsilon}{p+1} > 0$ ein $\delta > 0$ derart, daß für $j = 0, 1, \ldots, p$ gilt:

$$|x - a| < \delta \Rightarrow |g_j(x) - g_j(a)| < \frac{\varepsilon}{p+1}.$$

(Wegen der Stetigkeit der endlich vielen Funktionen $g_0, g_1, \ldots, g_p$ ist dies möglich!) Damit folgt nun:

$$|x-a| < \delta \Rightarrow |f(x) - f(a)| < 2\varepsilon.$$

Aufgaben

1. Man stelle fest, an welchen Stellen die Funktion f differenzierbar ist für

(a) $f(x) = x \cdot |x|$ $(x \in \mathbb{R})$

(b) $f(x) = (x - [x]) \cdot (x + [x])$ $(x \in \mathbb{R})$

(c) $$f(x) = \begin{cases} 0 & \text{für irrationales } x \\ \dfrac{1}{q} & \text{für } x = \dfrac{p}{q} \text{ mit teilerfremden } p, q \end{cases}$$

2. Man sagt, daß die Funktionen f und g an der Stelle a (a sei Häufungspunkt von D) in erster Ordnung übereinstimmen, wenn

$$\lim_{x \to a} \frac{f(x) - g(x)}{x - a} = 0$$

gilt.
Man zeige, daß f in a genau dann differenzierbar ist, wenn es eine affine Funktion gibt, die mit f an der Stelle a in erster Ordnung übereinstimmt.

3. Man zeige, daß die Potenzfunktionen mit rationalen Exponenten an jeder Stelle $a > 0$ differenzierbar sind und bestimme die Ableitung. Für welche Exponenten sind sie auch an der Stelle $a = 0$ differenzierbar?

4. Sei $c > 1$. Wenn f in einer Umgebung von $a = 0$ die Bedingung

$$|f(x)| \leqq |x|^c$$

erfüllt, ist f an der Stelle $a = 0$ differenzierbar mit der Ableitung 0.
Sei $0 < c < 1$. Wenn $f(0) = 0$ und f in einer Umgebung von $a = 0$ die Bedingung

$$|f(x)| \geqq |x|^c$$

erfüllt, ist f an der Stelle $a = 0$ nicht differenzierbar.

5. f sei differenzierbar an der Stelle a. Man beweise:

$$f'(a) = \lim_{h \to 0} \frac{f(a+h) - f(a-h)}{2h}.$$

6. f und g seien in a differenzierbar. Man bestimme den Grenzwert

$$\lim_{x \to a} \frac{f(a)g(x) - f(x)g(a)}{x - a}.$$

7. f und g seien in a differenzierbar und es gelte $f(a) = g(a) = 0$ sowie $g'(a) \neq 0$. Man zeige:

$$\lim_{x \to a} \frac{f(x)}{g(x)} = \frac{f'(a)}{g'(a)}.$$

8. Wenn f durch eine Potenzreihe dargestellt wird:

$$f(x) = \sum_{n=0}^{\infty} c_n x^n \qquad (|x| < r),$$

so ist f an jeder Stelle a mit $|a| < r$ differenzierbar und es gilt

$$f'(a) = \sum_{n=1}^{\infty} n c_n a^{n-1}.$$

(Zum Beweis verwende man den Umordnungssatz für Potenzreihen, vgl. S.182.)

9. Aus der Gleichung

$$1 + x + x^2 + \ldots + x^n = \frac{x^{n+1} - 1}{x - 1} \qquad (x \neq 1)$$

leite man eine Formel für $1 + 2x + 3x^2 + \ldots + nx^{n-1}$ sowie für $1 + 2^2 x + 3^2 x^2 + \ldots + n^2 x^{n-1}$ her.

10. Die Funktion f sei für positives a, b definiert durch

$$f(x) = \begin{cases} |x|^a \cdot \sin \dfrac{1}{|x|^b} & \text{für } x \neq 0 \\ 0 & \text{für } x = 0. \end{cases}$$

Man zeige, daß f an allen von 0 verschiedenen Stellen differenzierbar ist und berechne die Ableitung.

Für welche a, b ist f auch an der Stelle 0 differenzierbar? Wann ist in diesem Fall die Ableitungsfunktion $f'\colon \mathbb{R} \to \mathbb{R}$

(1) stetig

(2) nicht stetig, aber beschränkt

(3) unbeschränkt?

11. Man beweise mit Hilfe der Kettenregel, daß mit f auch $\frac{1}{f}$ differenzierbar ist, falls $f(a) \neq 0$ gilt und bestimme die Ableitung.

12. Man bestimme die affine Funktion, die mit $x \mapsto \sqrt{1 - x^2}$ an der Stelle a in erster Ordnung (vgl. Def. auf S. 290) übereinstimmt. Gibt es außer a noch andere Stellen, an denen beide Funktionen denselben Wert annehmen?

13. Man bestimme die Ableitungsfunktionen (mit möglichst umfassenden Definitionsmengen) für die Funktionen tan, cot, arccos, arcsin, arctan, arccot.

8.2 Mittelwertsatz

Wenn f an der Stelle a differenzierbar ist, hat der „Zuwachs" $f(x)-f(a)$ näherungsweise den Wert $f'(a)\cdot(x-a)$. Oft benötigt man jedoch den genauen Wert des Zuwachses ausgedrückt mit Hilfe der Ableitung. Eine solche Darstellung liefert der *Mittelwertsatz* der Differentialrechnung. Wesentliche Voraussetzung ist dabei, daß f in einem Intervall definiert und überall differenzierbar ist. Man erhält dann für den Zuwachs die Darstellung

$$f(x)-f(a)=f'(z)\cdot(x-a),$$

wobei z zwischen x und a liegt. Die geometrische Bedeutung des Mittelwertsatzes ist aus der Figur ersichtlich.

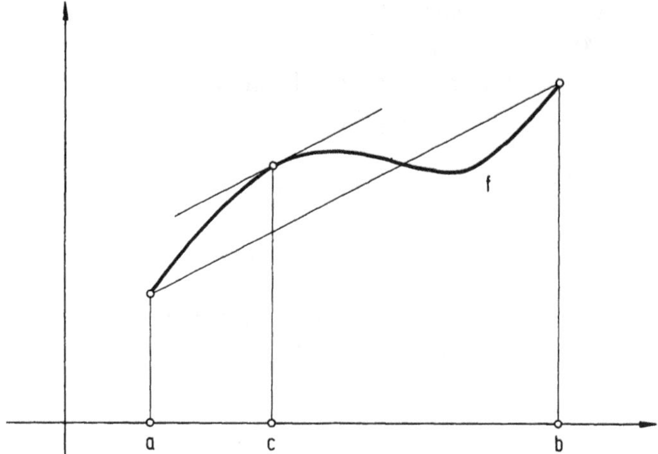

Der mathematische Kern des Mittelwertsatzes steckt schon in einem Sonderfall, der als *Satz von Rolle* bekannt ist.

Satz: *Die Funktion $f\colon[a,b]\to\mathbb{R}$ sei stetig, im offenen Intervall $]a,b[$ differenzierbar und es gelte $f(a)=f(b)$. Dann gibt es ein $c\in\,]a,b[$ derart, daß gilt:*

$$f'(c)=0.$$

Beweis: Es ist anschaulich klar, daß man eine Stelle c mit der gewünschten Eigenschaft an einer Extremalstelle von f im Innern des Intervalls $[a, b]$ suchen wird. Da die Definitionsmenge kompakt und f stetig ist, wissen wir, daß f ein Minimum und ein Maximum besitzt.
Wegen der Voraussetzung $f(a)=f(b)$ muß eins von beiden im Innern von $[a, b]$ angenommen werden, denn wenn etwa a Minimalstelle ist, gilt dasselbe von b. Dann muß aber eine Maximalstelle c im Innern des Intervalls liegen. Es gilt dann also

$$f(x) \leqq f(c) \qquad \text{für alle } x \in [a, b].$$

Wir zeigen, daß $f'(c)=0$ gilt. Da f an der Stelle c differenzierbar ist, gibt es eine dort stetige Funktion f_1 derart, daß für alle $x \in [a, b]$

$$f(x) - f(c) = f_1(x) \cdot (x - c) \leqq 0$$

ist.
Da c innerer Punkt von $[a, b]$ ist, gibt es sowohl Stellen $x > c$ als auch Stellen $x < c$ und es folgt

$$f_1(x) \leqq 0 \qquad \text{für } x > c,$$
$$f_1(x) \geqq 0 \qquad \text{für } x < c.$$

Aus der Stetigkeit von f_1 an der Stelle c ergibt sich daher $f_1(c) \leqq 0$ und $f_1(c) \geqq 0$, also $f_1(c)=0$. Damit ist die Existenz einer Zahl c mit $a < c < b$ und $f'(c)=0$ bewiesen, wenn der Maximalwert von f im Innern von $[a, b]$ angenommen wird.
Entsprechend verläuft der Beweis, wenn der Minimalwert von f im Innern von $[a, b]$ angenommen wird.

Durch Anwendung des Satzes von Rolle auf zweckmäßig gewählte Hilfsfunktionen lassen sich nun weitere Existenzaussagen über „Zwischenstellen" machen. So gewinnt man den sogenannten *ersten Mittelwertsatz der Differentialrechnung* durch Addition einer geeigneten affinen Funktion.

Satz: *Die Funktion $f\colon [a, b] \to \mathbb{R}$ sei stetig und im offenen Intervall $]a, b[$ differenzierbar. Dann gibt es ein $c \in\,]a, b[$ derart, daß gilt:*

$$f(b) - f(a) = f'(c) \cdot (b - a).$$

Beweis: Die Hilfsfunktion g, die durch

$$g(x) = f(x) - \frac{f(b) - f(a)}{b - a} \cdot (x - a)$$

definiert ist, erfüllt die Bedingungen des Satzes von Rolle; es gilt $g(a)=g(b)=f(a)$. Also gibt es ein $c\in\,]a,b[$ mit $g'(c)=0$. Wegen

$$g'(x)=f'(x)-\frac{f(b)-f(a)}{b-a}$$

folgt die Behauptung.

Bemerkung: Andere Formulierungen, die sich durch Umbenennungen ergeben, sind:

$$f(x)=f(a)+f'(\xi)\cdot(x-a) \quad \text{mit} \quad a<\xi<x \quad \text{bzw.} \quad x<\xi<a.$$

$$f(x+h)=f(x)+f'(x+\vartheta h)\cdot h \quad \text{mit} \quad 0<\vartheta<1.$$

Während in der ersten Fassung die Fälle $x>a$ und $x<a$ gesondert notiert werden müssen, ist in der zweiten Fassung eine Unterscheidung von $h>0$ und $h<0$ nicht erforderlich.

Aufgabe: Hat eine differenzierbare Funktion in einem Intervall eine beschränkte Ableitung, so ist sie dehnungsbeschränkt.

Aus dem Mittelwertsatz ergeben sich wichtige Folgerungen:

Kennzeichnung der konstanten Funktionen

Wenn $f\colon D\to\mathbb{R}$ eine konstante Funktion ist, dann gilt $f'(x)=0$ für alle $x\in D$. Die Umkehrung ist für beliebige Definitionsmengen nicht richtig. (Beispiel als Aufgabe!) Falls aber D ein Intervall (das auch unbeschränkt sein darf) ist, so gilt der

Satz: *Wenn für eine in einem Intervall J definierte Funktion f gilt*

$$f'(x)=0 \qquad \textit{für alle } x\in J,$$

dann ist f konstant.

Beweis: Wir wählen $a\in J$ beliebig. Für jedes $x\in J$ ist das von a und x begrenzte abgeschlossene Intervall in J enthalten. Also gibt es nach dem Mittelwertsatz ein z, so daß gilt

$$f(x)-f(a)=f'(z)\cdot(x-a).$$

Da nach Voraussetzung $f'(z)=0$ ist, folgt

$$f(x) = f(a),$$

d.h. f hat für jedes $x \in J$ den Wert $f(a)$.

Dieses Resultat liefert auch einen Beitrag zum Umkehrproblem der Differentialrechnung.

Def.: *Gibt es zu f eine Funktion F, für die*

$$F' = f$$

gilt, so heißt F eine Stammfunktion *zu f.*

Satz: *Ist die Definitionsmenge von f ein Intervall und besitzt f mindestens eine Stammfunktion F, so erhält man alle Stammfunktionen von f durch Addition von Konstanten.*

Beweis: Wenn F und G Stammfunktionen von f sind, d.h. wenn

$$F' = f \quad \text{und} \quad G' = f$$

gilt, dann hat die Funktion $F - G$ als Ableitung die Nullfunktion, ist also konstant.

Bemerkung: Ist die Definitionsmenge von f kein Intervall, so ist der Satz nicht richtig.

Wir werden später zeigen, daß es zu einer in einem Intervall stetigen Funktion f immer Stammfunktionen gibt.

Aufgabe: Man gebe zu der ganzrationalen Funktion

$$x \mapsto c_0 + c_1 x + \ldots + c_n x^n$$

alle Stammfunktionen an.

Aufgabe: Die Funktion $f: \mathbb{R} \to \mathbb{R}$ genüge der *Differentialgleichung* $f' = f$ und der *Anfangsbedingung* $f(0) = 1$. Man zeige, daß $f = \exp$ sein muß. Anleitung: Betrachte $g(x) = f(x) \cdot \exp(-x)$.

Monotoniekriterien für differenzierbare Funktionen

Satz: *Eine in einem Intervall definierte differenzierbare Funktion f ist genau dann monoton wachsend, wenn im ganzen Intervall*

$$f'(x) \geqq 0$$

gilt.

Bemerkung: Hinreichend für die strenge Monotonie ist die Bedingung $f'(x) > 0$.

Beweis: 1) Wenn f monoton wächst, gilt für $y \neq x$:

$$\frac{f(y)-f(x)}{y-x} \geqq 0,$$

d.h. $\lim\limits_{y \to x} \dfrac{f(y)-f(x)}{y-x} = f'(x) \geqq 0.$

2) Nach dem Mittelwertsatz hat man

$$f(y)-f(x) = f'(z) \cdot (y-x).$$

Wegen $f'(z) \geqq 0$ folgt also aus $y > x$:

$$f(y) \geqq f(x).$$

Wenn sogar $f'(x) > 0$ für alle $x \in D$ gilt, ist f *streng monoton wachsend.* Dies ist jedoch lediglich eine hinreichende Bedingung. Auch wenn nur $f'(x) \geqq 0$ vorausgesetzt wird, kann man auf die strenge Monotonie schließen, wenn in keinem Teilintervall $f'(x) = 0$ gilt (Aufgabe!).
Entsprechende Aussagen gelten für monoton fallende differenzierbare Funktionen.

Aufgabe: Man gebe eine notwendige und hinreichende Bedingung dafür an, daß die Funktion

$$x \longmapsto c_0 + c_1 x + c_2 x^2 + c_3 x^3$$

streng monoton wachsend ist.

Extremwerte differenzierbarer Funktionen

Auf S. 232 haben wir schon die Begriffe Minimum und Maximum von f (sowie Minimal- und Maximalstellen von f) erklärt.
Wir erweitern diese Begriffe:

Def.: *Es sei $f: D \to \mathbb{R}$ und $a \in D$. Gibt es eine Umgebung U von a derart, daß für alle $x \in D \cap U$ gilt*

$$f(x) \geqq f(a),$$

so heißt a lokale Minimalstelle *von f.*

Gilt für alle $x \in D \cap U$

$$f(x) \leqq f(a),$$

so heißt a lokale Maximalstelle *von* f.

Zusammenfassend spricht man auch von lokalen Extremstellen und lokalen Extrema. Statt „lokal" ist auch die Bezeichnung „relativ" üblich. Maximum und Minimum nennt man dann auch absolute Extrema.

Aufgabe: Man bestimme alle lokalen Extrema für die Funktion aus Aufgabe 1. (c) von S. 264 und für die Dirichletsche Funktion.

Die Bestimmung von Extremstellen und -werten – sofern solche überhaupt existieren – ist im allgemeinen eine schwierige Aufgabe, für die kein generell brauchbares Lösungsverfahren zur Verfügung steht.
Wenn f stetig und D kompakt ist, sind wir sicher, daß ein absolutes Maximum und Minimum vorhanden ist. In diesem Fall kann mit einem Intervallschachtelungsverfahren die genannte Aufgabe gelöst werden. Indessen erfordert das oft einen großen numerischen Aufwand.
Etwas mehr kann man im Fall differenzierbarer Funktionen erreichen.

Def.: *Ist* f *differenzierbar und gilt* $f'(a) = 0$, *so heißt* a kritische Stelle *von* f.

Satz: *Wenn* a *innerer Punkt von* D *und lokale Extremalstelle von* f *ist, dann muß* a *kritische Stelle von* f *sein.*

Der Beweis dieses Satzes verläuft genau wie der Beweis des Satzes von Rolle. Innere Extremalstellen sind also nur unter den kritischen Stellen zu finden.

Eine hinreichende Bedingung für eine innere lokale Extremalstelle liefert der

Satz: *Eine differenzierbare Funktion* f *hat in einem inneren Punkt* a *von* D *ein lokales Maximum, wenn es eine Umgebung* U *von* a *gibt derart, daß gilt*

$$f'(x) \geqq 0 \qquad \text{für } x \in U \text{ und } x < a$$

$$f'(x) \leqq 0 \qquad \text{für } x \in U \text{ und } x > a.$$

Bemerkung: Entsprechend ist der umgekehrte „Vorzeichenwechsel" von f' hinreichend für eine lokale Minimalstelle.

Beweis: Zunächst können wir von vornherein annehmen, daß U ein offenes

Intervall ist. Für $x < a$ und $x \in U$ ergibt der Mittelwertsatz wegen $z \in U$ und $x < z < a$:

$$f(x) - f(a) = f'(z) \cdot (x - a) \leqq 0.$$

Entsprechend folgt für $x > a$:

$$f(x) \leqq f(a).$$

Bemerkung: Die Bedingung $f'(a) = 0$ ist jedoch nur notwendig für *innere* lokale Extremstellen. Extrema in den Randpunkten werden durch sie nicht unbedingt mit erfaßt. Diese müssen mit anderen Methoden gesucht werden. Ob an einer kritischen Stelle a tatsächlich ein Extremum vorliegt, hat man letzten Endes durch Zurückgehen auf die Definition zu entscheiden. Oft erlaubt auch die Fragestellung selbst aufgrund ihrer geometrischen oder physikalischen Herkunft eine unmittelbare Antwort. Dagegen ist die (sehr beliebte) formale Anwendung hinreichender Kriterien nicht selten recht aufwendig und deshalb weniger empfehlenswert.

Zwischenwerteigenschaft der Ableitungsfunktionen

Die Ableitung einer Funktion braucht nicht stetig zu sein, jedoch hat sie – wie die stetigen Funktionen – die Eigenschaft, jeden Zwischenwert anzunehmen.

Satz: *Ist f in $[a, b]$ differenzierbar und gilt $f'(a) \neq f'(b)$, so nimmt f' in $]a, b[$ jeden Wert zwischen $f'(a)$ und $f'(b)$ an.*

Beweis: Es sei c irgendeine Zahl zwischen $f'(a)$ und $f'(b)$. Für die Funktion g mit

$$g(x) = f(x) - cx$$

ist dann zu zeigen, daß ihre Ableitung g' in $]a, b[$ den Wert 0 annimmt. Nach Voraussetzung liegt 0 zwischen $g'(a)$ und $g'(b)$, so daß wir etwa annehmen können:

$$g'(a) > 0 \qquad \text{und} \qquad g'(b) < 0.$$

Die stetige Funktion g besitzt nun in $[a, b]$ ein Maximum; wir zeigen, daß dies nicht in den Endpunkten liegen kann: Würde nämlich in einer (rechtsseitigen) Umgebung von a

$$g(x) \leqq g(a)$$

gelten, so würde $g'(a) \leqq 0$ folgen. Entsprechend ergäbe sich aus

$$g(x) \leqq g(b)$$

in einer (linksseitigen) Umgebung von b für die Ableitung $g'(b) \geqq 0$.

Also wird das Maximum von g im Innern des Intervalls angenommen. Dort muß g' den Wert 0 annehmen und also f' den Wert c.

Bemerkung: Da es differenzierbare Funktionen gibt, deren Ableitung nicht stetig ist (vgl. Aufg. 10, S. 265), ist damit gezeigt, daß die Zwischenwerteigenschaft die stetigen Funktionen nicht kennzeichnen kann.

Zweiter Mittelwertsatz der Differentialrechnung

Dieser Mittelwertsatz betrifft zwei differenzierbare Funktionen f und g und enthält den ersten Mittelwertsatz als Spezialfall. Er ist vor allen Dingen für die Ermittlung von Grenzwerten nützlich.

Satz: *Die Funktionen f und g seien in $[a, b]$ stetig und in $]a, b[$ differenzierbar. Dann gibt es eine Stelle $c \in\,]a, b[$ derart, daß gilt*
$g'(c) \cdot (f(b) - f(a)) = f'(c) \cdot (g(b) - g(a))$.

Beweis: Wir betrachten eine geeignete Hilfsfunktion h:

$$h(x) = (f(b) - f(a)) \cdot (g(x) - g(a)) - (g(b) - g(a)) \cdot (f(x) - f(a)).$$

Auf sie ist der Satz von Rolle anwendbar, da $h(a) = h(b) = 0$ gilt. Es muß also eine Stelle c geben mit $a < c < b$ und $h'(c) = 0$. Wegen

$$h'(x) = (f(b) - f(a)) \cdot g'(x) - (g(b) - g(a)) \cdot f'(x)$$

folgt also die Behauptung.

Bemerkung: Für $g(x) = x$ ergibt sich der erste Mittelwertsatz.

Der zweite Mittelwertsatz folgt aber nicht unmittelbar aus dem ersten durch „Quotientenbildung“, da die Zwischenstellen in f' und g' verschieden sein können.
Zur Quotientenform gelangt man unter zusätzlichen Voraussetzungen: Wenn $g(b) - g(a) \neq 0$, so hat man

$$g'(c) \cdot \frac{f(b) - f(a)}{g(b) - g(a)} = f'(c).$$

Haben weiter f' und g' keine gemeinsame Nullstelle in $]a, b[$, so muß $g'(c) \neq 0$ gelten und man erhält

$$\frac{f(b) - f(a)}{g(b) - g(a)} = \frac{f'(c)}{g'(c)} \quad \text{mit } a < c < b.$$

Insbesondere sind diese beiden Voraussetzungen erfüllt, wenn $g'(x) \neq 0$ für alle $x \in \,]a, b[$ gilt (Beweis als Aufgabe).
Eine Anwendung des zweiten Mittelwertsatzes ist die

Regel von de L'Hospital

Wenn $\lim\limits_{x\to a} f(x)$ und $\lim\limits_{x\to a} g(x)$ existieren und der zweite Grenzwert von 0 verschieden ist, dann wissen wir, daß die Gleichung

$$\lim_{x\to a} \frac{f(x)}{g(x)} = \frac{\lim\limits_{x\to a} f(x)}{\lim\limits_{x\to a} g(x)}$$

gilt. Wenn aber $\lim\limits_{x\to a} g(x) = 0$ ist, dann wissen wir im Falle $\lim\limits_{x\to a} f(x) \neq 0$, daß $\dfrac{f(x)}{g(x)}$ an der Stelle a keinen Grenzwert besitzt. Es bleibt also die Aufgabe, unter der Voraussetzung

$$\lim_{x\to a} f(x) = 0 \qquad \text{und} \qquad \lim_{x\to a} g(x) = 0$$

die Frage nach der Existenz des Grenzwertes

$$\lim_{x\to a} \frac{f(x)}{g(x)}$$

zu beantworten. Es genügt, den Fall des rechtsseitigen Grenzwerts zu untersuchen.
Für differenzierbares f und g gilt die Regel von de L'Hospital:

Satz: *f und g seien für $x > a$ definiert und differenzierbar und es sei $\lim\limits_{x\to a} f(x) = \lim\limits_{x\to a} g(x) = 0$ sowie $g(x) \neq 0$ und $g'(x) \neq 0$.*
Wenn $\lim\limits_{x\to a} \dfrac{f'(x)}{g'(x)}$ existiert, dann existiert auch $\lim\limits_{x\to a} \dfrac{f(x)}{g(x)}$ und es gilt:

$$\lim_{x\to a} \frac{f(x)}{g(x)} = \lim_{x\to a} \frac{f'(x)}{g'(x)}.$$

Beweis: f und g können stetig nach a fortgesetzt werden, so daß wir $f(a) = g(a) = 0$ annehmen können. Auf das Intervall $[a, x]$ wenden wir den zweiten Mittelwertsatz an; danach gibt es ein y mit $a < y < x$, so daß gilt

$$\frac{f(x)}{g(x)} = \frac{f'(y)}{g'(y)}.$$

Wir zeigen, daß für jede Folge (x_n) mit $\lim_n x_n = a$ die Folge $\frac{f(x_n)}{g(x_n)}$ konvergiert. Zu jedem x_n wählen wir entsprechend dem zweiten Mittelwertsatz ein y_n mit $a < y_n < x_n$; es gilt $\lim_n y_n = a$. Nach Voraussetzung existiert

$$\lim_n \frac{f'(y_n)}{g'(y_n)}.$$

Aus der Gleichung

$$\frac{f(x_n)}{g(x_n)} = \frac{f'(y_n)}{g'(y_n)}$$

folgt somit die Behauptung.

Bemerkung: Einfacher zu beweisen ist die folgende Aussage: Wenn $f(a) = g(a) = 0$ gilt und f und g in a differenzierbar sind und $g'(a) \neq 0$ gilt, so ist

$$\lim_{x \to a} \frac{f(x)}{g(x)} = \frac{f'(a)}{g'(a)}.$$

Der Beweis ergibt sich unmittelbar aus der Definition der Differenzierbarkeit.

Unsere Grenzwertdefinition bezog sich bisher nur auf „endliche" Stellen a (andere gibt es in unserem Aufbau gar nicht). Wenn die Definitionsmenge D von f nicht nach oben beschränkt ist, so kann man das Verhalten der Funktion für „große" x erfassen, indem man die Funktion

$$x \mapsto f\left(\frac{1}{x}\right)$$

in einer rechtsseitigen Umgebung von 0 untersucht. Dementsprechend definieren wir:

$$\lim_{x \to \infty} f(x) := \lim_{y \to 0} f\left(\frac{1}{y}\right).$$

Beispiel: Es sei f folgende rationale Funktion:

$$f(x) = \frac{a_0 + a_1 x + \ldots + a_n x^n}{b_0 + b_1 x + \ldots + b_n x^n}$$

mit $b_n \neq 0$. Dann gilt

$$\lim_{x \to \infty} f(x) = \frac{a_n}{b_n}.$$

Die Regel von de L'Hospital läßt sich nun auch auf diesen Fall übertragen: Unter entsprechenden Voraussetzungen wie oben gilt

$$\lim_{x\to\infty} \frac{f(x)}{g(x)} = \lim_{x\to\infty} \frac{f'(x)}{g'(x)}.$$

(Beweis als Aufgabe!)

Für die Anwendungen wichtiger ist der Fall, daß die eingehenden Funktionen in der Umgebung von a nicht beschränkt sind. Wir nehmen an, daß gilt:

$$\lim_{x\to a} \frac{1}{f(x)} = 0 \qquad \text{und} \qquad \lim_{x\to a} \frac{1}{g(x)} = 0.$$

Auch jetzt folgt aus der Existenz des Grenzwertes $\lim\limits_{x\to a} \dfrac{f'(x)}{g'(x)} = c$, daß

$$\lim_{x\to a} \frac{f(x)}{g(x)} = \lim_{x\to a} \frac{f'(x)}{g'(x)}$$

ist. Der Beweis ist jedoch mühsamer. Sei $\varepsilon > 0$ beliebig vorgegeben. Dann gibt es ein $b > a$ derart, daß für alle y mit $a < y \leqq b$ gilt

$$\left|\frac{f'(y)}{g'(y)} - c\right| < \varepsilon.$$

Den Quotienten $\dfrac{f(x)}{g(x)}$ schreiben wir in der Form:

$$\frac{f(x)}{g(x)} = \frac{f(x)-f(b)}{g(x)-g(b)} \cdot \frac{f(x)}{f(x)-f(b)} \cdot \frac{g(x)-g(b)}{g(x)}.$$

Liegt x genügend nahe bei a, also etwa für $a < x < a + \delta < b$, so sind alle vorkommenden Zähler und Nenner von 0 verschieden. Nach dem zweiten Mittelwertsatz ist nun

$$\left|\frac{f(x)-f(b)}{g(x)-g(b)} - c\right| < \varepsilon$$

für alle diese x. Damit folgt

$$\left|\frac{f(x)}{g(x)} - c\right| \leqq \left|\frac{f(x)-f(b)}{g(x)-g(b)} - c\right| \cdot \left|\frac{f(x)}{f(x)-f(b)}\right| \cdot \left|\frac{g(x)-g(b)}{g(x)}\right|$$

$$+ |c| \cdot \left|\frac{f(x)}{f(x)-f(b)} \cdot \frac{g(x)-g(b)}{g(x)} - 1\right|,$$

also

$$\left|\frac{f(x)}{g(x)}-c\right| \leqq \varepsilon\cdot\left|\frac{1}{1-\dfrac{f(b)}{f(x)}}\right|\cdot\left|1-\frac{g(b)}{g(x)}\right|+|c|\cdot\left|\frac{1-\dfrac{g(b)}{g(x)}}{1-\dfrac{f(b)}{f(x)}}-1\right|.$$

Wegen $\lim\limits_{x\to a}\dfrac{1}{f(x)}=0$ und $\lim\limits_{x\to a}\dfrac{1}{g(x)}=0$ existiert ein $\delta_0<\delta$ derart, daß für alle x mit $a<x<a+\delta_0$ gilt:

$$\left|\frac{f(x)}{g(x)}-c\right| \leqq \varepsilon\cdot 2+|c|\cdot\varepsilon=(2+|c|)\cdot\varepsilon.$$

Beispiel: Es sei $s>0$. Dann gilt

$$\lim_{x\to 0} x^s\cdot|\ln x|=0.$$

Wir setzen $f(x)=-\ln x$ und $g(x)=x^{-s}$. Dann ist $f'(x)=-\dfrac{1}{x}$ und $g'(x)=-s\cdot x^{-s-1}$, also

$$\lim_{x\to 0}\frac{f'(x)}{g'(x)}=\lim_{x\to 0} s\cdot x^s=0.$$

Aufgaben

1. Für welche a, b ist die Funktion aus Aufgabe 10. von S. 265 dehnungsbeschränkt?
2. Ist f in einer Umgebung U von a stetig, in $U\setminus\{a\}$ differenzierbar und existiert $\lim\limits_{x\to a} f'(x)$, so ist f auch an der Stelle a differenzierbar und es gilt $f'(a)=\lim\limits_{x\to a} f'(x)$.
3. Zu gegebenem x und h bestimme man alle ϑ, so daß gilt: $f(x+h)-f(x)=f'(x+\vartheta h)\,h$, für folgende Funktionen:

   (a) $f(x)=c_0+c_1\cdot x+c_2\cdot x^2$

   (b) $f(x)=\exp x$

   (c) $f(x)=\ln x$

   Ferner bestimme man alle differenzierbaren Funktionen, für die ϑ unabhängig von x und h ist.
4. Es sei f in $[a, b]$ differenzierbar und es gelte $f(a)=0$, $f(b)>0$, $f'(b)<0$. Dann gibt es in $]a, b[$ eine Stelle c mit $f'(c)=0$.

5. Die ganzrationale Funktion $x \mapsto x^n + ax + b$ (a, b beliebige reelle Zahlen) hat für gerades n höchstens zwei, und für ungerades n höchstens drei Nullstellen.
6. Wieviel Nullstellen in $\mathbb{R}$ hat die ganzrationale Funktion
$$x \mapsto 1 + x + \frac{x^2}{2!} + \ldots + \frac{x^n}{n!}?$$
7. Wenn eine differenzierbare Funktion das Intervall $[0, 1]$ in sich abbildet und $f'(x) \neq 1$ für alle $x \in [0, 1]$ gilt, dann hat f genau einen Fixpunkt, d.h. es gibt genau eine Stelle $a \in [0, 1]$, für die $f(a) = a$ ist.
8. Wenn f und g in einem Intervall J differenzierbar sind und es gilt
$$f(x)g'(x) - f'(x)g(x) \neq 0 \qquad \text{für alle } x \in J,$$
so liegt zwischen zwei Nullstellen von f immer eine Nullstelle von g.
9. Man zeige, daß alle Lösungen des Differentialgleichungssystems
$$\begin{aligned} f' &= -g \\ g' &= f \end{aligned}$$
durch
$$\begin{aligned} f(x) &= a \cdot \cos x + b \cdot \sin x \\ g(x) &= -b \cdot \cos x + a \cdot \sin x \end{aligned}$$
gegeben sind.
10. Man bestimme alle komplexwertigen Funktionen h, für die gilt:
$$h' = ih.$$
11. Man zeige, daß es zu jeder nichtkonstanten ganzrationalen Funktion f eine Zerlegung von $\mathbb{R}$ in endlich viele Intervalle gibt derart, daß f in jedem der Intervalle streng monoton ist.
Gilt dies auch für rationale Funktionen?
12. f sei eine in $\mathbb{R}_0^+$ differenzierbare Funktion mit $f(0) = 0$ und monoton wachsendem f'. Man zeige, daß dann auch die in $\mathbb{R}^+$ erklärte Funktion $\frac{f(x)}{x}$ monoton wachsend ist.
13. Für die folgenden Funktionen zerlege man die Definitionsmengen in Intervalle, in denen die Funktionen jeweils monoton sind.

(1) $f(x) = x^n \cdot e^{-x}$ $\quad (x \in \mathbb{R})$

(2) $f(x) = x^x$ $\quad (x > 0)$

(3) $f(x) = \left(1 + \frac{1}{x}\right)^x \qquad (x > 0).$

14. Wenn f und g in einem Intervall J differenzierbar sind und es gilt $f'(x) \geqq |g'(x)|$ für alle $x \in J$, dann muß

$$|f(y) - f(x)| \geqq |g(y) - g(x)|$$

für alle $x, y \in J$ gelten.

15. Ein hungriger Wanderer steht diesseits eines Flusses der Breite b und der Strömungsgeschwindigkeit u; ihm genau gegenüber befindet sich jenseits des Flusses der Eingang eines Wirtshauses. Der Wanderer, dessen Schwimmgeschwindigkeit v und dessen Gehgeschwindigkeit w beträgt, möchte in möglichst kurzer Zeit den Eingang des Wirtshauses erreichen. Wie muß er losschwimmen?

16. $a_1, \ldots, a_{n-1}$ seien positive Zahlen. Für $x > 0$ werde die Funktion f definiert durch

$$f(x) = \frac{(a_1 + \ldots + a_{n-1} + x)^n}{a_1 \ldots a_{n-1} x}$$

Man bestimme alle lokalen Minima von f.
Hieraus gewinne man eine Verschärfung der Ungleichung zwischen dem arithmetischen und geometrischen Mittel (vgl. Aufg. von S. 28).

17. Man bestimme folgende Grenzwerte:

(1) $\lim\limits_{x \to 0} \left(\frac{1}{\sin x} - \frac{1}{x}\right)$

(2) $\lim\limits_{x \to 0} x^x$

(3) $\lim\limits_{x \to 0} x^s \cdot \ln x \qquad (s > 0)$

(4) $\lim\limits_{x \to 0} \frac{a^x - b^x}{x} \qquad (a, b > 0)$

(5) $\lim\limits_{x \to 1} \left(\frac{a}{1 - x^a} - \frac{b}{1 - x^b}\right) \qquad (a \neq 0, b \neq 0)$

(6) $\lim\limits_{x \to a} \frac{x^s - a^s}{x^t - a^t} \qquad (a > 0, t \neq 0).$

18. f und g seien in $[a, b]$ stetig, in $]a, b[$ differenzierbar und es gelte $g'(x) \neq 0$

in $]a, b[$. Dann gibt es in $]a, b[$ eine Stelle c derart, daß gilt

$$\frac{f(c)-f(a)}{g(b)-g(c)} = \frac{f'(c)}{g'(c)}.$$

8.3 Höhere Ableitungen

Ist f' differenzierbar, so bezeichnet man die Ableitung von f' mit f'' und nennt sie die zweite Ableitung von f. Allgemein definiert man die höheren Ableitungen von f rekursiv: Wenn $f^{(k)}$ erklärt und nochmals differenzierbar ist, so setzt man

$$f^{(k+1)} := (f^{(k)})'.$$

Man beachte, daß bei der Definition von $f^{(k)}(a)$ die Existenz der Ableitungsfunktionen $f', f'', \ldots, f^{(k-1)}$ vorausgesetzt wird; wenn nur $f^{(k-1)}(a)$ vorhanden ist, kann die k-te Ableitung an der Stelle a bei unserem Vorgehen nicht definiert werden.
Wenn $f\colon D \to \mathbb{R}$ eine k-te Ableitung $f^{(k)}\colon D \to \mathbb{R}$ besitzt, dann sagt man auch, f sei k-mal differenzierbar. Nach dem Satz von S. 256 sind dann alle Funktionen $f, f', \ldots, f^{(k-1)}$ stetig, für $f^{(k)}$ braucht das jedoch nicht zutreffen.
Ist auch $f^{(k)}$ noch eine stetige Funktion, so nennt man f *k-mal stetig differenzierbar.*
Die Menge aller k-mal stetig differenzierbaren Funktionen mit der Definitionsmenge D bezeichnen wir mit $\mathfrak{C}^k(D)$; sinngemäß setzen wir $\mathfrak{C}^0(D) = \mathfrak{C}(D)$. Alle $\mathfrak{C}^k(D)$ sind reelle Vektorräume; es gilt

$$\mathfrak{C}^0(D) \supset \mathfrak{C}^1(D) \supset \ldots \supset \mathfrak{C}^k(D) \supset \ldots.$$

Existiert die Ableitungsfunktion $f^{(k)}$ für jedes $k \in \mathbb{N}$, so heißt f *unendlich oft differenzierbar*. Die Menge aller dieser Funktionen wird mit $\mathfrak{C}^\infty(D)$ bezeichnet; sie ist Vektorraum über $\mathbb{R}$.

Aufgabe: Man prüfe, wie sich die Rechenregeln aus Abschnitt 8.1 auf höhere Ableitungen übertragen lassen.

Beispiele

$$f(x) = \ln x \qquad f^{(k)}(x) = (-1)^{k-1}\frac{(k-1)!}{x^k} \qquad (x>0)$$

$$f(x) = a^x \qquad f^{(k)}(x) = (\ln a)^k \cdot a^x$$

$$f(x) = x^s \qquad f^{(k)}(x) = s\cdot(s-1)\ldots(s-k+1)x^{s-k} \qquad (x>0).$$

Alle drei Funktionen sind in ihrer Definitionsmenge unendlich oft differenzierbar.

Für spätere Anwendungen wollen wir noch zeigen, daß die Funktion f mit

$$f(x)=\begin{cases}\exp\left(-\dfrac{1}{|x|}\right) & \text{für } x \neq 0\\ 0 & \text{für } x=0\end{cases}$$

zu $C^\infty(\mathbb{R})$ gehört.
Da es sich um eine „gerade" Funktion (d.h. es gilt $f(x)=f(-x)$ für alle x) handelt, können wir uns bei den folgenden Rechnungen auf $x \geqq 0$ beschränken. Zunächst beweisen wir folgenden

Hilfssatz: *Für jede natürliche Zahl n gilt*

$$\lim_{\substack{x\to 0\\ x>0}} \frac{1}{x^n}\cdot \exp\left(-\frac{1}{x}\right)=0$$

Beweis: Aus der Definition von exp durch eine Potenzreihe folgt die Ungleichung

$$\exp h \geqq \frac{h^{n+1}}{(n+1)!} \qquad \text{für } h \geqq 0,$$

oder

$$h^n\cdot\exp(-h) \leqq \frac{(n+1)!}{h} \qquad \text{für } h>0.$$

Wir setzen nun $h=\dfrac{1}{x}$ und erhalten

$$0<\frac{1}{x^n}\cdot\exp\left(-\frac{1}{x}\right) \leqq (n+1)!\cdot x \qquad \text{für } x>0.$$

Daraus folgt die Behauptung unseres Hilfssatzes.

Nun zeigen wir, daß unsere Funktion f unendlich oft differenzierbar ist. Für $x>0$ können wir jede Ableitung von f nach den Differentiationsregeln ausrechnen:

$$f(x)=\exp\left(-\frac{1}{x}\right)$$

$$f'(x)=\frac{1}{x^2}\exp\left(-\frac{1}{x}\right)$$

$$f''(x) = \frac{1-2x}{x^4}\exp\left(-\frac{1}{x}\right)$$

$$f'''(x) = \frac{1-6x+6x^2}{x^6}\exp\left(-\frac{1}{x}\right)$$

$$\vdots \qquad\qquad \vdots$$

$$f^{(k)}(x) = \frac{p_k(x)}{x^{2k}}\exp\left(-\frac{1}{x}\right)$$

Die ganzrationalen Funktionen p_k vom Grad $k-1$ lassen sich bequem durch eine Rekursionsformel berechnen. Aus

$$f^{(k+1)}(x) = \left(\frac{p_k(x)}{x^{2k}}\cdot\frac{1}{x^2} + \frac{x^{2k}\cdot p_k'(x) - 2k\cdot x^{2k-1}\cdot p_k(x)}{x^{4k}}\right)\exp\left(-\frac{1}{x}\right)$$

folgt nämlich

$$p_{k+1}(x) = (1-2kx)\cdot p_k(x) + x^2\cdot p_k'(x).$$

Daraus ergibt sich auch unmittelbar die Behauptung über den Grad von p_k. Wir haben jetzt noch zu beweisen, daß f auch an der Stelle $x=0$ unendlich oft differenzierbar ist. Zunächst folgt aus dem Hilfssatz für $n=0$, daß f an der Stelle $x=0$ stetig ist. Die Existenz der ersten Ableitung ergibt sich aus

$$f(x)-f(0) = (x-0)\cdot\frac{1}{x}\cdot\exp\left(-\frac{1}{x}\right),$$

da $\lim\limits_{x\to 0}\frac{1}{x}\cdot\exp\left(-\frac{1}{x}\right) = 0$ gilt. Sei nun $f^{(k)}(0)=0$ schon bewiesen.

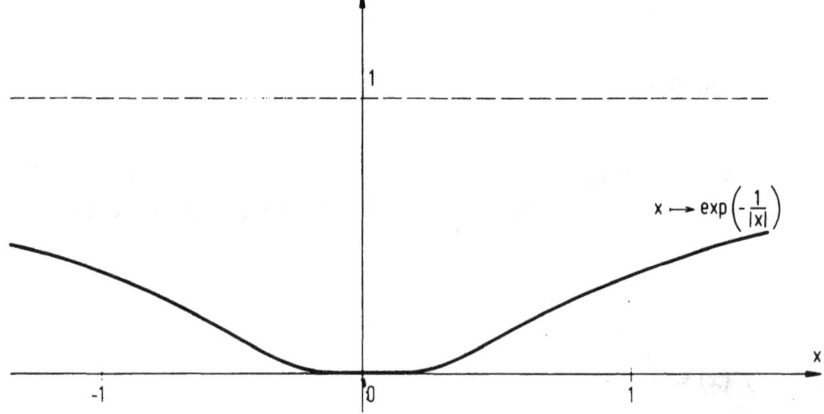

Dann hat man

$$f^{(k)}(x) - f^{(k)}(0) = x \cdot \frac{p_k(x)}{x^{2k+1}} \cdot \exp\left(-\frac{1}{x}\right).$$

also nach dem Hilfssatz $f^{(k+1)}(0) = 0$.
Die Funktion f und alle ihre Ableitungen haben somit $x = 0$ als Nullstelle. Der Funktionsverlauf ist in der Fig. S. 282 skizziert.

Konvexe Funktionen

In Abschnitt 8 hatten wir gesehen, daß eine differenzierbare Funktion f in einem Intervall genau dann monoton wachsend ist, wenn dort $f'(x) \geqq 0$ gilt. Zu einer entsprechenden Deutung der zweiten Ableitung führt der Begriff der *konvexen Funktion.*

Def.: *Eine in einem Intervall J definierte Funktion f heißt* konvex, *wenn für alle $x_1, x_2 \in J$ und alle $t \in [0, 1]$ gilt:*

$$f((1-t)x_1 + tx_2) \leqq (1-t)f(x_1) + tf(x_2).$$

Bemerkung: Die Konvexitätsbedingung läßt sich anschaulich folgendermaßen beschreiben: Der Graph von f liegt stets unterhalb der Verbindungsstrecke von irgendzwei seiner Punkte (vgl. Fig.).

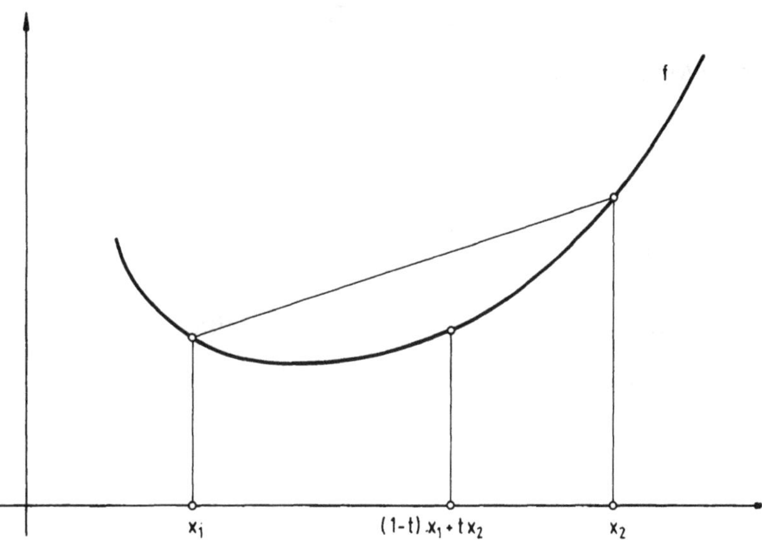

Liegt der Graph von f stets oberhalb jeder „Sehne", so heißt f *konkav*. In der Ungleichung ist dann $\leqq$ durch $\geqq$ zu ersetzen. Ist f konkav, so ist $(-f)$ konvex; es genügt deshalb konvexe Funktionen zu untersuchen.

Aufgabe: Ist f im Intervall J konvex, so gilt für alle $x_1, x_2, \ldots, x_n \in J$ und alle $t_1, t_2, \ldots, t_n \in [0, 1]$ mit $t_1 + t_2 + \ldots + t_n = 1$ die Ungleichung

$$f(t_1 x_1 + t_2 x_2 + \ldots + t_n x_n) \leqq t_1 f(x_1) + t_2 f(x_2) + \ldots + t_n f(x_n).$$

Wir setzen von nun an zusätzlich voraus, daß die konvexen Funktionen differenzierbar sind (tatsächlich sind beliebige konvexe Funktionen in allen inneren Punkten von J immer stetig und besitzen rechts- und linksseitige Ableitungen, vgl. Aufg. 14) von S. 287). Differenzierbare konvexe Funktionen können mittels ihrer Ableitung einfach charakterisiert werden.

Satz: *Eine differenzierbare Funktion f ist genau dann konvex, wenn ihre Ableitung monoton wachsend ist.*

Beweis: Die Konvexitätsbedingung ist äquivalent mit (man setze $(1-t)x_1 + tx_2 = x$):

$$x_1 \cdot (f(x_2) - f(x)) - x \cdot (f(x_2) - f(x_1)) + x_2 \cdot (f(x) - f(x_1)) \leqq 0$$

für alle x mit $x_1 \leqq x \leqq x_2$.
Hieraus folgen die Ungleichungen

$$\frac{f(x) - f(x_1)}{x - x_1} \leqq \frac{f(x_2) - f(x_1)}{x_2 - x_1} \leqq \frac{f(x_2) - f(x)}{x_2 - x}$$

und weiter die Monotonie von f', da

$$\lim_{x \to x_1} \frac{f(x) - f(x_1)}{x - x_1} = f'(x_1)$$

und

$$\lim_{x \to x_2} \frac{f(x_2) - f(x)}{x_2 - x} = f'(x_2)$$

ist.
Nun sei umgekehrt f' monoton wachsend. Nach dem Mittelwertsatz gilt

$$\frac{f(x) - f(x_1)}{x - x_1} = f'(z_1)$$

und

$$\frac{f(x_2) - f(x)}{x_2 - x} = f'(z_2)$$

mit $x_1 < z_1 < x$ und $x < z_2 < x_2$ und wegen $f'(z_1) \leqq f'(z_2)$ also

$$\frac{f(x)-f(x_1)}{x-x_1} \leqq \frac{f(x_2)-f(x)}{x_2-x}.$$

Diese Ungleichung ist aber äquivalent mit der Konvexitätsbedingung.

Ist nun f sogar zweimal differenzierbar, so ergibt sich aus diesem Satz unmittelbar die folgende Kennzeichnung:

Eine zweimal differenzierbare Funktion f ist genau dann konvex, wenn für alle x gilt $f''(x) \geqq 0$.

Damit folgt leicht, daß die Exponentialfunktionen und die Potenzfunktionen $x \mapsto x^s$ mit $s \leqq 0$ bzw. $s \geqq 1$ konvex sind.

Die Konvexitätsbedingung führt nun zu einer Reihe von interessanten Ungleichungen. Wir verwenden sie gleich in der allgemeineren Fassung aus der Aufg. von S. 284. Wählt man etwa die e-Funktion, so folgt, daß die Ungleichung

$$e^{t_1 x_1 + \ldots + t_n x_n} \leqq t_1 e^{x_1} + \ldots + t_n e^{x_n}$$

für alle $x_1, \ldots, x_n \in \mathbb{R}$ und alle $t_1, \ldots, t_n \in [0, 1]$ mit $t_1 + \ldots + t_n = 1$ richtig ist. Mit $e^{x_i} = y_i > 0$ lautet diese Ungleichung

$$y_1^{t_1} \cdot y_2^{t_2} \cdot \ldots \cdot y_n^{t_n} \leqq t_1 y_1 + t_2 y_2 + \ldots + t_n y_n.$$

Speziell für $t_i = \frac{1}{n}$ ist hierin die Ungleichung zwischen arithmetischem und geometrischem Mittel enthalten.

Aufgaben

1. Die Funktion f sei definiert durch

$$f(x) = |x| \cdot x^n \qquad (x \in \mathbb{R})$$

   Man bestimme (falls vorhanden) das größte k derart, daß $f \in \mathfrak{C}^k(\mathbb{R})$.
2. Man begründe, daß Potenzreihen in ihrem Konvergenzintervall unendlich oft differenzierbar sind und bestimme die k-te Ableitung (vgl. Aufg. 8 von S. 265).
3. Man zeige: Wenn f und g k-mal differenzierbar sind, dann gilt dasselbe von ihrem Produkt fg. Weiter berechne man $(fg)^{(k)}$. Ist $\mathfrak{C}^k(D)$ eine Algebra?

4. Man beweise folgende Verallgemeinerung des Hilfssatzes von S. 281: Für jedes $c \in \mathbb{R}$ gilt

$$\lim_{x \to 0} |x|^c \cdot \exp\left(-\frac{1}{|x|}\right) = 0.$$

5. Es seien f und g zweimal differenzierbare konvexe Funktionen. Wenn g monoton wachsend ist, dann ist $g \circ f$ konvex. Man belege durch ein Beispiel, daß $g \circ f$ nicht notwendig konvex ist, wenn g nicht monoton wachsend ist.
6. Wenn für die zweimal differenzierbaren positiven Funktionen f und g die Funktionen $\ln f$ und $\ln g$ konvex sind, dann ist auch $\ln(f+g)$ konvex.
7. Wenn f in J differenzierbar und konvex ist, dann gilt für alle x und alle a aus J die Ungleichung

$$f(x) \geqq f(a) + f'(a)(x-a).$$

(Der Graph von f liegt also oberhalb jeder Tangente.)
Gilt auch die Umkehrung?
8. Man zeige, daß die Bernoullische Ungleichung

$$(1+x)^s \geqq 1 + sx \qquad (x > -1)$$

für alle $s \leqq 0$ und alle $s \geqq 1$ gilt.
Was gilt für $0 < s < 1$?
9. Man zeige, daß für $s \leqq 0$ sowie für $s \geqq 1$ und für alle positiven $x_1, \ldots, x_n$, $y_1, \ldots, y_n$ die Ungleichung

$$(x_1 y_1 + x_2 y_2 + \ldots + x_n y_n)^s \leqq (x_1 + x_2 + \ldots + x_n)^{s-1} \cdot (x_1 y_1^s + x_2 y_2^s + \ldots + x_n y_n^s)$$

gilt.
Weiter beweise man für positives $a_1, \ldots, a_n$, $b_1, \ldots, b_n$ die „Höldersche Ungleichung"

$$a_1 b_1 + \ldots + a_n b_n \leqq (a_1^p + \ldots + a_n^p)^{\frac{1}{p}} \cdot (b_1^q + \ldots + b_n^q)^{\frac{1}{q}}.$$

Hierbei ist $p > 1$, $q > 1$ und $\dfrac{1}{p} + \dfrac{1}{q} = 1$.
10. Eine konvexe Funktion f ist entweder monoton wachsend oder monoton fallend oder ihr Definitionsintervall läßt sich in zwei Teilintervalle zerlegen, derart daß f im linken Teil fällt und im rechten Teil wächst.
11. Es sei f stetig in einem Intervall J und es gelte in jedem inneren Punkt x von J

$$\lim_{h \to 0} \frac{f(x+h) - 2f(x) + f(x-h)}{h^2} = 0.$$

Dann ist f eine affine Funktion.

12. Eine Funktion, die zugleich konvex und konkav ist, ist eine affine Funktion.
13. Die Funktion f sei für $x \geqq 0$ definiert, überall positiv, streng monoton fallend, zweimal differenzierbar und es gelte $f'(0) = 0$. Kann f konvex sein? Kann f konkav sein?
14. Man zeige, daß eine konvexe Funktion f in jedem kompakten Teilintervall von J beschränkt ist. Weiter beweise man, daß f in jedem inneren Punkt von J sowohl rechts- als auch linksseitig differenzierbar und damit auch stetig ist.
15. Für jede konvexe Funktion f gilt

$$(*) \quad f\left(\frac{x_1 + x_2}{2}\right) \leqq \frac{1}{2} f(x_1) + \frac{1}{2} f(x_2).$$

Allein aus dieser Ungleichung folgere man die Jensensche Ungleichung

$$f\left(\frac{x_1 + x_2 + \ldots + x_n}{n}\right) \leqq \frac{1}{n} (f(x_1) + f(x_2) + \ldots + f(x_n))$$

(man beweise sie zunächst für $n = 2^k$) sowie die Konvexitätsbedingung

$$f((1-t)x_1 + tx_2) \leqq (1-t)f(x_1) + tf(x_2)$$

für alle rationalen $t \in [0, 1]$.

Schließlich zeige man: Jede stetige Funktion, die (*) erfüllt, ist konvex.

16. Erfüllt f die Ungleichung (*) und ist f in einem Intervall beschränkt, so ist f stetig.

8.4 Taylorsche Formel

Wenn man das Verhalten einer ganzrationalen Funktion

$$f(x) = \sum_{k=0}^{n} c_k x^k$$

in der Umgebung einer Stelle a untersuchen will, wird man f nicht wie oben mit den Potenzen $1, x, x^2, \ldots, x^n$, sondern besser mit den Potenzen $1, (x-a),$

$(x-a)^2, \ldots, (x-a)^n$ darstellen. Es gilt dann mit geeigneten Koeffizienten b_k:

$$f(x) = \sum_{k=0}^{n} b_k (x-a)^k.$$

Die neuen Koeffizienten lassen sich sehr einfach mit Hilfe der höheren Ableitungen von f bestimmen; zunächst folgt für $x = a$:

$$b_0 = f(a).$$

Die weiteren Koeffizienten findet man der Reihe nach aus den Ableitungen; so folgt aus

$$f'(x) = \sum_{k=1}^{n} k b_k (x-a)^{k-1}$$

durch Einsetzen von $x = a$:

$$b_1 = f'(a)$$

und entsprechend erhält man:

$$b_2 = \frac{f''(a)}{2!}, \ldots, b_k = \frac{f^{(k)}(a)}{k!}, \ldots, b_n = \frac{f^{(n)}(a)}{n!}.$$

Für jede ganzrationale Funktion höchstens n-ten Grades gilt also die Gleichung:

$$f(x) = f(a) + \frac{f'(a)}{1!}(x-a) + \frac{f''(a)}{2!}(x-a)^2 + \ldots + \frac{f^{(n)}(a)}{n!}(x-a)^n.$$

Es ist zu vermuten, daß der rechts stehende Ausdruck auch für nicht ganzrationale (genügend oft differenzierbare) Funktionen eine „gute Approximation" in der Umgebung von a darstellt. Entsprechend wie beim Mittelwertsatz stellt sich die Frage nach dem Fehler, der gemacht wird, wenn man $f(x)$ durch diese Approximation ersetzt.
Die Anwendung des Satzes von Rolle auf eine geeignet gewählte Hilfsfunktion zeigt, daß man den Fehler mit Hilfe der $(n+1)$-ten Ableitung an einer geeigneten „Zwischenstelle" darstellen kann.

Satz: *Die Funktion $f: [a, b] \to \mathbb{R}$ sei n-mal stetig differenzierbar und im offenen Intervall $]a, b[$ existiere auch die $(n+1)$-te Ableitung. Dann gibt es ein $c \in \,]a, b[$ derart, daß gilt:*

$$f(b) = \sum_{k=0}^{n} \frac{f^{(k)}(a)}{k!}(b-a)^k + \frac{f^{(n+1)}(c)}{(n+1)!}(b-a)^{n+1}$$

(*Taylorsche Formel*)

Beweis: Die Behauptung ergibt sich aus dem Satz von Rolle, indem wir eine geeignete Hilfsfunktion g einführen:

$$g(x) = f(b) - f(x) - f'(x) \cdot (b-x) - \ldots - \frac{f^{(n)}(x)}{n!}(b-x)^n - m\frac{(b-x)^{n+1}}{(n+1)!}.$$

Da $g(b) = 0$ gilt, legen wir die reelle Zahl m durch die Forderung $g(a) = 0$ fest.
Die Funktion g ist stetig in $[a, b]$ und differenzierbar in $]a, b[$. Man findet

$$g'(x) = -\frac{f^{(n+1)}(x)}{n!}(b-x)^n + m\frac{(b-x)^n}{n!}.$$

Nach dem Satz von Rolle gibt es ein $c \in]a, b[$ mit $g'(c) = 0$. Die Zahl m kann daher folgendermaßen dargestellt werden:

$$m = f^{(n+1)}(c).$$

Einsetzen von $x = a$ und $m = f^{(n+1)}(c)$ in die Gleichung für $g(x)$ liefert dann die Taylorsche Formel.

Aufgabe: Die Definitionsmenge D von f sei ein Intervall und es gelte $f^{(n)}(x) = 0$ für alle $x \in D$ (dabei ist n eine fest vorgegebene natürliche Zahl). Man bestimme alle Lösungen dieser *Differentialgleichung*.

Durch Umbenennung erhält man folgende andere Formulierungen des Taylorschen Satzes:

$$f(x) = \sum_{k=0}^{n} \frac{f^{(k)}(a)}{k!}(x-a)^k + \frac{f^{(n+1)}(z)}{(n+1)!}(x-a)^{n+1}$$

mit $a < z < x$ bzw. $x < z < a$.

$$f(x+h) = \sum_{k=0}^{n} \frac{f^{(k)}(x)}{k!}h^k + \frac{f^{(n+1)}(x+\vartheta h)}{(n+1)!}h^{n+1} \qquad \text{mit } 0 < \vartheta < 1.$$

Für $n = 0$ ist der Taylorsche Satz gerade der Mittelwertsatz der Differentialrechnung.
Die ganzrationale Funktion (höchstens) n-ten Grades

$$x \mapsto \sum_{k=0}^{n} \frac{f^{(k)}(a)}{k!} \cdot (x-a)^k$$

nennt man auch das *Taylor-Polynom* n-ter Ordnung der Funktion f an der Stelle a.

Wir waren von der Vermutung ausgegangen, daß dieses Taylor-Polynom für f in der Umgebung von a eine „gute Approximation" ist. Wir präzisieren zunächst diesen Begriff durch die

Def.: *Es seien f und g in einer vollen oder einer halbseitigen Umgebung von a definiert. Dann sagen wir, daß f und g an der Stelle a in n-ter* Ordnung übereinstimmen, *wenn es eine in a* stetige *Funktion r gibt derart, daß gilt:*

$$f(x) - g(x) = r(x) \cdot (x-a)^n$$
$$r(a) = 0.$$

Die Übereinstimmung an der Stelle a in n-ter Ordnung (bei festem n und a) ist eine Äquivalenzrelation, wie unmittelbar zu sehen ist. Außerdem ist klar, daß mit der Übereinstimmung in n-ter Ordnung auch die Übereinstimmung in k-ter Ordnung für jedes $k < n$ vorliegt.

Es gilt nun der

Satz: *Ist $f^{(n+1)}$ in einer Umgebung von a beschränkt, dann stimmen f und das zugehörige Taylor-Polynom an der Stelle a in n-ter Ordnung überein.*

Beweis: Aus der Gleichung

$$f(x) - \sum_{k=0}^{n} \frac{f^{(k)}(a)}{k!}(x-a)^k = \frac{f^{(n+1)}(z)}{(n+1)!}(x-a)^{n+1},$$

wobei z zwischen a und x liegt, folgt für $r(x)$ die Darstellung

$$r(x) = \frac{f^{(n+1)}(z)}{(n+1)!}(x-a).$$

Wegen der Beschränktheit von $f^{(n+1)}$ in einer Umgebung von a ergibt sich hieraus die Behauptung:

$$\lim_{x \to a} r(x) = 0.$$

Mathematisch interessant ist an der Taylorschen Formel vor allem die Darstellung des *Restgliedes*

$$R_n = f(b) - \sum_{k=0}^{n} \frac{f^{(k)}(a)}{k!}(b-a)^k$$

mit Hilfe der $(n+1)$-ten Ableitung von f:

$$R_n = \frac{f^{(n+1)}(c)}{(n+1)!}(b-a)^{n+1} \qquad (a < c < b).$$

Die Zahl R_n ist selbstverständlich schon dann definiert, wenn f nur n-mal an der Stelle a differenzierbar ist. Erst die Existenz der $(n+1)$-ten Ableitung ermöglicht es, genauere Aussagen über R_n zu machen. Da von der Stelle c nur bekannt ist, daß sie zwischen a und b liegt, wird man sich mit einer (möglichst genauen) Abschätzung des Restgliedes begnügen müssen.

Als Beispiel behandeln wir die Logarithmusfunktion. Nach dem Taylorschen Satz gilt für alle $h > -1$ die Gleichung

$$\ln(1+h) = h - \frac{h^2}{2} + \frac{h^3}{3} - \ldots + (-1)^{n-1}\frac{h^n}{n} + (-1)^n \frac{1}{(1+\vartheta h)^{n+1}} \cdot \frac{h^{n+1}}{n+1}$$

mit $0 < \vartheta < 1$.
Denn für $f(x) = \ln x$ berechnet man

$$\left.\begin{aligned} f^{(k)}(x) &= (-1)^{k-1} \cdot (k-1)! \cdot x^{-k} \\ f^{(k)}(1) &= (-1)^{k-1} \cdot (k-1)! \end{aligned}\right\} \quad (k \geqq 1)$$

Wegen $f(1) = 0$ folgt

$$\ln(1+h) = \sum_{k=1}^{n} (-1)^{k-1}\frac{h^k}{k} + (-1)^n \frac{1}{(1+\vartheta h)^{n+1}} \cdot \frac{h^{n+1}}{n+1}.$$

Um den Fehler, den man bei der Ersetzung von $\ln(1+h)$ durch das zugehörige Taylor-Polynom n-ter Ordnung macht, abzuschätzen, untersuchen wir das Restglied

$$R_n = (-1)^n \frac{1}{(1+\vartheta h)^{n+1}} \cdot \frac{h^{n+1}}{n+1}.$$

Für $h > 0$ folgt

$$|R_n| < \frac{h^{n+1}}{n+1},$$

da $1 + \vartheta h > 1$ gilt (eine bessere Abschätzung ist zunächst nicht möglich, da ϑ beliebig nahe bei 0 liegen kann).
Für $-1 < h < 0$ folgt

$$|R_n| < \frac{1}{n+1} \frac{|h|^{n+1}}{(1-|h|)^{n+1}},$$

da $1 + \vartheta h > 1 - |h|$ gilt (auch hier ist eine bessere Abschätzung zunächst nicht möglich, da ϑ beliebig nahe bei 1 liegen kann).
Diese Abschätzung für $|R_n|$ kann sehr schlecht sein, z. B. ergibt sich für $h = -\frac{2}{3}$:

$$|R_n| \leqq \frac{2^{n+1}}{n+1},$$

also etwa $|R_9| \leqq \frac{1024}{10}$. Tatsächlich gilt aber sogar $|R_9| < 0{,}005$, wie ein direkter Vergleich (nach anderer Berechnung von $\ln \frac{1}{3}$) zeigt. Wir kommen auf dieses Problem im nächsten Abschnitt (vgl. S.298) zurück.

Wir wollen nun unsere Überlegungen auf die Berechnung von ln 2 anwenden. Setzen wir $h = 1$, so finden wir

$$\ln 2 = \sum_{k=1}^{n} (-1)^{k-1} \cdot \frac{1}{k} + R_n \qquad \text{mit} \qquad |R_n| < \frac{1}{n+1}.$$

Wegen $\lim_n R_n = 0$ folgt hieraus das theoretisch interessante, numerisch aber nicht brauchbare Ergebnis

$$\ln 2 = 1 - \tfrac{1}{2} + \tfrac{1}{3} - \tfrac{1}{4} \pm \dots .$$

Für die numerische Berechnung von Werten der Logarithmusfunktion besser geeignet ist die folgende Taylor-Formel:
Für $-1 < x < 1$ gilt

$$\ln \frac{1+x}{1-x} = 2 \cdot \left(x + \frac{x^3}{3} + \frac{x^5}{5} + \dots + \frac{x^{2n-1}}{2n-1} \right)$$
$$+ \frac{x^{2n+1}}{2n+1} \left(\frac{1}{(1+\vartheta x)^{2n+1}} + \frac{1}{(1-\vartheta x)^{2n+1}} \right).$$

mit $0 < \vartheta < 1$.

Beweis: Für $f(x) = \ln \frac{1+x}{1-x}$ ergibt sich

$$f^{(k)}(x) = (-1)^{k-1} \frac{(k-1)!}{(1+x)^k} + \frac{(k-1)!}{(1-x)^k},$$

also

$$f^{(k)}(0) = \begin{cases} 0 & \text{falls } k \text{ gerade} \\ 2 \cdot (k-1)! & \text{falls } k \text{ ungerade.} \end{cases}$$

Weiter folgt

$$f^{(2n+1)}(\vartheta x) = (2n)!\left(\frac{1}{(1+\vartheta x)^{2n+1}} + \frac{1}{(1-\vartheta x)^{2n+1}}\right)$$

und damit nach Einsetzen aller berechneten Werte die Behauptung.

Zur Berechnung von $\ln 2$ setzen wir $x = \frac{1}{3}$ und erhalten dann für das Restglied

$$R_{2n} = \frac{1}{(2n+1)3^{2n+1}} \cdot \left(\frac{1}{(1+\frac{1}{3}\vartheta)^{2n+1}} + \frac{1}{(1-\frac{1}{3}\vartheta)^{2n+1}}\right)$$

mit $0 < \vartheta < 1$.

Wegen $(1 + \frac{1}{3}\vartheta) > 1$ und $(1 - \frac{1}{3}\vartheta) > \frac{2}{3}$ folgt die Abschätzung

$$R_{2n} < \frac{1}{2n+1}\left(\frac{1}{2^{2n+1}} + \frac{1}{3^{2n+1}}\right).$$

Außerdem gilt $R_{2n} > 0$. Für $n = 5$ etwa erhält man (aufgerundet):

$$0 < R_{10} < 0{,}00005.$$

Die (rationale) Zahl

$$2 \cdot \left(\frac{1}{3} + \frac{1}{3 \cdot 3^3} + \frac{1}{5 \cdot 3^5} + \frac{1}{7 \cdot 3^7} + \frac{1}{9 \cdot 3^9}\right)$$

ist deshalb ein Näherungswert, der von $\ln 2$ höchstens um $5 \cdot 10^{-5}$ abweicht. Die Dezimalentwicklung des rationalen Näherungswerts beginnt folgendermaßen: 0,693146047.... Wir erhalten somit

$$0{,}693146 < \ln 2 < 0{,}693197,$$

d.h. von der Dezimalentwicklung von $\ln 2$ sind die ersten 4 Stellen durch den Näherungswert sicher richtig angegeben.
Tatsächlich stimmen sogar die ersten 5 Dezimalen des Näherungsbruches, doch läßt sich das nicht mit unserer Fehlerabschätzung begründen.

Als weiteres Beispiel behandeln wir die in $\mathbb{R}^+$ erklärten Potenzfunktionen $x \mapsto x^s$.
Für alle $h > -1$ gilt die Gleichung

$$(1+h)^s = 1 + s \cdot h + \binom{s}{2} \cdot h^2 + \ldots + \binom{s}{n} \cdot h^n + \binom{s}{n+1} \cdot h^{n+1} \cdot \frac{1}{(1+\vartheta h)^{n+1-s}}$$

mit $0 < \vartheta < 1$.

Denn für $f(x) = x^s$ berechnet man mit $\binom{s}{k} := \frac{s(s-1)\dots(s-k+1)}{k!}$

$$f^{(k)}(x) = \binom{s}{k} \cdot k! \cdot x^{s-k},$$

insbesondere also

$$f^{(k)}(1) = \binom{s}{k} \cdot k!$$

und somit gilt

$$(1+h)^s = \sum_{k=0}^{n} \binom{s}{k} \cdot h^k + \binom{s}{n+1} \cdot h^{n+1}(1+\vartheta h)^{s-n-1}.$$

Als erste Näherung für $(1+h)^s$ verwendet man oft die Zahl $1 + s \cdot h$; der Taylorsche Satz liefert die dazu gehörige Fehlerabschätzung. Aus

$$(*) \qquad R_1 = \binom{s}{2} h^2 \frac{1}{(1+\vartheta h)^{2-s}}$$

folgt etwa für $s \leqq 2$ und $h > 0$:

$$|R_1| \leqq \left| \frac{s(s-1)}{2} \right| h^2$$

Damit der Fehler klein ist, sollte also h klein sein. Will man etwa $\sqrt[3]{2}$ berechnen, so wird man 2 in der Form $\frac{5^3}{4^3} \cdot \frac{128}{125}$ schreiben und auf $\sqrt[3]{1 + \frac{3}{125}}$ die Näherungsformel anwenden:

$\sqrt[3]{1 + \frac{3}{125}} = 1 + \frac{1}{125} + R_1$ mit $|R_1| < \frac{1}{5^6}$. Außerdem folgt aus (*), daß in diesem Fall R_1 negativ ist. Man erhält also die Ungleichungen

$$\frac{5}{4} + \frac{1}{100} - \frac{1}{12500} < \sqrt[3]{2} < \frac{5}{4} + \frac{1}{100}$$

oder

$$1{,}25992 < \sqrt[3]{2} < 1{,}26000.$$

Die Dezimalentwicklung von $\sqrt[3]{2}$ beginnt daher folgendermaßen:

$$\sqrt[3]{2} = 1{,}2599\dots.$$

Aufgabe: Man berechne näherungsweise $\sqrt[10]{1000}$ und gebe dazu eine Fehlerabschätzung an.

Der Taylorsche Satz liefert in einfacher Weise hinreichende Bedingungen für innere lokale Extrema genügend oft stetig differenzierbarer Funktionen.

Satz: *f sei n-mal stetig differenzierbar in D und es gelte für einen inneren Punkt $a \in D$:*

$$f'(a) = f''(a) = \ldots = f^{(n-1)}(a) = 0 \text{ und } f^{(n)}(a) \neq 0.$$

Ist n ungerade, *so ist a* keine *Extremalstelle.*
Ist n gerade, *so ist a Minimalstelle, falls $f^{(n)}(a) > 0$ und Maximalstelle, falls $f^{(n)}(a) < 0$ gilt.*

Beweis: Wegen $f'(a) = \ldots = f^{(n-1)}(a) = 0$ lautet die Taylorsche Formel

$$f(x) = f(a) + \frac{f^{(n)}(z)}{n!} \cdot (x-a)^n,$$

und z liegt dabei zwischen x und a. Nach Voraussetzung ist $f^{(n)}$ stetig und $f^{(n)}(a) \neq 0$; deshalb gilt $f^{(n)}(x) \neq 0$ für alle x aus einer geeigneten Umgebung von a, die wir als Intervall annehmen können. $f^{(n)}(x)$ und $f^{(n)}(a)$ haben dann dort dasselbe Vorzeichen.
Ist nun n ungerade, so hat die Differenz $f(x) - f(a)$ für $x > a$ sicher nicht dasselbe Vorzeichen wie für $x < a$, d.h. es kann kein Extremum vorliegen.
Ist aber n gerade, so folgt für alle x aus der genannten Umgebung

$$f(x) - f(a) \geqq 0, \qquad \text{falls } f^{(n)}(a) > 0$$

bzw.

$$f(x) - f(a) \leqq 0, \qquad \text{falls } f^{(n)}(a) < 0.$$

Dies war zu beweisen.

Bemerkung: Selbst wenn f unendlich oft differenzierbar ist, braucht dieses Kriterium nicht immer eine Entscheidung herbeizuführen, da $f^{(k)}(a) = 0$ für alle $k \geqq 1$ gelten kann (vgl. dazu S.283).

Aufgabe: f und g seien n-mal stetig differenzierbar in D und es sei in einem inneren Punkt $a \in D$

$$f^{(k)}(a) = g^{(k)}(a) = 0 \qquad \text{für } k = 0, 1, \ldots, n-1$$

jedoch

$$g^{(n)}(a) \neq 0.$$

Dann existiert $\lim_{x \to a} \frac{f(x)}{g(x)}$ und es gilt

$$\lim_{x \to a} \frac{f(x)}{g(x)} = \frac{f^{(n)}(a)}{g^{(n)}(a)}.$$

Taylorsche Reihe

Es sei D ein offenes Intervall und $f \in \mathfrak{C}^\infty(D)$. Für beliebiges $a \in D$ existieren dann alle Ableitungen und man kann zu f die folgende Potenzreihe bilden:

$$\sum_{k=0}^{\infty} \frac{f^{(k)}(a)}{k!}(x-a)^k.$$

Man nennt sie die *Taylor-Reihe* von f bezüglich der Stelle a.

Zwei Fragen müssen geklärt werden:

1. Für welche x konvergiert die Taylor-Reihe?
2. Wenn die Taylor-Reihe konvergiert, stimmt dann die Funktion, die durch sie definiert wird, mit der Ausgangsfunktion f überein?

Die Antwort auf die erste Frage ist schon in Kap. 5, S. 167 gegeben, da die Taylor-Reihe eine Potenzreihe ist. Danach sind drei Fälle möglich:
Die Taylor-Reihe

a) konvergiert nur für $x = a$,
b) besitzt einen positiven Konvergenzradius r,
c) konvergiert für alle $x \in \mathbb{R}$.

Daß Fall a) tatsächlich eintreten kann, wird in Kap. 9, S. 333 durch ein Beispiel belegt werden.
Die Frage 2. ist natürlich nur in den Fällen b) und c) von Bedeutung. Die naheliegende Vermutung, daß die Taylor-Reihe in ihrem Konvergenzintervall immer die Funktion f darstellt, ist nicht richtig. Denn z.B. gehört zu

$$f(x) = \exp\left(-\frac{1}{|x|}\right)$$

und $a = 0$ die Potenzreihe, deren sämtliche Koeffizienten 0 sind, als Taylor-Reihe (vgl. S. 282).
Wir können aber leicht eine notwendige und hinreichende Bedingung dafür, daß f durch die zugehörige Taylor-Reihe dargestellt wird, angeben. Wir be-

trachten dazu die Folge (R_n) der Restglieder:

$$R_n(x) = f(x) - \sum_{k=0}^{n} \frac{f^{(k)}(a)}{k!} \cdot (x-a)^k.$$

Dann ist offensichtlich die Bedingung

$$\lim_n R_n(x) = 0$$

notwendig und hinreichend dafür, daß f durch die Taylor-Reihe dargestellt wird. Hierbei muß x natürlich zu D und zum Konvergenzintervall der Taylor-Reihe gehören.

Mit Hilfe der Darstellung des Restgliedes

$$R_n(x) = \frac{f^{(n+1)}(z)}{(n+1)!}(x-a)^{n+1} \qquad (x < z < a \text{ bzw. } a < z < x)$$

nach dem Taylorschen Satz gelingt in manchen Fällen der Nachweis, daß

$$\lim_n R_n(x) = 0$$

gilt.

Zum Beispiel ist dies der Fall für die e-Funktion, da $\exp^{(n+1)}(z) = \exp z$ für jedes n durch $\exp a$ oder $\exp x$ nach oben abgeschätzt werden kann und

$$\lim_n \frac{(x-a)^{n+1}}{(n+1)!} = 0$$

gilt.

Es gilt also für jedes a und jedes x:

$$\exp x = \sum_{k=0}^{\infty} \frac{\exp a}{k!}(x-a)^k.$$

Da man $\exp a$ als Faktor herausziehen kann, folgt hieraus die Gleichung

$$\exp x = \exp a \cdot \exp(x-a).$$

Dies ist ein weiterer Beweis dafür, daß die e-Funktion die Funktionalgleichung $f(x+y) = f(x) \cdot f(y)$ erfüllt.

Aufgabe: Man zeige, daß cos und sin bezüglich jeder Stelle a durch ihre Taylor-Reihen dargestellt werden, gebe ihre Reihenentwicklungen an, und beweise erneut die Additionstheoreme.

In anderen Fällen, wie etwa bei Logarithmus- oder Potenzfunktionen, ist die angegebene Restglieddarstellung nicht geeignet, die Frage 2. vollständig zu beantworten. So zeigen die auf S. 291 hergeleiteten Restgliedabschätzungen nur, daß die Gleichung

$$\ln x = \sum_{k=1}^{\infty} \frac{(-1)^{k-1}}{k}(x-1)^k$$

in den Intervallen $1 \leqq x \leqq 2$ und $\frac{1}{2} \leqq x \leqq 1$ besteht. Tatsächlich ist jedoch diese Potenzreihenentwicklung für den natürlichen Logarithmus im Intervall $0 < x \leqq 2$ gültig.

Wir wollen deshalb noch andere Darstellungen für das Restglied in der Taylorschen Formel herleiten. Anstelle des Satzes von Rolle verwenden wir den zweiten Mittelwertsatz und können dadurch eine weitgehend willkürlich wählbare Funktion h ins Spiel bringen.

Es sei g die auf S. 289 oben eingeführte Hilfsfunktion mit $m = 0$. Somit gilt

$$g(a) = R_n,\ g(b) = 0 \text{ und } g'(x) = -\frac{f^{(n+1)}(x)}{n!}(b-x)^n.$$

Weiter sei h irgendeine streng monotone differenzierbare Funktion mit $h'(x) \neq 0$ in $]a, b[$. Nach dem zweiten Mittelwertsatz (vgl. S. 273) gibt es dann in $]a, b[$ eine Stelle c derart, daß gilt

$$\frac{g(b)-g(a)}{h(b)-h(a)} = \frac{g'(c)}{h'(c)}.$$

Hieraus ergibt sich die Restglieddarstellung

$$R_n = \frac{f^{(n+1)}(c)}{n!} \cdot \frac{h(b)-h(a)}{h'(c)} \cdot (b-c)^n.$$

Wählt man speziell $h(x) = (b-x)^p$ mit $p > 0$, so erhält man die „Restglieddarstellung von Schlömilch“:

$$R_n = \frac{f^{(n+1)}(c)}{n!} \cdot \frac{(b-a)^p}{p} \cdot (b-c)^{n-p+1}.$$

Zur Untersuchung der Frage, ob $f \in \mathfrak{C}^{\infty}(D)$ durch die Taylor-Reihe von f bezüglich der Stelle a dargestellt wird, schreiben wir das Schlömilchsche Restglied in der Form

$$R_n(x) = \frac{f^{(n+1)}(z)}{p \cdot n!} \cdot \left(\frac{x-z}{x-a}\right)^{n-p+1} \cdot (x-a)^{n+1}.$$

Für die (von x, n, p und a abhängende) Zwischenstelle z gilt dabei $x < z < a$ bzw. $a < z < x$.

Als Spezialfälle erhält man für $p = n + 1$ die bisher verwendete „Restglieddarstellung von Lagrange“ und für $p = 1$ die „Restglieddarstellung von Cauchy“:

$$R_n(x) = \frac{f^{(n+1)}(z)}{n!} \cdot \left(\frac{x-z}{x-a}\right)^n \cdot (x-a)^{n+1}.$$

Mit dem Cauchyschen Restglied läßt sich z.B. zeigen, daß die angegebene Potenzreihe den natürlichen Logarithmus im Intervall $0 < x \leqq 1$ darstellt. Setzt man $f^{(n+1}(z) = (-1)^n \frac{n!}{z^{n+1}}$ und $a = 1$ ein, so ergibt sich

$$R_n(x) = \frac{(-1)^n}{z^{n+1}} \cdot \left(\frac{x-z}{x-1}\right)^n \cdot (x-1)^{n+1}.$$

Aus $0 < x < z < 1$ folgt $\frac{x-z}{z(x-1)} < 1$ und damit die Abschätzung

$$|\dot{R}_n(x)| < \frac{1}{z}|x-1|^{n+1} < \frac{1}{x}|x-1|^{n+1}.$$

Also gilt $\lim_n R_n(x) = 0$ für $0 < x \leqq 1$.

Die Frage der Darstellbarkeit unendlich oft differenzierbarer Funktionen durch ihre Taylor-Reihe ist, wie die vorangehenden Überlegungen zeigen, durch die Untersuchung der Restgliedfolge nicht immer ganz leicht zu beantworten. Wir werden deshalb im nächsten Kapitel (vgl. S. 332) hierfür auch noch andere Methoden entwickeln.

Funktionen, die in der Umgebung einer jeden Stelle $a \in D$ durch ihre Taylor-Reihe darstellbar sind, heißen *analytisch* oder *holomorph* in D.

Aufgaben

1. Wenn f in einem Intervall J zweimal differenzierbar ist, dann gibt es zu $x, y \in J$ eine Stelle z zwischen x und y derart, daß gilt

$$\frac{f(x)+f(y)}{2} = f\left(\frac{x+y}{2}\right) + \frac{(x-y)^2}{8} \cdot f''(z).$$

2. Die Funktion f sei $(n-1)$-mal im Intervall J differenzierbar, an der Stelle $a \in J$ existiere auch die n-te Ableitung. Dann gilt für alle $x \in J$:

$$f(x) = f(a) + \frac{f'(a)}{1!}(x-a) + \ldots + \frac{f^{(n)}(a)}{n!}(x-a)^n + r(x) \cdot (x-a)^n$$

mit stetigem r und $r(a) = 0$.

Anleitung: Man wende den Taylorschen Satz für $n-1$ auf die Hilfsfunktion

$$g(x)=f(x)-\sum_{k=0}^{n}\frac{f^{(k)}(a)}{k!}(x-a)^k$$

an und berücksichtige, daß $g^{(n-1)}$ an der Stelle a differenzierbar ist.

3. Die Funktion f sei zweimal differenzierbar im Intervall J und an der Stelle $a\in J$ existiere die dritte Ableitung. Man zeige, daß

$$\lim_{h\to 0}\frac{f(a+3h)-3f(a+2h)+3f(a+h)-f(a)}{h^3}=f'''(a)$$

gilt.
(Man könnte $f'''(a)$ also auch definieren, ohne die Existenz der Funktion f'' vorauszusetzen. Wie lautet die Verallgemeinerung für $f^{(n)}(a)$?)

4. Man zeige, daß es für die Gültigkeit des Satzes von S. 295 genügt, statt der Stetigkeit von $f^{(n)}$ nur die Existenz von $f^{(n)}$ an der kritischen Stelle a vorauszusetzen.

5. Man zeige, daß das Taylor-Polynom n-ten Grades von f an der Stelle a mit f in n-ter Ordnung übereinstimmt. (Hierzu genügt es sogar nur die Existenz von $f^{(n)}(a)$ vorauszusetzen.)
Zwei n-mal differenzierbare Funktionen f, g stimmen an der Stelle a genau dann in n-ter Ordnung überein, wenn $f(a)=g(a)$, $f'(a)=g'(a),\ldots,$ $f^{(n)}(a)=g^{(n)}(a)$ gilt.

6. Die Funktion f sei in einer Umgebung von 0 zweimal differenzierbar und es gelte $f(0)=f'(0)=0$ sowie $f''(0)>0$. Weiter sei

$$g(x)=r-\sqrt{r^2-x^2}$$

gesetzt. Man bestimme r so, daß f und g an der Stelle 0 in zweiter Ordnung übereinstimmen.
Was läßt sich über die Funktion $f-g$ aussagen, wenn $f'''(0)$ existiert und von 0 verschieden ist?

7. Man berechne die Taylor-Reihe für $f(x)=(1+x)^s$ bezüglich der Stelle 0. Durch Abschätzung des Restgliedes beweise man, daß f im Intervall $|x|<1$ durch die Taylor-Reihe dargestellt wird. (Für $-1<x\leqq 0$ verwende man die Cauchysche, für $0\leqq x<1$ die Lagrangesche Restglieddarstellung.)

8. Im Intervall $|x|<1$ gelten nach Aufg. 7 für beliebiges $s,t\in\mathbb{R}$ die Gleichungen

$$(1+x)^s=\sum_{n=0}^{\infty}\binom{s}{n}x^n,\quad (1+x)^t=\sum_{n=0}^{\infty}\binom{t}{n}x^n$$

$$(1+x)^{s+t} = \sum_{n=0}^{\infty} \binom{s+t}{n} x^n.$$

Daraus leite man Gleichungen für die vorkommenden verallgemeinerten Binomialkoeffizienten her.

9. Wie lautet die Taylor-Reihe mit der Entwicklungsstelle 0 für die Funktion arctan? Wie groß ist ihr Konvergenzradius?
Einen einfachen Beweis, daß arctan im Konvergenzintervall dargestellt wird, kann man in diesem Fall durch Vergleich der Ableitungen von arctan und der Potenzreihe führen.

10. Nach Aufg. 3 von S. 209 gilt

$$\frac{\pi}{4} = 4 \cdot \arctan\frac{1}{5} - \arctan\frac{1}{239}.$$

Wieviel Summanden der arctan-Reihe muß man jeweils berücksichtigen, um die ersten sechs Dezimalen von $\arctan\frac{1}{5}$ bzw. von $\arctan\frac{1}{239}$ zu bestimmen? Wieviel Stellen in der Dezimalentwicklung von $\frac{\pi}{4}$ sind damit gesichert?

11. Wird f durch eine Potenzreihe dargestellt

$$f(x) = \sum_{n=0}^{\infty} c_n x^n \qquad (|x| < r),$$

so ist die Taylor-Reihe von f an der Stelle 0 gerade diese Potenzreihe.
Mit Hilfe des Umordnungssatzes für Potenzreihen (vgl. S. 182) zeige man, daß f im Intervall $|x| < r$ reell-analytisch ist.

12. Man zeige, daß die Funktion f mit

$$f(x) = \frac{1}{1+x^2}$$

in $\mathbb{R}$ reell-analytisch ist.

13. Wenn es eine stetige (nicht notwendig beschränkte) Funktion g gibt derart, daß für alle n und alle x aus dem offenen Intervall D gilt

$$|f^{(n)}(x)| \leqq g(x),$$

dann wird f in D durch die Taylor-Reihe bezüglich einer beliebigen Stelle a dargestellt.
Die Taylor-Reihe konvergiert dann sogar für alle $x \in \mathbb{R}$.

9 Funktionenfolgen, gleichmäßige Konvergenz

Beispiele von Funktionenfolgen sind uns in den vorausgegangenen Kapiteln schon mehrfach begegnet, so etwa die Potenzreihen, die man als Folgen von ganzrationalen Funktionen auffassen kann. Hier sollen nun Funktionenfolgen ganz allgemein untersucht werden.

Dabei werden wir zwei verschiedene Konvergenzbegriffe verwenden: die *punktweise Konvergenz* und die *gleichmäßige Konvergenz*. Die unmittelbare Übertragung des Konvergenzbegriffs für Zahlenfolgen führt auf die punktweise Konvergenz von Funktionenfolgen. Viel wichtiger ist aber der schärfere Begriff der gleichmäßigen Konvergenz, da er einfache Aussagen über die Vertauschbarkeit von Grenzübergängen ermöglicht. Zum Beispiel vererbt sich bei gleichmäßiger Konvergenz die Stetigkeit der einzelnen Funktionen der Folge auf die Grenzfunktion. Auch wird in unserem Aufbau der Integralrechnung die gleichmäßige Konvergenz eine wesentliche Rolle spielen.

Ein sehr zweckmäßiger Begriff für diese Untersuchungen ist die *Norm* von Funktionen, die für alle beschränkten Funktionen erklärt werden kann und die entsprechende Eigenschaften wie der absolute Betrag von Zahlen hat. Mit Hilfe der Norm läßt sich die gleichmäßige Konvergenz einer Funktionenfolge in übersichtlicher Weise behandeln.

Wie schon erwähnt, ist die Grenzfunktion einer gleichmäßig konvergenten Folge stetiger Funktionen selber stetig; insbesondere gilt dies für gleichmäßig konvergente Folgen von ganzrationalen Funktionen. Die sich hier stellende Frage, ob jede beliebige, in einem abgeschlossenen Intervall stetige Funktion sich durch ganzrationale Funktionen „gleichmäßig approximieren“ läßt, wird durch den *Weierstraßschen Approximationssatz* positiv beantwortet. Der Satz von der gliedweisen Differenzierbarkeit ermöglicht dann zusammen mit dem Weierstraßschen Satz das noch offengebliebene Problem der Existenz von Stammfunktionen zu einer beliebigen in einem Intervall stetigen Funktion zu lösen. (Ein anderer Weg führt über die Integralrechnung, vgl. Abschnitt 10.3, S. 365).

Im letzten Abschnitt werden die sogenannten *Regelfunktionen* eingeführt: es sind dies diejenigen Funktionen, die sich gleichmäßig durch Treppenfunktionen approximieren lassen. Die meisten Funktionen, mit denen man es in der elementaren Analysis zu tun hat, fallen unter diesen Begriff; so z. B. alle stetigen und alle monotonen Funktionen.

9.1 Punktweise Konvergenz von Funktionenfolgen

Für jedes $n \in \mathbb{N}$ sei eine Funktion

$$f_n: D \to \mathbb{R}$$

gegeben; dann nennen wir die Folge

$$n \mapsto f_n \qquad \text{oder kurz } (f_n)$$

eine in D erklärte *Funktionenfolge.*
Für fest gewähltes $x \in D$ entsteht aus der Funktionenfolge (f_n) durch Einsetzen von x die Zahlenfolge $(f_n(x))$.

Def.: *Die Funktionenfolge (f_n) heißt* punktweise konvergent *gegen die Grenzfunktion f, wenn für jedes $x \in D$ die Zahlenfolge $(f_n(x))$ gegen den Grenzwert $f(x)$ konvergiert, wenn also gilt:*

$$\lim_n f_n(x) = f(x) \qquad \textit{für jedes } x \in D.$$

Wir schreiben dann auch

$$\lim_n f_n = f.$$

Bemerkung: Wenn (f_n) in D punktweise konvergiert, dann ist die Grenzfunktion f eindeutig bestimmt (vgl. S. 94).

Satz: *Notwendig und hinreichend dafür, daß zur Funktionenfolge (f_n) eine Grenzfunktion f (im Sinne der punktweisen Konvergenz) existiert, ist die Cauchysche Konvergenzbedingung:*
Zu jedem $\varepsilon > 0$ und jedem $x \in D$ gibt es ein $n_0 \in \mathbb{N}$, so daß gilt

$$|f_n(x) - f_m(x)| < \varepsilon \qquad \textit{für alle } m, n \geqq n_0.$$

Das ist klar, weil für jedes $x \in D$ die Zahlenfolge $(f_n(x))$ genau dann konvergiert, wenn sie eine Cauchy-Folge ist. Man beachte aber, daß die natürliche Zahl n_0 von ε und von x abhängen kann!

Aufgabe: Man übertrage die Rechenregeln für konvergente Zahlenfolgen auf punktweise konvergente Funktionenfolgen.

Beispiele

1) Es sei $D = [0, 1]$ und $f_n(x) = x^n$. Die Folge (f_n) ist punktweise konvergent gegen die Grenzfunktion f, wobei gilt

$$f(x)=\begin{cases}0 & \text{für } 0 \leqq x < 1\\ 1 & \text{für } x=1.\end{cases}$$

Beweis: Für $0 \leqq x < 1$ hat die „geometrische" Zahlenfolge (x^n) den Grenzwert 0. Für $x=1$ erhält man die konstante Zahlenfolge $n \mapsto 1$, deren Grenzwert 1 ist.

Aufgabe: Zu vorgegebenem $\varepsilon > 0$ und $x \in D$ bestimme man für diese Folge (f_n) ein $n_0 \in \mathbb{N}$ derart, daß gilt: $|f_n(x) - f(x)| < \varepsilon$ für $n \geqq n_0$.

2) Es sei $D = [0, 2]$ und

$$f_n(x) = \begin{cases} n \cdot x & \text{für } 0 \leqq x \leqq \frac{1}{n} \\ 2 - n \cdot x & \text{für } \frac{1}{n} < x < \frac{2}{n} \\ 0 & \text{für } \frac{2}{n} \leqq x \leqq 2 \end{cases}$$

Die Folge (f_n) konvergiert punktweise gegen die Nullfunktion in $[0, 2]$.

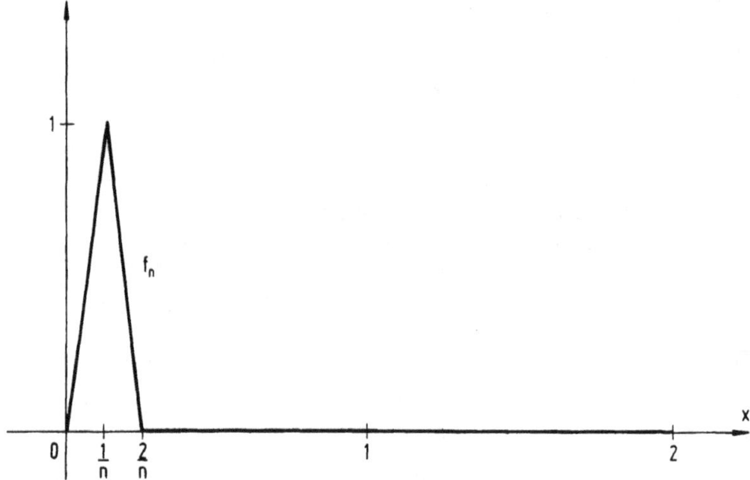

Beweis: Wegen $f_n(0) = 0$ für alle $n \geqq 1$ ergibt sich $\lim\limits_n f_n(0) = 0$. Für $x > 0$ gibt es ein n_0 derart, daß $\frac{2}{n_0} \leqq x$ ist. Dann folgt aber aus $n \geqq n_0$ erst recht $\frac{2}{n} \leqq x$. Es ist daher für $n \geqq n_0$ die dritte Zeile in der Definition von f_n zutreffend, d.h. es gilt $f_n(x) = 0$ für $n \geqq n_0$. Damit ist gezeigt, daß $\lim\limits_n f_n(x) = 0$ für alle $x \in D$ gilt.

3) Es sei $D = \mathbb{R}$ und

$$f_n(x) = \lim_k (\cos n!\pi x)^{2k}.$$

Wegen $0 \leqq (\cos n!\pi x)^2 \leqq 1$ existiert der Limes, vgl. Beispiel 1). Die Folge (f_n) konvergiert punktweise gegen die „Dirichlet-Funktion" f:

$$f(x) = \begin{cases} 1 & \text{für } x \in \mathbb{Q} \\ 0 & \text{für } x \notin \mathbb{Q}. \end{cases}$$

Beweis: Sei zunächst $x = \frac{p}{q}$. Für beliebiges $k \in \mathbb{N}$ und $n \geqq q$ gilt:

$$\left(\cos n!\pi \frac{p}{q}\right)^{2k} = 1.$$

Also erhält man für $n \geqq q$:

$$f_n(x) = \lim_k \left(\cos n!\pi \frac{p}{q}\right)^{2k} = 1.$$

Die Zahlenfolge $f_n(x)$ ist somit von der Stelle $n_0 = q$ an konstant und es gilt

$$\lim_n f_n(x) = 1, \qquad \text{falls } x = \frac{p}{q}.$$

Ist aber x irrational, so ist $n!x$ für kein $n \in \mathbb{N}$ eine ganze Zahl und es gilt daher $(\cos n!\pi x)^2 < 1$. Für fest vorgegebenes $n \in \mathbb{N}$ folgt somit

$$\lim_k (\cos n!\pi x)^{2k} = 0,$$

d.h. $f_n(x) = 0$ für alle $n \in \mathbb{N}$, wenn x irrational ist. Also hat man

$$\lim_n f_n(x) = 0 \qquad \text{für } x \in \mathbb{R}\backslash\mathbb{Q}.$$

Aufgabe: Man beschreibe die Funktion f_6 und allgemein die Funktion f_n aus Beispiel 3).

4) Es sei $D = \mathbb{R}$ und

$$f_n(x) = \frac{1}{n}[n \cdot x].$$

Die Folge (f_n) konvergiert punktweise gegen die identische Abbildung von $\mathbb{R}$:

$$\lim_n f_n(x) = x \qquad \text{für alle } x \in \mathbb{R}.$$

Beweis: Sei $x \in D$ vorgegeben. Es gibt genau ein Teilintervall $\left[\frac{k}{n}, \frac{k+1}{n}\right[$, dem x angehört. Dann gilt für dieses x:

$$f_n(x) = \frac{1}{n} \cdot k.$$

Wegen $0 \leqq x - \frac{k}{n} < \frac{1}{n}$ folgt

$$0 \leqq x - f_n(x) < \frac{1}{n}$$

für alle $n \geqq 1$ und damit die Behauptung.

Wir hatten schon darauf hingewiesen, daß die natürliche Zahl n_0, deren Existenz beim Konvergenzbeweis zu zeigen ist, im allgemeinen sowohl von $\varepsilon > 0$ als auch von $x \in D$ abhängt; man vergl. etwa Beispiel 1) und 2). Im letzten Beispiel dagegen kann n_0 unabhängig von $x \in D$ gewählt werden.
Für diesen Sonderfall der punktweisen Konvergenz hat man die Bezeichnung *gleichmäßige Konvergenz* eingeführt (weil zu $\varepsilon > 0$ die natürliche Zahl n_0 „gleichmäßig" für alle $x \in D$ bestimmt werden kann).
Der Begriff der gleichmäßigen Konvergenz führt nun zu einer Reihe von einfachen und durchsichtigen Schlußfolgerungen; er besitzt deshalb eine ungleich größere Bedeutung als der Begriff der punktweisen Konvergenz.

Aufgaben

1. Konvergiert die Funktionenfolge (f_n) mit

$$f_n(x) = \sqrt[n]{x} \qquad (x \in \mathbb{R}_0^+)$$

punktweise?

2. Man zeige, daß gilt:

$$\lim_n \arctan nx = \begin{cases} \dfrac{\pi}{2} & \text{für } x > 0 \\ 0 & \text{für } x = 0 \\ -\dfrac{\pi}{2} & \text{für } x < 0 \end{cases}$$

3. Man untersuche, ob die Funktionenfolge (f_n) punktweise konvergiert, wenn

a) $$f_n(x) = \frac{|x|^n}{1 + |x|^n} \qquad (D = \mathbb{R})$$

b) $$f_n(x) = \frac{nx}{1 + n|x|} \qquad (D = \mathbb{R}).$$

Gegebenenfalls bestimme man die Grenzfunktion.

4. Für welche x konvergiert die Funktionenfolge (f_n) punktweise, wenn

$$f_n(x) = nx(1 - x^2)^n?$$

5. Konvergieren die Funktionenfolgen (f_n) bzw. (g_n) mit

$$f_n(x) = \frac{1}{1 + nx}$$

$$g_n(x) = \frac{x}{1 + nx}$$

punktweise in $D = \mathbb{R}_0^+$?

6. Die Funktion f sei in $\mathbb{R}$ definiert und es gelte $f(x) < 0$ für $x < 0$. Durch

$$f_n(x) = \max\{f(x - n), 0\}$$

wird in $D = \mathbb{R}$ eine Funktionenfolge erklärt. Konvergiert diese punktweise?

7. Es sei f eine beliebige in $\mathbb{R}$ erklärte Funktion. Man untersuche, ob die Funktionenfolgen (f_n) und (g_n) mit

$$f_n(x) = \frac{1}{n}[nf(x)]$$

und

$$g_n(x) = f\left(\frac{1}{n}[nx]\right)$$

punktweise konvergieren.

Übertragen sich Eigenschaften von f (wie Beschränktheit, Monotonie, Stetigkeit) auf die Funktionen f_n bzw. g_n?

8. Die Funktionenfolge (f_n) sei in einem Intervall J punktweise konvergent mit der Grenzfunktion f. Alle f_n seien beschränkt bzw. monoton bzw. konvex bzw. stetig. Hat dann auch f immer die entsprechende Eigenschaft?

9.2 Gleichmäßige Konvergenz von Funktionenfolgen

Def.: *Die Funktionenfolge* (f_n) *heißt* gleichmäßig konvergent *gegen die Grenzfunktion* f, *wenn zu jedem* $\varepsilon > 0$ *eine natürliche Zahl* n_0 *existiert derart, daß für alle* $x \in D$ *und für alle* $n \geqq n_0$ *gilt:*

$$|f_n(x) - f(x)| < \varepsilon.$$

Bemerkung: Der Unterschied zur punktweisen Konvergenz liegt also darin, daß zu vorgegebenem $\varepsilon > 0$ eine natürliche Zahl n_0 unabhängig von $x \in D$ (oder „gleichmäßig" für alle $x \in D$) existieren muß derart, daß

$$|f_n(x) - f(x)| < \varepsilon \qquad \text{für alle } n \geqq n_0$$

gilt.

Jede gleichmäßige konvergente Funktionenfolge ist auch punktweise konvergent. Die Funktion f, die als Grenzfunktion bei gleichmäßiger Konvergenz in Frage kommt, muß mit der Grenzfunktion bei punktweiser Konvergenz übereinstimmen.
In den Beispielen 1), 2) und 3) des vorigen Abschnitts handelt es sich um punktweise, aber nicht gleichmäßig konvergente Funktionenfolgen. Wir zeigen dies für Beispiel 1): Grenzfunktion kann nur sein

$$f(x) = \begin{cases} 0 & \text{für } 0 \leqq x < 1 \\ 1 & \text{für } x = 1. \end{cases}$$

Wir bestimmen bei vorgegebenem $\varepsilon > 0$ zu jedem $x \in D$ das kleinstmögliche n_0. Für $x = 0$ und $x = 1$ ist dann $n_0 = 0$. Für $0 < x < 1$ ist n_0 die kleinste natürliche Zahl mit

$$n_0 > \frac{\ln \varepsilon}{\ln x}.$$

Man sieht daran, daß man bei gegebenem $\varepsilon > 0$ kein von x unabhängiges n_0 finden kann, daß also (f_n) nicht gleichmäßig konvergent ist.

Aufgabe: Man untersuche entsprechend die Folge (f_n) aus Beispiel 2).

Die Folge aus Beispiel 4) ist dagegen gleichmäßig konvergent, wie die für alle $x \in \mathbb{R}$ geltende Abschätzung $0 \leqq x - f_n(x) < \frac{1}{n}$ zeigt. Ein weiteres Beispiel: Es sei $D = \mathbb{R}$ und

$$f_n(x) = \frac{n}{n^2 + x^2}.$$

Die Folge (f_n) konvergiert gleichmäßig gegen die Nullfunktion in $\mathbb{R}$. Für $n \geqq 1$ folgt nämlich:

$$|f_n(x)| = \frac{1}{n} \cdot \left(1 + \frac{x^2}{n^2}\right)^{-1} \leqq \frac{1}{n}.$$

Später werden wir hinreichende Kriterien für gleichmäßige Konvergenz angeben und damit ganze Klassen von Beispielen zur Verfügung haben.

Anstatt für jedes $x \in D$ das kleinstmögliche n_0 aufzusuchen, kann man auch bei festem n das Supremum der Wertemenge der Funktion $|f_n - f|$ bestimmen. Man erhält dann eine Folge (ε_n) nichtnegativer Zahlen mit der Eigenschaft

$$|f_n(x) - f(x)| \leqq \varepsilon_n \qquad \text{für alle } x \in D.$$

Wenn (ε_n) eine Nullfolge ist, konvergiert (f_n) gleichmäßig und umgekehrt.

Diese Überlegung führt dazu, den Begriff der *Norm* einer beschränkten Funktion zu erklären. Zuvor vereinbaren wir noch folgende Schreibweise für das Supremum der Wertemenge einer nach oben beschränkten Funktion f:

$$\sup f(D) =: \sup_{x \in D} f(x).$$

Def.: *Es sei $f: D \to \mathbb{R}$ beschränkt. Die nichtnegative reelle Zahl*

$$\|f\| := \sup_{x \in D} |f(x)|$$

heißt Norm *von f.*

Bemerkung: Wird das Supremum von $|f|$ in D angenommen, so schreibt man auch

$$\|f\| = \max_{x \in D} |f(x)|.$$

Die Norm besitzt folgende Eigenschaften:

Satz: *Es seien f und g in D erklärt und beschränkt. Dann gilt:*

(1) $\|f\| = 0 \Leftrightarrow f(x) = 0$ *für alle* $x \in D$

(2) $\|cf\| = |c| \cdot \|f\|$

(3) $\|f + g\| \leqq \|f\| + \|g\|$

(4) $\|f \cdot g\| \leqq \|f\| \cdot \|g\|$

Beweis: Wir überlassen (1) und (2) dem Leser und zeigen (3) und (4). Für alle $x \in D$ gilt nach Definition

$$|f(x)| \leqq \|f\| \qquad \text{und} \qquad |g(x)| \leqq \|g\|.$$

Hieraus folgt für alle $x \in D$:

$$|(f+g)(x)| = |f(x)+g(x)| \leqq |f(x)| + |g(x)| \leqq \|f\| + \|g\|$$

sowie

$$|(f\cdot g)(x)| = |f(x)\cdot g(x)| = |f(x)|\cdot|g(x)| \leqq \|f\|\cdot\|g\|.$$

Da diese Ungleichungen für alle $x \in D$ gelten, ist das Supremum von $|f+g|$ höchstens gleich $\|f\| + \|g\|$ und das Supremum von $|f \cdot g|$ höchstens gleich $\|f\| \cdot \|g\|$.

Aufgabe: Man zeige, daß für beschränktes f und g gilt:

$$|\,\|f\| - \|g\|\,| \leqq \|f-g\| \leqq \|f\| + \|g\|.$$

Mit Hilfe der Norm kann die gleichmäßige Konvergenz in einfacher Weise beschrieben werden.

Satz: *Die Funktionenfolge (f_n) konvergiert gleichmäßig gegen die Grenzfunktion f genau dann, wenn gilt:*

$$\lim_n \|f_n - f\| = 0.$$

Beweis: 1) Wenn (f_n) gleichmäßig gegen f konvergiert, gibt es zu jedem $\varepsilon > 0$ ein $n_0 \in \mathbb{N}$ derart, daß für alle $n \geqq n_0$ und alle $x \in D$ gilt:

$$|f_n(x) - f(x)| < \varepsilon,$$

d.h. aber

$$\|f_n - f\| = \sup_{x \in D} |f_n(x) - f(x)| \leqq \varepsilon \qquad \text{für } n \geqq n_0.$$

2) Wenn $\lim_n \|f_n - f\| = 0$ ist, dann existiert also zu jedem $\varepsilon > 0$ ein $n_0 \in \mathbb{N}$, so daß

$$\|f_n - f\| < \varepsilon \qquad \text{für } n \geqq n_0$$

gilt. Dies bedeutet aber nach Definition der Norm, daß für alle $n \geqq n_0$ und für alle $x \in D$ gilt:

$$|f_n(x) - f(x)| < \varepsilon.$$

Bemerkung: (f_n) konvergiert *nicht* gleichmäßig gegen f genau dann, wenn

$(\|f_n - f\|)$ keine Nullfolge ist. Dies bedeutet, daß ein $\varepsilon > 0$ derart existiert, daß gilt:

$$\|f_n - f\| \geqq \varepsilon \qquad \text{für unendlich viele } n \in \mathbb{N}.$$

Hieraus folgt weiter: Wenn es ein $\varepsilon > 0$ gibt, so daß für unendlich viele n eine Stelle $x_n \in D$ gefunden werden kann, daß gilt

$$|f_n(x_n) - f(x_n)| \geqq \varepsilon,$$

dann konvergiert (f_n) nicht gleichmäßig gegen f.

Aufgabe: Man zeige, daß die Folge (f_n) aus Beispiel 2) nicht gleichmäßig gegen die Nullfunktion konvergiert.

Satz: *Notwendig und hinreichend dafür, daß die Funktionenfolge (f_n) gleichmäßig konvergiert, ist die Cauchysche Konvergenzbedingung bezüglich der Norm:*
Zu jedem $\varepsilon > 0$ gibt es ein $n_0 \in \mathbb{N}$, so daß gilt

$$\|f_n - f_m\| < \varepsilon \qquad \textit{für alle } m, n \geqq n_0.$$

Beweis: 1) Wenn (f_n) gleichmäßig gegen f konvergiert, bedeutet dies nach dem vorigen Satz, daß $(\|f_n - f\|)$ eine Nullfolge ist. Hieraus folgt, daß zu $\varepsilon > 0$ ein n_0 existiert, so daß gilt:

$$\|f_n - f_m\| \leqq \|f_n - f\| + \|f_m - f\| < 2\varepsilon \qquad \text{für alle } n, m \geqq n_0.$$

2) Wenn die im Satz formulierte Bedingung erfüllt ist, sagt man, daß (f_n) eine Cauchy-Folge bezüglich der Norm ist. Wir müssen zunächst für eine solche Cauchy-Folge die Grenzfunktion f ermitteln. Für jedes $x \in D$ ist $\big(f_n(x)\big)$ aber eine Cauchy-Folge von reellen Zahlen. Ihren Grenzwert bezeichnen wir mit $f(x)$; dadurch wird also eine Funktion f erklärt. Es bleibt zu zeigen, daß (f_n) gleichmäßig gegen f konvergiert. Nach Voraussetzung gibt es zu jedem $\varepsilon > 0$ ein $n_0 \in \mathbb{N}$ derart, daß für alle $n, m \geqq n_0$

$$\|f_n - f_m\| < \varepsilon,$$

also sicher auch

$$|f_n(x) - f_m(x)| < \varepsilon \qquad \text{für alle } x \in D$$

gilt. Hieraus folgt bei festem n:

$$\lim_m |f_n(x) - f_m(x)| = |f_n(x) - f(x)| \leqq \varepsilon.$$

Damit muß aber auch

$$\sup_{x \in D} |f_n(x) - f(x)| = \|f_n - f\| \leqq \varepsilon$$

für alle $n \geqq n_0$ gelten.

Ist die Grenzfunktion f einer gleichmäßig konvergenten Funktionenfolge (f_n) beschränkt, so sind fast alle Funktionen f_n beschränkt. Zum Beweis wählen wir etwa die zu $\varepsilon = 1$ gehörende natürliche Zahl n_0 und folgern aus

$$\|f_n\| - \|f\| \leqq \|f_n - f\| < 1,$$

daß für alle $n \geqq n_0$ gilt

$$\|f_n\| \leqq 1 + \|f\|.$$

Man beachte aber, daß in der Definition der gleichmäßigen Konvergenz nicht vorausgesetzt wird, daß die Funktionen f_n oder die Funktion f beschränkt ist, es müssen nur die Differenzen $f_n - f$ beschränkte Funktionen sein.

Die Funktionenfolgen, die in D gleichmäßig konvergent sind, bilden einen Vektorraum über $\mathbb{R}$; denn mit (f_n) und (g_n) sind auch die Folgen $(f_n + g_n)$ und (cf_n) gleichmäßig konvergent (Beweis als Aufgabe!).
Die Folge $(f_n g_n)$ ist dagegen nicht notwendig gleichmäßig konvergent; wenn aber die beiden Folgen (f_n) und (g_n) beschränkt sind, dann konvergiert $(f_n g_n)$ gleichmäßig. Dies folgt aus der Abschätzung:

$$\|f_n g_n - fg\| \leqq \|f_n - f\| \cdot \|g_n\| + \|g_n - g\| \cdot \|f\|.$$

Aufgaben

1. Welche der folgenden in $\mathbb{R}_0^+$ punktweise konvergenten Funktionenfolgen sind gleichmäßig konvergent?

   (a) $f_n(x) = \sqrt[n]{x}$

   (b) $f_n(x) = \dfrac{1}{1 + nx}$

   (c) $f_n(x) = \dfrac{x}{1 + nx}$.

2. Für welche Werte von c konvergiert die Folge (f_n) mit

   $$f_n(x) = n^c \cdot x \cdot \exp(-nx) \qquad (x \geqq 0)$$

   punktweise bzw. gleichmäßig? Gibt es Teilmengen von $\mathbb{R}_0^+$, in denen (f_n) gleichmäßig konvergiert?

3. Man bestimme die Normen folgender Funktionen

(a) $f(x) = \dfrac{|x|^n}{1 + |x|^n}$ $D = \mathbb{R}$

(b) $f(x) = \dfrac{nx}{1 + n|x|}$ $D = \mathbb{R}$

(c) $f(x) = nx(1 - x^2)^n$ $D = [-a, a]$

(d) $f(x) = x^s \cdot (1 - x)^t$ mit $s, t \geqq 0$, $D = [0, 1]$.

4. Besteht zwischen $\left\|\frac{1}{f}\right\|$ und $\|f\|$ bzw. zwischen $\|f^{-1}\|$ und $\|f\|$ ein Zusammenhang?
5. Man zeige, daß

$$\|f \circ g\| \leqq \|f\|$$

gilt und prüfe, wann die Gleichheit zutrifft.
6. Wenn die Funktionenfolge (f_n) gleichmäßig gegen eine beschränkte Funktion f konvergiert, dann gilt

$$\lim_n \|f_n\| = \|f\|.$$

7. Die Definition der Norm einer reellwertigen Funktion (vgl. S. 309) läßt sich unmittelbar auf komplexwertige Funktionen $h = f + ig$ übertragen. Man zeige, daß sich auch alle Regeln übertragen lassen und beweise die Abschätzung

$$\max\{\|f\|, \|g\|\} \leqq \|h\| \leqq \sqrt{\|f\|^2 + \|g\|^2}.$$

Weiter zeige man, daß eine Funktionenfolge $(h_n) = (f_n + ig_n)$ genau dann gleichmäßig konvergiert, wenn (f_n) und (g_n) gleichmäßig konvergieren.
8. Konvergiert die Funktionenfolge

$$f_n(x) = \frac{1}{n}[nf(x)]$$

für jede beliebige Funktion $f: D \to \mathbb{R}$ gleichmäßig gegen f?
9. Die Funktionenfolgen (f_n) und (g_n) seien in $\mathbb{R}_0^+$ definiert durch

$$f_n(x) = \begin{cases} \dfrac{1}{x} + \dfrac{1}{n} & \text{für } x > 0 \\[2ex] \dfrac{1}{n} & \text{für } x = 0 \end{cases}$$

und

$$g_n(x) = \frac{1}{n}.$$

Man zeige, daß zwar (f_n) und (g_n), nicht aber $(f_n g_n)$ gleichmäßig konvergiert.

10. Die Funktionenfolge (f_n) konvergiere gleichmäßig gegen f und es gelte $f_n(x) > 0$ und $f(x) > 0$ für alle x. Man gebe ein Beispiel einer solchen Folge an, für die die Konvergenz von $\left(\frac{1}{f_n}\right)$ gegen $\left(\frac{1}{f}\right)$ nicht gleichmäßig ist.

9.3 Gleichmäßige Konvergenz von Funktionenreihen

Eine Funktionenreihe $\sum_{n=0}^{\infty} f_n$ heißt gleichmäßig konvergent, wenn die Folge (s_n) ihrer Teilsummen gleichmäßig konvergent ist. Eine notwendige und hinreichende Bedingung für die gleichmäßige Konvergenz der Funktionenreihe $\sum_{n=0}^{\infty} f_n$ ist somit die Cauchysche Konvergenzbedingung: Zu jedem $\varepsilon > 0$ gibt es ein $n_0 \in \mathbb{N}$ derart, daß für alle $n \geqq n_0$ und alle $p \in \mathbb{N}$ gilt:

$$\left\| \sum_{k=n+1}^{n+p} f_k \right\| < \varepsilon.$$

Hieraus ergibt sich unmittelbar die folgende hinreichende Bedingung, die als *Majorantenkriterium* bezeichnet wird:

Satz: *Wenn $\|f_n\| \leqq c_n$ für alle $n \in \mathbb{N}_0$ gilt und die Reihe $\sum_{n=0}^{\infty} c_n$ konvergiert, dann konvergiert die Funktionenreihe $\sum_{n=0}^{\infty} f_n$ gleichmäßig.*

Beweis: Wegen der Dreiecksungleichung und der Voraussetzung $\|f_k\| \leqq c_k$ folgt: $\left\| \sum_{k=n+1}^{n+p} f_k \right\| \leqq \sum_{k=n+1}^{n+p} \|f_k\| \leqq \sum_{k=n+1}^{n+p} c_k.$

Da die Reihe $\sum_{n=0}^{\infty} c_n$ konvergiert, erfüllt sie die Cauchysche Konvergenzbedingung. Also erfüllt die Funktionenreihe $\sum_{n=0}^{\infty} f_n$ die Cauchy-Bedingung bezüglich der Norm.

Beispiele:

1) Die *Dirichletsche Reihe*

$$\sum_{n=1}^{\infty} \frac{1}{n^x}$$

ist gleichmäßig konvergent in jeder Menge $D_c = \{x \mid x \geqq c > 1\}$.

Beweis: Die Funktionen $x \mapsto \frac{1}{n^x}$ sind streng monoton fallend. Also gilt

$$\frac{1}{n^x} \leqq \frac{1}{n^c} \qquad \text{für alle } x \geqq c.$$

Ist nun $c > 1$, so konvergiert die Reihe

$$\sum_{n=0}^{\infty} \frac{1}{n^c}$$

absolut. Nach dem Majorantenkriterium konvergiert daher $\sum \frac{1}{n^x}$ gleichmäßig in $D_c = \{x \mid x \geqq c\}$.

Bemerkung: Für $x = 1$ ist $\sum \frac{1}{n^x}$ nicht konvergent. Im offenen Intervall $D = \{x \mid x > 1\}$ liegt Konvergenz vor, aber keine gleichmäßige Konvergenz (Beweis!).

2) Jede Potenzreihe

$$\sum_{n=0}^{\infty} a_n x^n$$

ist in jedem kompakten Teilintervall – etwa in $[-c, c]$ – des Konvergenzintervalls der Potenzreihe gleichmäßig konvergent.
(Eine Potenzreihe $\sum a_n x^n$ braucht im offenen Intervall $]-r, r[$ – wobei r der Konvergenzradius der Potenzreihe ist – nicht gleichmäßig zu konvergieren. Dies zeigt etwa das Beispiel der geometrischen Reihe.)

Beweis: Wir verwenden das Majorantenkriterium. Aus

$$|a_n x^n| \leqq |a_n| c^n \qquad \text{für } |x| \leqq c < r$$

folgt danach wegen der absoluten Konvergenz von $\sum a_n \cdot c^n$ die gleichmäßige Konvergenz von $\sum a_n x^n$ im abgeschlossenen Intervall $[-c, c]$.

Bemerkung: Wenn eine Funktionenfolge (oder Funktionenreihe) auf *jeder* kompakten Teilmenge von D gleichmäßig konvergiert, dann heißt sie *kompakt-gleichmäßig* konvergent in D (sie braucht dann in D selbst nicht gleichmäßig konvergent zu sein).

Damit das Majorantenkriterium anwendbar ist, muß $\sum\limits_{n=0}^{\infty} f_n(x)$ für jedes $x \in D$ absolut konvergieren. Diese Voraussetzung ist jedoch keineswegs notwendig für die gleichmäßige Konvergenz. Absolute Konvergenz und gleichmäßige Konvergenz einer Funktionenreihe sind voneinander unabhängige Begriffe, denn es gibt (punktweise konvergente) Funktionenreihen $\sum\limits_{n=0}^{\infty} f_n$, die

1) gleichmäßig und absolut
2) gleichmäßig und nicht absolut
3) nicht gleichmäßig und absolut
4) nicht gleichmäßig und nicht absolut

konvergieren.
Daß 1) und 2) möglich ist, wird schon durch Reihen konstanter Funktionen belegt. Ein Beispiel für den Fall 3) ist die geometrische Reihe

$$\sum_{n=0}^{\infty} x^n \qquad \text{mit } |x| < 1,$$

und für den Fall 4) können wir etwa

$$\sum_{n=1}^{\infty} \frac{(-1)^n}{n \cdot x} \qquad \text{mit } 0 < x \leqq 1$$

nehmen.

Aufgabe: Man zeige, daß

$$\sum_{n=0}^{\infty} \frac{(-1)^n x^2}{(1+x^2)^n} \qquad \text{in } D = \mathbb{R}$$

gleichmäßig und absolut konvergiert, daß aber die Reihe der absoluten Beträge

$$\sum_{n=0}^{\infty} \frac{x^2}{(1+x^2)^n}$$

nicht gleichmäßig konvergiert. Man bestimme jeweils die Grenzfunktionen.

Wenn das Majorantenkriterium versagt, kann eine Funktionenreihe trotzdem gleichmäßig konvergent sein. Man hat dann subtilere Kriterien heranzuziehen. Besonders nützlich ist die Methode der „partiellen Summation", d.h. der folgenden Umformung:

$$\sum_{k=1}^{n} f_k \cdot (g_k - g_{k-1}) = f_n \cdot g_n - f_1 \cdot g_0 - \sum_{k=1}^{n-1} g_k (f_{k+1} - f_k).$$

Aufgabe: Man beweise diese Gleichung durch vollständige Induktion.

Aus dieser Gleichung ergibt sich unmittelbar:

Wenn die Folge $(f_n \cdot g_n)$ *und die Reihe* $\sum_{k=1}^{\infty} g_k \cdot (f_{k+1} - f_k)$ *gleichmäßig konvergieren, dann gilt dies auch von der Reihe* $\sum_{k=1}^{\infty} f_k \cdot (g_k - g_{k-1})$.

Beispiel: Wenn $\sum_{k=0}^{\infty} a_k$ konvergiert, dann ist die Potenzreihe

$$\sum_{k=0}^{\infty} a_k x^k$$

im Intervall $[0, 1]$ gleichmäßig konvergent.

Man setze zum Beweis:

$$f_k(x) = x^k \qquad \text{und} \qquad g_k = \sum_{j=k+1}^{\infty} a_j.$$

(g_k) ist also eine Zahlenfolge, und zwar eine Nullfolge. Es gilt

$$g_k - g_{k-1} = a_k.$$

Die Folge $(f_k \cdot g_k)$ konvergiert gleichmäßig gegen die Nullfunktion, da $\|f_k\| = 1$ und $\lim_k g_k = 0$ gilt. Es bleibt zu zeigen, daß

$$\sum_{k=1}^{\infty} g_k \cdot (x^{k+1} - x^k)$$

in $[0, 1]$ gleichmäßig konvergiert. Dies gelingt mit dem Cauchy-Kriterium: Zu vorgegebenem $\varepsilon > 0$ wählen wir n_0 so groß, daß $|g_k| < \varepsilon$ für $k \geqq n_0$ gilt. Dann folgt für alle $n \geqq n_0$ und alle $p \in \mathbb{N}$ (da $x^{k+1} - x^k \leqq 0$ in $[0, 1]$ gilt):

$$\left| \sum_{k=n+1}^{n+p} g_k (x^{k+1} - x^k) \right| \leqq \sum_{k=n+1}^{n+p} |g_k| \cdot (x^k - x^{k+1}) \leqq \varepsilon \cdot \sum_{k=n+1}^{n+p} (x^k - x^{k+1})$$

d.h.

$$\left|\sum_{k=n+1}^{n+p} g_k \cdot (x^{k+1} - x^k)\right| \leqq \varepsilon \cdot (x^{n+1} - x^{n+p+1}) \leqq \varepsilon \cdot x^{n+1} \leqq \varepsilon.$$

So ist z.B. die Potenzreihe für $\ln(1+x)$ im Intervall $[0, 1]$ gleichmäßig konvergent, da die Reihe $\sum_{k=1}^{\infty} (-1)^{k-1} \cdot \frac{1}{k}$ konvergiert.

Aufgaben

1. Man zeige, daß die Funktionenreihen

   a) $\sum_{n=1}^{\infty} \frac{\cos nx}{n^c}$, b) $\sum_{n=1}^{\infty} \frac{\sin nx}{n^c}$

   für $c > 1$ gleichmäßig konvergieren.
2. Man prüfe, ob die Reihe $\sum_{j=0}^{\infty} g_j$ von S. 263 gleichmäßig konvergiert.
3. Man beweise, daß die geometrische Reihe $\sum_{n=0}^{\infty} x^n$ in $D =]-1, 1[$ nicht gleichmäßig konvergiert.
4. Man zeige, daß $\sum_{n=1}^{\infty} \frac{(-1)^n}{n \cdot x}$ im Intervall $0 < x \leqq 1$ weder absolut noch gleichmäßig, wohl aber punktweise konvergiert.
5. Was läßt sich über gleichmäßige bzw. absolute Konvergenz der beiden Reihen

   $$\sum_{n=0}^{\infty} (x^n - x^{n+1}) \qquad \text{und} \qquad \sum_{n=0}^{\infty} (-1)^n (x^n - x^{n+1})$$

   im Intervall $[0, 1]$ aussagen?
6. Man gebe ein Beispiel einer in $\mathbb{R}$ punktweise konvergenten Funktionenreihe an, die in keinem abgeschlossenen Teilintervall von $\mathbb{R}$ gleichmäßig konvergiert.
7. Das Majorantenkriterium und das auf der Methode der partiellen Summation beruhende Kriterium von S. 317 gelten auch für komplexwertige Funktionenreihen.

   Man zeige, daß (für komplexwertiges f_n und g_n) die Funktionenreihe $\sum_{n=1}^{\infty} f_n g_n$ gleichmäßig konvergiert, wenn $\sum_{n=1}^{\infty} f_n$ gleichmäßig gegen eine beschränkte Funktion konvergiert und $\sum_{n=1}^{\infty} \|g_{n+1} - g_n\|$ konvergent ist.

8. (a_n) sei eine monotone (also reelle) Nullfolge und die Teilsummen der (komplexwertigen) Funktionenreihe $\sum_{n=1}^{\infty} f_n$ seien gleichmäßig beschränkt, d.h. es gelte

$$\left|\sum_{k=1}^{n} f_k(x)\right| \leqq c \qquad \text{für alle } x \in D \text{ und alle } n \in \mathbb{N}.$$

Dann ist $\sum_{n=1}^{\infty} a_n f_n$ gleichmäßig konvergent.

9. Wenn (a_n) eine monotone Nullfolge ist, dann ist die Reihe

$$\sum_{n=0}^{\infty} a_n \cdot \exp inx$$

im offenen Intervall $0 < x < 2\pi$ kompakt-gleichmäßig konvergent. Insbesondere gilt dies von den Reihen

$$\sum_{n=1}^{\infty} \frac{\cos nx}{n} \qquad \text{und} \qquad \sum_{n=1}^{\infty} \frac{\sin nx}{n}.$$

Man zeige weiter, daß die zweite dieser Reihen für alle x punktweise konvergiert.

10. Man zeige, daß die Funktionenreihe

$$\sum_{n=0}^{\infty} \binom{\frac{1}{2}}{n} (x^2 - 1)^n$$

im Intervall $|x| \leqq 1$ gleichmäßig konvergiert.
Welche Funktion wird durch diese Reihe ganzrationaler Funktionen dargestellt?

11. Im Anschluß an die vorige Aufgabe zeige man, daß es zu jeder in einem Intervall $[a, b]$ stetigen stückweise affinen Funktion eine Folge ganzrationaler Funktionen gibt, die gleichmäßig gegen diese Funktion konvergiert.

9.4 Stetigkeit und gleichmäßige Konvergenz

Bei den Definitionen und Sätzen des vorigen Abschnitts hatten wir keine besonderen Voraussetzungen über die beteiligten Funktionen gemacht (nur an einigen Stellen war es nötig, die Funktionen als beschränkt vorauszusetzen).

Wir beschäftigen uns nun speziell mit gleichmäßig konvergenten Folgen *stetiger* Funktionen.

Satz: *Wenn die Funktionenfolge (f_n) gleichmäßig gegen f konvergiert und jede Funktion f_n an der Stelle a stetig ist, dann ist auch f an der Stelle a stetig.*

Beweis: Wir schreiben $f(x)-f(a)$ in der Form

$$f(x)-f(a)=f(x)-f_n(x)+f_n(x)\quad -f_n(a)+f_n(a)-f(a).$$

Zu vorgegebenem $\varepsilon>0$ wählen wir eine natürliche Zahl n so aus, daß gilt

$$\|f_n-f\|<\varepsilon.$$

Dann hat man für alle $x\in D$:

$$|f(x)-f(a)|<\varepsilon+|f_n(x)-f_n(a)|+\varepsilon.$$

Die Funktion f_n ist nach Voraussetzung an der Stelle a stetig, d.h. es gibt ein $\delta>0$ derart, daß

$$|f_n(x)-f_n(a)|<\varepsilon$$

gilt für alle $x\in D$ mit $|x-a|<\delta$. Für diese x hat man also

$$|f(x)-f(a)|<3\varepsilon.$$

Folgerung: Sind alle f_n an allen Stellen von D stetig, so ist bei gleichmäßiger Konvergenz auch die Grenzfunktion f überall in D stetig.

Als Anwendung dieses Satzes erhalten wir beispielsweise erneut (vgl. S. 171) die Aussage, daß Potenzreihen im Inneren ihres Konvergenzintervalls stetig sind, da sie in jedem kompakten Teilintervall gleichmäßig konvergieren. Über die Stetigkeit in den Randpunkten des Konvergenzintervalls, falls dort die Potenzreihe auch noch konvergiert, ist damit natürlich nichts ausgesagt. Tatsächlich liegt auch dann Stetigkeit vor. Den Beweis haben wir im wesentlichen schon im vorigen Abschnitt erbracht. Dort hatten wir gezeigt, daß aus der Konvergenz von $\sum_{n=0}^{\infty} a_n$ die gleichmäßige Konvergenz von $\sum_{n=0}^{\infty} a_n x^n$ im abgeschlossenen Intervall $[0, 1]$ folgt. Also gilt der

Satz: *Wenn $\sum_{n=0}^{\infty} a_n$ konvergiert, dann ist die durch*

$$f(x) = \sum_{n=0}^{\infty} a_n x^n$$

erklärte Funktion f im abgeschlossenen Intervall $[0, 1]$ *stetig. Insbesondere gilt:*

$$\lim_{x \to 1} \sum_{n=0}^{\infty} a_n x^n = \sum_{n=0}^{\infty} a_n .$$

(*Abelscher Grenzwertsatz*).

Folgerung: Aus den Taylor-Reihen

$$\ln(1+x) = \sum_{n=1}^{\infty} (-1)^{n-1} \frac{x^n}{n}$$

$$\arctan x = \sum_{n=0}^{\infty} (-1)^n \frac{x^{2n+1}}{2n+1}$$

erhält man aufgrund dieses Satzes die Gleichungen

$$\ln 2 = 1 - \frac{1}{2} + \frac{1}{3} - \frac{1}{4} \pm \ldots$$

$$\frac{\pi}{4} = 1 - \frac{1}{3} + \frac{1}{5} - \frac{1}{7} \pm \ldots .$$

Die gleichmäßige Konvergenz einer Folge stetiger Funktionen zieht die Stetigkeit der Grenzfunktion nach sich; bei nur punktweiser Konvergenz kann dagegen die Grenzfunktion sowohl stetig (vgl. Beispiel 2) von S. 304) als auch unstetig (vgl. Beispiel 1) von S. 303) sein. Aus der Stetigkeit der Grenzfunktion kann man also nicht umgekehrt folgern, daß die Konvergenz gleichmäßig sein muß. Unter zusätzlichen Voraussetzungen ist jedoch ein solcher Rückschluß richtig. Es gilt der

Satz: *Es sei* (f_n) *eine Folge stetiger Funktionen, die in der kompakten Menge D definiert sind. Wenn* (f_n) *punktweise monoton gegen eine stetige Funktion f konvergiert, dann ist die Konvergenz sogar gleichmäßig.*
(*Satz von Dini*).

Beweis: Wir führen den Beweis für eine monoton wachsende Folge vor, d.h. wir nehmen an, daß an jeder Stelle $x \in D$ gilt:

$$f_n(x) \leqq f_{n+1}(x) \leqq f(x).$$

Wenn $\varepsilon > 0$ beliebig vorgegeben ist, dann kann man nach Voraussetzung zu jeder Stelle x einen Index $n_0(\varepsilon, x)$ finden derart, daß für alle $n \geqq n_0$ gilt:

$$0 \leqq f(x) - f_n(x) < \varepsilon.$$

Um nun die Existenz eines Index m_0 zu zeigen, der für alle $x \in D$ brauchbar ist, ziehen wir die Stetigkeit der Funktionen $f - f_{n_0}$ sowie die Kompaktheit von D heran. Die Ungleichung

$$f(y) - f_{n_0}(y) < \varepsilon$$

ist nämlich wegen der Stetigkeit von $f - f_{n_0}$ nicht nur an der Stelle $y = x$, sondern sogar für alle y aus einer Umgebung von x erfüllt. Jedem x ordnen wir eine solche Umgebung zu. Da D kompakt ist, genügen zur Überdeckung von D schon endlich viele dieser Umgebungen, die zu den Punkten $x_1, \ldots, x_k \in D$ gehören mögen. Die Zahl

$$m_0 = \max\{n_0(\varepsilon, x_1), \ldots, n_0(\varepsilon, x_k)\}$$

leistet nun das Gewünschte. Wählen wir $z \in D$ beliebig, so liegt z in einer der genannten Umgebungen, etwa in der zu x_1 gehörenden. Für $n \geqq n_0(\varepsilon, x_1)$ gilt wegen der Monotonie der Folge $(f_n(z))$:

$$0 \leqq f(z) - f_n(z) \leqq f(z) - f_{n_0(\varepsilon, x_1)}(z)$$

und also gilt für alle $n \geqq m_0$:

$$0 \leqq f(z) - f_n(z) < \varepsilon.$$

Da m_0 unabhängig von z ist, liegt gleichmäßige Konvergenz vor.

Bemerkung: Die Übertragung dieses Satzes auf Funktionenreihen ergibt: Sind die Funktionen f_n in einer kompakten Menge D stetig und nichtnegativ und ist $\sum_{n=0}^{\infty} f_n$ punktweise konvergent mit stetiger Grenzfunktion, so konvergiert die Reihe gleichmäßig.

Der Approximationssatz von Weierstraß

Jede gleichmäßig konvergente Folge stetiger Funktionen besitzt, wie wir gesehen haben, eine stetige Grenzfunktion. Zu einer beliebigen stetigen Funktion f gibt es natürlich beliebig viele Folgen (f_n) von stetigen Funktionen, die gleichmäßig gegen f konvergieren oder durch die – wie man auch sagt – die Funktion f gleichmäßig approximiert wird. Eine wichtige Fragestellung ergibt sich, wenn man versucht, die Funktion f durch Funktionen eines be-

stimmten Typs gleichmäßig zu approximieren. Gegeben ist dann eine Teilmenge $\mathfrak{P}$ von $\mathfrak{C}^0(D)$ und die Frage lautet: Existiert zu $f \in \mathfrak{C}^0(D)$ eine Folge (f_n) mit $f_n \in \mathfrak{P}$ und $\lim\limits_n \|f - f_n\| = 0$?
Wir beschäftigen uns mit diesem Problem für folgenden Sonderfall:

Kann jede in $[a, b]$ stetige Funktion f dort gleichmäßig durch ganzrationale Funktionen approximiert werden?

Die Antwort ist positiv. Zum Beweis werden wir die zu f und zum Intervall $[0, 1]$ gehörenden Bernstein-Polynome

$$f_n(x) = \sum_{k=0}^{n} f\left(\frac{k}{n}\right) \cdot \binom{n}{k} x^k (1-x)^{n-k}$$

verwenden. f_n ist offensichtlich eine ganzrationale Funktion höchstens n-ten Grades.
Wir bestimmen zunächst die Bernstein-Polynome für einige einfache Funktionen.

1) $f(x) = 1$ für $x \in [0, 1]$.

$$f_n(x) = \sum_{k=0}^{n} \binom{n}{k} x^k (1-x)^{n-k} = (x + 1 - x)^n = 1.$$

Alle f_n stimmen also in diesem Fall mit f überein. Die Folge (f_n) konvergiert gleichmäßig gegen f.

2) $f(x) = x$ für $x \in [0, 1]$.

$$\begin{aligned} f_n(x) &= \sum_{k=0}^{n} \frac{k}{n} \cdot \binom{n}{k} \cdot x^k \cdot (1-x)^{n-k} \\ &= \sum_{k=1}^{n} \frac{k \cdot n!}{n \cdot k!(n-k)!} \cdot x^k (1-x)^{n-k} = \sum_{k=1}^{n} \binom{n-1}{k-1} \cdot x^k (1-x)^{n-k} \\ &= x \cdot \sum_{j=0}^{n-1} \binom{n-1}{j} x^j (1-x)^{n-1-j} = x. \end{aligned}$$

Auch hier stimmen alle f_n mit f überein und es liegt somit gleichmäßige Konvergenz vor.

3) $f(x) = x(1-x)$ für $x \in [0, 1]$.

$$\begin{aligned} f_n(x) &= \sum_{k=0}^{n} \frac{k(n-k)}{n^2} \cdot \binom{n}{k} \cdot x^k (1-x)^{n-k} \\ &= \sum_{k=1}^{n-1} \frac{k \cdot (n-k) \cdot n!}{n^2 \cdot k! \cdot (n-k)!} \cdot x^k \cdot (1-x)^{n-k} \\ &= \frac{n-1}{n} \cdot x \cdot (1-x) \sum_{k=1}^{n-1} \frac{(n-2)!}{(k-1)!(n-k-1)!} x^{k-1} (1-x)^{n-k-1} \\ &= \left(1 - \frac{1}{n}\right) \cdot x(1-x). \end{aligned}$$

Hier stimmen die f_n mit f nur bis auf einen von n abhängigen Faktor überein. Die Folge (f_n) konvergiert gleichmäßig gegen f.

Wir benutzen diese drei Beispiele, um eine Abschätzung zu gewinnen, die wir beim Beweis des Approximationssatzes benötigen. Zunächst folgt die Identität:

$$\sum_{k=0}^{n} \left(x - \frac{k}{n}\right)^2 \cdot \binom{n}{k} \cdot x^k (1-x)^{n-k} = \frac{1}{n} x \cdot (1-x),$$

denn für die linke Seite berechnet man wegen Beispiel 1):

$$x^2 - 2x \cdot \sum_{k=0}^{n} \frac{k}{n} \cdot \binom{n}{k} \cdot x^k (1-x)^{n-k} + \sum_{k=0}^{n} \frac{k^2}{n^2} \cdot \binom{n}{k} x^k \cdot (1-x)^{n-k}$$

und weiter nach Beispiel 2) und 3):

$$x^2 - 2x^2 + x - \sum_{k=0}^{n} \frac{k(n-k)}{n^2} \binom{n}{k} x^k (1-x)^{n-k},$$

also

$$x(1-x) - \left(1 - \frac{1}{n}\right) \cdot x(1-x) = \frac{1}{n} x(1-x).$$

Da alle Summanden nichtnegativ sind, ergibt sich die Abschätzung:

$$0 \leqq \sum_{k=0}^{n} \left(x - \frac{k}{n}\right)^2 \cdot \binom{n}{k} \cdot x^k (1-x)^{n-k} \leqq \frac{1}{4n}.$$

Nach diesen Vorbereitungen beweisen wir den

Satz: *Ist f in $[0, 1]$ stetig, so konvergiert die zugehörige Folge der Bernstein-Polynome gleichmäßig gegen f.*

Beweis: Da f in $[0,1]$ gleichmäßig stetig ist, gibt es zu jedem $\varepsilon > 0$ ein $\delta > 0$ derart, daß

$$|f(x) - f(y)| < \varepsilon$$

gilt, wenn $|x - y| < \delta$ ist.
Nun sei $\varepsilon > 0$ vorgegeben, ein zugehöriges δ bestimmt und $x \in [0, 1]$ fest gewählt. Wir haben die Differenz $f(x) - f_n(x)$ abzuschätzen:

$$|f(x) - f_n(x)| \leqq \sum_{k=0}^{n} \left| f(x) - f\left(\frac{k}{n}\right) \right| \binom{n}{k} \cdot x^k \cdot (1 - x)^{n-k}.$$

Es liegt nahe, die Summe in zwei Teile aufzuspalten, um auszunutzen, daß für einige k gilt (nämlich die, für die $\frac{k}{n}$ hinreichend nahe bei x liegt):

$$\left| f(x) - f\left(\frac{k}{n}\right) \right| < \varepsilon.$$

Dazu zerlegen wir die Menge $\{0, 1, \ldots, n\}$ in die beiden Teilmengen:

$$A_n = \{k \mid 0 \leqq k \leqq n, \left| x - \frac{k}{n} \right| < \delta\}$$

$$B_n = \{k \mid 0 \leqq k \leqq n, \left| x - \frac{k}{n} \right| \geqq \delta\}.$$

Dann hat man

$$\left| f(x) - f\left(\frac{k}{n}\right) \right| < \varepsilon \qquad \text{für } k \in A_n$$

und, wenn c eine Schranke von $|f|$ ist:

$$\left| f(x) - f\left(\frac{k}{n}\right) \right| \leqq 2 \cdot c \qquad \text{für } k \in B_n.$$

Nach Definition von B_n gilt $\delta^2 \leqq \left(x - \frac{k}{n}\right)^2$ für $k \in B_n$; also hat man auch die Ungleichung

$$\left| f(x) - f\left(\frac{k}{n}\right) \right| \leqq \frac{2 \cdot c}{\delta^2} \left(x - \frac{k}{n}\right)^2 \qquad \text{für } k \in B_n.$$

Nun erhalten wir die Abschätzung

$$|f(x) - f_n(x)| \leqq \varepsilon \cdot \sum_{k \in An} \binom{n}{k} \cdot x^k (1 - x)^{n-k} + \frac{2c}{\delta^2} \cdot \sum_{k \in Bn} \left(x - \frac{k}{n}\right)^2 \binom{n}{k} x^k (1 - x)^{n-k}$$

und erst recht:

$$|f(x) - f_n(x)| \leqq \varepsilon \cdot \sum_{k=0}^{n} \binom{n}{k} \cdot x^k (1-x)^{n-k} + \frac{2c}{\delta^2} \cdot \sum_{k=0}^{n} \left(x - \frac{k}{n}\right)^2 \binom{n}{k} x^k (1-x)^{n-k},$$

also nach den Vorüberlegungen von S. 324:

$$|f(x) - f_n(x)| \leqq \varepsilon + \frac{c}{2 \cdot \delta^2} \cdot \frac{1}{n}.$$

Irgendwelche Voraussetzungen über n haben wir bei diesen Abschätzungen nicht benötigt. Wir wählen nun $n_0 \in \mathbb{N}$ so, daß gilt

$$\frac{c}{2 \cdot \delta^2} \cdot \frac{1}{n_0} < \varepsilon$$

und sehen dann, daß

$$|f(x) - f_n(x)| < 2\varepsilon$$

für alle $n \geqq n_0$ und alle $x \in [0, 1]$ richtig ist.

Aufgabe: Man berechne die Folge (f_n) der Bernstein-Polynome zu $f(x) = x^2$ in $[0, 1]$. Zu vorgegebenem $\varepsilon > 0$ bestimme man direkt das kleinste m_0, so daß

$$|x^2 - f_n(x)| < 2\varepsilon$$

für alle $n \geqq m_0$ und alle $x \in [0, 1]$ gilt.
Andererseits ermittle man im Anschluß an den allgemeinen Beweis des Approximationssatzes das kleinste n_0 derart, daß

$$\frac{c}{2 \cdot \delta^2} \cdot \frac{1}{n} < \varepsilon$$

für alle $n \geqq n_0$ und alle $x \in [0, 1]$ gilt.

Die Aussage, daß jede in einem kompakten Intervall $[a, b]$ stetige Funktion gleichmäßig durch ganzrationale Funktionen approximiert werden kann, heißt *Weierstraßscher Approximationssatz*. Sie ergibt sich aus dem bewiesenen Satz, indem man das Intervall $[0, 1]$ auf das Intervall $[a, b]$ affin abbildet.
Es gilt also der

Satz: *Zu jeder in $[a, b]$ stetigen Funktion f gibt es eine Folge (f_n) ganzrationaler Funktionen, die gleichmäßig gegen f konvergiert.*

Aufgaben

1. Man untersuche auf gleichmäßige Konvergenz:

a) $f_n(x) = n \cdot \ln\left(1 + \frac{x}{n}\right),\qquad x \geqq 0$

b) $f_n(x) = \left(1 + \frac{x}{n}\right)^n,\qquad |x| \leqq c$

c) $f_n(x) = n \cdot (\sqrt[n]{x} - 1),\qquad x \geqq c > 0$

2. Die Funktion F sei gleichmäßig stetig. Die Funktionenfolge (f_n) sei gleichmäßig konvergent und die Verkettung $F \circ f_n = g_n$ für jedes n möglich. Dann ist (g_n) gleichmäßig konvergent.
Weiter gebe man ein Beispiel einer stetigen (aber nicht gleichmäßig stetigen) Funktion F und einer gleichmäßig konvergenten Funktionenfolge (f_n) an, für die $(F \circ f_n)$ nicht gleichmäßig konvergiert.
3. Man konstruiere eine Folge (f_n) stetiger Funktionen, die punktweise gegen die (an allen rationalen Stellen unstetige) Funktion f mit

$$f(x) = \begin{cases} 0 & \text{für irrationales } x \\ \frac{1}{q} & \text{für } x = \frac{p}{q} \text{ mit teilerfremdem } p, q \in \mathbb{Z} \end{cases}$$

konvergiert.
4. Man untersuche, ob die Reihe

$$\sum_{n=1}^{\infty} \frac{nx - [nx]}{n^2}$$

gleichmäßig konvergiert und bestimme die Menge aller Unstetigkeitsstellen der dargestellten Funktion.
5. Man untersuche, für welche Werte von c die Gleichung

$$2^c = \sum_{n=0}^{\infty} \binom{c}{n}$$

richtig ist.
6. Die Funktionenfolge (f_n) sei in $\mathbb{R}_0^+$ rekursiv definiert durch

$$f_1(x) = \sqrt{x}$$
$$f_{n+1}(x) = \sqrt{x + f_n(x)}.$$

Ist (f_n) gleichmäßig konvergent?

7. Alle Funktionen der Folge (f_n) seien im Intervall $[a, b]$ monoton wachsend. Man zeige: Wenn (f_n) punktweise gegen eine *stetige* Funktion f konvergiert, dann konvergiert (f_n) sogar gleichmäßig gegen f. Gilt dies auch noch, wenn die Definitionsmenge ein nichtbeschränktes Intervall ist?
8. Eine in D erklärte Funktionenfolge (f_n) heißt *stetig konvergent*, wenn für jede konvergente Folge (x_n) mit $x_n \in D$ die Zahlenfolge $(f_n(x_n))$ konvergiert.
   Wenn die Funktionen f_n stetig sind und D kompakt ist, dann sind die Begriffe gleichmäßige Konvergenz und stetige Konvergenz äquivalent.
9. Man beweise folgenden Approximationssatz (der einfacher zu gewinnen ist als der Weierstraßsche Satz): Jede in $[a, b]$ stetige Funktion kann gleichmäßig durch eine Folge stetiger, stückweise affiner Funktionen approximiert werden.
10. Im Anschluß an die vorige Aufgabe und die Aufgabe 11 von S. 319 gebe man einen anderen Beweis für den Weierstraßschen Approximationssatz.

9.5 Differenzierbarkeit und gleichmäßige Konvergenz

Die Grenzfunktion einer gleichmäßig konvergenten Folge differenzierbarer Funktionen braucht nicht differenzierbar zu sein. Dies kann leicht durch explizite Angabe eines Beispiels belegt oder auch aus dem Weierstraßschen Approximationssatz gefolgert werden: Jede stetige (nicht notwendig differenzierbare) Funktion ist gleichmäßiger Limes von ganzrationalen (also unendlich oft differenzierbaren) Funktionen.

Aber auch wenn die Grenzwertfunktion differenzierbar ist, braucht die Folge der Ableitungen nicht gegen die Ableitung der Grenzfunktion zu konvergieren. Zum Beispiel ist die Folge (f_n) mit

$$f_n(x) = \frac{\sin nx}{n}$$

gleichmäßig konvergent. Die Grenzfunktion ist die Nullfunktion.

Die Folge (f_n') der Ableitungen

$$f_n'(x) = \cos nx$$

konvergiert z. B. an der Stelle $x = 0$ und es gilt wegen $f_n'(0) = 1$:

$$\lim_n f_n'(0) = 1,$$

also

$$\lim_n f_n'(0) \neq f'(0) = 0$$

Aufgabe: Für welche x konvergiert die Folge $(\cos nx)$?

Tatsächlich liefert auch für dieses Problem die gleichmäßige Konvergenz eine vernünftige hinreichende Bedingung dafür, daß man Differentiation und Grenzübergang vertauschen kann. Man beachte die Voraussetzung, daß D ein Intervall ist (im Beweis wird der Mittelwertsatz verwendet).

Satz: *(f_n) sei eine Folge in $D = [a, b]$ differenzierbarer Funktionen. Die Folge (f_n') sei gleichmäßig konvergent und die Folge (f_n) an wenigstens einer Stelle $x_0 \in [a, b]$ konvergent.*
Dann konvergiert (f_n) gleichmäßig gegen eine differenzierbare Funktion f, und es gilt für jedes $x \in D$

$$f'(x) = \lim_n f_n'(x).$$

Bemerkung: Da $f = \lim_n f_n$ gilt, kann man die letzte Gleichung auch folgendermaßen schreiben:

$$(\lim_n f_n)' = \lim_n f_n'$$

worin die Vertauschbarkeit von Differentiation und Grenzübergang deutlich zum Ausdruck kommt. Aufgrund der Voraussetzung konvergiert die Folge (f_n') der Ableitungen natürlich sogar gleichmäßig gegen f':

$$\lim_n \|f_n' - f'\| = 0.$$

Beweis: Wir zeigen zuerst mit Hilfe des Cauchy-Kriteriums, daß (f_n) gleichmäßig konvergiert und schätzen dazu ab:

$$|f_m(x) - f_n(x)| \leqq |f_m(x) - f_n(x) - f_m(x_0) + f_n(x_0)| + |f_m(x_0) - f_n(x_0)|.$$

Auf die Funktion $f_m - f_n$ wenden wir den Mittelwertsatz an; es gilt

$$|f_m(x) - f_n(x) - f_m(x_0) + f_n(x_0)| = |f_m'(z) - f_n'(z)| \cdot |x - x_0|$$

mit z zwischen x und x_0.
Wegen der vorausgesetzten gleichmäßigen Konvergenz von (f_n') existiert zu jedem $\varepsilon > 0$ ein $m_0 \in \mathbb{N}$ derart, daß

$$\|f_m' - f_n'\| < \varepsilon \qquad \text{für } n, m \geqq m_0$$

gilt; wegen der Konvergenz von $(f_n(x_0))$ existiert weiter zu diesem $\varepsilon > 0$ ein

$n_0 \in \mathbb{N}$ derart, daß

$$|f_m(x_0) - f_n(x_0)| < \varepsilon \qquad \text{für } n, m \geqq n_0$$

gilt. Damit hat man

$$|f_m(x) - f_n(x)| < \varepsilon \cdot (b - a) + \varepsilon$$

für $n, m \geqq \max\{m_0, n_0\}$ und alle $x \in [a, b]$. Die Folge (f_n) ist somit gleichmäßig konvergent; ihre Grenzfunktion f ist wegen der Stetigkeit aller f_n sicher stetig.

Als nächstens beweisen wir, daß f an jeder Stelle $c \in [a, b]$ differenzierbar ist und dort die Ableitung $f'(c) = \lim_n f_n'(c)$ besitzt. Hierzu notieren wir die Voraussetzung, daß f_n an der Stelle c differenzierbar ist:

$$f_n(x) = f_n(c) + f_n'(c) \cdot (x - c) + r_n(x)(x - c),$$

wobei r_n stetig an der Stelle c und $r_n(c) = 0$ ist.

Wenn wir nun zeigen können, daß die Funktionenfolge (r_n) in $[a, b]$ gleichmäßig konvergiert, erhalten wir mit $r(x) = \lim_n r_n(x)$ durch Grenzübergang die gewünschte Aussage:

$$f(x) = f(c) + f'(c) \cdot (x - c) + r(x) \cdot (x - c),$$

wobei r stetig an der Stelle c und $r(c) = 0$ ist.

Zum Beweis der gleichmäßigen Konvergenz von (r_n) verwenden wir die Cauchy-Bedingung und berechnen für $x \neq c$:

$$r_m(x) - r_n(x) = \frac{f_m(x) - f_m(c) - f_n(x) + f_n(c)}{x - c} - f_m'(c) + f_n'(c).$$

Auf die Funktion $f_m - f_n$ wenden wir den Mittelwertsatz an und erhalten mit z zwischen c und x:

$$r_m(x) - r_n(x) = f_m'(z) - f_n'(z) - f_m'(c) + f_n'(c).$$

Damit folgt für alle $x \neq c$:

$$|r_m(x) - r_n(x)| \leqq |f_m'(z) - f_n'(z)| + |f_m'(c) - f_n'(c)|$$

also

$$|r_m(x) - r_n(x)| \leqq 2 \cdot \|f_m' - f_n'\|.$$

Nun ist $r_m - r_n$ an der Stelle c stetig, deshalb ergibt sich

$$\|r_m - r_n\| \leqq 2\|f_m' - f_n'\|$$

und somit die Behauptung.

Bemerkung: Die Übertragung auf nichtkompakte Intervalle D liegt auf der Hand: Statt der gleichmäßigen Konvergenz von (f_n') wird die kompakt-gleichmäßige Konvergenz von (f_n') in D vorausgesetzt, und in der Schlußfolgerung handelt es sich dann ebenfalls um kompakt-gleichmäßige Konvergenz.

Wir wenden den bewiesenen Satz speziell auf Potenzreihen an. Die Teilsummen

$$s_n(x) = \sum_{k=0}^{n} c_k x^k$$

sind in $\mathbb{R}$ und damit auch im Konvergenzintervall der Potenzreihe differenzierbar und es gilt

$$s_n'(x) = \sum_{k=0}^{n} k c_k x^{k-1}.$$

Die Folge (s_n') ist also wieder eine Potenzreihe und hat wegen (vgl. S. 171)

$$\overline{\lim_k} \sqrt[k]{k|c_k|} = \overline{\lim_k} \sqrt[k]{|c_k|}$$

dasselbe Konvergenzintervall wie die ursprüngliche Reihe. In jedem kompakten Teilintervall ist somit die Reihe der Ableitungen gleichmäßig konvergent. Aus

$$f(x) = \sum_{n=0}^{\infty} c_n x^n$$

folgt also

$$f'(x) = \sum_{n=0}^{\infty} n c_n x^{n-1}.$$

Durch wiederholte Anwendung ergibt sich, daß eine Potenzreihe unendlich oft differenzierbar ist. Für die k-te Ableitung erhält man:

$$f^{(k)}(x) = \sum_{n=k}^{\infty} n(n-1)\ldots(n-k+1)c_n x^{n-k}.$$

Bemerkung: Aus dem Umordnungssatz (vgl. S.182)

$$f(x) = \sum_{n=0}^{\infty} c_n x^n = \sum_{k=0}^{\infty} b_k (x-a)^k \qquad (|x-a| < r - |a|)$$

$$\text{mit } b_k = \sum_{n=k}^{\infty} \binom{n}{k} c_n a^{n-k}$$

folgt, daß Funktionen, die durch Potenzreihen definiert sind, in der Umgebung einer jeder Stelle ihres Konvergenzintervalls durch ihre Taylor-Reihe dargestellt werden, denn es gilt

$$f^{(k)}(a) = \sum_{n=k}^{\infty} n(n-1)\dots(n-k+1)c_n a^{n-k} = k!b_k.$$

Potenzreihen sind also reell-analytische Funktionen.

Aufgabe: Man zeige, daß jede Potenzreihe eine Stammfunktion besitzt.

Mit dem Satz über die gliedweise Differenzierbarkeit steht uns ein neues Hilfsmittel zur Verfügung, mit dem wir für manche unendlich oft differenzierbaren Funktionen die Darstellbarkeit durch ihre Taylor-Reihen beweisen können, ohne direkt eine Restgliedabschätzung durchführen zu müssen.

Beispiel 1: Die Taylor-Reihe der Funktion ln bezüglich $a = 1$ lautet

$$\sum_{k=1}^{\infty} \frac{(-1)^{k-1}}{k} \cdot (x-1)^k.$$

Wir wollen zeigen, daß die durch diese Potenzreihe dargestellte Funktion f in in ihrem Konvergenzintervall $0 < x < 2$ mit ln übereinstimmt. Dazu bilden wir die Ableitung:

$$\begin{aligned} \ln' x - f'(x) &= \frac{1}{x} - \sum_{k=1}^{\infty} (-1)^{k-1}(x-1)^{k-1} \\ &= \frac{1}{x} - \frac{1}{1+(x-1)} = \frac{1}{x} - \frac{1}{x} = 0. \end{aligned}$$

Es muß also für $0 < x < 2$

$$f(x) = \ln x + c$$

gelten. Einsetzen von $x = 1$ zeigt, daß $c = 0$ ist. Damit haben wir

$$\ln x = \sum_{k=1}^{\infty} \frac{(-1)^{k-1}}{k} \cdot (x-1)^k \qquad (0 < x < 2).$$

Daß diese Gleichung auch für $x = 2$ noch richtig ist, haben wir schon früher bewiesen (vgl. S. 292 und S. 321).

Beispiel 2: Die Taylor-Reihe der Funktion $x \mapsto (1+x)^s$ bezüglich der Stelle

$a = 0$ lautet:

$$\sum_{k=0}^{\infty} \binom{s}{k} x^k$$

Für $s \notin \mathbb{N}_0$ ist dies eine Potenzreihe mit dem Konvergenzradius $r = 1$ (Quotientenkriterium!). Die dargestellte Funktion f hat die Ableitung

$$f'(x) = \sum_{k=0}^{\infty} \binom{s}{k} k x^{k-1} = s \cdot \sum_{j=0}^{\infty} \binom{s-1}{j} x^j.$$

Multiplikation mit $(1 + x)$ ergibt:

$$(1+x) \cdot f'(x) = s \cdot \sum_{j=0}^{\infty} \left(\binom{s-1}{j} + \binom{s-1}{j-1} \right) \cdot x^j$$

$$= s \cdot \sum_{j=0}^{\infty} \binom{s}{j} \cdot x^j = s \cdot f(x).$$

Wir betrachten nun die Funktion g, die definiert ist durch

$$g(x) = \frac{f(x)}{(1+x)^s} \qquad \text{für } -1 < x < 1.$$

g ist differenzierbar und es gilt

$$g'(x) = \frac{(1+x)^s \cdot f'(x) - s(1+x)^{s-1} \cdot f(x)}{(1+x)^{2s}} = 0.$$

g muß also konstant sein. Einsetzen von $x = 0$ zeigt, daß $g(x) = 1$ für alle $x \in]-1, 1[$ gelten muß. Damit haben wir bewiesen:

$$(1+x)^s = \sum_{k=0}^{\infty} \binom{s}{k} x^k \qquad (-1 < x < 1).$$

Es kann vorkommen, daß die Taylor-Reihe einer unendlich oft differenzierbaren Funktion nur an der Entwicklungsstelle a selbst konvergiert. Dies wollen wir jetzt durch ein Beispiel belegen. Die Funktion f sei definiert durch

$$f(x) = \sum_{n=1}^{\infty} \frac{1}{2^n} \cos n^2 x \qquad (x \in \mathbb{R}).$$

Nach dem Majorantenkriterium konvergiert die Reihe gleichmäßig und deshalb ist f stetig in $\mathbb{R}$. Wir untersuchen weiter, ob f differenzierbar ist: Die

Reihe der Ableitungen

$$-\sum_{n=1}^{\infty} \frac{n^2}{2^n} \sin n^2 x$$

konvergiert gleichmäßig, da die Reihe $\sum_{n=1}^{\infty} \frac{n^2}{2^n}$ konvergiert, wie man mit dem Quotientenkriterium nachprüft. Es gilt also

$$f'(x) = -\sum_{n=1}^{\infty} \frac{n^2}{2^n} \sin n^2 x.$$

Ganz entsprechend zeigt man, daß auch alle höheren Ableitungen existieren:

$$f^{(2k)}(x) = (-1)^k \cdot \sum_{n=1}^{\infty} \frac{n^{4k}}{2^n} \cos n^2 x$$

$$f^{(2k+1)}(x) = (-1)^{k+1} \cdot \sum_{n=1}^{\infty} \frac{n^{4k+2}}{2^n} \sin n^2 x.$$

Die Taylor-Reihe von f bezüglich der Entwicklungsstelle $a = 0$ lautet wegen $f^{(2k+1)}(0) = 0$:

$$\sum_{k=0}^{\infty} \frac{f^{(2k)}(0)}{(2k)!} x^{2k}.$$

Wir zeigen nun, daß diese Reihe nur an der Stelle $x = 0$ konvergiert, indem wir nachweisen, daß die für die Konvergenz der Reihe notwendige Bedingung

$$\lim_k \frac{f^{(2k)}(0)}{(2k)!} x^{2k} = 0$$

nicht erfüllt ist, falls $x \neq 0$ gilt. Zunächst schätzen wir $|f^{(2k)}(0)|$ ganz grob nach unten ab, indem wir nur einen Summanden der Reihe berücksichtigen (n beliebig):

$$|f^{(2k)}(0)| = \sum_{n=1}^{\infty} \frac{n^{4k}}{2^n} > \frac{n^{4k}}{2^n}.$$

Dann folgt

$$\left| \frac{f^{(2k)}(0)}{(2k)!} x^{2k} \right| > \frac{(n^2 |x|)^{2k}}{2^n (2k)!}.$$

Wählen wir nun speziell $n = 2k$ und verwenden wir die Ungleichung

$$\frac{1}{(2k)!} > \frac{1}{(2k)^{2k}},$$

so folgt:

$$\left|\frac{f^{(2k)}(0)}{(2k)!}x^{2k}\right| > \left(\frac{4k^2|x|}{2\cdot 2k}\right)^{2k} = (k|x|)^{2k}.$$

Für $x \neq 0$ sind die Reihenglieder also nicht einmal beschränkt, so daß die Taylor-Reihe nicht konvergieren kann.

Schließlich zeigen wir noch, daß das Problem der *Existenz einer Stammfunktion* zu einer gegebenen stetigen Funktion mit Hilfe des Weierstraßschen Approximationssatzes und des Satzes über die gliedweise Differentiation gelöst werden kann.

Satz: *Zu jeder in $[a, b]$ stetigen Funktion f gibt es eine Stammfunktion F.*

Beweis: Nach dem Weierstraßschen Approximationssatz gibt es eine Folge (f_n) von ganzrationalen Funktionen, die in $[a, b]$ gleichmäßig gegen f konvergiert.
Für jede ganzrationale Funktion f_n ist aber die explizite Angabe einer Stammfunktion F_n möglich (vgl. S. 269, Aufgabe). Die noch freibleibende Konstante legen wir so fest, daß $F_n(a) = 0$ gilt. Dann sind alle Voraussetzungen des Satzes von S. 329 erfüllt. Die Folge (F_n) konvergiert also gleichmäßig gegen eine differenzierbare Funktion f und es gilt

$$F' = \lim_n f_n = f.$$

Aufgabe: Gilt der Satz auch für den Fall, daß die Definitionsmenge der stetigen Funktion f ein beliebiges Intervall ist?

Bemerkung: An Stelle des Weierstraßschen Approximationssatzes kann auch der einfacher zu beweisende Satz über die Approximation stetiger Funktionen durch stückweise affine stetige Funktionen treten (vgl. Aufg. 9, S. 328). Zu jeder stückweise affinen stetigen Funktion läßt sich dann leicht eine Stammfunktion konstruieren, die etwa an der Stelle a den Wert 0 annimmt. Man führe den Beweis im einzelnen durch!

Aufgaben

1. Es sei

$$f_n(x) = \frac{x}{1 + nx^2} \qquad (x \in \mathbb{R}).$$

Man untersuche die Folge (f_n) auf Konvergenz und bestimme gegebenenfalls die Grenzfunktion f. Ist die Konvergenz gleichmäßig?
Für welche x ist f differenzierbar? Gilt

$$f'(x) = \lim_n f_n'(x)?$$

2. Nach Aufg. 1 von S. 318 werden durch $\sum_{n=1}^{\infty} \frac{\cos nx}{n^c}$ und $\sum_{n=1}^{\infty} \frac{\sin nx}{n^c}$ für $c > 1$ stetige Funktionen dargestellt.
Was läßt sich über die Existenz der Ableitungen dieser Funktionen aussagen?
3. Man untersuche, für welche x die folgenden Potenzreihen konvergieren und bestimme deren Summe:

(a) $\sum_{n=1}^{\infty} nx^n$

(b) $\sum_{n=2}^{\infty} \frac{x^n}{n(n-1)}$

(c) $\sum_{n=1}^{\infty} n\binom{s}{n}x^n.$

4. Man zeige, daß die für $x > 1$ durch

$$\sum_{n=1}^{\infty} \frac{1}{n^x}$$

erklärte Funktion unendlich oft differenzierbar ist und bestimme die k-te Ableitung.
5. Welche der folgenden Funktionen sind differenzierbar?

(a) $f(x) = \sum_{n=1}^{\infty} \frac{1}{x^2+n^2}$

(b) $g(x) = \sum_{n=1}^{\infty} \frac{1}{x^2-n^2} \qquad (x \notin \mathbb{Z}).$

6. Es sei f in der offenen Menge D differenzierbar. Man zeige, daß es eine Folge (g_n) von stetigen Funktionen gibt, die punktweise gegen f' konvergiert.
7. Man zeige, daß die Reihe

$$\sum_{n=0}^{\infty} \frac{1}{4^n} \sin(4^{2n} \cdot x)$$

für alle x konvergiert und daß durch diese Reihe eine stetige Funktion f definiert wird.
Die n-te Teilsumme sei mit f_n bezeichnet. Man beweise, daß für alle x, y gilt:

$$|f_{n-1}(x) - f_{n-1}(y)| \leqq \frac{4^n}{3} \cdot |x - y|.$$

Unter Benutzung dieses Ergebnisses leite man ab, daß für

$$x = \frac{k}{4^{2n}} \cdot \frac{\pi}{2}, \qquad y = \frac{k+1}{4^{2n}} \cdot \frac{\pi}{2} \qquad (k \in \mathbb{Z})$$

die Ungleichung

$$|f(x) - f(y)| > 4^{n-1} \cdot |x - y|$$

besteht und beweise weiter, daß f an keiner Stelle differenzierbar ist.

8. Für welche a ist die durch

$$f(x) = \sum_{n=0}^{\infty} \frac{(-1)^n}{n!} \cdot \frac{1}{1 + a^n x}$$

für $x \geqq 0$ erklärte Funktion unendlich oft differenzierbar? Man bestimme dann die Ableitungen $f^{(k)}(0)$ und prüfe, ob f durch die zugehörige Taylor-Reihe dargestellt wird.

9. Es sei (f_n) eine Folge in $[a, b]$ differenzierbarer Funktionen und es gelte $\|f_n'\| \leqq c$. Wenn dann (f_n) punktweise konvergiert, so konvergiert (f_n) sogar gleichmäßig. Läßt sich die Voraussetzung der punktweisen Konvergenz noch abschwächen?

10. Man zeige, daß man die e-Funktion auch einführen kann, indem man zeigt: Es gibt genau eine in $\mathbb{R}$ differenzierbare Funktion f, für die gilt:

(1) $f' = f$

(2) $f(0) = 1$.

11. Man zeige, daß man die Funktionen cos und sin auch einführen kann, indem man zeigt:
Es gibt genau eine in $\mathbb{R}$ differenzierbare Funktion f und genau eine in $\mathbb{R}$ differenzierbare Funktion g, für die gilt:

(1) $f' = -g$
$g' = f$

(2) $f(0) = 1, \; g(0) = 0$.

9.6 Treppenfunktionen und Regelfunktionen

In diesem Abschnitt setzen wir voraus, daß $D = [a, b]$ ein kompaktes Intervall ist. An Beispielen hatten wir schon gesehen, daß die Grenzfunktion einer gleichmäßig konvergenten Folge von Treppenfunktionen eine stetige Funktion sein kann. Für unsere Erklärung des Integralbegriffs, die von den Treppenfunktionen ausgehen wird, ist es wichtig zu wissen, welche Funktionen gleichmäßig durch Treppenfunktionen approximiert werden können. Wir beweisen zunächst, daß dies zumindest für die stetigen Funktionen der Fall ist.

Satz: *Zu jeder in $[a, b]$ stetigen Funktion f gibt es eine Folge (g_n) von Treppenfunktionen, die gleichmäßig gegen f konvergiert:*

$$\lim_n \| g_n - f \| = 0.$$

Beweis: Da f in $[a, b]$ gleichmäßig stetig ist, gibt es zu jedem $\varepsilon > 0$ ein $\delta > 0$ derart, daß

$$|f(x) - f(y)| < \varepsilon$$

gilt, wenn $|x - y| < \delta$ ist.
Wir nehmen nun eine Einteilung $a = x_0 < x_1 < \ldots < x_{n-1} < x_n = b$ von $[a, b]$ in Teilintervalle, die höchstens die Länge δ haben und definieren dazu eine Treppenfunktion g, indem wir z_k aus dem halboffenen Intervall $[x_{k-1}, x_k[$ beliebig wählen und festsetzen:

$$g(x) = \begin{cases} f(z_1) & \text{für } x_0 \leqq x < x_1 \\ f(z_2) & \text{für } x_1 \leqq x < x_2 \\ \vdots & \vdots \qquad \vdots \\ f(z_n) & \text{für } x_{n-1} \leqq x < x_n \\ f(b) & \text{für } x = b. \end{cases}$$

Dann gilt

$$|f(x) - g(x)| < \varepsilon \qquad \text{für alle } x \in [a, b],$$

denn jedes x gehört – falls $x \neq b$ – zu genau einem der halboffenen Teilintervalle und aus $|x - z_k| < \delta$ folgt

$$|f(x) - g(x)| = |f(x) - f(z_k)| < \varepsilon.$$

Damit ist gezeigt, daß zu jedem $\varepsilon > 0$ eine Treppenfunktion g existiert, so daß gilt

$$\|g - f\| < \varepsilon.$$

Sei nun (ε_n) eine Nullfolge positiver reeller Zahlen. Dann gibt es, wie wir gesehen haben, zu jedem ε_n eine Treppenfunktion g_n, für die gilt

$$\|g_n - f\| \leqq \varepsilon_n,$$

d.h. aber, daß die Folge (g_n) gleichmäßig gegen f konvergiert.

Der Beweis zeigt, daß es beliebig viele solche Folgen (g_n) gibt, da sowohl die Folge der Einteilungen als auch die Zwischenpunkte bei jeder Einteilung noch weitgehend willkürlich sein können.

Das Maximum der Längen der Teilintervalle einer Zerlegung nennt man das *Feinheitsmaß* der betreffenden Zerlegung.

Wenn man nun zu einer beliebigen stetigen Funktion f eine approximierende Folge (g_n) von Treppenfunktionen konstruieren will, so wählt man eine Folge von Einteilungen, für die die zugehörige Folge der Feinheitsmaße eine Nullfolge ist. Die Folge (g_n) konvergiert dann – bei beliebiger Wahl der Zwischenpunkte – gleichmäßig gegen f. Denn hat die Einteilung, die zu g_n gehört, das Feinheitsmaß φ_n, so folgt für alle n, für die $\varphi_n < \delta$ ist, d.h. für fast alle n, die Abschätzung $\|g_n - f\| < \varepsilon$.
Wir beschäftigen uns nun mit der Frage, welche Funktionen gleichmäßig durch Treppenfunktionen approximiert werden können. Außer den Treppenfunktionen selbst haben, wie wir sahen, die stetigen Funktionen diese Eigenschaft. Auch jede monotone Funktion ist gleichmäßiger Grenzwert einer Folge von Treppenfunktionen.

Aufgabe: Es sei f etwa monoton wachsend. Man zerlege das Intervall $[f(a), f(b)]$ in Teilintervalle, die höchstens die Länge ε haben. Weiter definiere man eine Einteilung des Intervalls $[a, b]$ und eine Treppenfunktion g derart, daß gilt $\|g - f\| \leqq \varepsilon$.

Die Treppenfunktionen und die monotonen Funktionen haben die Eigenschaft, daß als Unstetigkeiten nur Sprungstellen (Unstetigkeiten 1. Art) auftreten. Tatsächlich gilt ganz allgemein der

Satz: *Wenn die Funktion $f: [a, b] \to \mathbb{R}$ durch eine Folge (g_n) von Treppenfunktionen gleichmäßig approximiert werden kann, dann besitzt f*

an jeder Stelle sowohl einen linksseitigen als auch einen rechtsseitigen Grenzwert.

Beweis: Wir haben zu zeigen, daß an jeder Stelle $c \in [a, b[$ der rechtsseitige Grenzwert

$$\lim_{\substack{x \to c \\ x > c}} f(x)$$

vorhanden ist und ebenso an jeder Stelle $c \in]a, b]$ der linksseitige Grenzwert. Wir führen den Beweis nur für den ersten Fall vor, und stützen uns dabei auf das Cauchy-Kriterium für die Existenz des rechtsseitigen Grenzwerts. Es sei $x, y > c$, dann folgt

$$|f(y) - f(x)| \leqq |f(y) - g_n(y)| + |f(x) - g_n(x)| + |g_n(y) - g_n(x)|.$$

Zu vorgegebenem $\varepsilon > 0$ wählen wir nun ein geeignetes n, für das gilt

$$\|f - g_n\| < \varepsilon.$$

Die Treppenfunktion g_n, die zu diesem n gehört, besitzt an der Stelle c einen rechtsseitigen Grenzwert, d.h. zu $\varepsilon > 0$ existiert ein $\delta > 0$ derart, daß

$$|g_n(y) - g_n(x)| < \varepsilon$$

gilt, wenn $x, y > c$ und $|x - y| < \delta$ ist. Für alle diese x, y folgt also

$$|f(y) - f(x)| < 3\varepsilon.$$

Es ist zweckmäßig, für die gleichmäßig durch Treppenfunktionen approximierbaren Funktionen eine kurze Bezeichnung zur Verfügung zu haben.

Def.: *Jede Funktion $f: [a, b] \to \mathbb{R}$, zu der es eine Folge (g_n) von Treppenfunktionen gibt, die gleichmäßig gegen f konvergiert, heißt* Regelfunktion.

Wir haben bewiesen, daß eine Regelfunktion nur Unstetigkeiten erster Art haben kann. Diese für Regelfunktionen notwendige Bedingung ist aber sogar hinreichend.

Satz: *Jede Funktion $f: [a, b] \to \mathbb{R}$, die überall einen rechtsseitigen und einen linksseitigen Grenzwert besitzt, ist eine Regelfunktion.*

Beweis: $\varepsilon > 0$ sei vorgegeben. Zu jedem $c \in [a, b]$ gibt es nach Voraussetzung eine Umgebung $U(c, \delta)$ mit der Eigenschaft: Wenn $x, y \in U(c, \delta)$ und entweder $x, y < c$ oder aber $x, y > c$ ist, dann gilt

$$|f(y) - f(x)| < \varepsilon.$$

Da $[a, b]$ kompakt ist, genügen nach dem Überdeckungssatz von Heine-Borel schon endlich viele dieser Umgebungen – etwa $U(c_1, \delta_1), \ldots, U(c_k, \delta_k)$ – um $[a, b]$ zu überdecken.
Die Punkte $c_1, \ldots, c_k$ und die Endpunkte der Intervalle $U(c_1, \delta_1), \ldots, U(c_k, \delta_k)$ denken wir uns nun der Größe nach geordnet; dadurch erhalten wir eine Einteilung von $[a, b]$:

$$a = x_0 < x_1 < x_2 < \ldots < x_{n-1} < x_n = b.$$

Aus jedem offenen Intervall $]x_j, x_{j+1}[$ wählen wir irgendeinen Punkt z_j aus. Die Treppenfunktionen g definieren wir durch

$$g(x) = \begin{cases} f(z_j) & \text{für } x \in]x_j, x_{j+1}[\\ f(x_j) & \text{für } x = x_j. \end{cases}$$

Dann gilt für alle $x \in [a, b]$:

$$|f(x) - g(x)| < \varepsilon.$$

Dies ist trivialerweise richtig für $x = x_j$. Zu jedem anderen x gibt es genau ein offenes Intervall $]x_j, x_{j+1}[$, dem der Punkt x angehört. Da $]x_j, x_{j+1}[$ Teilmenge von einem offenen Intervall $U(c_r, \delta_r)$ sein muß und entweder rechts oder aber links von c_r liegt, folgt

$$|f(x) - g(x)| = |f(x) - f(z_j)| < \varepsilon.$$

Lassen wir nun ε eine Nullfolge (ε_n) durchlaufen, so erhalten wir eine Folge (g_n) von Treppenfunktionen, die gleichmäßig gegen f konvergiert.

Damit ergibt sich folgende Charakterisierung der Regelfunktionen:

Regelfunktionen sind genau diejenigen Funktionen, die überall einen rechtsseitigen und einen linksseitigen Grenzwert besitzen.

Diejenigen Regelfunktionen, für die der rechtsseitge Grenzwert immer mit dem linksseitigen Grenzwert übereinstimmt, sind gerade die stetigen Funktionen. Wenn die beiden Grenzwerte nur an endlich vielen Stellen voneinander verschieden sind, dann heißt die Funktion stückweise stetig.

Aufgabe: Eine Funktion ist genau dann stückweise stetig, wenn sie als Summe einer Treppenfunktion und einer stetigen Funktion dargestellt werden kann.

Wir haben die Regelfunktionen dadurch definiert, daß sie gleichmäßig durch Treppenfunktionen approximiert werden können. Mit Hilfe der gleichmäßigen Konvergenz lassen sich also recht „allgemeine" Funktionen aus so einfachen Funktionen, wie es die Treppenfunktionen sind, erzeugen. Zu welchen Funktionen gelangt man, wenn man gleichmäßig konvergente Folgen von Regelfunktionen betrachtet? Es zeigt sich, daß man keine neuen Funktionen erhält.

Satz: *Es sei (f_n) eine Folge von Regelfunktionen, die gleichmäßig gegen die Funktion f konvergiert. Dann ist f eine Regelfunktion.*

Beweis: Zu jedem $\varepsilon > 0$ und jedem f_n gibt es eine Treppenfunktion g_n mit

$$\|f_n - g_n\| < \varepsilon.$$

Nach Voraussetzung gibt es zu $\varepsilon > 0$ ein n_0 derart, daß für $n \geqq n_0$ gilt $\|f - f_n\| < \varepsilon$. Also folgt für $n \geqq n_0$:

$$\|f - g_n\| \leqq \|f - f_n\| + \|f_n - g_n\| < 2\varepsilon.$$

Dies bedeutet, daß f auch durch eine Folge von Treppenfunktionen gleichmäßig approximiert werden kann, also tatsächlich selber Regelfunktion ist.

Aufgabe: Mit zwei Regelfunktionen f und g sind auch $f+g$ und fg Regelfunktionen.

Neben der Menge $\mathfrak{T}([a,b])$ aller Treppenfunktionen ist also auch die Menge $\mathfrak{R}([a,b])$ aller Regelfunktionen ein reeller Vektorraum. Beide sind Untervektorräume des Vektorraums $\mathfrak{B}([a,b])$ aller beschränkten Funktionen. Für beschränkte Funktionen f hatten wir eine Norm, die Supremumsnorm, erklärt. $\mathfrak{B}([a,b])$ und damit auch $\mathfrak{R}([a,b])$ und $\mathfrak{T}([a,b])$ sind Beispiele *normierter Vektorräume.*

In normierten Vektorräumen, läßt sich der Begriff der Cauchy-Folge wie üblich erklären: Wenn es zu jedem $\varepsilon > 0$ ein n_0 gibt derart, daß

$$\|f_m - f_n\| < \varepsilon \qquad \text{für alle } m, n \geqq n_0$$

gilt, dann heißt (f_n) eine Cauchy-Folge.

Wenn zu jeder Cauchy-Folge (f_n) ein Element f des normierten Vektorraums $\mathfrak{B}$ existiert, so daß $\lim_n \|f_n - f\| = 0$ gilt, dann heißt $\mathfrak{B}$ *vollständig*. Vollständige normierte Vektorräume heißen auch *Banach-Räume.*

Aufgabe: Man zeige, daß $\mathfrak{B}([a,b])$ vollständig und daß $\mathfrak{T}([a,b])$ nicht vollständig ist.

Aus dem Satz von S. 342 folgt: Der normierte Vektorraum $\mathfrak{R}([a, b])$ ist ein Banach-Raum. (Beweis als Aufgabe!)
Im Banach-Raum $\mathfrak{R}([a, b])$ sind $\mathfrak{C}([a, b])$ und $\mathfrak{T}([a, b])$ als normierte Untervektorräume enthalten. Dabei ist $\mathfrak{C}([a, b])$ selber ein Banach-Raum, während $\mathfrak{T}([a, b])$ nicht vollständig ist.

Aufgaben

1. Es sei $f\colon [a, b] \to \mathbb{R}$ dehnungsbeschränkt mit der Dehnungsschranke c. Die Treppenfunktion g sei zur äquidistanten Einteilung von $[a, b]$ in n Teilintervalle wie auf S. 338 konstruiert. Mit welcher Genauigkeit wird f durch g approximiert?
2. Die Funktion $f\colon [-1, 1] \to \mathbb{R}$ sei definiert durch

$$f(x) = \begin{cases} \dfrac{1}{n+2}, & \text{falls } \dfrac{1}{n+1} < x \leqq \dfrac{1}{n} \\ 0\;, & \text{falls } x = 0 \\ \dfrac{1}{n+2}, & \text{falls } -\dfrac{1}{n} \leqq x < -\dfrac{1}{n+1} \end{cases}$$

   Ist f Treppenfunktion? Ist f Regelfunktion?
3. Die Funktionen f, g, h seien definiert durch

$$f(x) = x \cdot \sin\frac{1}{x}, \quad f(0) = 0, \quad D = [0, 1]$$

$$g(x) = \frac{x}{|x|}, \quad g(0) = 0, \quad D = [-1, 1]$$

$$h(x) = g(f(x)) \quad D = [0, 1].$$

   Welche dieser Funktionen sind Regelfunktionen?
4. Wenn F eine in $\mathbb{R}$ definierte stetige Funktion ist, dann ist für jede Regelfunktion f die Verkettung $F \circ f$ wieder eine Regelfunktion. Man beweise diese Behauptung. Genügt auch schon die Voraussetzung, daß F stückweise stetig ist?
5. Man zeige, daß mit f und g auch $|f|$, $\max\{f, g\}$ und $\min\{f, g\}$ Regelfunktionen sind.
6. Man zeige, daß eine Regelfunktion höchstens abzählbar viele Unstetigkeitsstellen haben kann.
7. Die Funktion $f\colon [a, b] \to \mathbb{R}$ habe überall einen rechtsseitigen und einen linksseitigen Grenzwert. Zu vorgegebenem $\varepsilon > 0$ gebe es in dem echten

Teilintervall $[a, c]$ eine Treppenfunktion g derart, daß

$$|f(x) - g(x)| < \varepsilon$$

für alle $x \in [a, c]$ gilt. Man zeige, daß es ein $\delta > 0$ und eine Treppenfunktion h gibt, so daß für alle $x \in [a, c + \delta]$ gilt

$$|f(x) - h(x)| < \varepsilon.$$

8. Unter Verwendung von Aufgabe 7 gebe man einen anderen Beweis für den Satz von S. 340. (Man betrachte die Menge aller Teilintervalle $[a, c]$, in denen f durch eine Treppenfunktion mit der Genauigkeit ε approximiert werden kann.)
9. Man belege durch ein Beispiel, daß eine „intervallweise" stetige Funktion nicht stückweise stetig zu sein braucht. (Dabei heißt die in einem Intervall J erklärte Funktion f intervallweise stetig, wenn es eine Zerlegung von J in disjunkte Teilintervalle gibt, auf denen f jeweils stetig ist.)
10. Ist M eine beliebige Teilmenge von $\mathbb{R}$, so heißt die Funktion χ_M, die durch

$$\chi_M(x) = \begin{cases} 1 & \text{für } x \in M \\ 0 & \text{für } x \notin M \end{cases}$$

erklärt ist, die charakteristische Funktion von M.
Die Treppenfunktion $g : [a, b] \to \mathbb{R}$ sei auf $\mathbb{R}$ fortgesetzt durch die Festsetzung

$$g(x) = 0 \qquad \text{für } x \notin [a, b].$$

Man stelle g als Linearkombination von möglichst wenigen charakteristischen Funktionen dar.
11. Die Menge der in $[a, b]$ monotonen Funktionen sei mit $\mathfrak{M}([a, b])$, die Menge der in $[a, b]$ stückweise stetigen Funktionen sei mit $\mathfrak{S}([a, b])$ bezeichnet. Man veranschauliche in einem Venn-Diagramm die gegenseitigen Beziehungen von

$$\mathfrak{B}([a, b]),\ \mathfrak{R}([a, b]),\ \mathfrak{C}([a, b]),\ \mathfrak{S}([a, b]),\ \mathfrak{M}([a, b]),\ \mathfrak{T}([a, b]).$$

Weiter entscheide man durch Angabe von Beispielen, ob es sich bei den gefundenen Inklusionen um echte Inklusionen handelt.

10 Integration

Wir erinnern hier zunächst an einige für die Integralrechnung typische Fragestellungen:
Wie ist der Begriff des Flächeninhalts (der trotz seiner Anschaulichkeit keineswegs problemlos ist) präzise zu definieren?
Welche Arbeit wird bei der Bewegung eines Massenpunkts in einem nichthomogenen Kraftfeld geleistet?
Wie kann man den Ablauf eines Bewegungsvorgangs ermitteln, wenn die Geschwindigkeit als Funktion der Zeit (oder des Weges) bekannt ist?
Was hat man unter dem Mittelwert einer zeitlich veränderlichen Stromstärke zu verstehen?
In einfachen Sonderfällen kann eine Antwort auf diese Fragen ohne Mühe gegeben werden, etwa wenn ein Flächenstück aus Rechtecken zusammengesetzt ist, wenn die wirkende Kraft abschnittsweise konstant ist, wenn die Bewegung stückweise gleichförmig (d.h. mit konstanter Geschwindigkeit) erfolgt oder wenn schließlich die Stromstärke sich nur von Zeit zu Zeit ändert. Man hat dann offensichtlich nur eine endliche Anzahl von Produkten zu summieren. Mathematisch handelt es sich stets um dieselbe Aufgabe, nämlich einer Treppenfunktion g eine Zahl $I(g)$ in der beschriebenen elementaren Weise zuzuordnen. Dieses sogenannte „Elementarintegral“ I ist eine *positive Linearform* auf dem Vektorraum $\mathfrak{T}([a, b])$ der Treppenfunktionen, d.h. die Abbildung $I: \mathfrak{T} \to \mathbb{R}$ ist additiv, homogen und es gilt $I(g) \geqq 0$ für jedes $g \in \mathfrak{T}$, das nur nichtnegative Werte annimmt.
Selbstverständlich genügt es nicht, sich auf diesen engen Integralbegriff zu beschränken. Wenigstens für stückweise stetige Funktionen muß das Integral erklärt sein, damit es für Anwendungen, wie sie eingangs genannt wurden, ausreicht. Es liegt nahe, bei dem notwendigen Fortsetzungsprozeß die Tatsache auszunutzen, daß die meisten „vernünftigen“ Funktionen gleichmäßig durch Treppenfunktionen approximiert werden können.
Wir werden demgemäß versuchen, die positive Linearform I vom Vektorraum $\mathfrak{T}$ auf den Vektorraum $\mathfrak{R}$ der *Regelfunktionen* fortzusetzen. Daß dies möglich ist, läßt sich leicht mit Hilfe einfacher Abschätzungen beweisen. Wir gelangen auf diese Weise zu einem Integralbegriff, der zwar etwas enger ist als das sogenannte *Riemannsche Integral*, jedoch für die meisten Anwendungen ausreicht. Wenn man allgemeineren Funktionen ein Integral zuordnen will, ist

es zweckmäßig, das *Lebesguesche Integral* (man vgl. hierzu den zweiten Band) zu behandeln, das in mathematischer Hinsicht wegen seiner einfacheren Eigenschaften dem Riemannschen Integral überlegen ist.
Der bekannte Zusammenhang zwischen Differentiation und Integration wird hier für den Fall stetiger Integranden untersucht. (Faßt man den Begriff der Stammfunktion etwas weiter als wir es getan haben, ergibt sich auch für Regelfunktionen dieselbe Beziehung.) Aus dem sogenannten Hauptsatz der Differential- und Integralrechnung gewinnt man nicht nur auf einfache Weise theoretisch interessante Sätze, sondern man erhält auch die Möglichkeit, Integrale zu berechnen, indem man (oft viel einfacher zu gewinnende) Resultate der Differentialrechnung ausnutzt. Allerdings führt diese Methode nicht immer zum Ziel; auch ist sie für numerische Rechnungen oft ungeeignet. Neben der Möglichkeit, Integrale unmittelbar aufgrund der Integraldefinition zu berechnen, gibt es Methoden der numerischen Integration, mit denen der Rechenaufwand wesentlich verkleinert werden kann.
Für gleichmäßig konvergente Folgen von Regelfunktionen können Grenzübergang und Integration vertauscht werden; dies ist bei der Art, wie wir den Integralbegriff eingeführt haben, fast selbstverständlich. Wir beweisen hier auch den weiterreichenden Satz von Arzela-Osgood, daß bei nur punktweiser Konvergenz die Vertauschung dann möglich ist, wenn für alle Funktionen der Folge eine feste obere Schranke existiert und die Grenzfunktion Regelfunktion ist. Beide Sätze sind die Grundlage für die Untersuchung sogenannter *parameterabhängiger Integrale.*

10.1 Integration von Treppenfunktionen

Es sei $g:[a, b] \to \mathbb{R}$ eine Treppenfunktion und

$$a = x_0 < x_1 < x_2 < \ldots < x_{n-1} < x_n = b$$

eine Einteilung von $[a, b]$ derart, daß g auf dem offenen Intervall $]x_{k-1}, x_k[$ den Wert c_k annimmt. Wir setzen dann

$$I(g) := \sum_{k=1}^{n} c_k(x_k - x_{k-1}).$$

Diese Zahl $I(g)$ ist zunächst nicht der Funktion g allein zugeordnet, sondern hängt möglicherweise von der benutzten Einteilung von $[a, b]$ ab. Tatsächlich ist das aber nicht der Fall. Hat man nämlich zwei verschiedene Einteilungen

von $[a, b]$, so erhält man eine neue Einteilung dadurch, daß man alle Teilpunkte der Größe nach ordnet.
Um die Unabhängigkeit von der Einteilung zu zeigen, nehmen wir zunächst zu der ursprünglichen Einteilung einen weiteren Teilpunkt z_j hinzu:

$$a = x_0 < x_1 < \ldots < x_{j-1} < z_j < x_j < \ldots < x_n = b.$$

Da g auf den beiden aneinandergrenzenden offenen Intervallen $]x_{j-1}, z_j[$ und $]z_j, x_j[$ denselben Wert c_j annimmt und $x_j - x_{j-1} = (x_j - z_j) + (z_j - x_{j-1})$ gilt, gehört auch zu der Einteilung, die zusätzlich den Punkt z_j enthält, dieselbe Zahl $I(g)$.
Entsprechend fährt man fort, bis man zu der neuen Einteilung gelangt. Da $I(g)$ bei jedem Schritt unverändert bleibt, muß $I(g)$ für die beiden Einteilungen, von denen man ausgegangen war, übereinstimmen.
Da also die Zahl $I(g)$ nicht von der Einteilung, die zur Beschreibung von g verwendet wird, abhängt, ist die folgende Definition sinnvoll:

Def.: *Es sei $a = x_0 < x_1 < \ldots < x_n = b$ eine Einteilung von $[a, b]$ und g eine Treppenfunktion, die auf dem offenen Intervall $]x_{k-1}, x_k[$ den Wert c_k annimmt ($k = 1, 2, \ldots, n$). Dann heißt die Zahl*

$$I(g) := \sum_{k=1}^{n} c_k \cdot (x_k - x_{k-1})$$

das Integral *der Treppenfunktion g. Für die Zahl $I(g)$ sind auch folgende Bezeichnungen üblich:*

$$I(g) = \int_a^b g = \int_a^b g(x)\,dx.$$

Beispiel: Die Treppenfunktion g sei in $[0, 1]$ erklärt durch

$$g(x) = \frac{1}{n}[nx].$$

Eine zu g passende Einteilung von $[0, 1]$ ist die äquidistante Einteilung

$$0 < \frac{1}{n} < \frac{2}{n} < \ldots < \frac{n-1}{n} < 1.$$

Dann ist $x_k - x_{k-1} = \dfrac{1}{n}$ und $c_k = \dfrac{k-1}{n}$ für $k = 1, 2, \ldots, n$ und also

$$I(g) = \sum_{k=1}^{n} \frac{k-1}{n} \cdot \frac{1}{n} = \frac{1}{n^2} \cdot \sum_{k=1}^{n} (k-1) = \frac{1}{n^2} \cdot \frac{n(n-1)}{2} = \frac{1}{2} \cdot \frac{n-1}{n}.$$

Durch das Integral $I(g)$ einer Treppenfunktion g wird eine Abbildung I von $\mathfrak{T}([a, b])$ in $\mathbb{R}$ erklärt. Diese Abbildung I ist eine *Linearform.*

Satz: *Für alle Treppenfunktionen g_1, g_2 und alle $c \in \mathbb{R}$ gilt*

(1) $I(g_1 + g_2) = I(g_1) + I(g_2)$

(2) $I(c \cdot g) = cI(g)$.

Beweis: Zu g_1 und g_2 gibt es eine Einteilung von $[a, b]$ derart, daß sowohl g_1 als auch g_2 auf den einzelnen Teilintervallen konstant sind. Damit folgt (1) wegen des Distributivgesetzes für endliche Summen. Die Gleichung (2) ergibt sich unmittelbar aus der Definition.

Die Linearform I hat weiter die Eigenschaft der *Positivität*, d.h. es gilt der

Satz: *Ist g eine Treppenfunktion mit $g(x) \geqq 0$ für alle $x \in [a, b]$, dann gilt*

$$I(g) \geqq 0.$$

Beweis: Wegen $(x_k - x_{k-1}) > 0$ und $c_k \geqq 0$ ergibt sich die behauptete Ungleichung unmittelbar aus der Definition von $I(g)$.

Folgerung: Gilt für die Treppenfunktionen g_1 und g_2 die Ungleichung $g_1(x) \geqq g_2(x)$ für alle $x \in [a, b]$, so folgt

$$I(g_1) \geqq I(g_2).$$

Dies ergibt sich aus $I(g_1 - g_2) \geqq 0$, da I eine Linearform ist. Man sagt hierfür, daß I eine *monotone Linearform* ist.

Aufgabe: Man beweise, daß für jedes $g \in \mathfrak{T}([a, b])$ gilt:

$$(b-a) \cdot \min_{x \in [a,b]} g(x) \leqq I(g) \leqq (b-a) \cdot \max_{x \in [a,b]} g(x).$$

Wichtig für das folgende ist eine Abschätzung von $I(g)$ durch die Norm $\|g\|$ des Integranden. Es gilt der

Satz: *Für jede Treppenfunktion g gilt $|I(g)| \leqq (b-a) \cdot \|g\|$.*

Beweis: Wegen $|c_k| \leqq \|g\|$ folgt aus der Definition von $I(g)$

$$|I(g)| = \left| \sum_{k=1}^{n} c_k(x_k - x_{k-1}) \right| \leqq \sum_{k=1}^{n} |c_k| \cdot (x_k - x_{k-1}) \leqq \|g\| \sum_{k=1}^{n} (x_k - x_{k-1})$$

und also wegen $\sum\limits_{k=1}^{n} x_k - x_{k-1} = b - a$:

$$|I(g)| \leqq (b-a) \cdot \|g\|.$$

Folgerung: Für je zwei Treppenfunktionen g_1, g_2 ergibt sich wegen der Linearität von I die Abschätzung

$$|I(g_2) - I(g_1)| \leqq (b-a)\,\|g_2 - g_1\|.$$

Bemerkung: Da I eine Linearform auf $\mathfrak{T}([a, b])$ ist und für alle g die Ungleichung $|I(g)| \leqq (b-a)\cdot\|g\|$ besteht, sagt man, I sei eine *beschränkte Linearform*.

Neben der Additivität bezüglich des Integranden hat das Integral auch eine Additivitätseigenschaft bezüglich des Integrationsintervalls. Um diese zu formulieren, bemerken wir zuvor, daß aus einer Treppenfunktion $g: [a, b] \to \mathbb{R}$ durch Restriktion auf ein beliebiges Teilintervall von $[a, b]$ wieder eine Treppenfunktion entsteht. Jede solche Restriktion bezeichnen wir der Einfachheit halber auch mit g.

Satz: *Für jedes $c \in [a, b]$ gilt:*

$$\int_a^c g(x)\,dx + \int_c^b g(x)\,dx = \int_a^b g(x)\,dx.$$

Beweis: Man nimmt den Punkt c unter die Teilpunkte der Zerlegung auf, mit deren Hilfe man $\int_a^b g(x)\,dx$ berechnet. Dann ergibt sich unmittelbar die behauptete Gleichung.

Aufgaben

1. Man berechne folgende Integrale

   (a) $\int_0^1 \frac{1}{n}[nx^2]\,dx$

   (b) $\int_0^1 \frac{1}{n^2}\cdot[nx]^2\,dx$

   (c) $\int_a^b \operatorname{sign} x\,dx$.

   (Dabei ist $\operatorname{sign} x = \frac{x}{|x|}$ für $x \neq 0$ und $\operatorname{sign} 0 = 0$.)

2. Die Länge (vgl. S. 18) eines beschränkten Intervalls J bezeichnen wir mit $\lambda(J)$. Wenn $J_1 \cup J_2$ ein Intervall ist, gilt:

   $$\lambda(J_1 \cup J_2) + \lambda(J_1 \cap J_2) = \lambda(J_1) + \lambda(J_2).$$

3. Man zeige, daß aus $J = J_1 \cup \ldots \cup J_n$ mit $J_j \cap J_k = \emptyset$ für $i \neq k$ folgt:

$$\lambda(J) = \sum_{k=1}^{n} \lambda(J_k).$$

(Die Länge ist eine „additive Intervallfunktion").
Gilt ein entsprechendes Resultat auch, wenn J abzählbare Vereinigung disjunkter Teilintervalle ist?

4. Eine endliche Menge von Intervallen $\{J_1, \ldots, J_m\}$ heißt Zerlegung des Intervalls J, wenn

$$J = J_1 \cup \ldots \cup J_m$$

gilt und je zwei Intervalle J_j, J_k disjunkt sind. Mit zwei Zerlegungen von J ist auch die Menge aller Durchschnitte eine Zerlegung von J.
Ist g mit Hilfe der Zerlegung $\{J_1, \ldots, J_m\}$ von $[a, b]$ definiert und nimmt g auf J_k den Wert c_k an, so gilt

$$I(g) = \sum_{k=1}^{m} c_k \cdot \lambda(J_k).$$

Man führe den Beweis dafür, daß $I(g)$ von der verwendeten Zerlegung unabhängig ist, nochmals durch, indem man die Additivität der Intervallfunktion λ verwendet.

5. Für jede Treppenfunktion g gilt

$$I(g) \leqq |I(g)| \leqq I(|g|).$$

6. Man zeige, daß gilt:

(1) $I(|g|) \geqq 0$

(2) $I(|c \cdot g|) = |c| \cdot I(|g|)$

(3) $I(|g_1 + g_2|) \leqq I(|g_1|) + I(|g_2|)$.

Für welche Treppenfunktionen g gilt $I(|g|) = 0$?
Die Abbildung $g \mapsto I(|g|)$ von $\mathfrak{T}([a, b])$ in $\mathbb{R}_0^+$ hat also nahezu alle Eigenschaften einer Norm; man nennt sie eine *Halbnorm*.

7. Man beweise oder widerlege die Behauptung, daß für alle g_1, g_2 gilt:

$$I(g_1 \cdot g_2) = I(g_1) \cdot I(g_2).$$

8. Man beweise die Schwarzsche Ungleichung

$$(I(g_1 \cdot g_2))^2 \leqq I(g_1^2) \cdot I(g_2^2).$$

Wann gilt das Gleichheitszeichen?

9. Sind die Treppenfunktionen g_1, g_2 entweder beide monoton wachsend oder beide monoton fallend, so gilt die Ungleichung

$$I(g_1) \cdot I(g_2) \leqq (b-a) \cdot I(g_1 \cdot g_2).$$

Läßt sich auch eine Ungleichung dieser Art für monoton wachsendes g_1 und monoton fallendes g_2 beweisen?
Weiter diskutiere man die Gültigkeit des Gleichheitszeichens.

10. Man zeige, daß für jede Treppenfunktion g die Funktion

$$x \mapsto \int_a^x g(t)\,dt \qquad (x \in [a,b])$$

stückweise affin und dehnungsbeschränkt (also stetig) ist.

10.2 Integration von Regelfunktionen

Unser Ziel ist es, die Integraldefinition, die sich bis jetzt nur auf Treppenfunktionen erstreckt, auf Regelfunktionen auszudehnen. Dazu zeigen wir, daß sich die beschränkte Linearform I von $\mathfrak{T}([a,b])$ zu einer beschränkten Linearform auf $\mathfrak{R}([a,b])$ fortsetzen läßt.

Es sei f eine Regelfunktion und (g_n) eine Folge von Treppenfunktionen, die gleichmäßig gegen f konvergiert. Jedem g_n ist nach 10.1. eindeutig eine Zahl $I(g_n)$ zugeordnet. Wir zeigen, daß die Zahlenfolge $(I(g_n))$ konvergiert. Dazu verwenden wir das Cauchy-Kriterium und die Tatsache, daß I eine beschränkte Linearform ist:

$$|I(g_m) - I(g_n)| = |I(g_m - g_n)| \leqq (b-a) \cdot \|g_m - g_n\|.$$

Da (g_n) nach Voraussetzung eine Cauchy-Folge im normierten Vektorraum $\mathfrak{T}([a,b])$ ist, existiert zu vorgegebenem $\varepsilon > 0$ ein $n_0 \in \mathbb{N}$ derart, daß für alle $m, n \geqq n_0$ gilt:

$$\|g_m - g_n\| < \frac{\varepsilon}{b-a}.$$

Für alle $m, n \geqq n_0$ hat man also

$$|I(g_m) - I(g_n)| < \varepsilon,$$

d.h. $(I(g_n))$ ist eine Cauchy-Folge reeller Zahlen.

Es liegt nahe, die Fortsetzung der Linearform I von $\mathfrak{T}([a,b])$ auf $\mathfrak{R}([a,b])$ dadurch zu leisten, daß man setzt:

$$I(f) := \lim_n I(g_n).$$

Dies Vorgehen ist indessen nur dann korrekt, wenn man zuvor nachweist, daß es nicht darauf ankommt, welche Folge von Treppenfunktionen zur gleichmäßigen Approximation von f verwendet wird.
Wir müssen also folgendes beweisen: Wenn (g_n) und (h_n) zwei Folgen von Treppenfunktionen sind, die beide gleichmäßig gegen f konvergieren, so haben die Zahlenfolgen $(I(g_n))$ und $(I(h_n))$ denselben Grenzwert. Da beide Zahlenfolgen konvergieren, genügt es zu zeigen, daß $I(g_n) - I(h_n)$ eine Nullfolge ist. Nun hat man nach Voraussetzung:

$$\|f - g_n\| < \varepsilon \text{ für } n \geqq n_0 \text{ und } \|f - h_n\| < \varepsilon \text{ für } n \geqq m_0,$$

also für $n \geqq \max\{n_0, m_0\}$:

$$\|g_n - h_n\| \leqq \|f - g_n\| + \|f - h_n\| < 2\varepsilon.$$

Daraus folgt wegen der Beschränktheit von I:

$$|I(g_n) - I(h_n)| = |I(g_n - h_n)| \leqq (b-a) \cdot \|g_n - h_n\| < 2 \cdot (b-a) \cdot \varepsilon$$

für alle $n \geqq \max\{n_0, m_0\}$.

Wir können deshalb definieren:

Def.: *Es sei* $f \in \mathfrak{R}([a,b])$ *eine Regelfunktion und* (g_n) *irgendeine Folge von Treppenfunktionen mit* $\lim_n \|f - g_n\| = 0$. *Dann heißt die Zahl*

$$I(f) := \lim_n I(g_n)$$

das Integral *der Regelfunktion f.*
Für die Zahl $I(f)$ *sind auch folgende Bezeichnungen üblich:*

$$I(f) = \int_a^b f = \int_a^b f(x)\,dx.$$

Bemerkung 1: Da gemäß unserer Definition jedem $f \in \mathfrak{R}([a,b])$ eindeutig eine reelle Zahl $I(f)$ zugeordnet ist, liegt eine Abbildung I von $\mathfrak{R}([a,b])$ in $\mathbb{R}$ vor. Wir müssen uns noch davon überzeugen, daß $I: \mathfrak{R}([a,b]) \to \mathbb{R}$ eine Fortsetzung der im vorigen Abschnitt erklärten Abbildung $I: \mathfrak{T}([a,b]) \to \mathbb{R}$ ist, um damit die gleiche Bezeichnung zu rechtfertigen: Ist f speziell eine Treppenfunktion, so kann man zur gleichmäßigen Approximation die konstante

Folge $n \mapsto f$ nehmen. Weil aber $I(f)$ unabhängig davon ist, welche approximierende Folge verwendet wird, ergibt sich die Übereinstimmung beider Abbildungen auf $\mathfrak{T}([a, b])$.

Bemerkung 2: Die ausführliche Schreibweise $\int_a^b f(x)dx$ für $I(f)$ ist besonders für konkret gegebene Funktionen (die in vielen Fällen noch von weiteren Parametern abhängen, wie etwa bei $\int_0^\pi x^n \cdot \cos cx \; dx$) anzuwenden. Auf die Bezeichnung der *Integrationsvariablen* kommt es dabei nicht an:

$$\int_a^b f(x)dx = \int_a^b f(t)dt = \int_a^b f(u)du.$$

Die Endpunkte a und b des *Integrationsintervalls* bezeichnet man als *Integrationsgrenzen.* Die Funktion f wird in diesem Zusammenhang oft auch *Integrand* genannt.

Bevor wir zeigen, daß I auch auf $\mathfrak{R}([a, b])$ eine beschränkte Linearform ist, bringen wir einige Beispiele zur Berechnung von Integralen auf Grund unserer Definition. Wenn die Integranden stetige Funktionen sind, können wir approximierende Folgen von Treppenfunktionen nach der Bemerkung von S. 339 dadurch gewinnen, daß wir Folgen von Einteilungen des Intervalls $[a, b]$ bilden, deren „Feinheitsmaße" gegen 0 konvergieren.

Beispiele

1) Um $\int_0^1 x dx$ zu berechnen, können wir die Folge (g_n) mit $g_n(x) = \frac{1}{n}[nx]$ verwenden, die gleichmäßig gegen die Funktion f mit $f(x) = x$ konvergiert (vgl. S. 305). Da nach dem Beispiel von S. 347 die Gleichung

$$I(g_n) = \frac{1}{2}\left(1 - \frac{1}{n}\right)$$

gilt, folgt

$$I(f) = \int_0^1 x dx = \frac{1}{2}.$$

2) Es sei $f(x) = x^2$ für $x \in [0, b]$. Dann gilt

$$I(f) = \int_0^b x^2 dx = \frac{1}{3} b^3.$$

Beweis: Wir verwenden „äquidistante“ Einteilungen

$$0 < \frac{b}{n} < \frac{2b}{n} < \ldots < \frac{k \cdot b}{n} < \ldots < \frac{(n-1)b}{n} < b$$

und nehmen die Funktionswerte von f in den rechten Endpunkten der Teilintervalle zur Festlegung der Treppenfunktion g_n:

$$g_n(x) = \begin{cases} 0 & \text{für } x = 0 \\ \left(\frac{kb}{n}\right)^2 & \text{für } \frac{(k-1)b}{n} < x \leqq \frac{kb}{n}. \end{cases}$$

Dann erhält man

$$I(g_n) = \sum_{k=1}^{n} \frac{k^2 \cdot b^2}{n^2} \cdot \frac{b}{n} = \frac{b^3}{n^3} \cdot \sum_{k=1}^{n} k^2 = \frac{n(n+1)(2n+1)}{6n^3} b^3.$$

Die Einteilung von $[0, b]$, die wir für g_n benutzen, hat das Feinheitsmaß $\frac{b}{n}$. Wir wissen daher nach S. 339, daß die Folge (g_n) gleichmäßig gegen f konvergiert. Die Zahlenfolge $I(g_n)$ muß also einen Grenzwert besitzen und dieser ergibt sich mühelos aus der expliziten Darstellung:

$$\lim_n I(g_n) = \lim_n \left(1 + \frac{1}{n}\right)\left(1 + \frac{1}{2n}\right)\frac{b^3}{3} = \frac{b^3}{3}.$$

3) Es sei $f(x) = \exp x$ im Intervall $[a, b]$. Dann gilt

$$I(f) = \int_a^b \exp x \, dx = \exp b - \exp a.$$

Beweis: Auch in diesem Fall führt die Verwendung äquidistanter Einteilungen $a < x_1 < \ldots < x_{n-1} < b$ von $[a, b]$ zum Ziel. Wir setzen

$$g_n(x) = \begin{cases} \exp x_{k-1} & \text{für } x_{k-1} \leqq x < x_k \\ \exp b & \text{für } x = b. \end{cases}$$

Dann ist

$$\begin{aligned} I(g_n) &= \sum_{k=1}^{n} \exp\left(a + \frac{k-1}{n}(b-a)\right) \cdot \frac{b-a}{n} \\ &= \frac{b-a}{n} \exp a \cdot \sum_{k=1}^{n} \exp\left((k-1)\frac{b-a}{n}\right). \end{aligned}$$

Da $\sum_{k=1}^{n} q^{k-1} = \dfrac{q^n - 1}{q - 1}$ gilt, folgt

$$I(g_n) = \frac{b-a}{n} \exp a \cdot \frac{\exp(b-a) - 1}{\exp \dfrac{b-a}{n} - 1}$$

$$= \frac{\left(\dfrac{b-a}{n}\right)}{\exp\left(\dfrac{b-a}{n}\right) - 1} \cdot (\exp b - \exp a).$$

Wir wissen, daß $\lim\limits_{n} I(g_n)$ existiert und sehen dies hier auch direkt, da

$$\lim_{x \to 0} \frac{x}{\exp x - 1} = 1$$

ist. Damit folgt die Behauptung:

$$\int_a^b \exp = \int_a^b \exp x \, dx = \exp b - \exp a.$$

4) Es sei $f(x) = \ln x$ für $x \in [1, b]$. Dann gilt

$$I(f) = \int_1^b \ln x \, dx = b \cdot \ln b - b + 1.$$

Beweis: Wir verwenden Einteilungen des Typs

$$1 < q < q^2 < \ldots < q^k < \ldots < q^n = b$$

und nehmen zur Festlegung der Treppenfunktion g_n die Funktionswerte von f in den rechten Endpunkten der Teilintervalle:

$$g_n(1) = 0 \quad \text{und} \quad g_n(x) = \ln q^k \qquad \text{für } q^{k-1} < x \leqq q^k.$$

Dann erhält man

$$I(g_n) = \sum_{k=1}^{n} \ln q^k \cdot (q^k - q^{k-1}) = (q-1) \cdot \ln q \cdot \sum_{k=1}^{n} k \cdot q^{k-1}.$$

Nun gilt die Gleichung (vgl. Aufg. 9 von S. 265)

$$\sum_{k=1}^{n} k \cdot q^{k-1} = \frac{(n+1) \cdot q^n}{q-1} - \frac{q^{n+1} - 1}{(q-1)^2},$$

so daß sich weiter ergibt:

$$I(g_n) = (n+1)\cdot q^n \ln q - \frac{q^{n+1}-1}{q-1}\cdot \ln q.$$

Wegen $q^n = b$ bekommt man also:

$$I(g_n) = \left(1+\frac{1}{n}\right)\cdot b\cdot \ln b - (b\cdot \sqrt[n]{b}-1)\cdot \frac{\ln \sqrt[n]{b}}{\sqrt[n]{b}-1}.$$

Die Einteilung, die wir für g_n benutzen, hat das Feinheitsmaß:

$$q^n - q^{n-1} = q^{n-1}\cdot(q-1) = (\sqrt[n]{b})^{n-1}\cdot(\sqrt[n]{b}-1).$$

Da die Zahlenfolge $(b^{\frac{n-1}{n}})$ beschränkt und $(\sqrt[n]{b}-1)$ eine Nullfolge ist, ist die Folge der Feinheitsmaße eine Nullfolge, so daß (g_n) gleichmäßig gegen f konvergiert.

Wegen $\lim\limits_n \sqrt[n]{b} = 1$ und $\lim\limits_{q\to 1} \frac{\ln q}{q-1} = 1$ folgt nun die Behauptung:

$$I(f) = \lim_n I(g_n) = b\cdot \ln b - (b-1).$$

Aufgabe: Man berechne das Integral

$$\int_1^b \frac{1}{x}\,dx,$$

indem man wie in Beispiel 4) vorgeht.

Wir zeigen nun, daß bei der Fortsetzung des Integrals von $\mathfrak{T}([a, b])$ nach $\mathfrak{R}([a, b])$ alle in Abschnitt 10.1 aufgeführten Eigenschaften erhalten bleiben.

Satz: *Für alle Regelfunktionen f_1, f_2, f und alle $c \in \mathbb{R}$ gilt*

(1) $I(f_1 + f_2) = I(f_1) + I(f_2)$

(2) $I(cf) = cI(f)$.

Die Abbildung $I: \mathfrak{R}([a, b]) \to \mathbb{R}$ ist also eine Linearform.

Beweis: Nach Voraussetzung gibt es zwei Folgen von Treppenfunktionen (g_{1n}) und (g_{2n}), so daß gilt:

$$\lim_n \|f_1 - g_{1n}\| = 0 \qquad \text{und} \qquad \lim_n \|f_2 - g_{2n}\| = 0.$$

Die Folge $(g_{1n}+g_{2n})$ konvergiert dann wegen

$$\|f_1+f_2-(g_{1n}+g_{2n})\| \leqq \|f_1-g_{1n}\| + \|f_2-g_{2n}\|$$

gleichmäßig gegen f_1+f_2. Nun hat man nach S. 348 für jedes n die Gleichung

$$I(g_{1n}+g_{2n}) = I(g_{1n}) + I(g_{2n}),$$

so daß

$$\lim_n I(g_{1n}+g_{2n}) = \lim_n I(g_{1n}) + \lim_n I(g_{2n})$$

folgt. Dies ist aber die Behauptung (1) des Satzes. Entsprechend ergibt sich (2).

Auch die Eigenschaften der Positivität und der Beschränktheit der Linearform I übertragen sich von $\mathfrak{T}([a,b])$ auf $\mathfrak{R}([a,b])$.

Satz: *Ist f eine Regelfunktion mit $f(x) \geqq 0$ für alle $x \in [a,b]$, dann gilt*

$$I(f) \geqq 0.$$

Beweis: Es sei (g_n) eine Folge von Treppenfunktionen mit $\lim_n \|f-g_n\| = 0$. Zu jedem $\varepsilon > 0$ gibt es dann ein n_0 derart, daß man

$$g_n(x) > f(x) - \varepsilon \geqq -\varepsilon$$

für alle $n \geqq n_0$ hat. Nach S. 348 folgt daraus:

$$I(g_n) \geqq -\varepsilon \cdot (b-a) \qquad \text{für } n \geqq n_0,$$

und also

$$I(f) \geqq -\varepsilon \cdot (b-a).$$

Da diese Ungleichung für jedes $\varepsilon > 0$ richtig ist, muß tatsächlich $I(f) \geqq 0$ gelten.

Wie auf S. 348 folgt auch hier unmittelbar, daß I eine *monotone Linearform* ist, d.h. aus $f_1(x) \geqq f_2(x)$ für alle $x \in [a,b]$ folgt

$$I(f_1) \geqq I(f_2).$$

Satz: *Für jede Regelfunktion f gilt die Abschätzung*

$$|I(f)| \leqq (b-a)\|f\|,$$

d.h. I ist eine beschränkte Linearform auf $\mathfrak{R}([a,b])$.

Beweis: Es sei (g_n) eine Folge von Treppenfunktionen mit $\lim_n \|f-g_n\| = 0$.

Wir zeigen zunächst, daß dann

$$\lim_n \|g_n\| = \|f\|$$

gilt. Dies folgt aus der Ungleichung

$$0 \leqq |\|f\| - \|g_n\|| \leqq \|f - g_n\|.$$

Für jede Treppenfunktion g_n hat man aber die Abschätzung

$$|I(g_n)| \leqq (b-a)\|g_n\|,$$

so daß wegen $\lim_n |I(g_n)| = |I(f)|$ und $\lim_n \|g_n\| = \|f\|$ die Behauptung folgt.

Bemerkung: Die Abschätzung von $I(f)$ durch die Norm $\|f\|$ kann sehr grob sein. Wenn man z.B. eine stetige Funktion an endlich vielen Stellen abändert, erhält man eine Regelfunktion mit demselben Integralwert; für die Norm der abgeänderten Funktion kann man jedoch jeden beliebigen Wert erhalten.

Aufgabe: Wenn die Ungleichung $|f(x)| < \varepsilon$ nur für endlich viele Stellen aus $[a, b]$ nicht erfüllt ist, dann gilt die Abschätzung

$$\left|\int_a^b f(x)\,dx\right| < (b-a)\varepsilon.$$

Man kann eine etwas schärfere Abschätzung von $I(f)$ gewinnen, wenn man die Monotonie der Linearform I ausnützt. Aus

$$\inf_{x \in [a,b]} f(x) \leqq f(x) \leqq \sup_{x \in [a,b]} f(x)$$

folgt, da I eine monotone Linearform ist, die Integralabschätzung

$$(b-a) \inf_{x \in [a,b]} f(x) \leqq I(f) \leqq (b-a) \sup_{x \in [a,b]} f(x).$$

Speziell für stetiges f folgt hieraus auf Grund des Zwischenwertsatzes der

Satz: *Wenn $f\colon [a, b] \to \mathbb{R}$ stetig ist, dann gibt es eine Stelle c mit $a < c < b$ derart, daß gilt:*

$$I(f) = \int_a^b f = f(c) \cdot (b-a).$$

(*Mittelwertsatz der Integralrechnung*)

Die Additivität bezüglich des Integrationsintervalls läßt sich ebenfalls auf Regelfunktionen übertragen.

Satz: *Wenn* $f \in \mathfrak{R}([a,b])$ *und* $c \in [a,b]$, *so gilt*

$$\int_a^c f(x)\,dx + \int_c^b f(x)\,dx = \int_a^b f(x)\,dx.$$

Beweis: Zunächst ist zu zeigen, daß die Restriktion einer Regelfunktion auf ein Teilintervall wieder eine Regelfunktion ist. Dies ergibt sich aber unmittelbar aus der Definition (oder aus der kennzeichnenden Eigenschaft, daß überall rechts- und linksseitiger Grenzwert existieren).
Nun sei (g_n) eine Folge von Treppenfunktionen, die gleichmäßig gegen f konvergiert.
Nach S. 349 gilt für jedes n die Gleichung

$$\int_a^c g_n(x)\,dx + \int_c^b g_n(x)\,dx = \int_a^b g_n(x)\,dx.$$

Daraus folgt gemäß unserer Integraldefinition die Behauptung.

Dieser Satz veranlaßt uns, auf die Voraussetzung $a < b$ (bzw. $a \leqq b$) zu verzichten und für $a > b$ zu definieren:

$$\int_a^b f(x)\,dx := -\int_b^a f(x)\,dx.$$

Mit dieser erweiterten Integraldefinition („orientiertes Integral") ist die Gleichung

$$\int_u^v f(x)\,dx + \int_v^w f(x)\,dx = \int_u^w f(x)\,dx$$

für je drei Punkte u, v, w aus dem Definitionsintervall von f gültig. Zum Beweis hat man sechs mögliche Fälle der Anordnung von u, v, w zu diskutieren. Schreibt man die Behauptung in der symmetrischen Form

$$\int_u^v f(x)\,dx + \int_v^w f(x)\,dx + \int_w^u f(x)\,dx = 0,$$

so sieht man, daß sich je drei Fälle zusammenfassen lassen.

Aufgabe: Man führe den angedeuteten Beweis im einzelnen durch.

Aufgaben

1. Man gebe einen anderen Beweis dafür, daß $I(f)$ nicht von der Wahl der approximierenden Folge (g_n) abhängt, indem man das Verfahren der „Mischung" (vgl. S. 239) anwendet.
2. Nach dem Vorbild von Beispiel 4) von S. 355 berechne man für $c \neq -1$ das Integral
$$\int_1^b x^c \, dx.$$
3. Für komplexwertige in $[a, b]$ definierte Regelfunktionen läßt sich ganz entsprechend wie im reellen Fall das Integral definieren. Man zeige, daß für $f = g + ih$ gilt
$$I(f) = I(g) + i I(h).$$
Weiter berechne man mit Hilfe äquidistanter Zerlegungen die Integrale:
$$\int_a^b \exp ix \, dx, \quad \int_a^b \cos x \, dx, \quad \int_a^b \sin x \, dx.$$
4. Man gebe zu der in Aufg. 2 von S. 343 definierten Regelfunktion f eine Folge von Treppenfunktionen an, die gleichmäßig gegen f konvergiert und berechne sodann $I(f) = \int_{-1}^{1} f(x) \, dx$.
5. Man prüfe, ob sich die Aussagen aus den Aufgaben 5 bis 9 des vorigen Abschnitts (S. 350) auf Regelfunktionen übertragen lassen.
6. Man berechne $\int_0^1 (1 + x)^n \, dx$ direkt und nach Anwendung der binomischen Formel.
Welche Gleichung ergibt sich?
7. Es sei $f \in \mathfrak{R}([a, b])$ und $f(x) \geqq 0$ sowie $\lim_n \|f - g_n\| = 0$.
Man zeige, daß auch die Folge $(\bar{g}_n)$ mit
$$\bar{g}_n(x) = \max\{g_n(x), 0\}$$
gleichmäßig gegen f konvergiert und beweise nochmals die Ungleichung $I(f) \geqq 0$.
8. Es sei $f(x) \geqq 0$, $I(f) = 0$ und f stetig. Man zeige, daß $f(x) = 0$ für alle $x \in [a, b]$ gelten muß. Ist diese Behauptung auch richtig, wenn die Voraussetzung der Stetigkeit von f ersetzt wird durch $f \in \mathfrak{R}([a, b])$?
9. Es sei f eine beliebige Regelfunktion und $f(x_+)$ der rechtsseitige Grenz-

wert von f an der Stelle x. Man zeige, daß durch die Festsetzung

$$\tilde{f}(x) = f(x_+)$$

eine Regelfunktion $\tilde{f}$ erklärt wird und daß gilt

$$I(f) = I(\tilde{f}).$$

Entsprechendes gilt auch für

$$\tilde{f}(x) = f(x_-)$$

bzw. für

$$\tilde{f}(x) = \tfrac{1}{2}\left(f(x_-) + f(x_+)\right).$$

10. Man beweise folgende Verallgemeinerung der Integralabschätzung von S. 358 und des Mittelwertsatzes: Wenn f und p Regelfunktionen sind und $p(x) \geqq 0$ für $x \in [a, b]$ ist, dann gilt:

$$\inf_{x \in [a,b]} f(x) \cdot \int_a^b p(x)dx \leqq \int_a^b f(x)p(x)dx \leqq \sup_{x \in [a,b]} f(x) \cdot \int_a^b p(x)\,dx.$$

Falls f stetig ist, gibt es ein c mit $a < c < b$ derart, daß

$$\int_a^b f(x)p(x)dx = f(c) \cdot \int_a^b p(x)dx.$$

11. Man beweise aufgrund der Integraldefinition die Gleichung

$$\int_1^y \frac{1}{t}\,dt = \int_x^{xy} \frac{1}{t}\,dt \qquad (x > 0,\ y > 0)$$

und leite daraus für die Funktion

$$F(x) = \int_1^x \frac{1}{t}\,dt$$

die Funktionalgleichung her:

$$F(xy) = F(x) + F(y). \qquad (x > 0)$$

12. Es sei $a = x_0 < x_1 < \ldots < x_n = b$ und f diejenige stetige stückweise affine Funktion, die durch Vorgabe der Zahlen $y_k = f(x_k)$ für $k = 0, 1, \ldots, n$ festgelegt ist.

Man berechne $\int_a^b f(x)\,dx$. Was ergibt sich speziell, wenn die Zerlegung äquidistant ist?

13. Es sei $f\colon [a, b] \to \mathbb{R}$ eine Regelfunktion. Man zeige, daß es zu jedem $\varepsilon > 0$ ein $\delta > 0$ derart gibt, daß für jede Einteilung

$$a = x_0 < x_1 < \ldots < x_n = b$$

von $[a, b]$, deren Feinheitsmaß kleiner als δ ist, bei beliebiger Wahl der Zwischenpunkte z_k (wobei $z_k \in [x_{k-1}, x_k]$) die Ungleichung

$$\left| I(f) - \sum_{k=1}^{n} f(z_k)(x_k - x_{k-1}) \right| < \varepsilon$$

gilt.
(Man beachte: Die Treppenfunktion g mit $g(x) = f(z_k)$ für $x \in [x_{k-1}, x_k[$ und $g(b) = f(b)$ braucht die Funktion f im Sinne der Norm nicht „gut zu approximieren".)

14. Man zeige im Anschluß an die voranstehende Aufgabe, daß für stetig differenzierbares f gilt

$$\int_a^b f'(x)\, dx = f(b) - f(a).$$

15. Es sei f eine beschränkte Funktion und g eine Treppenfunktion, die die Bedingung

$$g(x) \leqq f(x) \qquad \text{für alle } x \in [a, b]$$

erfüllt. Dann heißt g eine *Unterfunktion* von f und $I(g)$ eine *Untersumme* von f.
Analog werden *Oberfunktionen* und *Obersummen* von f erklärt.
Die Menge aller Untersummen von f sei mit U_f, die Menge aller Obersummen mit O_f bezeichnet.
Man zeige, daß für jede Regelfunktion f gilt:

$$\sup U_f = \inf O_f = I(f).$$

16. Es sei M die in Aufg. 9, S. 231, eingeführte Cantorsche Menge und f die „charakteristische Funktion" dieser Menge, d.h. es gelte

$$f(x) = \begin{cases} 1 & \text{für } x \in M \\ 0 & \text{für } x \notin M. \end{cases}$$

Man zeige, daß f keine Regelfunktion ist, daß aber

$$\sup U_f = \inf O_f$$

gilt.

17. Man zeige, daß es zu jeder Regelfunktion f und jedem $\varepsilon > 0$ eine stetige Funktion h gibt, derart daß

$$\int_a^b |f(x) - h(x)| \, dx < \varepsilon$$

gilt. (Man kann h sogar stückweise affin wählen.)
18. Es sei $h: [a, b] \to \mathbb{R}$ stetig und monoton wachsend. Setzt man für die Treppenfunktion g

$$I_h(g) = \sum_{k=1}^{n} c_k \big(h(x_k) - h(x_{k-1})\big),$$

so lassen sich die Entwicklungen aus den Abschnitten 10.1 und 10.2 übertragen. Man erhält auf diese Weise für jede Regelfunktion f das *Stieltjes-Integral* bezüglich der monotonen stetigen „Belegungsfunktion" h.

Bezeichnung: $I_h(f) = \int_a^b f(x) \, dh(x)$.

Das in 10.1 und 10.2 eingeführte Integral ist dann ein Spezialfall: man wähle $h(x) = x$.

10.3 Hauptsatz der Differential- und Integralrechnung

Das Umkehrproblem der Differentialrechnung, nämlich zu einer Funktion f eine Stammfunktion F zu bestimmen (vgl. S. 269) kann für stetiges f mit Hilfe der Integralrechnung gelöst werden. Damit entwickelt man zugleich eine weittragende Methode zur Berechnung von Integralen.

Zunächst setzen wir etwas allgemeiner voraus, daß f eine Regelfunktion ist.

Satz: *Ist f eine Regelfunktion, dann ist die Funktion F, die durch*

$$F(x) = \int_a^x f(t) \, dt$$

im Intervall $[a, b]$ definiert wird, dehnungsbeschränkt, also stetig.

Beweis: Da f in $[a, x]$ Regelfunktion ist, wird jedenfalls durch die Gleichung

$$F(x) = \int_a^x f(t) \, dt$$

in $[a, b]$ eine Funktion F erklärt.

Für beliebiges x_1, x_2 aus $[a, b]$ folgt

$$F(x_2) - F(x_1) = \int_a^{x_2} f(t)\,dt - \int_a^{x_1} f(t)\,dt = \int_{x_1}^{x_2} f(t)\,dt$$

und daraus nach S. 357 die Abschätzung

$$|F(x_2) - F(x_1)| \leqq |x_2 - x_1| \cdot \|f\|.$$

Also ist F dehnungsbeschränkt mit der Dehnungsschranke $\|f\|$ und damit stetig.

Wenn f eine beliebige Regelfunktion ist, kann man nicht erwarten, daß F differenzierbar ist. Jedoch existieren die links- und die rechtsseitigen Ableitungen von F. Wir bezeichnen den links- bzw. den rechtsseitigen Grenzwert der Regelfunktion f an der Stelle x mit $f(x_-)$ bzw. mit $f(x_+)$. Man beachte, daß $f(x)$ weder mit $f(x_-)$ noch mit $f(x_+)$ übereinzustimmen braucht.

Satz: *Ist f eine Regelfunktion, dann ist die durch*

$$F(x) = \int_a^x f(t)\,dt$$

definierte Funktion F sowohl linksseitig als auch rechtsseitig differenzierbar und es gilt:

$$F'_+(x) = f(x_+)$$
$$F'_-(x) = f(x_-).$$

Beweis: Wir führen den Beweis für die rechtsseitige Ableitung an der Stelle $x \in [a, b[$ durch. Für $h > 0$ und $x + h \in [a, b[$ gilt

$$F(x+h) - F(x) = \int_x^{x+h} f(t)\,dt.$$

Schreibt man $f(x_+) \cdot h$ als Integral:

$$f(x_+) \cdot h = \int_x^{x+h} f(x_+)\,dt,$$

so folgt:

$$F(x+h) - F(x) - f(x_+) \cdot h = \int_x^{x+h} \big(f(t) - f(x_+)\big)\,dt.$$

Nun sei $\varepsilon > 0$ vorgegeben. Dann gibt es wegen der Existenz des rechtsseitigen Grenzwerts von f an der Stelle x ein $\delta > 0$ derart, daß für alle t mit

$x < t < x + \delta$ die Ungleichung $|f(t) - f(x_+)| < \varepsilon$ erfüllt ist. Also folgt für alle h mit $0 < h < \delta$:

$$|F(x+h) - F(x) - f(x_+)h| \leqq \int_x^{x+h} |f(t) - f(x_+)|\,dt < \varepsilon \cdot h.$$

Damit ist die Gleichung $F'_+(x) = f(x_+)$ bewiesen.

Hieraus ergibt sich nun für den Fall, daß die Regelfunktion f sogar stetig ist, der sogenannte *Hauptsatz der Differential- und Integralrechnung*:

Satz: *Für stetiges f ist die durch*

$$F(x) = \int_a^x f(t)\,dt$$

definierte Funktion F differenzierbar und es gilt:

$$F' = f.$$

Die Funktion F ist also eine Stammfunktion von f.

Beweis: Wenn f stetig ist, gilt $f(x_+) = f(x_-) = f(x)$ für alle $x \in [a, b]$. Also folgt

$$F'_+(x) = F'_-(x)$$

für alle $x \in [a, b]$, d.h. F ist differenzierbar und es gilt

$$F'(x) = f(x).$$

Damit ist zugleich bewiesen, daß jede stetige Funktion f eine Stammfunktion besitzt (vgl. S. 335 und auch den anderen Beweis für diese Aussage auf S. 335).

Aus dem Hauptsatz ergibt sich unmittelbar der

Satz: *Wenn F* irgendeine *Stammfunktion der stetigen Funktion f ist, dann gilt*

$$\int_a^b f(t)\,dt = F(b) - F(a).$$

Bemerkung: Für die Differenz $F(b) - F(a)$ ist auch die Schreibweise $F(x)|_a^b$ üblich:

$$\int_a^b f(x)\,dx = F(x)\Big|_a^b.$$

Beweis: Nach dem Hauptsatz ist

$$x \mapsto \int_a^x f(t)\,dt$$

eine Stammfunktion von f auf dem Intervall $[a, b]$. Wenn F irgendeine Stammfunktion von f ist, muß es also eine Konstante geben, so daß gilt

$$F(x) = c + \int_a^x f(t)\,dt.$$

Durch Einsetzen von $x = a$ erhält man $F(a) = c$, so daß für alle $x \in [a, b]$ die Gleichung

$$\int_a^x f(t)\,dt = F(x) - F(a)$$

bestehen muß, insbesondere auch für $x = b$.

Bemerkung: Nach dem Hauptsatz kann man die bewiesene Gleichung auch in der Form

$$(*) \qquad \int_a^b F'(t)\,dt = F(b) - F(a)$$

schreiben. Man beachte aber, daß diese Aussage nicht für jede differenzierbare Funktion F gilt. Für die Ableitung F' muß ja zumindest $\int_a^b F'$ erklärt sein, d.h. für uns, daß F' Regelfunktion sein muß. Tatsächlich ist dann F' sogar stetig, da jede Ableitung die Zwischenwerteigenschaft (vgl. S. 272) besitzt. Die Gleichung (*) gilt also unter Zugrundelegung unseres Integralbegriffs genau für die stetig differenzierbaren Funktionen.

Mit dem Hauptsatz haben wir nun ein Mittel in der Hand, um die Integrale für viele elementare Funktionen bequem zu berechnen. Aus jedem in der Differentialrechnung gewonnenen Resultat (sofern die Ableitung stetig ist) ergibt sich eine entsprechende Aussage über Integrale. Wir stellen hier eine kleine Übersicht zusammen, in der links einige stetige Funktionen f und rechts daneben jeweils eine zugehörige Stammfunktion F verzeichnet ist. Die zugehörigen Definitionsmengen sind dabei weggelassen.

Funktion f	Stammfunktion F
$f(x)$	$F(x)$
$x^c\,(c \neq -1)$	$\frac{1}{c+1} x^{c+1}$
$\frac{1}{x}$	$\ln x$
$a^x\,(a \neq 1)$	$\frac{1}{\ln a} a^x$
$\exp ax\,(a \neq 0)$	$\frac{1}{a} \cdot \exp ax$
$\exp ix$	$-i \cdot \exp ix$
$\cos x$	$\sin x$
$\sin x$	$-\cos x$

Funktion f	Stammfunktion F
$f(x)$	$F(x)$
$\frac{1}{\cos^2 x}$	$\tan x$
$\frac{1}{\sin^2 x}$	$-\cot x$
$\frac{1}{\sqrt{1-x^2}}$	$\arcsin x$
$\frac{1}{1+x^2}$	$\arctan x$
$\frac{f'(x)}{f(x)}$	$\ln \lvert f(x) \rvert$
$\frac{f'(x)}{1+(f(x))^2}$	$\arctan f(x)$
$\sum_{k=0}^{\infty} a_k x^k$	$\sum_{k=0}^{\infty} \frac{a_k}{k+1} x^{k+1}$

Aufgabe: Man ergänze die Tabelle durch Angabe möglichst umfassender Definitionsmengen. Außerdem füge man die in einigen Fällen erforderlichen Voraussetzungen hinzu, die hier der Kürze halber weggelassen wurden.

Anwendungen des Hauptsatzes

Aufgrund des Hauptsatzes der Differential- und Integralrechnung lassen sich Aussagen der Differentialrechnung in Aussagen der Integralrechnung übertragen. So erhält man auch weitere *Methoden* zur Berechnung von Integralen.

1. Substitutionsregel

Zunächst zeigen wir, wie sich die Kettenregel der Differentialrechnung in die Integralrechnung überträgt.

Satz: *f sei stetig, g sei stetig differenzierbar und die Verkettung $f \circ g$ sei möglich. Dann gilt:*

$$\int_a^b f(g(t)) \cdot g'(t)\,dt = \int_{g(a)}^{g(b)} f(x)\,dx$$

(Substitutionsregel).

Beweis: Da f stetig ist, gibt es zu f eine Stammfunktion F. Diese hat dieselbe Definitionsmenge wie f, so daß die Verkettung $F \circ g$ erklärt ist. Wir zeigen nun, daß $F \circ g$ eine Stammfunktion von $(f \circ g)\, g'$ ist. Nach der Kettenregel (vgl. S. 258) gilt nämlich für $t \in [a, b]$:

$$(F \circ g)'(t) = F'(g(t)) \cdot g'(t),$$

wegen $F' = f$ also

$$(F \circ g)' = (f \circ g) \cdot g'.$$

Damit folgt

$$\int_a^b f(g(t)) \cdot g'(t)\, dt = (F \circ g)(b) - (F \circ g)(a).$$

Andererseits erhält man wegen $F' = f$:

$$\int_{g(a)}^{g(b)} f(x)\, dx = F(g(b)) - F(g(a)).$$

Bemerkung: Die Umkehrbarkeit von g ist für die Gültigkeit der Substitutionsregel nicht erforderlich. Wenn zusätzlich vorausgesetzt wird, daß g^{-1} existiert, kann man die Substitutionsregel auch in der Form

$$\int_a^b f(x)\, dx = \int_{g^{-1}(a)}^{g^{-1}(b)} f(g(t)) \cdot g'(t)\, dt$$

schreiben.

Beispiele:

1) Für $a, b \in [-1, 1]$ gilt:

$$\int_a^b \sqrt{1 - x^2}\, dx = \tfrac{1}{2}(\arccos a - \arccos b) + \tfrac{1}{2}\left(b\sqrt{1 - b^2} - a\sqrt{1 - a^2}\right).$$

(Eine Stammfunktion von $f(x) = \sqrt{1 - x^2}$ ist also z.B. die Funktion $F(x) = \frac{1}{2} x\sqrt{1 - x^2} - \frac{1}{2} \arccos x$; man verifiziere dies!)

Beweis: Zu $f(x) = \sqrt{1 - x^2}$ wird man, um die Wurzel bei der Verkettung zu beseitigen, etwa als Funktion g wählen:

$$g(t) = \cos t \qquad \text{für } 0 \leqq t \leqq \pi.$$

Dann hat man in diesem Intervall:

$$f(g(t)) = \sqrt{1 - \cos^2 t} = \sin t \qquad \text{und} \qquad g'(t) = -\sin t.$$

Wegen der Umkehrbarkeit von cos in $[0, \pi]$ folgt nun

$$\int_a^b \sqrt{1-x^2}\,dx = -\int_{\arccos a}^{\arccos b} \sin^2 t\,dt.$$

Zur Berechnung des rechts stehenden Integrals verwenden wir die Umformung

$$\sin^2 t = \tfrac{1}{2} - \tfrac{1}{2}\cos 2t,$$

die unmittelbar das Auffinden einer Stammfunktion H zu $h(t) = \sin^2 t$ ermöglicht:

$$H(t) = \tfrac{1}{2}t - \tfrac{1}{4}\sin 2t = \tfrac{1}{2}(t - \sin t \cos t).$$

Man erhält daher

$$\int_a^b \sqrt{1-x^2}\,dx = \tfrac{1}{2}(\sin t \cos t - t)\Big|_{\arccos a}^{\arccos b}$$

und wegen $\sin(\arccos t) = \sqrt{1-t^2}$ (Beweis?) also die Behauptung.
Speziell für $a = -1$ und $b = 1$ ergibt sich

$$\int_{-1}^{1} \sqrt{1-x^2}\,dx = \tfrac{1}{2}\pi.$$

Damit hat man eine neue Deutung für die kleinste positive Nullstelle der cos-Funktion: $\frac{\pi}{2}$ ist auch der – durch das Integral $\int_{-1}^{1} \sqrt{1-x^2}\,dx$ definierte – Flächeninhalt eines Halbkreises vom Radius 1.

2) Für $x > 0$ sei F erklärt durch

$$F(x) = \int_1^x \frac{1}{t}\,dt.$$

Wenn man die Funktion ln als bekannt voraussetzt, erhält man sofort die Gleichung $F(x) = \ln x$.
Wenn wir uns aber auf den Standpunkt stellen, daß wir die Funktion ln noch nicht eingeführt haben, dann ergibt sich die Aufgabe, Eigenschaften der Funktion F aus ihrer Definition direkt herzuleiten. So kann man leicht zeigen, daß F die Funktionalgleichung

$$F(xy) = F(x) + F(y) \qquad (x > 0,\ y > 0)$$

erfüllt. Die Behauptung lautet

$$\int_1^{xy} \frac{1}{t}\,dt = \int_1^x \frac{1}{t}\,dt + \int_1^y \frac{1}{t}\,dt.$$

Wegen der Intervalladditivität des Integrals ist dies richtig, falls

$$\int_1^y \frac{1}{t}\,dt = \int_x^{xy} \frac{1}{t}\,dt$$

gilt. Für $y = 1$ ist nichts zu beweisen und für $y \neq 1$ hat man eine stetig differenzierbare Funktion g zu suchen, die x auf 1 und xy auf y abbildet. Eine einfache Funktion, die dies leistet, ist

$$g(u) = \frac{1}{x} u.$$

Wählt man in der Substitutionsregel

$$\int_a^b f(g(u)) \cdot g'(u)\,du = \int_{g(a)}^{g(b)} f(t)\,dt$$

also speziell $f(t) = \frac{1}{t}$, $g(u) = \frac{1}{x} u$, $a = x$, $b = xy$, so folgt

$$\int_x^{xy} \frac{x}{u} \cdot \frac{1}{x}\,du = \int_1^y \frac{1}{t}\,dt.$$

Dies ist die Behauptung.

Aufgabe: Man zeige, daß für alle $x > 0$ gilt: $F(x) \leqq x - 1$.

Die Integralrechnung liefert also einen neuen Beweis dafür, daß es eine für $x > 0$ definierte Funktion F gibt, die die beiden Bedingungen

(1) $F(xy) = F(x) + F(y)$

(2) $F(x) \leqq x - 1$

erfüllt. Da es nach S. 129 höchstens eine solche Funktion geben kann, ist es also auch möglich, den natürlichen Logarithmus zu definieren durch

$$\ln x := \int_1^x \frac{1}{t}\,dt.$$

2. Produktintegration

Die Produktregel der Differentialrechnung führt zu folgendem

Satz: *f sei stetig, F eine Stammfunktion von f und g sei stetig differenzierbar. Dann gilt:*

$$\int_a^b f(x)g(x)\,dx = F(b)g(b) - F(a)g(a) - \int_a^b F(x)g'(x)\,dx.$$

(*Produktintegration*).

Beweis: Die Funktion $F \cdot g$ ist nach Voraussetzung stetig differenzierbar und für ihre Ableitung erhält man nach der Produktregel (vgl. S. 257):

$$(F \cdot g)' = F' \cdot g + F \cdot g' = f \cdot g + F \cdot g'.$$

Somit folgt

$$F(b)g(b) - F(a)g(a) = \int_a^b f(x)g(x)\,dx + \int_a^b F(x)g'(x)\,dx.$$

Beispiele:

1) Auf S. 355 hatten wir $\int_1^b \ln x\,dx$ direkt durch Zurückgehen auf die Integraldefinition berechnet. Hier ergibt sich nun eine andere Möglichkeit: Wählen wir $f(x) = 1$ und $g(x) = \ln x$, so wird g' eine rationale Funktion und zu f läßt sich leicht eine Stammfunktion angeben:

$$f(x) = 1,\ g(x) = \ln x \qquad F(x) = x,\ g'(x) = \frac{1}{x}$$

$$\int_1^b 1 \cdot \ln x\,dx = x \cdot \ln x \Big|_1^b - \int_1^b x \cdot \frac{1}{x}\,dx$$

$$\int_1^b \ln x\,dx = b \cdot \ln b - (b-1).$$

2) Die Berechnung von

$$\int_0^\pi \sin^n x\,dx \qquad (n \geqq 2)$$

kann durch Anwendung der Produktintegration rekursiv geleistet werden:

$f(x) = \sin x$, $g(x) = \sin^{n-1} x$, $F(x) = -\cos x$, $g'(x) = (n-1)\sin^{n-2} x \cos x$

$$\int_0^\pi \sin^n x\,dx = -\cos x \cdot \sin^{n-1} x \Big|_0^\pi + (n-1)\int_0^\pi \sin^{n-2} x \cdot \cos^2 x\,dx.$$

Hieraus ergibt sich wegen $\cos^2 x = 1 - \sin^2 x$ folgende Rekursionsformel:

$$n\int_0^\pi \sin^n x\,dx = (n-1)\int_0^\pi \sin^{n-2} x\,dx.$$

Wegen $\int_0^\pi \sin^0 x\,dx = \pi$ und $\int_0^\pi \sin x\,dx = 2$ folgt:

$$\int_0^\pi \sin^{2n} x\,dx = \frac{2n-1}{2n}\cdot\frac{2n-3}{2n-2}\cdot\ldots\cdot\frac{3}{4}\cdot\frac{1}{2}\cdot\pi$$

$$\int_0^\pi \sin^{2n+1} x\,dx = \frac{2n}{2n+1}\cdot\frac{2n-2}{2n-1}\cdot\ldots\cdot\frac{4}{5}\cdot\frac{2}{3}\cdot 2.$$

Ähnlich wie in diesem Beispiel kann man auch für manche andere Integrale, bei denen der Integrand von einer natürlichen Zahl n abhängt, Rekursionsformeln mittels der Produktintegration gewinnen.

Aufgabe: Man berechne $\int_0^b x^n \exp(-x)\,dx$.

3. Zweiter Mittelwertsatz der Integralrechnung

Wir beweisen hier den sogenannten zweiten Mittelwertsatz der Integralrechnung unter der zusätzlichen Voraussetzung, daß g stetig differenzierbar ist mit Hilfe der Produktintegration. (Vgl. hierzu auch Aufg. 12 und 13 von S. 397.)

Satz: *Es sei f stetig, g stetig differenzierbar und monoton sowie $g(a)=0$. Dann gibt es eine Stelle c im abgeschlossenen Intervall $[a,b]$ derart, daß gilt:*

$$\int_a^b f(x)g(x)\,dx = g(b)\int_c^b f(x)\,dx.$$

Beweis: Es gilt die Gleichung

$$\int_a^b f(x)g(x)\,dx = F(x)g(x)\Big|_a^b - \int_a^b F(x)g'(x)\,dx.$$

Wegen der Monotonie von g hat man etwa $g'(x) \geqq 0$ in $[a,b]$ und kann deshalb auf das rechtsstehende Integral den Mittelwertsatz aus Aufg. 10, S. 361 anwenden. Es gibt deshalb eine Stelle c derart, daß gilt

$$\int_a^b F(x)g'(x)\,dx = F(c)\int_a^b g'(x)\,dx.$$

Da nach Voraussetzung $g(a)=0$ ist, folgt

$$\begin{aligned}\int_a^b f(x)g(x)\,dx &= F(b)g(b) - F(c)g(b)\\ &= g(b)\big(F(b)-F(c)\big)\\ &= g(b)\int_c^b f(x)\,dx.\end{aligned}$$

Aufgabe: Verzichtet man auf die Voraussetzung $g(a)=0$, so läßt sich aus dem Satz folgern: Es gibt ein $c\in[a,b]$, so daß

$$\int_a^b f(x)g(x)\,dx = g(a)\int_a^c f(x)\,dx + g(b)\int_c^b f(x)\,dx.$$

4. Eine Ungleichung

Als gemeinsame Anwendung der Substitutionsregel und der Produktintegration leiten wir eine Beziehung her, die zwischen dem Integral einer monotonen Funktion und dem Integral ihrer Umkehrfunktion besteht.

Wir setzen in der Formel für die Produktintegration speziell $f(x)=1$ und erhalten:

$$\int_a^b g(x)\,dx = x\cdot g(x)\Big|_a^b - \int_a^b x g'(x)\,dx.$$

Wenn g umkehrbar und h die Umkehrfunktion ist, liefert wegen $h(g(x))=x$ die Substitutionsregel die Gleichung

$$\int_a^b x\cdot g'(x)\,dx = \int_{g(a)}^{g(b)} h(t)\,dt.$$

Setzt man dies ein, so folgt für stetig differenzierbares, umkehrbares g:

$$\int_a^b g(x)\,dx + \int_{g(a)}^{g(b)} g^{-1}(t)\,dt = b\cdot g(b) - a\cdot g(a).$$

Bei Deutung der Integrale als Flächeninhalte läßt sich diese Gleichung leicht geometrisch veranschaulichen (vgl. Fig. links).

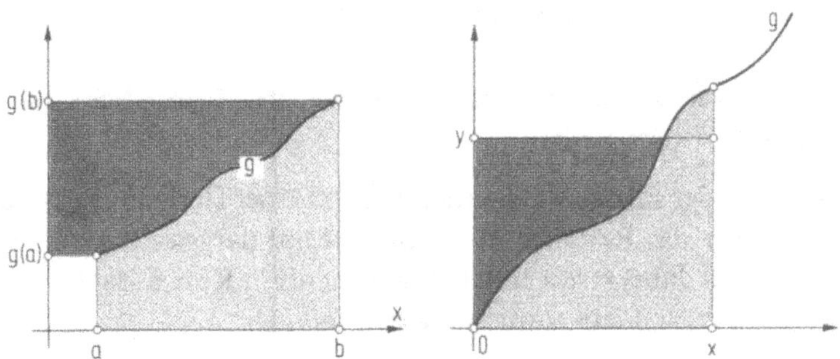

Hieraus folgern wir nun weiter eine Ungleichung, die ebenfalls anschaulich plausibel ist (vgl. Fig. rechts).

Satz: *Es sei* g *in* $\mathbb{R}_0^+$ *definiert, streng monoton wachsend, stetig differenzierbar und* $g(0)=0$. *Dann gilt für alle* $x, y \geqq 0$ *die Ungleichung:*

$$\int_0^x g(t)\,dt + \int_0^y g^{-1}(t)\,dt \geqq xy.$$

Die Gleichheit trifft genau dann zu, wenn $y = g(x)$ *ist.*

Beweis: Daß für $y = g(x)$ die Gleichheit gilt, haben wir gerade bewiesen. Wenn $y < g(x)$ gilt, dann existiert wegen der strengen Monotonie und der Stetigkeit von g eine Stelle $z < x$ derart, daß $g(z) = y$ ist. Für dieses z hat man die Gleichung

$$\int_0^z g(t)\,dt + \int_0^y g^{-1}(t)\,dt = z \cdot y,$$

aus der sich aufgrund der Intervalladditivität ergibt:

$$\int_0^x g(t)\,dt + \int_0^y g^{-1}(t)\,dt = z \cdot y + \int_z^x g(t)\,dt.$$

Für das rechts stehende Integral folgt nun wegen der Voraussetzungen über g die Ungleichung

$$\int_z^x g(t)\,dt > g(z) \cdot (x - z) = y \cdot (x - z),$$

und damit im Fall $y < g(x)$ die Behauptung:

$$\int_0^x g(t)\,dt + \int_0^y g^{-1}(t)\,dt > xy.$$

Entsprechend verfährt man im Fall $y > g(x)$.

5. Hinreichende Bedingungen für die Darstellbarkeit einer Funktion durch ihre Taylor-Reihe

Die Methode der Produktintegration führt zu einer Herleitung der Taylorschen Formel, in der das Restglied durch ein Integral dargestellt wird. Die Voraussetzungen sind dabei etwas einschränkender als in Kap. 8, da $f^{(n+1)}$ jetzt nicht nur vorhanden, sondern sogar stetig sein soll.

Wir gehen aus von der Gleichung

$$f(x) = f(0) + \int_0^x f'(t)\,dt$$

und formen rechts mittels Produktintegration um

$$f(x) = f(0) + [(t-x)f'(t)]_0^x - \int_0^x (t-x)f''(t)\,dt$$

$$= f(0) + f'(0)x + \int_0^x (x-t)f''(t)\,dt.$$

Nach n-maliger Anwendung dieses Verfahrens erhalten wir:

$$f(x) = f(0) + f'(0)x + \frac{f''(0)}{2!}x^2 + \ldots + \frac{f^{(n)}(0)}{n!}x^n + \int_0^x \frac{(x-t)^n}{n!}f^{(n+1)}(t)\,dt.$$

Für das Restglied $R_n(x)$ ist damit folgende Integraldarstellung hergeleitet:

$$R_n(x) = \frac{1}{n!}\int_0^x (x-t)^n f^{(n+1)}(t)\,dt.$$

Hieraus ergeben sich leicht verschiedene andere Darstellungen von $R_n(x)$: z.B. gewinnen wir mit Hilfe des erweiterten Mittelwertsatzes der Integralrechnung (vgl. Aufg. 10, S. 361) wiederum das Ergebnis von S. 291:

$$R_n(x) = f^{(n+1)}(z) \cdot \frac{1}{n!}\int_0^x (x-t)^n\,dt = f^{(n+1)}(z) \cdot \frac{x^{n+1}}{(n+1)!}$$

für $(n+1)$-mal stetig differenzierbares f.

Für unendlich oft differenzierbares f ist die Bedingung $\lim\limits_n R_n(x) = 0$ notwendig und hinreichend dafür, daß die Funktion f durch ihre Taylor-Reihe an der Stelle x dargestellt wird. An den Beispielen in Kap. 8 (vgl. S. 292) hatten wir gesehen, daß der Nachweis von $\lim\limits_n R_n(x) = 0$ schwierig sein kann. Mit der Integraldarstellung des Restgliedes gelingt dies für eine größere Klasse von Funktionen. Wir beweisen zunächst den

Satz: *Es sei f im Intervall $|x| \leqq 1$ unendlich oft differenzierbar, f sei gerade und es gelte für $|x| \leqq 1$ und alle n:*

$$f^{(2n)}(x) \geqq 0.$$

Dann wird f im offenen Intervall $|x| < 1$ durch die Taylor-Reihe von f bezüglich der Stelle 0 dargestellt.

Beweis: Da f gerade ist, hat man für alle $k \in \mathbb{N}_0$:

$$f^{(2k+1)}(0) = 0.$$

Deshalb gilt

$$f(x) = f(0) + \frac{f''(0)}{2!}x^2 + \ldots + \frac{f^{(2n)}(0)}{(2n)!}x^{2n} + R_{2n}(x)$$

mit

$$R_{2n}(x) = \frac{1}{(2n)!}\int_0^x (x-t)^{2n} \cdot f^{(2n+1)}(t)\,dt.$$

Wegen $R_{2n+1}(x) = R_{2n}(x)$ genügt es zu zeigen:

$$\lim_n R_{2n}(x) = 0.$$

Wir setzen zunächst $x > 0$ voraus und substituieren $t = x \cdot s$:

$$R_{2n}(x) = \frac{x^{2n+1}}{(2n)!}\int_0^1 (1-s)^{2n} \cdot f^{(2n+1)}(x \cdot s)\,ds.$$

Aus $f^{(2n+2)}(x) \geqq 0$ folgt, daß $f^{(2n+1)}$ monoton wächst; also gilt wegen $x < 1$ und $s \geqq 0$:

$$f^{(2n+1)}(xs) \leqq f^{(2n+1)}(s).$$

Damit ergibt sich die Abschätzung:

$$R_{2n}(x) \leqq x^{2n+1} \cdot R_{2n}(1).$$

$R_{2n}(1)$ kann nun aber wegen

$$f(1) = f(0) + \frac{f''(0)}{2!} + \ldots + \frac{f^{(2n)}(0)}{(2n)!} + R_{2n}(1)$$

und wegen $f^{(2k)}(0) \geqq 0$ durch $f(1)$ nach oben abgeschätzt werden, d.h. es gilt die Ungleichung

$$R_{2n}(x) \leqq x^{2n+1} \cdot f(1).$$

Andererseits ergibt sich aus

$$R_{2n}(x) = R_{2n+1}(x) = \frac{1}{(2n+1)!}\int_0^x (x-t)^{2n+1} \cdot f^{(2n+2)}(t)\,dt$$

für $x \geqq 0$ die Ungleichung

$$0 \leqq R_{2n}(x).$$

Für $0 \leqq x < 1$ folgt nun aus $0 \leqq R_{2n}(x) \leqq x^{2n+1} \cdot f(1)$ die Behauptung

$$\lim_n R_{2n}(x) = 0.$$

Da f und die Taylor-Reihe gerade sind, gilt dies sogar für $|x| < 1$.

Aufgabe: Es sei f im Intervall $|x| \leqq 1$ unendlich oft differenzierbar, f sei ungerade und es gelte für $|x| \leqq 1$ und alle n:

$$f^{(2n+1)}(x) \geqq 0.$$

Dann wird f im offenen Intervall $|x| < 1$ durch die Taylor-Reihe von f bezüglich der Stelle 0 dargestellt. Man beweise dies!

Aus dem Satz und der Aufgabe ergibt sich der

Satz: *Es sei f im Intervall $|x| \leqq 1$ unendlich oft differenzierbar und es gelte für $|x| \leqq 1$ und alle n*

$$f^{(n)}(x) \geqq 0.$$

Dann wird f im offenen Intervall $|x| < 1$ durch die Taylor-Reihe von f bezüglich der Stelle 0 dargestellt.

Zum Beweis zerlege man die Funktion f additiv in ihren geraden und ungeraden Bestandteil:

$$f(x) = \tfrac{1}{2}(f(x) + f(-x)) + \tfrac{1}{2}(f(x) - f(-x)).$$

Für die gerade Funktion treffen die im Satz genannten Voraussetzungen zu:

$$\tfrac{1}{2}(f^{(2n)}(x) + f^{(2n)}(-x)) \geqq 0,$$

so daß diese Funktion durch ihre Taylor-Reihe dargestellt wird.
Entsprechendes gilt nach der Aufgabe für den ungeraden Bestandteil. Daraus folgt die Behauptung.

Satz: *Es sei f in dem offenen Intervall D unendlich oft differenzierbar und es gelte für alle $x \in D$ und alle n*

$$f^{(n)}(x) \geqq 0.$$

Dann ist f in D reell-analytisch.
(Satz von S. Bernstein).

Beweis: Es ist zu zeigen, daß f durch die zu einer beliebigen Stelle $a \in D$ gebildete Taylor-Reihe in einem geeigneten Intervall um a dargestellt wird.
Es sei $\delta > 0$ so gewählt, daß das Intervall $[a - \delta, a + \delta]$ in D enthalten ist.
Dieses bilde man durch eine affine Funktion g, die durch

$$g(-1) = a - \delta, \qquad g(1) = a + \delta$$

festgelegt wird, auf $[-1, 1]$ ab. Für die Verkettung $f \circ g$ sind dann ebenfalls alle Ableitungen nichtnegativ. Damit folgt die Behauptung aus dem vorhergehenden Satz.

Bemerkung: Wenn die Ableitungen von f abwechselnd nichtnegativ und nichtpositiv sind, ist f ebenfalls reell-analytisch in D. Zum Beweis betrachte man die Funktion

$$x \mapsto f(-x) \qquad \text{für } -x \in D.$$

Beispiel: Alle Potenzfunktionen

$$x \mapsto x^s \qquad (x > 0)$$

sind im offenen Intervall $x > 0$ reell-analytische Funktionen. Aus

$$f^{(n)}(x) = s \cdot (s-1) \ldots (s-n+1) x^{s-n}$$

folgt nämlich, daß für $n > [s]$ die Ableitungen abwechselnd nichtnegativ und nichtpositiv sind.

6. Die Methode der Partialbruchzerlegung

Durch den Hauptsatz der Differential- und Integralrechnung wird die Berechnung von Integralen für stetige Integranden zurückgeführt auf die Bestimmung von Stammfunktionen. Für die elementaren Funktionen ist zwar die Existenz von Stammfunktionen (aufgrund des Hauptsatzes) gesichert, doch gehören diese Stammfunktionen selber in vielen Fällen nicht mehr zu den elementaren Funktionen, wie z. B. das „elliptische Integral" $\int_0^x \sqrt{1 - k^2 \sin^2 t}\, dt$ (mit $0 < k < 1$).

Hier zeigen wir, daß die *Stammfunktionen der rationalen Funktionen* zu den elementaren Funktionen gehören. Dabei können wir uns auf rationale Funktionen

$$h = \frac{f}{g}$$

mit $\operatorname{Grad} f < \operatorname{Grad} g$ beschränken (vgl. S. 67), da anderenfalls zunächst eine ganzrationale Funktion abgespalten werden und für diese eine Stammfunktion unmittelbar angegeben werden kann.

Die folgenden Überlegungen lassen sich einfacher durchführen, wenn wir als Koeffizienten in f und g auch komplexe Zahlen zulassen: wir betrachten also komplexwertige rationale Funktionen einer reellen Variablen. Nach dem *Fundamentalsatz der Algebra* (vgl. etwa [13], S. 455 oder Aufg. 10 und 11 auf S. 209) kann man g in Faktoren zerlegen (mit $a_1, a_2, \ldots, a_r \in \mathbb{C}$):

$$g(x) = (x - a_1)^{k_1}(x - a_2)^{k_2} \ldots (x - a_r)^{k_r}.$$

Nach Aufg. 6 von S. 75 existiert für h eine *Partialbruchzerlegung*

$$h(x) = \sum_{j=1}^{r} \left(\frac{c_{j,k_j}}{(x - a_j)^{k_j}} + \frac{c_{j,k_j-1}}{(x - a_j)^{k_j-1}} + \ldots + \frac{c_{j,1}}{x - a_j} \right).$$

Deshalb genügt es zu zeigen, daß die Stammfunktionen der rationalen Funktionen des Typs

$$x \mapsto \frac{1}{(x - a)^n}$$

mit $a \in \mathbb{C}$ und $n \in \mathbb{N}$ zu den elementaren Funktionen gehören.
Wir unterscheiden die Fälle $n > 1$ und $n = 1$.

Aufgabe: Man zeige, daß die „Produkt-" und die „Quotientenregel" der Differentialrechnung (vgl. S. 257) auch für komplexwertige Funktionen richtig sind.

Ist $n > 1$, so ist bei beliebigem $a \in \mathbb{C}$ die rationale Funktion

$$x \mapsto \frac{1}{1 - n} \cdot \frac{1}{(x - a)^{n-1}}$$

eine Stammfunktion von

$$x \mapsto \frac{1}{(x - a)^n}.$$

Für $n = 1$ müssen wir die Fälle $a \in \mathbb{R}$ und $a \in \mathbb{C} \setminus \mathbb{R}$ getrennt behandeln:
(1) Bei reellem a ist

$$x \mapsto \ln|x - a|$$

eine Stammfunktion von

$$x \mapsto \frac{1}{x - a}.$$

(Man hat dabei die beiden Intervalle $x < a$ und $x > a$ jeweils für sich zu betrachten.)
(2) Bei nichtreellem a genügt es, den Sonderfall $a = i$ zu untersuchen.

Aufgabe: Man führe den allgemeinen Fall auf den Sonderfall durch eine Substitution zurück.

Um zur Funktion

$$x \mapsto \frac{1}{x-i}$$

eine Stammfunktion zu finden, erweitern wir zunächst mit $x+i$ und erhalten dann als Stammfunktion

$$x \mapsto \tfrac{1}{2}\ln(1+x^2) + i \cdot \arctan x.$$

Aufgaben

1. Man leite den Mittelwertsatz der Integralrechnung (vgl. S. 358) aus dem Mittelwertsatz der Differentialrechnung (vgl. S. 267) her.
   Ist auch die umgekehrte Herleitung möglich?
2. Die Funktion f sei erklärt durch

   $$f(x) = \begin{cases} 0 & \text{für } x = 0 \\ \dfrac{1}{x} - \cot x & \text{für } 0 < x \leqq \dfrac{\pi}{2}. \end{cases}$$

   Man zeige, daß

   $$\int_0^{\frac{\pi}{2}} f(x)\,dx = \ln\frac{\pi}{2}$$

   gilt, indem man eine Stammfunktion zu f aufsucht.
3. Wenn f in $[a, b]$ stetig ist und

   $$\int_a^b f(x)\,dx = 0$$

   gilt, dann hat f in $]a, b[$ mindestens eine Nullstelle.

   Anwendung: Die Gleichung $\sum\limits_{k=1}^{n} a_k \cos kx = 0$ hat mindestens eine Nullstelle in $]0, \pi[$.
4. Man berechne für stetig differenzierbares f, das in $[a, b]$ keine Nullstelle hat, das Integral $\int_a^b \frac{f'(x)}{(f(x))^2}\,dx$ und allgemeiner für $s \neq -1$:

   $$\int_a^b f'(x) \cdot |f(x)|^s\,dx.$$

Lassen sich die Ergebnisse auf komplexwertige Funktionen übertragen? Gegebenenfalls leite man weitere Formeln durch Trennung von Realteil und Imaginärteil her.

5. Die Funktion f sei stetig und die Funktionen g und h seien differenzierbar. Man zeige, daß

$$F(x) = \int_{g(x)}^{h(x)} f(t)\,dt$$

eine differenzierbare Funktion ist und drücke die Ableitung $F'(x)$ durch die gegebenen Funktionen aus.

6. Ob eine Zahlenfolge (a_n) konvergiert, läßt sich manchmal mit Hilfe der Integralrechnung entscheiden, nämlich dann, wenn sich die a_n als Integrale $I(g_n)$ schreiben lassen und die Folge (g_n) von Treppenfunktionen gleichmäßig konvergiert.
Man untersuche, ob (a_n) konvergiert und bestimme gegebenenfalls den Grenzwert für

$$(1) \qquad a_n = \sum_{k=1}^{n} \frac{1}{n+k}$$

$$(2) \qquad a_n = \sum_{k=1}^{n} \frac{n}{n^2+k^2}$$

$$(3) \qquad a_n = \frac{1}{n^{s+1}} \sum_{k=1}^{n} k^s$$

Aus (1) leite man weiter mit Hilfe von Aufg. 2 von S. 33 erneut her, daß $\sum_{k=1}^{\infty} (-1)^{k-1} \frac{1}{k} = \ln 2$ gilt.

7. Für $m, n \in \mathbb{Z}$ berechne man die Integrale

$$\int_0^{2\pi} \exp imx \cdot \exp(-inx)\,dx,$$

$$\int_0^{2\pi} \cos mx \cdot \cos nx\,dx, \quad \int_0^{2\pi} \sin mx \cdot \sin nx\,dx, \quad \int_0^{2\pi} \cos mx \cdot \sin nx\,dx.$$

8. Man zeige, daß für jede in $[-1, 1]$ stetige Funktion f gilt:

$$\int_0^{\frac{\pi}{2}} f(\cos x)\,dx = \int_0^{\frac{\pi}{2}} f(\sin x)\,dx.$$

Gilt die entsprechende Gleichung auch bei Integration über das Intervall $[0, \pi]$?

9. In Beispiel 2) von S. 371 wurde für die Zahlenfolge (a_n) mit

$$a_n = \int_0^{\pi} \sin^n x\,dx$$

die Rekursionsformel

$$a_n = \left(1 - \frac{1}{n}\right) a_{n-2}$$

hergeleitet. Man zeige, daß (a_n) monoton fallend ist und folgere aus

$$a_{2n+1} \leqq a_{2n} \leqq a_{2n-1},$$

daß die Folge $\left(\dfrac{a_{2n}}{a_{2n+1}}\right)$ gegen 1 konvergiert. Daraus leite man her:

$$\lim_n \frac{2 \cdot 2 \cdot 4 \cdot 4 \cdot 6 \cdot 6 \cdot \ldots \cdot (2n) \cdot (2n)}{1 \cdot 3 \cdot 3 \cdot 5 \cdot 5 \cdot 7 \cdot \ldots \cdot (2n-1) \cdot (2n+1)} = \frac{\pi}{2}$$

und

$$\lim_n \frac{\sqrt{n}}{2^{2n}} \binom{2n}{n} = \frac{1}{\sqrt{\pi}}.$$

(„Wallissches Produkt“).

10. Es sei f in einer Umgebung von 0 stetig und die Folge (f_n) sei rekursiv definiert durch

$$f_0(x) = f(x)$$

$$f_{n+1}(x) = \int_0^x f_n(t)\,dt.$$

Man zeige, daß für $n \geqq 1$ gilt:

$$f_n(x) = \frac{1}{(n-1)!} \int_0^x (x-t)^{n-1} f(t)\,dt.$$

11. Man berechne durch Rekursion:

(a) $\displaystyle\int_0^{\pi} x^n \cos cx\,dx$

(b) $\displaystyle\int_0^{\frac{\pi}{4}} \tan^n x\,dx$

(c) $\displaystyle\int_0^1 \frac{1}{(1+x^2)^n}\,dx.$

12. Man gebe einen anderen Beweis dafür an, daß es höchstens eine Funktion F gibt, die die Bedingungen

    (1) $F(xy) = F(x) + F(y) \qquad (x > 0, y > 0)$

    (2) $F(x) \leqq x - 1$

    erfüllt, indem man die Differenzierbarkeit von F zunächst an der Stelle 1 und sodann für beliebiges $x > 0$ zeigt

    $$F'(x) = \frac{1}{x},$$

    so daß wegen $F(1) = 0$ gelten muß

    $$F(x) = \int_0^x \frac{1}{t}\,dt.$$

13. Die trigonometrischen Funktionen lassen sich mit Hilfe der Integralrechnung z.B. folgendermaßen einführen. Man definiert zunächst eine Funktion F für $|x| < 1$ durch

    $$F(x) = \int_0^x \frac{1}{\sqrt{1 - t^2}}\,dt.$$

    Wegen $F'(x) = \dfrac{1}{\sqrt{1 - x^2}}$ ist F streng monoton wachsend. Bezeichnet man die Umkehrfunktion von F mit g, so folgt $g'(x) = \sqrt{1 - (g(x))^2}$ und $g''(x) + g(x) = 0$. Die komplexwertige Funktion

    $$h = g' + ig$$

    erfüllt die Differentialgleichung

    $$h' = ih$$

    mit der Anfangsbedingung $h(0) = 1$. Hieraus folgert man die Funktionalgleichung

    (*) $h(x + y) = h(x) \cdot h(y)$.

    Damit ist die Existenz einer Lösung von (*) in einer Umgebung von 0 nachgewiesen. Diese Lösung kann mit Hilfe von (*) auf ganz $\mathbb{R}$ fortgesetzt werden.

    Zur Kennzeichnung der hier definierten Funktion h genügt außer der Funktionalgleichung (*) noch die Forderung $h'(0) = i$.

Man führe die erforderlichen Überlegungen im einzelnen durch.
(Man vgl. auch Aufg. 9 und 10 von S. 278).

14. Es sei f eine stetige Lösung der Funktionalgleichung

$$f(x+y)=f(x)+f(y) \qquad (x, y \in \mathbb{R}).$$

Man zeige, daß f differenzierbar sein muß, indem man über ein beliebiges Intervall $[a, b]$ integriert. Weiter leite man dann eine Differentialgleichung für f her und zeige schließlich, daß $f(x)=cx$ gelten muß.
Entsprechend behandle man die Funktionalgleichungen

$$f(x+y)=f(x)\cdot f(y)$$
$$f(x\cdot y)=f(x)+f(y)$$
$$f(x\cdot y)=f(x)\cdot f(y)$$

und bestimme alle ihre stetigen Lösungen.

15. Aus dem Satz von S. 374 leite man die Ungleichung

$$\frac{x^p}{p}+\frac{y^q}{q}\geqq xy,$$

die für

$$x\geqq 0,\ y\geqq 0,\ p>1,\ q>1,\ \frac{1}{p}+\frac{1}{q}=1$$

gültig ist, her. Weiter beweise man die Höldersche Ungleichung (die die Schwarzsche Ungleichung als Sonderfall enthält)

$$\sum_{k=1}^{n}|a_k\cdot b_k|\leqq\sqrt[p]{\sum_{k=1}^{n}|a_k|^p}\cdot\sqrt[q]{\sum_{k=1}^{n}|b_k|^q},$$

indem man

$$x_j=\frac{|a_j|}{\sqrt[p]{\sum_{k=1}^{n}|a_k|^p}},\qquad y_j=\frac{|b_j|}{\sqrt[q]{\sum_{k=1}^{n}|b_k|^q}}$$

setzt und über j summiert.

16. Man zeige, daß die Höldersche Ungleichung auch für Integrale gilt $\left(\frac{1}{p}+\frac{1}{q}=1\right)$:

$$\int_a^b|f(t)g(t)|\,dt\leqq\sqrt[p]{\int_a^b|f(t)|^p\,dt}\cdot\sqrt[q]{\int_a^b|g(t)|^q\,dt}.$$

17. Man zeige, daß alle Logarithmusfunktionen in ihrer Definitionsmenge reell-analytisch sind.
18. Wenn statt $f^{(n)}(x) \geqq 0$ die Bedingung $f^{(n)}(x) \geqq c$ erfüllt ist, gilt der Satz von Bernstein auch noch. Zum Beweis betrachte man die Funktion $g(x) = f(x) - c \cdot \exp(x-a)$.
Desgleichen zeige man, daß auch die Existenz einer festen oberen Schranke für alle Ableitungen von f hinreichend dafür ist, daß f reell-analytisch ist.
19. Man berechne mit Hilfe der Partialbruchzerlegung der Integranden:

(a) $\int\limits_0^1 \frac{1}{1+x^3}\,dx$

(b) $\int\limits_0^1 \frac{1}{1+x^4}\,dx.$

20. Für reelle rationale Funktionen (d. h. alle Koeffizienten sind reell) kann die Bestimmung einer Stammfunktion zurückgeführt werden auf die Bestimmung von Stammfunktionen zu

$$\frac{1}{x^n}, \quad \frac{x}{(1+x^2)^n}, \quad \frac{1}{(1+x^2)^n}.$$

Man beweise dies und gebe in den beiden ersten Fällen Stammfunktionen an und stelle für den dritten Fall eine Rekursionsformel auf.

21. Mit Hilfe der Substitution $t = \tan\frac{x}{2}$ berechne man (es gelte $\sin x \neq 0$ für $x \in [a, b]$):

$$\int\limits_a^b \frac{1}{\sin x}\,dx.$$

Mit dieser Substitution läßt sich für eine beliebige rationale Funktion h das Integral

$$\int\limits_a^b h(\exp ix)\,dx$$

zurückführen auf das Integral einer rationalen Funktion. Man beweise dies!

10.4 Integration und Grenzübergang

Wir untersuchen hier die Vertauschbarkeit von Integration und Grenzübergang für verschiedene Konvergenzbegriffe. Bei gleichmäßiger Konvergenz liegen die Verhältnisse besonders einfach – entsprechend unserer Einführung des Integralbegriffs.
Bei punktweiser Konvergenz lassen sich Integration und Grenzübergang im allgemeinen nicht vertauschen; wenn jedoch zusätzlich vorausgesetzt wird, daß die Grenzfunktion f von (f_n) eine Regelfunktion ist und die Zahlenfolge $(\|f_n\|)$ beschränkt bleibt, dann ist auch bei dieser Konvergenzart die Vertauschung erlaubt.

Zunächst jedoch beschäftigen wir uns mit gleichmäßig konvergenten Folgen.

Satz: *Die Folge (f_n) von Regelfunktionen sei gleichmäßig konvergent gegen f. Dann ist die Folge $\big(I(f_n)\big)$ der Integrale konvergent und es gilt*

$$\lim_n I(f_n) = I(f),$$

oder anders geschrieben:

$$\lim_n \int_a^b f_n(x)\,dx = \int_a^b \lim_n f_n(x)\,dx.$$

Beweis: Aus der Voraussetzung ergibt sich zunächst, daß auch f eine Regelfunktion ist. Da I eine beschränkte Linearform auf dem normierten Vektorraum $\mathfrak{R}([a,b])$ ist, erhält man die Abschätzung

$$|I(f) - I(f_n)| = |I(f - f_n)| \leqq (b-a)\cdot \|f - f_n\|,$$

aus der die Behauptung unmittelbar folgt.

Bemerkung: Für gleichmäßig konvergente Funktionenreihen lautet der Satz folgendermaßen (alle f_n seien Regelfunktionen):

$$\sum_{n=0}^{\infty} \int_a^b f_n(x)\,dx = \int_a^b \left(\sum_{n=0}^{\infty} f_n(x)\right) dx.$$

Beispiele:

1) Für $|t| < 1$ gilt nach S. 333

$$(1-t^2)^{-\frac{1}{2}} = \sum_{n=0}^{\infty} \binom{-\frac{1}{2}}{n} (-1)^n \cdot t^{2n}.$$

In jedem kompakten Teilintervall von $[-1, 1]$ ist die rechts stehende Potenzreihe sogar gleichmäßig konvergent, so daß für $|x| < 1$ über das Intervall $[0, x]$ bzw. $[x, 0]$ gliedweise integriert werden kann. Damit folgt

$$\int_0^x \frac{1}{\sqrt{1-t^2}}\,dt = \sum_{n=0}^{\infty} \binom{-\frac{1}{2}}{n} (-1)^n \int_0^x t^{2n}\,dt.$$

Da $\binom{-\frac{1}{2}}{n} = (-1)^n \cdot \frac{1}{2^n} \cdot \frac{1\cdot 3\cdot 5 \ldots (2n-1)}{n!}$ (für $n \geqq 1$) gilt, ergibt sich:

$$\arcsin x = x + \sum_{n=1}^{\infty} \frac{1\cdot 3\cdot 5 \ldots (2n-1)}{2^n \cdot n!(2n+1)} \cdot x^{2n+1} \qquad (|x| < 1).$$

Die rechts stehende Potenzreihe konvergiert auch in den Endpunkten ihres Konvergenzintervalls, wie man mit Hilfe des Kriteriums von Raabe (vgl. S.163) zeigen kann (Beweis als Aufgabe!). Nach dem Abelschen Grenzwertsatz gilt also die gefundene Potenzreihendarstellung von arcsin sogar für $|x| \leqq 1$.

2) Unter der zusätzlichen Voraussetzung, daß alle f_n' stetig sind, erhält man einen neuen Beweis des Satzes über die gliedweise Differenzierbarkeit (vgl. S.329). Es sei x_0 eine Stelle aus $[a, b]$, an der die Folge $(f_n(x_0))$ konvergiert. Da f_n' stetig ist, folgt nach dem Hauptsatz:

$$(*) \qquad f_n(x) = f_n(x_0) + \int_{x_0}^{x} f_n'(t)\,dt.$$

Die gleichmäßige Konvergenz der Folge (f_n) beweist man nun mit Hilfe des Cauchy-Kriteriums aufgrund der Abschätzung:

$$\begin{aligned} |f_n(x) - f_m(x)| &\leqq |f_n(x_0) - f_m(x_0)| + \left| \int_{x_0}^{x} (f_n'(t) - f_m'(t))\,dt \right| \\ &\leqq |f_n(x_0) - f_m(x_0)| + |x - x_0| \cdot \|f_n' - f_m'\| \\ &\leqq |f_n(x_0) - f_m(x_0)| + (b-a) \cdot \|f_n' - f_m'\|. \end{aligned}$$

Aus der Gleichung (*) folgt nach unserem Satz für die Grenzfunktion f der Folge (f_n):

$$f(x) = f(x_0) + \int_{x_0}^{x} (\lim_n f_n'(t))\,dt.$$

Da $\lim_n f_n'$ eine stetige Funktion ist, ergibt sich nach dem Hauptsatz die Differenzierbarkeit von f und die Gleichung

$$f'(x) = \lim_n f_n'(x).$$

Wir beschäftigen uns nun mit dem Problem der Vertauschbarkeit von Integration und Grenzübergang bei punktweiser Konvergenz.

Aufgabe: Die Funktionenfolge (f_n) sei definiert durch

$$f_n(x) = \begin{cases} 0 & \text{für } x = 0 \\ c_n & \text{für } 0 < x < \frac{1}{n} \\ 0 & \text{für } \frac{1}{n} \leqq x \leqq 1 \end{cases} \qquad D = [0, 1]$$

und es sei $c_n = 1$ bzw. $c_n = n$ bzw. $c_n = n^2$.
Konvergiert (f_n) punktweise? Konvergiert (f_n) gleichmäßig? Ist die Grenzfunktion f Regelfunktion? Konvergiert die Zahlenfolge $(I(f_n))$? Stimmt $\lim\limits_n I(f_n)$ mit $I(f)$ überein?

Die Aufgabe zeigt, daß bei punktweiser Konvergenz gegen eine Regelfunktion f die Folge $(I(f_n))$ der Integrale konvergieren oder divergieren kann. Im Falle der Konvergenz braucht der Grenzwert $\lim\limits_n I(f_n)$ nicht mit $I(f)$ übereinzustimmen.
Ist aber die Zahlenfolge $(\|f_n\|)$ beschränkt, so gilt – wie wir zeigen werden – die Gleichung

$$\lim_n I(f_n) = I(f),$$

falls f Regelfunktion ist.

Wir beschäftigen uns zunächst mit dem Sonderfall der Treppenfunktionen. Um den Beweis des Satzes von S. 392 übersichtlich zu halten, schicken wir zwei Hilfssätze voraus.

Hilfssatz 1: *Es sei g eine Treppenfunktion, für die gilt*

$$\left| \int_a^b g(x)\,dx \right| \geqq \varepsilon.$$

Dann ist die Menge

$$S = \left\{ x \,\middle|\, |g(x)| \geqq \frac{\varepsilon}{2(b-a)} \right\}$$

Vereinigung von endlich vielen disjunkten Intervallen, für deren Gesamtlänge $\lambda(S)$ die Ungleichung

$$\lambda(S) \geqq \frac{\varepsilon}{2 \cdot \|g\|}$$

besteht.

Beweis: Nimmt g auf J_k den Wert c_k an, so gilt

$$\int_a^b g(x)\,dx = \sum_k c_k \cdot \lambda(J_k).$$

Die rechts stehende Summe spalten wir auf

$$\sum_k c_k \cdot \lambda(J_k) = \sum_{|c_k| < \frac{\varepsilon}{2(b-a)}} c_k \cdot \lambda(J_k) + \sum_{|c_k| \geqq \frac{\varepsilon}{2(b-a)}} c_k \cdot \lambda(J_k)$$

und erhalten daraus die Abschätzung

$$\varepsilon \leqq \left| \int_a^b g(x)\,dx \right| \leqq \frac{\varepsilon}{2 \cdot (b-a)} \cdot (b-a) + \|g\| \cdot \lambda(S),$$

da $|c_k| \leqq \|g\|$ gilt. Hieraus folgt die Behauptung

$$\lambda(S) \geqq \frac{\varepsilon}{2\|g\|}.$$

Die Menge S aus Hilfssatz 1 ist endliche Vereinigung von disjunkten beschränkten Intervallen. Solche Mengen wollen wir kurz als *Elementarmengen* bezeichnen. Als *Länge* von

$$S = J_1 \cup J_2 \cup \ldots \cup J_m$$

haben wir die Zahl

$$\lambda(S) = \lambda(J_1) + \lambda(J_2) + \ldots + \lambda(J_m)$$

bezeichnet. Diese Definition ist korrekt, da wegen der Additivität von λ (vgl. Aufg. 3, S. 350) die Zahl $\lambda(S)$ nicht von der verwendeten Zerlegung von S in Intervalle abhängt.

Hilfssatz 2: *Es sei (S_n) eine Folge von abgeschlossenen Elementarmengen mit $S_n \subset [a, b]$ und*

$$\lambda(S_n) \geqq c > 0.$$

Dann gibt es einen Punkt in $[a, b]$, der zu unendlich vielen S_n gehört.

Beweis: Als erstes behaupten wir, daß es einen Index n_1 geben muß mit folgender Eigenschaft:

$$\lambda\big((S_1 \cup \ldots \cup S_{n_1}) \cap S_k\big) \geqq \frac{c}{2} \qquad \text{für alle } k > n_1.$$

Wäre dies nämlich nicht richtig, so gäbe es zu jedem n ein $k_n > n$ derart, daß gilt

$$\lambda\big((S_1 \cup \ldots \cup S_n) \cap S_{k_n}\big) < \frac{c}{2}.$$

Daraus würde sich wegen

$$c \leqq \lambda(S_{k_n}) = \lambda(S_{k_n} \backslash (S_1 \cup \ldots \cup S_n)) + \lambda\big((S_1 \cup \ldots \cup S_n) \cap S_{k_n}\big)$$

die Ungleichung

$$\lambda\big(S_{k_n} \backslash (S_1 \cup \ldots \cup S_n)\big) > \frac{c}{2}$$

ergeben. Aus

$$\lambda(S_1 \cup \ldots \cup S_n \cup S_{k_n}) = \lambda(S_1 \cup \ldots \cup S_n) + \lambda\big(S_{k_n} \backslash (S_1 \cup \ldots \cup S_n)\big)$$

und

$$\lambda(S_1 \cup \ldots \cup S_n \cup \ldots \cup S_{k_n}) \geqq \lambda(S_1 \cup \ldots \cup S_n \cup S_{k_n})$$

würde weiter folgen:

$$\lambda(S_1 \cup \ldots \cup S_{k_n}) > \lambda(S_1 \cup \ldots \cup S_n) + \frac{c}{2} \geqq c + \frac{c}{2}.$$

Durch mehrmalige Anwendung dieser Überlegung würde man zu einem Index r gelangen, so daß

$$\lambda(S_1 \cup \ldots \cup S_r) > c + \frac{c}{2} + \ldots + \frac{c}{2} > b - a$$

gelten würde. Dies ist ein Widerspruch, da $S_1 \cup \ldots \cup S_r$ in $[a, b]$ enthalten ist.

Es gibt also – wie oben behauptet – ein n_1 derart, daß für alle $k > n_1$ gilt

$$\lambda\big((S_1 \cup \ldots \cup S_{n_1}) \cap S_k\big) \geqq \frac{c}{2}.$$

Zur Abkürzung setzen wir

$$A_1 = S_1 \cup \ldots \cup S_{n_1}$$

und haben also für alle $k > n_1$:

$$\lambda(A_1 \cap S_k) \geqq \frac{c}{2}.$$

Auf die Elementarmengen

$$S_k' := A_1 \cap S_k \qquad (k = n_1 + 1, n_1 + 2, \ldots)$$

kann die obige Überlegung wiederum angewendet werden. Es gibt also ein n_2 derart, daß für alle $k > n_2$ gilt

$$\lambda\big((S_{n_1+1}' \cup \ldots \cup S_{n_2}') \cap S_k'\big) \geqq \frac{c}{4}.$$

Für den nächsten Schritt setzen wir

$$A_2 = S_{n_1+1}' \cup \ldots \cup S_{n_2}',$$

und wenden die obige Überlegung an auf die Elementarmengen

$$S_k'' := A_2 \cap S_k' \qquad (k = n_2 + 1, n_2 + 2, \ldots).$$

Es gibt also ein n_3 derart, daß für alle $k > n_3$ gilt

$$\lambda\big((S_{n_2+1}'' \cup \ldots \cup S_{n_3}'') \cap S_k''\big) \geqq \frac{c}{8}.$$

Durch Fortsetzung dieses Verfahrens erhalten wir eine absteigende Folge nichtleerer abgeschlossener Elementarmengen:

$$A_1 \supset A_2 \supset A_3 \supset \ldots.$$

Der Durchschnitt dieser Mengen ist nicht leer (vgl. S. 63). Jeder Punkt aus diesem Durchschnitt gehört aber zu mindestens einer der Mengen $S_1, \ldots, S_{n_1}$, zu mindestens einer der Mengen $S_{n_1+1}, \ldots, S_{n_2}$ usw.; er liegt also in unendlich vielen Mengen der Folge (S_n).

Bemerkung: Auf die Voraussetzung, daß die Elementarmengen S_n abgeschlossen sind, kann verzichtet werden, da man von S_n zu abgeschlossenen Elementarmengen S_n^* übergehen kann, für die mit einem positiven $c^* < c$ gilt:

$$\lambda(S_n^*) \geqq c^* > 0.$$

Wir beweisen nun folgenden Satz für Treppenfunktionen:

Satz: *Es sei* (g_n) *eine Folge von Treppenfunktionen mit den Eigenschaften*

(1) $\lim\limits_n g_n(x) = 0$ *für alle* $x \in [a, b]$

(2) $\|g_n\| \leqq c$ *für alle* n.

Dann gilt $\lim\limits_n I(g_n) = 0$.

Beweis: Wäre die Zahlenfolge $(I(g_n))$ keine Nullfolge, so gäbe es ein $\varepsilon > 0$ und eine Teilfolge $(I(g_{\varphi(k)}))$ derart, daß $|I(g_{\varphi(k)})| \geqq \varepsilon$ für alle k gelten würde. Der Einfachheit halber bezeichnen wir die Teilfolge wieder mit $(I(g_n))$, so daß unsere Annahme lautet:

$$|I(g_n)| \geqq \varepsilon \qquad \text{für alle } n.$$

Nach Hilfssatz 1 gibt es zu jedem g_n eine Elementarmenge S_n mit

$$\lambda(S_n) \geqq \frac{\varepsilon}{2\|g_n\|}.$$

Wegen $\|g_n\| \leqq c$ gilt also für alle n

$$\lambda(S_n) \geqq \frac{\varepsilon}{2 \cdot c}.$$

Nach Hilfssatz 2 in Verbindung mit der Bemerkung von S. 391 gibt es einen Punkt x in $[a, b]$, der zu unendlich vielen S_n gehört. Da für dieses x die Ungleichung

$$|g_n(x)| \geqq \frac{\varepsilon}{2(b-a)} \qquad \text{für unendlich viele } n$$

erfüllt ist, erhält man einen Widerspruch zur Voraussetzung

$$\lim_n g_n(x) = 0.$$

Aus diesem Satz ergibt sich nun leicht die schon auf S. 388 formulierte Aussage über Regelfunktionen.

Satz: *Es sei* (f_n) *eine punktweise konvergente Folge von Regelfunktionen. Ihre Grenzfunktion* f *sei eine Regelfunktion. Die Zahlenfolge* $(\|f_n\|)$ *sei beschränkt.*
Dann gilt

$$\lim_n I(f_n) = I(f)$$

oder anders geschrieben:

$$\lim_n \int_a^b f_n(x)\,dx = \int_a^b \left(\lim_n f_n(x)\right) dx.$$

(Satz von Arzela-Osgood).

Beweis: Da f nach Voraussetzung Regelfunktion ist, gilt dies auch von $f_n - f$. Mit $(\|f_n\|)$ ist auch die Zahlenfolge $(\|f_n - f\|)$ beschränkt. Wegen der Linearität von I genügt es also, den Satz für den Sonderfall

$$\lim_n f_n(x) = 0, \qquad x \in [a, b]$$

zu beweisen.
Zu jeder Regelfunktion f_n wählen wir nun eine Treppenfunktion g_n mit

$$(*) \qquad \|f_n - g_n\| < \frac{1}{n}.$$

Die Folge (g_n) konvergiert dann punktweise gegen die Nullfunktion wegen

$$f_n(x) - \frac{1}{n} < g_n(x) < f_n(x) + \frac{1}{n}.$$

Außerdem gibt es auch für $\|g_n\|$ eine feste Schranke (Beweis!), so daß nach dem vorigen Satz gesichert ist, daß

$$\lim_n I(g_n) = 0$$

gilt.
Aus der Ungleichung (*) folgt weiter die Abschätzung

$$|I(f_n) - I(g_n)| \leqq \frac{1}{n} \cdot (b - a)$$

und damit die Behauptung

$$\lim_n I(f_n) = 0.$$

Bemerkung: Für Funktionenreihen lautet der Satz von Arzela-Osgood:
Wenn eine Reihe von Regelfunktionen $\sum_{k=0}^{\infty} f_k$ punktweise gegen eine Regelfunktion konvergiert, und ein c existiert derart, daß für alle x und alle n gilt

$$\left| \sum_{k=0}^{n} f_k(x) \right| \leqq c,$$

dann gilt

$$\sum_{k=0}^{\infty}\left(\int_a^b f_k(x)\,dx\right)=\int_a^b\left(\sum_{k=0}^{\infty} f_k(x)\right)dx.$$

Als Beispiel zum Satz von Arzela-Osgood betrachten wir die in Beispiel 2) von S. 371 berechneten Integrale

$$\int_0^\pi \sin^{2n}x\,dx=\frac{2n-1}{2n}\cdot\frac{2n-3}{2n-2}\cdot\ldots\cdot\frac{3}{4}\cdot\frac{1}{2}\cdot\pi$$

$$\int_0^\pi \sin^{2n+1}x\,dx=\frac{2n}{2n+1}\cdot\frac{2n-2}{2n-1}\cdot\ldots\cdot\frac{4}{5}\cdot\frac{2}{3}\cdot 2 \qquad (n\geqq 1)$$

Da im Intervall $[0,\pi]$ gilt

$$\lim_n \sin^n x=\begin{cases}0 & \text{für } x\neq\dfrac{\pi}{2}\\[2ex] 1 & \text{für } x=\dfrac{\pi}{2},\end{cases}$$

ist die Grenzfunktion der Funktionenfolge $(\sin^n)$ eine Regelfunktion. Außerdem gilt $|\sin^n x|\leqq 1$. Deshalb folgt nach dem bewiesenen Satz:

$$\lim_n\left(\frac{1}{2}\cdot\frac{3}{4}\cdot\ldots\cdot\frac{2n-3}{2n-2}\cdot\frac{2n-1}{2n}\right)=0$$

und

$$\lim_n\left(\frac{2}{3}\cdot\frac{4}{5}\cdot\ldots\cdot\frac{2n-2}{2n-1}\cdot\frac{2n}{2n+1}\right)=0.$$

Diese Beziehungen lassen sich auch in der Form schreiben:

$$\lim_n \frac{\binom{2n}{n}}{4^n}=0$$

und

$$\lim_n \frac{1}{2n+1}\cdot\frac{4^n}{\binom{2n}{n}}=0.$$

Aufgaben

1. Man zeige, daß durch

$$f(x) = \sum_{n=1}^{\infty} \frac{nx - [nx]}{n^2}$$

in jedem Intervall $[a, b]$ eine Regelfunktion definiert wird (vgl. Aufg. 4 von S. 327) und berechne

$$\int_0^1 f(x)\,dx.$$

2. Die Potenzreihe $f(x) = \sum_{n=0}^{\infty} c_n x^n$ sei in $[0, 1]$ konvergent. Gilt

$$\int_0^1 f(x)\,dx = \sum_{n=0}^{\infty} \frac{c_n}{n+1}?$$

3. Man zeige, daß durch

$$f(x) = \sum_{n=1}^{\infty} \frac{1}{(2n-1)\,2n} \sin(2n+1)\,x$$

im Intervall $\left[0, \frac{\pi}{2}\right]$ eine Regelfunktion f definiert wird und berechne

$$\int_0^{\frac{\pi}{2}} f(x)\,dx.$$

4. Man berechne

$$\lim_n \int_a^b \frac{1}{1 + x^{2n}}\,dx.$$

5. Man zeige, daß mit den gleichen Voraussetzungen wie im Satz von Arzela-Osgood gilt

$$\lim_n \int_a^{b_n} f_n(x)\,dx = \int_a^b f(x)\,dx,$$

falls (b_n) eine gegen b konvergente Zahlenfolge ist.

6. Man konstruiere in $D = [0, 1]$ eine Folge von Treppenfunktionen (g_n) mit $\|g_n\| = 1$ für alle n, die punktweise gegen die Dirichlet-Funktion (vgl. S. 69) konvergiert. Ist die Zahlenfolge $I(g_n)$ konvergent?

7. Es sei (f_n) eine Folge stetig differenzierbarer Funktionen in $[a, b]$ und die Folge $(\|f_n'\|)$ sei beschränkt. Wenn dann die Folge (f_n') punktweise konvergiert und die Folge (f_n) an wenigstens einer Stelle $x_0 \in [a, b]$ konvergiert, so ist die Folge (f_n) punktweise konvergent, die Grenzfunktion f ist differenzierbar und es gilt

$$f'(x) = \lim_n f_n'(x).$$

(Man vergleiche hierzu Beispiel 2) von S.387.)

8. Für die Aufgaben 9 bis 13 kann man den folgenden Satz über die „Approximierbarkeit" von Regelfunktionen durch dehnungsbeschränkte (also stetige) Funktionen verwenden:
Es sei f eine Regelfunktion, die die Bedingung $f(x_+) = f(x)$ für alle x erfüllt (vgl. Aufg. 9 von S.360). Für $h > 0$ sei

$$f_h(x) = \frac{1}{h} \int_x^{x+h} f(t)\,dt$$

gesetzt. (Für $t > b$ setze man $f(t) = f(b)$.) Dann ist f_h dehnungsbeschränkt mit der Dehnungsschranke $\dfrac{2\|f\|}{h}$.
Ist (h_n) eine Nullfolge positiver Zahlen, so konvergiert die Funktionenfolge (f_{h_n}) punktweise gegen f und es gilt $\|f_{h_n}\| \leqq \|f\|$ für alle n.
Man beweise diesen Satz!
Weiter zeige man:
(a) Aus der Stetigkeit von f folgt die stetige Differenzierbarkeit von f_h und (f_{h_n}) konvergiert dann gleichmäßig gegen f.
(b) Wenn f monoton wachsend (bzw. monoton fallend) ist, dann ist auch f_h monoton wachsend (bzw. monoton fallend).

9. Man beweise folgende Verallgemeinerung der Substitutionsregel: f sei Regelfunktion, g sei stetig differenzierbar und $f \circ g$ sei Regelfunktion. Dann gilt

$$\int_a^b f(g(t))g'(t)\,dt = \int_{g(a)}^{g(b)} f(x)\,dx.$$

Weiter zeige man, daß es genügt, g als stetig und stückweise stetig differenzierbar vorauszusetzen. Kann man auf die Stetigkeit von g verzichten?

10. Man beweise folgende Verallgemeinerung der Produktregel: f und g seien Regelfunktionen und es sei

$$F(x) = \int_a^x f(t)\,dt, \qquad G(x) = \int_a^x g(t)\,dt.$$

Dann gilt

$$\int_a^b f(x)G(x)\,dx + \int_a^b F(x)g(x)\,dx = F(x)G(x)\Big|_a^b.$$

11. Man zeige, daß die auf S. 373 für stetig differenzierbares umkehrbares g bewiesene Gleichung

$$\int_a^b g(x)\,dx + \int_{g(a)}^{g(b)} g^{-1}(x)\,dx = b \cdot g(b) - a \cdot g(a)$$

sogar für jede stetige umkehrbare Funktion g gilt.

12. Man beweise den zweiten Mittelwertsatz der Integralrechnung in folgender Fassung, in der die Voraussetzungen gegenüber S. 372 abgeschwächt sind: Es sei f Regelfunktion, g stetig und monoton sowie $g(a) = 0$. Dann gibt es eine Stelle c in $[a, b]$ derart, daß gilt

$$\int_a^b f(x)g(x)\,dx = g(b) \int_c^b f(x)\,dx.$$

13. Im Anschluß an Aufgabe 12 zeige man, daß auf die Voraussetzung der Stetigkeit von g verzichtet werden kann und beweise dann (wie in der Aufgabe auf S. 373) den zweiten Mittelwertsatz der Integralrechnung: Es sei f Regelfunktion und g sei monoton. Dann gibt es ein $c \in [a, b]$ derart, daß gilt

$$\int_a^b f(x)g(x)\,dx = g(a) \int_a^c f(x)\,dx + g(b) \int_c^b f(x)\,dx.$$

14. Es sei f in $[a, b]$ stetig. Man beweise, daß gilt

$$\lim_n \sqrt[n]{\int_a^b |f(x)|^n\,dx} = \|f\|.$$

Weiter zeige man, daß die Gleichung auch für alle Regelfunktionen f gültig ist, die die Bedingung $f(x) = \frac{1}{2}\left(f(x_+) + f(x_-)\right)$ erfüllen. Warum läßt sich die Aussage nicht für beliebige Regelfunktionen beweisen?

10.5 Parameterabhängige Integrale

Gegeben sei eine Funktion von zwei Variablen

$$(x, t) \mapsto f(x, t)$$

mit der Eigenschaft, daß bei festgehaltenem $t \in D$ die Funktion

$$x \mapsto f(x, t), \qquad x \in [a, b]$$

eine Regelfunktion ist.
Durch

$$F(t) = \int_a^b f(x, t)\, dx$$

wird dann eine Funktion

$$F: D \to \mathbb{R}$$

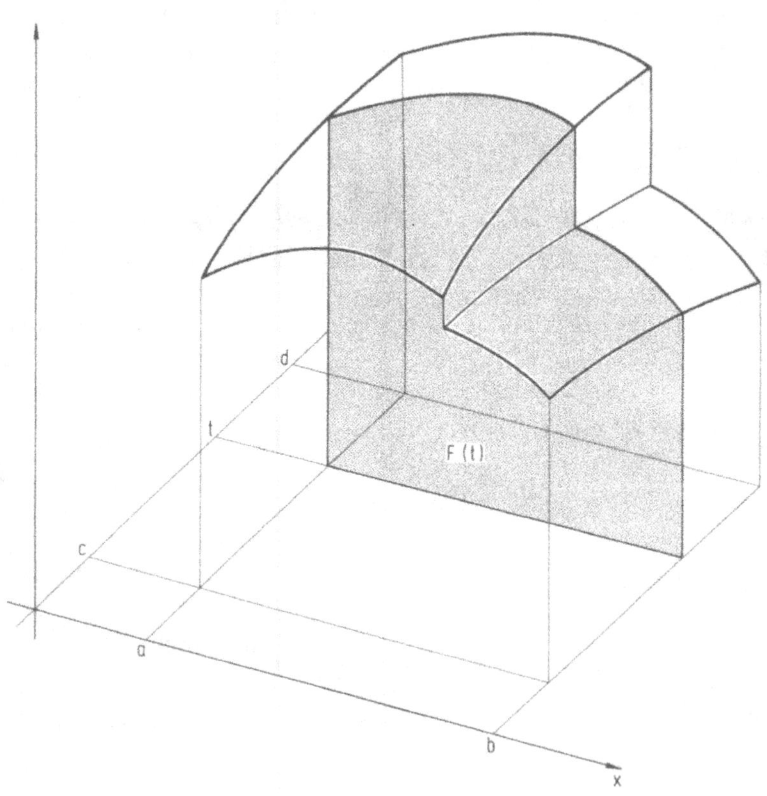

erklärt. Die Variable t, die die Menge D (meistens ein Intervall) durchläuft, nennt man in diesem Zusammenhang oft *Parameter* und sagt, die Funktion F sei durch ein *parameterabhängiges Integral* gegeben.
Wenn $D = \mathbb{N}$ ist, erhält man speziell wieder die gerade untersuchten Folgen von Regelfunktionen. Andere Beispiele sind etwa:

$$F(t) = \int_a^b x^t dx \qquad (\text{mit } 0 < a < b \text{ und } D = \mathbb{R}),$$

oder

$$F(t) = \int_a^b t^x dx \qquad (\text{mit beliebigem } a, b \text{ und } D = \mathbb{R}^+).$$

Im folgenden werden wir untersuchen, unter welchen Bedingungen sich Eigenschaften des Integranden auf die durch ein parameterabhängiges Integral dargestellte Funktion übertragen. Zum Beweis der einschlägigen Sätze verwenden wir statt des Vertauschbarkeitssatzes von S. 386, in dem gleichmäßige Konvergenz vorausgesetzt wird, den Satz von Arzela-Osgood (vgl. S. 392). Dadurch wird eine etwas allgemeinere Fassung dieser Sätze ermöglicht.

Satz: *Die Funktion $f: [a, b] \times D \to \mathbb{R}$ sei beschränkt:*

$$|f(x, t)| \leqq c \qquad \textit{für alle } (x, t) \in [a, b] \times D.$$

Bei jedem festen $x \in [a, b]$ sei die Funktion $t \mapsto f(x, t)$ stetig in D und bei jedem festen $t \in D$ sei $x \mapsto f(x, t)$ Regelfunktion in $[a, b]$. Dann ist die durch

$$F(t) = \int_a^b f(x, t)\,dx$$

definierte Funktion F in D stetig.

Beweis: Es sei $t \in D$ und (t_n) irgendeine Folge, deren Werte in D liegen und die t als Grenzwert hat. Die Folge (g_n) von Regelfunktionen, die durch

$$g_n(x) = f(x, t_n)$$

erklärt ist, konvergiert punktweise in $[a, b]$ wegen der vorausgesetzten Stetigkeit bezüglich des Parameters:

$$\lim_n g_n(x) = f(x, t).$$

Die Grenzfunktion ist nach Voraussetzung Regelfunktion und außerdem gilt

$|g_n(x)| \leqq c$. Deshalb hat man nach dem Satz von Arzela-Osgood:

$$\lim_n F(t_n) = \lim_n \int_a^b f(x, t_n)\,dx = \int_a^b f(x, t)\,dx = F(t).$$

Da diese Beziehung für jede gegen t konvergierende Folge (t_n) gilt, ist gezeigt, daß F an der Stelle t stetig ist.

Bemerkung: Für die Stetigkeit an der Stelle t genügt es, wie der Beweis zeigt, daß eine Umgebung U von t existiert, derart daß

$$|f(x, t)| \leqq c \qquad \text{für alle } (x, t) \in [a, b] \times U$$

gilt.

Beispiel: Für die Funktion F, die durch

$$F(t) = \int_a^b x^t\,dx \qquad (0 < a < b)$$

in $D = \mathbb{R}$ erklärt ist, erhält man die explizite Darstellung

$$F(t) = \frac{b^{t+1} - a^{t+1}}{t+1}.$$

F ist an jeder Stelle $t \in \mathbb{R}$ stetig, auch an der Stelle $t = -1$. Dies sieht man hier direkt (Anwendung der Regel von de L'Hospital), kann es aber auch aus dem Satz in Verbindung mit der Bemerkung folgern.

Wir wenden uns nun der Frage der Differenzierbarkeit zu. Dabei setzen wir voraus, daß D ein Intervall ist (da wir den Mittelwertsatz anwenden werden). Zur Formulierung des folgenden Satzes ist der Begriff der *partiellen Ableitung* erforderlich. Wenn bei festem x die Funktion

$$t \mapsto f(x, t)$$

differenzierbar ist, dann bezeichnen wir deren Ableitungsfunktion mit $D_2 f$ und nennen diese Funktion die partielle Ableitung von f nach dem Parameter t (oder nach der zweiten Variablen). Wenn $D_2 f$ für jedes $x \in [a, b]$ vorhanden ist, dann kann man $D_2 f$ wieder als Funktion der beiden Variablen x und t auffassen.

Satz: *Es sei $f: [a, b] \times D \to \mathbb{R}$ für jedes feste t aus dem Intervall D Regelfunktion in $[a, b]$ und für jedes $x \in [a, b]$ partiell nach t differenzierbar. Die Funktion*

$$D_2 f: [a, b] \times D \to \mathbb{R}$$

sei für jedes feste $t \in D$ Regelfunktion in $[a, b]$ und $D_2 f$ sei beschränkt, d.h. es gelte für alle $x \in [a, b]$ und alle $t \in D$:

$$|D_2 f(x, t)| \leqq c.$$

Dann ist die durch

$$F(t) = \int_a^b f(x, t)\,dx$$

definierte Funktion F in D differenzierbar und es gilt:

$$F'(t) = \int_a^b D_2 f(x, t)\,dx,$$

d.h. „es kann unter dem Integralzeichen differenziert werden".

Beweis: Wieder sei (t_n) irgendeine gegen $t \in D$ konvergierende Folge und es gelte $t_n \neq t$ für alle n. Man hat dann

$$\frac{F(t_n) - F(t)}{t_n - t} = \int_a^b \frac{f(x, t_n) - f(x, t)}{t_n - t}\,dx.$$

Die Folge (g_n) mit

$$g_n(x) = \frac{f(x, t_n) - f(x, t)}{t_n - t}$$

ist punktweise konvergent:

$$\lim_n g_n(x) = D_2 f(x, t)$$

und die Grenzfunktion ist nach Voraussetzung Regelfunktion in $[a, b]$. Nach dem Mittelwertsatz der Differentialrechnung erhält man für g_n die Abschätzung

$$|g_n(x)| \leqq c,$$

so daß nach S. 392 folgt:

$$F'(t) = \lim_n \frac{F(t_n) - F(t)}{t_n - t} = \lim_n \int_a^b \frac{f(x, t_n) - f(x, t)}{t_n - t}\,dx = \int_a^b D_2 f(x, t)\,dx.$$

Bemerkung: Für die Differenzierbarkeit an der Stelle t genügt es wiederum, daß eine Umgebung U von t existiert, derart daß die Voraussetzungen in $[a, b] \times U$ erfüllt sind.

Als Beispiel zu den beiden bewiesenen Sätzen betrachten wir für $t \geqq 0$ das Integral

$$F(t) = \int_0^1 \frac{x^t - 1}{\ln x} dx.$$

Der Integrand $f(x, t)$ ist für jedes $t \geqq 0$ zunächst nur im offenen Intervall $0 < x < 1$ erklärt und stetig, läßt sich jedoch auf $[0, 1]$ stetig fortsetzen (Beweis!).
Weiter findet man als partielle Ableitung für $0 < x < 1$:

$$D_2 f(x, t) = \frac{\ln x \cdot x^t}{\ln x} = x^t$$

und zeigt, daß diese Gleichung auch für $x = 0$ und $x = 1$ ihre Gültigkeit behält. Wegen

$$|D_2 f(x, t)| \leqq 1 \qquad \text{in } [0, 1] \times \mathbb{R}_0^+$$

ergibt sich die Differenzierbarkeit von F:

$$F'(t) = \int_0^1 x^t dx = \frac{1}{t+1}.$$

Damit kann nun auch $F(t)$ selbst bestimmt werden:

$$F(t) = \ln(1 + t) + c.$$

Die Konstante c ergibt sich durch Einsetzen von $t = 0$. Man erhält also als Resultat:

$$\int_0^1 \frac{x^t - 1}{\ln x} dx = \ln(1 + t) \qquad \text{für } t \geqq 0.$$

Schließlich beschäftigen wir uns mit der Integration der Funktion F; dazu nehmen wir an, daß D ein Intervall $[c, d]$ enthält. Unter den Voraussetzungen des Satzes von S. 399 existiert das Integral

$$\int_c^d F(t) dt = \int_c^d \left(\int_a^b f(x, t) dx \right) dt,$$

da F stetig ist. Die Frage liegt nahe, ob die Gleichung

$$\int_c^d \left(\int_a^b f(x, t) dx \right) dt = \int_a^b \left(\int_c^d f(x, t) dt \right) dx$$

gilt. Da jetzt x und t gleichberechtigt auftreten, setzen wir voraus, daß $f(x, t)$ auch bei festem t eine stetige Funktion der Variablen x ist.

Satz: *Es sei $f\colon [a,b] \times [c,d] \to \mathbb{R}$ für jedes feste $t \in [c,d]$ eine stetige Funktion auf dem Intervall $[a,b]$ und für jedes feste $x \in [a,b]$ eine stetige Funktion auf dem Intervall $[c,d]$. Außerdem sei f beschränkt. Dann gilt*

$$\int_c^d \left(\int_a^b f(x,t)\,dx \right) dt = \int_a^b \left(\int_c^d f(x,t)\,dt \right) dx,$$

d.h. „die Reihenfolge der Integrationen kann vertauscht werden".

Beweis: Wir betrachten die beiden Funktionen

$$H_1(y) = \int_c^y F(t)\,dt, \qquad y \in [c,d]$$

$$H_2(y) = \int_a^b \left(\int_c^y f(x,t)\,dt \right) dx, \qquad y \in [c,d]$$

und finden

$$H_1'(y) = F(y).$$

Die Ableitung von H_2 erhält man durch „Differentiation unter dem Integralzeichen":

$$H_2'(y) = \int_a^b f(x,y)\,dx.$$

Also gilt $H_1' = H_2'$. Aus $H_1(c) = H_2(c) = 0$ folgt weiter, daß sogar $H_1 = H_2$ richtig ist. Für $y = d$ erhält man die Behauptung.

Aufgaben

1. Der Integrand $f(x,t)$ erfülle die gleichen Voraussetzungen wie im Satz auf S. 399 und die Funktion $g\colon D \to [a,b]$ sei stetig. Man zeige, daß die durch

$$G(t) = \int_a^{g(t)} f(x,t)\,dx$$

definierte Funktion G stetig ist.

2. Die Funktion g sei in $\mathbb{R}$ definiert und in jedem kompakten Teilintervall stückweise stetig. Weiter sei $f\colon [a,b] \to \mathbb{R}$ Regelfunktion. Man zeige, daß

durch

$$F(t) = \int_a^b f(x) \cdot g(tx)\,dx$$

eine Funktion F mit der Definitionsmenge $\mathbb{R}$ erklärt wird, die in $\mathbb{R}\setminus\{0\}$ stetig ist.
Man belege durch Beispiele, daß F an der Stelle $t = 0$ stetig oder auch unstetig sein kann.

3. Für $t > 0$ sei F erklärt durch

$$F(t) = \int_0^{\frac{\pi}{2}} \left| \sin \frac{x}{t} \right| dx.$$

Man zeige, daß F stetig ist und daß gilt

$$\lim_{t \to 0} F(t) = 1.$$

4. Man zeige, daß durch

$$F(t) = \int_0^1 \frac{e^{-(1+x^2)t^2}}{1+x^2}\,dx \qquad (t \in \mathbb{R})$$

eine differenzierbare Funktion F erklärt wird und daß gilt:

$$F'(t) = -2 \cdot e^{-t^2} \cdot \int_0^t e^{-u^2}\,du.$$

Daraus folgere man

$$\left(\int_0^t e^{-u^2}\,du \right)^2 = \frac{\pi}{4} - F(t),$$

und zeige:

$$\lim_{t \to \infty} \int_0^t e^{-u^2}\,du = \frac{1}{2}\sqrt{\pi}.$$

5. Man zeige, daß für $t \neq 0$ gilt:

$$\int_0^\pi \frac{1}{\cos^2 x + t^2 \sin^2 x}\,dx = \frac{\pi}{|t|}.$$

Darf man unter dem Integralzeichen differenzieren?

6. Man berechne für $|t| < 1$:

$$\int_0^{\pi} \frac{1}{\sin x} \ln \frac{1 + t\sin x}{1 - t\sin x}\, dx.$$

(Der Integrand kann an der unteren und an der oberen Grenze stetig ergänzt werden.)

7. Für $|t| < 1$ wird durch

$$F(t) = \int_0^{2\pi} \ln(1 + t^2 - 2t\cos x)\, dx$$

eine differenzierbare Funktion F erklärt. Man beweise dies und bestimme $F(t)$.
Anleitung: Man betrachte F zunächst auf einem kompakten Teilintervall von $|t| < 1$.
(Dieses Integral spielt eine Rolle in der Potentialtheorie der Ebene.)

8. Es sei

$$F(t) = \int_0^{\pi} \sin^t x\, dx \qquad (t \geqq 0).$$

Durch Produktintegration leite man eine Funktionalgleichung für F her und folgere, daß die Funktion f mit

$$f(t) = (t+1)\, F(t)\, F(t+1)$$

die Periode 1 besitzt. Weiter zeige man, daß F monoton fallend ist und daß f konstant ist. Man bestimme diese Konstante. Schließlich beweise man, daß

$$\lim_{t\to\infty} \frac{F(t+1)}{F(t)} \qquad \text{und} \qquad \lim_{t\to\infty} \sqrt{t}\cdot F(t)$$

existieren und ermittle diese Grenzwerte.

9. Die Funktion f sei für $0 \leqq x \leqq 1$, $0 \leqq t \leqq 1$ erklärt durch

$$f(x,t) = \begin{cases} \dfrac{tx^2 - t^2 x}{(x+t)^5}, & \text{falls } (x,t) \neq (0,0) \\ 0\quad, & \text{falls } (x,t) = (0,0). \end{cases}$$

Man zeige, daß für jedes $t \in [0,1]$ die Funktion $x \mapsto f(x,t)$ und daß für jedes $x \in [0,1]$ die Funktion $t \mapsto f(x,t)$ stetig ist. Weiter zeige man, daß f nicht beschränkt ist, daß aber die Funktionen

$$F(t) = \int_0^1 f(x,t)\,dx$$

$$G(x) = \int_0^1 f(x,t)\,dt$$

stetig sind. Trotzdem gilt

$$\int_0^1 F(t)\,dt \neq \int_0^1 G(x)\,dx.$$

10. Man gebe einen anderen Beweis für den Satz von der Vertauschbarkeit der Integrationsreihenfolge (vgl. S.403) durch Zurückgehen auf die Integraldefinition.

10.6 Numerische Integration

Die numerische Bereohnung eines Integrals läßt sich im Prinzip immer aufgrund der Integraldefinition durchführen. Dabei kann jede vorgegebene Fehlerschranke unterschritten werden, indem man zu der Regelfunktion f eine Treppenfunktion g mit

$$\|f-g\| < \frac{\varepsilon}{b-a}$$

aufsucht. Man hat dann für $I(f)$ die Abschätzung

$$|I(f) - I(g)| < \varepsilon,$$

und $I(g)$ kann durch eine endliche Anzahl von Multiplikationen und Additionen bestimmt werden. Bei dieser groben Methode ist jedoch der Rechenaufwand im allgemeinen sehr groß.

Daher ist es wichtig, sich verfeinerte Verfahren zur angenäherten Berechnung von Integralen zu verschaffen. Man kommt zu solchen Näherungsformeln leicht durch geometrische Überlegungen. Mathematisch interessant sind dabei weniger die betreffenden Formeln, als vielmehr die zugehörigen Fehlerabschätzungen.

Wir beschäftigen uns zunächst mit der *Sehnenregel* und mit der *Tangentenregel*. In beiden Fällen besteht der Grundgedanke darin, die zu integrierende Funktion f durch eine ganzrationale Funktion ersten Grades zu ersetzen. Wegen

der Fehlerabschätzung, die man hier gewinnen kann, setzen wir voraus, daß f im Intervall $-h \leqq x \leqq h$ zweimal stetig differenzierbar ist.
Für die Sehnenregel nehmen wir als Ersatzfunktion:

$$x \mapsto \frac{f(h)+f(-h)}{2} + \frac{f(h)-f(-h)}{2h}x$$

und für die Tangentenregel:

$$x \mapsto f(0) + f'(0)x.$$

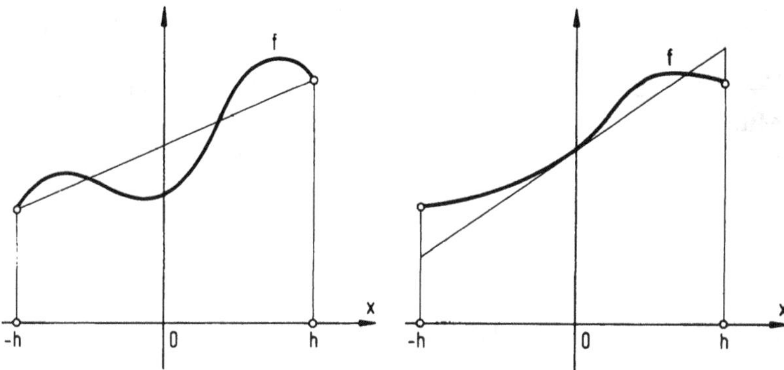

Die zugehörigen Integrale über das Intervall $[-h, h]$ bezeichnen wir mit S bzw. T:

$$S = h \cdot (f(-h) + f(h))$$
$$T = 2h \cdot f(0).$$

Es ist zu erwarten, daß S und T „Näherungswerte" für das Integral

$$\int_{-h}^{h} f(x)\,dx$$

sind. Diese unpräzise Aussage wollen wir nun durch eine exakte Fehlerabschätzung ersetzen. Dazu bedienen wir uns der Produktintegration.

1) Sehnenregel

$$\int_{-h}^{h} f(x)\,dx = x\cdot f(x)\Big|_{-h}^{h} - \int_{-h}^{h} x\cdot f'(x)\,dx$$

$$= h\cdot\big(f(h)+f(-h)\big) - \left[\left(\frac{1}{2}x^2 - \frac{1}{2}h^2\right)\cdot f'(x)\right]_{-h}^{h}$$

$$+ \int_{-h}^{h}\left(\frac{1}{2}x^2 - \frac{1}{2}h^2\right) f''(x)\,dx.$$

Es gilt also die Gleichung:

$$\int_{-h}^{h} f(x)\,dx = S - \tfrac{1}{2}\cdot \int_{-h}^{h} (h^2 - x^2)\cdot f''(x)\,dx.$$

Wegen $h^2 - x^2 \geqq 0$ im Integrationsintervall $[-h, h]$ läßt sich der verallgemeinerte Mittelwertsatz (vgl. Aufgabe 10 von S. 361) anwenden. Es gibt also eine Stelle $c \in [-h, h]$ derart, daß

$$\int_{-h}^{h} f''(x)\cdot(h^2 - x^2)\,dx = f''(c)\cdot \int_{-h}^{h} (h^2 - x^2)\,dx = f''(c)\cdot \tfrac{4}{3}h^3$$

gilt. Damit erhält man mit passendem $c \in [-h, h]$ die Gleichung

$$\int_{-h}^{h} f(x)\,dx = S - \tfrac{2}{3}h^3\cdot f''(c),$$

und aus dieser die Abschätzung:

$$\left|\int_{-h}^{h} f(x)\,dx - S\right| \leqq \tfrac{2}{3}h^3\cdot \|f''\|.$$

2) Tangentenregel

Hier spalten wir zunächst auf

$$\int_{-h}^{h} f(x)\,dx = \int_{-h}^{0} f(x)\,dx + \int_{0}^{h} f(x)\,dx$$

und erhalten für das rechte Integral:

$$\int_0^h f(x)\,dx = (x-h)f(x)\Big|_0^h - \int_0^h (x-h)f'(x)\,dx$$

$$= h\cdot f(0) + \left[-\frac{1}{2}(x-h)^2 f'(x)\right]_0^h + \int_0^h \frac{1}{2}(x-h)^2\cdot f''(x)\,dx$$

$$= h\cdot f(0) + \tfrac{1}{2}h^2\cdot f'(0) + \int_0^h \tfrac{1}{2}(x-h)^2 f''(x)\,dx.$$

Entsprechend erhält man

$$\int_{-h}^0 f(x)\,dx = h\cdot f(0) - \tfrac{1}{2}h^2\cdot f'(0) + \int_0^h \tfrac{1}{2}(x+h)^2 f''(x)\,dx.$$

Nach Einführung der stetigen Funktion g durch (vgl. Fig.)

$$g(x) = \begin{cases} (x+h)^2 & \text{für } -h \leqq x < 0 \\ (x-h)^2 & \text{für } \quad 0 \leqq x \leqq h \end{cases}$$

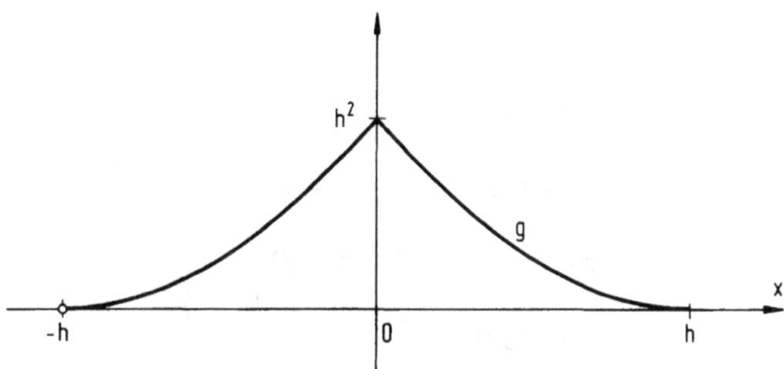

ergibt sich durch Zusammenfassung beider Integrale:

$$\int_{-h}^h f(x)\,dx = T + \tfrac{1}{2}\cdot \int_{-h}^h g(x)\cdot f''(x)\,dx.$$

Wieder kann der verallgemeinerte Mittelwertsatz angewendet werden. Es gibt also eine Stelle $c \in [-h, h]$ derart, daß

$$\int_{-h}^h g(x)\cdot f''(x)\,dx = f''(c)\cdot \int_{-h}^h g(x)\,dx = f''(c)\cdot \tfrac{2}{3}h^3$$

gilt. Damit erhält man mit passendem $c \in [-h, h]$ die Gleichung

$$\int_{-h}^h f(x)\,dx = T + \tfrac{1}{3}h^3\cdot f''(c)$$

und daraus die Abschätzung

$$\left| \int_{-h}^{h} f(x)dx - T \right| \leqq \tfrac{1}{3} h^3 \cdot \|f''\|.$$

Für ganzrationale Funktionen ersten Grades liefern sowohl die Sehnenregel als auch die Tangentenregel den exakten Integralwert; für ganzrationale Funktionen zweiten Grades sind dagegen S und T beide vom Integral $\int_{-h}^{h} f(x)\, dx$ verschieden, wie die bewiesenen Gleichungen (in denen ja f'' vorkommt) zeigen.
Durch Mittelbildung erhält man eine Näherung K, die auch für ganzrationale Funktionen zweiten Grades stets den richtigen Integralwert liefert.
Man setzt an

$$K = \alpha S + \beta T \qquad \text{mit } \alpha + \beta = 1$$

und bestimmt die „Gewichte" α und β aus der Bedingung, daß $f(x) = x^2$ exakt integriert wird:

$$\int_{-h}^{h} x^2 dx = \tfrac{2}{3} h^3 = \alpha \cdot 2h^3 + \beta \cdot 0.$$

Es ergibt sich also $\alpha = \frac{1}{3}$ und $\beta = \frac{2}{3}$ und damit

$$K = \tfrac{1}{3} h \cdot \big(f(-h) + f(h)\big) + \tfrac{2}{3} \cdot 2h \cdot f(0)$$

$$K = \frac{h}{3} \cdot \big(f(-h) + 4f(0) + f(h)\big).$$

Aufgabe: Man verifiziere, daß sogar für alle ganzrationalen Funktionen höchstens dritten Grades, die Zahl K den exakten Integralwert liefert.

Nach der Aufgabe kann man erwarten, daß der Fehler

$$\int_{-h}^{h} f(x)dx - \frac{h}{3} \cdot \big(f(-h) + 4f(0) + f(h)\big)$$

mit Hilfe der vierten Ableitung von f abgeschätzt werden kann. Wir setzen deshalb jetzt voraus, daß f im Intervall $[-h, h]$ viermal stetig differenzierbar ist.

3) Simpsonregel (Keplersche Faßregel)

Wie bei der Tangentenregel formen wir zunächst das Integral $\int_{0}^{h} f(x)dx$ durch

Produktintegration um:

$$\int_0^h f(x)\,dx = \left(x - \frac{2}{3}h\right) f(x)\Big|_0^h - \int_0^h \left(x - \frac{2}{3}h\right) f'(x)\,dx$$

$$= \frac{h}{3}(2f(0) + f(h)) - \left[\frac{1}{2}x^2 - \frac{2}{3}hx + \frac{1}{6}h^2 f'(x)\right]_0^h$$

$$+ \int_0^h \left(\frac{1}{2}x^2 - \frac{2}{3}hx + \frac{1}{6}h^2\right) f''(x)\,dx.$$

Also hat man

$$\int_0^h f(x)\,dx = \frac{h}{3}(2f(0) + f(h)) + \frac{1}{6}h^2 \cdot f'(0)$$

$$+ \int_0^h \left(\frac{1}{2}x^2 - \frac{2}{3}hx + \frac{1}{6}h^2\right) f''(x)\,dx.$$

Entsprechend folgt:

$$\int_{-h}^0 f(x)\,dx = \frac{h}{3}(f(-h) + 2f(0)) - \frac{1}{6}h^2 \cdot f'(0)$$

$$+ \int_{-h}^0 \left(\frac{1}{2}x^2 + \frac{2}{3}hx + \frac{1}{6}h^2\right) f''(x)\,dx.$$

Führen wir nun die stetige Funktion g_2 ein durch die Festsetzung (vgl. Fig. 412):

$$g_2(x) = \begin{cases} \frac{1}{2}x^2 + \frac{2}{3}hx + \frac{1}{6}h^2 & \text{für } -h \leqq x < 0 \\ \frac{1}{2}x^2 - \frac{2}{3}hx + \frac{1}{6}h^2 & \text{für } \quad 0 \leqq x \leqq h, \end{cases}$$

so erhält man die Gleichung:

$$\int_{-h}^h f(x)\,dx = K + \int_{-h}^h g_2(x) \cdot f''(x)\,dx.$$

Da g_2 das Vorzeichen wechselt, kann man hier nicht unmittelbar den Mittelwertsatz verwenden. Wir formen deshalb noch zweimal durch Produktintegration um und benötigen dazu eine Stammfunktion g_3 der Funktion g_2 und weiter eine Stammfunktion g_4 von g_3 (vgl. Fig. S. 412):

$$g_3(x) = \begin{cases} \frac{1}{6}x^3 + \frac{1}{3}hx^2 + \frac{1}{6}h^2 x, & -h \leqq x < 0 \\ \frac{1}{6}x^3 - \frac{1}{3}hx^2 + \frac{1}{6}h^2 x, & 0 \leqq x \leqq h \end{cases}$$

$$g_4(x) = \begin{cases} \frac{1}{24}x^4 + \frac{1}{9}hx^3 + \frac{1}{12}h^2x^2 - \frac{1}{72}h^4, & -h \leqq x < 0 \\ \frac{1}{24}x^4 - \frac{1}{9}hx^3 + \frac{1}{12}h^2x^2 - \frac{1}{72}h^4, & 0 \leqq x \leqq h \end{cases}$$

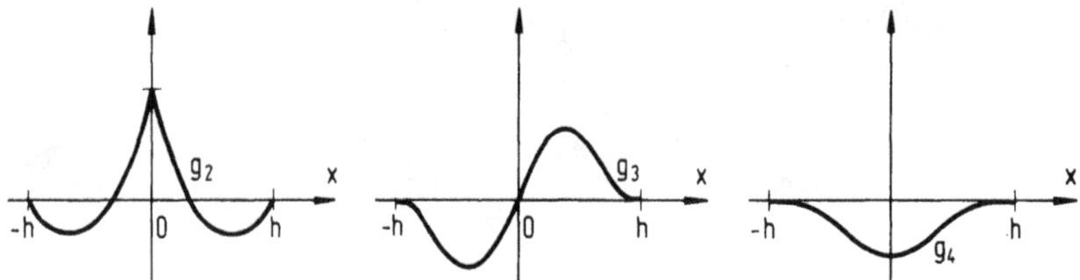

Die willkürlichen Konstanten sind dabei so gewählt, daß $g_3(h) = g_4(h) = 0$ gilt; dann ist zugleich auch $g_3(-h) = g_4(-h) = 0$. Die Funktion g_4 nimmt keine positiven Werte an und man rechnet leicht aus:

$$\int_{-h}^{h} g_4(x)\,dx = -\tfrac{1}{90}h^5.$$

Durch Produktintegration folgt nun:

$$\begin{aligned} \int_{-h}^{h} g_2(x)f''(x)\,dx &= g_3(x)f''(x)\Big|_{-h}^{h} - \int_{-h}^{h} g_3(x)f'''(x)\,dx \\ &= -g_4(x)f'''(x)\Big|_{-h}^{h} + \int_{-h}^{h} g_4(x)f^{(4)}(x)\,dx \\ &= \int_{-h}^{h} g_4(x)f^{(4)}(x)\,dx. \end{aligned}$$

Nach dem verallgemeinerten Mittelwertsatz gibt es eine Stelle $c \in [-h, h]$ derart, daß gilt

$$\int_{-h}^{h} g_2(x)f''(x)\,dx = f^{(4)}(c) \cdot \int_{-h}^{h} g_4(x)\,dx = -\tfrac{1}{90}h^5 \cdot f^{(4)}(c).$$

Wir erhalten also mit passendem $c \in [-h, h]$ die Gleichung

$$\int_{-h}^{h} f(x)\,dx = K - \tfrac{1}{90}h^5 \cdot f^{(4)}(c)$$

und aus dieser die Abschätzung:

$$\left| \int_{-h}^{h} f(x)\,dx - K \right| \leqq \tfrac{1}{90}h^5 \cdot \|f^{(4)}\|.$$

Um die Rechnungen einfach zu halten, haben wir bisher $[-h, h]$ als Integrationsintervall gewählt. Es ist leicht, die gewonnenen Gleichungen und Abschätzungen auf ein beliebiges Intervall $[a, b]$ zu übertragen. Wir stellen die Ergebnisse hier zusammen:

1) Sehnenregel

$$S = (b-a) \cdot \frac{f(a) + f(b)}{2}$$

$$\left| \int_a^b f(x)dx - S \right| \leqq \tfrac{1}{12}(b-a)^3 \cdot \|f''\|$$

2) Tangentenregel

$$T = (b-a) \cdot f\left(\frac{a+b}{2}\right)$$

$$\left| \int_a^b f(x)dx - T \right| \leqq \tfrac{1}{24}(b-a)^3 \|f''\|$$

3) Simpsonregel

$$K = (b-a)\left(\frac{1}{6}f(a) + \frac{2}{3}f\left(\frac{a+b}{2}\right) + \frac{1}{6}f(b)\right)$$

$$\left| \int_a^b f(x)dx - K \right| \leqq \tfrac{1}{2880}(b-a)^5 \|f^{(4)}\|.$$

Durch Unterteilung des Intervalls $[a, b]$ und Verwendung der hergeleiteten Näherungswerte für die Teilintervalle läßt sich eine Verbesserung der Näherungswerte erzielen:

1) Sehnenregel

Äquidistante Unterteilung von $[a, b]$ in n Teilintervalle. Die Funktionswerte in den Teilpunkten seien mit $y_0, y_1, \ldots, y_n$ bezeichnet.

$$S = \frac{b-a}{n} \cdot \left(\frac{1}{2}y_0 + y_1 + \ldots + y_{n-1} + \frac{1}{2}y_n\right)$$

$$\left| \int_a^b f(x)dx - S \right| \leqq \frac{(b-a)^3}{12} \cdot \|f''\| \cdot \frac{1}{n^2}.$$

2) Tangentenregel

Äquidistante Unterteilung von $[a, b]$ in $2n$ Teilintervalle. Von den Funktionswerten $y_0, y_1, \ldots, y_{2n}$ in den Teilpunkten werden nur $y_1, y_3, \ldots, y_{2n-1}$ gebraucht.

$$T = \frac{b-a}{n} \cdot (y_1 + y_3 + \ldots + y_{2n-1})$$

$$\left| \int_a^b f(x)\,dx - T \right| \leqq \frac{(b-a)^3}{24} \cdot \|f''\| \cdot \frac{1}{n^2}.$$

3) Simpsonregel

Äquidistante Unterteilung von $[a, b]$ in $2n$ Teilintervalle. Die Funktionswerte in den Teilpunkten seien $y_0, y_1, \ldots, y_{2n}$.

$$K = \frac{b-a}{n} \cdot \left(\frac{1}{6} y_0 + \frac{1}{6} y_{2n} + \frac{1}{3} \cdot \sum_{k=1}^{n-1} y_{2k} + \frac{2}{3} \cdot \sum_{k=1}^{n} y_{2k-1} \right)$$

$$\left| \int_a^b f(x)\,dx - K \right| \leqq \frac{(b-a)^5}{2880} \cdot \|f^{(4)}\| \cdot \frac{1}{n^4}.$$

Aufgabe: Man führe die Beweise für die angegebenen drei Regeln im einzelnen durch.

Aufgaben

1. Für das Integral $\int_0^1 \frac{1}{1+x^2}\,dx$ berechne man die Näherungswerte S, T und K und gebe jeweils an, wie groß der Fehler höchstens sein kann. Ferner vergleiche man die Fehlerschranken mit den tatsächlichen Fehlern, indem man verwendet:

$$\int_0^1 \frac{1}{1+x^2}\,dx = \frac{\pi}{4} = 0{,}785\,398\,163\ldots.$$

2. Man berechne den Näherungswert K für $\ln 2$, der sich durch Anwendung der Simpsonregel auf das Integral

$$\int_1^2 \frac{1}{x}\,dx$$

ergibt und gebe für den Fehler $(\ln 2 - K)$ eine untere und eine obere Schranke an.

3. Man prüfe, wie groß man n bei den Unterteilungsverfahren für S, T und K (gemäß der angegebenen Fehlerabschätzungen) wählen muß, damit der Fehler des jeweiligen Näherungswertes für die Zahl

$$\ln 2 = \int_1^2 \frac{1}{x}\,dx$$

höchstens 10^{-5} ist.
Man berechne $\ln 2$ auf vier Dezimalen genau.

4. Die Simpsonregel mit Unterteilung in vier Teilintervalle angewandt auf

$$\int_0^1 \frac{1}{1+x^2}\,dx = \frac{\pi}{4}$$

ergibt für die Dezimalentwicklung von $\frac{\pi}{4}$ schon die ersten fünf Stellen. Man prüfe dies nach, indem man mit dem in Aufg. 1 angegebenen Anfang der Dezimalentwicklung von $\frac{\pi}{4}$ vergleicht. Was kann man aufgrund der Fehlerabschätzung über den Fehler aussagen?

5. Man zeige, daß

$$\frac{\pi}{4} = \int_0^{\frac{1}{2}} \frac{1}{1+x^2}\,dx + \int_0^{\frac{1}{3}} \frac{1}{1+x^2}\,dx$$

gilt und berechne Näherungswerte für die beiden Integrale nach der Simpsonregel mit $n = 2$. Welche Fehlerabschätzung erhält man?
Wie groß ist der tatsächliche Fehler?

6. Man beweise, daß für viermal stetig differenzierbares f gilt:

(a) $\int_{-h}^{h} f(x)\,dx = S - \frac{1}{3}h^2\big(f'(h) - f'(-h)\big) + \frac{2}{45}h^5 f^{(4)}(c)$ mit $c \in [-h, h]$

(b) $\int_{-h}^{h} f(x)\,dx = S - \frac{2}{3}h^3 \cdot f''(0) - \frac{1}{15}h^5 \cdot f^{(4)}(c)$ mit $c \in [-h, h]$

7. Man beweise „Newtons $\frac{3}{8}$-Regel": Für den Näherungswert

$$N = \tfrac{3}{8}h \cdot \big(f(0) + 3f(h) + 3f(2h) + f(3h)\big)$$

des Integrals $\int_0^{3h} f(x)\,dx$ gilt – wenn f viermal stetig differenzierbar ist – die Fehlerabschätzung

$$\left| \int_0^{3h} f(x)\,dx - N \right| \leqq \tfrac{3}{80}h^5 \,\|f^{(4)}\|.$$

11 Uneigentliche Integrale

Bei der Definition des Integrals für Regelfunktionen ist die Voraussetzung wesentlich, daß das Integrationsintervall beschränkt und abgeschlossen ist; denn dadurch wird gesichert, daß die Integralabschätzung $|I(f)| \leqq (b-a)\|f\|$ gilt, die bei vielen Überlegungen, z. B. schon beim Existenzbeweis, gebraucht wird.

Hier soll nun durch naheliegende Grenzübergänge die Integraldefinition ausgedehnt werden, und zwar sowohl auf den Fall, daß das Integrationsintervall unbeschränkt ist, als auch auf den Fall, daß der Integrand in der Umgebung einer Stelle nicht beschränkt bleibt oder oszilliert. Man spricht in diesen Fällen von *uneigentlichen Integralen.* Viele Eigenschaften des gewöhnlichen Integrals lassen sich auf uneigentliche Integrale übertragen, nicht aber die Integralabschätzung und damit die Vertauschbarkeit von Integration und Grenzübergang bei gleichmäßiger Konvergenz.

Uneigentliche Integrale sind wichtig für viele Anwendungsgebiete, wie z. B. Statistik und Naturwissenschaften; darauf können wir hier nicht näher eingehen. Innerhalb der Analysis liegt die Bedeutung der uneigentlichen Integrale unter anderem darin, daß mit ihrer Hilfe einige wichtige spezielle Funktionen, wie z. B. die Gamma-Funktion, definiert werden können. Dazu geeignete Sätze über parameterabhängige uneigentliche Integrale leiten wir im zweiten Abschnitt her.

11.1 Uneigentliche Integrale mit unbeschränktem Integrationsintervall

Die Funktion f sei für $x \geqq a$ definiert und in jedem Intervall $[a, u]$ Regelfunktion. Dann ist durch

$$F(u) = \int_a^u f(x)\,dx$$

im Intervall $u \geqq a$ eine Funktion F erklärt. Wenn nun

$$\lim_{u \to \infty} F(u)$$

existiert, dann nennt man den Grenzwert ein *uneigentliches Integral* und bezeichnet ihn mit

$$\int_a^\infty f(x)\,dx.$$

Auch sagt man in diesem Fall, daß das uneigentliche Integral

$$\int_a^\infty f(x)\,dx$$

konvergiert und daß f im Intervall $x \geqq a$ *uneigentlich integrierbar* ist.

Bemerkung: Wie bei den unendlichen Reihen verwendet man das Symbol $\int_a^\infty f(x)\,dx$ also nicht nur als Bezeichnung für eine reelle Zahl, sondern auch – insbesondere wenn die Konvergenzfrage noch offen ist – als Bezeichnung für die Funktion F. Mißverständnisse können hierdurch kaum entstehen, da sich aus dem Zusammenhang ergibt, welche Bedeutung gemeint ist.

Aus dem Cauchy-Kriterium von S. 240 in Verbindung mit der Aufgabe 5 von S. 245 ergibt sich unmittelbar der

Satz: *Notwendig und hinreichend für die Konvergenz des uneigentlichen Integrals $\int_a^\infty f(x)\,dx$ ist die Bedingung:*

Zu jedem $\varepsilon > 0$ existiert ein u_0 derart, daß für alle $u_1, u_2 \geqq u_0$ gilt:

$$\left| \int_{u_1}^{u_2} f(x)\,dx \right| < \varepsilon.$$

(*Cauchy-Kriterium*).

Beispiele:

1) $\int_0^\infty x^n \exp(-x)\,dx$ ist konvergent und es gilt

$$\int_0^\infty x^n \exp(-x)\,dx = n!.$$

Beweis: Für den Integranden kann man eine Stammfunktion explizit angeben (vgl. S. 372), nämlich

$$F(x) = -\exp(-x) \cdot \sum_{k=0}^{n} \frac{n!}{k!} x^k.$$

Wegen $\lim\limits_{u\to\infty} F(u) = 0$ (vgl. dazu S. 281) folgt deshalb

$$\int_0^\infty x^n e^{-x}\,dx = -F(0) = n!.$$

2) $\int_0^\infty \frac{\sin x}{x}\,dx$ ist konvergent.

(Zwar ist $\frac{\sin x}{x}$ für $x = 0$ nicht definiert, doch läßt sich der Integrand wegen $\lim\limits_{x\to 0} \frac{\sin x}{x} = 1$ stetig ergänzen.)

Beweis: Wegen $\int_0^u \frac{\sin x}{x}\,dx = \int_0^a \frac{\sin x}{x}\,dx + \int_a^u \frac{\sin x}{x}\,dx$ genügt es, für die Konvergenzuntersuchung das Integral

$$\int_a^u \frac{\sin x}{x}\,dx \qquad \text{mit } a > 0$$

zu betrachten. Umformung mit Hilfe der Produktintegration ergibt:

$$\int_a^u \frac{\sin x}{x}\,dx = \left[-\frac{1}{x}\cos x\right]_a^u - \int_a^u \frac{\cos x}{x^2}\,dx.$$

Auf das rechts stehende Integral wollen wir das Cauchy-Kriterium anwenden, dazu schätzen wir ab (es sei $u_2 > u_1$):

$$\left|\int_{u_1}^{u_2} \frac{\cos x}{x^2}\,dx\right| \leqq \int_{u_1}^{u_2} \frac{|\cos x|}{x^2}\,dx \leqq \int_{u_1}^{u_2} \frac{dx}{x^2} = \frac{1}{u_1} - \frac{1}{u_2} < \frac{1}{u_1}.$$

Wenn $\varepsilon > 0$ vorgegeben ist, hat man also für alle u_1, u_2 mit $u_2 > u_1 > \frac{1}{\varepsilon}$:

$$\left|\int_{u_1}^{u_2} \frac{\cos x}{x^2}\,dx\right| < \varepsilon.$$

Es existiert also

$$\lim_{u\to\infty} \int_a^u \frac{\cos x}{x^2}\,dx.$$

Da der Grenzwert des ausintegrierten Bestandteils ebenfalls vorhanden ist, ergibt sich die Behauptung. Den Grenzwert selbst werden wir auf S. 433 bestimmen.

3) $\int\limits_0^\infty \exp((s+it)x)\,dx$ ist für $s<0$ konvergent und es gilt:

$$\int\limits_0^\infty \exp((s+it)x)\,dx = -\frac{1}{s+it}.$$

Beweis: Man hat

$$\int\limits_0^u \exp((s+it)x)\,dx = \frac{1}{s+it}\exp(s+it)x\Big|_0^u$$
$$= \frac{\exp su \cdot \exp itu}{s+it} - \frac{1}{s+it}.$$

Wegen $s<0$ ist $\lim\limits_{u\to\infty} \exp su = 0$. Da $|\exp itu| = 1$ gilt, folgt die Behauptung.

Folgerung: Für $s<0$ und beliebiges $t \in \mathbb{R}$ gelten die Gleichungen:

$$\int\limits_0^\infty \exp sx \cdot \cos tx\,dx = -\frac{s}{s^2+t^2}$$

$$\int\limits_0^\infty \exp sx \cdot \sin tx\,dx = \frac{t}{s^2+t^2}.$$

Auch für uneigentliche Integrale gelten die Linearitätsregeln (vgl. S. 356), wie sich unmittelbar aus der Definition ergibt; desgleichen bleibt die Eigenschaft der Positivität bzw. der Monotonie (vgl. S. 357) bestehen.
Eine Abschätzung von uneigentlichen Integralen mit Hilfe der Maximumsnorm der Integranden ist dagegen nicht möglich. Dies kann man wegen des Faktors $(b-a)$ in der Abschätzung für eigentliche Integrale (vgl. S. 357) auch nicht erwarten. Deshalb gilt auch der Satz von der Vertauschbarkeit von Integration und Grenzübergang bei gleichmäßiger Konvergenz nicht mehr.
Wir belegen dies durch ein Beispiel (vgl. S. 308); die Folge (f_n) mit

$$f_n(x) = \frac{n}{n^2+x^2} \qquad (x \geqq 0)$$

konvergiert gleichmäßig gegen die Nullfunktion; für jedes f_n existiert das uneigentliche Integral

$$\int\limits_0^\infty \frac{n}{n^2+x^2}\,dx = \int\limits_0^\infty \frac{dt}{1+t^2} = \frac{\pi}{2}.$$

Das uneigentliche Integral über die Grenzfunktion hat aber den Wert 0.

Aufgabe: Man formuliere und beweise mögliche Übertragungen der Substitutionsregel auf uneigentliche Integrale.

Absolute Konvergenz uneigentlicher Integrale

Def.: *Das uneigentliche Integral* $\int_a^\infty f(x)\,dx$ *heißt* absolut konvergent, *wenn*

$$\int_a^\infty |f(x)|\,dx$$

konvergent ist.

Aus der absoluten Konvergenz folgt die gewöhnliche Konvergenz, wie sich mit Hilfe des Cauchy-Kriteriums ergibt, denn man hat für $u_2 > u_1$ die Abschätzung

$$\left|\int_{u_1}^{u_2} f(x)\,dx\right| \leqq \int_{u_1}^{u_2} |f(x)|\,dx.$$

Umgekehrt braucht ein konvergentes uneigentliches Integral nicht absolut konvergent zu sein, wie durch Beispiel 2) belegt wird. Zum Beweis zeigen wir, daß die Funktion

$$F(u) = \int_0^u \left|\frac{\sin x}{x}\right| dx$$

nicht beschränkt ist, so daß also $\lim\limits_{u\to\infty} F(u)$ nicht existieren kann. Wir setzen $u = n\pi$ und erhalten:

$$\begin{aligned} F(n\pi) &= \sum_{k=1}^{n} \int_{(k-1)\pi}^{k\pi} \frac{|\sin x|}{x}\,dx \\ &\geqq \sum_{k=1}^{n} \frac{1}{k\pi} \int_{(k-1)\pi}^{k\pi} |\sin x|\,dx = \frac{2}{\pi}\sum_{k=1}^{n}\frac{1}{k}. \end{aligned}$$

Wegen der Divergenz der harmonischen Reihe existiert $\lim\limits_{n} F(n\pi)$ nicht, d.h. das uneigentliche Integral $\int_0^\infty \frac{\sin x}{x}\,dx$ ist nicht absolut konvergent.

Wie bei den unendlichen Reihen hat man für die absolute Konvergenz ein *Vergleichskriterium.*

Satz: *Wenn*

$$|f(x)| \leqq g(x) \qquad \textit{für alle } x \geqq a$$

gilt und das uneigentliche Integral $\int_a^\infty g(x)dx$ *konvergiert, dann ist*

$$\int_a^\infty f(x)dx$$

absolut konvergent.

Beweis: Aus der Abschätzung

$$\int_{u_1}^{u_2} |f(x)|dx \leqq \int_{u_1}^{u_2} g(x)dx$$

und der Voraussetzung über g erhält man unmittelbar die Behauptung.

Bemerkung: Vergleicht man mit der Potenzfunktion $g(x) = \frac{1}{x^s}$ $(s > 1)$, so folgt speziell: Wenn für alle genügend großen x

$$|f(x)| \leqq \frac{1}{x^s}$$

gilt, dann ist $\int_a^\infty f(x)dx$ absolut konvergent.

Beispiel: $\int_0^\infty \exp(-x^2)dx$ ist absolut konvergent.

Dies ergibt sich etwa aus der für $x > 0$ gültigen Abschätzung (vgl. S. 133):

$$0 < \exp(-x^2) \leqq \frac{1}{1+x^2} < \frac{1}{x^2},$$

da das uneigentliche Integral $\int_1^\infty \frac{1}{x^2}dx$ konvergiert.

Aufgabe: Man zeige: Wenn $f(x) \geqq g(x) \geqq 0$ für alle $x \geqq a$ gilt und das uneigentliche Integral $\int_a^\infty g(x)dx$ divergiert, dann divergiert auch das uneigentliche Integral $\int_a^\infty f(x)dx$. – Speziell vergleiche man mit $g(x) = \frac{1}{x^s}$ und formuliere ein Divergenzkriterium.

Integralkriterium für Reihen

Mit Hilfe uneigentlicher Integrale läßt sich in manchen Fällen bequem die Konvergenz unendlicher Reihen nachweisen.

Satz: *Es sei f für $x \geqq 1$ definiert, nichtnegativ und monoton fallend. Unter diesen Voraussetzungen ist die unendliche Reihe*

$$\sum_{n=1}^{\infty} f(n)$$

genau dann konvergent, wenn das uneigentliche Integral

$$\int_1^{\infty} f(x)\,dx$$

konvergent ist.
(*Integralkriterium*).

Beweis: Für jedes $k \in \mathbb{N}$ hat man die Abschätzung

$$f(k+1) \leqq \int_k^{k+1} f(x)\,dx \leqq f(k).$$

Hieraus ergibt sich durch Addition:

$$f(2) + \ldots + f(n) \leqq \int_1^n f(x)\,dx \leqq f(1) + \ldots + f(n-1),$$

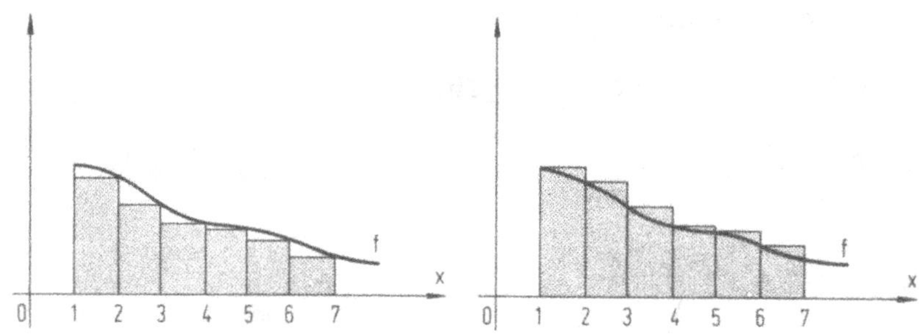

d.h. für die Teilsummen der unendlichen Reihe gilt die Abschätzung:

$$s_n - f(1) \leqq \int_1^n f(x)\,dx \leqq s_{n-1}.$$

Wenn nun das uneigentliche Integral $\int_1^{\infty} f(x)\,dx$ existiert, muß wegen der linken Hälfte der Abschätzung die monoton wachsende Folge (s_n) konvergieren.
Wenn umgekehrt die Reihe konvergiert, d.h. $\lim_n s_n = s$ gilt, dann folgt nach

der rechten Hälfte der Abschätzung

$$\int_1^u f(x)\,dx \leqq \int_1^{[u]+1} f(x)\,dx \leqq s$$

für jedes $u \geqq 1$. Da der Integrand nichtnegativ ist, bedeutet dies, daß das uneigentliche Integral existiert.

Bemerkung: Wenn also das uneigentliche Integral nicht existiert, dann divergiert die Reihe.

Beispiele:

1) Die Entscheidung, für welche s die Reihe

$$\sum_{n=1}^{\infty} \frac{1}{n^s}$$

konvergiert, läßt sich mit dem Integralkriterium leichter als mit den in Kap. 5 entwickelten Methoden (Verdichtungskriterium, vgl. Aufg. 4 auf S. 146, und Kriterium von Raabe, vgl. S. 163) treffen.
Das uneigentliche Integral

$$\int_1^{\infty} \frac{1}{x^s}\,dx$$

ist für $s > 1$ konvergent und für $s \leqq 1$ divergent, also gilt dasselbe für die Reihe $\sum\limits_{n=1}^{\infty} \frac{1}{n^s}$.

2) Die Reihe

$$\sum_{n=2}^{\infty} \frac{1}{n(\ln n)^s}$$

ist für $s > 1$ konvergent und für $s \leqq 1$ divergent.

Für $x \geqq 2$ erfüllt die Funktion $f(x) = \dfrac{1}{x \cdot (\ln x)^s}$ die erforderlichen Bedingungen des Kriteriums. Wir haben also

$$\int_2^u \frac{dx}{x(\ln x)^s}$$

zu untersuchen. Die Substitutionsregel (mit $t = \ln x$) ergibt für $s \neq 1$:

$$\int_2^u \frac{dx}{x \cdot (\ln x)^s} = \int_{\ln 2}^{\ln u} \frac{dt}{t^s} = \left[\frac{t^{1-s}}{1-s}\right]_{\ln 2}^{\ln u}$$

$$= \frac{1}{1-s}\left((\ln u)^{1-s} - (\ln 2)^{1-s}\right).$$

Für $s > 1$ folgt nun die Existenz des uneigentlichen Integrals

$$\int_2^\infty \frac{dx}{x \cdot (\ln x)^s}.$$

Für $s < 1$ ergibt sich Divergenz des uneigentlichen Integrals, da $(\ln u)^{1-s}$ nicht beschränkt bleibt.
Für $s = 1$ folgt wegen

$$\int_2^u \frac{dx}{x \cdot \ln x} = \int_{\ln 2}^{\ln u} \frac{dt}{t} = \ln(\ln u) - \ln(\ln 2)$$

ebenfalls die Divergenz des uneigentlichen Integrals.
Damit ist die Behauptung über die Konvergenz bzw. die Divergenz der Reihe $\sum_{n=2}^{\infty} \frac{1}{n(\ln n)^s}$ bewiesen.

Bemerkung: Das Kriterium von Raabe liefert für den Fall $s = 1$ keine Entscheidung.

Aufgaben

1. Man untersuche folgende uneigentliche Integrale auf Konvergenz und absolute Konvergenz:

(a) $\int_0^\infty \frac{x \cdot \sin x}{1 + x^2}\, dx$

(b) $\int_1^\infty \frac{\sin \frac{1}{x}}{x}\, dx$

(c) $\int_1^\infty \frac{\sin^2 x}{x}\, dx$

(d) $\int_1^\infty \sin^2 \frac{1}{x}\, dx.$

2. Im Anschluß an Aufg. 4 von S. 404 beweise man:

$$\int_0^\infty e^{-x^2}dx = \tfrac{1}{2}\sqrt{\pi}.$$

3. Die Funktion f sei im Intervall $x \geqq a$ stetig und das uneigentliche Integral $\int_a^\infty f(x)\,dx$ sei konvergent. Man zeige, daß durch

$$F(x) = \int_x^\infty f(t)\,dt \qquad (x \geqq a)$$

eine differenzierbare Funktion F erklärt wird; weiter bestimme man die Ableitung von F.

4. Man zeige, daß das uneigentliche Integral

$$F(t) = \int_0^\infty \frac{\sin tx}{x}\,dx$$

für jedes reelle t konvergiert. Welche Werte nimmt F an?

5. Die Funktion f sei für $x \geqq 0$ monoton fallend und es gelte

$$\lim_{x\to\infty} f(x) = 0.$$

Dann ist das uneigentliche Integral

$$\int_0^\infty \exp ix \cdot f(x)\,dx$$

konvergent.
Anleitung: Man zerlege in Real- und Imaginärteil und wende den zweiten Mittelwertsatz der Integralrechnung an.

6. Es sei $a > 0$ und f sei für $x \geqq a$ monoton. Wenn das uneigentliche Integral ($s \in \mathbb{R}$)

$$\int_a^\infty x^s \cdot f(x)\,dx$$

konvergiert, dann gilt

$$\lim_{x\to\infty} x^{s+1} f(x) = 0.$$

7. Man zeige, daß die Menge aller reellwertigen stetigen Funktionen f, für die

$$\int_a^\infty f(x)\,dx$$

absolut konvergiert, einen normierten Vektorraum über $\mathbb{R}$ bildet, wenn man als Norm von f die Zahl

$$\int_a^\infty |f(x)|\,dx$$

nimmt.
Ist dieser normierte Vektorraum vollständig?

8. Die Funktion $\ln_k$ wird rekursiv definiert durch

$$\ln_1 = \ln$$
$$\ln_{k+1} = \ln \circ \ln_k$$

Von welcher Stelle an nimmt $\ln_k$ positive Werte an?
Man zeige, daß die Reihe

$$\sum_{n=n_0}^{\infty} \frac{1}{n \cdot \ln_1 n \cdot \ln_2 n \cdot \ldots \cdot \ln_{k-1} n \cdot (\ln_k n)^s}$$

für $s > 1$ konvergiert und für $s \leqq 1$ divergiert.

9. Es sei f für $x \geqq 1$ positiv, stetig differenzierbar; f' sei monoton fallend und es gelte

$$\lim_{x \to \infty} f'(x) = 0.$$

Man zeige, daß $\dfrac{f'}{f}$ monoton fallend ist und folgere weiter, daß die Reihen

$$\sum_{n=1}^{\infty} f'(n) \qquad \text{und} \qquad \sum_{n=1}^{\infty} \frac{f'(n)}{f(n)}$$

entweder beide konvergieren oder beide divergieren.

10. Die Funktion f erfülle die Voraussetzungen zum Integralkriterium. Was kann über die Folge (a_n), die durch

$$a_n = \sum_{k=1}^{n} f(k) - \int_1^n f(x)\,dx$$

erklärt ist, ausgesagt werden?
Man wende das Ergebnis auf $f(x) = \dfrac{1}{x}$ an und beweise damit die Existenz von

$$\lim_n \left(1 + \frac{1}{2} + \ldots + \frac{1}{n} - \ln n\right).$$

(Diese Zahl bezeichnet man als Eulersche Konstante C oder γ.)

11. Die Funktion f sei monoton und es existiere das uneigentliche Integral

$$\int_a^\infty f(x)\,dx.$$

Man zeige, daß für jedes $h>0$ die Reihe

$$\sum_{n=0}^\infty f(a+nh)$$

konvergiert und daß gilt

$$\lim_{h\to 0} h\cdot \sum_{n=0}^\infty f(a+nh) = \int_a^\infty f(x)\,dx.$$

11.2 Parameterabhängige uneigentliche Integrale

Entsprechend der Analogie der uneigentlichen Integrale zu den unendlichen Reihen besteht Analogie zwischen parameterabhängigen uneigentlichen Integralen und Funktionenreihen (vgl. S. 314). So spielt für die parameterabhängigen uneigentlichen Integrale der Begriff der gleichmäßigen Konvergenz eine wichtige Rolle.

Def.: *Für jedes $t\in D$ sei die Funktion $x\mapsto f(x,t)$ in jedem Intervall $[a,u]$ eine Regelfunktion. Wenn zu jedem $\varepsilon>0$ ein u_0 existiert, derart daß für alle $u_1, u_2 \geqq u_0$ und alle $t\in D$ gilt*

$$\left|\int_{u_1}^{u_2} f(x,t)\,dx\right| < \varepsilon,$$

dann heißt das parameterabhängige uneigentliche Integral

$$\int_a^\infty f(x,t)\,dx$$

gleichmäßig konvergent *und f heißt* gleichmäßig uneigentlich integrierbar.

Wir verwenden hier also zur Definition die Cauchy-Bedingung (vgl. S. 240) und verlangen, daß diese gleichmäßig für alle $t\in D$ erfüllt ist. Dies hat den Vorzug, daß die Bedingung in der Definition sich auf eigentliche Integrale bezieht. Man kann natürlich die Definition auch mittels uneigentlicher Integrale formulieren.

Aufgabe: Man zeige, daß $\int_a^\infty f(x,t)\,dx$ genau dann gleichmäßig konvergent ist, wenn zu jedem $\varepsilon > 0$ eine Zahl u_0 existiert, derart daß für alle $u \geqq u_0$ und alle $t \in D$ gilt

$$\left| \int_u^\infty f(x,t)\,dx \right| < \varepsilon.$$

Wie bei den Reihen gilt ein Majorantenkriterium. Wenn für alle $t \in D$ gilt $|f(x,t)| \leqq g(x)$ und das uneigentliche Integral $\int_a^\infty g(x)\,dx$ konvergiert, folgt die gleichmäßige Konvergenz von

$$\int_a^\infty f(x,t)\,dx$$

(Beweis als Aufgabe!)
So ist z.B. für beschränktes f das uneigentliche Integral

$$\int_a^\infty \exp(-tx) f(x)\,dx$$

für $t \geqq c > 0$ gleichmäßig konvergent, da die Abschätzung

$$|\exp(-tx) f(x)| \leqq \|f\| \exp(-cx)$$

für alle $t \geqq c$ gilt.

Als weiteres Beispiel eines gleichmäßig konvergenten uneigentlichen Integrals betrachten wir

$$\int_a^\infty \frac{\exp(-t+i)x}{x}\,dx \qquad (a > 0)$$

für $t \geqq 0$. Mit dem Vergleichskriterium folgt die gleichmäßige Konvergenz nur für $t \geqq c > 0$. In Analogie zur Methode der „partiellen Summation“ (vgl. S. 317) führt in diesem Fall die Produktintegration weiter:

$$\int_{u_1}^{u_2} \frac{\exp(-t+i)x}{x}\,dx = \left[\frac{1}{x} \cdot \frac{1}{-t+i} \exp(-t+i)x\right]_{u_1}^{u_2} + \int_{u_1}^{u_2} \frac{1}{x^2} \cdot \frac{1}{-t+i} \exp(-t+i)x\,dx.$$

Wegen $\frac{1}{|-t+i|} \leqq 1$ und $|\exp(-t+i)x| = \exp(-tx) \leqq 1$ für $t \geqq 0$ ergibt sich nun die Abschätzung:

$$\left| \int_{u_1}^{u_2} \frac{\exp(-t+i)x}{x} dx \right| \leqq \frac{1}{u_2} + \frac{1}{u_1} + \int_{u_1}^{u_2} \frac{1}{x^2} dx = \frac{2}{u_1},$$

und damit die gleichmäßige Konvergenz.
Zerlegt man in Real- und Imaginärteil, so erhält man die Aussage: Die uneigentlichen Integrale

$$\begin{rcases} \int_a^\infty \exp(-tx) \frac{\cos x}{x} dx \\ \int_a^\infty \exp(-tx) \frac{\sin x}{x} dx \end{rcases} \quad (a > 0)$$

sind für $t \geqq 0$ gleichmäßig konvergent.

Aufgabe: Man zeige, daß auch

$$\int_0^\infty \exp(-tx) \frac{\sin x}{x} dx$$

für $t \geqq 0$ gleichmäßig konvergent ist.

Die Sätze über parameterabhängige Integrale lassen sich auf parameterabhängige uneigentliche Integrale übertragen, wenn diese gleichmäßig konvergent sind.

Satz: *Die Funktion*

$$f\colon \{x \mid x \geqq a\} \times [c, d] \to \mathbb{R}$$

sei beschränkt, für jedes feste x stetig im Intervall $[c, d]$ und das uneigentliche Integral

$$\int_a^\infty f(x, t)\, dx$$

sei gleichmäßig konvergent.
Dann ist die durch das uneigentliche Integral in $[c, d]$ erklärte Funktion F stetig.

Beweis: Wegen der gleichmäßigen Konvergenz gibt es zu vorgegebenem

$\varepsilon > 0$ eine Zahl u derart, daß für alle $t \in [c, d]$ gilt

$$\left| \int_u^\infty f(x, t)\,dx \right| < \varepsilon.$$

Also folgt

$$|F(t) - F(t_0)| = \left| \int_a^u f(x, t)\,dx - \int_a^u f(x, t_0)\,dx + \int_u^\infty f(x, t)\,dx - \int_u^\infty f(x, t_0)\,dx \right|$$

$$\leqq \left| \int_a^u f(x, t)\,dx - \int_a^u f(x, t_0)\,dx \right| + \varepsilon + \varepsilon.$$

Bei festgehaltenem u kann nun nach dem Satz von S. 399 ein $\delta > 0$ gefunden werden, so daß für $|t - t_0| < \delta$ gilt

$$\left| \int_a^u f(x, t)\,dx - \int_a^u f(x, t_0)\,dx \right| < \varepsilon.$$

Somit folgt für alle t mit $|t - t_0| < \delta$ die Ungleichung

$$|F(t) - F(t_0)| < 3\varepsilon.$$

Satz: *Die Funktion*

$$f\colon \{x \mid x \geqq a\} \times [c, d] \to \mathbb{R}$$

sei beschränkt, für jedes feste $t \in [c, d]$ stetig im Intervall $\{x \mid x \geqq a\}$, für jedes feste x stetig im Intervall $[c, d]$ und das uneigentliche Integral

$$\int_a^\infty f(x, t)\,dx$$

sei gleichmäßig konvergent.

Dann konvergiert das uneigentliche Integral $\int_a^\infty \left(\int_c^d f(x, t)\,dt \right) dx$ und es gilt:

$$\int_c^d \left(\int_a^\infty f(x, t)\,dx \right) dt = \int_a^\infty \left(\int_c^d f(x, t)\,dt \right) dx.$$

Bemerkung: Die Existenz des links stehenden Integrals ist unmittelbar klar, da F nach dem vorigen Satz in $[c, d]$ stetig ist.

Beweis: Sei $\varepsilon > 0$. Nach Voraussetzung gilt für alle $t \in [c, d]$ und für alle $u \geqq u_0$:

$$\left| \int_a^\infty f(x, t)\,dx - \int_a^u f(x, t)\,dx \right| < \varepsilon.$$

Damit ergibt sich die Ungleichung

$$\left| \int_c^d \left(\int_a^\infty f(x, t)\,dx \right) dt - \int_c^d \left(\int_a^u f(x, t)\,dx \right) dt \right| \leqq \varepsilon(d-c).$$

Nach dem Satz von S.403 kann man im zweiten Integral die Reihenfolge vertauschen und hat also für jedes $u \geqq u_0$ die Abschätzung

$$\left| \int_c^d \left(\int_a^\infty f(x, t)\,dx \right) dt - \int_a^u \left(\int_c^d f(x, t)\,dt \right) dx \right| \leqq \varepsilon(d-c).$$

Daraus folgt die Behauptung.

Beispiel: Es sei

$$f(x, t) = \exp(-x)\cos tx$$

für $x \geqq 0$ und $0 \leqq t \leqq 1$. Nach Beispiel 3) von S.419 gilt

$$\int_0^\infty \exp(-x)\cos tx\,dx = \frac{1}{1+t^2}$$

und damit

$$\int_0^1 \left(\int_0^\infty \exp(-x)\cos tx\,dx \right) dt = \arctan t \Big|_0^1 = \frac{\pi}{4}.$$

Da alle Voraussetzungen des Satzes erfüllt sind, folgt nun

$$\int_0^\infty \left(\int_0^1 \exp(-x)\cos tx\,dt \right) dx = \frac{\pi}{4}.$$

Das innere Integral kann man direkt berechnen:

$$\exp(-x) \cdot \int_0^1 \cos tx\,dt = \exp(-x)\,\frac{\sin x}{x}.$$

(Diese Gleichung leitet man zunächst für $x > 0$ her; sie gilt aber auch für $x = 0$.)
Damit ist bewiesen:

$$\int_0^\infty \exp(-x)\,\frac{\sin x}{x}\,dx = \frac{\pi}{4}.$$

Satz: *Die Funktion*

$$f\colon \{x\,|\,x \geqq a\} \times [c, d] \to \mathbb{R}$$

sei nach der zweiten Variablen partiell differenzierbar. Die Ableitung $D_2 f$ sei beschränkt, für jedes feste $t \in [c, d]$ stetig im Intervall $[a, b]$, für jedes feste x stetig im Intervall $[c, d]$ und das uneigentliche Integral

$$\int_a^\infty D_2 f(x, t)\,dx$$

sei gleichmäßig konvergent. Weiter sei noch das uneigentliche Integral

$$\int_a^\infty f(x, c)\,dx$$

konvergent. Dann konvergiert

$$\int_a^\infty f(x, t)\,dx =: F(t)$$

für alle $t \in [c, d]$, die Funktion F ist differenzierbar und es gilt

$$F'(t) = \int_a^\infty D_2 f(x, t)\,dx.$$

Beweis: Auf die Funktion $D_2 f\colon \{x\,|\,x \geqq a\} \times [c, d] \to \mathbb{R}$ treffen die Voraussetzungen des vorangehenden Satzes zu und zwar auch dann, wenn man den Parameter t auf ein Intervall $[c, y]$ mit $y \leqq d$ beschränkt. Für jedes $y \in [c, d]$ konvergiert also das uneigentliche Integral $\int_a^\infty \left(\int_c^y f(x, t)\,dt \right) dx$ und es gilt:

$$\int_c^y \left(\int_a^\infty D_2 f(x, t)\,dx \right) dt = \int_a^\infty \left(\int_c^y D_2 f(x, t)\,dt \right) dx.$$

Nun kann man $\int_c^y D_2 f(x, t)\,dt$ wegen der vorausgesetzten Stetigkeit bezüglich der Variablen t direkt nach dem Hauptsatz ausrechnen:

$$\int_c^y D_2 f(x, t)\,dt = f(x, y) - f(x, c).$$

Da $\int_a^\infty f(x, c)\,dx$ konvergiert, folgt für jedes $y \in [c, d]$ die Gleichung:

$$\int_a^\infty f(x, y)\,dx = \int_a^\infty f(x, c)\,dx + \int_c^y \left(\int_a^\infty D_2 f(x, t)\,dx \right) dt.$$

Wegen der Stetigkeit von $\int\limits_a^\infty D_2 f(x,t)\,dx$ bezüglich t ergibt sich nach dem Hauptsatz die Differenzierbarkeit von F und die Gleichung

$$F'(y) = \int\limits_a^\infty D_2 f(x,y)\,dx.$$

Damit ist der Satz bewiesen.

Beispiel: Für $t \geqq 0$ sei F definiert durch

$$F(t) = \int\limits_0^\infty \exp(-tx)\frac{\sin x}{x}\,dx.$$

Man kann in diesem Fall $F(t)$ bestimmen, indem man zunächst die Ableitung $F'(t)$ mit Hilfe des bewiesenen Satzes berechnet. Es ist

$$D_2\left(\exp(-tx)\frac{\sin x}{x}\right) = -\exp(-tx)\cdot\sin x$$

und das uneigentliche Integral (vgl. S. 419)

$$\int\limits_0^\infty \exp(-tx)\sin x\,dx = \frac{1}{1+t^2}$$

ist in jedem Intervall $c \leqq t \leqq d$ mit $c > 0$ gleichmäßig konvergent. Deshalb gilt für jedes $t > 0$

$$F'(t) = -\frac{1}{1+t^2}.$$

Hieraus folgt, daß mit einer passenden Konstanten c_0 gelten muß:

$$F(t) = c_0 - \arctan t.$$

Die Konstante c_0 bestimmen wir durch Einsetzen von $t = 1$:

$$c_0 = F(1) + \frac{\pi}{4}.$$

Da nach dem vorigen Beispiel (vgl. S.431) $F(1) = \frac{\pi}{4}$ ist, erhält man für $t > 0$ die Gleichung

$$\int\limits_0^\infty \exp(-tx)\frac{\sin x}{x}\,dx = \frac{\pi}{2} - \arctan t.$$

Da F an der Stelle $t = 0$ stetig ist, folgt das Resultat

$$\int\limits_0^\infty \frac{\sin x}{x}\,dx = \frac{\pi}{2}.$$

Aufgaben

1. Man gebe für den Parameter t geeignete Intervalle derart an, daß

(a) $\int_0^\infty e^{-tx}\,dx$

(b) $\int_0^\infty \frac{1}{t^2+x^2}\,dx$

(c) $\int_0^\infty \frac{1}{(t^2+x^2)^n}\,dx$

gleichmäßig konvergiert.
Weiter untersuche man, ob die dargestellten Funktionen differenzierbar sind und bestimme die Ableitungen.

2. Es sei $0 < s \leqq 1$ und $t > 0$. Man zeige, daß bei festem s das uneigentliche Integral

$$\int_0^\infty \frac{\sin\, tx}{x^s}\,dx$$

gleichmäßig (aber nicht absolut) bezüglich t konvergiert, sofern t auf ein kompaktes Intervall beschränkt wird.
Entsprechend untersuche man bei festem $t > 0$ die gleichmäßige Konvergenz bezüglich s.

3. Die Funktion f sei für $x \geqq 0$ stetig und es existiere ein t_0 derart, daß

$$\int_0^\infty e^{-tx}\cdot f(x)\,dx$$

für $t = t_0$ konvergiert. Man zeige, daß dieses uneigentliche Integral dann auch für alle $t > t_0$ konvergiert und dort eine unendlich oft differenzierbare Funktion $F(t)$ darstellt.
Die Menge aller f, die – bei gegebenem t_0 – die obige Bedingung erfüllen, bildet einen Vektorraum über $\mathbb{R}$. Durch $f \mapsto F$ wird eine lineare Abbildung dieses Vektorraums in den Vektorraum der für $t > t_0$ unendlich oft differenzierbaren Funktionen definiert. (Tatsächlich ist F sogar analytisch.) Man schreibt $F = \mathfrak{L}(f)$ und nennt diese Zuordnung *Laplace-Transformation.*

4. Für die Laplace-Transformationen beweise man folgende Regeln:

(a) $\quad (\mathfrak{L}(f'))(t) = t \cdot F(t) - f(0) \qquad$ für $f \in \mathfrak{C}^1(\mathbb{R}_0^+)$

(b) $\quad (\mathfrak{L}(f^{(k)}))(t) = t^k \cdot F(t) - \sum_{i=0}^{k-1} f^{(i)}(0)\, t^{k-i-1} \qquad$ für $f \in \mathfrak{C}^k(\mathbb{R}_0^+)$

(c) $\quad (\mathfrak{L}(g))(t) = \frac{1}{t} F(t) \qquad$ für $g(x) = \int_0^x f(y)\,dy$

(d) $\quad (\mathfrak{L}(g))(t) = F_1(t) \cdot F_2(t) \qquad$ für $g(x) = \int_0^x f_1(y) f_2(x-y)\,dy$

5. Man zeige, daß für $s > 1$ gilt

$$\sum_{n=1}^{\infty} \frac{1}{n^s} = s \cdot \int_1^{\infty} \frac{[x]}{x^{s+1}}\,dx = \frac{s}{s-1} - s \cdot \int_1^{\infty} \frac{x-[x]}{x^{s+1}}\,dx.$$

Weiter zeige man, daß durch

$$F(s) = \int_1^{\infty} \frac{x-[x]}{x^{s+1}}\,dx$$

für $s > 0$ eine analytische Funktion erklärt wird.

6. Man zeige, daß durch

$$F(t) := \int_0^{\infty} e^{-x^2} \cdot \cos 2tx\,dx$$

in $\mathbb{R}$ eine differenzierbare Funktion F erklärt wird und daß gilt

$$F'(t) + 2t \cdot F(t) = 0.$$

Hieraus leite man unter Verwendung von Aufg. 2 von S. 425 her:

$$F(t) = \tfrac{1}{2}\sqrt{\pi} \cdot e^{-t^2}.$$

7. Man zeige, daß für $a > 0$, $b > 0$ gilt:

$$\int_0^{\infty} \frac{\exp(-ax) - \exp(-bx)}{x}\,dx = \ln \frac{b}{a}.$$

8. Für $x \geqq 0$ und $0 \leqq t \leqq 1$ sei

$$f(x, t) = e^{-tx} - 2e^{-2tx}.$$

Warum ist die Gleichung

$$\int_0^\infty \left(\int_0^1 f(x,t)\,dt \right) dx = \int_0^1 \left(\int_0^\infty f(x,t)\,dx \right) dt$$

nicht richtig?

9. Es sei (f_n) eine Folge uneigentlich integrierbarer Funktionen, die punktweise gegen die uneigentlich integrierbare Funktion f konvergiere.
Wenn es dann eine uneigentlich integrierbare Funktion g gibt derart, daß

$$|f_n(x)| \leqq g(x)$$

für alle $x \geqq a$ und alle n gilt, dann sind Grenzübergang und uneigentliche Integration vertauschbar:

$$\lim_n \int_a^\infty f_n(x)\,dx = \int_a^\infty f(x)\,dx.$$

(Welche der Voraussetzungen ist in dem Beispiel $f_n(x) = \dfrac{n}{n^2 + x^2}$ (vgl. S. 419) nicht erfüllt?)

11.3 Andere Typen uneigentlicher Integrale

Bisher haben wir uneigentliche Integrale mit unbeschränktem Integrationsintervall betrachtet und die Untersuchungen für diesen Fall durchgeführt. In diesem Abschnitt gehen wir kurz auf die Definitionen anderer Typen von uneigentlichen Integralen ein und erläutern sie durch Beispiele.

Nicht beschränkte Integranden

Die Funktion f sei für $a < x \leqq b$ definiert und in jedem Intervall $[u, b]$ (mit $u > a$) Regelfunktion. Wenn

$$\lim_{u \to a} \int_u^b f(x)\,dx$$

existiert, dann wird dieser Grenzwert als *uneigentliches Integral* bezeichnet und mit

$$\int_a^b f(x)\,dx$$

bezeichnet. Man sagt dann, daß f in $[a, b]$ *uneigentlich integrierbar* ist.

Alle Aussagen des voranstehenden Abschnitts lassen sich auf uneigentliche Integrale dieses Typs übertragen; wir führen dies hier nicht im einzelnen aus.

B e m e r k u n g: Wenn die Funktion f in $[a, b]$ Regelfunktion ist, dann liefert die angegebene Definition dasselbe Ergebnis wie die ursprüngliche Integraldefinition, so daß die Verwendung des Symbols $\int_a^b f(x)\,dx$ nicht zu Widersprüchen führt.
Mit der Definition werden auch solche beschränkten Integranden mit erfaßt, die in a keinen rechtsseitigen Grenzwert besitzen, wie z. B. $f(x) = \sin\frac{\pi}{x}$ im Intervall $0 < x \leqq 1$.

A u f g a b e: Die Funktion f sei im Intervall $a < x \leqq b$ beschränkt und in jedem Teilintervall $[u, b]$ Regelfunktion. Dann existiert das uneigentliche Integral $\int_a^b f(x)\,dx$.

Beispiele:

1) Das uneigentliche Integral

$$\int_0^1 \ln x\,dx$$

ist konvergent und hat den Wert -1.

B e w e i s: Eine Stammfunktion von ln wird z. B. durch $x \cdot \ln x - x$ gegeben, so daß man für $u > 0$ erhält:

$$\int_u^1 \ln x\,dx = -1 + u - u \cdot \ln u.$$

Hieraus ergibt sich

$$\int_0^1 \ln x\,dx = \lim_{u \to 0} (-1 + u - u \cdot \ln u) = -1.$$

2) Das uneigentliche Integral

$$\int_0^1 \frac{1}{x^s}\,dx$$

ist für $0 < s < 1$ konvergent und für $s \geqq 1$ divergent. Für $0 < s < 1$ gilt

$$\int_0^1 \frac{1}{x^s}\,dx = \frac{1}{1-s}.$$

Beweis: Für $s \neq 1$ ist $\frac{1}{1-s} \cdot \frac{1}{x^{s-1}}$ eine Stammfunktion von $\frac{1}{x^s}$.
Also gilt für $u > 0$:

$$\int_u^1 \frac{1}{x^s}\,dx = \frac{1}{1-s}\left(1 - \frac{1}{u^{s-1}}\right).$$

Daraus folgt für $s \neq 1$ die Behauptung. Für $s = 1$ ergibt sich wegen

$$\int_u^1 \frac{1}{x}\,dx = \ln 1 - \ln u$$

ebenfalls die Divergenz des uneigentlichen Integrals.

3) Das uneigentliche Integral

$$\int_0^1 \sin\frac{\pi}{x}\,dx$$

ist konvergent.

Beweis: Die Substitutionsregel, angewendet auf $\int_u^1 \sin\frac{\pi}{x}\,dx$, liefert die Gleichung:

$$\int_u^1 \sin\frac{\pi}{x}\,dx = \int_1^{\frac{1}{u}} \frac{\sin \pi t}{t^2}\,dt.$$

Wegen der Konvergenz des uneigentlichen Integrals $\int_1^\infty \frac{\sin \pi t}{t^2}\,dt$ folgt die Behauptung.

Mehrere Grenzübergänge, Cauchyscher Hauptwert

In den bisherigen Definitionen war nur ein Grenzübergang erforderlich. Für den Fall, daß sich der Integrand an mehreren – aber endlich vielen – Stellen „nicht regulär“ verhält bzw. das Integrationsgebiet ganz $\mathbb{R}$ ist, verfährt man folgendermaßen: Man spaltet das Integral in endlich viele Integrale so auf, daß jeweils nur ein Grenzübergang vorzunehmen ist. Wenn alle einzelnen uneigentlichen Integrale konvergieren, dann heißt das ursprüngliche uneigentliche Integral konvergent. Sein Wert ist wegen der Intervall-Additivität des gewöhnlichen Integrals unabhängig von der willkürlich gewählten Aufspaltung.

Beispiele:

1) Es sei $a < 0 < b$ und $0 < s < 1$. Dann konvergiert das uneigentliche Integral

$$\int_a^b \frac{1}{|x|^s} dx.$$

Beweis: Es ist zu zeigen, daß die beiden Grenzwerte

$$\lim_{\substack{u \to 0 \\ u < 0}} \int_a^u \frac{1}{|x|^s} dx = \frac{|a|^{1-s}}{1-s}$$

und

$$\lim_{\substack{v \to 0 \\ v > 0}} \int_v^b \frac{1}{|x|^s} dx = \frac{b^{1-s}}{1-s}$$

existieren. Dies folgt aber wie in Beispiel 2) von S. 437. Also ist

$$\int_a^b \frac{1}{|x|^s} dx = \frac{1}{1-s} \cdot (|a|^{1-s} + b^{1-s}).$$

2) Das uneigentliche Integral

$$\int_{-\infty}^{\infty} \frac{1}{1+x^2} dx$$

konvergiert und hat den Wert π.

Beweis: Dieses Integral ist zu definieren durch

$$\lim_{u \to \infty} \int_0^u \frac{1}{1+x^2} dx + \lim_{v \to -\infty} \int_v^0 \frac{1}{1+x^2} dx.$$

Beide Grenzwerte existieren und deshalb gilt:

$$\int_{-\infty}^{\infty} \frac{1}{1+x^2} dx = \lim_{u \to \infty} \arctan u + \lim_{v \to -\infty} (-\arctan v) = \frac{\pi}{2} + \frac{\pi}{2} = \pi.$$

Wenn auch nur einer der Grenzwerte bei der eben eingeführten erweiterten Definition des uneigentlichen Integrals nicht existiert, dann ist das uneigentliche Integral nicht konvergent.

In manchen dieser Fälle ist es möglich, durch *geeignete Kopplung* von zwei (oder mehr) Limesbildungen die Existenz eines Grenzwertes zu erzwingen.

Beispiel: Für $a<0<b$ konvergiert das uneigentliche Integral

$$\int_a^b \frac{1}{x}\,dx$$

nicht, denn beide Grenzwerte

$$\lim_{\substack{u\to 0\\ u<0}} \int_a^u \frac{1}{x}\,dx \qquad \text{und} \qquad \lim_{\substack{v\to 0\\ v>0}} \int_v^b \frac{1}{x}\,dx$$

existieren nicht. Setzt man aber $v=-u$, so ist der Grenzwert

$$\lim_{\substack{v\to 0\\ v>0}} \left(\int_a^{-v} \frac{1}{x}\,dx + \int_v^b \frac{1}{x}\,dx\right) = \lim_{\substack{v\to 0\\ v>0}} (\ln v - \ln|a| + \ln b - \ln v) = \ln \frac{b}{|a|}$$

vorhanden. Man schreibt

$$(C)\int_a^b \frac{1}{x}\,dx = \ln \frac{b}{|a|}$$

und spricht vom „Cauchyschen Hauptwert“ des nicht konvergenten uneigentlichen Integrals $\int_a^b \frac{1}{x}\,dx$.

Aufgabe: Das uneigentliche Integral

$$\int_{-\infty}^{\infty} \frac{x}{1+x^2}\,dx$$

ist nicht konvergent; es existiert aber

$$\lim_{v\to\infty} \int_{-v}^{v} \frac{x}{1+x^2}\,dx.$$

Auch bei dieser Kopplung spricht man vom Cauchyschen Hauptwert. Man zeige:

$$(C)\int_{-\infty}^{\infty} \frac{x}{1+x^2}\,dx = 0.$$

Die Gamma-Funktion

In Beispiel 1) von S.417 hatten wir gezeigt, daß

$$\int_0^{\infty} x^n \cdot \exp(-x)\,dx = n!$$

gilt. Das parameterabhängige uneigentliche Integral

$$\int_0^\infty x^{t-1} \cdot \exp(-x)\,dx \qquad (t>0)$$

definiert deshalb – falls es konvergiert – eine Funktion, die für $t=n+1$ $(n \in \mathbb{N}_0)$ den Wert $n!$ annimmt und löst damit die Aufgabe, den Begriff der Fakultät durch eine einfache explizite Darstellung auf positive reelle Argumente auszudehnen.
Tatsächlich konvergiert dieses Integral in jedem kompakten Teilintervall $[c, d]$ von $\mathbb{R}^+$ sogar gleichmäßig. Da für $0<t<1$ das Integral auch an der unteren Grenze uneigentlich ist, betrachten wir die beiden Integrale

$$\int_0^1 x^{t-1} \cdot \exp(-x)\,dx \qquad \text{und} \qquad \int_1^\infty x^{t-1} \exp(-x)\,dx$$

getrennt.
In beiden Fällen führt das Majorantenkriterium zum Ziel:

Für $0<x \leqq 1$ und alle $t \in [c, d]$ gilt

$$x^{t-1} \cdot \exp(-x) \leqq x^{c-1},$$

und $\int_0^1 x^{c-1}\,dx$ konvergiert wegen $c>0$.
Für $x \geqq 1$ und alle $t \in [c, d]$ gilt

$$x^{t-1} \cdot \exp(-x) \leqq x^{d-1} \cdot \exp(-x) \leqq x^n \cdot \exp(-x)$$

mit irgendeiner natürlichen Zahl $n \geqq d-1$. Wie wir schon gezeigt haben, konvergiert das uneigentliche Integral $\int_1^\infty x^n \exp(-x)\,dx$.

Def.: *Die für* $t>0$ *durch*

$$\Gamma(t) = \int_0^\infty x^{t-1} \cdot \exp(-x)\,dx$$

erklärte Funktion heißt Gamma-Funktion.

Nach dem Satz von S.429 ist die Gamma-Funktion in jedem kompakten Teilintervall $[c, d]$ von $\mathbb{R}^+$ und damit an jeder Stelle $t>0$ stetig. Der Satz von der Differentiation unter dem Integralzeichen (vgl. S.432) führt auf den

Satz: *Die Gamma-Funktion ist für $t > 0$ unendlich oft differenzierbar und es gilt*

$$\Gamma^{(k)}(t) = \int_0^\infty x^{t-1} \cdot (\ln x)^k \cdot \exp(-x)\, dx.$$

Beweis: Auch hier können wir die gleichmäßige Konvergenz des rechts stehenden Integrals in $[c, d]$ nach Aufspaltung in die beiden Integrale

$$\int_0^1 x^{t-1} \cdot (\ln x)^k \cdot \exp(-x)\, dx \quad \text{und} \quad \int_1^\infty x^{t-1} \cdot (\ln x)^k \cdot \exp(-x)\, dx$$

mit Hilfe des Majorantenkriteriums nachweisen.
Für $0 < x \leqq 1$ und alle $t \in [c, d]$ gilt

$$x^{t-1} \cdot |\ln x|^k \cdot \exp(-x) \leqq x^{c-1} \cdot |\ln x|^k$$

und $\int_0^1 x^{c-1} \cdot |\ln x|^k dx$ konvergiert (dies zeigt man mittels der Substitution $y = -\ln x$).
Für $x \geqq 1$ und alle $t \in [c, d]$ gilt

$$x^{t-1} \cdot (\ln x)^k \cdot \exp(-x) \leqq x^{n+k} \cdot \exp(-x),$$

mit irgendeiner natürlichen Zahl $n \geqq d - 1$ (dies folgt wegen $0 \leqq \ln x \leqq x$). Wie wir schon wissen, konvergiert das uneigentliche Integral $\int_1^\infty x^{n+k} \cdot \exp(-x)\, dx$. Alle Voraussetzungen des Satzes von S.432 sind damit erfüllt. Die k-te Ableitung der Gamma-Funktion läßt sich also wie angegeben darstellen.

Für natürliches n folgt wegen $\Gamma(n+1) = n!$ die Rekursionsformel

$$\Gamma(n+1) = n \cdot \Gamma(n).$$

Es gilt sogar der

Satz: *Die Γ-Funktion erfüllt für alle $t > 0$ die Funktionalgleichung*

$$f(t+1) = t \cdot f(t).$$

Beweis: Ausgehend von der Darstellung

$$\Gamma(t) = \int_0^1 x^{t-1} \cdot \exp(-x)\, dx + \int_1^\infty x^{t-1} \cdot \exp(-x)\, dx$$

berechnen wir durch Produktintegration:

$$\int_u^1 x^{t-1} \cdot \exp(-x)\,dx = \left[\frac{1}{t} \cdot x^t \cdot \exp(-x)\right]_u^1 + \frac{1}{t} \int_u^1 x^t \cdot \exp(-x)\,dx$$

$$\int_1^v x^{t-1} \cdot \exp(-x)\,dx = \left[\frac{1}{t} \cdot x^t \cdot \exp(-x)\right]_1^v + \frac{1}{t} \int_1^v x^t \cdot \exp(-x)\,dx.$$

Wegen

$$\lim_{u \to 0} \left[\frac{1}{t} \cdot x^t \cdot \exp(-x)\right]_u^1 = \frac{1}{t} \exp(-1)$$

$$\lim_{v \to \infty} \left[\frac{1}{t} \cdot x^t \cdot \exp(-x)\right]_1^v = -\frac{1}{t} \exp(-1)$$

folgt nach Grenzübergang und Addition:

$$\Gamma(t) = \frac{1}{t} \cdot \int_0^\infty x^t \cdot \exp(-x)\,dx = \frac{1}{t} \cdot \Gamma(t+1).$$

Die Gamma-Funktion ist nicht die einzige Lösung der Funktionalgleichung

$$f(t+1) = t \cdot f(t) \qquad (t > 0).$$

Wenn p eine beliebige Funktion der Periode 1 ist, dann löst auch $f = p \cdot \Gamma$ die Funktionalgleichung und tatsächlich erhält man so alle Lösungen (Beweis als Aufgabe).

Damit stellt sich das Problem, weitere Bedingungen – neben der Funktionalgleichung – zu suchen, durch die die Gamma-Funktion gekennzeichnet werden kann.

Beweistechnisch besonders zweckmäßig ist die Forderung, daß die Funktion $\ln \circ f$ konvex oder, wie man auch sagt, daß f „logarithmisch konvex" ist. Wenn f die Funktionalgleichung $f(t+1) = t \cdot f(t)$ erfüllt, logarithmisch konvex ist und durch $f(1) = 1$ normiert wird, dann gilt $f = \Gamma$ (vgl. hierzu Aufg. 10 bis 12).

Aufgaben

1. Es sei $f\colon [0, 1] \to \mathbb{R}$ eine Regelfunktion. An der Stelle $x = 0$ sei f differenzierbar und es gelte $f(0) = 0$ sowie $f'(0) \neq 0$. Für welche Werte von c existiert

$$\int_0^1 \frac{f(x)}{x^c}\,dx?$$

2. Man untersuche die folgenden uneigentlichen Integrale auf Konvergenz und absolute Konvergenz:

(a) $\int_0^1 \frac{\ln x}{\sqrt{x}} dx$

(b) $\int_0^1 \frac{dx}{\sqrt{x - x^2}}$

(c) $\int_0^1 \frac{\ln x}{1 - x^2} dx$

(d) $\int_0^\infty \frac{\cos x}{\sqrt{x}} dx.$

3. Es sei f im Intervall $x \geqq a$ uneigentlich integrierbar und es gelte $a > 0$. Man zeige, daß die Funktion g, die durch

$$g(x) = \frac{1}{x^2} f\left(\frac{1}{x}\right)$$

im Intervall $0 < x \leqq \frac{1}{a}$ erklärt wird, uneigentlich integrierbar ist und daß gilt:

$$\int_0^{\frac{1}{a}} \frac{1}{x^2} f\left(\frac{1}{x}\right) dx = \int_a^\infty f(x) dx.$$

(Man überlege sich allgemeiner, daß jedes uneigentliche Integral mit unbeschränktem Integrationsintervall auf vielfältige Art umgewandelt werden kann in ein uneigentliches Integral mit beschränktem Integrationsintervall!)

4. Man zeige, daß für $n \geqq 1$ gilt

$$\int_{-\pi}^{\pi} \ln\left(2\cos\frac{x}{2}\right) \cos nx \, dx = (-1)^{n-1} \cdot \frac{\pi}{n}.$$

(Man beweise zunächst: $\int_{-\pi}^{\pi} \tan\frac{x}{2} \cdot \sin nx \, dx = (-1)^{n-1} \cdot 2\pi$.)

5. Welche Funktion wird durch das uneigentliche Integral

$$\int_0^1 |\ln x|^t dx \qquad (t > 0)$$

dargestellt?

6. Man zeige, daß für $t > -1$ gilt:

$$\int_0^1 \frac{x^t - 1}{\ln x} dx = \ln(1 + t).$$

7. Man zeige, daß für $t > -1$ gilt:

$$\int_0^1 x^t (\ln x)^n dx = \frac{(-1)^n n!}{(1 + t)^{n+1}}.$$

8. Man zeige, daß die Gamma-Funktion mit Hilfe der Funktionalgleichung für alle t mit Ausnahme der Zahlen $0, -1, -2, \ldots$ erklärt werden kann.
9. Man zeige, daß für alle $t > 0$ die Ungleichung

$$\Gamma(t)\Gamma''(t) - (\Gamma'(t))^2 > 0$$

gilt.
(Man sagt hierfür, die Gamma-Funktion sei „logarithmisch konvex". Die Ungleichung besagt nämlich, daß die Funktion $\ln \circ \Gamma$ konvex ist.)

Anleitung: Bei festem $t > 0$ betrachte man

$$\varphi(\lambda) = \lambda^2 \cdot \Gamma(t) + 2\lambda \cdot \Gamma'(t) + \Gamma''(t)$$

und zeige, daß $\varphi(\lambda) > 0$ für alle $\lambda \in \mathbb{R}$ gilt.
10. Die differenzierbare Funktion g sei für $t > 0$ definiert und erfülle die Bedingungen

(1) $\quad g(t+1) - g(t) = \frac{1}{t}$

(2) $\quad g'(t) \geqq 0.$

Dann gilt mit beliebigem $c \in \mathbb{R}$:

$$g(t) = c - \frac{1}{t} + \sum_{k=1}^{\infty} \left(\frac{1}{k} - \frac{1}{t+k}\right).$$

(Nebenergebnis: Je zwei Funktionen, die (1) und (2) erfüllen, unterscheiden sich nur um eine additive Konstante.)
Anleitung: Man beweise, daß die Funktion

$$p(t) := g(t) + \frac{1}{t} - \sum_{k=1}^{\infty} \left(\frac{1}{k} - \frac{1}{t+k}\right)$$

differenzierbar ist und die Periode 1 besitzt. Weiter zeige man mit Hilfe der Bedingung (2), daß $p'(t) = 0$ für alle $t > 0$ gelten muß.

11. Die zweimal differenzierbare Funktion h sei für $t > 0$ definiert und erfülle die Bedingungen

(1) $h(t+1) - h(t) = \ln t$

(2) $h''(t) \geqq 0$.

Man zeige, daß je zwei Funktionen, die (1) und (2) erfüllen, sich nur um eine additive Konstante unterscheiden (vgl. Aufg. 10).

12. Die zweimal differenzierbare Funktion f sei für $t > 0$ definiert und erfülle die Bedingungen

(1) $f(t+1) = t \cdot f(t)$

(2) $f(t)f''(t) - (f'(t))^2 \geqq 0$.

Dann gilt mit $c \in \mathbb{R}$:

$$f(t) = c \cdot \Gamma(t).$$

Die Gamma-Funktion wird also gekennzeichnet durch (1), (2) und die „Normierungsbedingung"

(3) $f(1) = 1$.

13. Man zeige, daß für $t > 0$ gilt (vgl. Aufg. 9 und 10)

$$\frac{\Gamma'(t)}{\Gamma(t)} = \Gamma'(1) - \frac{1}{t} + \sum_{k=1}^{\infty} \left(\frac{1}{k} - \frac{1}{t+k}\right).$$

Die Zahl $\Gamma'(1)$ sei mit $-C$ bezeichnet.
Wegen $\lim\limits_{t \to 0} (\ln \Gamma(t) + \ln t) = 0$ folgt weiter:

$$\ln \Gamma(t) = -Ct - \ln t - \sum_{k=1}^{\infty} \left(\ln\left(1 + \frac{t}{k}\right) - \frac{t}{k}\right)$$

und

$$\frac{1}{\Gamma(t)} = t \cdot e^{Ct} \cdot \prod_{k=1}^{\infty} \left(1 + \frac{t}{k}\right) \exp\left(-\frac{t}{k}\right).$$

Schließlich beweise man, daß C die in Aufg. 10 von S.426 definierte „Eulersche Konstante"

$$C = \lim_{n} \left(1 + \frac{1}{2} + \ldots + \frac{1}{n} - \ln n\right)$$

ist.

14. Die „Beta-Funktion" kann man für $s > 0$, $t > 0$ erklären durch

$$B(s, t) = \int_0^1 x^{s-1} \cdot (1-x)^{t-1}\, dx$$

(„erstes Eulersches Integral"). Es gilt $B(s, t) = B(t, s)$.
Man beweise die Funktionalgleichung

$$B(s, t+1) = \frac{t}{s+t} \cdot B(s, t)$$

und zeige weiter, daß die – bei festem s – durch

$$f(t) = B(s, t) \cdot \Gamma(s+t)$$

definierte Funktion f die Bedingungen (1) und (2) aus Aufgabe 10 erfüllt. Es gilt deshalb

$$B(s, t) \cdot \Gamma(s+t) = c(s) \cdot \Gamma(t).$$

Man erhält $c(s) = \Gamma(s)$, indem man $t = 1$ einsetzt und $B(s, 1) = \frac{1}{s}$ beachtet. Es gilt also die Gleichung

$$B(s, t) = \frac{\Gamma(s)\Gamma(t)}{\Gamma(s+t)}.$$

Nach direkter Berechnung von $B(\frac{1}{2}, \frac{1}{2}) = \pi$ ergibt sich hieraus:

$$\Gamma(\tfrac{1}{2}) = \sqrt{\pi}.$$

15. Es sei $n \geqq 2$ eine natürliche Zahl und die Funktion f_n sei für $t > 0$ definiert durch

$$f_n(t) = n^t \cdot \Gamma\left(\frac{t}{n}\right) \cdot \Gamma\left(\frac{t+1}{n}\right) \cdot \ldots \cdot \Gamma\left(\frac{t+n-1}{n}\right).$$

Man zeige, daß f_n die Funktionalgleichung $f(t+1) = t \cdot f(t)$ erfüllt und logarithmisch konvex ist. Nach Aufg. 12 gibt es somit eine Konstante a_n derart, daß $f_n(t) = a_n \cdot \Gamma(t)$ gilt.
Für $n = 2$ erhält man

$$2^t \cdot \Gamma\left(\frac{t}{2}\right) \cdot \Gamma\left(\frac{t+1}{2}\right) = a_2 \cdot \Gamma(t);$$

die Konstante a_2 läßt sich durch Einsetzen von $t = 1$ bestimmen: $a_2 = 2\sqrt{\pi}$.

Damit ist die „Legendresche Relation“

$$2^{t-1} \cdot \Gamma\left(\frac{t}{2}\right) \cdot \Gamma\left(\frac{t+1}{2}\right) = \sqrt{\pi} \cdot \Gamma(t)$$

bewiesen.

Allgemein gilt (vgl. hierzu Aufg. 16):

$$a_n = \sqrt{n \cdot (2\pi)^{n-1}}.$$

Die Gleichung

$$n^t \cdot \Gamma\left(\frac{t}{n}\right) \cdot \Gamma\left(\frac{t+1}{n}\right) \cdot \ldots \cdot \Gamma\left(\frac{t+n-1}{n}\right) = \sqrt{n \cdot (2\pi)^{n-1}} \cdot \Gamma(t)$$

wird auch als „Gaußsche Multiplikationsformel“ bezeichnet.

16. Die Funktion φ sei für $t > 0$ definiert durch

$$\frac{\Gamma'(t)}{\Gamma(t)} = \ln t - \frac{1}{2} \cdot \frac{1}{t} + \varphi(t).$$

Man zeige, daß für alle $t > 0$ die Ungleichung

$$-\frac{1}{12} \cdot \frac{1}{t^2} < \varphi(t) < 0$$

gilt und daß es eine Stammfunktion Φ von φ gibt, die die Ungleichung

$$0 < \Phi(t) < \frac{1}{12} \cdot \frac{1}{t}$$

erfüllt. Mit dieser Funktion Φ und einer geeigneten Konstanten $\ln a$ muß daher gelten:

$$\ln \Gamma(t) = \ln a + (t - \tfrac{1}{2}) \ln t - t + \Phi(t).$$

Die Konstante kann mit Hilfe der „Legendreschen Relation“ (vgl. Aufg. 15) bestimmt werden; es ergibt sich

$$a = \sqrt{2\pi}.$$

Damit erhält man die „Stirlingsche Formel“, die sich zur näherungsweisen Berechnung von $\Gamma(t)$ für große t eignet:

$$\Gamma(t) = \sqrt{2\pi} \cdot t^{t-\frac{1}{2}} \cdot e^{-t} \cdot e^{\Phi(t)}$$

$$\lim_{t \to \infty} e^{\Phi(t)} = 1.$$

Die Stirlingsche Formel wiederum kann dazu verwendet werden, die Konstanten a_n in der Gaußschen Multiplikationsformel für $n > 2$ zu bestimmen. Man führe dies durch!

Anleitung: Die Funktion φ genügt der Funktionalgleichung

$$\varphi(t+1) - \varphi(t) = a(t),$$

wobei

$$a(t) := \frac{1}{2t} + \frac{1}{2(t+1)} - \ln\frac{t+1}{t}$$

gesetzt ist. Man beweise zunächst – unter Verwendung elementarer Reihenentwicklungen und mit Einführung von $h := \frac{1}{2t+1}$ – die Abschätzung

$$0 < a(t) < \frac{1}{12t^2} - \frac{1}{12(t+1)^2}.$$

Für $t \geqq 1$ gilt sogar

$$\frac{12}{(12t+1)^2} - \frac{12}{(12t+13)^2} < a(t) < \frac{1}{12t^2} - \frac{1}{12(t+1)^2}.$$

Hieraus folgt für $t \geqq 1$ die Abschätzung:

$$\sqrt{2\pi} \cdot t^{t-\frac{1}{2}} \cdot e^{-t} \cdot e^{\frac{1}{12t+1}} < \Gamma(t) < \sqrt{2\pi} \cdot t^{t-\frac{1}{2}} \cdot e^{-t} \cdot e^{\frac{1}{12t}}.$$

17. Man zeige, daß für $0 < t < 1$ gilt (vgl. Aufg. 13):

$$\frac{\Gamma'(t)}{\Gamma(t)} - \frac{\Gamma'(1-t)}{\Gamma(1-t)} = -\frac{1}{t} - \sum_{k=1}^{\infty}\left(\frac{1}{t+k} + \frac{1}{t-k}\right).$$

Nach S. 481 (Partialbruchzerlegung der Funktion cot) gilt also für $0 < t < 1$:

$$\frac{\Gamma'(t)}{\Gamma(t)} - \frac{\Gamma'(1-t)}{\Gamma(1-t)} = -\pi \cot \pi t$$

und daher mit geeignetem a:

$$\ln \Gamma(t) + \ln \Gamma(1-t) = \ln a - \ln \sin \pi t.$$

Man zeige, daß $a = \pi$ gilt. Die Gleichung

$$\Gamma(t) \cdot \Gamma(1-t) = \frac{\pi}{\sin \pi t},$$

die sogar für alle nichtganzen reellen Zahlen t richtig ist, wird als „Ergänzungssatz der Gamma-Funktion" bezeichnet.

12 Fourier-Reihen

Unter den Funktionenreihen sind zwei spezielle Typen besonders wichtig: die Potenzreihen und die Fourier-Reihen. Während die durch Potenzreihen darstellbaren (also die reell-analytischen) Funktionen eine verhältnismäßig enge Funktionenklasse bilden, können mit Hilfe der Funktionen

$$1, \cos x, \sin x, \cos 2x, \sin 2x, \ldots, \cos nx, \sin nx, \ldots$$

relativ komplizierte „willkürliche" Funktionen dargestellt werden. Diese Entdeckung hat wesentlich zur Entwicklung der Begriffsbildungen, wie sie heute in der Analysis gebräuchlich sind, beigetragen.

Die gleichmäßige Konvergenz spielt in diesem Problemkreis keine so bedeutende Rolle wie die punktweise Konvergenz, da auch unstetige Funktionen durch Fourier-Reihen dargestellt werden können. Allerdings sind Bedingungen, die eine Funktion erfüllen muß, damit sie durch ihre Fourier-Reihe im Sinne der punktweisen Konvergenz überall dargestellt wird, keineswegs einfacher Natur.

Ändert man aber den Konvergenzbegriff ab, indem man zur sogenannten $(C, 1)$-Summierbarkeit übergeht – und zwar punktweise – so erhält man für die hier betrachteten Regelfunktionen ein abgerundetes Ergebnis.

Ein angemessener anderer Konvergenzbegriff ist die „Konvergenz im Sinne der Hilbert-Norm". Die zugehörigen Begriffsbildungen sind sehr verallgemeinerungsfähig; der geeignete Rahmen für diese Untersuchungen ist die Theorie der „Hilbert-Räume".

Die Theorie der Fourier-Reihen hat ihren Ursprung in der mathematischen Physik; sie ist ein wichtiges Werkzeug zur Behandlung physikalischer und technischer Probleme.

12.1 Trigonometrische Reihen, Fourier-Reihen

Eine Funktionenreihe der Form

$$\frac{a_0}{2} + \sum_{n=1}^{\infty} (a_n \cos nx + b_n \sin nx)$$

heißt *trigonometrische Reihe*. Wir bevorzugen im folgenden die komplexe Schreibweise:

$$\sum_{n=-\infty}^{\infty} c_n \exp inx.$$

Dabei bedeutet Konvergenz einer solchen Reihe, daß

$$\lim_k \sum_{n=-k}^{k} c_n \cdot \exp inx$$

existiert.

Zwischen den Zahlen a_n und b_n einerseits und den Zahlen c_n andererseits bestehen die folgenden Beziehungen:

$$c_n = \begin{cases} \frac{1}{2}(a_n - ib_n) & \text{für } n > 0 \\ \frac{1}{2}a_0 & \text{für } n = 0 \\ \frac{1}{2}(a_{-n} + ib_{-n}) & \text{für } n < 0 \end{cases}$$

und

$$\left.\begin{aligned} a_n &= (c_n + c_{-n}) \\ b_n &= i(c_n - c_{-n}) \end{aligned}\right. \qquad \text{für } n \geqq 0$$

B e m e r k u n g: Im folgenden wollen wir auch komplexwertige Funktionen der reellen Variablen x betrachten; wir lassen deshalb zu, daß a_n und b_n komplexe Zahlen sind. Kennzeichnend dafür, daß a_n und b_n reell sind, ist die Gleichung

$$c_{-n} = \bar{c}_n.$$

Im Falle der punktweisen Konvergenz wird durch eine trigonometrische Reihe eine mit 2π periodische Funktion f erklärt.

Über weitere Eigenschaften von f kann man erst Aussagen gewinnen, wenn man stärkere Voraussetzungen macht. So folgt z.B. bei gleichmäßiger Konvergenz einer trigonometrischen Reihe nach S.320, daß die dargestellte Funktion stetig ist. Bei bloß punktweiser Konvergenz kann dagegen die Grenzfunktion unstetig sein, wie wir an Beispielen sehen werden.

Wenn gliedweise Integration möglich ist (vgl. Kap. 10), dann lassen sich die c_n wiederum durch die Funktion f berechnen:

$$(*) \qquad c_n = \frac{1}{2\pi}\int_0^{2\pi} f(x)\exp(-inx)\,dx \qquad (n \in \mathbb{Z}).$$

Diese sogenannten Eulerschen Formeln ergeben sich wegen der *Orthogonali-*

tätsrelationen (zu dieser Bezeichnung vgl. S.468)

$$\int_0^{2\pi} \exp imx \cdot \exp(-inx)\,dx = \begin{cases} 0 & \text{für } m \neq n \\ 2\pi & \text{für } m = n \end{cases}$$

folgendermaßen: Aus der Gleichung

$$f(x) = \sum_{m=-\infty}^{\infty} c_m \exp imx$$

folgt durch Multiplikation mit $\exp(-inx)$

$$f(x)\exp(-inx) = \sum_{m=-\infty}^{\infty} c_m \exp imx \cdot \exp(-inx).$$

Auch die rechts stehende Reihe kann gliedweise integriert werden, wenn dies für die ursprüngliche Reihe der Fall ist. Rechts ist nach Integration über das Intervall $[0, 2\pi]$ nur der Faktor von c_n von 0 verschieden und gleich 2π. Damit ergibt sich die Gleichung (*).
Für a_n und b_n erhält man:

$$a_n = \frac{1}{\pi} \int_0^{2\pi} f(x) \cos nx\,dx$$

$$b_n = \frac{1}{\pi} \int_0^{2\pi} f(x) \sin nx\,dx.$$

Bemerkung: Wegen der Periodizität der Integranden kann jedes Intervall der Länge 2π als Integrationsintervall verwendet werden, z.B. etwa $[-\pi, \pi]$. Wenn f eine gerade Funktion ist, so folgt, daß $b_n = 0$ für alle n gilt. Wenn f eine ungerade Funktion ist, so folgt, daß $a_n = 0$ für alle n gilt.

Wir fassen zusammen:
Wenn eine trigonometrische Reihe punktweise gegen eine Regelfunktion f konvergiert und gliedweise integriert werden darf, dann legt die Funktion f die Koeffizienten der trigonometrischen Reihe eindeutig fest.
Insbesondere ist dies also bei *gleichmäßiger Konvergenz* der Fall; die dargestellte Funktion f ist dann stetig. Eine einfache hinreichende Bedingung hierfür liefert das Majorantenkriterium von S. 314. Es gilt also der

Satz: *Wenn* $\sum_{n=-\infty}^{\infty} |c_n|$ *konvergiert, dann wird durch*

$$f(x) = \sum_{n=-\infty}^{\infty} c_n \exp inx$$

eine stetige Funktion f, die die Periode 2π besitzt, definiert. Umgekehrt legt die dargestellte Funktion auch die Zahlen c_n fest:

$$c_n = \frac{1}{2\pi} \int_0^{2\pi} f(x) \exp(-inx)\, dx \qquad (n \in \mathbb{Z})$$

Bemerkung: Die Voraussetzung des Satzes ist gleichwertig mit der absoluten Konvergenz der beiden Reihen $\sum_{n=1}^{\infty} a_n$ und $\sum_{n=1}^{\infty} b_n$. So werden z. B. durch die Reihen

$$\sum_{n=1}^{\infty} \frac{\cos nx}{n^s} \qquad \text{und} \qquad \sum_{n=1}^{\infty} \frac{\sin nx}{n^s}$$

stetige Funktionen der Periode 2π dargestellt, wenn $s > 1$ ist.

Die Formeln für die c_n (bzw. die a_n und b_n) haben auch dann einen Sinn, wenn f nicht ursprünglich durch eine trigonometrische Reihe gegeben ist. Offensichtlich genügt die Voraussetzung, daß $\int_0^{2\pi} f(x)\, dx$ ein absolut konvergentes uneigentliches Integral ist, um die Zahlen c_n (bzw. a_n und b_n) zu definieren. Mit diesen sogenannten *Fourier-Koeffizienten* von f kann man nun formal die trigonometrische Reihe

$$\sum_{n=-\infty}^{\infty} c_n \exp inx \quad \text{bzw.} \quad \frac{a_0}{2} + \sum_{n=1}^{\infty} (a_n \cos nx + b_n \sin nx)$$

bilden; diese heißt die *zur Funktion f gehörende Fourier-Reihe.*

Beispiele:

1) Es sei f folgende „Sägezahnfunktion", die im Intervall $[0, 2\pi[$ durch

$$f(x) = \begin{cases} -x + \dfrac{\pi}{2} & \text{für } 0 \leqq x < \pi \\[2ex] x - \dfrac{3\pi}{2} & \text{für } \pi \leqq x < 2\pi \end{cases}$$

erklärt ist und die Periode 2π besitzt. Es gilt $b_n = 0$, da f eine gerade Funktion ist. Für a_n erhält man:

$$a_n = \frac{1}{\pi} \int_0^{\pi} \left(-x + \frac{\pi}{2}\right) \cos nx\, dx + \frac{1}{\pi} \int_{\pi}^{2\pi} \left(x - \frac{3\pi}{2}\right) \cos nx\, dx.$$

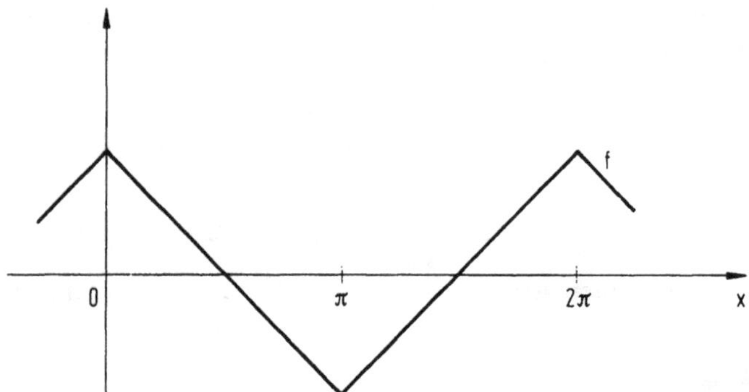

Also gilt $a_0 = 0$. Rechnet man weiter für $n \geqq 1$ die Integrale mittels Produktintegration aus, so ergibt sich:

$$a_n = \frac{2}{\pi} \cdot \frac{1}{n^2} \cdot (1 - (-1)^n).$$

Somit gehört zu diesem f die folgende Fourier-Reihe:

$$\frac{4}{\pi} \cdot \left(\cos x + \frac{\cos 3x}{3^2} + \frac{\cos 5x}{5^2} + \dots \right).$$

Wegen der absoluten Konvergenz von $\sum_{n=1}^{\infty} a_n$ konvergiert diese Reihe gleichmäßig, stellt also eine stetige Funktion g dar. Jedoch ist nicht unmittelbar zu erkennen, ob g mit der Ausgangsfunktion f übereinstimmt.

2) Im offenen Intervall $]-\pi, \pi[$ sei $f(x) = x$, weiter sei $f(\pi) = 0$ und f habe die Periode 2π. f ist also an den Stellen $(2k + 1)\pi$ nicht stetig.
Da f eine ungerade Funktion ist, gilt $a_n = 0$ für alle n. Für b_n errechnet man:

$$b_n = \frac{1}{\pi} \int_{-\pi}^{\pi} x \sin nx \, dx = 2 \cdot \frac{(-1)^{n+1}}{n}.$$

Also ist

$$2 \cdot \left(\sin x - \frac{\sin 2x}{2} + \frac{\sin 3x}{3} - \dots \right)$$

die Fourier-Reihe von f.
In diesem Fall ist nicht ohne weiteres zu erkennen, ob die Reihe konvergiert. Wenn sie aber für alle x konvergieren sollte, so wäre nicht zu sehen, ob die dargestellte Funktion g mit der Ausgangsfunktion f übereinstimmt.

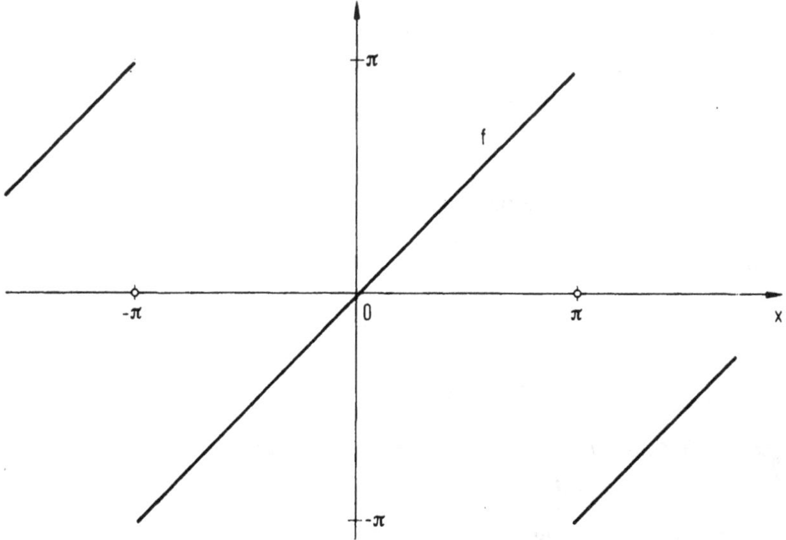

(Für $x = k\pi$ läßt sich allerdings leicht nachprüfen, daß die Fourier-Reihe konvergiert und den „richtigen" Wert liefert.)

3) Für $-\pi < x < \pi$ sei die mit 2π periodische Funktion f erklärt durch

$$f(x) = \ln\left(2\cos\frac{x}{2}\right),$$

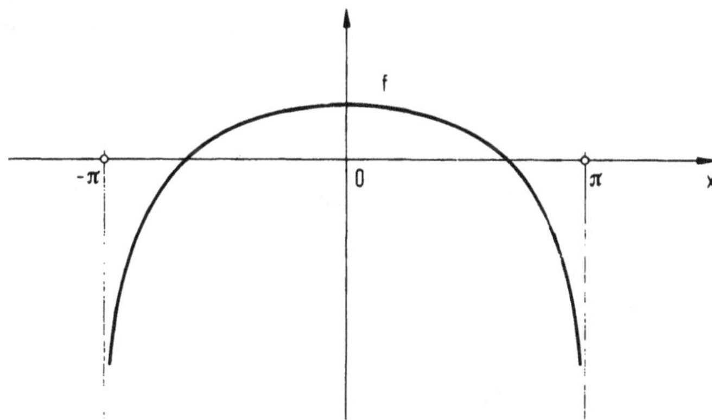

und es sei etwa $f(\pi) = 0$ gesetzt. Diese Funktion f ist nicht beschränkt, doch das uneigentliche Integral $\int_{-\pi}^{\pi} \ln\left(2\cos\frac{x}{2}\right) dx$ ist absolut konvergent (warum?). Deshalb sind auch die uneigentlichen Integrale für die Fourier-Koeffizienten alle absolut konvergent. Man erhält (vgl. Aufg. 4 von S. 444):

$$a_0 = 0, \quad b_n = 0$$

$$a_n = \frac{1}{\pi} \int_{-\pi}^{\pi} \ln\left(2\cos\frac{x}{2}\right)\cos nx\,dx = \frac{(-1)^{n-1}}{n}.$$

Die zu f gehörende Fourier-Reihe ist also:

$$\cos x - \frac{\cos 2x}{2} + \frac{\cos 3x}{3} - \dots .$$

Für $x = (2k+1)\pi$ divergiert diese Reihe. Falls sie für die übrigen x konvergieren sollte, weiß man zunächst nicht, ob f durch die Reihe dargestellt wird. Es wird also folgende Frage aufgeworfen:

Welche Eigenschaften von f garantieren, daß die zugehörige Fourier-Reihe punktweise konvergiert und die Funktion f darstellt?

Die Vermutung, daß jede stetige Funktion durch ihre Fourier-Reihe dargestellt wird, ist falsch. Andererseits können für manche unstetigen Funktionen die Fourier-Reihen überall den „richtigen" Funktionswert liefern.

Auf S. 477 werden wir zeigen, daß jede stückweise stetige, und stückweise stetig differenzierbare Funktion durch ihre Fourier-Reihe überall dargestellt wird, wenn man die Funktionswerte an den Sprungstellen als die arithmetischen Mittel aus den links- und rechtsseitigen Grenzwerten festsetzt.
Als Vorbereitung dazu beweisen wir in 12.2 einen Satz über die punktweise Approximation von Regelfunktionen durch endliche trigonometrische Summen.

Aufgaben

1. Man beweise die „Orthogonalitätsrelationen" für die Funktionen cos und sin:

$$\int_0^{2\pi} \cos mx \cdot \cos nx\,dx = \begin{cases} 0, & \text{falls } m \neq n \\ \pi, & \text{falls } m = n \end{cases}$$

$$\int_0^{2\pi} \sin mx \cdot \sin nx\,dx = \begin{cases} 0, & \text{falls } m \neq n \\ \pi, & \text{falls } m = n \end{cases}$$

$$\int_0^{2\pi} \cos mx \cdot \sin nx\,dx = 0$$

$$\int_0^{2\pi} \cos mx\,dx = 0, \quad \int_0^{2\pi} \sin mx\,dx = 0, \quad \int_0^{2\pi} dx = 2\pi.$$

Hiermit zeige man, daß unter der Voraussetzung der gliedweisen Integrierbarkeit der trigonometrischen Reihe

$$f(x) := \frac{a_0}{2} + \sum_{n=1}^{\infty} (a_n \cos nx + b_n \sin nx)$$

folgt:

$$a_n = \frac{1}{\pi} \int_0^{2\pi} f(x) \cos nx \, dx$$

$$b_n = \frac{1}{\pi} \int_0^{2\pi} f(x) \sin nx \, dx.$$

2. Es sei f eine Funktion der Periode a, d.h. es gelte für alle x:

$$f(x+a) = f(x).$$

Weiter existiere das (eventuell uneigentliche) Integral

$$\int_0^a |f(x)| \, dx.$$

Man übertrage die Definitionen und Ergebnisse des Abschnitts 12.1 auf solche Funktionen der Periode a. Welche Funktionen treten an die Stelle der Funktionen $\exp inx$?

3. Man berechne die Fourier-Reihe für die „Sägezahnfunktion" g der Periode 1, die durch

$$g(x) = |x| \qquad \text{für } -\tfrac{1}{2} < x \leqq \tfrac{1}{2}$$

festgelegt wird (vgl. S. 262).
Konvergiert die Fourier-Reihe gleichmäßig?

4. Die Funktion f der Periode 2π sei festgelegt durch

(a) $f(x) = x^2 \qquad (-\pi < x \leqq \pi)$

(b) $f(x) = |\sin x| \qquad (-\pi < x \leqq \pi)$.

Man berechne die Fourier-Reihen und prüfe diese auf gleichmäßige Konvergenz.

5. Die Funktion f habe die Periode 2π und es gelte

$$f(x) = \begin{cases} 1 & \text{für } 0 \leqq x \leqq a \\ 0 & \text{für } a < x < 2\pi. \end{cases}$$

Man berechne die Fourier-Koeffizienten von f.

Man zeige, daß die Fourier-Reihe überall punktweise konvergiert (vgl. Aufg. 9 von S. 319).

6. Für die Funktion f aus Aufgabe 5 wähle man der Einfachheit halber $a = \pi$. Man zeige, daß für die Folge (s_n) der Teilsummen der Fourier-Reihe von f eine feste obere Schranke c existiert (so daß also die Fourier-Reihe gliedweise integriert werden kann). Wie groß ist c mindestens?
   Weiter zeige man, daß die Fourier-Reihe von f nicht gleichmäßig konvergiert. Man skizziere den Verlauf und bestimme die Extrema von s_1, s_3, s_5 und s_7: „Gibbssches Phänomen".

7. Es sei $F(z) = \sum\limits_{n=0}^{\infty} c_n z^n$ eine Potenzreihe, die für $|z| < 1$ konvergiert. Setzt man $z = r \cdot e^{ix}$ mit festem r $(0 \leqq r < 1)$ ein, so folgt:

$$f(x) := F(r \cdot e^{ix}) = \sum_{n=0}^{\infty} c_n r^n \cdot e^{inx}$$

   Man zeige, daß rechts die Fourier-Reihe der Funktion f steht. In diesem Fall weiß man also, daß f durch seine Fourier-Reihe dargestellt wird.
   Als Anwendung dieses Satzes stelle man

   (a) $\quad f(x) = \dfrac{1 - r \cdot \cos x}{1 + r^2 - 2r \cdot \cos x}$

   (b) $\quad g(x) = \ln(1 + r^2 - 2r \cdot \cos x)$

   durch ihre Fourier-Reihen dar.

12.2 Der Satz von Fejér

Wir betrachten hier Regelfunktionen im Intervall $[0, 2\pi]$ und denken uns diese periodisch fortgesetzt. Außerdem setzen wir voraus, daß für alle $x \in \mathbb{R}$ gilt

$$f(x) = \tfrac{1}{2}\left(f(x_+) + f(x_-)\right).$$

An den (höchstens abzählbar vielen) Sprungstellen von f sind also gegebenenfalls die Funktionswerte abzuändern, und zwar so, daß der jeweilige Funktionswert gleich dem arithmetischen Mittel aus dem links- und rechtsseitigen Grenzwert ist.

Satz: *Die Funktion f habe die Periode 2π und sei in $[0, 2\pi]$ Regelfunktion. Ihre Fourierkoeffizienten seien mit c_k bezeichnet. Weiter sei für $m \geqq 0$*

$$s_m(x) = \sum_{k=-m}^{m} c_k \exp ikx$$

und für $n \geqq 1$

$$\sigma_n(x) = \frac{1}{n}\left(s_0(x) + s_1(x) + \ldots + s_{n-1}(x)\right)$$

gesetzt.
Dann konvergiert die Funktionenfolge (σ_n) *punktweise gegen* f *und die Zahlenfolge* $(\| \sigma_n \|)$ *ist beschränkt.*
(Satz von Fejér)

Bemerkung: Wenn eine Zahlenfolge (s_n) konvergiert, dann konvergiert auch (vgl. Aufg. 8 von S. 98) die aus ihr gebildete Folge der arithmetischen Mittel

$$\sigma_n = \frac{1}{n}(s_0 + s_1 + \ldots + s_{n-1}).$$

Die Folge (σ_n) kann aber auch dann konvergieren, wenn dies für die ursprüngliche Folge (s_n) nicht zutrifft, wie etwa das Beispiel $s_n = (-1)^n$ zeigt.
Wenn die Folge (σ_n) konvergiert, dann nennt man die Folge (s_n) konvergent im Sinne der arithmetischen Mittel erster Ordnung oder $(C, 1)$-konvergent. Sind die s_n Teilsummen der Reihe $\sum a_n$, dann sagt man, die Reihe sei $(C, 1)$-summierbar.

Beweis: Unser erstes Ziel ist eine Integraldarstellung für $s_m(x)$ und $\sigma_n(x)$. Dazu setzen wir

$$c_k = \frac{1}{2\pi} \int_{-\pi}^{\pi} f(t) \cdot \exp(-ikt)\, dt$$

ein und erhalten

$$s_m(x) = \frac{1}{2\pi} \cdot \int_{-\pi}^{\pi} \left(\sum_{k=-m}^{m} \exp ik(x-t) \right) \cdot f(t)\, dt$$

oder nach der Substitution $t = x + y$ wegen der Periodizität von f:

$$s_m(x) = \frac{1}{2\pi} \cdot \int_{-\pi}^{\pi} \left(\sum_{k=-m}^{m} \exp(-iky) \right) \cdot f(x+y)\, dy.$$

Man rechnet nach, daß die Gleichung gilt:

$$\sum_{k=-m}^{m} \exp iky = \frac{\cos my - \cos(m+1)y}{1 - \cos y} \qquad (y \neq 2n\pi),$$

so daß man

$$s_m(x) = \frac{1}{2\pi} \int_{-\pi}^{\pi} \frac{\cos my - \cos(m+1)y}{1-\cos y} f(x+y)\,dy$$

erhält (man beachte, daß der Grenzwert von $\dfrac{\cos my - \cos(m+1)y}{1-\cos y}$ an der Stelle 0 existiert).

Bildet man nun die Mittelwerte $\sigma_n(x)$, so heben sich aufeinanderfolgende Summanden weg und es ergibt sich:

$$\sigma_n(x) = \frac{1}{2\pi n} \cdot \int_{-\pi}^{\pi} \frac{1-\cos ny}{1-\cos y} \cdot f(x+y)\,dy$$

oder

$$\sigma_n(x) = \frac{1}{2\pi n} \cdot \int_{-\pi}^{\pi} \left(\frac{\sin \frac{ny}{2}}{\sin \frac{y}{2}} \right)^2 \cdot f(x+y)\,dy.$$

Zur Abkürzung setzen wir:

$$K_n(y) = \frac{1}{2\pi n} \left(\frac{\sin \frac{ny}{2}}{\sin \frac{y}{2}} \right)^2.$$

Diese Funktion K_n, die man als *Fejérschen Kern* bezeichnet, nimmt nur nichtnegative Werte an und es gilt

$$(*) \qquad \int_{-\pi}^{\pi} K_n(y)\,dy = 1.$$

Für $f(x) = 1$ ist nämlich stets $s_m(x) = 1$ und $\sigma_n(x) = 1$, woraus die behauptete Gleichung folgt.

Einen Überblick über den Verlauf von K_n gibt die Fig. S. 461. Für jedes $\delta > 0$ konvergiert die Funktionenfolge (K_n) in den beiden Intervallen $[-\pi, -\delta]$ und $[\delta, \pi]$ gleichmäßig gegen Null, dagegen gibt es in keiner Umgebung von 0 eine feste obere Schranke für alle K_n.

Wir wollen nun die Differenz

$$\sigma_n(x) - f(x)$$

abschätzen und schreiben dazu $f(x)$ in der Form

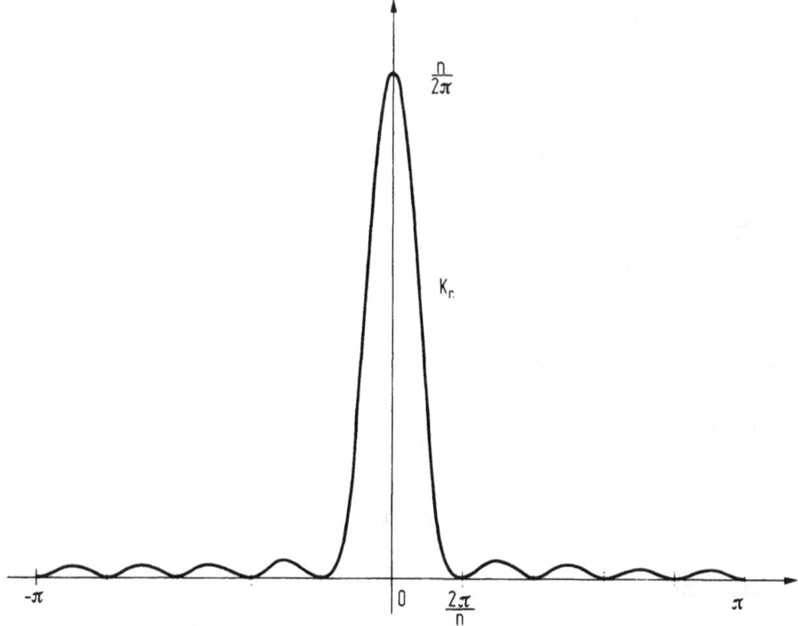

$$f(x) = \int_{-\pi}^{\pi} K_n(y) \frac{f(x_+) + f(x_-)}{2} dy$$

und $\sigma_n(x) = \int_{-\pi}^{\pi} K_n(y) f(x+y)\, dy$ in der Form

$$\sigma_n(x) = \int_{-\pi}^{\pi} K_n(y) \frac{f(x+y) + f(x-y)}{2} dy.$$

Die erste Gleichung folgt unmittelbar aus (*) aufgrund der Voraussetzung über f.

Für die zweite Gleichung beachte man, daß auch (man ersetze y durch $-y$)

$$\sigma_n(x) = \int_{-\pi}^{\pi} K_n(y) f(x-y)\, dy$$

gilt.

Damit erhält man

$$\sigma_n(x) - f(x) = \int_{-\pi}^{\pi} K_n(y) \frac{f(x+y) + f(x-y) - f(x_+) - f(x_-)}{2} dy.$$

Die Funktion (x wird festgehalten)

$$g(y) = \frac{f(x+y) + f(x-y) - f(x_+) - f(x_-)}{2}$$

ist an der Stelle 0 stetig und nimmt dort den Wert 0 an. (Dies sieht man, indem man den links- und den rechtsseitigen Grenzwert dieser Funktion an der Stelle 0 bestimmt.) Zu vorgegebenem $\varepsilon > 0$ gibt es also ein $\delta > 0$ – das natürlich noch von x abhängen kann – derart, daß für alle y mit $|y| < \delta$ gilt:

$$|g(y)| < \varepsilon.$$

Also ergibt sich wegen $K_n(y) \geqq 0$:

$$\left| \int_{-\delta}^{\delta} K_n(y) g(y) dy \right| \leqq \int_{-\delta}^{\delta} K_n(y) |g(y)| dy$$

$$< \varepsilon \cdot \int_{-\delta}^{\delta} K_n(y) dy < \varepsilon \cdot \int_{-\pi}^{\pi} K_n(y) dy = \varepsilon.$$

In den Intervallen $[-\pi, -\delta]$ und $[\delta, \pi]$ gilt aber

$$|K_n(y)| \leqq \frac{1}{2\pi n} \cdot \frac{1}{\sin^2 \frac{\delta}{2}},$$

so daß wegen $|g(y)| \leqq 2\|f\|$ weiter die Abschätzungen folgen:

$$\left| \int_{-\pi}^{\delta} K_n(y) g(y) dy \right| \leqq \frac{1}{n} \cdot \frac{\|f\|}{\sin^2 \frac{\delta}{2}}$$

$$\left| \int_{\delta}^{\pi} K_n(y) g(y) dy \right| \leqq \frac{1}{n} \cdot \frac{\|f\|}{\sin^2 \frac{\delta}{2}}$$

und damit insgesamt

$$|\sigma_n(x) - f(x)| < \varepsilon + \frac{1}{n} \cdot \frac{2\|f\|}{\sin^2 \frac{\delta}{2}}.$$

Zu vorgegebenem $\varepsilon > 0$ existiert hiernach ein n_0 derart, daß für $n \geqq n_0$ gilt

$$|\sigma_n(x) - f(x)| < 2\varepsilon.$$

(Da $\delta > 0$ von x abhängen kann, gilt dies auch von n_0.)

Damit ist die punktweise Konvergenz der Funktionenfolge (σ_n) gegen f bewiesen. Es bleibt noch die Beschränktheit der Zahlenfolge $(\|\sigma_n\|)$ zu zeigen. Aus

$$\sigma_n(x) = \int_{-\pi}^{\pi} K_n(y) f(x+y)\,dy$$

folgt aber sofort

$$|\sigma_n(x)| \leqq \|f\| \cdot \int_{-\pi}^{\pi} K_n(y)\,dy = \|f\|,$$

d.h. es gilt für alle n:

$$\|\sigma_n\| \leqq \|f\|.$$

Bemerkung: Wenn f stetig ist, dann ist f sogar gleichmäßig stetig und im Beweis kann die Zahl $\delta > 0$ so gewählt werden, daß sie für jedes x brauchbar ist. Damit ergibt sich, daß für stetiges f die Folge (σ_n) gleichmäßig gegen f konvergiert.

Nun ist jedes σ_n eine endliche Summe trigonometrischer Funktionen, nämlich das folgende „trigonometrische Polynom“:

$$\sigma_n(x) = \sum_{k=-(n-1)}^{n-1} \left(1 - \frac{k}{n}\right) c_k e^{ikx}.$$

Es gilt also das folgende Analogon des Weierstraßschen Approximationssatzes: Jede stetige periodische Funktion kann gleichmäßig durch trigonometrische Polynome approximiert werden.

Tatsächlich kann man durch geschickte Umformungen jeweils den einen Approximationssatz aus dem anderen gewinnen (vgl. dazu Aufg. 9 und 10).

Aufgaben

1. Nach S. 460 gilt

$$s_n(x) = \int_{-\pi}^{\pi} D_n(y) f(x+y)\,dy,$$

wenn man für $y \neq 2k\pi$ setzt:

$$D_n(y) = \frac{1}{2\pi} \cdot \frac{\cos ny - \cos(n+1)y}{1 - \cos y}.$$

Die Funktion D_n heißt „Dirichletscher Kern“.

Man zeige:

(a) $D_n(y) = \frac{1}{2\pi} \cdot \frac{\sin\left(n + \frac{1}{2}\right)y}{\sin\frac{y}{2}}$ $(y \neq 2k\pi)$

(b) D_n kann an den Stellen $2k\pi$ stetig ergänzt werden

(c) $\int_{-\pi}^{\pi} D_n(y)\,dy = 1.$

2. Man berechne die Integrale:

(a) $\int_0^{\pi} \left(\frac{\sin\frac{ny}{2}}{\sin\frac{y}{2}}\right)^2 dy$

(b) $\int_0^{\pi} \frac{\sin\left(n + \frac{1}{2}\right)y}{\sin\frac{y}{2}}\,dy.$

(Aus (a) kann man $\int_0^{\infty} \left(\frac{\sin t}{t}\right)^2 dt$ und aus (b) kann man $\int_0^{\infty} \frac{\sin t}{t}\,dt$ gewinnen. Außerdem kann auch das eine uneigentliche Integral auf das andere zurückgeführt werden.)

3. Man zeige, daß für jede Treppenfunktion g gilt:

$$\lim_{t \to \infty} \int_a^b g(x) e^{itx}\,dx = 0.$$

Dieses Ergebnis dehne man auf Regelfunktionen und auf uneigentlich absolut integrierbare Funktionen aus (Riemannsches Lemma).
Für solche Funktionen gilt also insbesondere

$$\lim_n \int_a^b f(x) \cdot \cos(nx + c)\,dx = 0$$

$$\lim_n \int_a^b f(x) \cdot \sin(nx + c)\,dx = 0.$$

(Speziell folgt, daß die Fourierkoeffizienten Nullfolgen bilden, vgl. hierzu auch S. 470.)

4. Aus der Gleichung

$$s_n(x) - f(x) = \int_{-\pi}^{\pi} D_n(y)\big(f(x+y) - f(x)\big)dy$$

folgere man, daß

$$\lim_n s_n(x) = f(x)$$

gilt, falls f (bei fester Stelle x) die Bedingung

$$|f(x+y) - f(x)| \leqq c \cdot y^s \qquad \text{mit } s > 0$$

für alle y erfüllt.

(Anleitung: Man zeige, daß $\dfrac{f(x+y)-f(x)}{\sin\frac{y}{2}}$ uneigentlich absolut integrierbar ist und wende Aufgabe 3 an.)

5. Die Fourier-Reihe einer dehnungsbeschränkten Funktion der Periode 2π konvergiert überall und stellt die Funktion dar.
6. Wenn f und g in einer Umgebung der Stelle x übereinstimmen, dann sind die zugehörigen Fourier-Reihen an der Stelle x entweder beide konvergent oder beide divergent („Riemannscher Lokalisationssatz").
7. Im Anschluß an die Aufgabe 6 von S. 458 skizziere man den Verlauf von σ_1, σ_3, σ_5 und σ_7.
(Da $\|\sigma_n\| \leqq \|f\|$ gilt, tritt das Gibbssche Phänomen bei der Folge (σ_n) nicht auf.)
8. Man zeige, daß für alle n und alle x gilt:

$$\inf_{y\in[-\pi,\pi]} f(y) \leqq \sigma_n(x) \leqq \sup_{y\in[-\pi,\pi]} f(y).$$

9. Man leite den Weierstraßschen Approximationssatz aus dem Satz von Fejér her, indem man $[a,b]$ zunächst als echtes Teilintervall von $[-\pi, \pi]$ annimmt und f zu einer stetigen Funktion der Periode 2π fortsetzt.
(Daß es zu jedem trigonometrischen Polynom σ eine ganzrationale Funktion g gibt derart, daß in $[a, b]$ die Ungleichung $\|\sigma - g\| < \varepsilon$ gilt, zeigt man mit Hilfe der Potenzreihenentwicklung von cos und sin.)
10. Man zeige mit Hilfe des Weierstraßschen Approximationssatzes, daß es zu jeder stetigen Funktion f der Periode 2π eine Folge trigonometrischer Polynome gibt, die gleichmäßig gegen f konvergiert.

12.3 Konvergenz im Sinne der Hilbert-Norm

Über die punktweise Konvergenz der Funktionenfolge (s_m) läßt sich ohne zusätzliche Voraussetzungen über f nichts aussagen. Sogar für stetige Funktionen f braucht die zugehörige Folge (s_m) nicht überall zu konvergieren (vgl. dazu Lit. [21]).
Mit einem anderen Konvergenzbegriff als dem der punktweisen Konvergenz erhält man jedoch wiederum ein einfaches Ergebnis: Wenn f periodische Regelfunktion ist, dann konvergiert (s_m) im Sinne der Hilbert-Norm gegen f.
Zur Erklärung dieser Aussage benötigen wir einige Definitionen.
Die Menge aller komplexwertigen Regelfunktionen der Periode 2π bildet einen Vektorraum über $\mathbb{C}$. In diesem Vektorraum wird ein Skalarprodukt eingeführt durch folgende

Def.: *Es seien f und g komplexwertige Regelfunktionen der Periode 2π. Die komplexe Zahl*

$$\langle f, g\rangle := \int_0^{2\pi} f(x)\overline{g(x)}\,dx$$

heißt Skalarprodukt *von f, g (in dieser Reihenfolge).*

Für reellwertige Funktionen ist das Skalarprodukt reell und symmetrisch; für komplexwertiges f und g ist die Symmetrieeigenschaft nicht allgemein gewährleistet. Man hat dann die Beziehung

$$\langle g, f\rangle = \overline{\langle f, g\rangle}.$$

Es gelten die Regeln:

$$\begin{aligned}\langle f_1 + f_2, g\rangle &= \langle f_1, g\rangle + \langle f_2, g\rangle\\ \langle f, g_1 + g_2\rangle &= \langle f, g_1\rangle + \langle f, g_2\rangle\\ \langle cf, g\rangle &= c\langle f, g\rangle\\ \langle f, cg\rangle &= \bar{c}\langle f, g\rangle \qquad (c \in \mathbb{C}).\end{aligned}$$

Weiter hat man für jedes f die Ungleichung

$$\langle f, f\rangle \geqq 0.$$

Aus $\langle f, f\rangle = 0$ kann man aber nur bei stetigem f darauf schließen, daß f die Nullfunktion ist.
Wie üblich folgt die Schwarzsche Ungleichung (Beweis als Aufgabe):

$$\langle f, g\rangle\overline{\langle f, g\rangle} \leqq \langle f, f\rangle\langle g, g\rangle.$$

Def.: *Die nichtnegative reelle Zahl*

$$|f| := \sqrt{\langle f, f \rangle} = \sqrt{\int_0^{2\pi} |f(x)|^2 dx}$$

heißt Hilbert-Norm *von f.*
Die Funktionen f, g heißen zueinander orthogonal, *wenn*

$$\langle f, g \rangle = \int_0^{2\pi} f(x)\overline{g(x)}dx = 0$$

gilt.

Bemerkung: Die Orthogonalität ist eine symmetrische Relation; dies ist gleich bei der Formulierung berücksichtigt.

Eine Familie von Funktionen $(f_\alpha)_{\alpha \in A}$ heißt *Orthonormalsystem* (*ON-System*), wenn

$$\langle f_\alpha, f_\beta \rangle = \begin{cases} 0 & \text{für } \alpha \neq \beta \\ 1 & \text{für } \alpha = \beta \end{cases}$$

gilt. Dabei kann A eine beliebige Indexmenge sein; doch genügt es hier, A als abzählbar vorauszusetzen.
Ein Beispiel eines ON-Systems ist:

$$\left(\frac{1}{\sqrt{2\pi}} \exp inx\right)_{n \in \mathbb{Z}}$$

Jedem f sind bezüglich eines beliebigen Orthonormalsystems $(f_\alpha)_{\alpha \in A}$ eindeutig die Zahlen

$$c_\alpha = \langle f, f_\alpha \rangle$$

zugeordnet. Diese heißen – wie im Spezialfall des Systems der trigonometrischen Funktionen – die „Fourier-Koeffizienten" von f bezüglich des ON-Systems $(f_\alpha)_{\alpha \in A}$. Man beachte aber, daß die Fourier-Koeffizienten von f, wie sie auf S. 451 definiert wurden, nur bis auf den Faktor $\sqrt{2\pi}$ mit den Fourier-Koeffizienten bezüglich des ON-Systems $\left(\frac{1}{\sqrt{2\pi}} \exp inx\right)_{n \in \mathbb{Z}}$ übereinstimmen.

Auf die Fourier-Koeffizienten bezüglich des ON-Systems $(f_\alpha)_{\alpha \in A}$ wird man durch die Aufgabe geführt, die Funktion f durch eine Linearkombination von endlich vielen Funktionen f_α möglichst gut im Sinne der Hilbert-Norm zu approximieren.

Satz: *Es sei E eine endliche Teilmenge von A und* $\sum_{\alpha \in E} u_\alpha f_\alpha$ *eine beliebige Linearkombination der* f_α *mit komplexen Koeffizienten* u_α. *Dann ist die Hilbert-Norm von*

$$f - \sum_{\alpha \in E} u_\alpha f_\alpha$$

minimal genau dann, wenn

$$u_\alpha = c_\alpha$$

für alle $\alpha \in E$ *gilt.*

Beweis: Wir berechnen zunächst

$$\begin{aligned} |f - \sum_{\alpha \in E} u_\alpha f_\alpha|^2 &= \langle f - \sum_{\alpha \in E} u_\alpha f_\alpha, f - \sum_{\alpha \in E} u_\alpha f_\alpha \rangle \\ &= \langle f, f \rangle - \sum_{\alpha \in E} u_\alpha \langle f_\alpha, f \rangle - \sum_{\alpha \in E} \bar{u}_\alpha \langle f, f_\alpha \rangle + \langle \sum_{\alpha \in E} u_\alpha f_\alpha, \sum_{\alpha \in E} u_\alpha f_\alpha \rangle \end{aligned}$$

Für das ganz rechts stehende Skalarprodukt erhält man aufgrund der Orthogonalitätsrelationen:

$$\left\langle \sum_{\alpha \in E} u_\alpha f_\alpha, \sum_{\beta \in E} u_\beta f_\beta \right\rangle = \sum_{\alpha \in E} \sum_{\beta \in E} u_\alpha \bar{u}_\beta \langle f_\alpha, f_\beta \rangle = \sum_{\alpha \in E} u_\alpha \bar{u}_\alpha .$$

Damit folgt nun (indem man $\sum_{\alpha \in E} c_\alpha \bar{c}_\alpha$ einfügt):

$$|f - \sum_{\alpha \in E} u_\alpha f_\alpha|^2 = |f|^2 - \sum_{\alpha \in E} |c_\alpha|^2 + \sum_{\alpha \in E} |c_\alpha - u_\alpha|^2 .$$

Hieraus ergibt sich unmittelbar die Behauptung.

Aus der letzten Gleichung des Beweises läßt sich auch der Minimalwert von $|f - \sum_{\alpha \in E} u_\alpha f_\alpha|^2$ ablesen; offensichtlich gilt für beliebiges $u_\alpha \in \mathbb{C}$:

$$|f - \sum_{\alpha \in E} u_\alpha f_\alpha|^2 \geqq |f|^2 - \sum_{\alpha \in E} |c_\alpha|^2$$

und die Gleichheit tritt genau dann ein, wenn für alle $\alpha \in E$ gilt $u_\alpha = c_\alpha$:

$$|f - \sum_{\alpha \in E} c_\alpha f_\alpha|^2 = |f|^2 - \sum_{\alpha \in E} |c_\alpha|^2 .$$

Da links eine nichtnegative Zahl steht, erhält man zusammenfassend:

$$0 \leqq |f|^2 - \sum_{\alpha \in E} |c_\alpha|^2 = |f - \sum_{\alpha \in E} c_\alpha f_\alpha|^2 \leqq |f - \sum_{\alpha \in E} u_\alpha f_\alpha|^2 .$$

Speziell folgt der

Satz: *Für jede Teilmenge $B \subset A$ (also auch für A selbst) ist $\sum_{\alpha \in B} |c_\alpha|^2$ konvergent und es gilt*

$$\sum_{\alpha \in B} |c_\alpha|^2 \leqq |f|^2$$

(Besselsche Ungleichung).

Für jede endliche Teilmenge E von B gilt ja

$$\sum_{\alpha \in E} |c_\alpha|^2 \leqq |f|^2,$$

so daß $\sum_{\alpha \in B} |c_\alpha|^2$ konvergent und ebenfalls durch $|f|^2$ nach oben beschränkt ist.

Bemerkung: Die Ungleichung zeigt, daß höchstens abzählbar viele der Fourier-Koeffizienten c_α von 0 verschieden sein können, so daß wir die Familie (c_α) stets als Folge auffassen können. Wegen der Konvergenz der Reihe $\sum_{n \in \mathbb{N}} |c_n|^2$ muß daher (bei jeder Durchnumerierung) gelten: $\lim_n c_n = 0$.
Man beachte, daß für uneigentlich integrierbares f (vgl. S. 453) die Fourier-Koeffizienten erklärt sind, daß für die Gültigkeit der Besselschen Ungleichung aber die Existenz von $\int_0^{2\pi} |f(x)|^2 \, dx$ erforderlich ist.

Wir waren von dem Problem ausgegangen, die Regelfunktion f durch eine endliche Linearkombination aus den Funktionen f_α möglichst gut im Sinne der Hilbert-Norm zu approximieren. Je umfangreicher die Menge der in Betracht gezogenen f_α ist, desto besser wird die „Güte" der Approximation ausfallen. Um präzise Aussagen zu bekommen, definieren wir:

Def.: *Eine Folge (g_n) heißt konvergent gegen f im Sinne der Hilbert-Norm, wenn gilt:*

$$\lim_n |g_n - f| = 0.$$

Die Frage ist nun, ob die Fourier-Reihe $\sum_{\alpha \in A} c_\alpha f_\alpha$ von f – also die Folge (s_n) ihrer Teilsummen bei beliebig gewählter Numerierung – gegen f im Sinne der Hilbert-Norm konvergiert. Dies kann man indessen nicht allgemein erwarten, da bisher keine Voraussetzungen über das ON-System $(f_\alpha)_{\alpha \in A}$ gemacht wurden. Jedoch folgt aus der oben bewiesenen Gleichung

$$|f|^2 - \sum_{\alpha \in E} |c_\alpha|^2 = |f - \sum_{\alpha \in E} c_\alpha f_\alpha|^2$$

sofort, daß eine Folge (s_n) von Teilsummen der Fourier-Reihe, also etwa

$$s_n = \sum_{\alpha \in E} c_\alpha f_\alpha$$

genau dann gegen f im Sinne der Hilbert-Norm konvergiert, wenn

$$\sum_{\alpha \in A} |c_\alpha|^2 = |f|^2$$

gilt, wenn also in der Besselschen Ungleichung für $B = A$ das Gleichheitszeichen zutrifft.

Def.: *Hat das ON-System* $(f_\alpha)_{\alpha \in A}$ *die Eigenschaft, daß für* jedes f *gilt:*

$$(*) \qquad \sum_{\alpha \in A} |c_\alpha|^2 = |f|^2,$$

so heißt das ON-System vollständig.

Bemerkung: Wenn die Gleichung (*) für jedes f gültig, d. h. (f_α) ein vollständiges ON-System ist, dann gilt allgemeiner für beliebiges f und g die „Parsevalsche Gleichung“:

$$(**) \qquad \langle f, g \rangle = \sum_{\alpha \in A} c_\alpha \overline{d_\alpha}.$$

Hierbei sind die d_α die Fourier-Koeffizienten von g und die rechts stehende Reihe ist absolut konvergent. Der Beweis ergibt sich aus der Anwendung von (*) auf geeignete Linearkombinationen von f und g (Aufgabe!).

Die Bezeichnung „vollständiges ON-System“ soll darauf hindeuten, daß es nicht möglich ist, das ON-System zu erweitern. Wenn man nämlich ein g zu finden versucht, das zu allen f_α orthogonal ist, dann gilt wegen der Vollständigkeitsrelation (*) für g die Gleichung $|g|^2 = 0$. Hieraus folgt aber, daß man g nicht so normieren kann, daß $|g| = 1$ gilt.

Vollständigkeit eines ON-Systems $(f_\alpha)_{\alpha \in A}$ und Konvergenz der Fourier-Reihen im Sinne der Hilbert-Norm sind, wie wir gesehen haben, gleichbedeutend. Wenn man ein spezielles ON-System darauf prüfen will, ob es vollständig ist, so kann dies also dadurch geschehen, daß man zeigt: Für jedes f konvergiert die zugehörige Fourier-Reihe im Sinne der Hilbert-Norm gegen f.

Wir beschäftigen uns nun speziell mit dem ON-System $\left(\frac{1}{\sqrt{2\pi}} \exp inx\right)_{n \in \mathbb{Z}}$

Mit Hilfe des Satzes von Fejér werden wir zeigen, daß dieses ON-System vollständig ist.

Satz: *Es sei f eine Regelfunktion der Periode 2π. Dann konvergiert die Fourier-Reihe*

$$\sum_{k=-\infty}^{\infty} c_k \exp ikx \qquad \left(c_k = \frac{1}{2\pi} \int_{-\pi}^{\pi} f(t)\exp(-ikt)\,dt\right)$$

von f im Sinne der Hilbert-Norm gegen f.

Das ON-System $\left(\frac{1}{\sqrt{2\pi}} \exp inx\right)_{n\in\mathbb{Z}}$ *ist also vollständig, d.h. es gilt:*

$$\int_{-\pi}^{\pi} |f(x)|^2\,dx = 2\pi \cdot \sum_{k=-\infty}^{\infty} |c_k|^2.$$

Beweis: Wie in Abschnitt 12.2 sei

$$s_n(x) = \sum_{k=-n}^{n} c_k \exp ikx$$

und

$$\sigma_{n+1}(x) = \frac{1}{n+1}\left(s_0(x) + s_1(x) + \ldots + s_n(x)\right).$$

s_n und σ_{n+1} sind somit Linearkombinationen derselben Funktionen des *ON*-Systems der trigonometrischen Funktionen. Nach S. 468 gilt demnach die Ungleichung

(*) $\qquad 0 \leqq |f - s_n|^2 \leqq |f - \sigma_{n+1}|^2.$

Der Satz von Fejér besagt, daß die Folge (σ_n) punktweise gegen f konvergiert und daß die Zahlenfolge $(\|\sigma_n\|)$ beschränkt ist. Nach dem Satz von Arzela-Osgood (vgl. S. 392) folgt deshalb

$$\lim_n |f - \sigma_{n+1}|^2 = \lim_n \int_{-\pi}^{\pi} |f(x) - \sigma_{n+1}(x)|^2\,dx = 0.$$

Aus der Ungleichung (*) ergibt sich nun die Konvergenz der Fourier-Reihe von f im Sinne der Hilbert-Norm:

$$\lim_n |f - s_n| = 0.$$

Wie wir schon gesehen haben, muß dann auch die Vollständigkeitsrelation erfüllt sein (in der wegen der traditionell anderen Normierung der „klassischen" Fourier-Koeffizienten der Faktor 2π erscheint).

Aufgaben

1. Wenn die stetigen Funktionen f und g dieselbe Fourier-Reihe besitzen, dann gilt $f = g$.
Man beweise dies und leite weiter den folgenden Satz her:
Wenn die Reihe $\sum_{n=-\infty}^{\infty} c_n$ der Fourier-Koeffizienten von f absolut konvergiert, dann wird f durch die Fourier-Reihe $\sum_{n=-\infty}^{\infty} c_n e^{inx}$ dargestellt.

2. Zwei Regelfunktionen f und g haben genau dann dieselben Fourier-Koeffizienten, wenn gilt:
$$\int_0^{2\pi} |f(x) - g(x)|\, dx = 0 .$$
Hieraus folgere man, daß f an höchstens abzählbar vielen Stellen andere Werte als g annehmen kann.
Sind entsprechende Aussagen auch für uneigentlich absolut integrierbare f und g richtig?

3. Man berechne $\int_0^{2\pi} |f(x)|^2 dx$ direkt und aufgrund der Vollständigkeit des ON-Systems $\left(\frac{1}{\sqrt{2\pi}} \exp inx\right)_{n \in \mathbb{Z}}$ für die Regelfunktionen aus Beispiel 1) und 2) von S. 454 und aus den Aufgaben 3, 4 und 5 von S. 457.

4. Man setze für $0 \leqq x < 2\pi$
$$f(x) = e^{ax}$$
und berechne die Fourier-Reihe von f. Welche Summe hat die Reihe
$$\sum_{n=1}^{\infty} \frac{1}{a^2 + n^2} ?$$
Was ergibt sich speziell für $a = 0$?

5. Man bestimme die Summen der Reihen

(a) $$\sum_{n=1}^{\infty} \frac{1}{(a^2 + n^2)^2}$$

(b) $$\sum_{n=1}^{\infty} \frac{n^2}{(a^2 + n^2)^2} .$$

6. Man zeige, daß die Familie

$$(\cos nx)_{n \in \mathbb{N}_0}$$

bezüglich des Intervalls $[0, \pi]$ ein vollständiges Orthonormalsystem ist. Dasselbe gilt von

$$(\sin nx)_{n \in \mathbb{N}}.$$

(Anleitung: Man setze f von $[0, \pi]$ zu einer geraden bzw. ungeraden Funktion auf $[-\pi, \pi]$ fort.)

7. Es sei $|f|^2$ uneigentlich absolut integrierbar und c_n seien die Fourier-Koeffizienten von f. Dann ist die Reihe

$$\sum_{n=-\infty}^{\infty} \frac{c_n}{n^s}$$

für $s > \frac{1}{2}$ absolut konvergent.

8. Man zeige, daß das ON-System $(f_\alpha)_{\alpha \in A}$ genau dann vollständig ist, wenn für alle f und g die Parsevalsche Gleichung

$$\sum_{\alpha \in A} c_\alpha \overline{d_\alpha} = \langle f, g \rangle$$

gilt. Hierbei sind $c_\alpha = \langle f, f_\alpha \rangle$ und $d_\alpha = \langle g, f_\alpha \rangle$ die Fourier-Koeffizienten von f bzw. g.

9. Die trigonometrische Reihe

$$\sum_{n=1}^{\infty} \frac{1}{\sqrt{n}} \sin nx$$

ist für alle x punktweise konvergent (vgl. Aufg. 9 von S. 319). Warum ist die dargestellte Funktion keine Regelfunktion?

12.4 Punktweise Konvergenz

Während für die Konvergenz der arithmetischen Mittel der Teilsummen einerseits wie auch für die Konvergenz der Teilsummen im Sinne der Hilbert-Norm andererseits übersichtliche Resultate vorliegen, ist dies für die punktweise Konvergenz nicht der Fall. Wir greifen das Problem der punktweisen Konvergenz hier vom Fejérschen Satz aus an und haben also Bedingungen anzugeben, die es erlauben, von der Konvergenz der Folge $(\sigma_n(x))$ der arithmetischen Mittel auf die Konvergenz der Folge $(s_n(x))$ zu schließen.

Wir beweisen dazu folgenden

Satz: *Es sei (a_n) eine Folge komplexer Zahlen und*

$$s_n = a_1 + a_2 + \ldots + a_n$$

sowie

$$\sigma_n = \frac{1}{n}(s_1 + s_2 + \ldots + s_n).$$

Wenn die Folge (σ_n) gegen s konvergiert und für die Zahlen a_n die Abschätzung

$$|a_n| \leqq \frac{c}{n}$$

gilt, dann konvergiert auch die Folge (s_n) gegen s.

Beweis: Wir drücken zunächst für beliebiges $m > n$ die Teilsumme s_m durch σ_m, σ_n und $a_{n+2}, a_{n+3}, \ldots, a_m$ aus. Hierzu berechnen wir:

$$\begin{aligned} m\sigma_m - n\sigma_n &= s_m + s_{m-1} + s_{m-2} + \ldots + s_{n+1} \\ &= s_m \\ &\quad + (s_m - a_m) \\ &\quad + (s_m - a_m - a_{m-1}) \\ &\quad\ \vdots \\ &\quad + (s_m - a_m - a_{m-1} - \ldots - a_{n+2}) \\ &= (m-n)s_m - (m-n-1)a_m - (m-n-2)a_{m-1} - \ldots - a_{n+2}. \end{aligned}$$

Also gilt:

$$(m-n)s_m = m\sigma_m - n\sigma_n + (m-n-1)a_m + \ldots + a_{n+2}.$$

Da wir $|s_m - s|$ abschätzen wollen, subtrahieren wir $(m-n)s$:

$$(m-n)(s_m - s) = m(\sigma_m - s) - n(\sigma_n - s) + (m-n-1)a_m + \ldots + a_{n+2}.$$

Nun sei $\varepsilon > 0$ vorgegeben. Wegen der Konvergenz der Folge (σ_n) gegen s existiert ein n_0 derart, daß für alle $n \geqq n_0$ gilt $|\sigma_n - s| < \varepsilon$. Wegen $m > n$ gilt dann auch $|\sigma_m - s| < \varepsilon$. Da weiterhin die Ungleichungen

$$|a_{n+2}| < \frac{c}{n}, \; |a_{n+3}| < \frac{c}{n}, \ldots, \; |a_m| < \frac{c}{n}$$

erfüllt sind, folgen die Abschätzungen:

$$(m-n)|s_m - s| < m\varepsilon + n\varepsilon + \frac{c}{n}((m-n-1)+(m-n-2)+\ldots+2+1)$$

$$(m-n)|s_m - s| < (m-n)\varepsilon + 2n\varepsilon + \frac{c}{n}\cdot\frac{(m-n)^2}{2}$$

$$|s_m - s| < \varepsilon + \frac{2}{\frac{m}{n}-1}\varepsilon + \frac{c}{2}\left(\frac{m}{n}-1\right).$$

Unser Ziel ist erreicht, wenn wir zeigen können, daß zu jedem genügend großen m ein n so gefunden werden kann, daß etwa die Ungleichungen

$$\sqrt{\varepsilon} < \frac{m}{n} - 1 < 2\sqrt{\varepsilon}$$

gelten. Dies führt für n auf die Ungleichungen

$$\frac{m}{1+2\sqrt{\varepsilon}} < n < \frac{m}{1+\sqrt{\varepsilon}},$$

die sicher dann lösbar sind, wenn

$$\frac{m}{1+\sqrt{\varepsilon}} - \frac{m}{1+2\sqrt{\varepsilon}} = \frac{m\cdot\sqrt{\varepsilon}}{1+3\sqrt{\varepsilon}+2\varepsilon} > 1$$

gilt. Da es genügt, $\varepsilon < 1$ zu wählen, läßt sich also für

$$m > \frac{6}{\sqrt{\varepsilon}}$$

immer ein solches n finden. Für alle $m \geqq \max\left\{n_0, \frac{6}{\sqrt{\varepsilon}}\right\}$ folgt nun

$$|s_m - s| < \varepsilon + \frac{2\varepsilon}{\sqrt{\varepsilon}} + c\cdot\sqrt{\varepsilon} = \varepsilon + (2+c)\sqrt{\varepsilon},$$

d.h. die Folge (s_n) konvergiert gegen s.

Aus dem Satz von Fejér folgt aufgrund dieses Ergebnisses unmittelbar der

Satz: *Wenn für die Fourier-Koeffizienten einer Regelfunktion f der Periode 2π eine Zahl $c > 0$ existiert, derart daß für alle $k \in \mathbb{Z}$ gilt:*

$$|c_k| \leqq \frac{c}{|k|},$$

dann konvergiert die Fourier-Reihe punktweise gegen f. In jedem Teilintervall, in dem f stetig ist, konvergiert die Fourier-Reihe sogar gleichmäßig.

Hiernach ist die noch offene Frage aus Beispiel 2) von S. 454 bejahend zu beantworten; für alle x mit $|x| < \pi$ gilt also die Gleichung

$$\frac{x}{2} = \sin x - \frac{\sin 2x}{2} + \frac{\sin 3x}{3} - \ldots.$$

Wir werden nun einige Klassen von Regelfunktionen angeben, die die im Satz genannte Bedingung $|k| \cdot |c_k| \leqq c$ erfüllen.

1) Wenn f und f' stetig sind, erhält man durch Produktintegration (für $k \neq 0$):

$$\begin{aligned} 2\pi c_k &= \int_{-\pi}^{\pi} f(t) \cdot \exp(-ikt)\, dt \\ &= \left[f(t) \cdot \frac{i}{k} \exp(ikt) \right]_{-\pi}^{\pi} - \frac{i}{k} \int_{-\pi}^{\pi} f'(t) \cdot \exp(-ikt)\, dt. \end{aligned}$$

Da der ausintegrierte Bestandteil wegen $f(\pi) = f(-\pi)$ den Wert 0 hat, folgt nun sofort die Abschätzung $|k| \cdot |c_k| \leqq \|f'\|$.

Dasselbe Resultat erhält man auch noch, wenn f' nur stückweise stetig ist. Wegen der Stetigkeit von f heben sich nämlich alle ausintegrierten Bestandteile auf und das rechts stehende Integral läßt sich genau wie oben abschätzen. Hiernach wird z. B. die „Sägezahnfunktion“ aus Beispiel 1) von S. 453 durch ihre Fourier-Reihe dargestellt.

2) Es sei $-\pi = x_0 < x_1 < x_2 < \ldots < x_r = \pi$ eine Einteilung des Intervalls $[-\pi, \pi]$ und g eine Treppenfunktion, die für $x_{j-1} < t < x_j$ den Wert γ_j annimmt. Dann folgt für die Fourier-Koeffizienten von g:

$$\begin{aligned} 2\pi c_k &= \sum_{j=1}^{r} \int_{x_{j-1}}^{x_j} \gamma_j \cdot \exp(-ikt)\, dt \\ &= \frac{i}{k} \cdot \sum_{j=1}^{r} \gamma_j (\exp(-ikx_j) - \exp(-ikx_{j-1})) \\ &= \frac{i}{k} \cdot \sum_{j=1}^{r} (\gamma_j - \gamma_{j+1}) \exp(-ikx_j), \end{aligned}$$

wobei $\gamma_{r+1} = \gamma_1$ zu setzen ist. Es gilt daher die Abschätzung

$$|c_k| \leqq \frac{1}{|k|} \left(\frac{1}{2\pi} \sum_{j=1}^{r} |\gamma_j - \gamma_{j-1}| \right).$$

Jede Treppenfunktion wird also durch ihre Fourier-Reihe dargestellt (wobei an den Sprungstellen jeweils die arithmetischen Mittel aus den rechts- und linksseitigen Grenzwerten angenommen werden).

3) Durch Kombination der Ergebnisse aus 1) und 2) folgt nun das für die meisten Anwendungsbeispiele ausreichende Resultat:

Satz: *Jede stückweise stetige, stückweise stetig differenzierbare Funktion der Periode 2π wird durch ihre Fourier-Reihe dargestellt.*

Zum Beweis braucht man nur zu beachten, daß jede in $[-\pi, \pi]$ stückweise stetige Funktion Summe einer stetigen Funktion und einer Treppenfunktion ist.
Bei der periodischen Fortsetzung der stetigen Funktion können bei $x = (2k+1)\pi$ Sprungstellen auftreten. Diese können durch Überlagerung einer Funktion des Typs aus Beispiel 2) von S. 454 ausgeglichen werden.

4) Anknüpfend an 2) liegt es nahe, die Frage zu untersuchen, ob sich das Ergebnis auf beliebige Regelfunktionen ausdehnen läßt.
Es sei (g_n) eine Folge von Treppenfunktionen, die gleichmäßig gegen die Regelfunktion f konvergiert. Für die Fourier-Koeffizienten $c_{n,k}$ von g_n hat man dann die Abschätzung

$$(*) \qquad |c_{n,k}| \leqq \frac{1}{|k|} \cdot \left(\frac{1}{2\pi} \sum_{j=1}^{r_n} |\gamma_{n,j} - \gamma_{n,j+1}| \right).$$

Wegen $\lim_n \|g_n - f\| = 0$ folgt nach dem Vertauschbarkeitssatz von S. 386 für die Fourier-Koeffizienten c_k von f:

$$c_k = \lim_n c_{n,k}.$$

Aus (*) ergäbe sich nun die gewünschte Abschätzung

$$|c_k| \leqq \frac{c}{|k|},$$

falls für alle n gelten würde:

$$\frac{1}{2\pi}\sum_{j=1}^{r_n}|\gamma_{n,j}-\gamma_{n,j+1}|\leqq c.$$

Diese Bedingung ist indessen nicht für alle Regelfunktionen erfüllt (vgl. dazu Aufgabe 4). Man definiert nun: Eine Regelfunktion f mit der Eigenschaft, daß für alle approximierende Folgen (g_n) von Treppenfunktionen die zugehörigen Zahlen

$$\frac{1}{2\pi}\sum_{j=1}^{r_n}|\gamma_{n,j}-\gamma_{n,j+1}|$$

eine feste obere Schranke c (unabhängig von der Folge (g_n) und unabhängig von n) besitzen, heißt von *endlicher Variation.*

Insbesondere erfüllen diese Bedingung die monotonen beschränkten Funktionen. Umgekehrt genügen diese Funktionen schon, um die Funktionen von endlicher Variation auf andere Weise einfach zu beschreiben:
Jede Funktion von endlicher Variation läßt sich als Differenz zweier beschränkter monoton wachsender Funktionen darstellen (vgl. hierzu Aufgabe 5).

Für die Fourier-Koeffizienten jeder Regelfunktion von endlicher Variation gilt also mit geeignetem $c>0$ die Abschätzung

$$|c_k|\leqq\frac{c}{|k|}.$$

Damit folgt nun der

Satz: *Es sei f eine Regelfunktion von endlicher Variation in $[-\pi,\pi]$. Dann konvergiert die zugehörige Fourier-Reihe punktweise gegen f und die Folge der Teilsummen ist beschränkt.*
(Satz von Dirichlet-Jordan).

Mit diesem verhältnismäßig weitreichenden Resultat beschließen wir unsere Überlegungen zur punktweisen Konvergenz.

Das folgende Beispiel soll auch zeigen, wie die Anwendung der bewiesenen Sätze (es genügt hierbei die Voraussetzung der stückweise stetigen Differenzierbarkeit) zu interessanten Ergebnissen über die Funktionen cot und sin führt.
Wir betrachten im offenen Intervall $-\pi<x<\pi$ die komplexwertige Funktion

$$f(x)=\exp iax,$$

wobei a eine beliebige nichtganze reelle Zahl ist. Wir denken uns f periodisch fortgesetzt und setzen gemäß unserer Vereinbarung über die Funktionswerte an Sprungstellen fest:

$$f((2n+1)\pi) = \cos a\pi .$$

Für die Fourier-Koeffizienten von f findet man:

$$\begin{aligned} c_k &= \frac{1}{2\pi} \int_{-\pi}^{\pi} \exp iat \cdot \exp(-ikt)\,dt \\ &= \frac{1}{2\pi} \cdot \frac{1}{i(a-k)} \cdot (\exp i(a-k)\pi - \exp(-i(a-k)\pi)) \\ &= \frac{1}{\pi} \cdot \frac{1}{a-k} \cdot \sin(a-k)\pi \\ &= (-1)^k \cdot \frac{\sin a\pi}{\pi} \cdot \frac{1}{a-k} . \end{aligned}$$

Die Fourier-Reihe von f, also

$$\frac{\sin a\pi}{\pi} \sum_{k=-\infty}^{\infty} \frac{(-1)^k}{a-k} \exp ikx$$

zerlegen wir in Real- und Imaginärteil und erhalten die beiden Reihen

$$\frac{\sin a\pi}{\pi} \sum_{k=-\infty}^{\infty} \frac{(-1)^k}{a-k} \cos kx = \frac{\sin a\pi}{\pi} \cdot \left(\frac{1}{a} + \sum_{k=1}^{\infty} (-1)^k \frac{2a}{a^2-k^2} \cos kx \right)$$

$$\frac{\sin a\pi}{\pi} \sum_{k=-\infty}^{\infty} \frac{(-1)^k}{a-k} \sin kx = \frac{\sin a\pi}{\pi} \cdot \sum_{k=1}^{\infty} (-1)^k \frac{2k}{a^2-k^2} \sin kx .$$

Da f stückweise stetig und stückweise stetig differenzierbar ist, folgen die Gleichungen

$$\cos ax = \frac{\sin a\pi}{\pi} \cdot \left(\frac{1}{a} + \sum_{k=1}^{\infty} (-1)^k \frac{2a}{a^2-k^2} \cos kx \right) \qquad \text{für } |x| \leqq \pi,$$

$$\sin ax = \frac{\sin a\pi}{\pi} \cdot \sum_{k=1}^{\infty} (-1)^k \frac{2k}{a^2-k^2} \sin kx \qquad \text{für } |x| < \pi .$$

Aus der ersten der beiden Gleichungen wollen wir noch einige Folgerungen ziehen. Setzen wir speziell $x = \pi$ ein, so erhalten wir die für alle nicht ganzzahligen a gültige Gleichung

$$\cot a\pi = \frac{1}{\pi}\cdot\left(\frac{1}{a} + \sum_{k=1}^{\infty}\frac{2a}{a^2-k^2}\right),$$

die man als „Partialbruchzerlegung der Funktion cot" bezeichnet. Da a beliebig aus $\mathbb{R}\setminus\mathbb{Z}$ gewählt werden kann, wechseln wir die Bezeichnung:

$$\pi\cot\pi x = \frac{1}{x} + \sum_{k=1}^{\infty}\frac{2x}{x^2-k^2} \qquad (x\in\mathbb{R}\setminus\mathbb{Z}).$$

Die rechts stehende Funktionenreihe ist nach dem Majorantenkriterium kompakt-gleichmäßig konvergent. Im Intervall $0<x<1$ erhalten wir durch Integration die Gleichung

$$\ln(\sin\pi x) = \ln c + \ln x + \sum_{k=1}^{\infty}\ln\left(1-\frac{x^2}{k^2}\right),$$

mit einer geeigneten Konstanten $\ln c$. Zur Bestimmung von $\ln c$ formen wir um:

$$\ln\left(\frac{\sin\pi x}{x}\right) = \ln c + \sum_{k=1}^{\infty}\ln\left(1-\frac{x^2}{k^2}\right).$$

Da die Grenzwerte

$$\lim_{x\to 0}\ln\left(\frac{\sin\pi x}{x}\right) = \ln\pi$$

und

$$\lim_{x\to 0}\sum_{k=1}^{\infty}\left(1-\frac{x^2}{k^2}\right) = 0$$

existieren, ergibt sich:

$$\ln\pi = \ln c.$$

Unter Verwendung des Begriffs „unendliches Produkt" (der analog zum Begriff unendliche Reihe erklärt wird) läßt sich die bewiesene Gleichung folgendermaßen schreiben („Produktdarstellung der sin-Funktion"):

$$\sin\pi x = \pi x\cdot\prod_{k=1}^{\infty}\left(1-\frac{x^2}{k^2}\right) \qquad (0<x<1).$$

Speziell erhält man durch Einsetzen von $x=\frac{1}{2}$ die *Wallissche Formel* (vgl. Aufg. 9 von S. 382):

$$\pi = 2 \cdot \prod_{k=1}^{\infty} \frac{4k^2}{4k^2-1} = 2 \cdot \prod_{k=1}^{\infty} \frac{2k}{2k-1} \cdot \frac{2k}{2k+1},$$

$$\frac{\pi}{2} = \frac{2}{1} \cdot \frac{2}{3} \cdot \frac{4}{3} \cdot \frac{4}{5} \cdot \frac{6}{5} \cdot \frac{6}{7} \cdot \frac{8}{7} \cdot \frac{8}{9} \cdot \ldots .$$

Bemerkung: Tatsächlich ist die Produktdarstellung der sin-Funktion für alle $x \in \mathbb{R}$ gültig. Wenn x eine beliebige nichtganze reelle Zahl ist, so wähle man zunächst eine natürliche Zahl $m > |x|$, und schreibe die Partialbruchzerlegung der cot-Funktion in der Form:

$$\pi \cot \pi x - \frac{1}{x} - \frac{2x}{x^2 - 1^2} - \ldots - \frac{2x}{x^2 - (m-1)^2} = \sum_{k=m}^{\infty} \frac{2x}{x^2 - k^2}.$$

Dann wird durch die rechte Seite im offenen Intervall $|x| < m$ wegen der gleichmäßigen Konvergenz der Reihe eine stetige Funktion erklärt. Die linke Seite ist zunächst für $x = 0, \pm 1, \pm 2, \ldots, \pm(m-1)$ nicht definiert, läßt sich aber an diesen Stellen stetig ergänzen. Damit folgt wie oben, daß es eine Konstante $\ln c$ geben muß derart, daß gilt

$$\ln \sin \pi x - \ln x - \ln\left(1 - \frac{x^2}{1^2}\right) - \ldots - \ln\left(1 - \frac{x^2}{(m-1)^2}\right) =$$

$$\ln c + \sum_{k=m}^{\infty} \ln\left(1 - \frac{x^2}{k^2}\right).$$

(Man überzeuge sich, daß durch den links stehenden Ausdruck eine im Intervall $|x| < m$ stetig differenzierbare Funktion erklärt werden kann!)

Die Konstante c kann nun genau wie oben bestimmt werden.

Aufgaben

1. f sei stetig differenzierbar und f'' sei stückweise stetig. Dann gilt für die Fourier-Koeffizienten c_n von f eine Abschätzung

   $$|c_n| \leqq \frac{c}{n^2}$$

   mit festem c.

   Weiter verallgemeinere man dieses Resultat auf Funktionen, deren k-te Ableitung stückweise stetig ist.

   (Nach Aufg. 1 von S. 472 wird also jede stetig differenzierbare Funktion f mit stückweise stetiger zweiter Ableitung durch ihre Fourier-Reihe dargestellt.)

2. Für $k \in \mathbb{N}$ setzt man

$$B_{2k-1}(x) := (-1)^k \cdot 2 \cdot \frac{(2k-1)!}{(2\pi)^{2k-1}} \sum_{n=1}^{\infty} \frac{\sin 2\pi nx}{n^{2k-1}}$$

$$B_{2k}(x) := (-1)^{k-1} \cdot 2 \frac{(2k)!}{(2\pi)^{2k}} \sum_{n=1}^{\infty} \frac{\cos 2\pi nx}{n^{2k}}$$

Man zeige, daß die Reihen für alle x konvergieren und also Funktionen der Periode 1 definieren. Die Funktionen B_k heißen Bernoullische Polynome; im Intervall $0 < x < 1$ stimmen sie nämlich mit ganzrationalen Funktionen überein. Zum Beweis zeige man, daß im Intervall $0 < x < 1$ gilt:

(1) $\quad B_1(x) = x - \frac{1}{2}$

(2) $\quad B_k'(x) = k \cdot B_{k-1}(x) \qquad$ für $k \geqq 2$.

3. Es sei f eine reellwertige Funktion der Periode 2π, die durch ihre Fourier-Reihe

$$\tfrac{1}{2} a_0 + \sum_{n=1}^{\infty} (a_n \cos nx + b_n \sin nx)$$

dargestellt wird.
Wenn $a_0 = 0$ gilt, dann hat f mindestens zwei „Vorzeichenwechsel" im Intervall $[0, 2\pi[$. Wenn $a_0 = a_1 = b_1 = 0$ gilt, dann hat f mindestens vier „Vorzeichenwechsel" in $[0, 2\pi[$.
Man definiere „Vorzeichenwechsel von f an der Stelle a" und beweise die Behauptung.
Wieviel Vorzeichenwechsel hat f mindestens in $[0, 2\pi[$, wenn

$$a_0 = a_1 = b_1 = \ldots = a_k = b_k = 0 \text{ gilt?}$$

4. Man zeige, daß durch

$$f(x) = \begin{cases} 0 & \text{für } x = 0 \\ x \cdot \sin \dfrac{1}{x} & \text{für } 0 < x \leqq 2\pi \end{cases}$$

eine Regelfunktion erklärt wird, die nicht von endlicher Variation ist.

5. Man zeige, daß jede Treppenfunktion g, die die Bedingung

$$g(x) = \tfrac{1}{2}\left(g(x_+) + g(x_-)\right)$$

erfüllt, als Differenz zweier monoton wachsender Treppenfunktionen dargestellt werden kann.
Man dehne dies Ergebnis auf Regelfunktionen von endlicher Variation aus.

Lösungshinweise zu ausgewählten Aufgaben

Seite 13

2. 14 Möglichkeiten (vgl. auch S. 77, Aufg. 15).

Seite 20

6. Setze $d = \frac{1}{3}(a + b + c)$.

Seite 21

8. Anwendung: Verbesserung von rationalen Näherungswerten für $\sqrt{2}$.
10. Zeige zunächst $|a + a| \leqq |a + b| + |a - b|$ und beachte die Symmetrie bez. a und b.
11. Für $a = 0$ oder $b = 0$ oder $c = 0$ gilt die Gleichheit, ebenso für $a > 0$, $b > 0$, $c > 0$. Da die Behauptung sich bei Übergang zu $-a$, $-b$, $-c$ sowie bei Vertauschung von a, b, c nicht ändert, genügt es, den Fall

$$a > 0,\ b > 0,\ c < 0$$

zu untersuchen. Man findet, daß für

$$a + b + c > 0$$

die Ungleichung gilt, während für

$$a + b + c \leqq 0$$

die Gleichheit eintritt. Man erhält so einen Beweis für die „Ungleichung von Hornich und Hlawka"

$$|a| + |b| + |c| - |b + c| - |c + a| - |a + b| + |a + b + c| \geqq 0.$$

Man zähle die möglichen Fälle für das Eintreten der Gleichheit im einzelnen auf!

Seite 28

Aufgabe (unten): Zeige, daß für positives a, b gilt

$$a \geqq b \Leftrightarrow a^n \geqq b^n$$

(Verwende dazu die Aufg. von S. 28 oben). Leite die Ungleichung zwischen arithmetischen und geometrischen Mitteln aus Beispiel 6 her. Ersetze dann a_i durch $\dfrac{1}{a_i}$.

Seite 32

1. $\sum\limits_{k=1}^{n} (2k - 1) = n^2, \quad \sum\limits_{k=1}^{n} (2k - 1)^2 = \frac{4}{3}n^3 - \frac{1}{3}n$

Seite 33

4. $\sum\limits_{k=0}^{n} \binom{n}{k} = 2^n, \quad \sum\limits_{k=0}^{n} (-1)^k \binom{n}{k} = 0.$
5. Verwende die Aufg. von S. 28 oben.
8. $n \geqq 6$

Seite 37

Aufgabe: Mit $x_0 \in M$ gilt auch $x_0 + \dfrac{2 - x_0^2}{1 + 2x_0} \in M$.

Seite 41

1. a) $x = 2$, b) $x < -2$ oder $x > 3$, c) $x < 3$, d) $x < 1$ oder $x > 2$,
   e) $x = -3$ oder $x = -\frac{1}{3}$.

Seite 42

2. $\sup M_1 = \frac{3}{2} \in M_1$, $\inf M_1 = -2 \in M_1$
   $\sup M_2 = \frac{3}{2} \in M_2$, $\inf M_2 = -\frac{7}{2} \in M_2$.
   Falls $a < b < c$ vorausgesetzt wird, gilt:
   $\sup M_3 = c \notin M_3$, $\inf M_3$ existiert nicht.

Seite 43

9. Man verwende, daß $\sqrt{n}$ nur für Quadratzahlen n rational ist.
   $\sqrt{n} + \sqrt{n+1}$ ist für alle $n \geqq 1$ irrational.
11. Unter der Voraussetzung $ad - bc \neq 0$ gilt:

$$y = \frac{ax + b}{cx + d} \Leftrightarrow x = \frac{-dy + b}{cy - a},$$

also $y \in \mathbb{Q} \Leftrightarrow x \in \mathbb{Q}$.

12. Man unterscheide zunächst vier Fälle, je nachdem, ob $\sup M$ bzw. $\inf M$ existieren oder nicht. Weiter ist dann zu unterscheiden, ob $\sup M$ bzw. $\inf M$ zu M gehören oder nicht.

Seite 60

4. Die „konstante" Abbildung $x \mapsto a$ sei mit g_a bezeichnet. Wegen $f \circ g_a = g_a \circ f$ folgt

$$f(a) = a \qquad \text{für alle } a \in A.$$

5. $f = id_A$.
6. Mit $f_0 = \begin{pmatrix} 1 & 2 & 3 \\ 1 & 2 & 3 \end{pmatrix}$, $f_1 = \begin{pmatrix} 1 & 2 & 3 \\ 2 & 3 & 1 \end{pmatrix}$, $f_2 = \begin{pmatrix} 1 & 2 & 3 \\ 3 & 1 & 2 \end{pmatrix}$

$$f_3 = \begin{pmatrix} 1 & 2 & 3 \\ 1 & 3 & 2 \end{pmatrix}, \quad f_4 = \begin{pmatrix} 1 & 2 & 3 \\ 3 & 2 & 1 \end{pmatrix}, \quad f_5 = \begin{pmatrix} 1 & 2 & 3 \\ 2 & 1 & 3 \end{pmatrix}$$

erhält man folgende Gruppentafel:

0	f_0	f_1	f_2	f_3	f_4	f_5
f_6	f_0	f_1	f_2	f_3	f_4	f_5
f_1	f_1	f_2	f_0	f_4	f_5	f_3
f_2	f_2	f_0	f_1	f_5	f_3	f_4
f_3	f_3	f_5	f_4	f_0	f_2	f_1
f_4	f_4	f_3	f_5	f_1	f_0	f_2
f_5	f_5	f_4	f_3	f_2	f_1	f_0

Seite 64

1. Für den Induktionsschluß unterscheide man die drei Fälle

   (1) $a_{n+1} < \min\{a_1, \ldots, a_n\}$
   (2) $\min\{a_1, \ldots, a_n\} \leqq a_{n+1} \leqq \max\{a_1, \ldots, a_n\}$
   (3) $\max\{a_1, \ldots, a_n\} < a_{n+1}$

2. Es gibt n^m Abbildungen von A in B; die Anzahl der Injektionen ist $n(n-1)\ldots(n-m+1)$.
3. Jede natürliche Zahl $k \geqq 1$ läßt sich auf eine und nur eine Weise als Produkt einer Zweierpotenz und einer ungeraden Zahl darstellen.
   Zu jedem $k \geqq 1$ suche man zunächst die „einschließenden" Binomialkoeffizienten auf:
   $$\binom{p}{2} \leqq k < \binom{p+1}{2}.$$
4. Vgl. den Beweis der Abzählbarkeit von $\mathbb{Q}$ (S. 62).
6. Wähle aus jedem der Intervalle einen rationalen Punkt; man erhält so eine bijektive Abbildung zwischen der Menge von Intervallen und einer Teilmenge von $\mathbb{Q}$.
9. Ist A endlich, so kann nach S. 61 die Menge A nicht auf $A \setminus \{a\}$ bijektiv abgebildet werden.
   Für abzählbar unendliches A lassen sich leicht solche Bijektionen angeben.
   Für überabzählbares A wähle man zunächst eine abzählbare Teilmenge B (mit $a \in B$) aus.

Seite 71

Aufgabe: $f_0 = 1$, $f_1 = \frac{3}{2}$, $f_2 = \frac{17}{12}$, $f_3 = \frac{577}{408}$, $f_4 = \frac{665\,857}{470\,832}$
(„gute" rationale Näherungswerte für $\sqrt{2}$).

Seite 74

1. Wegen $1 \leqq \dfrac{|c_0| + |c_1| + \ldots |c_n|}{|c_n|}$ ist für $|a| < 1$ die Abschätzung offensichtlich richtig.
   Für $|a| \geqq 1$ folgt aus
   $$c_n a^n = -c_0 - c_1 a - \ldots - c_{n-1} a^{n-1}$$
   die Abschätzung
   $$\begin{aligned} |c_n|\,|a|^n &\leqq (|c_0| + |c_1| + \ldots + |c_{n-1}|)\,|a|^{n-1} \\ &< (|c_0| + |c_1| + \ldots + |c_{n-1}| + |c_n|)\,|a|^{n-1}, \end{aligned}$$
   und daraus die Behauptung:
2. Die nichtkonstanten affinen Funktionen bilden eine nicht kommutative Gruppe.
3. $$\binom{n+m}{m} = \sum_{j=0}^{m} \binom{n}{j}\binom{m}{m-j}, \quad \binom{2n}{n} = \sum_{j=0}^{n} \binom{n}{j}^2.$$
4. Die Interpolationsaufgabe (*) besitzt eine und nur eine Lösung.

Seite 75

5. Nach Multiplikation mit $(x - a_1)$ kann durch Einsetzen von $x = a_1$ die Konstante c_1 bestimmt werden:
   $$c_1 = \frac{f(a_1)}{(a_1 - a_2) \ldots (a_1 - a_n)}$$
   Entsprechend findet man $c_2, \ldots, c_n$.
6. Analog zu Aufg. 5 multipliziert man im ersten Schritt mit $(x-a)^k$ und setzt anschließend $x = a$. Im nächsten Schritt verfährt man entsprechend mit $h(x) - \dfrac{c_k}{(x-a)^k}$.

Seite 76

7. $g \circ f$ ist immer eine Treppenfunktion.
Definitionsgemäß sind Treppenfunktionen auf abgeschlossenen Intervallen erklärt; deshalb ist $f \circ g$ keine Treppenfunktion.
8. (1) ja (2) ja, falls $0 \notin [a, b]$; nein, falls $0 \in [a, b]$
(3) ja (4) ja. Man fertige Skizzen an!
9. Die Wertemenge von g besteht entweder nur aus rationalen Zahlen oder aber nur aus irrationalen Zahlen.
11. (1) $D = \mathbb{R}$ (2) $D = [-1, 0[\cup]0, \frac{1}{3}]$
(3) $D = [2, \frac{5}{2}]$ (4) $D = \mathbb{R} \setminus \{1\}$.

Seite 77

12. Für die Folge $(f_n - \sqrt{5})$ gilt die Abschätzung
$$0 < f_n - \sqrt{5} < \frac{1}{2^n}$$
(Beweis durch vollständige Induktion).
Also ist $\sqrt{5}$ das Infimum der Wertemenge von (f_n).
14. $f_n = (-\frac{1}{2})^{n-1}$, Beweis durch vollständige Induktion.

Seite 81

Aufgabe: Für $f(x) = c_0 + c_1 x + \ldots + c_n x^n$ $(c_n \neq 0, n \geqq 2)$ ergibt sich
$$\frac{f(x_2) - f(x_1)}{x_2 - x_1} = c_1 + c_2(x_1 + x_2) + \ldots + c_n(x_1^{n-1} + \ldots + x_2^{n-1}).$$
Die auf c_1 folgenden Summanden sind offensichtlich nicht beschränkt.
Aufgabe: Nichtkonstante Treppenfunktionen haben mindestens eine „Sprungstelle". Durch geeignete Wahl von x_1, x_2 in der Umgebung einer Sprungstelle kann $\left|\frac{f(x_2) - f(x_1)}{x_2 - x_1}\right|$ beliebig groß gemacht werden.

Seite 85

5. (1) dehnungsbeschränkt mit $c = 1$
(2) nicht dehnungsbeschränkt, wohl aber die Restriktion auf $x \geqq a > 0$ ist dehnungsbeschränkt mit $c = \frac{1}{2\sqrt{a}}$.
(3) nicht dehnungsbeschränkt, wohl aber die Restriktion auf $x \geqq a > 0$ ist dehnungsbeschränkt mit $c = \frac{1}{a^2}$.
6. f ist nicht dehnungsbeschränkt, wohl aber die Restriktion auf $[a, 1]$ bei beliebigem $a > 0$.

Seite 86

8. Für $x_1 \neq x_2$ gilt $f(x_1) \neq f(x_2)$; somit besitzt f eine Umkehrfunktion g. Für diese gilt
$$c' \cdot |g(y_2) - g(y_1)| \leqq |y_2 - y_1|,$$
also
$$|g(y_2) - g(y_1)| \leqq \frac{1}{c'} |y_2 - y_1|.$$
Ist nun weiter f dehnungsbeschränkt im Intervall D, so führt die Annahme, f sei nicht streng monoton, wegen des Zwischenwertsatzes zu einem Widerspruch gegen die Injektivität von f.

12. Für jedes $n \in \mathbb{N}$ gilt die Abschätzung

$$|f(b) - f(a)| \leqq c \cdot n \cdot \left(\frac{b-a}{n}\right)^r = \frac{c(b-a)^r}{n^{r-1}}.$$

Wegen $r > 1$ muß hiernach $f(a) = f(b)$ gelten. Entsprechend folgt $f(x_1) = f(x_2)$ für jedes Teilintervall $[x_1, x_2]$.

13. Ist zum Beispiel D ein beschränktes offenes Intervall, so sind auch dessen Endpunkte Nullstellen von f. Man skizziere den Graphen von f!

Seite 90

2. $\frac{1}{2}(f + |f|)(x) = \max\{0, f(x)\}$
   $\frac{1}{2}(f - |f|)(x) = \min\{0, f(x)\}$.
3. $\max\{f, g\}$ bzw. $\min\{f, g\}$.
5. Nein (Beispiel: $f(x) = x$ ($D = \mathbb{R}$) und $f(x) f(x) = x^2$).
   Für $D = [a, b]$ dagegen ist mit f und g auch $f \cdot g$ dehnungsbeschränkt, wie aus der Abschätzung

$$\begin{aligned} |(fg)(x_2) - (fg)(x_1)| &= |f(x_2)g(x_2) - f(x_1)g(x_2) + f(x_1)g(x_2) - f(x_1)g(x_1)| \\ &\leqq |g(x_2)| \cdot |f(x_2) - f(x_1)| + |f(x_1)| \cdot |g(x_2) - g(x_1)| \end{aligned}$$

   und der Beschränktheit von f und g folgt.
   In diesem Fall handelt es sich also um eine Algebra.
6. Für $x > 0$ sind $f(x) = cx^2$ und $g(x) = -\frac{1}{x}$ streng monoton wachsend, $f(x)g(x) = -x$ dagegen streng monoton fallend. Hinreichend für monotones Wachsen von $(f \cdot g)(x)$ ist $f(x) \geqq 0$, $g(x) \geqq 0$.
   Der Vektorraum aus Beispiel 2 ist keine Algebra.

Seite 92

Aufgabe:
1) nicht injektiv, beschränkt, monoton, endliche Wertmenge
2) injektiv, beschränkt, streng monoton fallend, unendliche Wertemenge
3) injektiv, beschränkt, nicht monoton, unendliche Wertemenge (diese unterscheidet sich von der aus Beispiel 2) nur durch die Zahl 1)
4) injektiv, beschränkt, nicht monoton, unendliche Wertemenge
5) injektiv, nicht beschränkt, nicht monoton, unendliche Wertemenge
6) injektiv, nicht beschränkt, nicht monoton, unendliche Wertemenge
7) für $b \neq \sqrt{a}$ injektiv (für $b = \sqrt{a}$ konstant), beschränkt, streng monoton fallend ab $n \geqq 2$, unendliche Wertemenge.

Seite 97

Aufgabe: (r_n) ist nicht beschränkt, also divergent.

2. Z. B. ist $n_0 = \left[\frac{1}{\varepsilon}\right] + 1$ geeignet.
3. (1) Wegen $f_n = \dfrac{1}{\sqrt{n+1} + \sqrt{n}} < \dfrac{1}{2\sqrt{n}}$ gilt für $n \geqq n_0 > \left(\dfrac{1}{2\varepsilon}\right)^2$ die Abschätzung $0 < f_n < \varepsilon$, d.h. $\lim\limits_n f_n = 0$.
   (2) (f_n) ist divergent, da zwei konvergente Teilfolgen mit verschiedenen Grenzwerten vorhanden sind, wie sich aus der Darstellung

$$f_n = (-1)^n \frac{\sqrt{n}}{\sqrt{n+1}+\sqrt{n}}$$

ergibt.

(3) Für $n \geqq 5$ gilt die Abschätzung

$$0 < \frac{n}{2^n} < \frac{1}{n}$$

(vgl. Beispiel 2), S. 24). Für $n \geqq n_0 > \frac{1}{\varepsilon}$ und $n_0 \geqq 5$ folgt hiernach $0 < f_n < \varepsilon$, d.h. $\lim f_n = 0$.

(4) Algebraische Umformung ergibt

$$f_n = -\frac{n}{2(n+2)}.$$

Die Folge $(f_n + \frac{1}{2})$ ist eine Nullfolge, wie die Berechnung

$$f_n + \tfrac{1}{2} = \frac{1}{n+2}$$

zeigt.

(5) Nach Aufg. 1, S. 32 gilt

$$f_n = \frac{n(n+1)(2n+1)}{6n^2}.$$

Hiernach ist (f_n) nicht beschränkt, also divergent.

(6) Nach Aufg. 1, S. 32 gilt

$$f_n = \tfrac{1}{4}\left(1 + \frac{1}{n}\right)^2.$$

Die Vermutung $\lim\limits_n f_n = \frac{1}{4}$ ergibt sich z.B. mit Hilfe der Abschätzung

$$0 < f_n - \tfrac{1}{4} < \frac{1}{3n} \qquad (n \geqq 2).$$

Seite 98

4. Zeige mit vollständiger Induktion:

$$1 \leqq f_n < \tfrac{1}{2}(1 + \sqrt{5}).$$

Die strenge Monotonie ergibt sich dann aus

$$f_{n+1} - f_n = \sqrt{1+f_n} - f_n = \frac{1 + f_n - f_n^2}{\sqrt{1+f_n} + f_n} > 0.$$

6. Durch $g_n := f_n - a$ wird eine Nullfolge erklärt. Für $f_n \neq 0$ gilt

$$\frac{f_{n+1}}{f_n} - 1 = \frac{g_{n+1} - g_n}{a + g_n}.$$

Hieraus ergibt sich die Behauptung.

7. Für die divergente Folge $((-1)^n)$ ist (g_n) eine Nullfolge.
8. Wende das Ergebnis von Aufg. 7 auf die Nullfolge $(f_n - a)$ an. Für die weitere Behauptung setze man

$$f_1 := g_1, \quad f_{n+1} = g_{n+1} - g_n.$$

9. Verfahre analog zum Beweis der Aussage von Aufg. 7.

Seite 99

10. Aus $|g_n| \leqq c$ folgt

$$|h_n| \leqq c\,\frac{|f_1|+|f_2|+\ldots+|f_n|}{n}.$$

Nach Aufg. 7 ist mit $(|f_n|)$ auch $(|h_n|)$ eine Nullfolge.
Weiter verwende man die Umformung

$$\frac{f_1 g_n + \ldots f_n g_1}{n} - ab = \frac{(f_1 g_n - ab) + \ldots + (f_n g_1 - ab)}{n}$$

$$= \frac{(f_1 - a)g_n + a(g_n - b) + \ldots + (f_n - a)g_1 + a(g_1 - b)}{n}$$

$$= \frac{(f_1 - a)g_n + \ldots + (f_n - a)g_1}{n} + a\,\frac{(g_n - b) + \ldots + (g_1 - b)}{n}$$

11. Für das Anwendungsbeispiel setze man

$$f_n := \sum_{k=1}^{n} k^p, \quad g_n := n^{p+1}.$$

12. Ja.

13. Bei gegebenem $\varepsilon > 0$ gibt es zu jeder der Teilfolgen einen Index, von dem ab alle Folgenglieder in der ε-Umgebung von a liegen. Man nehme von diesen endlich vielen Indizes den größten! Bei unendlich vielen Teilfolgen braucht es keinen größten solchen zu geben. Man mache sich dies am Beispiel der divergenten Folge 0, 1, 0, 1, 0, 1, ... klar.

Seite 104

1. (a) $\lim\limits_n \sqrt[n]{n^2+n} = 1$

(b) $\lim\limits_n \frac{n!}{n^n} = 0$, wie die Abschätzung

$$0 < \frac{n!}{n^n} = \frac{1\cdot 2\cdot 3\cdot\ldots\cdot n}{n\cdot n\cdot n\cdot\ldots\cdot n} < \frac{1}{n} \qquad (n \geqq 2)$$

zeigt.

(c) $\lim\limits_n \sqrt[n]{a^n + b^n} = \max\{a, b\}$.

2. (a) $0 < f_n = \frac{n^3 - 1}{n^4 - 1} < \frac{1}{n}$, also $n_0 > \frac{1}{\varepsilon}$

(b) $0 < \frac{1}{\sqrt{n^2 + a^2}} < \frac{1}{n}$, also $n_0 > \frac{1}{\varepsilon}$

(c) $0 \leqq f_n = \frac{a^2}{\sqrt[3]{(n^2+a^2)^2} + \sqrt[3]{n^2(n^2+a^2)} + \sqrt[3]{n^4}} \leqq \frac{a^2}{n}$, also $n_0 > \frac{a^2}{\varepsilon}$

(d) $0 < f_n \leqq \frac{2^p - 1}{n}$ also $n_0 > \frac{2^p - 1}{\varepsilon}$ (vgl. S. 33, Aufg. 9)

3. (a) $\lim\limits_n f_n = 0$ (vgl. Beispiel 6) von S. 103)

(b) $\lim_n f_n = 1$

(c) $\lim_n f_n = 0$, wegen $0 < f_n < \frac{1}{\sqrt[3]{n}}$ (Beweis durch vollständige Induktion).

Seite 105

4. (f_n) konvergiert, und zwar entweder gegen a oder gegen $-a$. Man unterscheide die Fälle $a = 0$ und $a \neq 0$.

5. Es gilt $f_{n+1} = \frac{s-n}{n+1} \cdot q f_n$. Wähle ein q', für das gilt $|q| < q' < 1$. Bestimme zunächst k_0 derart, daß für $n \geqq k_0$ gilt

$$\left|\frac{s-n}{n+1}\right| \cdot |q| \leqq q',$$

d.h. $$|f_{n+1}| \leqq q' |f_n|.$$

Das „Konvergenzverhalten" von (f_n) ist somit das einer geometrischen Folge. Für den zweiten Teil, vgl. Beispiel 4), von S. 101.

6. Vgl. die Schlußweise bei Aufg. 5.

Zu (c): $f_n = \frac{1}{n}$ bzw. $f_n = n$.

7. Die Folge kann explizit in der Form

$$f_n = A\left(\frac{1+\sqrt{5}}{2}\right)^n + B\left(\frac{1-\sqrt{5}}{2}\right)^n$$

dargestellt werden (vgl. S. 77, Aufg. 13). Nur für $A = 0$, d.h. für $b = \frac{1-\sqrt{5}}{2} \cdot a$, ist (f_n) konvergent; es gilt dann $\lim_n f_n = 0$.

8. Wegen der Festsetzung $0^0 = 1$ (vgl. S. 23) gilt

$$\lim_n a_n^r = a^r \qquad (a_n \geqq 0)$$

für beliebiges $r \geqq 0$.
Man diskutiere insbesondere die Frage für $0 < r < 1$.

9. Setze $g_1 := f_1$ und $g_n := \frac{f_n}{f_{n-1}}$ $(n \geqq 2)$ und verwende die Ungleichungen von S. 28:

$$\frac{g_1 + \ldots + g_n}{n} \geqq \sqrt[n]{g_1 \cdot \ldots \cdot g_n} \geqq \frac{n}{\frac{1}{g_1} + \ldots + \frac{1}{g_n}}$$

sowie die Aufgaben 7 und 8 von S. 98. Unterscheide die Fälle $a = 0$ und $a > 0$.

Seite 111

1. (a) $\lim_n f_n = \frac{1}{2}(1 + \sqrt{5})$

(b) Für $0 < a \leqq \frac{1}{4}$ gilt $\lim_n f_n = \frac{1}{2} - \sqrt{\frac{1}{4} - a}$

(c) $\lim_n f_n = 2$

(d) $\lim_n f_n = \sqrt{3}$.

2. Für $r = s$ liegt Konvergenz vor; der Grenzwert ist dann $\frac{a_r}{b_r}$.
Für $r > s$ ist die Folge nicht beschränkt, also divergent.

3. Vgl. Aufg. 2; die Aussage gilt auch für rationales f.
4. (1) richtig
   (2) Gegenbeispiel: $f_n = (-1)^n$, $g_n = (-1)^{n+1}$
   (3) richtig
   (4) richtig
   (5) Gegenbeispiel: $f_n = 1 + \frac{1}{2} + \frac{1}{3} + \ldots + \frac{1}{n}$ (vgl. S. 143)
   (6) richtig

Seite 112

6. Die Grenzwerte sind
   (1) -1, (2) $\frac{2}{3}$, (3) 0.
7. (1) Für alle $a \in \mathbb{R}$. Man unterscheide die Fälle $|a| < 1$, $|a| = 1$, $|a| > 1$.
   (2) Für alle $a \geqq 0$.
   (3) Für alle a mit $k \leqq a < k + \frac{1}{2}$ ($k \in \mathbb{N}_0$)
   Vgl. Beispiel 4, S. 101.
   Weiter für alle a mit $k \leqq a \leqq k + \frac{1}{2}$, wenn $-k \in \mathbb{N}$.

Seite 121

1. Weise jeweils Monotonie und Beschränktheit nach.
3. Für $1 \leqq a \leqq 3$, Grenzwerte sind 2 bzw. 3.
4. Sei etwa $a < b$; dann ist (f_n) streng monoton wachsend und (g_n) streng monoton fallend, und es gilt

$$g_{n+1} - f_{n+1} < \tfrac{1}{2}(g_n - f_n),$$

also

$$0 < g_{n+1} - f_{n+1} < \frac{b-a}{2^n}.$$

Der gemeinsame Grenzwert der beiden (schnell konvergierenden!) Folgen wird als *arithmetisch-geometrisches Mittel* der Zahlen a, b bezeichnet.

Seite 122

7. Wegen

$$\left(1 - \frac{1}{n}\right)^n = \left(1 - \frac{1}{n}\right) \cdot \frac{1}{\left(1 + \dfrac{1}{n-1}\right)^{n-1}} \qquad (n \geqq 2)$$

folgt die erste Behauptung.
Für die zweite Behauptung berechne man mit $h_{2n} := \sum_{k=0}^{2n} \frac{1}{k!}$ das Produkt $h_{2n} \cdot g_{2n}$ und zeige, daß

$$\lim_n h_{2n} g_{2n} = 1$$

gilt. Verwende dabei S. 33, Aufg. 4.

8. Betrachte die Folge $\left(\dfrac{n!}{n^n}\right)$ und die zugehörige „Quotientenfolge“

$$\left((n+1)\frac{n^n}{(n+1)^{n+1}}\right) = \left(\frac{1}{\left(1 + \dfrac{1}{n}\right)^n}\right).$$

Es folgt nach S. 105, Aufg. 9

$$\lim_n \frac{1}{n}\sqrt[n]{n!} = \frac{1}{e}.$$

9. (1) $\lim\limits_n \left(1+\frac{1}{2n}\right)^n = \sqrt{e}$

(2) $\lim\limits_n \left(1+\frac{2}{n}\right)^n = e^2$

(3) $\lim\limits_n \left(1+\frac{1}{n}\right)^{n+p} = e$

(4) $\lim\limits_n \left(1+\frac{1}{n+p}\right)^n = e$

(5) $\lim\limits_n \left(1+\frac{1}{n}\right)^{np} = e^p.$

10. Wäre $e^2+ae+b=0$ mit $a, b \in \mathbb{Q}$, so gäbe es ganze Zahlen x, y derart, daß $xe+y\cdot\frac{1}{e}$ eine ganze Zahl $\neq 0$ ist. Wegen

$$e=\sum_{k=0}^{n}\frac{1}{k!}+\frac{\vartheta}{n\cdot n!} \qquad (0<\vartheta<1)$$

und $$\frac{1}{e}=\sum_{k=0}^{n}\frac{(-1)}{k!}+(-1)^{n+1}\frac{\vartheta'}{n\cdot n!} \qquad (0<\vartheta'<1)$$

müßte also

$$x\cdot\sum_{k=0}^{n}\frac{1}{k!}+y\cdot\sum_{k=0}^{n}\frac{(-1)^k}{k!}+\frac{x\vartheta+(-1)^{n+1}y\cdot\vartheta'}{n\cdot n!}$$

eine ganze Zahl $\neq 0$ sein. Nach Multiplikation mit $n!$ mit genügend großem n ergibt sich ein Widerspruch.

11. Wegen $|f_{n+1}-f_n|\leqq q^{n-1}\cdot|f_2-f_1|$

und $|f_{n+p}-f_n|\leqq|f_{n+p}-f_{n+p-1}|+\ldots+|f_{n+2}-f_{n+1}|+|f_{n+1}-f_n|$

folgt die Abschätzung

$$|f_{n+p}-f_n|\leqq(q^{n+p-2}+\ldots+q^n+q^{n-1})\cdot|f_2-f_1|,$$

d.h. $$|f_{n+p}-f_n|\leqq q^{n-1}(1+q+\ldots+q^{p-1})|f_2-f_1|$$

und damit sogar für alle p:

$$|f_{n+p}-f_n|\leqq\frac{q^{n-1}}{1-q}\cdot|f_2-f_1|.$$

Die abgeschwächte Bedingung ist nicht hinreichend, wie etwa das Beispiel (5) aus Aufg. 4 von S. 111 zeigt.

Seite 126

1. (a) $\overline{\lim\limits_n} f_n=2,\quad \underline{\lim\limits_n} f_n=0$

(b) $\overline{\lim\limits_n} f_n=2,\quad \underline{\lim\limits_n} f_n=-2$

(c) $\overline{\lim\limits_n} f_n$ und $\underline{\lim\limits_n} f_n$ existieren nicht

(d) $\overline{\lim\limits_n} f_n=3,\quad \underline{\lim\limits_n} f_n=-1$

2. Es genügt, die erste Behauptung zu beweisen. Sei

$\overline{\lim\limits_n} f=a$ und $\underline{\lim\limits_n} g_n=b.$

Zu jedem $\varepsilon > 0$ gilt dann für $n \geqq n_0$ die Ungleichung $g_n < b + \varepsilon$. Aus diesem Abschnitt von $\mathbb{N}$ greifen wir eine Teilfolge $(\varphi(k))$ heraus, so daß $\lim_k f_{\varphi(k)} = a$ gilt. Für fast alle k haben wir somit die Abschätzung

$$f_{\varphi(k)} + g_{\varphi(k)} < a + b + 2\varepsilon .$$

Hieraus folgt

$$\underline{\lim}_n (f_n + g_n) \leqq a + b,$$

d.h. $\quad \underline{\lim}_n (f_n + g_n) \leqq \underline{\lim}_n f_n + \overline{\lim}_n g_n .$

Entsprechend beweist man

$$\underline{\lim}_n f_n + \overline{\lim}_n g_n \leqq \overline{\lim}_n (f_n + g_n) .$$

Die zweite Behauptung ergibt sich durch Vertauschen von (f_n) und (g_g).

3. Wir schreiben die Definition des limes superior in der Kurzform

$$\overline{\lim}_n f_n = \lim_k (\sup_{n \geqq k} \{f_n\}) .$$

Wegen $\quad \sup_{n \geqq k} \{f_n + g_n\} \leqq \sup_{n \geqq k} \{f_n\} + \sup_{n \geqq k} \{g_n\}$

folgt aufgrund der Rechenregeln für konvergente Folgen die erste Behauptung. Entsprechend erhält man (mit $f_n \geqq 0$) die zweite Ungleichung.

4. Zum Beweis von $\underline{\lim}_n f_n \leqq \underline{\lim}_n g_n$ verwende man S. 98, Aufg. 8, desgleichen für $\overline{\lim}_n g_n \leqq \overline{\lim}_n f_n$.

Durch geeignetes Aufeinanderfolgen von Nullen und Einsen konstruiere man eine Folge (f_n) mit

$$\underline{\lim}_n f_n = 0 , \quad \overline{\lim}_n f_n = 1$$

$$\underline{\lim}_n g_n = \tfrac{1}{3} , \quad \overline{\lim}_n g_n = \tfrac{2}{3}!$$

(Etwa 1 Null, 2 Einsen, 3 Nullen, 6 Einsen, 12 Nullen, 24 Einsen usw.)

Seite 127

6. Wenn $\left(\frac{f_n}{n}\right)$ nicht nach unten beschränkt ist, dann liegen unter jeder vorgegebenen Schranke fast alle Folgenglieder

7. Cauchy-Folgen (f_n) sind beschränkt, es existiert also $\underline{\lim}_n f_n = a$ und $\overline{\lim}_n f_n = b$. Die Annahme $b > a$ führt auf einen Widerspruch zum Begriff der Cauchy-Folge.

Seite 135

Aufgabe: Sei $x < y$ und $y - x \leqq \frac{1}{2}$. Dann folgt $0 < \exp y - \exp x \leqq 2 \exp a \cdot (y - x)$. Ist $y - x > \frac{1}{2}$, so verwende man „Zwischenpunkte“, deren Abstand höchstens $\frac{1}{2}$ ist.

Seite 137

1. Einsetzen von $x_1 = x_2 = 1$ führt auf die Fallunterscheidung

   (1) $a + b \neq 1$ und (2) $a + b = 1$.

   Im Fall (1) ist die Nullfunktion die einzige Lösung, im Fall (2) erfüllen genau alle konstanten Funktionen die Funktionalgleichung.

2. $f(x) = a \ln x$

4. Alle Potenzfunktionen (in $\mathbb{R}^+$) sind monoton, außer für $s = 0$ sogar streng monoton. Für

$s < 0$ und $0 < s < 1$ liegt Dehnungsbeschränktheit für $x \geqq a > 0$ vor; für $s > 1$ muß man eine obere Schranke für das Definitionsintervall wählen.

Seite 138

5. (1) $\lim\limits_n \dfrac{\ln(n+a)}{\ln n} = 1$

(2) $\lim\limits_n \dfrac{\ln n}{n} = 0$

(3) $\lim\limits_n a_n \ln a_n = 0$, falls $\lim\limits_n a_n = 0$

(4) $\lim\limits_n n^s e^{-n} = 0$

(5) $\lim\limits_n \dfrac{1}{n} \sqrt[n]{\prod\limits_{k=1}^{n} (n+k)} = \dfrac{4}{e}$ (vgl. S. 105, Aufg. 9)

8. Die ganzzahligen Lösungen sind:

1) $x = y = n$ $(n \in \mathbb{N})$, 2) $x = 4, y = 2$, 3) $x = 2, y = 4$.

Seite 139

9. Es ist die Konvergenz der durch $f_1 = a$, $f_{n+1} = a^{f_n}$ erklärten Zahlenfolge zu untersuchen.

Diese konvergiert für $e^{-e} \leqq a \leqq e^{\frac{1}{e}}$ $(0{,}0659880357\ldots \leqq a \leqq 1{,}444667861\ldots)$;

es gilt dann $e^{-1} \leqq \lim\limits_n f_n \leqq e$.

Man veranschauliche sich (f_n) mittels des Funktionsgraphen von $x \mapsto a^x$ und zeichne diese insbesondere für $a = e^{-e}$ und $a = e^{\frac{1}{e}}$.

11. sinh und tanh sind streng monoton wachsend, cosh ist für $x \leqq 0$ streng monoton fallend, für $x \geqq 0$ streng monoton wachsend. coth ist für $x < 0$ und für $x > 0$ jeweils streng monoton fallend. tanh ist dehnungsbeschränkt in $\mathbb{R}$, bei den anderen Funktionen sind geeignete Intervalle zu wählen. Man skizziere die Funktionsgraphen.

Seite 146

1. Es gilt $\dfrac{1}{n(n+1)(n+2)} = \dfrac{1}{2}\left(\dfrac{1}{n(n+1)} - \dfrac{1}{(n+1)(n+2)}\right)$.

Man kann daher wie in Beispiel 3) von S. 142 verfahren.
Allgemeiner findet man:

$$\frac{1}{n(n+1)\cdot\ldots\cdot(n+k)} = \frac{1}{k}\cdot\left(\frac{1}{n(n+1)\ldots(n+k-1)} - \frac{1}{(n+1)\ldots(n+k)}\right),$$

d. h. $$\sum_{n=1}^{\infty} \frac{1}{n(n+1)\cdot\ldots\cdot(n+k)} = \frac{1}{k}\cdot\frac{1}{k!}.$$

2. Wegen $\left(\sum\limits_{k=1}^{n} a_k b_k\right)^2 \leqq \sum\limits_{k=1}^{n} a_k^2 \cdot \sum\limits_{k=1}^{n} b_k^2$ sind die Teilsummen nach oben beschränkt. Mit $b_n = \dfrac{1}{n}$ ergibt sich die Konvergenz der Reihe $\sum\limits_{n=1}^{\infty} \dfrac{a_n}{n}$.

3. Anwendung von Aufg. 2!

4. Schätze die Teilsummen entsprechend

$a_1 + (a_2 + a_3) + (a_4 + a_5 + a_6 + a_7) + \ldots$ nach oben bzw.
$a_1 + a_2 + (a_3 + a_4) + (a_5 + a_6 + a_7 + a_8) + \ldots$ nach unten ab.

$\sum_{n=1}^{\infty} \frac{1}{n^s}$ konvergiert für $s > 1$, desgleichen die Reihe $\sum_{n=2}^{\infty} \frac{1}{n(\ln n)^s}$.

Seite 147

5. (1), (2) und (3) sind konvergent nach dem Leibniz-Kriterium.
6. Die Reihe ist divergent.
7. Nein. Man konstruiere zu $\sum_{n=1}^{\infty} \frac{(-1)^{n-1}}{n}$ eine geeignete Folge (b_n), wobei z. B. die Divergenz der Reihe $\sum_{n=2}^{\infty} \frac{1}{n \cdot \ln n}$ herangezogen wird.
8. (a_n) ist monoton wachsend. Wenn $\lim_n a_n = a$ existiert, dann gilt $b_n \leqq a\,(a_{n+1} - a_n)$. Also ist $\sum_{n=1}^{\infty} b_n$ konvergent. Wenn umgekehrt $\sum_{n=1}^{\infty} b_n$ konvergiert, dann konvergiert wegen $a_n \geqq 1$ auch $\sum_{n=1}^{\infty} \frac{b_n}{a_n} = \sum_{n=1}^{\infty} (a_{n+1} - a_n)$, d.h. $\lim_n a_n$ existiert.
9. Nein. Gegenbeispiel: $a_n = \frac{(-1)^n}{\sqrt{n}}$.

   Ist aber $a_n \geqq 0$, so gilt (wegen $\lim_n a_n = 0$) für genügend großes n die Abschätzung $a_n^2 \leqq a_n$ so daß $\sum_{n=1}^{\infty} a_n^2$ konvergent sein muß.

   $a_n = \frac{1}{n^2}$ zeigt, daß $\sum_{n=1}^{\infty} \sqrt{a_n}$ divergent sein kann.

Seite 148

10. Da (a_n) monoton fallende Nullfolge ist, gilt die Abschätzung $(n > m)$

$$(n-m)\, a_n \leqq a_{m+1} + a_{m+2} + \ldots + a_n < \varepsilon .$$

   Bei festem m ist $(m \cdot a_n)$ auch eine Nullfolge. Somit folgt $\lim_n a_n = 0$.

   Gegenbeispiel für die Umkehrung: $a_n = \frac{1}{n \cdot \ln n}$.

13. Entsprechend dem Beispiel

$$1{,}0000\ldots \;= 0{,}9999\ldots$$

   können auch g-adische Entwicklungen, die „abbrechen" (d.h. mit Nullen enden), in nichtabbrechende verwandelt werden.

Seite 157

1. (1) Man fasse je vier aufeinanderfolgende Summanden zusammen!

   (2) Man fasse je acht aufeinanderfolgende Summanden der ursprünglichen Reihe zusammen und je vier der Reihe

$$(\tfrac{1}{2} - \tfrac{1}{4} + \tfrac{1}{6} + \tfrac{1}{8}) + (\tfrac{1}{10} - \tfrac{1}{12} + \tfrac{1}{14} + \tfrac{1}{16}) + \ldots = \tfrac{1}{2}a.$$

   Addition entsprechender Klammern ergibt die Behauptung. Bei den Umordnungen des ersten Typs ergibt sich immer a, bei denen des zweiten Typs immer $\frac{3}{2}a$.

2. Man nehme nach einer hinreichend großen Anzahl positiver Glieder immer nur ein negatives Glied derart, daß die entsprechenden Teilsummen eine unbeschränkte Folge bilden, z.B.

$$1 + \tfrac{1}{3} + \tfrac{1}{5} + \tfrac{1}{7} - \tfrac{1}{2} + (\tfrac{1}{9} + \tfrac{1}{11} + \tfrac{1}{13} + \tfrac{1}{15}) - \tfrac{1}{4} +$$
$$(\tfrac{1}{17} + \ldots + \tfrac{1}{31}) - \tfrac{1}{6} + (\tfrac{1}{33} + \ldots + \tfrac{1}{63}) - \tfrac{1}{8} + \ldots .$$

3. Für $p = q$ erhält man durch Zusammenfassen von jeweils p positiven und p negativen Summanden eine Reihe, die nach dem Leibniz-Kriterium konvergiert. Ist etwa $p > q$, so spalte man die „positiven" Abschnitte in $p - q$ und q Summanden auf.

4. (1) $b - \frac{1}{2^2} b = \frac{3}{4} b$

   (2) $\frac{3}{4} b - \frac{1}{3^2} \cdot \frac{3}{4} b = \frac{2}{3} b$

   (3) $\frac{2}{3} b - \frac{1}{2^2}\left(b - \frac{1}{3^2} b\right) = \frac{4}{9} b.$

   Man notiere die angedeuteten Umformungen ausführlich!

5. Wegen $\lim_n a_n = 0$ gilt für genügend große n die Abschätzung $\left|\frac{a_n}{1 + a_n}\right| \leqq 2|a_n|$. Man vgl. weiter S. 147, Aufg. 9.

Seite 158

6. Wegen der absoluten Konvergenz kann der Multiplikationssatz angewendet werden.

$$\sum_{n=0}^{\infty} \frac{(n+1)(n+2)\ldots(n+k-1)}{(k-1)!} q^n = \frac{1}{(1-q)^k}.$$

Seite 165

1. (1), (2), (3), (5), (6), (7) und (8) konvergent,
   (4) divergent.

Seite 166

2. (a) Wegen $\lim_n \sqrt[n]{n} = 1$ Vergleich mit der geometrischen Reihe möglich.
   (b) Quotientenkriterium anwenden.

3. (1) Da $0 \leqq \frac{a^2}{1 + a^2} < 1$ gilt, konvergiert die Reihe für alle $a \in \mathbb{R}$. Ihre Summe ist $a^2(1 + a^2)$.
   (2) Für $|a| = 1$ divergent, sonst konvergent.

4. $a_n = \frac{1}{n}$, $b_n = \frac{1}{n^{1+\frac{1}{n}}}$, $\lim_n \frac{a_n}{b_n} = 1$.

   Somit ist $\sum_{n=1}^{\infty} b_n$ divergent.

5. Wende Aufg. 4 an.

6. Anwendung des Kriteriums von Raabe zeigt, daß für $s > 2$ Konvergenz, für $s \leqq 2$ Divergenz vorliegt.

Seite 169

Aufgabe: Die „hypergeometrische Reihe" konvergiert für $|x| = 1$ genau dann absolut, wenn $c > a + b$ gilt.

Seite 171

1. (1) $-\frac{1}{e} \leqq x < \frac{1}{e}$
   (2) $-1 \leqq x < 1$
   (3) $x \in \mathbb{R}$

(4) Für $s \in \mathbb{N}_0$ handelt es sich um Polynome, da $\binom{s}{n} = 0$ für $n \geqq s+1$. Für $s > 0$, $s \notin \mathbb{N}$ konvergiert die Reihe absolut im Intervall $-1 \leqq x \leqq 1$, für $s \leqq -1$ nur im Intervall $-1 < x < 1$.
Man untersuche weiter den Fall $-1 < s < 0$!

Seite 172

2. Die Potenzreihen $f(x) = 1 + 2x + 2x^2 + 2x^3 + \ldots$ und $g(x) = 1 - 2x + 2x^2 - 2x^3 + \ldots$ haben beide den Konvergenzradius 1. Als Produkt ergibt sich $f(x) \cdot g(x) = 1$.
3. Nach dem Multiplikationssatz von S. 155 gilt:
$$\sum_{k=0}^{\infty} \frac{x^k}{k!} \cdot \sum_{k=0}^{\infty} \frac{y^k}{k!} = \sum_{n=0}^{\infty} \frac{1}{n!} \left(\sum_{k=0}^{n} \binom{n}{k} x^k \cdot y^{n-k} \right) = \sum_{n=0}^{\infty} \frac{(x+y)^n}{n!}.$$
Für die Abschätzung verwende man bei $x < 0$ das Leibniz-Kriterium.
5. Vgl. Beweis auf S. 170.
7. Wenn $|a_n| \in \mathbb{N}$ für unendlich viele n gilt, dann ist $\overline{\lim_n} \sqrt[n]{|a_n|} \geqq 1$.
Nach S. 167 ist dann der Konvergenzradius $r \leqq 1$. Widerspruch!
8. $r = 1$.
9. $B_0 = 1$, $B_1 = -\frac{1}{2}$, $B_2 = \frac{1}{6}$, $B_3 = 0$, $B_4 = -\frac{1}{30}$, $B_5 = 0$, $B_6 = \frac{1}{42}$.

Seite 173

10. Wegen $\lim_n \frac{z_{n+1}}{z_n} = 4$ konvergiert
$$\sum_{n=1}^{\infty} z_n \cdot x^n \quad \text{für} \quad |x| < \tfrac{1}{4}.$$
Mit Hilfe der Rekursionsformel
$$\sum_{k=1}^{n-1} z_k \cdot z_{n-k} = 2_n \quad \text{und} \quad z_n = z_2 = 1$$
zeigt man:
$$f(x)^2 = f(x) - x.$$
Daraus ergibt sich – wegen $f(0) = 0$ – die angegebene Darstellung.

Seite 184

1. (a) nicht summierbar
(b) summierbar mit Summe $\frac{1}{2}$
(c) nicht summierbar
(d) nicht summierbar
2. Nein. Z. B. kann man so abschätzen:
$$\frac{1}{m^{\frac{2}{3}} \cdot n^{\frac{2}{3}} (m+n)^{\frac{2}{3}}} \geq \frac{1}{(m+n)^2}.$$
Für $\frac{1}{(m+n)^2}$ fasse man jeweils alle Glieder mit $m + n = k$ zusammen!
3. Man kann $A = \mathbb{N}$ wählen, und hat dann als Voraussetzung die absolute Konvergenz von $\sum a_n$. Für genügend großes n gilt daher $|a_n|^s \leqq |a_n|$.
4. Für $|x| \leqq 1$, $y \leqq |1|$ sowie für $x + y = 0$ nicht summierbar, sonst summierbar. (Vergleiche mit geometrischer Reihe!)

5. Wegen $\frac{1}{m^2+n^2} \leqq \frac{2}{(m+n)^2}$ folgt für $s > 1$ die Summierbarkeit, indem man – wie bei Aufg. 2 – „Schrägzeilen" zusammenfaßt.
Entsprechend folgt für $s = 1$ die Nichtsummierbarkeit aus der Abschätzung

$$\frac{1}{m^2+n^2} \geqq \frac{1}{(m+n)^2}.$$

Seite 185

6. Vollständige Induktion zeigt:

$$\sum_{k=1}^{n} \frac{a_k}{(1+a_1)(1+a_2)\dots(1+a_k)} = 1 - \frac{1}{(1+a_1)(1+a_2)\dots(1+a_n)}$$

d.h. 1 ist obere Schranke für alle Teilsummen.

7. Die Zahlenfamilie $(f(x))_{x\in\mathbb{R}}$ ist summierbar; somit kann f nur an abzählbar vielen Stellen von 0 verschieden sein. Weiter muß die aus den entsprechenden Funktionswerten gebildete Reihe absolut konvergieren.

8. Man betrachte die Abschnitte von 10^{m-1} bis $10^m - 1$ und zähle, wie oft keine 0 in den betreffenden Dezimaldarstellungen vorkommt.
So ergibt sich die Abschätzung

$$\sum_{n\in A} \frac{1}{n} < 9 + \frac{9^2}{10} + \frac{9^3}{10^2} + \frac{9^4}{10^3} + \dots = 90.$$

9. (1) $\sum\limits_{m\in\mathbb{N}} s_m = -1, \quad \sum\limits_{n\in\mathbb{N}} t_n = 1, \quad (a_{mn})$ ist nicht summierbar.

(2) Vergleich mit $\sum\limits_{k\in\mathbb{N}} \frac{1}{k^2}$ zeigt, daß s_m und t_n existieren. Offenbar gilt $s_n = -t_n$. Mit Hilfe von

$$\frac{1}{x^2-n^2} = \frac{1}{2n}\left(\frac{1}{x-n} - \frac{1}{x+n}\right) \quad \text{zeige man:} \quad t_n = \frac{3}{4n^2}.$$

Wegen $\sum\limits_{m\in\mathbb{N}} s_m = -\sum\limits_{n\in\mathbb{N}} t_n \neq 0$ ist (a_{mn}) nicht summierbar.

Seite 189

Aufgabe: Für $b > 0$ sind die Lösungen

$$\begin{aligned} x &= \sqrt{\tfrac{1}{2}(a+\sqrt{a^2+b^2})} \\ y &= \sqrt{\tfrac{1}{2}(-a+\sqrt{a^2+b^2})} \end{aligned} \quad \text{und} \quad \begin{aligned} x &= -\sqrt{\tfrac{1}{2}(a+\sqrt{a^2+b^2})} \\ y &= -\sqrt{\tfrac{1}{2}(-a+\sqrt{a^2+b^2})}, \end{aligned}$$

da $2xy = b$ gelten muß. Für $b < 0$ sind die Vorzeichen von x und y verschieden.

Seite 190

Aufgabe: $x = \frac{1}{2}(z+\bar{z}), \quad y = \frac{1}{2i}(z-\bar{z}).$

Seite 194

1.

$$\frac{1}{3+7i} = \frac{3}{58} - \frac{7}{58}i, \quad \left|\frac{1}{3+7i}\right| = \frac{1}{\sqrt{58}}$$

$$\left(\frac{1+i}{1-i}\right)^2 = -1, \quad \left|\left(\frac{1+i}{1-i}\right)^2\right| = 1$$

$$\left(-\frac{1}{2} + \frac{\sqrt{3}}{2}i\right)^3 = 1, \quad \left|\left(-\frac{1}{2} + \frac{\sqrt{3}}{2}i\right)^3\right| = 1$$

$$(1+i)^n+(1-i)^n = 2-2\binom{n}{2}+2\binom{n}{4}\mp\ldots$$

(für $n = 2, 6, 10, 14, \ldots$ ist das Ergebnis 0, dazwischen abwechselnd negativ bzw. positiv).

2. Falls $c \notin \mathbb{R}_0^+$, sei $\operatorname{Im}\sqrt{c} > 0$.

$$\sqrt[4]{c} := \sqrt{\sqrt{c}}.$$

3. $$\sqrt{i} = \tfrac{1}{2}\sqrt{2}+\tfrac{i}{2}\sqrt{2},\quad \sqrt{-i} = -\tfrac{1}{2}\sqrt{2}+\tfrac{i}{2}\sqrt{2},$$

$$\frac{3+4\sqrt{-5}}{1+i} = \frac{3+4\sqrt{5}}{2}+i\frac{4\sqrt{5}-3}{2},$$

$$\sqrt[4]{i} = \tfrac{1}{2}\sqrt{2+\sqrt{2}}+\tfrac{i}{2}\sqrt{2-\sqrt{2}},$$

$$\sqrt[4]{-i} = \tfrac{1}{2}\sqrt{2-\sqrt{2}}+\tfrac{i}{2}\sqrt{2+\sqrt{2}}.$$

Seite 195

5. $$|f(z) = |z|^n\cdot|c_n+\frac{c_{n-1}}{z}+\ldots+\frac{c_0}{z^n}| \geqq |z|^n\left(|c_n|-\frac{|c_{n-1}|}{|z|}-\ldots-\frac{|c_0|}{|z|^n}\right)$$

(vgl. (5) der folgenden Aufgabe)
Wegen $|z| \geqq 1$ gilt weiter

$$|c_n|-\frac{|c_{n-1}|}{|z|}-\frac{|c_{n-2}|}{|z|^2}-\ldots-\frac{|c_0|}{|z|^n} \geqq |c_n|-\frac{|c_{n-1}|+\ldots+|c_0|}{|z|}.$$

7. Für Parallelogramme gilt: Die Summe der Quadrate über den Diagonalen ist gleich der Summe der Quadrate über den vier Seiten.

8. Die Bedingung ist äquivalent zu $(1-a\bar{a})z\bar{z} = (1-a\bar{a})$.
Für $|a| = 1$ erfüllen alle $z\in\mathbb{C}$ die Bedingung, für $|a| \neq 1$ nur die Punkte auf dem Einheitskreis $|z| = 1$.

9. $$|t_1\cdot z_1+\ldots+t_n\cdot z_n| \leqq t_1\cdot|z_1|+\ldots+t_n|z_n| < t_1+\ldots+t_n = 1.$$

Liegen n Punkte im Innern des Einheitskreises, so auch deren konvexe Hülle.

10. (a) $\lim\limits_n \left(\frac{1+i}{2}\right)^n = 0$

(b) nicht konvergent; die Wertemenge dieser Folge besteht aus 6 komplexen Zahlen

(c) für $|c| < 1 : \lim\limits_n \frac{1}{1+c^n} = 1$

für $|c| > 1 : \lim\limits_n \frac{1}{1+c^n} = 0$

für $c = 1 : \lim\limits_n \frac{1}{1+c^n} = 1$

für $|c| = 1, c \neq 1$: Divergenz,

(d) da $z = \frac{1-c^{n+1}}{1-c}$ für $c \neq 1$ und $z_n = n+1$ für $c = 1$ gilt, ist (z_n) nur für $|c| < 1$ konvergent.

Seite 196

13. (a) ja, (b) ja, (c) nein, (d) ja
14. Wende den Satz von S. 119 oben zunächst auf die Folge der Realteile, und dann nochmals auf die Folge der Imaginärteile an.
    Wähle eine beschränkte Folge (z_k) mit $\lim\limits_k |f(z_k)| = b$.
    Nach dem bewiesenen Satz können wir annehmen, daß (z_k) konvergiert: $\lim\limits_k z_k = a$.
    Da $|f|$ in jeder beschränkten Menge dehnungsbeschränkt ist, folgt $|f(a)| = b$.
15. Sei $f\colon \mathbb{C} \to \mathbb{C}$ bijektiv und erfülle die Funktionalgleichungen $f(z_1 + z_2) = f(z_1) + f(z_2)$ und $f(z_1 \cdot z_2) = f(z_1) \cdot f(z_2)$.
    Außerdem gelte $f(x) = x$ für $x \in \mathbb{R}$.
    Wegen $f(i)\,f(i) = f(-1) = -1$ ist $f(i) = i$ oder $f(i) = -i$ möglich. Man erhält so $z \mapsto z$ oder $z \mapsto \bar{z}$.

Seite 205

Aufgabe (oben): $z \mapsto az + b$ sind Ähnlichkeitsabbildungen (= Drehstreckungen verkettet mit Translationen).

Seite 208

1. $$\cos nx = \sum_{k=0}^{[\frac{n}{2}]} (-1)^k \binom{n}{2k} \sin^{2k} x \cos^{n-2k} x$$

$$\sin nx = \sum_{k=0}^{[\frac{n-1}{2}]} (-1)^k \binom{n}{2k+1} \sin^{2k+1} x \cos^{n-2k-1} x$$

$$\cos^n x = \frac{1}{2^n} \sum_{k=0}^{n} \binom{n}{k} \cos((n-2k)x)$$

$$\sin^n x = \frac{(-1)^{\frac{n}{2}}}{2^n} \sum_{k=0}^{n} (-1)^k \binom{n}{k} \cos((n-2k)x)$$

(für gerades n).

$$\sin^n x = \frac{(-1)^{\frac{n-1}{2}}}{2^n} \cdot \sum_{k=0}^{n} (-1)^k \binom{n}{k} \sin((n-2k)x)$$

(für ungerades n).

2. $$\sum_{k=0}^{n} \exp ikx = \begin{cases} n+1 & \text{für } x = 0, \pm 2\pi, \pm 4\pi, \ldots \\ \dfrac{1 - \exp i(n+1)x}{1 - \exp ix} & \text{sonst} \end{cases}$$

bzw. (für $x \neq 0, \pm 2\pi, \pm 4\pi, \ldots$)

$$\sum_{k=0}^{n} \cos kx = \frac{1}{2} + \frac{\cos nx - \cos(n+1)x}{2(1 - \cos x)}$$

$$\sum_{k=0}^{n} \sin kx = \frac{\sin x + \sin nx - \sin(n+1)x}{2 \cdot (1 - \cos x)}$$

$$\sum_{k=-m}^{m} \exp ikx = \begin{cases} 2m+1 & \text{für} \quad x = 0, \pm 2\pi, \pm 4\pi, \ldots \\ \dfrac{\exp(-imx) - \exp i(m+1)x}{1 - \exp ix} & \text{sonst} \end{cases}$$

(vgl. auch S. 459).

Seite 209

3. $\tan(x+y) = \dfrac{\tan x + \tan y}{1 - \tan x \tan y}$,

   $\arctan x + \arctan y = \arctan \dfrac{x+y}{1-xy} \quad (xy < 1)$,

   $4\arctan\frac{1}{5} = \arctan\frac{120}{119}$, $\frac{120}{119} - \frac{1}{239} = 1 + \frac{120}{119} \cdot \frac{1}{239}$.
4. arccos und arcsin sind in jedem Intervall $[-a, a]$ mit $a < 1$ dehnungsbeschränkt; arctan und arccot bezüglich ihrer ganzen Definitionsmenge $\mathbb{R}$.
5. $\arccos x + \arcsin x = \dfrac{\pi}{2} \qquad (-1 \leqq x \leqq 1)$

   $\sin(\arctan x) = \dfrac{x}{\sqrt{1+x^2}} \qquad (x \in \mathbb{R})$

   $\cos(\arctan x) = \dfrac{1}{\sqrt{1+x^2}} \qquad (x \in \mathbb{R})$.
6. $c = \sqrt{a^2 + b^2}$, $\quad d = \arctan \dfrac{a}{b} \ (b \neq 0)$.
7. Mit vollständiger Induktion folgt:

   $$|\sin nx| \leqq n \cdot |\sin x|.$$

   Für $x = \pi$ z. B. müßte $\sin a\pi = 0$ sein! Dies ist aber nur für $a \in \mathbb{Z}$ richtig.
8. Wenn $\lim\limits_n \cos na = 0$, dann $\lim\limits_n |\sin na| = 1$.
   Wegen $\cos(n+1)a = \cos a \cdot \cos na - \sin a \cdot \sin na$ folgt $\sin a = 0$, also $a = k\pi$ ($k \in \mathbb{Z}$) und $\cos na = (-1)^{nk}$. Widerspruch zu $\lim\limits_n \cos na = 0$. $\lim\limits_n \sin na$ existiert genau für $a = k\pi$ ($k \in \mathbb{Z}$).
9. Die k Lösungen sind

   $$\sqrt[k]{r} \exp i\left(\frac{\varphi}{k} + \frac{2\pi i l}{k}\right) \qquad (l = 0, 1, \ldots, k-1)$$

Seite 210

11. Schreibe $f(z)$ in der Form $f(z) = c_0' + c_k'(z-a)^k + \ldots + c_n'(z-a)^n$.
    Ähnlich wie bei Aufg. 10 schließt man auf $c_0' = 0$. Rekursiv ergibt sich dann die Produktdarstellung von $f(z)$.
    Bei reellen Koeffizienten ist mit a stets auch $\bar{a}$ Nullstelle von $f(z)$; und $(z-a)(z-\bar{a}) = z^2 - (a+\bar{a})z + a\bar{a}$ ist ein quadratisches Polynom mit reellen Koeffizienten.

Seite 221

2. (a) $\delta = \frac{1}{8}\varepsilon$, (b) $\delta = \frac{1}{4}\varepsilon$, (c) $\delta = 3\varepsilon$, (d) $\delta = \varepsilon$, (e) $\delta = \min\left\{\dfrac{a}{2}, \dfrac{6\varepsilon}{a^3}\right\}$.

   Man führe mit den angegebenen Werten für δ die geforderten Abschätzungen durch!
   Z. B. kann man bei (d) so vorgehen:

Wegen $\left|\frac{1}{1+x^2} - \frac{1}{1+a^2}\right| = \frac{|x+a|}{(1+a^2)(1+x^2)} \cdot |x-a|$

ist zu zeigen, daß $(x+a)^2 \leqq (1+a^2)^2 \cdot (1+x^2)^2$ gilt.

Seite 222

4. f ist nur an der Stelle $a = \frac{1}{2}$ stetig.
5. (a) nicht richtig
   (b) richtig
   (c) nicht richtig.
6. (a) f stetig außer an der Stelle $a = 0$
   (b) f stetig außer an den Stellen $a \in \mathbb{Z}$.
   (c) f stetig an den irrationalen Stellen a und an der Stelle $a = 0$.
8. Vgl. Beispiel 2) von S. 214.
   f ist nicht dehnungsbeschränkt, wohl aber bei Einschränkung auf $[-b, b]$, wenn $s \geqq 2$.

Seite 225

Aufgabe: Zu jedem $x \in M$ gibt es genau ein „größtes" offenes Intervall $]a, b[\, \subset M$, in dem x liegt. Man beweise dies! M ist disjunkte Vereinigung von solchen „Komponenten". Da in jeder Komponente rationale Zahlen liegen, gibt es höchstens abzählbar viele.

Seite 230

1. $$M' = \{0\} \cup \left\{x \mid x = \frac{1}{2^k} + \frac{1}{3^m}\right\} \cup \left\{x \mid x = \frac{1}{2^k} + \frac{1}{5^n}\right\} \cup \left\{x \mid x = \frac{1}{3^m} + \frac{1}{5^n}\right\} \cup \left\{x \mid x = \frac{1}{2^k}\right\} \cup \left\{x \mid x = \frac{1}{3^m}\right\} \cup \left\{x \mid x = \frac{1}{5^n}\right\}$$

   $$M'' = \{0\} \cup \left\{x \mid x = \frac{1}{2^k}\right\} \cup \left\{x \mid x = \frac{1}{3^m}\right\} \cup \left\{x \mid x = \frac{1}{5^n}\right\}$$

   $M''' = \{0\}$.
2. (a) weder offen noch abgeschlossen
   (b) weder offen noch abgeschlossen
   (c) abgeschlossen, nicht offen
   (d) offen, nicht abgeschlossen
   (e) abgeschlossen, nicht offen.
3. (1) nein, (2) ja, (3) ja, (4) ja, (5) ja.

Seite 231

6. $M \subset M'$ bedeutet, daß M keine isolierten Punkte besitzt, und $M' \subset M$, daß M abgeschlossen ist.
7. Sei x ein Häufungspunkt von M'. Dann gibt es zu jedem $\varepsilon > 0$ einen Häufungspunkt y von M mit $y \neq x$ und $|y - x| < \varepsilon$. Zu y wiederum gibt es einen Punkt $z \in M$ mit $z \neq y$, $z \neq x$ und $|z - y| < \varepsilon$. Wegen $|z - x| < 2\varepsilon$, $z \neq x$, ist x Häufungspunkt von M, d. h. $x \in M'$. Es gilt also $M'' \subset M'$ für beliebiges M.
   Die weiteren Aussagen ergeben sich ohne weiteres aus den gegebenen Definitionen.
8. Die abzählbare Menge von einpunktigen Mengen
   $\{\{1\}, \{\frac{1}{2}\}, \{\frac{1}{3}\}, \ldots\}$ ist nicht abgeschlossen.
9. Die Menge $[0,1] \setminus M$ ist offen. M ist perfekt und kompakt.

11. Für jedes $x \in]0,1[$ ist $]0, \frac{x+1}{2}[$ ein offenes Intervall, zu dem x gehört, und das in $]0,1[$ enthalten ist. Endlich viele dieser Intervalle können $]0,1[$ aber nicht überdecken.

Seite 237

2. Die Menge der Minimalstellen (bzw. der Maximalstellen) ist kompakt.
3. Zum Beispiel kann Aufg. 13 von S. 86 verwendet werden.
4. $\{x \mid f(x) = c\}$ ist abgeschlossen für stetiges f.
8. Die „natürliche Definitionsmenge" von

$$f(x) = \frac{c_1}{x - a_1} + \frac{c_2}{x - a_2} + \frac{c_3}{x - a_3}$$

besteht aus vier offenen Intervallen; in diesen ist jeweils die stetige Funktion f nicht beschränkt. Man untersuche das Vorzeichen der Funktionswerte in der Nähe von a_1, a_2, a_3 und wende den Zwischenwertsatz an.
Was läßt sich über die Lösungen der Gleichungen $f(x) = 1$ bzw. $f(x) = -1$ aussagen?
9. Betrachte $g(x) := f(x) - x$ und bestimme die Vorzeichen von $g(a)$ und $g(b)$.
10. Für $a \leqq e^{\frac{1}{e}}$. Vgl. auch Aufg. 9 von S. 139.
11. Man führe einen Widerspruchsbeweis!

Seite 238

12. Die Wertemenge von f ist ein Intervall. Sei $f(x_0)$ ein innerer Punkt dieses Intervalls und $\varepsilon > 0$ so vorgegeben, daß $f(x_0) - \varepsilon$ und $f(x_0) + \varepsilon$ zur Wertemenge gehören. Unter den endlich vielen Urbildern dieser beiden Funktionswerte gibt es einen, der der Stelle x_0 am nächsten ist. Wir nennen ihn c und setzen $\delta = |c - x_0|$.
Im Intervall $x_0 - \delta < x < x_0 + \delta$ kann f keine Werte annehmen, die $\leqq f(x_0) - \varepsilon$, bzw. $\geqq f(x_0) + \varepsilon$ sind. Somit ist f an der Stelle x_0 stetig.
Gegenbeispiel: $f(x) = \sin \frac{1}{x}$ für $x \neq 0$, $f(0) = 0$.

Seite 244

2. Für monotone Funktionen existieren an jeder Stelle $a \in D$ linksseitiger und rechtsseitiger Grenzwert; somit ist a entweder Stetigkeitsstelle oder Sprungstelle. Die offenenen „Sprungintervalle" sind disjunkt; daher kann es höchstens abzählbar unendlich viele geben (denn in jedem gibt es rationale Zahlen).

Seite 245

3. (1) Sprungstelle
   (2) Unstetigkeitsstelle zweiter Art
   (3) Unstetigkeitsstelle zweiter Art
5. $\lim\limits_{n} \cos 2\pi n = 1$, $\lim\limits_{x \to \infty} \cos 2\pi x$ existiert nicht.
7. g ist „linksseitig stetig", h „rechtsseitig stetig". Höchstens an den Sprungstellen stimmen g und h mit f nicht überein.

Seite 246

8. Nur (1) läßt sich stetig fortsetzen.
9. Sei D beschränkt, aber nicht kompakt. Dann gibt es einen Häufungspunkt a von D, der nicht zu D gehört. Für (1) und (3) kann man z. B. die Einschränkung von

$$x \mapsto \frac{1}{x-a} \quad (x \neq a)$$

auf D nehmen. Für (2) benötigt man zwei Häufungspunkte von D, die nicht zu D gehören. Wenn dies etwa $a = -1$ und $b = 1$ sind, dann wird (2) durch die Einschränkung von

$x \mapsto \dfrac{2x}{1+x^2}$ auf D belegt.

10. Die Umkehrung gilt nicht, wie $f(x) = x$ zeigt.
11. Vgl. Satz auf S. 243. Beispiel: $f(x) = x^2$, $D = \mathbb{R} \setminus \mathbb{Z}$
12. Für $\delta' < \delta$ gilt offensichtlich $\omega(\delta') \leqq \omega(\delta)$.
Wegen $\omega(\delta) \geqq 0$ existiert $\lim\limits_{\delta \to 0} \omega(\delta)$. Wenn dieser Grenzwert positiv ist, dann kann f nicht gleichmäßig stetig sein!

Seite 247

Aufgabe: $g = f \circ \exp$ bzw. $g = \ln \circ f \circ \exp$

Seite 249

1. Es genügt, die erste Funktionalgleichung zu betrachten. Zeige zunächst die Stetigkeit an der Stelle 0, und dann die Stetigkeit an einer beliebigen Stelle.
2. Wegen der Abschätzungen
$$-f(-h) \leqq f(a+h) - f(a) \leqq f(h)$$
und $\lim\limits_{h \to 0} f(h) = 0$ folgt die Behauptung.
3. In einem archimedisch angeordneten Körper K liegen die „rationalen Zahlen" überall dicht (vgl. S. 40). Wird $x \in K$ durch $[a_n, b_n]$ mit rationalem a_n, b_n „eingeschachtelt", so folgt wegen $f(a_n) = c \cdot a_n$, $f(b_n) = c \cdot b_n$ aufgrund der Monotonie von f die Abschätzung
$$c \cdot a_n \leqq f(x) \leqq c \cdot b_n$$
und damit $f(x) = c \cdot x$.

Seite 250

4. Aus der Vollständigkeitseigenschaft folgt die archimedische Anordnung (vgl. S. 39). Übertrage das Ergebnis von Aufg. 3.
6. Sei $c = a + ib$ und $b \neq 0$. Dann ist h_c zumindest im Intervall $|x| < \dfrac{\pi}{|b|}$ umkehrbar eindeutig.
Die Umkehrfunktion sei mit L_c bezeichnet; sie ist auf ihrer Definitionsmenge D stetig und genügt der Funktionalgleichung
$$L_c(z \cdot w) = L_c(z) + L_c(w),$$
sofern z, w und zw zu D gehören. Für reelles $c \neq 0$ gilt entsprechendes (L_c ist dann eine Logarithmusfunktion).
Nun sei $h\colon \mathbb{R} \to \mathbb{C} \setminus \{0\}$ eine beliebige stetige Lösung der Funktionalgleichung $h(x+y)$ $= h(x)\,h(y)$ mit $h\left(\dfrac{\pi}{2|b|}\right) = h_c\left(\dfrac{\pi}{2|b|}\right) \neq 1$. Die Abbildung $\varphi := L_c \circ h$ aus $\mathbb{R}$ in $\mathbb{R}$ ist stetig und genügt – in einer Umgebung des Nullpunkts – der Funktionalgleichung
$$\varphi(x+y) = \varphi(x) + \varphi(y).$$
Es folgt $\varphi(x) = x$ und damit $h(x) = h_c(x)$ zunächst für genügend kleine $|x|$. Aufgrund der Funktionalgleichung muß dann aber sogar überall $h(x) = h_c(x)$ gelten.

Die stetigen Lösungen des Funktionalgleichungssystems sind hiernach

$$f(x) = \exp ax \cdot \cos bx$$
$$g(x) = \exp ax \cdot \sin bx.$$

7. Das Funktionalgleichungssystem kann als komplexe Funktionalgleichung

$$h(x-y) = h(x)\,\overline{h(y)}$$

geschrieben werden. Man zeige, daß $|h(x)| = 1$ gelten muß und folgere, daß alle stetigen f, g durch

$$f(x) = \cos bx$$
$$g(x) = \sin bx$$

gegeben sind.
Schließlich zeige man, daß die Stetigkeit von g an der Stelle 0 die Stetigkeit von h an jeder Stelle nach sich zieht.

Seite 262

Aufgabe: Sei $f(x) = x^2 \cos \frac{1}{x}$ für $x \neq 0$, $f(0) = 0$.
f ist an der Stelle $a = 0$ differenzierbar mit $f'(0) = 0$.
Wähle etwa $x_n = \frac{1}{(2n+1)\pi}$, $y_n = \frac{1}{2n\pi}$.

Seite 264

1. (a) an jeder Stelle $a \in \mathbb{R}$
   (b) an jeder Stelle $a \in \mathbb{R} \setminus \mathbb{Z}$
   (c) an keiner Stelle.
3. Für Exponenten $\geqq 1$ auch an der Stelle $a = 0$ differenzierbar.
6. Verwende die Umformung

$$f(a)\,g(x) - f(x)\,g(a) = f(a)\,(g(x) - g(a)) - g(a)\,(f(x) - f(a)).$$

Seite 265

9. $1 + 2x + 3x^2 + \ldots + nx^{n-1} = \frac{(n+1)x^n}{x-1} - \frac{x^{n+1}-1}{(x-1)^2}$

$$1 + 2^2x^2 + 3^2x^2 + \ldots + n^2x^{n-1} = \frac{(n+1)^2x^n}{x-1} - \frac{(2n+3)x^{n+1}-1}{(x-1)^2} + \frac{2x(x^{n+1}-1)}{(x-1)^3}.$$

10. Für $x > 0$ ergibt sich

$$f'(x) = a \cdot x^{a-1} \sin \frac{1}{x^b} - b \cdot x^{a-b-1} \cdot \cos \frac{1}{x^b}.$$

Wenn $a > 1$ ist, dann existiert $f'(0)$, und zwar gilt $f'(0) = 0$. f' ist
(1) stetig für $b < a - 1$
(2) nicht stetig, aber beschränkt für $b = a - 1$
(3) unbeschränkt für $b > a - 1$.

12. Für $g(x) = \frac{1}{\sqrt{1-a^2}}(1 - ax)$ und $f(x) = \sqrt{1-x^2}$ ergibt sich (vgl. Def. von S. 290):

$$\lim_{x \to a} \frac{f(x) - g(x)}{x - a} = 0$$

Nur für $x = a$ gilt $f(x) = g(x)$.

Seite 266

13. $\tan' = \cos^{-2} \qquad (x \neq \frac{\pi}{2} + k\pi,\ k \in \mathbb{Z})$

$\cot' = -\sin^{-2} \qquad (x \neq k\pi,\ k \in \mathbb{Z})$

$$\arccos' x = -\frac{1}{\sqrt{1-x^2}} \qquad (|x| < 1)$$

$$\arcsin' x = \frac{1}{\sqrt{1-x^2}} \qquad (|x| < 1)$$

$$\arctan' x = \frac{1}{1+x^2} \qquad (x \in \mathbb{R})$$

$$\operatorname{arccot}' x = -\frac{1}{1+x^2} \qquad (x \in \mathbb{R}).$$

Seite 270

Aufgabe: Falls $c_3 \neq 0$: $3c_1c_3 \geqq c_2^2$.
Falls $c_3 = 0$: $c_2 = 0$ und $c_1 > 0$.

Seite 271

Aufgabe: Für beide Funktionen sind alle rationalen a Maximalstellen und alle irrationalen a Minimalstellen.

Seite 277

1. Für $b \leqq a - 1$ ($a > 0$, $b > 0$ vorausgesetzt).
2. Nach dem Mittelwertsatz gilt

$$\frac{f(x) - f(a)}{x - a} = f'(a + \vartheta(x - a)).$$

Aufgrund der Voraussetzung existiert

$$\lim_{x \to a} f'(a + \vartheta(x - a)),$$

also auch

$$\lim_{x \to a} \frac{f(x) - f(a)}{x - a} = f'(a).$$

Da $\lim_{x \to a} f'(x)$ existiert, kann dieser Grenzwert nur $f'(a)$ sein.

3. (a) $\vartheta = \frac{1}{2} \qquad$ (falls $c_2 \neq 0$)

(b) $\vartheta = \frac{1}{h} \ln \frac{\exp h - 1}{h}$

(c) $\vartheta = \dfrac{1}{\ln\left(1 + \dfrac{h}{x}\right)} - \dfrac{x}{h}$

Wenn ϑ von x und h unabhängig ist, muß $\vartheta = \frac{1}{2}$ sein.
Man zeige, daß nur die quadratischen Polynome diese Eigenschaft haben.

4. Wegen $f'(b) < 0$ existiert (nach dem Zwischenwertsatz) eine Stelle a_1 derart, daß $f(a_1) = f(b)$ gilt. Nach dem Satz von Rolle gibt es in $]a_1, b[$ eine Stelle c mit $f'(c) = 0$.

Seite 278

5. Für gerades $n \geqq 2$ ist die Ableitung streng monoton wachsend und hat genau eine Nullstelle. Hätte die Ausgangsfunktion mehr als zwei Nullstellen, so ergäbe sich ein Widerspruch. Für ungerades n verfahre man entsprechend.
6. Für gerades n gibt es keine Nullstelle, für ungerades n genau eine.
7. Nach dem Satz von S. 272 nimmt die Ableitung von $g(x) := f(x) - x$ entweder nur positive, oder aber nur negative Werte an, d.h. g ist streng monoton.
8. Sei etwa $f(a) = f(b) = 0$. Dann gilt $f'(a)g(a) \neq 0$ und $f'(b)g(b) \neq 0$. Hätte g keine Nullstelle zwischen a und b, so wäre $\frac{f}{g}$ differenzierbar und man hätte $\frac{f}{g}(a) = \frac{f}{g}(b) = 0$. Mit Hilfe des Satzes von Rolle ergäbe sich ein Widerspruch.
9. Zeige, daß die durch
$$a(x) := f(x) \cdot \cos x + g(x) \cdot \sin x$$
$$b(x) := f(x) \cdot \sin x - g(x) \cdot \cos x$$
erklärten Funktionen a und b konstant sind.
10. $h(x) = c \cdot \exp ix \qquad (c \in \mathbb{C}$ beliebig).
11. Gilt auch für rationale Funktionen.
12. Nach dem Mittelwertsatz und wegen der Voraussetzung über f' folgt
$$\frac{f(x)}{x} = f'(\vartheta x) \leqq f'(x).$$
Somit nimmt die Ableitung von $\frac{f(x)}{x}$ nur nichtnegative Werte an.
13. (1) Bei geradem $n \geqq 2$ ergeben sich drei Intervalle, bei ungeradem n nur zwei.
(2) $0 < x \leqq \frac{1}{e}$ und $x \geqq \frac{1}{e}$.
(3) f ist streng monoton wachsend.

Seite 279

14. Gäbe es $x, y \in J$ derart, daß
$$|f(y) - f(x)| < |g(y) - g(x)|$$
gilt, so erhielte man wegen (S. 273)
$$|g'(z)| \cdot |f(y) - f(x)| = |f'(z)| \cdot |g(y) - g(z)|$$
einen Widerspruch zur Voraussetzung.
15. Der Tangens des Winkels zwischen der Richtung zum Wirtshaus und der Schwimmrichtung sei mit x bezeichnet. Dann ist das Minimum (bzw. die Minima) von
$$T(x) = \frac{b}{v}\sqrt{1+x^2} + \frac{b}{vw}\sqrt{1+x^2}\left|u + v\frac{x}{\sqrt{1+x^2}}\right| \qquad (x \in \mathbb{R})$$
zu ermitteln. Die Flußbreite hat hiernach keinen Einfluß und es kommt nur auf $\frac{u}{w}$ und $\frac{v}{w}$ an. Wir untersuchen deshalb
$$f(x) = \sqrt{1+x^2} + \left|\frac{v}{w}x + \frac{u}{w}\sqrt{1+x^2}\right| \qquad (x \in \mathbb{R})$$
und unterscheiden die beiden Fälle:
(i) $\qquad v \leqq u$: $f(x) = \frac{v}{w}x + \left(1 + \frac{u}{w}\right) \cdot \sqrt{1+x^2}$

und

(ii) $$v > u: f(x) = \begin{cases} \left(1 - \frac{u}{w}\right)\sqrt{1+x^2} - \frac{v}{w}x & \text{für } x \leqq -\frac{u}{\sqrt{v^2-u^2}} \\ \left(1 + \frac{u}{w}\right)\sqrt{1+x^2} + \frac{v}{w}x & \text{für } x > -\frac{u}{\sqrt{v^2-u^2}} \end{cases}$$

Im Fall (i) ist f differenzierbar und hat genau eine kritische Stelle

$$x_0 = -\frac{v}{\sqrt{(u+w)^2 - v^2}},$$

die offenbar Minimalstelle ist. Der Schwimmer muß (gegen die Strömung) unter dem Winkel arctan x_0 starten.
Im Fall (ii) ist f an der Stelle $x_1 = \frac{u}{\sqrt{v^2-u^2}}$ nicht differenzierbar (aber stetig).
Gilt $w \leqq \frac{v^2-u^2}{u}$, so ist x_1 die gesuchte Minimalstelle von f.
Gilt dagegen $w > \frac{v^2-u^2}{u}$, so hat f genau eine kritische Stelle

$$x_2 = -\frac{v}{\sqrt{(u+w)^2 - v^2}}$$

im Intervall $x > x_1$; diese ist die gesuchte Minimalstelle.

16. f hat genau eine kritische Stelle

$$x_0 = \frac{a_1 + a_2 + \ldots + a_{n-1}}{n-1},$$

die ersichtlich Minimalstelle ist.
Einsetzen von $x = a_n > 0$ führt auf die Ungleichung

$$\left(\frac{a_1 + \ldots + a_n}{n}\right)^n \geqq a_n \left(\frac{a_1 + \ldots + a_{n-1}}{n-1}\right)^{n-1}$$

Wiederholte Anwendung ergibt die Ungleichung zwischen dem arithmetischen und geometrischen Mittel.

17. (1) $\lim\limits_{x\to 0}\left(\frac{1}{\sin x} - \frac{1}{x}\right) = 0$

(2) $\lim\limits_{x\to 0} x^x = 1$

(3) $\lim\limits_{x\to 0} x^s \cdot \ln x = 0 \qquad (s > 0)$

(4) $\lim\limits_{x\to 0} \frac{a^x - b^x}{x} = \ln\frac{a}{b} \qquad (a, b > 0)$

(5) $\lim\limits_{x\to 1}\left(\frac{a}{1-x^a} - \frac{b}{1-x^b}\right) = \frac{a-b}{2} \qquad (a \neq 0,\ b \neq 0)$

(6) $\lim\limits_{x\to a} \frac{x^s - a^s}{x^t - a^t} = \frac{s}{t}a^{s-t} \qquad (a > 0,\ t \neq 0)$

18. Wende den Satz von Rolle auf die Hilfsfunktion

$$h(x) = (f(x) - f(a))\,(g(b) - g(x))$$

an. Warum kann man durch $g(b) - g(c)$ dividieren?

Seite 284

Aufgabe: Verwende vollständige Induktion.

Seite 285

1. $k = n$.
2. Nach Aufg. 8 von S. 265 ergibt sich für

$$f(x) = \sum_{n=0}^{\infty} c_n x^n \qquad (|x| < r)$$

als k-te Ableitung

$$f^{(k)}(x) = \sum_{n=k}^{\infty} n(n-1)\dots(n-k+1)\, c_n x^{n-k} \qquad (|x| < r).$$

3. $(fg)^{(k)} = \sum_{j=0}^{k} \binom{k}{j} f^{(j)} g^{(k-j)}$.

$\mathfrak{C}^k(D)$ ist eine Algebra.

Seite 286

5. Man berechne $(g \circ f)''$.
Für $f(x) = 1 + x^2$ und $g(x) = \frac{1}{x}$ ergibt sich die nichtkonvexe Funktion

$$g(f(x)) = \frac{1}{1 + x^2}.$$

6. Aus $ff'' \geqq f'^2$ und $gg'' \geqq g'^2$ folgt – unter Verwendung von $\frac{g}{f} f'^2 + \frac{f}{g} g'^2 \geqq 2f'g'$ – die Ungleichung

$$(f + g)\,(f'' + g'') \geqq (f' + g')^2.$$

7. Es gilt auch die Umkehrung.
8. Für $0 < s < 1$ gilt $(1 + x)^s \leqq 1 + sx \quad (x > -1)$.
9. Für $s \leqq 0$ und $s \geqq 1$ ist $f(x) = x^s$ konvex. Deshalb gilt (vgl. S. 284):

$$(t_1 y_1 + \dots + t_n y_n)^s \leqq t_1 \cdot y_1^s + \dots + t_n \cdot y_n^s,$$

sofern $t_1 + \dots + t_n = 1$. Setze

$$t_i = \frac{x_i}{x_1 + \dots + x_n}$$

und forme um!
Zur Herleitung der Hölderschen Ungleichung wähle man

$$s = q, \quad x_i = a_i^p \quad \text{und} \quad y_i = a_i^{-\frac{p}{q}} \cdot b_i.$$

10. Die dritte Möglichkeit tritt auf, wenn die monotone Funktion f' einen Vorzeichenwechsel hat.
11. Zeige mit der Halbierungsmethode, daß die Annahme

$$f(x_0 + h_0) - 2f(x_0) + f(x_0 - h_0) = c \neq 0$$

zu einem Widerspruch führt. Weiter bestimme man die stetigen Lösungen der Funktionalgleichung

$$f(x) + f(y) = 2f\left(\frac{x+y}{2}\right).$$

Seite 287

13. f kann weder konvex noch konkav sein.
14. Für $[ab] \subset J$ und $x = (1 - t)a + t \cdot b \;\; (0 \leqq t \leqq 1)$ folgt

$$f(x) \leqq (1-t)\cdot f(a) + t\cdot f(b),$$

also $\quad |f(x)| \leqq |f(a)| + |f(b)|.$

Ist a innerer Punkt von J, so sind die linksseitigen Differenzenquotienten $\dfrac{f(x)-f(a)}{x-a}$ monoton steigend, die rechtsseitigen monoton fallend.

15. Aus der Gültigkeit der Konvexitätsbedingung für rationale t und der Stetigkeit von f folgt die Konvexitätsbedingung für beliebige $t \in [0,1]$.
16. In der Jensenschen Ungleichung setze man

$$x_1 = a, \quad x_2 = a, \ldots, x_{n-1} = a, \quad x_n = a + n\cdot h.$$

Es folgt $f(a+h) - f(a) \leqq \frac{1}{n}(f(a+nh) - f(a))$

Ersetzt man h durch $-h$, so ergibt sich weiterhin

$$\frac{1}{n}(f(a) - f(a-nh)) \leqq f(a) - f(a-h).$$

Wegen

$$f(a) - f(a-h) \leqq f(a+h) - f(a)$$

zieht somit die Beschränktheit von f in einem Intervall um a die Stetigkeit an der Stelle a nach sich.

Seite 289

Aufgabe: Jede Lösung von $f^{(n)}(x) = 0$ $(x \in J)$ ist ein Polynom höchstens $(n-1)$-ten Grades.

Seite 295

Aufgabe: Verwende den Satz von S. 288 und beachte die Stetigkeit von $f^{(n)}$ und $g^{(n)}$.

Seite 299

1. Es genügt, den Fall $x = h$, $y = -h$ (also $0 \in J$) zu behandeln: Aus

$$f(h) \;\;= f(0) + f'(0)h + \tfrac{1}{2}f''\;\;(\vartheta_1 h)\cdot h^2$$
$$f(-h) = f(0) - f'(0)h + \tfrac{1}{2}f''(-\vartheta_2 h)\cdot h^2$$

ergibt sich

$$\tfrac{1}{2}(f(h) + f(-h)) = f(0) + \frac{f''(\vartheta_1 h) + f''(-\vartheta_2 h)}{2}\cdot\frac{h^2}{2}.$$

Wegen der Zwischenwerteigenschaft der Ableitungsfunktionen gibt es ein z zwischen $-h$ und h derart, daß

$$\tfrac{1}{2}(f''(\vartheta_1 h) + f''(-\vartheta_2 h)) = f''(z) \quad \text{gilt.}$$

Seite 300

3. Verwende das Ergebnis von Aufg. 2.
Allgemein gilt unter entsprechenden Voraussetzungen:

$$f^{(n)}(a) = \lim_{h\to 0}\frac{1}{h^n}\sum_{k=0}^{n}(-1)^k\binom{n}{k}f(a+(n-k)h)$$

4. Vgl. Aufg. 2.
5. Vgl. Aufg. 2.
6. $r = \dfrac{1}{f''(0)}$. Die Funktion $f-g$ hat an der Stelle 0 einen Vorzeichenwechsel. Geometrische Bedeutung?

8. $\binom{s+t}{n} = \sum_{k=0}^{n} \binom{s}{k}\binom{t}{n-k}$.

Seite 301

9. $\sum_{n=0}^{\infty} (-1)^n \frac{x^{2n+1}}{2n+1}$; Konvergenzradius 1.

10. Vier bzw. einen Summanden. Von $\frac{\pi}{4}$ sind damit fünf Dezimalen gesichert:

$$\frac{\pi}{4} = 0{,}78539\ldots.$$

12. Die Rechnung wird einfacher, wenn man komplexwertige Funktionen (der reellen Variablen x!) zuläßt. Wegen

$$\frac{1}{1+x^2} = \frac{i}{2} \cdot \frac{1}{(a+i)+(x-a)} - \frac{i}{2} \cdot \frac{1}{(a-i)+(x-a)}$$

erhält man zwei geometrische Reihen mit den Potenzen

$$(-1)^n \frac{(x-a)^n}{(a+i)^n} \quad \text{bzw.} \quad (-1)^n \frac{(x-a)^n}{(a-i)^n}.$$

Beide haben den Konvergenzradius $r = \sqrt{1+a^2}$.

13. Aus $|R_n(x)| \leqq \frac{|x-a|^{n+1}}{(n+1)!} \max_{a \leqq z \leqq x} g(z)$ folgt $\lim_n R_n(x) = 0$.

Seite 305

Aufgabe: $f(x) = \begin{cases} 1, & \text{falls } n!\, x \in \mathbb{Z} \\ 0 & \text{sonst.} \end{cases}$

Seite 306

1. Ja.

Seite 307

3. a) $\lim_n f_n(x) = \begin{cases} 0 & \text{für } |x| < 1 \\ \frac{1}{2} & \text{für } |x| = 1 \\ 1 & \text{für } |x| > 1 \end{cases}$

b) $\lim_n f_n(x) = \begin{cases} -1 & \text{für } x < 0 \\ 0 & \text{für } x = 0 \\ 1 & \text{für } x > 0. \end{cases}$

4. Für $|x| < \sqrt{2}$.
6. (f_n) konvergiert punktweise gegen die Nullfunktion.
7. $\lim_n \frac{1}{n} [nf(x)] = f(x)$.
Zwar gilt $\lim_n \frac{1}{n} [nx] = x$, doch kann man über die punktweise Konvergenz von (g_n) nichts aussagen, da f beliebig ist.
Wie hängen die Graphen von f_n bzw. von g_n mit dem Graphen von f zusammen?
8. Wenn alle f_n beschränkt sind, braucht f nicht beschränkt zu sein. Beispiel?
Desgleichen folgt aus der Stetigkeit von f_n nicht die Stetigkeit von f.
Monotonie und Konvexität dagegen übertragen sich auf die Grenzfunktion.

Seite 312

1. (c) ist gleichmäßig konvergent, (a) und (b) dagegen nicht.
2. (f_n) konvergiert für beliebiges c punktweise gegen die Nullfunktion. Für $c < 1$ erfolgt die Konvergenz gleichmäßig.
   Für $c \geqq 1$ konvergiert (f_n) gleichmäßig in jedem Intervall $x \geqq a > 0$.

Seite 313

3. (a) $\|f\| = 1$, (b) $\|f\| = 1$,

   (c) $\|f\| = \max\left\{na(1-a^2)^n, \dfrac{2^n \cdot n^{n+1}}{(2n+1)^{n+\frac{1}{2}}}\right\}$

   (d) $\|f\| = \dfrac{s^s \cdot t^t}{(s+t)^{s+t}}$.
4. Nein.
5. Die Gleichheit gilt sicher dann, wenn die Wertemenge von f gleich der Definitionsmenge von g ist.
8. Ja (vgl. Aufg. 7 von S. 307).
9. (f_n) konvergiert gleichmäßig gegen $f(x) = \dfrac{1}{x}$ $(x > 0)$, $f(0) = 0$;
   (g_n) gleichmäßig gegen die Nullfunktion.
   $(f_n \cdot g_n)$ konvergiert punktweise gegen die Nullfunktion; die Funktionen f_n und g_n sind jedoch nicht beschränkt.

Seite 314

10. Für $f(x) = \dfrac{1}{1+x^2}$ $(x \in \mathbb{R})$ gilt $\|f\| = 1$;
    $\dfrac{1}{f}$ hat aber keine endliche Norm. Setze etwa $f_n = a_n \cdot f$ mit $a_n > 0$ und $\lim\limits_n a_n = 1$.

Seite 315

Bemerkung: Wegen $\sup\limits_{x>1} \sum\limits_{k=n+1}^{n+p} \dfrac{1}{k^x} = \sum\limits_{k=n+1}^{n+p} \dfrac{1}{k}$ ist die Cauchysche Konvergenzbedingung nicht erfüllbar.

Seite 316

Aufgabe: Die Grenzfunktionen sind

$$f(x) = \frac{x^2}{2+x^2}(1+x^2) \quad \text{bzw.} \quad g(x) = \begin{cases} 1+x^2 & \text{für } x \neq 0 \\ 0 & \text{für } x = 0. \end{cases}$$

Seite 318

2. $\sum\limits_{j=0}^{\infty} g_j$ ist nach dem Majorantenkriterium gleichmäßig konvergent.
5. $\sum\limits_{n=0}^{\infty} (x^n - x^{n+1})$ ist in $[0,1]$ punktweise, aber nicht gleichmäßig konvergent.
   $\sum\limits_{n=0}^{\infty} (-1)^n (x^n - x^{n+1})$ ist in $[0,1]$ absolut und gleichmäßig konvergent; die Grenzfunktion ist
   $$f(x) = \frac{1-x}{1+x}.$$
6. Sei f_n die charakteristische Funktion der Menge derjenigen rationalen Zahlen, deren gekürzte Darstellungen den Nenner n haben. Dann konvergiert (f_n) punktweise gegen die Dirichlet-Funktion, jedoch in keinem (echten) Teilintervall gleichmäßig.

Seite 319

8. Verwende die Methode der partiellen Summation (vgl. S. 317).
10. Vgl. Beispiel von S. 317. Die Grenzfunktion ist $f(x) = |x|$ im Intervall $|x| \leqq 1$.
11. Man zeige zunächst, daß jede stetige stückweise affine Funktion in der Form

$$f(x) = \sum_{k=1}^{r} (a_k(x - c_k) + b_k|x - c_k|)$$

dargestellt werden kann. Wenn für alle k gilt $|a - c_k| \leqq 1$ und $|b - c_k| \leqq 1$, kann man unmittelbar Aufg. 10 verwenden. Andernfalls ersetze man jeweils x durch ein geeignetes Vielfaches von x.

Seite 326

Aufgabe: $f_n(x) = \left(1 + \frac{1}{n}\right)x^2 - \frac{1}{n}x, \quad \|f_n - f\| = \frac{1}{4n}, \quad m_0 = \left[\frac{1}{8\varepsilon}\right] + 1.$

Seite 327

1. a) nicht gleichmäßig konvergent
   b) gleichmäßig konvergent
   c) nicht gleichmäßig konvergent
2. In $D = \mathbb{R}$ sei $f(x) = x + \frac{1}{n}$; weiter sei $F(x) = x^2$.
   Dann ist (g_n) mit
   $$g_n(x) = x^2 + \frac{2}{n}x + \frac{1}{n^2}$$
   zwar punktweise, aber nicht gleichmäßig konvergent.
4. Die Reihe ist nach dem Majorantenkriterium gleichmäßig konvergent. Die dargestellte Funktion ist an allen rationalen Stellen unstetig.
5. Nach dem Abelschen Grenzwertsatz für $c > -1$.
6. (f_n) ist nicht gleichmäßig konvergent, da die Grenzfunktion an der Stelle 0 nicht stetig ist, während alle f_n stetig sind.

Seite 328

7. Die stetige Grenzfunktion f ist in $[a, b]$ gleichmäßig stetig und monoton wachsend. Zu vorgegebenem $\varepsilon > 0$ gibt es daher endlich viele Teilpunkte
   $$a = x_0 < x_1 < x_2 < \ldots < x_{k-1} < x_k = b$$
   derart, daß $0 \leqq f(y) - f(x) < \varepsilon$ gilt, sofern $x, y (x < y)$ aus demselben Teilintervall stammen. An den endlich vielen Teilpunkten konvergieren die Zahlenfolgen $(f_n(x_i))$, d. h. es gibt ein n_0 derart, daß
   $$|f_n(x_i) - f(x_i)| < \varepsilon$$
   gilt für alle $n \geqq n_0$ und alle x_i.
   Für diese n und $i = 1, \ldots, k$ gilt
   $$0 \leqq f_n(x_i) - f_n(x_{i-1}) < 3\varepsilon,$$
   woraus für $x \in [x_{i-1}, x_i]$ die Abschätzung
   $$|f_n(x) - f_n(x_i)| < 3\varepsilon$$
   folgt. Weiter ergibt sich dann für solche x:
   $$|f_n(x) - f(x)| \leqq |f_n(x) - f_n(x_i)| + |f_n(x_i) - f(x_i)| + |f(x_i) - f(x)| < 5\varepsilon.$$
   Für nichtbeschränkte Intervalle ist die Aussage nicht richtig. Beispiel:
   $$f_n(x) = \sqrt[n]{x} \quad (x \geqq 1).$$

8. Stetig konvergente Funktionenfolgen sind punktweise konvergent. Bei stetigen f_n ist auch die Grenzfunktion f stetig. Nun sei D kompakt. Wäre die stetig konvergente Folge (f_n) nicht gleichmäßig konvergent, so gäbe es ein $\varepsilon_0 > 0$ derart, daß (nach eventueller Änderung der Indizierung) gilt:
$$\|f_n - f\| \geqq \varepsilon_0,$$
d.h. es gäbe eine Folge (x_n) in D mit
$$|f_n(x_n) - f(x_n)| \geqq \tfrac{1}{2}\varepsilon_0.$$
Da D kompakt ist, können wir sogleich annehmen, daß $\lim\limits_n x_n = x \in D$ erfüllt ist. Damit ergibt sich ein Widerspruch zu $\lim\limits_n f_n(x_n) = f(x)$ und $\lim\limits_n f(x_n) = f(x)$.
Umgekehrt folgt leicht aus der gleichmäßigen Konvergenz die stetige Konvergenz von (f_n).
9. Wegen der gleichmäßigen Stetigkeit von f kann nach Vorgabe von $\varepsilon > 0$ das Intervall $[a, b]$ in endlich viele Teilintervalle zerlegt werden, deren Länge jeweils höchstens gleich $\delta > 0$ ist. Man verbinde die Punkte $(x_i, f(x_i))$ und $(x_{i+1}, f(x_{i+1}))$ geradlinig und erhält so eine stetige, stückweise affine Funktion g, für die gilt
$$|f(x) - g(x)| < 2\varepsilon \quad \text{und zwar für alle } x \in [a, b].$$

Seite 329
Aufgabe: Nur für $x = 2k\pi \quad (k \in \mathbb{Z})$.

Seite 335
1. (f_n) konvergiert gleichmäßig gegen Nullfunktion; (f_n') ist nur punktweise konvergent mit der Grenzfunktion $g(0) = 1$, $g(x) = 0$ für $x \neq 0$.

Seite 336
2. Vgl. Aufg. 9 von S. 319.
3. (a) $$\sum_{n=1}^{\infty} nx^n = \frac{x}{(1-x)^2} \qquad (|x| < 1)$$
(b) $$\sum_{n=2}^{\infty} \frac{x^n}{n(n-1)} = (1+x)\cdot\ln(1+x) - x \qquad (|x| \leqq 1)$$
(c) $$\sum_{n=1}^{\infty} n\binom{s}{n} x^n = sx(1+x)^{s-1} \qquad (|x| < 1)$$
Man untersuche bei (c) auch die Stellen $x = 1$ und $x = -1$!
4. Aus $f(x) = \sum\limits_{n=1}^{\infty} \frac{1}{n^x}$ $(x > 1)$ erhält man
$$f^{(k)}(x) = \sum_{n=1}^{\infty} (-1)^k \frac{(\ln n)^k}{n^x},$$
da die rechts stehende Reihe für $x \geqq 1 + \delta$ $(\delta > 0)$ gleichmäßig konvergiert.
5. (a) f ist überall differenzierbar mit
$$f'(x) = 2x \cdot \sum_{n=1}^{\infty} \frac{1}{(x^2 + n^2)^2}$$
(b) g ist in seiner Definitionsmenge überall differenzierbar mit
$$g'(x) = 2x \cdot \sum_{n=1}^{\infty} \frac{1}{(x^2 - n^2)^2}$$

6. Z. B. kann man

$$g_n(x) = n\left(f\left(x+\frac{1}{n}\right) - f(x)\right) \quad \text{wählen.}$$

(Dabei ist $x + \frac{1}{n} \in D$ erforderlich, was für genügend große n der Fall ist. Wie legt man $g_n(x)$ für die kleineren n fest?)

7. Die Reihe konvergiert gleichmäßig (nach dem Majorantenkriterium) und somit ist f stetig. Man beachte, daß man die „Reihenreste" für die speziell gewählten x und y berechnen kann. Zum Beweis, daß f an der Stelle a nicht differenzierbar ist, verwende man den Hilfssatz von S. 261.

Seite 337

8. $f(x)$ ist für $x \geqq 0$ nur dann erklärt, wenn $a \geqq 0$ vorausgesetzt wird. Der Fall $a = 0$ ist trivial; wir setzen deshalb $a > 0$ voraus. Die Reihe der Ableitungen

$$\sum_{n=0}^{\infty} \frac{(-1)^{n+1}}{n!} \cdot a^n \cdot \frac{1}{(1+a^n x)^2}$$

ist nach dem Majorantenkriterium gleichmäßig konvergent, d. h. f ist differenzierbar und $f'(x)$ wird durch die angegebene Reihe dargestellt. Entsprechendes gilt auch für alle höheren Ableitungen:

$$f^{(k)}(x) = \sum_{n=0}^{\infty} \frac{(-1)^{n+k}}{n!} \cdot k! \cdot a^{kn} \frac{1}{(1+a^n x)^{k+1}}$$

f ist somit unendlich oft differenzierbar.
Weiter folgt

$$f^{(k)}(0) = (-1)^k \cdot k! \cdot \sum_{n=0}^{\infty} \frac{(-1)^n}{n!} (a^k)^n = (-1)^k \cdot k! \exp(-a^k).$$

Als zugehörige Taylor-Reihe erhält man

$$\sum_{k=0}^{\infty} (-1)^k \cdot \exp(-a^k) \cdot x^k.$$

Für $0 < a \leqq 1$ ist der Konvergenzradius gleich 1, für $a > 1$ konvergiert die Taylor-Reihe sogar für alle x. Im ersten Fall wird f im Intervall $0 \leqq x < 1$ durch die Taylor-Reihe dargestelt, im zweiten Fall für alle $x \geqq 0$.
Zum Beweis zeige man, daß jeweils gilt:

$$\lim_k \frac{|f^{(k)}(\vartheta x)|}{k!} x^k = 0 \qquad (0 < \vartheta < 1).$$

9. Alle f_n und damit auch die Grenzfunktion f sind dehnungsbeschränkt mit der Dehnungsschranke c. Nach Vorgabe von $\varepsilon > 0$ unterteile man $[a, b]$ in Teilintervalle, deren Länge kleiner als $\frac{1}{c} \cdot \varepsilon$ ist. Zu den endlich vielen Teilpunkten x_i gibt es ein n_0 derart, daß für $n \geqq n_0$ gilt

$$|f_n(x_i) - f(x_i)| < \varepsilon.$$

Ist nun $x \in [x_i, x_{i+1}]$, so folgt:

$$|f_n(x) - f(x)| \leqq |f_n(x) - f_n(x_i)| + |f_n(x_i) - f(x_i)| + |f(x_i) - f(x)| < 3\varepsilon.$$

Beispielsweise genügt als Voraussetzung auch die punktweise Konvergenz an allen rationalen Stellen.

Seite 342

Aufgabe (unten): $\mathfrak{B}([a, b])$ ist vollständig, da die Grenzfunktion einer gleichmäßig konvergenten Folge beschränkter Funktionen selber beschränkt ist.
$\mathfrak{T}([ab])$ ist nicht vollständig. Man gebe eine Cauchy-Folge von Treppenfunktionen an, deren Grenzfunktion keine Treppenfunktion ist!

Seite 343

1. $\|f-g\| \leqq 2c\dfrac{b-a}{n}$.
2. f ist keine Treppenfunktion, wohl aber Regelfunktion.
3. f und g sind Regelfunkitionen, nicht aber ihre Verkettung $g \circ f$.
4. Stückweise Stetigkeit genügt nicht (vgl. Aufg. 3).
6. Sei (g_n) eine Folge von Treppenfunktionen mit $\lim\limits_n \|f-g_n\| = 0$. Die Menge A aller Unstetigkeitsstellen aller g_n ist höchstens abzählbar; man zeige, daß die Unstetigkeitstellen der Regelfunktion f zu A gehören.
7. Nach Voraussetzung existiert
$$\lim_{\substack{x \to c \\ x > c}} f(x) = \gamma.$$
Zu $\varepsilon > 0$ gibt es somit ein $\delta > 0$ derart, daß für $c < x \leqq c + \delta$ gilt
$$|f(x) - \gamma| < \varepsilon.$$
Man kann also z. B. $h(x) = g(x)$ für $a \leqq x \leqq c$ und $h(x) = \gamma$ für $c < x \leqq c + \delta$ setzen.

Seite 344

9. Für eine in einem offenen Intervall stetige Funktion brauchen die Grenzwerte für die Endpunkte nicht zu existieren.
10. Man verwende die Urbilder der Werte von g.
11. $\mathfrak{B}([a,b])$ ist echte Obermenge von allen anderen Mengen.
Weiter sind
$$\mathfrak{R}([a,b]) \supset \mathfrak{C}([a,b]), \quad \mathfrak{R}([a,b]) \supset \mathfrak{S}([a,b])$$
$$\mathfrak{R}([a,b]) \supset \mathfrak{M}([a,b]), \quad \mathfrak{R}([a,b]) \supset \mathfrak{T}([a,b])$$
$$\mathfrak{S}([a,b]) \supset \mathfrak{C}([a,b]), \quad \mathfrak{S}([a,b]) \supset \mathfrak{T}([a,b])$$
echte Inklusionen.

Seite 349

1. (a) $1 - \dfrac{1}{n\sqrt{n}} \cdot \sum\limits_{k=1}^{n-1} \sqrt{k}$

(b) $\dfrac{1}{3} - \dfrac{1}{2n} + \dfrac{1}{6n^2}$

(c) $|b| - |a|$ (Fallunterscheidung!)

Seite 350

3. Gilt auch für abzählbar viele disjunkte Intervalle.
5. $\sum\limits_{k=1}^{n} c_k \cdot (x_k - x_{k-1}) \leqq |\sum\limits_{k=1}^{n} c_k(x_k - x_{k-1})| \leqq \sum\limits_{k=1}^{n} |c_k|(x_k - x_{k-1})$.
6. Wenn $I(|g|) = 0$, dann kann g nur an endlich vielen Stellen von 0 verschiedene Werte annehmen.

7. Für $$g_1(x) = \begin{cases} 1 & \text{für } -1 \leqq x < 0 \\ 0 & \text{für } \quad 0 \leqq x \leqq 1 \end{cases}$$

und $$g_2(x) = \begin{cases} 0 & \text{für } -1 \leqq x < 0 \\ 1 & \text{für } \quad 0 \leqq x \leqq 1 \end{cases}$$

ist $g_1 \cdot g_2$ die Nullfunktion. Die Behauptung ist somit falsch.

8. Für beliebiges reelles u, v gilt

$$I((ug_1 + vg_2)^2) \geqq 0,$$

d.h. $$u^2 I(g_1^2) + 2uv \cdot I(g_1 \cdot g_2) + v^2 I(g_2^2) \geqq 0.$$

Hieraus folgere man die Schwarzsche Ungleichung!
Die Gleichheit gilt, wenn g_2 ein Vielfaches von g_1 ist (oder umgekehrt) – außer an endlich vielen Stellen.

Seite 351

9. Zeige zunächst, daß für $u_1 \leqq u_2 \leqq \ldots \leqq u_n$ und $v_1 \leqq v_2 \leqq \ldots \leqq v_n$ die Ungleichung

$$(*) \quad \sum_{j=1}^{n} u_j \cdot \sum_{k=1}^{n} v_k \leqq n \cdot \sum_{j=1}^{n} u_j v_j$$

gilt. Die Gleichheit tritt genau dann ein, wenn wenigstens eines der beiden n-Tupel „konstant" ist. Sind g_1, g_2 monoton wachsende Treppenfunktionen, deren Konstanzintervalle sämtlich gleich lang $\left(= \dfrac{b-a}{n}\right)$ sind, so folgt die Behauptung unmittelbar aus (*). Die Gleichheit gilt, wenn g_1 oder g_2 (bis auf endlich viele Stellen) konstant ist.
Für monoton wachsendes g_1 und monoton fallendes g_2 erhält man dagegen die Ungleichung

$$I(g_1) \cdot I(g_2) \geqq (b-a) \cdot I(g_1 \cdot g_2).$$

Schließlich zeige man, daß man zu beliebigen monoton wachsenden Treppenfunktionen g_1, g_2 solche der speziellen Art so konstruieren kann, daß sich die Integrale jeweils weniger als ein beliebig vorgegebenes $\varepsilon > 0$ unterscheiden.

Seite 356

Aufgabe: $$I(g_n) = \sum_{k=1}^{n} \frac{1}{q^k}(q^k - q^{k-1}) = n\left(1 - \frac{1}{q}\right) = n(1 - b^{-\frac{1}{n}}).$$

$$\lim_n I(g_n) = \lim_n b^{-\frac{1}{n}} \frac{b^{\frac{1}{n}} - 1}{\frac{1}{n}} = 1 \cdot \ln b.$$

Also gilt: $$\int_1^b \frac{1}{x}\,\mathrm{d}x = \ln b.$$

Seite 360

3. Vgl. Beispiel 3) von S. 354! Entsprechend ergibt sich

$$\int_a^b \exp ix\,dx = i(\exp ia - \exp ib),$$

und damit

$$\int_a^b \cos x\,\mathrm{d}x = \sin b - \sin a, \quad \int_a^b \sin x\,dx = \cos a - \cos b.$$

4. $$I(f) = 2 \cdot \sum_{n=1}^{\infty} \frac{1}{n(n+1)(n+2)} = \frac{1}{2} \quad \text{(vgl. S. 146, Aufg. 1).}$$

5. Alle Aussagen sind auch für Regelfunktionen gültig. Begründung?

6. $$\sum_{k=0}^{n} \frac{1}{k+1}\binom{n}{k} = \frac{2^{n+1}-1}{n+1}$$

8. Aus der Annahme $f(x_0) > 0$ folgere man $I(f) > 0$. Für Regelfunktionen ist die Behauptung nicht richtig.

Seite 361

11. Übertrage das Berechnungsverfahren für

$$\int_1^y \frac{1}{t}\,dt \quad \text{(vgl. Aufg. von S. 356) auf} \quad \int_x^{xy} \frac{1}{t}\,dt$$

und verwende die Intervalladditivität des Integrals (vgl. S. 359).

12. $$\int_a^b f(x)\,dx = \sum_{k=0}^{n} \frac{1}{2}\,(f(x_{k+1}) + f(x_k)) \cdot (x_{k+1} - x_k)$$

Spezialfall:

$$\int_a^b f(x)\,dx = (\tfrac{1}{2}f(a) + f(x_1) + \ldots + f(x_{n-1}) + \tfrac{1}{2}f(b))\,\frac{b-a}{n}$$

Seite 362

13. Für die Treppenfunktion g gelte $\|f-g\| < \varepsilon$.
Durch $\underline{g}(x) = g(x) - \|f-g\|$ wird eine Treppenfunktion $\underline{g}$ erklärt, für die $0 \leqq f(x) - \underline{g}(x) < 2\varepsilon$ gilt. Entsprechend hat man für $\bar{g}(x) = g(x) + \|f-g\|$ die Abschätzung $0 \leqq \bar{g}(x) - f(x) < 2\varepsilon$.
$\underline{g}$ ist „Unterfunktion", $\bar{g}$ „Oberfunktion" der Regelfunktion f und es gilt $0 \leqq I(f) - I(\underline{g}) \leqq 2(b-a)\varepsilon$ sowie $0 \leqq I(\bar{g}) - I(f) \leqq 2(b-a)\varepsilon$. Für jede „Riemann-Summe" $\sum_{k=1}^{n} f(z_k)(x_k - x_{k-1})$, die man mit der zu g, $\underline{g}$ und $\bar{g}$ gehörenden Einteilung bilden kann, gilt offenbar

$$I(\underline{g}) \leqq \sum_{k=1}^{n} f(z_k)(x_k - x_{k-1}) \leqq I(\bar{g}),$$

woraus $|I(f) - \sum_{k=1}^{n} f(z_k)(x_k - x_{k-1})| \leqq 2(b-a) \cdot \varepsilon$ folgt.
Daß zu jedem $\varepsilon > 0$ ein geeignetes $\delta > 0$ existiert, zeigt der Beweis des Satzes von S. 340.

14. Da f' stetig ist, existiert $I(f')$. Man wähle die Zwischenstellen z_k so, daß gilt

$$f'(z_k)(x_k - x_{k-1}) = f(x_k) - f(x_{k-1}).$$

Dann folgt: $I(f') = f(b) - f(a)$.

15. Offensichtlich gilt $\sup U_f \leqq I(f) \leqq \inf O_f$.
Nach Aufg. 13 gibt es zu f eine Folge $(\underline{g}_n)$ von Unterfunktionen und eine Folge $(\bar{g}_n)$ von Oberfunktionen, die gleichmäßig gegen f konvergieren. Deshalb gilt beide Male die Gleichheit.

16. f hat überabzählbar viele Unstetigkeitsstellen, kann also keine Regelfunktion sein. Man prüfe nach, daß $\sup U_f = \inf O_f = 0$ gilt!

Seite 363

17. Beweise die Behauptung zunächst für Treppenfunktionen.

Seite 370

Aufgabe: Man bestimme die Minima der Funktion

$$h(x) = x - 1 - F(x).$$

Seite 372

Aufgabe: $\int_0^b x^n \exp(-x)\,dx = n! - \exp(-b) \cdot \sum_{k=0}^{n} \frac{n!}{k!} b^k.$

Seite 373

Aufgabe: Man ersetze $g(x)$ durch $g(x) - g(a)$.

Seite 380

1. Im Mittelwertsatz der Integralrechnung

$$\int_a^b f(x)\,dx = f(c)\,(b-a)$$

ist f eine stetige Funktion. Sie besitzt deshalb eine Stammfunktion F. Wende den Mittelwertsatz der Differentialrechnung auf F an. Die umgekehrte Herleitung ist nicht möglich, da f' keine Regelfunktion zu sein braucht.

2. Zeige zunächst, daß f stetig ist. Eine Stammfunktion von f ist $F(x) = \ln x - \ln(\sin x)$.

4. $$\int_a^b f'(x) \cdot |f(x)|^s\,dx = \frac{\operatorname{sign} f(x)}{s+1} \left(|f(b)|^{s+1} - |f(a)|^{s+1}\right).$$

Hat die komplexwertige Funktion h in $[a, b]$ keine Nullstelle, so gilt für $k \in \mathbb{Z}$ ($k \neq -1$):

$$\int_a^b h'(x)\,(h(x))^k\,dx = \frac{(h(b))^{k+1} - (h(a))^{k+1}}{k+1}.$$

Welche reellen Formeln ergeben sich für $k = -2$?

Seite 381

5. f besitzt eine Stammfunktion; mit dieser kann $F(x)$ explizit dargestellt werden. Es folgt:

$$F'(x) = f(h(x)) \cdot h'(x) - f(g(x)) \cdot g'(x).$$

6. (1) $\lim_n a_n = \ln 2$

(2) $\lim_n a_n = \frac{\pi}{4}$

(3) $\lim_n a_n = \frac{1}{s+1}$ $\quad (s > -1)$.

8. Für das Intervall $[0, \pi]$ gilt die entsprechende Gleichung nicht.

Seite 382

9. Wegen $1 \leqq \frac{a_{2n}}{a_{2n+1}} \leqq \frac{a_{2n-1}}{a_{2n+1}} = 1 + \frac{1}{2n}$

gilt $\lim_n \frac{a_{2n}}{a_{2n+1}} = 1$ und $\lim_n \frac{a_{2n+1}}{a_{2n}} = 1$,

d.h. $\lim_n \frac{a_{2n+1}}{a_{2n}} = \lim_n \frac{2 \cdot \frac{2}{3} \cdot \frac{4}{5} \cdot \ldots \cdot \frac{2n}{2n+1}}{\pi \cdot \frac{1}{2} \cdot \frac{3}{4} \cdot \ldots \cdot \frac{2n-1}{2n}} = 1.$

Dies ist äquivalent mit der Behauptung. Weiter folgt:

$$\lim_n \frac{2\cdot 4\cdot \ldots (2n-2)}{3\cdot 5\cdot \ldots (2n-1)}\cdot \sqrt{2n} = \sqrt{\frac{\pi}{2}}$$

sowie

$$\lim_n \frac{2^2\cdot 4^2\cdot \ldots \cdot (2n-2)^2}{(2n-1)!}\cdot \sqrt{2n} = \sqrt{\frac{\pi}{2}}$$

und

$$\lim_n \frac{2^{2n}\cdot (n!)^2}{(2n)!}\cdot \frac{1}{\sqrt{n}} = \sqrt{\pi}.$$

10. Beweis durch vollständige Induktion.

11. (a) $$\sum_{k=0}^{n} k!\binom{n}{k}\frac{\pi^{n-k}}{c^{k+1}}\sin\left(c+\frac{k}{2}\right)\pi$$

(b) $$\int_0^{\frac{\pi}{4}} \tan^n x\,dx = \frac{1}{n-1} - \int_0^{\frac{\pi}{4}} \tan^{n-2} x\,dx$$

(c) $$\int_0^1 \frac{1}{(1+x^2)^n}\,dx = \frac{1}{(n-1)2^{n+1}} + \frac{2n-3}{2n-2}\int_0^1 \frac{1}{(1+x^2)^{n-1}}\,dx.$$

Seite 383

12. $F'(1) = 1$ ergibt sich wie auf S. 130. Weiter folgt

$$F\left(\frac{x}{y}\right) = F(x) - F(y) \quad \text{und damit}$$

$$F(a+h) - F(a) = F\left(1+\frac{h}{a}\right).$$

Also gilt $F'(a) = \frac{1}{a}\cdot F'(1)$, d.h. auch: F ist stetig differenzierbar.

Seite 384

14. Die stetige Funktion f besitzt eine Stammfunktion F. Es folgt die Gleichung ($x \in \mathbb{R}$):

$$F(x+b) - F(x+a) = f(x)\,(b-a) + F(b) - F(a),$$

aus der man die Differenzierbarkeit von f ablesen kann:

$$f'(x)\,(b-a) = F'(x+b) - F'(x+a) = f(x+b) - f(x+a).$$

Also gilt

$$f'(x) = \frac{f(b)-f(a)}{b-a} = c.$$

15. Setze $g(t) = t^{p-1}$, also $g^{-1}(t) = t^{q-1}$.
Für die Herleitung der Hölderschen Ungleichung beachte man, daß gilt

$$\frac{1}{p}\sum_{j=1}^{n} x_j^p + \frac{1}{q}\sum_{j=1}^{n} y_j^q = 1.$$

16. Man verfahre wie bei Aufg. 15 und gehe von $f(t)$ bzw. $g(t)$ zu geeigneten Vielfachen von $|f(t)|$ bzw. $|g(t)|$ über.

Seite 385

17. Es genügt, den Nachweis für ln zu führen.
Wegen $\ln^{(n)}(x) = n!\,(-1)^n x^{-n}$ kann die Bemerkung von S. 378 verwendet werden.

19. (a) $\int\limits_0^1 \frac{1}{1+x^3}\,dx = \frac{1}{3}\ln 2$

(b) $\int\limits_0^1 \frac{1}{1+x^4}\,dx = \frac{1}{4}\sqrt{2}\cdot\left(\frac{\pi}{2}+\ln(1+\sqrt{2})\right).$

20. Verwende den „reellen" Fundamentalsatz der Algebra (S. 210, Aufg. 11) und die Methode der Partialbruchzerlegung (S. 75, Aufg. 5 und 6).

Stammfunktionen zu $\frac{1}{x^n}$ sind $\frac{1}{1-n}\cdot\frac{1}{x^{n-1}}$ bzw. $\ln|x|$; zu $\frac{x}{(1+x^2)^n}$ kann man $\frac{1}{2(1-n)}\cdot\frac{1}{(1+x^2)^{n-1}}$ bzw. $\frac{1}{2}\ln(1+x^2)$ nehmen. Im dritten Fall führt die Rekursionsformel

$$F_n(x) = \frac{1}{2n-2}\cdot\frac{x}{(1+x^2)^{n-1}} + \frac{2n-3}{2n-2}F_{n-1}(x)$$

auf die Summe einer rationalen Funktion und einem Vielfachen von $F_1 = \arctan$.

21. $\int\limits_a^b \frac{1}{\sin x}\,dx = 4\ln\frac{\tan\frac{b}{2}}{\tan\frac{a}{2}}.$

$$\int\limits_a^b h(\exp ix)\,dx = \int\limits_{\tan\frac{a}{2}}^{\tan\frac{b}{2}} h\left(\frac{1-t^2}{1+t^2}+i\,\frac{2t}{1+t^2}\right)\frac{2}{1+t^2}\,dt.$$

Seite 388

Aufgabe: (f_n) ist in allen drei Fällen punktweise, aber nicht gleichmäßig konvergent gegen eine Regelfunktion f (nämlich die Nullfunktion). In den ersten beiden Fällen ist $(I(f_n))$ konvergent, jedoch nur im ersten Fall mit dem Grenzwert $I(f)$.

Seite 395

1. $\int\limits_0^1 f(x)\,dx = \frac{1}{2}\sum\limits_{n=1}^{\infty}\frac{1}{n^2} = \frac{\pi^2}{12}.$

2. Ja.

3. $\int\limits_0^{\frac{\pi}{2}} f(x)\,dx = \sum\limits_{n=1}^{\infty}\frac{1}{(2n-1)2n(2n+1)} = \ln 2 - \frac{1}{2}.$

4. $$\lim_n \int\limits_a^b \frac{1}{1+x^{2n}}\,dx = \begin{cases} 1+b & \text{für } a<-1,\ -1<b<1 \\ b-a & \text{für } -1\leqq a<b\leqq 1 \\ 1-a & \text{für } -1\leqq a,\ 1<b \\ 2 & \text{für } a\leqq -1,\ 1\leqq b. \end{cases}$$

In den übrigen Fällen (immer $a<b$ vorausgesetzt) ist der Grenzwert 0.

6. $\lim\limits_n I(g_n) = 0.$

Seite 396

8. Verwende für den Nachweis der punktweisen Konvergenz die Gleichung

$$f_h(x) - f(x) = \frac{1}{h}\int\limits_x^{x+h}(f(t)-f(x))\,dx.$$

Bei stetigem f ist f_h nach dem Hauptsatz stetig differenzierbar. Offenbar überträgt sich die Monotonie von f auf f_h.

9. Verwende für f die Ergebnisse von Aufg. 8. Für eine stückweise stetig differenzierbare und nur stückweise stetige Funktion g kann die Substitutionsregel nicht bewiesen werden (Beispiel?).

Seite 397

10. „Approximiere" im Sinn von Aufg. 8 die Funktionen F und G.
14. Für stetiges f gibt es eine Stelle x_0 derart, daß $|f(x_0)| = \|f\|$ gilt; deshalb gilt für jedes $\varepsilon > 0$ eine Abschätzung mit geeignetem $c > 0$:

$$c(\|f\| - \varepsilon)^n \leqq \int_a^b |f(x)|^n dx \leqq (b-a)\|f\|^n.$$

Unter Heranziehung von $\underline{\lim}_n$ und $\overline{\lim}_n$ schließe man auf die angegebene Behauptung.

Ändert man f an endlich vielen Stellen ab, so behält das Integral seinen Wert, die Norm jedoch nicht unbedingt.

Seite 403

1. Beachte Aufg. 5 von S. 395.
2. Es genügt, g als Treppenfunktion anzunehmen. Sei $\lim_n t_n = t \neq 0$.
   Man untersuche die Folge (g_n) von Treppenfunktionen mit $g_n(x) = g(t_n x)$!
   Ist f die Nullfunktion, so gilt $F(t) = 0$ für alle t.
   Wenn $f(x) = 1$ für alle $x \in [a, b]$ und $g(x) = 1$ für alle $x \neq 0$, $g(0) = 0$ gewählt wird, dann ergibt sich $F(t) = b - a$ für $t \neq 0$, aber $F(0) = 0$.

Seite 404

3. Für $t > 0$ ist F nach dem Satz von S. 399 stetig. An der äquivalenten Beschreibung

$$F(t) = t \cdot \int_0^{\frac{\pi}{2t}} |\sin x| dx$$

kann man leichter ablesen, daß $\lim_{t \to 0} F(t) = 1$ gilt.

4. Als Ableitung von

$$G(t) := \left(\int_0^t \exp(-u^2) du \right)^2$$

erhält man $F'(t)$, so daß

$$G(t) = F(t) + c$$

gelten muß. Wegen $G(0) = 0$ und $F(0) = \int_0^1 \frac{dx}{1+x^2} = \frac{\pi}{4}$ hat man für $F(t)$ die andere Darstellung:

$$F(t) = \frac{\pi}{4} - \left(\int_0^t \exp(-u^2) du \right)^2.$$

An der gegebenen Beschreibung von $F(t)$ erkennt man, daß $\lim_{t \to \infty} F(t) = 0$ gilt.

5. Für $t \neq 0$ ist der Integrand stetig; eine Stammfunktion wird für $t > 0$ im Intervall $|x| < \frac{\pi}{2}$ z. B. durch $\frac{1}{t} \arctan(t \cdot \tan x)$ beschrieben. Damit folgt:

$$\int_0^{\pi} \frac{1}{\cos^2 + t^2 \sin^2 x} dx = 2 \int_0^{\frac{\pi}{2}} \frac{1}{\cos^2 x + t^2 \sin^2 x} dx = 2 \cdot \frac{1}{t} \cdot \frac{\pi}{2}.$$

Setzt man $|t| \geqq \delta > 0$ voraus, so sind die Bedingungen des Satzes von S. 400 erfüllt, d.h. man darf unter dem Integralzeichen differenzieren. Damit ergibt sich die Gleichung

$$\int_0^\pi \frac{\sin^2 x}{(\cos^2 x + t^2 \sin^2 x)^2}\,dx = \frac{\pi}{2|t|^3}.$$

Seite 405

6. $$\lim_{x\to 0} \frac{1}{\sin x} \ln \frac{1 + t\sin x}{1 - t\sin x} = 2t.$$

Für $F(t)$ erhält man nach S. 400 als Ableitung:

$$F'(t) = 2\int_0^\pi \frac{1}{1 - t^2 \sin^2 x}\,dx = \frac{2\pi}{\sqrt{1-t^2}}.$$

Hieraus ergibt sich:

$$\int_0^\pi \frac{1}{\sin x} \ln \frac{1 + t\sin x}{1 - t\sin x}\,dx = 2\pi \arcsin t.$$

7. Auch in diesem Fall kann $F'(t)$ durch „Differenzieren unter dem Integral" ermittelt werden:

$$F'(t) = \int_0^{2\pi} \frac{2t - 2\cos x}{1 + t^2 - 2t\cos x}\,dx \qquad (|t| < 1).$$

Dieses Integral kann man (vgl. z.B. Aufg. 21 von S. 385) berechnen. Es ergibt sich $F'(t) = 0$ für $|t| < 1$. Da $F(0) = 0$ gilt, erhält man so die Gleichung:

$$\int_0^{2\pi} \ln(1 + t^2 - 2t\cos x)\,dx = 0 \quad \text{für} \quad |t| < 1.$$

8. Es gilt $(t+2)\,F(t+2) = (t+1)\,F(t)$, woraus sich $f(t+1) = f(t)$ ergibt. Man zeige weiter, daß $\lim\limits_{t\to\infty} f(t)$ existiert und den Wert 2π hat, so daß $f(t) = 2\pi$ für alle $t \geqq 0$ gelten muß. Damit erhält man:

$$\lim_{t\to\infty} \frac{F(t+1)}{F(t)} = 1 \quad \text{und} \quad \lim_{t\to\infty} \sqrt{t}\cdot F(t) = \sqrt{2\pi}.$$

9. Unterscheide die Fälle $t = 0$ und $t \neq 0$ (bzw. $x = 0$ und $x \neq 0$). Die Gleichung $f(2t, t) = \dfrac{2}{243\cdot t^2}$ $(t \neq 0)$ zeigt, daß f nicht beschränkt ist. Für F und G erhält man

$$F(t) = -\frac{t}{2(1+t)^4} \qquad (0 \leqq t \leqq 1)$$

$$G(x) = \frac{x}{2(1+x)^4} \qquad (0 \leqq x \leqq 1).$$

Seite 414

1. $S = \frac{3}{4}$, $T = \frac{4}{5}$, $K = \frac{47}{60}$. Als Fehlerschranken erhält man $\frac{1}{24} = 0{,}041666\ldots$ bzw. $\frac{1}{48} = 0{,}020833\ldots$ bzw. $\frac{1}{120} = 0{,}008333\ldots$, während die tatsächlichen Abweichungen gleich $0{,}035398\ldots$ bzw. $0{,}014601\ldots$ bzw. $0{,}002064\ldots$ sind.

2. $K = \frac{25}{36}$. Die Werte von $f^{(4)}(x) = \dfrac{24}{x^5}$ liegen im Intervall $1 \leqq x \leqq 2$ zwischen 24 und $\frac{3}{4}$. Damit folgt:

$$\tfrac{1}{3840} \leqq K - \ln 2 \leqq \tfrac{1}{120}.$$

Seite 415

3. Für $f(x) = \frac{1}{x}$ im Intervall $1 \leqq x \leqq 2$ erhält man $\|f''\| = 2$ und $\|f^{(4)}\| = 24$. Somit genügt es, $n = 130$ bzw. $n = 92$ bzw. $n = 6$ zu wählen, damit der Fehler höchstens 10^{-5} ist. Man wird daher die Simpsonregel verwenden:

$$K = \tfrac{1}{6} \cdot \left(\tfrac{1}{6} + \tfrac{1}{12} + \tfrac{1}{3}\left(\tfrac{6}{7} + \tfrac{3}{4} + \tfrac{2}{3} + \tfrac{3}{5} + \tfrac{6}{11}\right) + \tfrac{2}{3}\left(\tfrac{12}{13} + \tfrac{4}{5} + \tfrac{12}{17} + \tfrac{12}{19} + \tfrac{4}{7} + \tfrac{12}{23}\right)\right)$$

oder $K = 0{,}6931486\ldots$

Tatsächlich sind sogar die ersten fünf Dezimalen richtig.

4. Für $f(x) = \frac{1}{1+x^2}$ in $[0, 1]$ erhält man $\|f^{(4)}\| = 24$. Mit $n = 2$ ist die Fehlerschranke also $\frac{1}{1920}$.

Der Vergleich von

$$K = \frac{8011}{10200} = 0{,}7853921\ldots$$

mit $\frac{\pi}{4}$ zeigt, daß sogar gilt:

$$0 < \frac{\pi}{4} - K < 0{,}0000061\,.$$

5. $\arctan \frac{1}{2} + \arctan \frac{1}{3} = \arctan 1$ (vgl. Aufg. 3, S. 209).

Als Näherungswert für $\frac{\pi}{4}$ erhält man die rationale Zahl

$$\frac{897613}{1.935960} + \frac{234763}{729640} = 0{,}78540448\ldots$$

Der Fehler ist also $0{,}00000631\ldots$; trotzdem sind nur die ersten drei Dezimalen richtig. Als Fehlerschranke ergibt sich

$$\left(\frac{1}{2}\right)^5 \cdot \frac{24}{2880} \cdot \frac{1}{16} + \left(\frac{1}{3}\right)^5 \cdot \frac{24}{2880} \cdot \frac{1}{16} = \frac{55}{4096 \cdot 729} = 0{,}0000184\ldots$$

6. (a) Nach S. 408 oben ist zu zeigen:

$$\int_{-h}^{h} x \cdot f'(x)\,dx = \tfrac{1}{3}h^2 \cdot (f'(h) - f'(-h)) - \tfrac{2}{45}h^5 \cdot f^{(4)}(c)\,.$$

Zum Beweis dieser Gleichung wende man Produktintegration an. Dabei wähle man als Stammfunktionen

$$\tfrac{1}{2}x^2 - \tfrac{1}{3}h^2 \quad \text{bzw.} \quad \tfrac{1}{6}x^3 - \tfrac{1}{6}h^2 x \quad \text{bzw.} \quad \tfrac{1}{24}(x^2 - h^2)^2.$$

Man erhält so die Gleichung

$$\int_{-h}^{h} x \cdot f'(x)\,dx = \tfrac{1}{3}h^2(f'(h) - f'(-h)) - \tfrac{1}{24} \int_{-h}^{h} (x^2 - h^2)^2 \cdot f^{(4)}(x)\,dx$$

und daraus mit dem verallgemeinerten Mittelwertsatz die Behauptung.

(b) Nach S. 408 ist zu zeigen:

$$\tfrac{1}{2} \int_{-h}^{h} (h^2 - x^2) f'(x)\,dx = \tfrac{2}{3}h^3 \cdot f''(0) + \tfrac{1}{15}h^5 f^{(4)}(c)\,.$$

Wie beim Beweis der Tangentenregel spalte man auf in $\int_{-h}^{0}$ und $\int_{0}^{h}$ und forme diese Integrale durch geeignete Produktintegration um.

7. Mit Hilfe geeigneter Produktintegrationen leite man folgende Gleichung her:

$$\int_0^{3h} f(x)\,dx = N + \tfrac{1}{24}\int_0^h x^3(x-\tfrac{3}{2}h)\cdot f^{(4)}(x)\,dx$$
$$+\tfrac{1}{24}\int_h^{2h} ((x-\tfrac{3}{2}h)^2-\tfrac{9}{16}h^4)\cdot f^{(4)}(x)\,dx$$
$$+\tfrac{1}{24}\int_{2h}^{3h} (3h-x)^3\cdot(\tfrac{3}{2}h-x)\cdot f^{(4)}(x)\,dx.$$

Daraus folgt nach dem verallgemeinerten Mittelwertsatz die Gleichung

$$\int_0^{3h} f(x)\,dx = N - \tfrac{3}{80}h^5 f^{(4)}(c) \quad \text{mit} \quad c\in[0,3h].$$

Seite 420

Aufgabe: Man beachte, daß vermöge der Gleichung

$$\int_a^u f(g(t))\,g'(t)\,dt = \int_{g(a)}^{g(u)} f(x)\,dx$$

uneigentliche Integrale auch in „eigentliche" verwandelt werden können.

Seite 421

Aufgabe: Gilt $f(x) \geqq \frac{1}{x^s}$ für $x \geqq a > 0$ und ist $s \leqq 1$, so ist $\int_a^\infty f(x)\,dx$ divergent.

Seite 424

1. (a) konvergent, aber nicht absolut konvergent
   (b) absolut konvergent
   (c) divergent
   (d) absolut konvergent.

Seite 425

3. Wegen $F(x) = \int_a^\infty f(t)\,dt - \int_a^x f(t)\,dt$

   ist F stetig differenzierbar und es gilt

   $$F'(x) = -f(x).$$

4. $$F(t) = \begin{cases} F(-1) & \text{für } t<0 \\ 0 & \text{für } t=0 \\ F(1) & \text{für } t>0 \end{cases}$$

   Gemäß S. 433 gilt $F(1) = \frac{\pi}{2}$.

5. Wegen der Voraussetzungen für den zweiten Mittelwertsatz der Integralrechnung vgl. Aufg. 13 von S. 397.

   $$\left|\int_{u_1}^{u_2} \cos x\cdot f(x)\,dx\right| = \left|f(u_1)\int_{u_1}^{c}\cos x\,dx + f(u_2)\int_{c}^{u_2}\cos x\,dx\right| \leqq 2f(u_1)+2f(u_2).$$

6. Wende das Cauchy-Kriterium und den zweiten Mittelwertsatz der Integralrechnung an (vgl. Aufg. 5).

7. Dieser normierte Vektorraum ist nicht vollständig.

Seite 426

8. Wende das Integralkriterium und eine geeignete Substitution an.
9. Wegen $f'(x) \geqq 0$ ist f monoton wachsend.
   Für $x < y$ hat man somit $0 < f(x) \leqq f(y)$ und $f'(x) \geqq f'(y)$, d.h.
$$\frac{f'(x)}{f(x)} \geqq \frac{f'(y)}{f(y)}.$$
   Mit dem Integralkriterium ergibt sich die Behauptung.
10. Die Folge (c_n) mit
$$c_n := \sum_{k=1}^{n} \left(f(k) - \int_k^{k+1} f(x)\,dx\right)$$
   ist monoton wachsend und beschränkt, also konvergent. Wegen
$$a_n = c_n - \int_n^{n+1} f(x)\,dx$$
   existiert auch $\lim\limits_n a_n$.
11. Sei etwa $f(x) \geqq 0$ und also f monoton fallend. Dann gilt:
$$\int_a^\infty f(x)\,dx \leqq h \cdot \sum_{n=0}^{\infty} f(a+nh) \leqq \int_{a-h}^{\infty} f(x)\,dx.$$
   Wegen $\lim\limits_{h\to 0} \int_{a-h}^{a} f(x)\,dx = 0$ folgt die Behauptung.

Seite 434

1. (a) $t \geqq \delta > 0$, Ableitung: $\frac{1}{t}$

   (b) $|t| \geqq \delta > 0$, Ableitung: $-\frac{\pi}{2|t|t}$

   (c) $|t| \geqq \delta > 0$, Ableitung: $-\frac{1}{2} \cdot \frac{1}{3} \cdot \ldots \cdot \frac{2n-3}{2n-2}(2n-1) \cdot \frac{\pi}{2|t|t^{2n-1}}$.
2. Für festes s forme man bei der Anwendung des Cauchy-Kriteriums mit Produktintegration um. Bei festem t liegt gleichmäßige Konvergenz bezüglich s in jedem Intervall $0 < \delta \leqq s \leqq 1$ vor.
3. Mittels Produktintegration ergibt sich für $F(t)$ eine andere Darstellung durch ein uneigentliches Integral, das für $t > t_0$ absolut konvergiert:
$$F(t) = (t - t_0) \cdot \int_0^\infty e^{-(t-t_0)x} G(x)\,dx.$$
   Dabei ist G durch
$$G(x) = \int_0^x e^{-t_0 y} \cdot f(y)\,dy$$
   erklärt, also stetig differenzierbar und beschränkt, da nach Voraussetzung $\lim\limits_{x\to\infty} G(x)$ existiert.

   Auf $\int_0^\infty e^{-(t-t_0)x} G(x)\,dx$ kann der Satz von S. 432 angewendet werden und zwar für jedes kompakte Intervall $c \leqq t \leqq d$, das im offenen Intervall $t > t_0$ enthalten ist. Damit ergibt sich die Differenzierbarkeit von F:

$$F'(t) = \int_0^\infty e^{-(t-t_0)x} G(x)\,dx - (t-t_0) \cdot \int_0^\infty e^{-(t-t_0)x} x \cdot G(x)\,dx.$$

Diese Darstellung kann nun mit Produktintegration vereinfacht werden zu

$$F'(t) = -\int_0^\infty e^{-tx} x \cdot f(x)\,dx.$$

Entsprechend erhält man:

$$F^{(k)}(t) = (-1)^k \cdot \int_0^\infty e^{-tx} \cdot x^k \cdot f(x)\,dx.$$

Somit ist F für $t > t_0$ unendlich oft differenzierbar.

Seite 435

5. Für den Beweis der ersten Gleichung verwende man
$$\int_1^\infty \frac{[x]}{x^{s+1}}\,dx = \sum_{n=1}^\infty \left(n \cdot \int_n^{n+1} \frac{dx}{x^{s+1}}\right).$$
Weiter ergibt sich aus
$$F^{(k)}(s) = \int_1^\infty \left(1 - \frac{[x]}{x}\right)(-\ln x)^k \cdot \frac{1}{x^s}\,dx,$$
daß die Ableitungen von F mit k wechselnde Vorzeichen haben, so daß die Bemerkung auf S. 378 angewendet werden kann.
6. Zur Berechnung von $F'(t)$ wende man Produktintegration an. Aus $\dfrac{F'(t)}{F(t)} = -2t$ ergibt sich wegen $F(0) = \frac{1}{2}\sqrt{2}$ die angegebene Darstellung von $F(t)$.
7. Ersetze a durch t und berechne die Ableitung; ebenso verfahre man mit b.
Es folgt $\displaystyle\int_0^\infty \frac{\exp(-ax) - \exp(-bx)}{x}\,dx = \ln\frac{b}{a} + \text{const.}$
Die Konstante ist gleich 0, wie der Sonderfall $a = b$ zeigt.
8. $\displaystyle\int_0^\infty f(x,t)\,dx$ ist im Intervall $0 \leqq t \leqq 1$ nicht gleichmäßig konvergent.

Seite 436

9. Für jedes endliche Intervall $[a, u]$ ist der Satz von Arzela-Osgood anwendbar. Was läßt sich über die „Reste"
$$\int_u^\infty f_n(x)\,dx \quad \text{und} \quad \int_u^\infty f(x)\,dx \quad \text{sagen?}$$
Für $f_n(x) = \dfrac{n}{n^2 + x^2}$ gibt es keine uneigentlich integrierbare Majorante.

Seite 443

1. Für $c < 2$.

Seite 444

2. (a) absolut konvergent
(b) absolut konvergent
(c) absolut konvergent
(d) konvergent, aber nicht absolut konvergent.

4. Berechne $a_n = \int\limits_{-\pi}^{\pi} \tan\frac{x}{2} \cdot \sin nx\, dx$ für $n = 1$ und $n = 2$ und zeige, daß $a_{n+2} = a_n$ gilt. Weiterhin wende man Produktintegration an.

5. $$\int\limits_0^1 |\ln x|^t dx = \Gamma(t+1).$$

Seite 445

6. Substituiere $x = \exp(-y)$ und verwende Aufg. 7 von S. 435.

7. Substituiere $x = \exp\left(-\frac{y}{1+t}\right)$.

8. Verwende $\Gamma(t-1) = \frac{\Gamma(t)}{t-1}$ zur sukzessiven Definition von $\Gamma(t-1), \Gamma(t-2), \Gamma(t-3), \ldots$

Seite 446

11. Setze $h' = g$.

12. f kann keine Nullstelle haben. Für $f(t) > 0$ setze man $h(t) = \ln f(t)$ und verwende Aufg. 11.

Seite 447

14. Zeige mittels Produktintegration (bei zuvor abgewandelten Grenzen):

$$\int\limits_0^1 x^{s+t-1}\left(\frac{1}{x}-1\right)^t dx = \frac{t}{s+t}\int\limits_0^1 x^{s+t-2}\left(\frac{1}{x}-1\right)^{t-1} dx.$$

Zum Nachweis der logarithmischen Konvexität von $B(s, t)$ bezüglich t verwende man die Anleitung aus Aufg. 9 von S. 445. Das Produkt $B(s, t) \cdot \Gamma(s+t)$ ist dann auch logarithmisch konvex.

Seite 456

1. Setze in den Orthogonalitätsrelationen von S. 452 oben:

$\exp imx = \cos mx + i \sin mx$
$\exp(-inx) = \cos nx - i \sin nx$
und trenne Real- und Imaginärteil.

Seite 457

2. Zu f gehört eine „Fourier-Reihe"

$$\frac{a_0}{2} + \sum_{h=1}^{\infty} a_n \cos\left(\frac{2\pi}{a} nx\right) + b_n \cdot \sin\left(\frac{2\pi}{a} nx\right),$$

wobei

$$a_n = \frac{2}{a} \cdot \int\limits_0^a f(x) \cos\left(\frac{2\pi}{a} nx\right) dx$$

und

$$b_n = \frac{2}{a} \cdot \int\limits_0^a f(x) \sin\left(\frac{2\pi}{a} nx\right) dx.$$

3. Zu g gehört die gleichmäßig konvergente Fourier-Reihe

$$\frac{1}{4} - \frac{2}{\pi^2}\left(\cos 2\pi x + \frac{1}{3^2}\cos 6\pi x + \frac{1}{5^2}\cos 10\pi x + \ldots\right)$$

4. (a) $$\frac{\pi^2}{3} + 4 \cdot \sum_{n=1}^{\infty} \frac{(-1)^n}{n^2} \cos nx$$

(b) $$\frac{2}{\pi} - \frac{4}{\pi} \cdot \sum_{n=1}^{\infty} \frac{1}{4n^2 - 1} \cos 2nx.$$

Beide Reihen sind gleichmäßig konvergent.

5. $$a_0 = \frac{a}{\pi}, \quad a_n = \frac{1}{\pi} \cdot \frac{\sin na}{n}, \quad b_n = \frac{1}{\pi} \cdot \frac{1 - \cos na}{n} \qquad (n \geqq 1)$$

Die Fourier-Reihe kann umgeformt werden in

$$\frac{a}{2\pi} + \frac{1}{\pi} \cdot \sum_{n=1}^{\infty} \frac{\sin nx}{n} + \frac{1}{\pi} \cdot \sum_{n=1}^{\infty} \frac{\sin n(a-x)}{n}$$

so daß Aufg. 9 von S. 319 angewendet werden kann.

Seite 458

6. Die Fourier-Reihe der „Mäander-Funktion" lautet

$$\frac{1}{2} + \frac{2}{\pi}\left(\sin x + \frac{1}{3}\sin 3x + \frac{1}{5}\sin 5x + \dots\right).$$

Für $f_n(x) = \sin x + \frac{1}{3}\sin 3x + \dots + \dfrac{1}{2n-1}\sin(2n-1)x$ erhält man im Intervall $0 < x < \pi$ die explizite Darstellung

$$f_n(x) = \int_0^x \frac{\sin 2nt}{\sin t}\, dt.$$

f_n hat ein absolutes Maximum an der Stelle $x = \dfrac{\pi}{2n}$; es gilt somit

$$f_n\left(\frac{\pi}{2n}\right) = \int_0^{\frac{\pi}{2n}} \frac{\sin 2nt}{\sin t}\, dt = \|f_n\|.$$

Da man für $0 \leqq t \leqq \dfrac{\pi}{2n}$ die Abschätzung $\dfrac{t}{2} \leqq \sin t \leqq t$ hat, ergibt sich

$$\int_0^{\frac{\pi}{2n}} \frac{\sin 2nt}{t}\, dt \leqq \|f_n\| \leqq 2 \cdot \int_0^{\frac{\pi}{2n}} \frac{\sin 2nt}{t}\, dt$$

oder $$\int_0^{\pi} \frac{\sin t}{t}\, dt \leqq \|f_n\| \leqq 2 \cdot \int_0^{\pi} \frac{\sin t}{t}\, dt.$$

c ist also mindestens $\dfrac{1}{2} + \dfrac{2}{\pi}\displaystyle\int_0^{\pi} \frac{\sin t}{t}\, dt.$

Offenbar kann $\lim\limits_n f_n\left(\dfrac{\pi}{2n}\right)$ nicht gleich 1 sein.

7. Die rechts stehende trigonometrische Reihe ist nach dem Majorantenkriterium gleichmäßig konvergent und kann daher gliedweise integriert werden.

Für (a) nehme man $\displaystyle\sum_{n=0}^{\infty} z^n = \frac{1}{1-z}$ und für (b) $\displaystyle\sum_{n=1}^{\infty} \frac{1}{n} z^n = \ln(1-z).$

So ergeben sich für $0 \leqq r < 1$ die Gleichungen:

$$\frac{1 - r\cos x}{1 + r^2 - 2r\cos x} = 1 + \sum_{n=1}^{\infty} r^n \cos nx$$

$$\ln(1 + r^2 - 2r\cos x) = -2\sum_{n=1}^{\infty} \frac{r^n}{n} \cos nx.$$

Seite 463

1. (b) $$\lim_{y\to 0} D_n(y) = \frac{2n+1}{2\pi}.$$

Seite 464

2. (a) $n\pi$, (b) π.

3. Wegen $|\int_a^b g(x)\, e^{itx}\, dx| \leqq \frac{2\|g\|}{t}$ gilt das Riemannsche Lemma für Treppenfunktionen. Die Übertragung auf Regelfunktionen liegt auf der Hand. Für uneigentlich absolut integrierbare Funktionen schätze man geeignet ab.

   Ist $g(x) = \frac{1}{\sin x} - \frac{1}{x}$, $g(0) = 0$ im Intervall $0 \leqq x \leqq \frac{\pi}{2}$ eine Regelfunktion?

   Man zeige, daß $\int_0^\infty \frac{\sin t}{t}\, dt = \frac{\pi}{2}$ und daß auch $\int_0^\infty \left(\frac{\sin t}{t}\right)^2 dt = \frac{\pi}{2}$ gilt (vgl. Aufg. 2).

Seite 465

6. In den Intervallen $-\pi \leqq y \leqq -\delta$ und $\delta \leqq y \leqq \pi$ gilt (bei festem x und $\delta > 0$):

$$|D_n(y)\,(f(x+y) - f(x))| \leqq |f(x+y) - f(x)|\, \frac{1}{2\pi \sin\frac{\delta}{2}} \sin\left(n+\tfrac{1}{2}\right) y.$$

   Nach Aufg. 3 folgt $\lim_n \int_{-\pi}^{\delta} \ldots = 0$ und $\lim_n \int_{\delta}^{\pi} \ldots = 0$. Ob

   $$\lim_n (s_n(x) - f(x))$$

   existiert oder nicht, hängt also nur von $\int_{-\delta}^{\delta} \ldots$ ab.

8. Folgt aus $\sigma_n(x) = \int_{-\pi}^{\pi} K_n(y) f(x+y)\, dy$ wegen $K_n(y) \geqq 0$ und $\int_{-\pi}^{\pi} K_n(y)\, dy = 1$.

10. Man betrachte zunächst f in $[-\pi, \pi]$ und verwende die Anfangsstücke der Fourier-Reihen für x^{2m} in $-\pi \leqq x \leqq \pi$. Ist f ungerade, so approximiere man die gerade Funktion $g(x) = f(x) \sin x$. Für beliebiges stetiges f ergibt sich nun die Approximierbarkeit von $f(x) \sin^2 x$ und von $f(x) \cos^2 x$ und damit die von f.

Seite 470

Aufgabe: Zeige zunächst die absolute Konvergenz von $\sum_{\alpha\in A} c_\alpha \bar{d}_\alpha$. Drücke $\langle f+g, f+g\rangle$ und $\langle f+ig,\ f+ig\rangle$ durch die Fourier-Koeffizienten c_α und d_α aus; man erhält damit $\langle f, g\rangle + \langle g, f\rangle$ und $\langle f, g\rangle - \langle g, f\rangle$ und weiter die Behauptung.

Seite 472

1. Wegen $\int_0^{2\pi} |f(x)|^2\, dx = \sum_{\alpha\in A} c_\alpha^2$ ist jede stetige Funktion f, für die alle Fourier-Koeffizienten gleich 0 sind die Nullfunktion.

2. Vgl. die Überlegung bei Aufg. 1. Für welche Regelfunktion f gilt

   $$\int_0^{2\pi} |f(x)|^2\, dx = 0?$$

   Für uneigentlich absolut integrierbares f sind die Fourier-Koeffizienten wohldefiniert, doch braucht $\int_0^{2\pi} |f(x)|^2\, dx$ nicht zu existieren.

3. Zu Beispiel 1) von S. 454:

$$\frac{\pi^3}{6} = \frac{16}{\pi} \cdot \sum_{n=0}^{\infty} \frac{1}{(2n+1)^4},$$

und somit

$$\sum_{n=0}^{\infty} \frac{1}{(2n+1)^4} = \frac{\pi^4}{96}.$$

Zu Beispiel 2) von S. 454:

$$\frac{2\pi^3}{3} = 4\pi \cdot \sum_{n=1}^{\infty} \frac{1}{n^2},$$

und somit

$$\sum_{n=1}^{\infty} \frac{1}{n^2} = \frac{\pi^2}{6}.$$

Zu Aufg. 3 von S. 457:

$$\frac{1}{12} = \frac{1}{16} + \frac{2}{\pi^4}\left(1 + \frac{1}{3^4} + \frac{1}{5^4} + \ldots\right),$$

woraus sich dieselbe Gleichung wie in Beispiel 1) ergibt.

Zu Aufg. 4 von S. 457:

(a) $$\frac{2}{5}\pi^5 = \frac{2}{9}\pi^5 + 16\pi \cdot \sum_{n=1}^{\infty} \frac{1}{n^4},$$

woraus folgt:

$$\sum_{n=1}^{\infty} \frac{1}{n^4} = \frac{\pi^4}{90}.$$

(b) $$\pi = \frac{8}{\pi} + \frac{16}{\pi} \cdot \sum_{n=1}^{\infty} \frac{1}{(4n^2-1)^2},$$

woraus folgt:

$$\frac{1}{2} + \sum_{n=1}^{\infty} \frac{1}{(4n^2-1)^2} = \frac{\pi^2}{16}.$$

Zu Aufg. 5 von S. 457:

$$a = \frac{a^2}{2\pi} + \frac{4}{\pi} \cdot \sum_{n=1}^{\infty} \frac{1}{n^2} \cdot \sin^2 \frac{na}{2}.$$

4. $$a_n = \frac{\exp 2\pi a - 1}{\pi} \cdot \frac{a}{a^2+n^2},$$

$$b_n = -\frac{\exp 2\pi a - 1}{\pi} \cdot \frac{n}{a^2+n^2},$$

$$\sum_{n=1}^{\infty} \frac{1}{a^2+n^2} = \frac{\pi}{2a} \cdot \frac{\exp 2\pi a + 1}{\exp 2\pi a - 1} - \frac{1}{2a^2} \qquad (a \neq 0).$$

(Man leite hieraus erneut $\sum_{n=1}^{\infty} \frac{1}{n^2} = \frac{\pi^2}{6}$ her!)

5. (a) $$\sum_{n=1}^{\infty} \frac{1}{(a^2+n^2)^2} = \frac{\pi}{4a^2} \cdot \frac{1}{\sinh^2 \pi a} + \frac{\pi}{4a^3} \coth \pi a - \frac{1}{2a^4}$$

(b) $$\sum_{n=1}^{\infty} \frac{n^2}{(a^2+n^2)} = -\frac{\pi}{4} \cdot \frac{1}{\sinh^2 a\pi} + \frac{\pi}{4a} \coth \pi a.$$

(Beachte, daß die Reihe aus Aufg. 4 gliedweise nach a abgeleitet werden kann.)

Seite 473

9. Die angegebene Reihe müßte die Fourier-Reihe der dargestellten Regelfunktion sein (warum?); man erhielte einen Widerspruch zur Vollständigkeitsrelation.

Seite 481

1. Wende zweimal (bzw. k-mal) Produktintegration an.

Seite 482

2. Für welche k darf gliedweise differenziert werden? Für $B_1(x)$ vgl. man Beispiel 2) von S. 454.
3. Periodische Funktionen haben immer eine gerade Anzahl von Vorzeichenwechseln.

Aus $$\int_0^{2\pi} f(x)\,dx = 0$$

folgt, daß f mindestens zwei Vorzeichenwechsel hat. Gilt weiter

$$\int_0^{2\pi} f(x) \cos x\,dx = \int_0^{2\pi} f(x) \sin x\,dx = 0,$$

so ergibt sich mit beliebigen Konstanten c_0, c_1, c_2 die Gleichung

$$\int_0^{2\pi} f(x) \cdot (c_0 + c_1 \cos x + c_2 \sin x)\,dx = 0.$$

Hätte nun f nur zwei Vorzeichenwechsel – etwa bei x_1 und x_2 –, so wähle man c_0, c_1, c_2 derart, daß auch $c_0 + c_1 \cos x + c_2 \sin x$ genau an diesen Stellen Vorzeichenwechsel hat. Damit erhält man einen Widerspruch. Entsprechend zeigt man im allgemeineren Fall, daß mindestens $2k+2$ Vorzeichenwechsel vorhanden sein müssen.

4. Man achte auf die Stellen, an denen $\sin\frac{1}{x} = 1$ bzw. $\sin\frac{1}{x} = -1$ gilt.
5. Zur Treppenfunktion g konstruiere man die Treppenfunktion G, die dieselben Sprungstellen wie g und als Sprunghöhen die Beträge der Sprunghöhen von g hat. Dann sind G und $G-g$ monoton wachsende Treppenfunktionen. Ist f eine Regelfunktion von endlicher Variation und gilt $\lim_n \|f-g_n\| = 0$, so existiert für die zugehörigen G_n eine feste Schranke und (G_n) konvergiert gleichmäßig gegen eine monoton wachsende Funktion F. Man erhält dann mit

$$f = F-(F-f)$$

die gewünschte Darstellung.

Anhang

Wir stellen hier einige Begriffe und Bezeichnungsweisen der Mengenlehre zusammen, wie sie heute überall in der Mathematik – so auch in diesem Buch – verwendet werden. Insbesondere haben wir es hier mit Mengen von reellen Zahlen und mit Mengen von reellen Funktionen zu tun.
Mengen legen wir im allgemeinen durch Angabe einer „definierenden Eigenschaft“ E fest. Wir schreiben dann

$$M = \{x \mid E(x)\}$$

(lies: Menge aller x mit der Eigenschaft E).
Beispiel:

$$\mathbb{R}_0^+ = \{x \mid x \geqq 0\}.$$

Je nachdem, ob a zur Menge M gehört oder nicht zur Menge M gehört, schreiben wir

$$a \in M \qquad \text{bzw.} \qquad a \notin M.$$

Gibt es kein Element, das zur Menge M gehört, so heißt M *leer* und man schreibt

$$M = \emptyset.$$

Wenn jedes x, das zur Menge A gehört, auch zur Menge B gehört, schreiben wir

$$A \subset B$$

(lies: A ist in B enthalten).
A heißt dann Teilmenge von B; die Relation $\subset$ bezeichnet man als *Inklusion*.
$A = B$ gilt genau dann, wenn $A \subset B$ und $B \subset A$ richtig ist.
Aufgrund der auf S. 49 erläuterten Vereinbarung über die Implikation ist $\emptyset$ in jeder beliebigen Menge enthalten und es gibt nur eine leere Menge.
Die Menge

$$\{x \mid x \in A \text{ und } x \in B\} =: A \cap B$$

bezeichnet man als *Durchschnitt*, die Menge

$$\{x \mid x \in A \text{ oder } x \in B\} =: A \cup B$$

als *Vereinigung* der beiden Mengen A, B.

Die Konjunktion „oder“ ist dabei im nichtausschließenden Sinn gemeint. Die Konjunktion „und“ ist in diesem Buch oft durch ein Komma ersetzt. So ist z.B. die auf S. 36 eingeführte Menge

$$M = \{x \mid x^2 < 2,\ x \geqq 0\}$$

der Durchschnitt der Mengen $M' = \{x \mid x^2 < 2\}$ und $\mathbb{R}_0^+$.
Gilt $A \cap B = \emptyset$, so heißen A, B *disjunkt* zueinander.
Durchschnitt und Vereinigung können statt für zwei Mengen auch für beliebige Mengen von Mengen (= Mengensysteme) erklärt werden:

$$\bigcap \mathfrak{A} := \{x \mid x \in A \text{ für jedes } A \in \mathfrak{A}\}$$

$$\bigcup \mathfrak{A} := \{x \mid \text{es gibt ein } A \in \mathfrak{A} \text{ derart, daß } x \in A\}.$$

Statt $\bigcap \mathfrak{A}$ bzw. $\bigcup \mathfrak{A}$ verwenden wir auch die Bezeichnungen

$$\bigcap_{A \in \mathfrak{A}} A \qquad \text{bzw.} \qquad \bigcup_{A \in \mathfrak{A}} A.$$

Die Menge

$$\{x \mid x \in A,\ x \notin B\} =: A \setminus B$$

wird *Differenz* von A und B genannt. Ist speziell B in A enthalten, so heißt $A \setminus B$ auch *Komplement* von B bezüglich A.
Es gelten die *de Morganschen Regeln*

$$(A \setminus B) \cap (A \setminus C) = A \setminus (B \cup C)$$

$$(A \setminus B) \cup (A \setminus C) = A \setminus (B \cap C).$$

Entsprechende Regeln gelten auch für Mengensysteme:

$$\bigcap_{B \in \mathfrak{B}} (A \setminus B) = A \setminus \bigcup_{B \in \mathfrak{B}} B$$

$$\bigcup_{B \in \mathfrak{B}} (A \setminus B) = A \setminus \bigcap_{B \in \mathfrak{B}} B.$$

Als *cartesisches Produkt* der beiden Mengen A, B bezeichnet man die Menge aller geordneten Paare (x, y) mit $x \in A$ und $y \in B$:

$$A \times B := \{z \mid z = (x, y),\ x \in A,\ y \in B\}.$$

Dabei ist die Gleichheit für geordnete Paare folgendermaßen definiert:

$$(x, y) = (x', y') \Leftrightarrow x = x' \text{ und } y = y'.$$

Symbole

Literatur

(Auswahl einiger Lehrbücher zur Differential- und Integralrechnung der Funktionen einer oder mehrerer Variablen)

[1] Anger, B., H. Bauer, Mehrdimensionale Integration, Berlin 1976.
[2] Apostol, T. M., Mathematical Analysis, Reading, Mass. 1957.
[3] Aumann, G., O. Haupt, Einführung in die reelle Analysis I, II und III, Berlin 1974, 1979 und 1982.
[4] Bartle, R. G., The Elements of Real Analysis, New York 1964.
[5] Blatter, C., Analysis I, II und III, Berlin 1980, 1979 und 1981.
[6] Courant, R., Vorlesungen über Differential- und Integralrechnung, 1. und 2. Bd., Berlin 1971 und 1972.
[7] Dieudonné, J., Grundzüge der modernen Analysis, Braunschweig 1971 (Übersetzung des Buches „Foundations of Modern Analysis", New York 1960).
[8] Fleming, W. H., Functions of Several Variables, New York 1977.
[9] Forster, O., Analysis 1, 2 und 3, Braunschweig 1980, 1981 und 1981.
[10] Heuser, H., Lehrbuch der Analysis, Teil 1 und 2, Stuttgart 1980 und 1981.
[11] Kolmogorov, A. N., S. V. Fomin, Reelle Funktionen und Funktionalanalysis, Berlin 1975.
[12] Lang, S., Analysis I und II, Reading, Mass. 1968 und 1969.
[13] v. Mangoldt, H., K. Knopp, F. Lösch, Einführung in die höhere Mathematik, Bd. 1, 2, 3 und 4, Stuttgart 1974, 1976, 1978 und 1975.
[14] Natanson, J. P., Theorie der Funktionen einer reellen Veränderlichen, Berlin 1969.
[15] Ostrowski, A., Vorlesungen über Differential- und Integralrechnung, Bd. I, II und III, Basel 1965, 1968 und 1967; Aufgabensammlung, Bd. I, Bd. II A, Bd. II B und Bd. III, Basel 1967, 1972, 1972 und 1977.
[16] Royden, H. L., Real Analysis, New York 1963.
[17] Rudin, W., Analysis, Weinheim 1980 (Übersetzung des Buches „Principles of Mathematical Analysis", New York 1964).
[18] Spivak, M., Calculus, New York 1967.
[19] Spivak, M., Calculus on Manifolds, New York 1965.
[20] Taylor, A. E., General Theory of Functions and Integration, Waltham, Mass. 1965.
[21] Titchmarsh, E. C., The Theory of Functions, Oxford 1939.
[22] Toeplitz, O., Die Entwicklung der Infinitesimalrechnung, Berlin 1949 (Nachdruck Darmstadt 1972).
[23] Walter, W., Analysis I und II, Berlin 1985 und 1990.
[24] Woll, J. W., Functions of Several Variables, New York 1966.

Zeittafel

(In dieser Tafel sind die Namen und Lebensdaten einiger herausragender Mathematiker zusammengestellt, die mit ihren Ideen die Entwicklung der Analysis vorbereitet oder wesentlich beeinflußt haben. Weitere Namen und Daten findet man im Namenverzeichnis.)

Eudoxos von Knidos	etwa	400–350	v. Chr.
Archimedes von Syrakus		287–212	v. Chr.
Johannes Kepler		1571–1630	
Bonaventura Cavalieri		1591–1647	
Isaac Barrow		1630–1677	
James Gregory		1638–1675	
Isaac Newton		1643–1727	
Gottfried Wilhelm Leibniz		1646–1716	
Jakob Bernoulli		1654–1705	
Leonhard Euler		1707–1783	
Joseph Louis Lagrange		1736–1813	
Jean Baptiste Joseph Fourier		1768–1830	
Carl Friedrich Gauß		1777–1855	
Augustin Louis Cauchy		1789–1857	
Karl Weierstraß		1815–1897	
Bernhard Riemann		1826–1866	
Élie Cartan		1869–1951	
Emile Borel		1871–1956	
Henri Lebesgue		1875–1941	

Namenverzeichnis

(Wenn der Name auf der betreffenden Seite des Textes nicht genannt ist, dann wird hier in Klammern eine Erläuterung gegeben)

Sachverzeichnis

www.ingramcontent.com/pod-product-compliance
Lightning Source LLC
Chambersburg PA
CBHW050129240326
41458CB00125B/2612